제2판

핵심N

전기전자물성공학

Electrical and Electronic Properties of Materials

남춘우 저

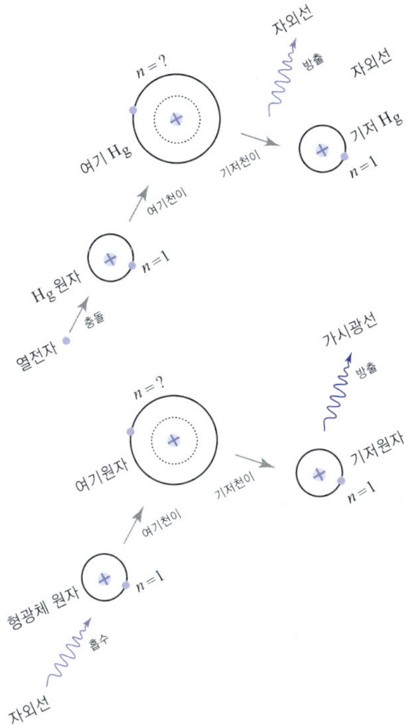

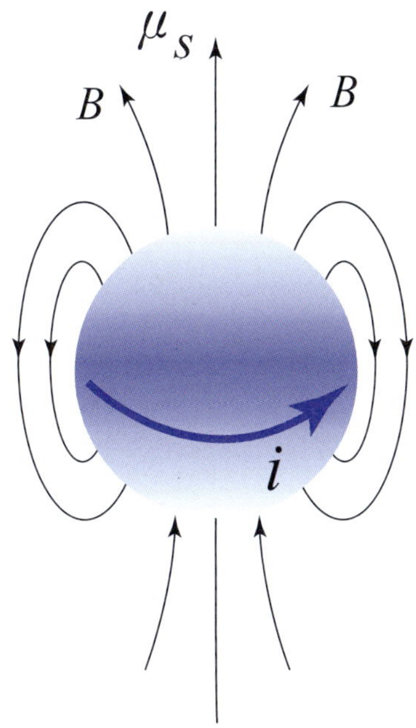

문운당

머리말

전기전자물성공학(電氣電子物性工學, electrical and electronic properties of materials)은 전기전자재료의 성질을 다루는 학문이다. 새로운 소재가 개발되면, 새로운 소자가 만들어지고, 새로운 장치가 만들어진다. 재료를 만드는 것도 기술이지만 그 재료를 사용하여 소자를 만드는 것도, 소자를 이용하여 장치를 만드는 것도 기술이다. 이러한 순환시스템에 따라 발전이 이루어지기 위해서는 물성공학의 지식을 갖춰야 한다. 전기전자장치를 설계하려면 물질의 성질을 다루는 물성공학에 대한 이해없이는 좋은 결과를 얻기가 어렵다. 물성공학은 재료 그 자체의 성질도 다루지만 소자의 기본동작 원리, 재료에 기인하는 고장원인의 규명 등도 다루는 학문이다. 사실 대부분의 전기전자공학전반에 걸쳐 물성공학의 이론이 여기저기에 다 함축되어 있다. 사람의 몸에 이상이 생겼는데 겉치장만 멋들어지게, 아름답게 한다고 병이 나아지겠는가. 검진을 통해서 원인을 알고 치료를 해야 하는 것과 같이 전기전자장치에 이상이 생겼다면 그 원인을 알아야 한다. 해결책의 상당 부분은 물성공학의 지식이 요구된다. 물성공학은 전자기학과 함께 전기전자공학의 핵심 학문이다. 전자기학이 거시적 입장에서 다루는 학문이라면 물성공학은 미시적 입장에서 다루는 학문이다. 사실상 물성공학을 이해하려면 현대물리학의 지식을 어느 정도는 갖고 있어야 한다.

이 책은 현대물리학의 핵심 내용을 1장에 담아 전기전자물성공학을 이해하는 데 큰 어려움이 없이 읽어서 쉽게 터득할 수 있도록 집필되었다. 보다 깊은 내용은 다른 책을 참고하기 바란다.

이 책은 다음과 같이 총 9개의 장으로 구성되어 있다.

1장의 양자역학의 기초에서는 물성공학을 이해하는 데 반드시 알아둬야 할 현대물리학의 기초지식을 제공한다.
2장의 결정구조에서는 물질이 구성되는 원자결합, 결정, 결함 등의 기초지식을 제공한다.
3장의 고체의 에너지대에서는 에너지대 이론으로 금속, 절연체, 반도체를 분류하고, 고체의 성질이 에너지대에 따라 어떻게 달라지는가에 대한 기초지식을 제공한다.
4장의 금속과 초전도체에서는 금속에서 전기저항의 발생원인과 초전도 현상에 대한 기초지식을 제공한다.
5장의 반도체에서는 광범위한 반도체 성질에 대한 포괄적 기초지식을 제공한다.
6장의 반도체 소자에서는 반도체 이론을 기반으로 한 전자부품으로서 각종 다이오드, 트랜지스터, 태양전지, 사이리스터 등에 대한 기초지식을 제공한다.
7장의 유전체에서 정전하와 부전하가 분리되는 유전현상, 분극을 기초로 한 콘덴서의 성질, 절연파괴기구에 대한 기초지식을 제공한다.
8장의 자성체에서는 자기쌍극자, 자화현상, 자성에 대한 포괄적 기초지식을 제공한다.
9장의 고체의 광학적 성질에서는 고체의 광흡수 개념과 온도방사 외의 모든 빛을 총괄하는 루미네선스에 대한 기초지식을 제공한다.

이 책이 이 분야의 기초지식을 필요로 하는 학생이나 산업계, 연구소 관련자들에게 많은 참고가 되기를 바란다. 집필과정에서 필자의 생각이 미치지 못하여 내용의 오류가 있을 수 있으며, 독자들의 아낌없는 의견과 비판을 바탕으로 수정과 보완을 거듭하여 호평받는 책이 되기를 기대한다.

이 책을 집필함에 있어서 참고한 많은 책들의 저자들에게 지면으로 감사를 표하며, 끝으로 2판이 나오기까지 편집에 수고를 아끼지 않은 문운당 관계자 여러분께 심심한 사의를 드리는 바이다.

엄광산, 백양산 중턱에서 저자
cwnahm@deu.ac.kr

목 차

CHAPATER 6 반도체 소자

CHAPATER 8 자성체

부 록

CHAPATER 1

양자역학의 기초

(Fundamental of quantum mechanics)

구성

개요

이 장에서는 고온의 흑체에서 방출되는 열복사의 특성곡선을 설명하는데 단초가 된 양자가설을 시작으로 양자역학의 기초를 다룬다. 물질과 전기량에도 최소단위가 있듯이 에너지에도 최소단위가 있다. 그것이 **에너지 양자**(量子, quantum)이다. 원자 내 전자의 거동을 하나의 모델을 이용하여 설명한다. 러더포드(Rutherford)는 알파 입자(He^{++})의 산란실험을 통하여 원자의 구조적 모델을 도입하였다. 보어(Bohr)는 가장 간단한 원자인 수소에서 전자의 거동을 예측하고 설명할 수 있을 정도의 정확한 **수소 원자 모델**을 제안하였다. 다전자를 가지는 원자에 대한 설명은 조머펠트(Sommerfeld)의 원자모형으로 가능하고, 나아가 원자 내의 전자의 양자상태를 나타내기 위한 네 가지의 **양자수**를 다룬다. 드 브로이(de Broglie) **물질파**(物質波, matter wave)로부터 입자의 파동성을 설명한다. 물질파를 수학적으로 나타내기 위한 슈뢰딩거의 **파동방정식**을 유도하고, 이것을 이용하여 무한 네모 우물 퍼텐셜에 갇혀 있는 전자의 거동에 대해서 다룬다. 미시세계에서 일어나는 **불확정성 원리**의 개념을 설명한다. 좁은 전위장벽에서 슈뢰딩거(Schrodinger)의 파동방정식의 해를 구하여 전자와 같은 입자가 **터널링**(tunneling)하기 위한 조건에 대해서 알아본다. **주기율표**의 구성과 각 원소의 전자배치법을 설명한다.

1.1 전자기파로서의 빛

19세기 말까지만 해도 빛은 **파동**(波動, wave)이었으나 20세기 초, 광전효과의 발견으로 빛은 입자성도 가지고 있다는 사실이 밝혀졌다. 여기서는 파동으로서의 빛, 즉 전자기파에 관한 몇 가지 중요한 내용을 다룬다.

1.1.1 전자기파의 속도

전하가 가속 운동을 하면 **전자기파**(電磁氣波, electromagnetic wave)가 발생한다. 전자기파는 그림 1.1에 나타낸 바와 같이 서로 수직인 전기장과 자기장으로 구성되며, 진행방향에 수직으로 변하는 횡파로 에너지를 가지고서 빛의 속도로 진행한다. y 방향으로 진동하면서 x 방향으로 진행하는 전기장 $E_y(x, t)$를 수학적으로 나타내면

$$E_y(x, t) = E_m \sin(kx - \omega t) \tag{1.1}$$

z 방향으로 진동하면서 x 방향으로 진행하는 자기장 $B_z(x, t)$를 수학적으로 나타내면

$$B_z(x, t) = B_m \sin(kx - \omega t) \tag{1.2}$$

이것들은 맥스웰의 파동방정식의 해이다.

위 식에서 k는 $k = 2\pi/\lambda$로 정의되는 **파수**로 길이 $2\pi(\simeq 6.28\text{ cm})$에 포함된 파장(cm)의 수이다. ω는 $\omega = 2\pi f$로 나타내지는 각주파수이다.

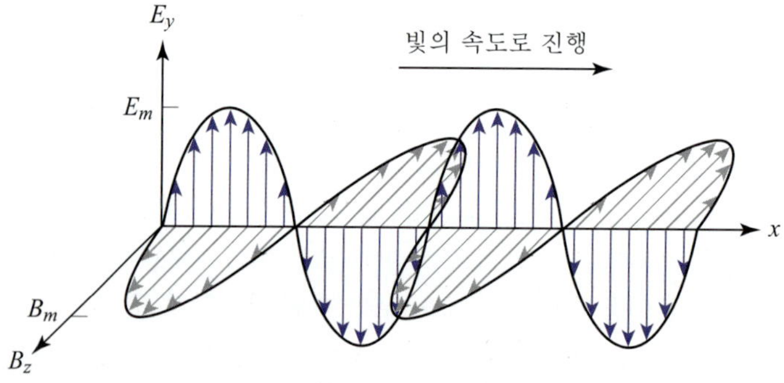

그림 1.1 전자기파

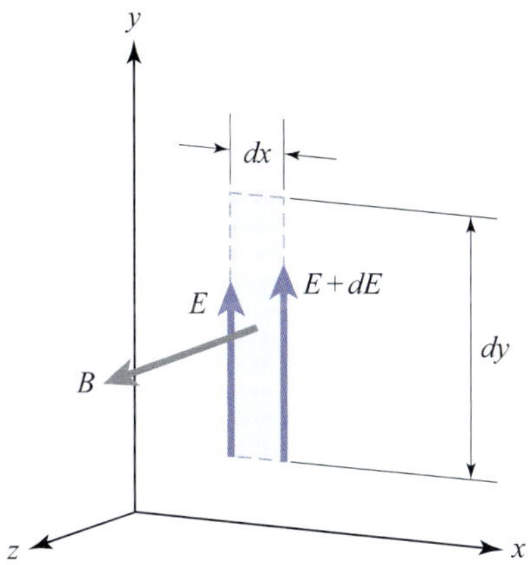

그림 1.2 전기장의 진동면

전기장의 진동방향과 진행방향이 이루는 면을 **전기장의 진동면**이라고 하는데 그림 1.2에 나타낸 전기장 진동면의 직사각형 고리에 패러데이의 법칙을 적용시켜보자.

패러데이의 법칙은 "시간에 따라 변하는 자기장은 전기장을 유도한다"는 것으로 다음과 같은 식으로 정의된다.

$$\oint \boldsymbol{E}\cdot d\boldsymbol{L} = -\frac{d\Phi_B}{dt} \tag{1.3}$$

식 (1.3)의 좌변, $\oint \boldsymbol{E}\cdot d\boldsymbol{L}$은 그림 1.2의 직사각형 고리를 선적분한 것이다. 폭이 dx인 직사각형의 윗변과 아랫변에서는 전기장 $\boldsymbol{E}$와 $d\boldsymbol{L}$은 서로 수직이므로 $\boldsymbol{E}\cdot d\boldsymbol{L}=0$이다. 왼쪽 변에서 전기장의 세기는 E, 오른쪽 변에서 전기장의 세기는 $E+dE$이다. 따라서 반시계방향을 따라 적분하면 다음과 같이 된다.

$$\oint \boldsymbol{E}\cdot d\boldsymbol{L} = (E+dE)\,dy - E\,dy = dE\,dy \tag{1.4}$$

식 (1.3)의 우변에서 자속 Φ_B는 $\Phi_B = \int \boldsymbol{B}\cdot d\boldsymbol{S}$와 같이 정의되므로 $d\boldsymbol{S}$는 직사각형 고리를 주변으로 하는 개곡면의 미소 면적벡터로 자기장 $\boldsymbol{B}$와 평행이다. 따라서 $\boldsymbol{B}\cdot d\boldsymbol{S} = B\,dx\,dy$가 된다. 직사각형 고리를 지나가는 자속의 변화율을 계산하면 다음과 같이 된다.

$$\frac{d\Phi_B}{dt} = \frac{d}{dt}\int \boldsymbol{B}\cdot d\boldsymbol{S} = \frac{d}{dt}(B\,dx\,dy) = \frac{dB}{dt}\,dx\,dy \tag{1.5}$$

식 (1.4)와 식 (1.5)를 식 (1.3)에 대입하면 다음과 같이 된다.

$$dE\,dy = -\frac{dB}{dt}\,dx\,dy \tag{1.6}$$

실제로는 E와 B는 x와 t의 함수이므로 편미분을 사용해야 한다. 따라서 편미분 기호를 사용하여 식 (1.6)을 정리하면 다음과 같이 된다.

$$\frac{\partial E}{\partial x} = -\frac{\partial B}{\partial t} \tag{1.7}$$

식 (1.7)에 식 (1.1)과 식 (1.2)를 대입하여 정리하면 다음과 같은 관계식이 얻어진다.

$$E = \frac{\omega}{k}B = v\,B \tag{1.8}$$

여기서 $\omega/k = v$이며, 전자기파의 속도이다.

자기장의 진동방향과 진행방향이 이루는 면을 **자기장의 진동면**이라고 하는데 그림 1.3에 나타낸 자기장 진동면의 직사각형 고리에 암페어의 법칙을 적용시켜보자.

암페어의 법칙은 "시간에 따라 변하는 전기장은 자기장을 유도한다"는 것으로 다음과 같은 식으로 정의된다.

$$\oint B \cdot dL = \mu_o \epsilon_o \frac{d\Phi_E}{dt} \tag{1.9}$$

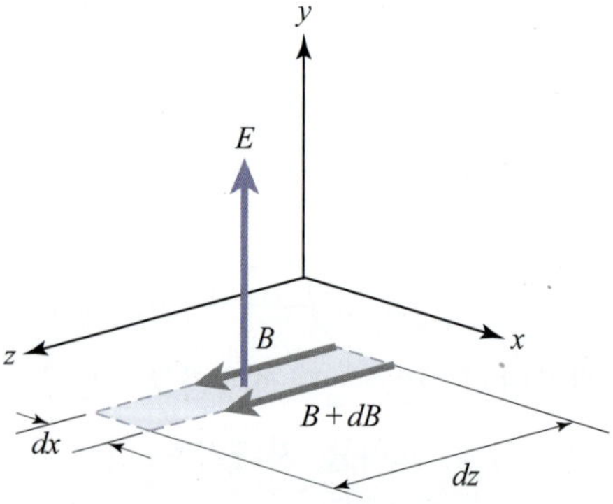

그림 1.3 자기장의 진동면

식 (1.9)의 좌변, $\oint \boldsymbol{B} \cdot d\boldsymbol{L}$은 그림 1.3의 직사각형 고리를 적분한 것이다. 직사각형에서 폭이 dx인 변에 대해 자기장 $\boldsymbol{B}$와 $d\boldsymbol{L}$는 서로 수직이므로 $\boldsymbol{B} \cdot d\boldsymbol{L} = 0$이다. 윗변에서 자기장의 세기는 B, 아랫변에서 자기장의 세기는 $B+dB$이다. 따라서 반시계방향을 따라 선적분하면 다음과 같이 된다.

$$\oint \boldsymbol{B} \cdot d\boldsymbol{L} = B\,dz - (B + dB)\,dz = -\,dB\,dz \tag{1.10}$$

식 (1.9)의 우변에서 전속 Φ_E는 $\Phi_E = \int \boldsymbol{E} \cdot d\boldsymbol{S}$와 같이 정의되므로 $d\boldsymbol{S}$는 직사각형 고리를 주변으로 하는 개곡면의 미소 면적벡터로 전기장 $\boldsymbol{E}$와 평행이다. 따라서 $\boldsymbol{E} \cdot d\boldsymbol{S} = E\,dx\,dz$가 된다. 직사각형 고리를 지나가는 전속의 변화율을 계산하면 다음과 같이 된다.

$$\frac{d\Phi_E}{dt} = \frac{d}{dt}\int \boldsymbol{E} \cdot d\boldsymbol{S} = \frac{d}{dt}(E\,dx\,dz) = \frac{dE}{dt}\,dx\,dz \tag{1.11}$$

식 (1.10)과 식 (1.11)을 식 (1.9)에 대입하면 다음과 같이 된다.

$$dB\,dz = \mu_o \epsilon_o \frac{dE}{dt}\,dx\,dz \tag{1.12}$$

편미분 기호를 사용하여 식 (1.12)를 정리하면 다음과 같이 된다.

$$\frac{\partial B}{\partial x} = -\,\mu_o \epsilon_o \frac{\partial E}{\partial t} \tag{1.13}$$

식 (1.1)과 식 (1.2)를 식 (1.13)에 대입하여 정리하면 다음과 같은 관계식이 얻어진다.

$$B = \mu_o \epsilon_o \frac{\omega}{k} E = \mu_o \epsilon_o v E \tag{1.14}$$

식 (1.8)과 식 (1.14)를 결합시키면 **전자기파의 속도** v는 다음과 같은 식으로 나타내진다.

$$v = \frac{1}{\sqrt{\mu_o \epsilon_o}} \tag{1.15}$$

자유공간에서 전자기파의 속도를 계산하면

$$v = \frac{1}{\sqrt{\mu_o \epsilon_o}} = \frac{1}{\sqrt{(4\pi \times 10^{-7}\mathrm{H/m})(8.854 \times 10^{-12}\mathrm{F/m})}} = 3 \times 10^8 \mathrm{~m/s}$$

가 된다. 따라서 전자기파의 속도는 빛의 속도(c)와 같으며, 전기장과 자기장은 빛의 속도로 진행한다.

핵심 N 전기장과 자기장으로 구성된 전자기파는 하전입자의 가속운동으로 생기며, 빛의 속도로 진행한다.

1.1.2 전자기파의 에너지

파동으로서의 빛의 세기(밝기)는 단위 시간당, 단위 면적당 파(波, wave)에 의해서 전달되는 에너지이다. 특히 전자기파에 의해서 한 지점에서 다른 지점으로 전달되는 에너지를 **포인팅 벡터**(Poynting vector) $\boldsymbol{S}$라고 한다. 전기장 E에 저장되는 에너지 U_E는 다음과 같다.

$$U_E = \frac{1}{2}\int \boldsymbol{D} \cdot \boldsymbol{E}\, dV = \frac{1}{2}\int \epsilon_o E^2\, dV \tag{1.16}$$

따라서 전기장 E에 저장되는 에너지 밀도 $u_E = dU_E/dV$는 다음과 같이 나타내진다.

$$u_E = \frac{1}{2}\epsilon_o E^2 \tag{1.17}$$

또 자기장 B에 저장되는 에너지 U_B는 다음과 같다.

$$U_B = \frac{1}{2}\int \boldsymbol{B} \cdot \boldsymbol{H}\, dV = \frac{1}{2}\int \frac{B^2}{\mu_o}\, dV \tag{1.18}$$

따라서 자기장 B에 저장되는 에너지 밀도 $u_B = dU_B/dV$는 다음과 같이 나타내진다.

$$u_B = \frac{B^2}{2\mu_o} \tag{1.19}$$

전자기파가 가지는 에너지는 전기장과 자기장에 저장되는 에너지의 합, $u = u_E + u_B$이므로

$$u = \epsilon_o E^2 = \frac{B^2}{\mu_o} \tag{1.20}$$

가 된다. 그림 1.4에 나타낸 바와 같이 dt 시간 동안 면적 A를 통과하는 전자기파의 에너지는 미소체적 dV 영역에 들어있는 에너지로 다음과 같이 나타낼 수 있다.

$$dU = u\,dV = \epsilon_o E^2 A\,c\,dt \tag{1.21}$$

따라서 포인팅 벡터의 크기 S는 다음과 같이 된다.

$$S = \frac{dU}{A\,dt} = c\,\epsilon_o E^2 = \frac{c\,B^2}{\mu_o} = \frac{EB}{\mu_o} \tag{1.22}$$

S를 벡터로 나타내면 다음과 같다.

$$\boldsymbol{S} = \frac{1}{\mu_o}(\boldsymbol{E} \times \boldsymbol{B}) \tag{1.22-1}$$

식 (1.22)에서 S의 평균치 $\overline{S}$는 다음과 같이 나타낼 수 있다.

$$\overline{S} - c\,\epsilon_o \overline{E^2} \tag{1.22-2}$$

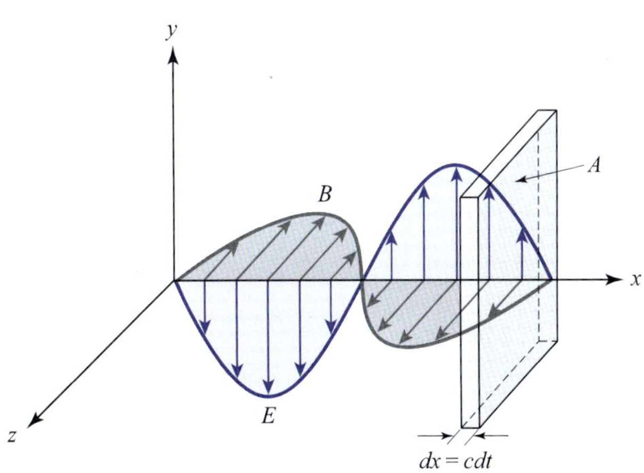

그림 1.4 면적 A를 통과하는 전자기파의 에너지

여기서 전기장 제곱의 평균치 $\overline{E^2}$는 다음과 같이 계산된다.

$$\overline{E^2} = \frac{1}{T}\int_0^T E^2\,dt = \left(\sqrt{\frac{1}{T}\int_0^T E^2\,dt}\right)^2 = \left(\frac{E_m}{\sqrt{2}}\right)^2 = \frac{E_m^2}{2} \qquad (1.22\text{-}3)$$

식 (1.22-3)을 식 (1.22-2)에 대입하면 전자기파가 전달하는 에너지는 다음과 같은 식으로 나타내진다.

$$\overline{S} = \frac{1}{2}c\epsilon_o E_m^2 \qquad (1.22\text{-}4)$$

따라서 빛을 파동으로 봤을 때 전자기파에 의해서 전달되는 에너지, 즉 빛의 세기는 파의 진폭의 제곱에 비례한다.

핵심 N 전자기파는 에너지를 전달하며, 단위 시간당, 단위 면적당 전자기파에 의해서 전달되는 에너지를 포인팅 벡터라고 한다. 그 에너지는 진폭의 제곱에 비례한다.

1.2 양자론의 출현

양자론(量子論, quantum theory)은 20세기 초, 즉 1900년에 시작하여 근 26년간에 거쳐 이루어진 물리학이다. 막스 플랑크(Max Plank)는 가열로 백색의 빛을 발하는 흑체로부터 방출되는 에너지를 설명하는 데 최초로 양자가설을 내놓았다. 이것이 양자론의 시초라고 할 수 있다. **퀀텀**(quantum)은 라틴어로 양(量t) 혹은 덩어리(塊, 괴)를 의미하며, 어떤 물리량이 어떤 조건 하에서 덩어리처럼 불연속적인 성질을 갖는다는 것이다. 우리가 그동안 많이 다루어 왔던 뉴턴의 역학이나 맥스웰의 전자기론, 즉 고전물리학은 거시적 세계에서는 이것으로 충분하지만 원자의 세계나 원자로 이루어진 결정체 내에서 전자의 운동을 기술하려면 소위 미시세계에서는 양자론의 도움을 받지 않고서 해석하기는 사실상 불가능하다. 양자론을 접하는 학생들이 어려워하는 이유는 모든 것을 고전물리학 취급 방식으로 접근하려는 데 있다. 전기공학은 과거에는 고전물리학으로도 거의 설명이 가능했고, 학문의 범위가 확장되었다고 하더라도 양자론 없이도 이해할 수 있는 부분이 많았지만 반도체, 초전도체 등은 물론이고, 그동안 이론적으로 밝혀지지 않았던 내용은 양자론을 빌어 해석되고 있다.

1.2.1 흑체복사

물체가 열이나 빛을 받게 되면 반대로 열 또는 빛을 방출하게 된다. 이때 방출하는 열이나 빛은 전자기파 형태의 에너지이다. 이것을 **열복사(온도복사)**라고 한다. 모든 물체는 자신의 온도에 따라 여러 파장의 빛을 낸다. 물체를 가열하면 낮은 온도에서는 눈에 보이지 않는 열선이라고 하는 적외선이 나오고, 그 다음에 검붉은 색을 거쳐 선홍색의 빛이 나온다. 보다 높은 온도에서는 황색, 옅은 황색 등으로 나오고, 매우 높은 온도에서는 강한 청백색이 나온다. 그렇다면 물체를 가열시키면 왜 하나 같이 연속 스펙트럼의 빛이 나오는 것일까? 온도를 증가시키면 물체를 구성하는 원자가 격렬하게 진동하게 된다. 하전입자의 가속운동으로부터 전자기파가 방출한다는 전제하에 물체를 구성하는 원자들의 격렬한 진동은 수많은 하전입자가 가속운동을 하는 것이므로 물체는 각기 다른 파장의 전자기파를 방출한다. 또한 방출한 전자기파의 간섭이 일어날 것이고, 이것들의 조합으로 연속 스펙트럼이 나타나게 된다. 그런데 고온에서 방출하는 빛의 연속 스펙트럼으로부터 이것이 어떤 물체의 빛인지 구별할 수가 없다. 그러나 밀도가 낮은 기체를 방전시키면 연속 스펙트럼이 아니라 원소 특유의 선 스펙트럼을 통해서 미지의 기체원소를 알 수 있다.

이상에서 복사선의 성질이 물체의 온도에 따라 변한다는 것을 알 수 있다. 복사선의 성질은 복사선을 좁은 파장 영역으로 쪼갰을 때 어느 파장의 빛이 어느 정도의 세기인지를 나타내는 것이다. 그런데 복사선의 성질을 조사할 때 물체마다 그 양상이 조금씩 다르다면 하나의 기준을 설정하기가 어렵다. 따라서 물체의 온도가 정해지면 방출되는 복사강도가 최대가 된다거나 복사에너지를 완전히 흡수할 수 있는 기준 물체를 잡는 것이 좋다. 이는 무한히 많은 실제기체를 다루기보다 이상기체를 다루는 것과 같은 이치이다. 이런 물체를 **흑체**(黑體, black body)라고 한다. 흑체는 자신에게 조사되는 모든 전자기파를 모두 흡수하고, 자신에게서 나오는 모든 전자기파를 모두 방출하는 이상적인 검은 색의 물체로 실제로 존재하지 않기 때문에 흑체와 같은 성질을 갖는 기구를 생각해야 한다. 그래서 내부에 있는 공동(空洞, cavity)과 외부의 표면을 연결하는 작은 구멍으로 된 물질의 덩어리, 즉 **공동복사체**(空洞輻射體, cavity radiation body)를 가지고 조사한다.

그림 1.5는 흑체복사의 특성을 나타낸 것으로 온도를 매개변수로 하여 복사선의 강

도를 파장의 함수로 표시한 것이다. 특성곡선으로부터 실험결과를 요약하면 다음과 같이 쓸 수 있다.

1. 빛에너지의 대부분은 적외선 영역에 분포한다.
2. 온도가 증가하면 총 복사에너지 밀도가 증가한다.
3. 온도가 증가하면 총 복사에너지 밀도의 피크 파장이 단파장 쪽으로 이동한다.

이러한 고전론적 흑체복사에 관련된 에너지 스펙트럼 분포에 대해서 실험적으로 발견되고, 이론적으로 증명된 두 법칙이 있다.

(1) 슈테판–볼쯔만의 법칙

"온도(T)를 일정하게 유지시킨 물체의 공동에서 나오는 열복사의 에너지 밀도 P [단위 시간당, 단위 면적당 복사되는 에너지(W/m^2)]는 절대온도 T의 4승에 비례한다."는 것이 **슈테판–볼쯔만의 법칙**(Stefan–Boltzmann's law)이다. 이것은 1879년 슈테판(Stefan)이 실험적으로 발견하고, 그 후에 볼쯔만(Boltzmann)이 이론적으로 도출한 것이다. 이 법칙은 다음과 같은 식으로 표현된다.

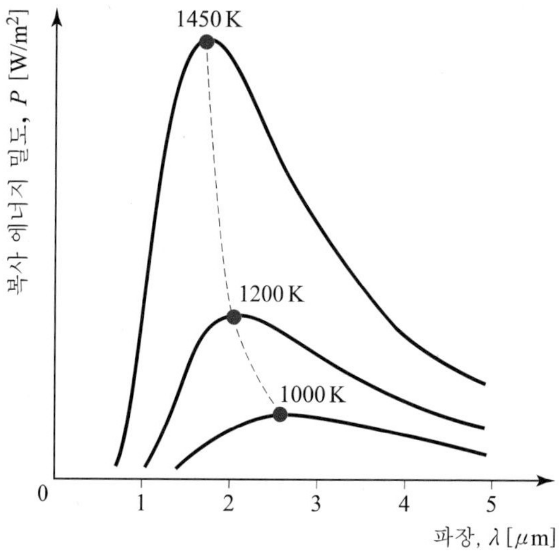

그림 1.5 흑체복사의 특성

$$P = \sigma_S T^4 \tag{1.23}$$

여기서 σ_S는 슈테판 상수로 $\sigma_S = 8\pi^2 k^4 / 15 c^3 h^3 = 5.67 \times 10^{-8}\ \mathrm{W m^{-2} K^{-4}}$ 이다. 이 식을 바탕으로 표면에서 방출되는 총 복사전력은 다음과 같이 나타낼 수 있다.

$$P = S \epsilon \sigma_S [T^4 - T_o^4] \tag{1.24}$$

여기서 S는 방출체의 표면적, ϵ는 방출체의 방출률로 흑체에서 1이고, 전혀 복사하지 않고 완전 반사체인 경우에는 0이다. 광택이 나는 강철의 경우 0.07, 산화구리나 황동은 0.6, 광택이 없는 검은 페인트는 0.97이다.

(2) 윈의 변위법칙

"열복사의 에너지 밀도가 최대가 되는 파장 λ_p와 복사온도 T 사이에 두 곱은 일정하다."는 것이 **윈의 변위법칙**(Wien's displacement law)이다. 이것은 1893년 윈(Wien)이 이론적으로 도출한 법칙으로 다음과 같은 식으로 표현된다.

$$\lambda_p \cdot T = 2.898 \times 10^{-3}\ [\mathrm{m \cdot K}] \tag{1.25}$$

흑체 스펙트럼의 피크파장은 온도가 증가할수록 점점 단파장 쪽으로 이동한다는 실험적 사실을 설명해준다.

핵심 N 물체를 가열하면 할수록 원자는 복잡하게 진동하고 다양한 파장의 복사파가 방출된다.

1.2.2 에너지 양자설

총 복사에너지 밀도와 피크파장은 고전이론으로 잘 설명되었지만 곡선의 모양은 그렇지 못하였다. 레일리-진스(Rayleigh-Jeans)는 복사에너지 곡선을 설명하려고 당시의 고전 물리학을 기초로 이론을 전개하여 다음과 같은 식을 얻었다.

$$P(f, T) = \frac{8\pi k f^2 T}{c^3} \tag{1.26}$$

여기서 c는 광속, k는 볼쯔만 상수 $k = 1.38 \times 10^{-23}\ \mathrm{J/K}$, f는 빛의 진동수, T는 절대온도다.

그러나 그림 1.6에서 보는 바와 같이 장파장에서 겨우 실측과 비슷하나, 단파장에선 완전히 벗어나는 모양새가 된다. 이것을 **자외선 파탄**(紫外線破綻, ultraviolet catastrophe)이라고 부른다. 윈(Wien)도 다음과 같은 실험식을 가지고서 설명하려고

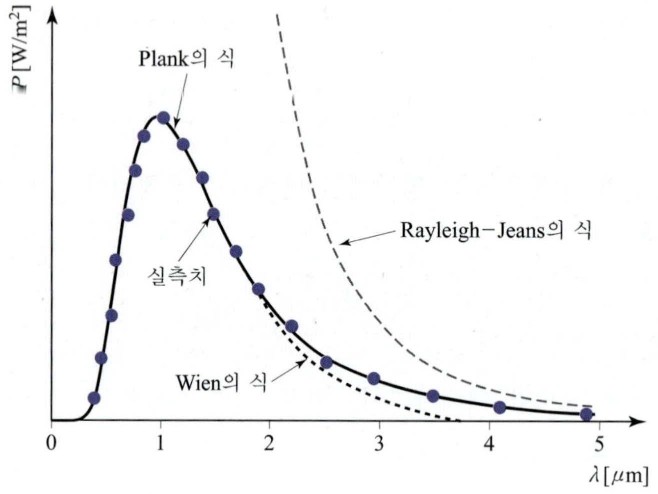

그림 1.6 흑체복사 특성에 관한 세 식의 비교

하였지만 단파장에서 일치하나, 장파장에서 벗어나는 결과였다.

$$P(f,\,T) = \frac{8\pi h f^3}{c^3}\frac{1}{e^{hf/kT}} \tag{1.27}$$

여기서 h는 실험으로 정해지는 플랑크 상수로 $h = 6.626 \times 10^{-34}$ J.s 이다.

1900년 막스 플랑크(Max Plank)는 레일리−진스(Rayleigh−Jeans)의 식과 윈(Wien)의 식이 실측치와 일치하지 않는 것을 해결하려고 두 식을 결합시켜 실측치와 일치하는 실험식, 소위 **플랑크 식**을 다음과 같이 제시하였다.

$$P(f,\,T) = \frac{8\pi f^2}{c^3}\frac{hf}{e^{hf/kT}-1} = \frac{8\pi h f^3}{c^3}\frac{1}{e^{hf/kT}-1} \tag{1.28}$$

막스 플랑크는 "물체가 전자기파 형태의 에너지를 흡수하거나 방출할 때에 hf의 정수배가 되는 불연속적인 에너지 값으로 교환한다."라고 하는 대담한 **에너지 양자가설**을 세워 실험식을 이론적으로 도출하였다. 식 (1.28)을 다른 형태로 나타내면 다음과 같이 나타낼 수 있다.

$$P(f,\, T) = \frac{8\pi h f^3}{c^3}\frac{1}{e^{hf/kT}-1} = A\left(\frac{e^{-hf/kT}}{1-e^{-hf/kT}}\right)$$
$$= A\left(e^{-hf/kT} + e^{-2hf/kT} + \cdots\right) \tag{1.29}$$

오른쪽 괄호는 초항과 공비가 $e^{-hf/kT}$인 무한등비급수이다. 그렇다면 $e^{-hf/kT}$의 의미는 뭘까? 양자가 hf라고 하는 에너지를 가질 확률에 해당한다. 진동수 f인 양자는 hf의 정수배가 되는 에너지를 가지되, 그 에너지가 불연속적이라고 설명하였다. 플랑크는 모든 물체는 원자라고 하는 입자로 구성되어 있지만 연속적이지 않고, 또 전기량에도 최소단위인 전하량 e가 있듯이 그림 1.7에서와 같이 고전론에서 연속인 에너지도 연속이 아닌 어떤 최소 에너지양으로 되어 있다는 생각에 도달하게 되었다. 그 에너지의 최소량이 **에너지 양자**(energy qunta)이며, 다음과 같은 양으로 나타내진다.

$$E = hf \tag{1.30-1}$$

에너지 단위, 주울(J)을 전자볼트(eV)로 나타내면 다음 식과 같이 변형된다.

$$E = \frac{12400}{\lambda\,[\text{Å}]}\ [\text{eV}] \tag{1.30-2}$$

여기서 λ는 파장으로 $\lambda = c/f$ 관계가 있다(c는 빛의 속도).

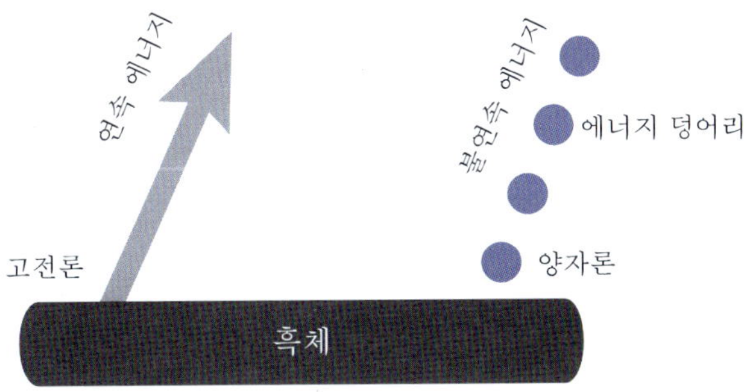

그림 1.7 에너지 양자의 개념도 : 뜨거운 물체에서 나오는 복사에너지는 불연속적이다.

에너지 양자로부터 열복사 식을 도출하는 획기적인 실마리를 얻게 된다. 가열된 공동복사체에서 하전입자는 진동을 하게 되면 진동수 f인 전자기파를 방출한다고 알려져 있다. 공동복사체 내에는 진동수 f인 전자파가 충만해 있다면 진동수 f인 **진동자**가 수없이 많이 존재할 것이다. 이런 진동자 에너지 E는 연속적인 에너지를 가지는 것이 아니라 특정한 에너지만을 가진다. 즉 에너지 양자 hf의 정수배인 nhf만을 가진다.

$$E = nhf \tag{1.30-3}$$

따라서 공동 내에는 hf, $2hf$, $3hf$, $\cdots$, nhf와 같이 진동수 f는 같지만 에너지가 다른 진동자들이 가득 차 있다. 진동수 f를 갖는 많은 **진동자의 평균 에너지**들 구하려면 통계적으로 계산하여야 한다. E의 평균을 $\langle E\rangle$라고 할 때 $\langle E\rangle$를 구하는 과정을 아래 박스 속에 다루었다. 그러나 그 과정을 생략하고 결과만 알아둬도 학습의 흐름에 큰 문제가 없으므로 참고하기 바란다.

어떤 물리량의 평균치를 통계적으로 구하는 식에 대해서 우선 생각해보자. 물리량을 신장 h로 하고, 신장이 h_1인 학생이 n_1명, h_2인 학생이 n_2명, $\cdots$, h_i인 학생이 n_i명, $\cdots$ 있을 때 학생 전체의 신장의 평균치 $\langle h\rangle$는 다음과 같이 구한다.

$$\langle h\rangle = \frac{h_1n_1 + h_2n_2 + \cdots + h_in_i + \cdots}{n_1 + n_2 + \cdots + n_i + \cdots}$$

$$= h_1\frac{n_1}{\sum_i n_i} + h_2\frac{n_2}{\sum_i n_i} + \cdots + h_i\frac{n_i}{\sum_i n_i} + \cdots$$

가 된다. 여기에 $n_i/\sum_i n_i$는 총 학생 $\sum_i n_i$ 중에서 h_i인 신장의 학생이 있는 비율이며, 이것을 총 학생 중에 h_i인 신장의 학생이 존재하는 확률이라고 하자. 그러면 식의 우변의 각 항은 (평균값을 구하려고 하는 물리량) × (물리량의 존재확률)이 된다. 따라서 신장의 평균치는 다음과 같이 쓸 수 있다.

$$\langle h\rangle = \sum_i h_i\left(\frac{n_i}{\sum_i n_i}\right) = \frac{\sum_i h_in_i}{\sum_i n_i}$$

이것을 이용하여 진동자 개수 N_i에 대한 진동자들의 에너지 E의 평균치 $\langle E \rangle$를 구해보자. 물리량 E의 존재확률은 $N_i / \sum_i N_i$ 이고, $\langle E \rangle$는 $E\left(N_i / \sum_i N_i\right)$의 합이므로 다음과 같이 쓸 수 있다.

$$\langle E \rangle = \sum_i^n E\left(\frac{N_i}{\sum_i^n N_i}\right) = \frac{\sum_i E N_i}{\sum_i N_i} = \frac{\sum_{n=0}^{\infty} E\, e^{-E/kT}}{\sum_{n=0}^{\infty} e^{-E/kT}} = \frac{\sum_{n=0}^{\infty} nhf\, e^{-nhf/kT}}{\sum_{n=0}^{\infty} e^{-nhf/kT}}$$

$$= \frac{hf\left(e^{-hf/kT} + 2e^{-2hf/kT} + 3e^{-3hf/kT} + \cdots\right)}{1 + e^{-2hf/kT} + e^{-3hf/kT} + e^{-3hf/kT} + \cdots}$$

여기서 $x = -hf/kT$ 로 두면

$$\langle E \rangle = hf\,\frac{e^x + 2e^{2x} + 3e^{3x} + \cdots}{1 + e^{2x} + e^{3x} + \cdots}$$

$$= hf\,\frac{d}{dx}\ln\left(1 + e^x + e^{2x} + e^{3x} + \cdots\right)$$

$$= hf\,\frac{d}{dx}\ln\frac{1}{1 - e^x} = hf\,\frac{1}{e^{-x} - 1} = \frac{hf}{e^{hf/kT} - 1}$$

상기의 과정에 따라 진동자들의 평균 에너지 $\langle E \rangle$는 다음과 같이 된다.

$$\langle E \rangle = \frac{hf}{e^{hf/kT} - 1} \tag{1.31}$$

평균 에너지는 임의의 시간에 진동자 전체의 평균치로 하거나 어떤 특정 진동자의 시간의 평균치로 해도 그 결과는 동일하다.

한편 공동 내의 진동수 f를 가지는 단위 체적당 진동자수는 $8\pi f^2/c^3$이 된다(증명생략). 이것을 식 (1.31)에 곱하면 식 (1.28)의 플랑크 식이 이론적으로 유도된다. 식 (1.30-3)에서 양변을 평균치 식으로 나타내면 다음과 같이 된다.

$$\langle E \rangle = \langle nhf \rangle = hf\langle n \rangle = hf\,\frac{1}{e^{hf/kT} - 1}$$

hf는 일정하므로 다음과 같은 식이 얻어진다.

$$\langle n \rangle = \frac{1}{e^{hf/kT} - 1} \tag{1.32}$$

이것은 온도 T의 열평형 상태에서 진동수 f를 가지는 진동자수, 즉 **포논**(phonon, 격자진동의 양자 또는 탄성에너지의 양자) 수의 평균치이다.

핵심 N 물체를 가열할 때 진동자로부터 방출되는 빛에너지의 최소량, 즉 기본 단위량을 에너지 양자(量子, quantum)라고 하며, 일종의 에너지 덩어리이다. 진동자가 가질 수 있는 에너지는 진동수 f에 비례하며, $E = nhf$로 양자화된다.

1.2.3 광전효과

빛이 입자냐 파동이냐 하는 것은 19세기말까지 큰 논쟁거리였다. 17세기 말까지만 해도 빛은 뉴턴의 미립자(corpuscular)설에 의해 틀림없는 입자로 간주되어 왔다. 동시대의 경쟁자였던 호이겐스(Huygens) 등에 의해 파동(wave)설이 제기 되었지만 뉴턴의 명성 때문에 받아들여지지 않았다. 그러한 논쟁은 18세기 말에 이르기까지 계속되었다. 그러나 1801~1804년 영(Young)과 프리넬(Fresnel) 등에 의해 빛이 회절과 간섭을 일으킨다는 실험결과가 나온 이후에야 빛이 파동임이 확인되었다. 그 후 빛에 대한 실험은 계속되어 1887년 헤르츠(Hertz)는 자외선을 음극에 조사할 때 방전이 촉진됨을 확인하였으며, 1888년 왈왁스(Hallwachs)는 금속 표면에 빛을 조사했을 때 전자가 방출됨을 확인하였다. 이 현상을 **광전효과**(光電效果, photovoltaic effect)고 하며, 이때 방출되는 전자를 **광전자**(光電子, photoelectron)라고 한다. 그림 1.8은 광전효과의 개념도이다. 진공 상태의 방전관에 전압을 걸면 전류가 흐르지 않는다. 그러나 음극에 빛을 조사하면 광전류가 흐른다는 사실에 기초하여 금속에서 전자가 방출된다는 것이 분명하다.

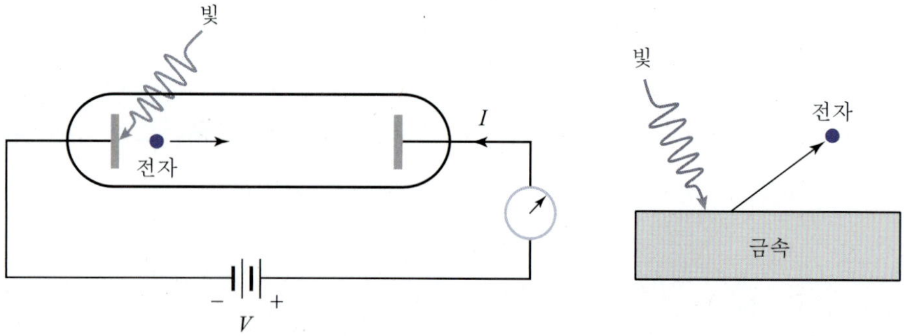

그림 1.8 광전효과 : 금속에 빛을 조사했더니 금속 내의 전자가 튀어나오더라.

그 후 1900년 레나르드(Lenard)는 광전효과와 관련된 실험을 통해서 다음과 같은 결과를 얻었다.

1. 빛의 세기(밝기)가 클수록 광전자수가 증가한다. 즉 밝은 빛은 어두운 빛보다 더 많은 전자를 방출시킨다.

그림 1.9에 나타낸 바와 같이 같은 파장을 가지는 적색의 빛을 금속 표면에 조사할 때 밝기가 점점 밝아지면 광전자수가 더 많아진다. 이는 그림 1.8에서 광전류 I가 증가한다는 것을 의미한다.

2. 광전자의 운동에너지($K = mv^2/2$)는 빛의 세기에 무관하다. 즉 같은 진동수의 빛을 조사했을 때 밝은 빛이나 어두운 빛이나 광전자의 운동에너지는 같다.

그림 1.9에서 같은 파장의 빛을 점점 밝아지게 하면 광전자수는 더 많아지지만, 광전자의 운동에너지(금속 표면에서 광전자의 위치까지의 높이)에는 변화가 없다.

3. 광전자의 운동에너지는 조사되는 빛의 파장이 짧을수록 크다.

그림 1.10에 나타낸 바와 같이 빛의 세기가 같고, 파장이 다른 빛을 금속 표면에 조사할 때 광전자수는 동일하지만 파장이 짧아질수록 광전자의 운동에너지는 커진다. 이와 같은 경우 그림 1.11과 같이 전압을 충분히 크게 하면 광전류는 포화치에 도달

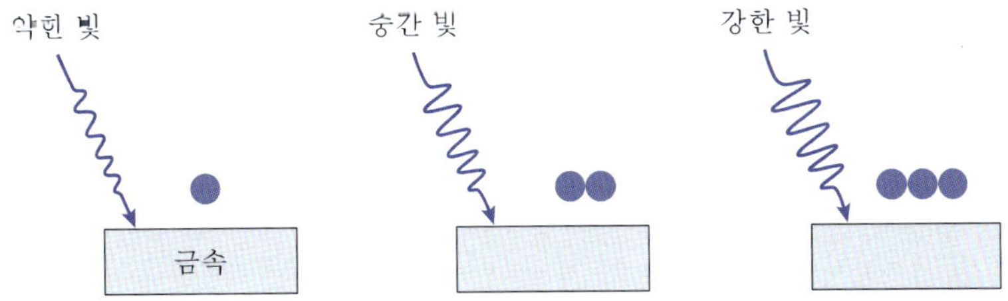

그림 1.9 빛의 세기에 따른 광전자수 : 같은 파장의 빛이라도 빛이 밝을수록 광전자수가 많다.

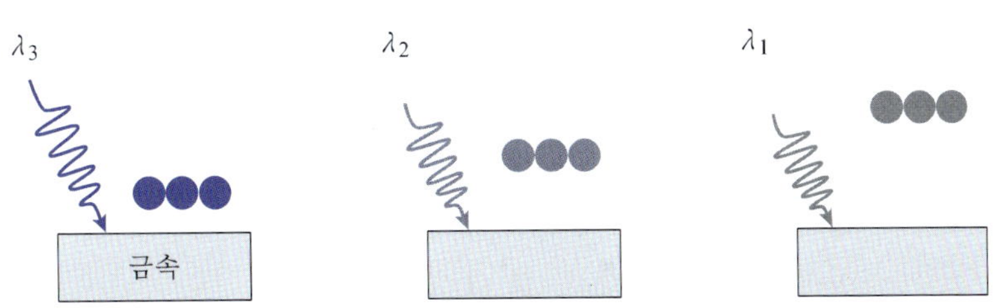

그림 1.10 파장에 따른 광자의 운동에너지 : 빛의 세기가 같을지라도 파장이 짧을수록 ($\lambda_1 < \lambda_2 < \lambda_3$) 광전자의 운동에너지가 크다.

한다. 만일 그림 1.8에서 전압을 역으로 하면 전자가 유한한 속도로 음극에서 방출되기 때문에 광전류가 즉시 0으로 떨어지지 않는다. 일부 전자는 전기장이 전자의 운동을 방해함에도 불구하고 양극에 도달한다. 그러나 전압을 충분히 크게 하면 광전류는 0으로 떨어지는 값에 도달한다. 즉 광전효과가 일어나지 않게 된다. 이 전압을 **정지전압**(V_o) 또는 **저지전압**이라고 한다. 정지전압과 운동에너지(K_{max}) 사이의 관계는 다음과 같이 된다.

$$K_{max} = e V_o \tag{1.33}$$

따라서 파장이 짧은 빛일수록, 즉 운동에너지가 클수록 정지전압이 높다. 다시 말해서 전압극성을 반대로 했을 때 양극에서 전자가 방출되지 않게 하려면 파장이 짧은 빛이 들어갈수록 전압을 더 증가시켜야 한다.

레나르드의 광전효과의 실험결과는 빛의 파동론으로 설명이 불가능하였다. **파동론**에 의하면 빛의 세기는 단위 시간당, 단위 면적당 파에 의해 전달되는 에너지이며, 빛의 세기는 파의 진폭의 제곱에 비례한다. 즉 그림 1.12에서 나타낸 바와 같이 빛의 세기가 증가한다는 것은 파의 진폭이 증가한다는 것이다. 따라서 파의 에너지가 크면 전자에 미치는 힘도 크게 되어, 광전자의 운동에너지가 증가해야 한다.

그러나 실험결과에 따르면 광전자의 운동에너지는 빛의 세기에 무관하다. 그렇다면 광전효과를 어떻게 설명할 수 있는가?

1905년 아인슈타인(Einstein)은 플랑크의 에너지 양자설을 빛에 적용하여 설명할 수 있다는 **광양자설**을 내놓았다. 즉 "진동수가 f인 빛이 공간을 지난다는 것은 hf라는 에너지를 가진 입자가 공간을 뛰어 넘어 온다."라는 가설을 내놓았다. 즉, 빛

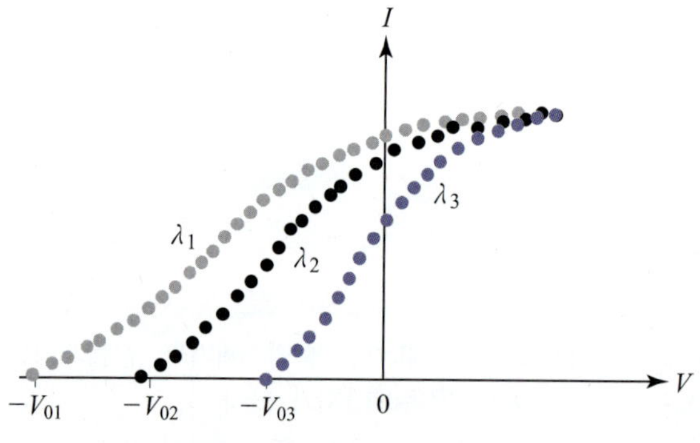

그림 1.11 파장에 따른 정지전압 : 짧은 파장의 빛일수록($\lambda_1 < \lambda_2 < \lambda_3$) 정지전압($V_o$)이 높다.

진폭이 작다. 빛의 세기가 약하다.
어둡다. 파의 에너지가 작다.

진폭이 크다. 빛의 세기가 크다.
밝다. 파의 에너지가 크다.

그림 1.12 파의 진폭과 빛의 세기

에너지의 기본 입자를 **광자**(photon)라고 하며, 1개의 광자는 금속 내의 1개의 전자와 충돌하여 전자가 광자의 에너지를 흡수함으로서 전자를 방출시킨다는 것이다. 아인슈타인은 광자가 금속에 충돌할 때 다음과 같은 **광전방정식**(光電方程式, photovoltaic equation)을 제시하였다.

$$hf = hf_o + K_{\max} \tag{1.34-1}$$

여기서 hf는 입사된 광자의 에너지, $K_{\max}$는 광전자의 최대 운동에너지, hf_o는 **일함수**(work function)이다. 식 (1.34−1)에서 주파수 대신 파장으로 운동에너지를 전자볼트(eV)로 나타내면 다음과 같은 식으로 나타낼 수 있다.

$$K_{\max} = \frac{12400}{\lambda[\text{Å}]} - \frac{12400}{\lambda_o[\text{Å}]}\ [\text{eV}] \tag{1.34-2}$$

식 (1.34−1)에서 언급된 일함수 hf_o는 어떤 개념일까? 금속 내의 자유전자들은 집단적 금속의 양이온에 의해서 구속되어 있다. 만약 구속되어 있지 않다면 금속은 와르르 원자로 흩어져 버릴 것이다. 따라서 전자가 외부로 이탈하기 위해서는 양이온과의 결합력을 끊어야 하는데 이때 필요한 최소 에너지가 일함수이다.

다시 본 내용으로 돌아가서 빛의 파동론으로 보면 그림 1.13 (a)에서 보는 바와 같이 빛의 세기가 충분히 크다면 어떠한 진동수에서도 광전효과는 일어나야 한다. 그러나 금속에는 금속마다 에너지와 관련된 고유한 **문턱 진동수**가 존재하여 이보다 작은 진동수에서는 아무리 강한 빛을 조사하여도 전자가 방출되지 않는다. 반면에 그림 1.13 (b)에서는 금속의 문턱 진동수보다 큰 진동수의 빛을 조사하면 비록 빛의 세기가 약하더라도 전자가 방출된다. 그림 1.13 (c)에서는 금속의 문턱 진동수보다 훨씬 큰 진동수의 밝은 빛을 조사하면 운동에너지가 더 큰 전자가 더 많이 방출된다. 그림 1.14는 식 (1.34−1)을 그래프로 나타낸 것으로 전자를 방출시키기기 위한 금속의 문턱 진동수 f_o의 개념을 보여준다.

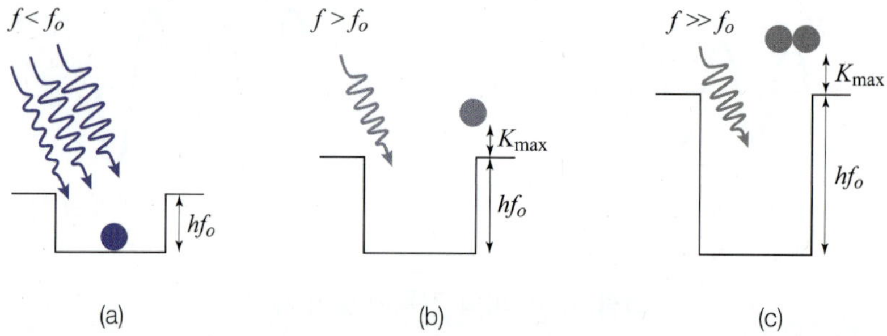

그림 1.13 입사 광자의 에너지와 광전자의 최대 운동에너지 사이의 관계

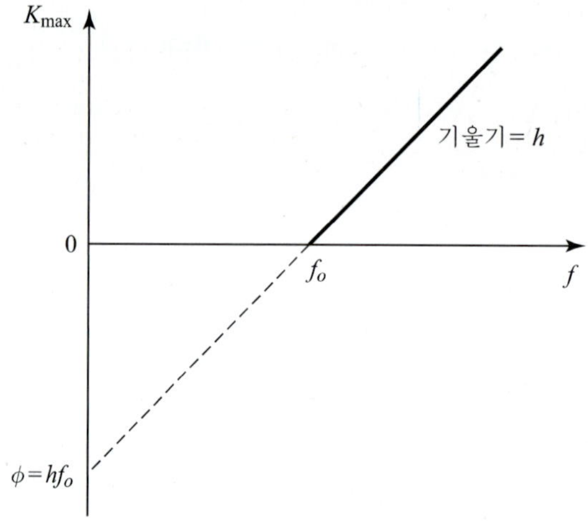

그림 1.14 입사 광자의 진동수와 광전자의 최대 운동에너지 사이의 관계

광전효과에 대한 해석은 아인슈타인의 광양자설에 따라 다음과 같이 요약된다.

(1) 빛의 세기(진동수 일정)가 크다 혹은 밝다는 것은 광자의 에너지와는 무관하고, 광자수가 많다는 것이며, 그에 따라 광전자수가 증가함으로서 광전류가 증가하게 된다. (2) 빛의 진동수(빛의 세기 일정)가 높다는 것은 광자수와는 무관하고, 광자의 에너지가 크다는 것이며, 그에 따라 광전자의 운동에너지가 크게 되어 정지전압이 높아지게 된다. 이와 같은 해석으로 광전효과의 실험결과가 명쾌하게 규명되었다. 광전효과로 빛에너지($E = hf$)는 연속적인 분포라기보다는 광자라고 하는 이산적인 단위(불연속적인 단위)로 구성되어 있음이 입증되었으며, 광전효과는 현대 물리학과 양자이론을 발전시키는 계기가 되었다. 한편 어떤 실험은 빛의 파동성을 강조한 실험이 있는가 하면 또 다른 실험은 빛의 입자성을 강조한 실험이 있음으로서 소위 빛은 **파동-입자 이중성**을 가지고 있다는 것이 명확하게 되었다.

광전효과의 응용에는 다음과 같은 것들이 있다. 디지털 카메라의 핵심인 전하결합소자(CCD)는 빛을 전류로 바꾸는 광센서이다. 즉 수백만 화소 디지털 카메라는 수백만 개의 각 화소점이 들어온 빛을 전기신호로 바꿔 전자영상이 만들어지는 것이다. 광센서는 음주측정기, 자동문, 자동점멸 가로등, 복사기 토너 농도, 자동카메라의 노출시간 조정, 태양전지 등에 광범위하게 이용되고 있다.

핵심 N 금속에 빛을 쬐면 전자가 방출하는 현상을 광전효과라고 하며, 이때 빛은 파동이 아니라 입자일 경우에만 이 현상을 설명할 수 있다.

1.3 원자 모델

원자는 형태는 어떤 모양일까. 구형이라는 사실은 여러 사람들이 생각하는 것이지만 더 구체적인 것에 대해서는 논쟁거리였다. 원자를 설명하기 위해서는 하나의 모델을 가지고 접근하는 것이 편리하다. 우리 주위에 보거나 듣는 모델은 패션모델, 모델하우스, 각종 장치의 모델 등등이 있다. 어떤 것을 효과적으로 설명하기 위한 일종의 아이디어의 집합체를 모델이라고 한다. 공학에서 모델은 실험적 결과를 예측하거나 설명하는 데 아주 효과적으로 사용될 수 있다. 이런 점에서 원자에 대한 무언가를 설명하려는 아이디어가 **원자 모델**(atomic model)이다.

1.3.1 수소의 원자 스펙트럼

19세기 말에 있었던 빛의 스펙트럼에 관련된 몇 가지의 고전물리학 실험을 살펴보자. 그림 1.15에서와 같이 진공 유리관을 수소 가스로 채운 다음, 수 kV의 고전압을 걸면 빛이 나온다. 이것은 글로우 방전(glow discharge)이다. 글로우 방전 빛이 프리즘를 통과하면 빛은 파장별로 분산된다. 파장이 짧을수록 굴절률이 크다. 그 결과, 그림 1.16에서와 같이 **선 스펙트럼**이 필름에 나타난다. 선 스펙트럼은 수소 방전에서 방출된 빛들의 파장에 해당한다. 그렇다면 어떤 원리에 의해서 가스가 빛을 방출하고, 왜 빛이 선 스펙트럼으로 분산되는 것일까?

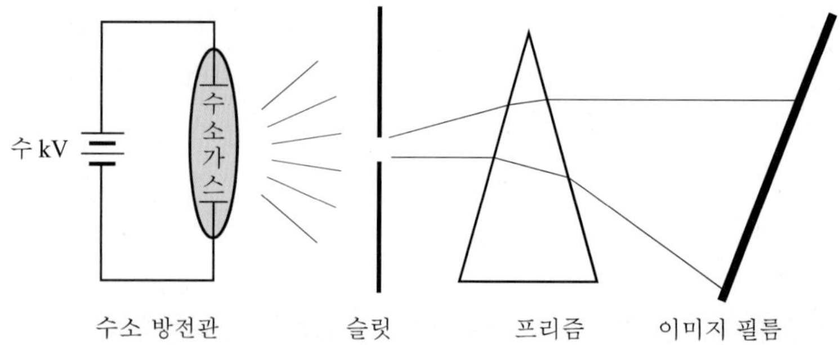

그림 1.15 수소로 채워진 글로우 방전관 및 분광장치 개략도

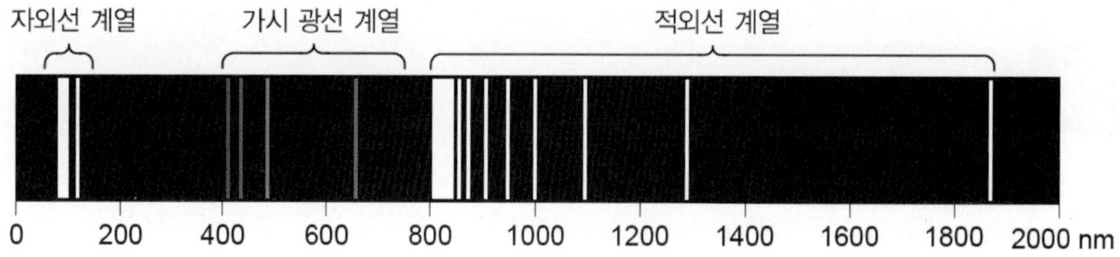

그림 1.16 수소 가스의 선 스펙트럼

수소를 연구를 하던 리드베르그(Rydberg)는 1889년 선 스펙트럼에 대한 실험식을 내놓았다. 이것은 분광선(分光線)에 대응되는 파장을 예측할 수 있는 방정식으로 실험식을 이용하여 계산된 파장은 필름에서 측정된 파장과 일치한다는 사실을 알게 되었다. 리드베르그가 얻은 실험식은 다음과 같다.

$$\frac{1}{\lambda} = R\left(\frac{1}{n_f^2} - \frac{1}{n_i^2}\right) \tag{1.35}$$

n_f와 n_i는 양자수이며, $n_f < n_i$이다. R은 **리드베르그 상수**($R = 1.097 \times 10^7/m$), λ는 n_f와 n_i의 값에 의존하는 빛의 파장이다.

선 스펙트럼에는 몇 개의 계열(series)로 나타나는데 발견한 과학자의 이름을 따서 라이먼(Lyman) 계열, 발머(Balmer) 계열, 파쉔(Paschen) 계열, 브래킷(Bracket) 계열, 푼트(Pfund) 계열 등등으로 명명되었다.

라이먼 계열(1906 ~ 1914년 관측) : 수소 스펙트럼의 **자외선 영역**에 적용되는 파장이다.

$$\frac{1}{\lambda} = R\left(\frac{1}{1^2} - \frac{1}{n^2}\right),\ n = 2,\ 3,\ 4,\ 5,\ \cdots\cdots \tag{1.35-1}$$

발머 계열(1885년 관측) : 수소 스펙트럼의 **가시광선 영역**에 적용되는 파장이다.

$$\frac{1}{\lambda} = R\left(\frac{1}{2^2} - \frac{1}{n^2}\right), \ n = 3, 4, 5, 6, \cdots\cdots \tag{1.35-2}$$

파쉔 계열(1908년 관측) : 수소 스펙트럼의 **적외선 영역**에 적용되는 파장이다.

$$\frac{1}{\lambda} = R\left(\frac{1}{3^2} - \frac{1}{n^2}\right), \ n = 4, 5, 6, 7, \cdots\cdots \tag{1.35-3}$$

브래킷 계열(1922년 관측) : 수소 스펙트럼의 **근적외선 영역**에 적용되는 파장이다.

$$\frac{1}{\lambda} = R\left(\frac{1}{4^2} - \frac{1}{n^2}\right), \ n = 5, 6, 7, 8, \cdots\cdots \tag{1.35-4}$$

푼트 계열(1924년 관측) : 수소 스펙트럼의 **원적외선 영역**에 적용되는 파장이다.

$$\frac{1}{\lambda} = R\left(\frac{1}{5^2} - \frac{1}{n^2}\right), \ n = 6, 7, 8, 9, \cdots\cdots \tag{1.35-5}$$

핵심 N 기체를 방전시키면 빛이 나온다. 기체의 밀도가 높으면 연속 스펙트럼으로, 밀도가 낮으면 원소 특유의 선 스펙트럼으로 분산된다. 모두가 기체 원자의 구조와 관계된다.

1.3.2 러더포드의 원자모형

이때까지는 실험적으로 관찰된 선 스펙트럼이 원자의 구조에서 유래한다는 사실을 알지 못했다. 다시 말해서 19세기 말까지 원자의 존재는 확실했지만 원자는 어떻게 생겼으며, 무엇으로 구성되어 있는지 알지 못했다. 과학자들은 물질이 영구불변하고, 원자는 어떤 방법으로도 더 이상 나누어지지 않는다고 확신하였다. 그러나 1897년 톰슨(J.J Thomson)이 전자를 발견함으로서 원자도 더 쪼개질 수 있다는 것이 명백하게 되었다. 음전하를 띤 전자의 발견은 전기적으로 중성인 원자가 양전하와 균형을 유지하여야 한다고 하였다. 원자 내에 양전하와 전자는 어떻게 분포하고 있는 것일까? 무질서하게 혼합되어 있는 것인지 아니면 원자 내부에 또 다른 구조를 가지고 있는 것인지 과학자 입장에서는 매우 궁금한 것임에 틀림없었다. 1903년 톰슨은 그림 1.17에서와 같이 건포도가 균일하게 분포되어 있는 **건포도 푸딩 모형**(plum

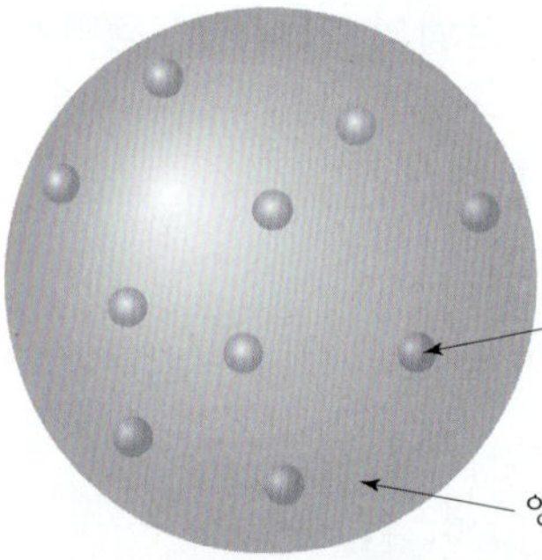

그림 1.17 톰슨의 원자모형

pudding model)을 제안하였다. 즉 원자에서 양전하를 갖는 균일한 푸딩에 양전하와 균형을 이루는 전자들이 분산되어 있을 것이라고 추측하였다.

1911년 러더포드(Rutherford)는 α **입자 산란실험**을 통하여 톰슨의 원자모형에 대한 진위 여부를 확인하려고 하였다. α 입자는 양성자 질량(1.6725×10^{-27} kg)의 4배이고, 전자질량(9.1×10^{-31} kg)의 7000배 정도이며, 1.5×10^{7} m/s의 속도로 방사선 원소로부터 방사되는 헬륨 2가 (He^{++})이온이다. 이것을 금박에 쏘았을 때 나타나는 현상을 통해서 다음과 같은 실험결과를 얻었다.

1. 원자는 구형으로 중심에는 질량을 결정하는 양전하인 원자핵이 있다.
2. 음전하인 전자가 원자핵 주위에서 원운동한다.
3. 양전하의 수와 음전하 수가 같으며, 원자는 전기적으로 중성이다.

이것을 기초로 그림 1.18와 같은 원자모형을 제시하였다. 이것은 톰슨의 원자모형이 틀렸다는 실험결과이다. 만약 하키공의 크기로 확대된 핵을 상상하면 원자의 가장 바깥 부분은 수 마일이나 떨어져 있는 것으로 볼 수 있다. 이것은 전자가 원자핵의 구 표면에 붙어있다고 하는 초기 모델과 다르지 않다. 러더포드의 원자모형은 원자가 어떤 모양이며, 무엇으로 구성되어 있는지를 나타내는 구조적인 모형이다.

그렇다면 원자핵은 무엇으로 구성되어 있는가? 평판형의 양극과 환형의 음극에 강한 전기장을 인가했을 때 음극선과 반대방향으로 일종의 방사선이 방출된다는 사실을 1886년 골드슈타인(Goldstein, 독일)이 발견하였으며, 이 방사선은 양극선으로 러더포드가 양극선의 입자를 1920년 **양성자**(陽性子, proton)라고 명명하였다. 그리고 1932년 채드윅(Chadwick)이 **중성자**(中性子, neutron)를 발견하였다.

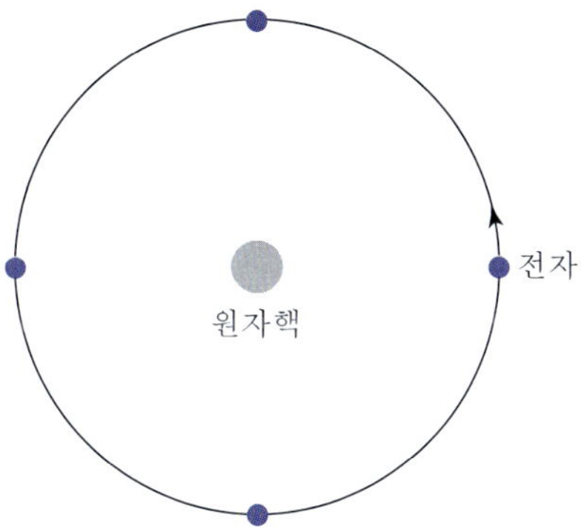

그림 1.18 러더포드의 원자모형

핵심 N 원자는 중심에 양전하인 원자핵이 있고, 그 주위에 음전하인 전자가 원운동한다. 양전하수와 음전하수는 같으며, 원자는 중성이다. 이것이 러더포드 원자모형이다.

1.3.3 보어의 수소 원자 모델

1913년 보어(N. Bohr)는 러더포드의 원자모형은 구조적으로 비교적 정확하지만 전자의 운동과 관련하여 두 가지의 모순점을 발견하였다.

첫째, 전자가 일정한 속도로 원자핵 주위의 궤도를 원운동한다는 것에 대한 모순이다.

맥스웰의 전자기론에 따르면 하전 입자의 가속운동으로 전자기파가 방출한다. 그렇게 되면 원자핵 주위의 전자가 궤도운동을 할 때 지속적으로 전자기파를 방출함으로서 에너지를 잃게 되고, 원자핵으로 나선형의 궤도를 그리면서 결국 원자는 붕괴될 것이라고 예상할 수 있다. 그러나 이것은 결코 발생하지 않는다. 만약 이런 현상이 발생한다면 모든 물질이 산산조각날 것이고, 이는 우리의 경험과 정반대이기 때문이다.

둘째, 전자의 원운동으로 방출되는 전자기파의 스펙트럼에 대한 모순이다.

전자가 원운동할 때 지속적으로 에너지를 방사하게 되어 분광기 필름에 연속 스펙트럼이 나타나야 할 것이다. 그러나 실험결과에서 불연속적인 선 스펙트럼이 나타났다.

보어는 러더포드 원자모형에 양자론을 도입하여 수소 원자의 거동을 설명하기 위한 수소 원자 모델을 세웠다. 그는 글로우 방전 실험으로부터 궤도운동하는 전자에 대한 아이디어를 실험결과와 일치시키기 위해 네 가지 가설을 세워 맥스웰의 전자기 이론의 모순과 수소 원자의 스펙트럼의 불연속성(선 스펙트럼)을 설명하였다.

(1) 보어의 수소 원자 가설

가설 1 : 원자 내의 전자는 쿨롱의 정전기력과 뉴턴의 역학법칙에 따라 원자핵 주위의 궤도 내에서 원운동한다(**궤도안정조건**). 그림 1.19는 이것에 대한 개념도를 나타낸 것이다.

전자의 원운동에서 나타나는 정전기력과 원심력 사이에 힘의 균형으로 전자는 안정된 궤도에서 원운동하므로 다음 식이 성립한다.

$$\frac{e^2}{4\pi\epsilon_o r^2} = \frac{mv^2}{r} \tag{1.36}$$

가설 2 : 전자는 각운동량(L)이 $h/2\pi(=\hbar)$의 정수배되는 궤도 내에서만 운동하는 것이 가능하다. 즉 전자는 어떤 특정한 불연속적인 궤도에만 존재한다(**양자화 조건**).

$$mvr_n = n\frac{h}{2\pi}, \quad n = 1, 2, 3, \cdots \tag{1.37}$$

여기서 v는 궤도를 따라 운동하는 전자의 속도, n은 **양자수**라고 하는데 각각의 주껍질에 라벨을 붙이기 위해 사용되는 정수, r_n은 n번째 궤도의 반경이다.

가설 3 : 전자가 원운동으로 가속되고 있다는 사실에도 불구하고 허용된 궤도에서 원운동하고 있는 전자는 전자기파를 방출하지 않는다(**총에너지 일정 조건**).

가설 4 : 궤도전자의 총에너지가 E_i인 정상상태에서 E_f인 정상상태로 전자가 천이할 때만 전자기파의 에너지를 방출한다(**주파수 조건**).

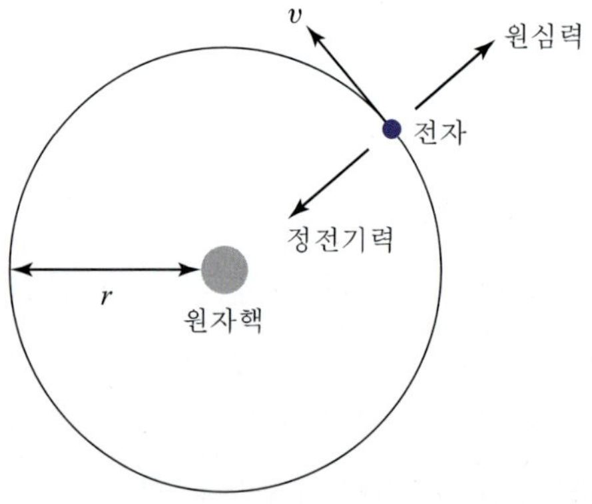

그림 1.19 전자의 원운동

$$E_i - E_f = hf \tag{1.38}$$

여기서 h는 플랑크 상수, f는 전자기파의 진동수(주파수)이다.

전자가 높은 에너지를 가지는 $i(initial)$궤도에서 낮은 에너지를 가지는 $f(final)$궤도로 떨어질 때 에너지 차 $E_i - E_f$에 해당하는 hf의 빛을 방출한다. 식 (1.38)은 광자를 기술하는 데 중요한 기본식이며, 그림 1.20은 광자의 방출 개념을 나타낸 것이다. 광자의 에너지 E는 광전효과에서 언급한 바와 같이 광자의 주파수 f와 플랑크 상수 $h(6.626 \times 10^{-34}\,\mathrm{J \cdot s})$의 곱이다.

광자의 주파수는 광자가 방출되는 빈도를 나타내는 주파수가 아니다. 주파수는 파동의 특성이지 입자의 특성은 결코 아니다. 어디까지나 입자는 입자, 파동은 파동이다. 그러나 빛은 이 두 가지 성질을 모두 가지고 있다. 즉 **빛의 이중성**이다. 그렇다고 빛의 이중성을 구체화할 수 없고, 즉 입자성과 파동성을 동시에 갖는 형상을 그릴 수가 없다. 어떤 한 가지 실험을 이해하려면 파동이론이나 입자이론 중 어느 하나만을 적용해야 한다. 그러나 빛에 대해서 완전히 이해하려면 파동성과 입자성을 모두 알아야 한다. 따라서 이러한 빛의 양면은 서로 보완한다. 이것이 빛의 파동-입자 이중성에서 상호보완적인 관계, 소위 보어의 **상보성 원리**(相補性原理)이다. 이러한 관점에서 빛의 입자성과 파동성을 이어주는 식이 $E = hf$이나. E는 입자의 에너지를 나타내고, f는 파동의 주파수를 나타낸다. 그림 1.21은 이것을 보여준다.

주파수 f는 다음과 같이 광속(c)과 파장(λ)으로 나타낼 수 있다.

$$f = \frac{c}{\lambda} \tag{1.39}$$

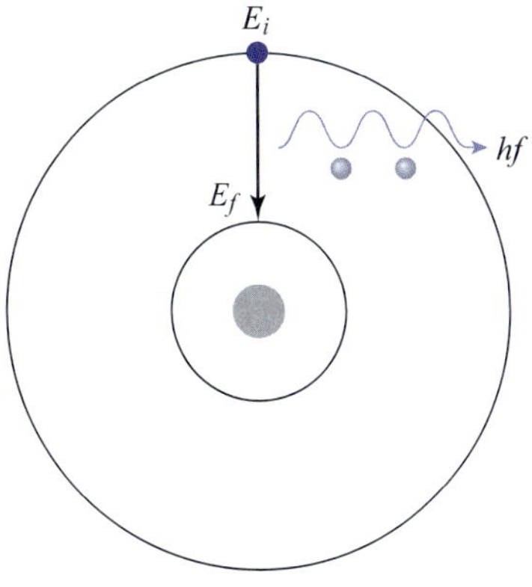

그림 1.20 전자가 높은 궤도에서 낮은 궤도로 천이할 때 광자(포톤) 방출

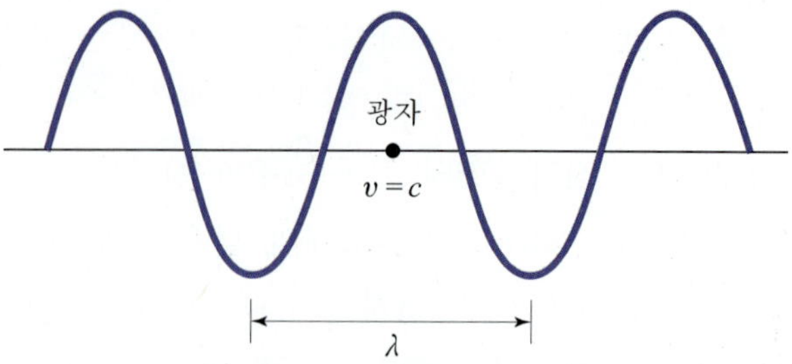

그림 1.21 입자성과 파동성을 갖는 빛의 대략적 표현

광자의 에너지 $E=hf$는 각주파수 $\omega=2\pi f$를 사용하여 다음과 같이 나타낼 수 있다.

$$E = hf = \hbar\omega \tag{1.40}$$

여기서 $\hbar = h/2\pi$ 이다.

(2) 전자의 궤도반경

수소 원자의 중심에는 전하량이 $+e$인 원자핵이 있고, 주위에는 전하량이 $-e$인 전자가 반경 r인 원궤도를 따라 속도 v로 원운동한다. 식 (1.36)에서 나타낸 바와 같이 궤도안정조건에 따라 원심력과 쿨롱의 힘은 같아야만 한다. 식 (1.36)과 식 (1.37)을 결합시키면 다음과 같은 식이 얻어진다.

$$r_n = \frac{\epsilon_o h^2}{\pi m e^2} \cdot n^2 \tag{1.41}$$

이 식으로부터 전자의 궤도반경이 양자화된다는 것을 알 수 있다. $n=1$일 때 알고 있는 상수값을 대입하여 정리하면 수소 원자반경은 다음과 같이 된다.

$$r_1 = \frac{\epsilon_o h^2}{\pi m e^2} = 0.53\ \text{Å} \tag{1.41-1}$$

이것을 **보어 반경**(a_o)이라 한다. 이것은 원자핵 주위에 운동하는 전자가 이 반경에서 발견될 확률이 가장 크다는 것을 의미한다. 반경도 어디까지나 확률적이다는 것을 알아두자. 식 (1.41)과 식 (1.41-1)을 결합시키면 다음과 같은 식이 얻어진다.

$$r_n = r_1 n^2, \quad n = 1, 2, 3, \cdots \tag{1.41-2}$$

(3) 궤도전자의 에너지

궤도전자의 에너지는 운동에너지(K)와 위치에너지(U)의 합이다. 즉 $E = K + U$이다. 궤도반경 r에서 전자의 운동에너지는 식 (1.36)을 이용하면 다음과 같이 나타낼 수 있다.

$$K = \frac{1}{2}mv^2 = \frac{e^2}{8\pi\epsilon_o r} \tag{1.42}$$

또 궤도반경 r에서 전자의 위치에너지는 다음과 같이 나타내진다.

$$U = -\int_{\infty}^{r} F\,dr = -\int_{\infty}^{r} \frac{-e^2}{4\pi\epsilon_o r^2}\,dr = -\frac{e^2}{4\pi\epsilon_0 r} \tag{1.43}$$

혹은 다음과 같이 구할 수도 있다. 원자핵으로부터의 거리 r만큼 떨어진 위치에서 전위 V는 다음과 같다.

$$V = \frac{e}{4\pi\epsilon_o r} \tag{1.44}$$

궤도전자의 위치에너지는 무한대에서 전자를 원자핵으로부터 r만큼 떨어진 궤도까지 가져오는 데 필요한 일이므로 다음과 같이 나타낼 수 있다.

$$U = qV = (-e)\left(\frac{e}{4\pi\epsilon_o r}\right) = -\frac{e^2}{4\pi\epsilon_o r} \tag{1.45}$$

결과적으로 위치에너지는 역학적 관계식을 이용하든 전기적 관계식을 이용하든 동일하다. 따라서 궤도전자의 총에너지는 다음과 같이 나타내진다.

$$E = K + U = \frac{e^2}{8\pi\epsilon_o r} - \frac{e^2}{4\pi\epsilon_o r} = -\frac{e^2}{8\pi\epsilon_o r} \tag{1.46}$$

식 (1.41)을 식 (1.46)에 대입하여 정리하면 다음과 같은 식을 얻을 수 있다.

$$E_n = -\frac{me^4}{8\epsilon_o^2 h^2}\cdot\frac{1}{n^2} = -\frac{13.6}{n^2}\ [\mathrm{eV}] \tag{1.47}$$

궤도전자의 에너지는 양자수 n에 따라 이산적인 값을 갖게 되어 에너지가 양자화됨을 알 수 있다. 에너지가 음이라는 것은 전자가 원자핵에 구속되어 있음을 의미한다. 만약 이탈해서 자유롭게 운동한다면 전자의 에너지는 양이 된다. 보어는 전자가 안정한 궤도 이 외에는 존재할 수 없다고 가정하였다. 전자가 낮은 궤도에서 높은 궤도로 올라가거나 높은 궤도에서 낮은 궤도로 떨어지는 것은 가능하다.

(4) 선 스펙트럼

식 (1.47)로부터 i궤도와 f궤도에서 전자의 에너지는 각각 다음과 같이 나타내진다.

$$E_i = -\frac{me^4}{8\epsilon_o^2 h^2}\frac{1}{n_i^2} \tag{1.48-1}$$

$$E_f = -\frac{me^4}{8\epsilon_o^2 h^2}\frac{1}{n_f^2} \tag{1.48-2}$$

두 식을 이용하면 높은 궤도에서 낮은 궤도로 전자가 천이할 때 방출하는 광자의 파장을 나타내는 식을 얻을 수 있다. 즉 $f\lambda = c$와 $E_i - E_f = hf$를 결합시키면

$$\frac{1}{\lambda} = \frac{f}{c} = \frac{1}{ch}(E_i - E_f) \tag{1.49}$$

따라서 방출되는 빛의 파장은 다음과 같은 식으로 나타내진다.

$$\frac{1}{\lambda} = \frac{me^4}{8\epsilon_o^2 h^3 c}\left(\frac{1}{n_f^2} - \frac{1}{n_i^2}\right) \tag{1.50}$$

이 식은 식 (1.35)와 매우 흡사하다. 위 식의 $\frac{me^4}{8\epsilon_o^2 h^3 c}$은 리드베르그 상수 R과 정확히 일치하였으며, 보어의 수소 원자론이 이론적으로 입증되었다. 실제로 실험적 관찰을 설명해줄 원자의 모델이 처음으로 보어에 의해서 이루어진 것이다. 고전물리학에서 실험적으로 관측된 수소 원자의 선 스펙트럼도 보어의 수소 원자 모델을 근거로 그림 1.22에 나타낸 것과 같이 에너지 준위 사이에서 전자의 천이로부터 나타난 결과이다. 이상에서 보어의 수소 원자 모델은 20세기 과학적 진보의 대전환점이었다.

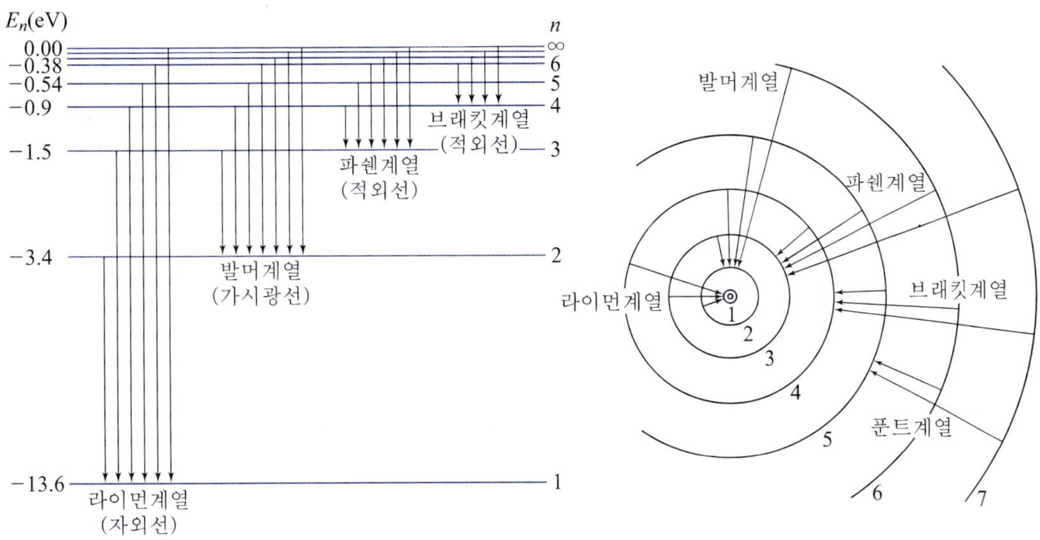

그림 1.22 수소 원자에서 전자의 에너지 준위와 천이에 따른 선 스펙트럼 계열

핵심 N 전자가 높은 에너지 준위에서 낮은 에너지 준위로 떨어질 때 에너지 차에 해당하는 빛에너지가 방출된다. 발광 다이오드는 본질적으로 이 원리를 이용한 것이다.

1.4 여기 및 이온화 현상

1.4.1 여기현상

궤도운동을 하는 전자가 에너지를 받아 낮은 궤도에서 높은 궤도로 천이하는 것을 **여기**(excitation)라고 한다. 양자수 $n < \infty$의 전자는 원자핵과 전자 사이의 정전기력에 의해 원자핵에 구속되어 있다. 그러나 n이 커질수록 궤도반경이 증가하고 결합이 약해진다. 더 바깥쪽에 있는 전자는 내부의 전자보다 높은 위치에너지를 가지고 있기 때문에 비교적 쉽게 여기할 수 있다. 양자수 $n=1$일 때, 즉 가장 낮은 에너지 상태를 **기저상태** 또는 **바닥상태**(ground state)라고 한다. 양자수 $n>1$일 때, 원자의 에너지가 증가한 상태를 **여기상태** 또는 **들뜬상태**(excited state)라고 한다. 원자 내의 전자가 천이하는 에너지 상태를 그림 1.23에 나타내었다.

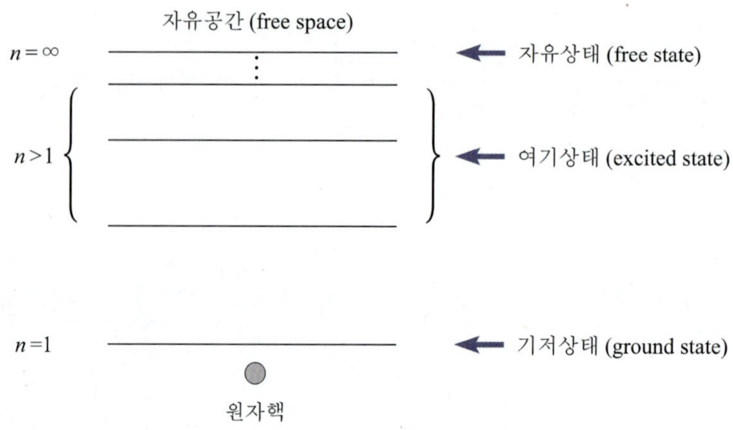

그림 1.23 원자의 에너지 상태

여기된 전자가 광자를 방출함으로서 여기되기 전 상태로 돌아올 것이다. 여기된 전자는 여기상태에서 10 ns 정도로 짧은 시간을 보낸다. i궤도에서 f궤도로 전자를 여기시키는 데 요구되는 에너지는 식 (1.47)을 사용하면 다음과 같다.

$$E_f - E_i = -13.6\left(\frac{1}{n_f^2} - \frac{1}{n_i^2}\right)[\mathrm{eV}] \tag{1.51}$$

핵심 N 빛이 방출되기 위해서는 전자가 여기상태에 존재하여야 한다.

1.4.2 이온화 현상

양자수 $n=\infty$일 때, 즉 전자가 이탈한 상태를 **자유상태**(free state)라고 한다. 어떤 원인으로 원자가 에너지를 흡수하여 전자를 잃게 되는 경우에는 더 이상 원자는 중성이 아니며, 이온이 된다. 이온이 되는 것을 **이온화 현상**이라 하며, 이온이 되는데 요구되는 에너지를 **이온화 에너지**(ionization energy)라고 한다. 즉 기저상태나 여기상태의 전자를 자유상태의 전자로 만드는 데 필요한 에너지가 이온화 에너지다. 그림 1.24에 수소 원자의 이온화의 개념을 나타내었다.

기저상태의 수소의 이온화 에너지는 다음과 같다.

$$E_\infty - E_1 = -13.6\left(\frac{1}{n_\infty^2} - \frac{1}{n_1^2}\right) = 13.6\ [\mathrm{eV}] \tag{1.52}$$

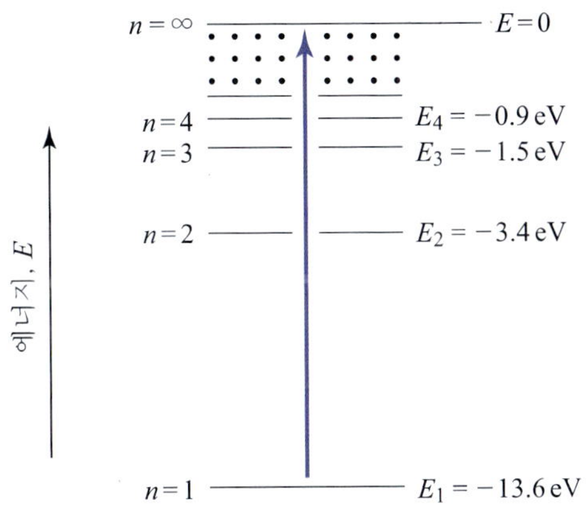

그림 1.24 수소 원자의 이온화

수소 원자의 최외각 전자를 이탈시키는 데 13.6 eV의 에너지가 필요하다. 에너지의 단위는 주울 (J)이다. 단위를 주울로 나타내게 되면 $\sim 10^{-18}$ J 의 크기로 매우 작은 값임을 알게 된다. 따라서 역학적 단위보다는 전기적 단위인 **전자볼트**(electron volt, eV)를 사용하는 것이 편리하다. eV을 J로, J에서 eV로 바꾸는 과정은 다음과 같다.

$$1\,\mathrm{eV} = \left(1.602 \times 10^{-19}\,\mathrm{C}\right)[\mathrm{V}] = 1.602 \times 10^{-19}\ [\mathrm{J}]$$

$$1\,\mathrm{J} = \frac{1}{1.602 \times 10^{-19}}\ [\mathrm{eV}] \tag{1.53}$$

실제로 수소의 이온화 에너지는 비교적 높다. 단 하나의 전자를 제거하는데 이온화 에너지가 높다? 이것은 원자핵으로부터 $n=1$ 궤도에 있는 하나의 전자가 원자핵으로부터 정전기력을 직접적으로 받기 때문이며, 전자를 많이 가지는 원자의 최외각 전자는 내측 각의 전자로부터 **차폐효과**(遮蔽效果, screening effect)로 인하여 원자핵과의 인력이 감소하여 전자를 제거하는 데 더 적은 에너지가 요구된다.

핵심 N 양자수 $n=1$인 상태를 기저상태, $n>1$인 상태를 여기상태, $n=\infty$인 상태를 자유상태라고 한다. 원자에서 전자를 떼어 내기 위해서는 에너지가 필요하다. 이 에너지가 이온화 에너지이다.

1.5 조머펠트의 원자모형

수소는 가장 작은 원자이고 구조가 간단하여 고려해야 할 요소들이 많지 않아 여러 면에서 모델 설정에 유리하였다. 보어의 수소 원자 모델은 수소에만 적용되는 것으로 다전자 원자를 정확하게 묘사할 수 없다. 심지어 수소보다 전자가 하나 더 많은 헬륨에도 적용할 수가 없다.

1896년 제이만(P. Zeeman)은 선 스펙트럼에 자기장을 인가할 때 미세하게 몇 개의 선으로 쪼개지는 현상을 발견하였다. 이것을 **제이만 효과**라고 한다. 1913년 슈타르크(J. Stark)도 역시 전기장을 인가할 때 같은 현상을 발견하였다. 이것을 **슈타르크 효과**라고 한다. 이 현상을 설명하기 위해 조머펠트(A. Sommerfeld)는 보어의 수소 원자 모델에서 언급된 양자수 n 외에 추가로 양자수 2개(나중에 언급되는 부양자수와 자기양자수)가 더 필요하다고 하였으며, 그림 1.25에 나타낸 것과 같이 보어의 원궤도를 타원궤도로 확장하여 보어의 양자조건을 타원궤도에 적용하면 선 스펙트럼의 쪼개짐을 설명할 수 있다고 하였다. 타원에서 장축(R_a)과 단축(R_b) 사이에는 다음과 같은 관계가 있다.

$$\frac{R_b}{R_a} = \frac{\ell + 1}{n} \tag{1.54}$$

장축의 길이(R_a)는 보어 모델에서 식 (1.41)과 같으므로 다음과 같이 나타낸다.

$$R_a = \frac{\epsilon_o h^2}{\pi m e^2} n^2 = n^2 r_1 \tag{1.55}$$

여기서 $n = 1, 2, 3, \cdots$ 이며, r_1은 보어 반경이다.

식 (1.54)와 식 (1.55)를 결합시키면 단축의 길이 (R_b)는 다음과 같이 나타내진다.

$$R_b = \frac{\ell + 1}{n} R_a = n(\ell + 1) r_1 \tag{1.56}$$

여기서 $\ell = 0, 1, 2, 3, \cdots, (n-1)$ $(0 \le \ell \le n-1)$로 표시되는 새로운 양자수(나중에 언급되는 **부양자수**)이다.

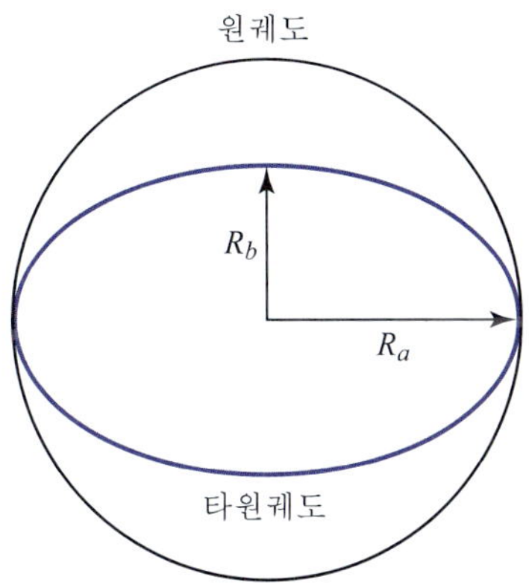

그림 1.25 원궤도와 타원궤도에서 장축과 단축

식 (1.55)와 (1.56)에서 n, ℓ 값을 넣어서 계산해보면 장축과 단축이 구해진다.

$n = 1$일 때 $\ell = 0$: $R_a = (1)^2 r_1 = r_1$, $R_b = 1(0+1)r_1 = r_1$ ·························· 원

$n = 2$일 때 $\ell = 0, 1$:

$\ell = 0$: $R_a = (2)^2 r_1 = 4r_1$, $R_b = 2(0+1)r_1 = 2r_1$ ································· 타원

$\ell = 1$: $R_a = (2)^2 r_1 = 4r_1$, $R_b = 2(1+1)r_1 = 4r_1$ ····································· 원

$n = 3$일 때 $\ell = 0, 1, 2$:

$\ell = 0$: $R_a = (3)^2 r_1 = 9r_1$, $R_b = 3(0+1)r_1 = 3r_1$ ································· 타원

$\ell = 1$: $R_a = (3)^2 r_1 = 9r_1$, $R_b = 3(1+1)r_1 = 6r_1$ ································· 타원

$\ell = 2$: $R_a = (3)^2 r_1 = 9r_1$, $R_b = 3(2+1)r_1 = 9r_1$ ····································· 원

$n = 4$일 때 $\ell = 0, 1, 2, 3$:

$\ell = 0$: $R_a = (4)^2 r_1 = 16r_1$, $R_b = 4(0+1)r_1 = 4r_1$ ······························ 타원

$\ell = 1$: $R_a = (4)^2 r_1 = 16r_1$, $R_b = 4(1+1)r_1 = 8r_1$ ······························ 타원

$\ell = 2$: $R_a = (4)^2 r_1 = 16r_1$, $R_b = 4(2+1)r_1 = 12r_1$ ···························· 타원

$\ell = 3$: $R_a = (4)^2 r_1 = 16r_1$, $R_b = 4(3+1)r_1 = 16r_1$ ································ 원

⋮

n, ℓ 값에 따른 단축과 장축을 가지는 원과 타원을 그려보면 그림 1.26과 같다.

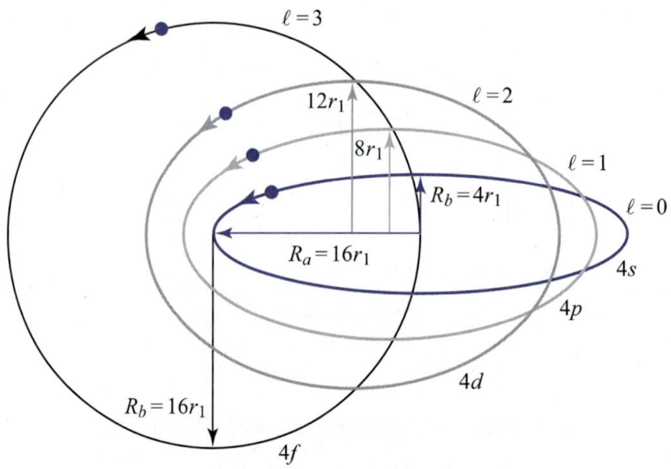

그림 1.26 다전자 원자에서 전자궤도

상기 결과를 볼 때 양자수 n이 증가하면 모양이 서로 다른 타원궤도 수가 증가하고, 원궤도는 반경이 커짐을 알 수 있다. 양자수 n, ℓ은 어떤 양자수인지, 전자의 거동을 이 양자수로서 어떻게 나타낼 것인지를 기술해야 한다.

핵심 N	원자 내의 전자의 상태는 복잡하지만 규칙이 있다. 다전자인 경우, 전자의 상태를 하나의 양자수로만 기술할 수 없다.

1.5.1 주양자수(n)

주양자수는 **주껍질** 또는 **각**(殼, shell)에 해당하는 양자수인데 궤도전자의 총에너지를 결정하며, n이 같은 궤도에 있는 전자는 거의 같은 에너지를 가진다. 실제로 궤도전자의 에너지는 n에 의해서만 결정되지 않고, 결정하는 비율이 절대적이라는 것이다. n이 증가하면 전자의 총에너지는 증가하며, 전자는 핵으로부터 평균적으로 더 먼 위치에서 발견된다. 주양자수는 다음과 같이 $n>0$인 정수로 표시한다.

$$n = 1, 2, 3, \cdots$$

보통 n은 숫자대신 K 각(또는 K 껍질), L 각, M 각, N 각, … 등과 같이 문자로 나타내기도 한다. 이는 순서대로 1, 2, 3, 4, … 에 대응된다. 여기서 문자를 K부터 시작하는 것은 분광학자 코셀(W. Kossel)의 이니셜에서 유래한다. 그림 1.27은 원자의 주양자수에 따른 껍질을 도식적으로 나타낸 것이다.(n은 원자라는 대학 캠퍼스에서 단과대학 건물로 생각하면 이해하는 데 큰 도움이 될 것이다.)

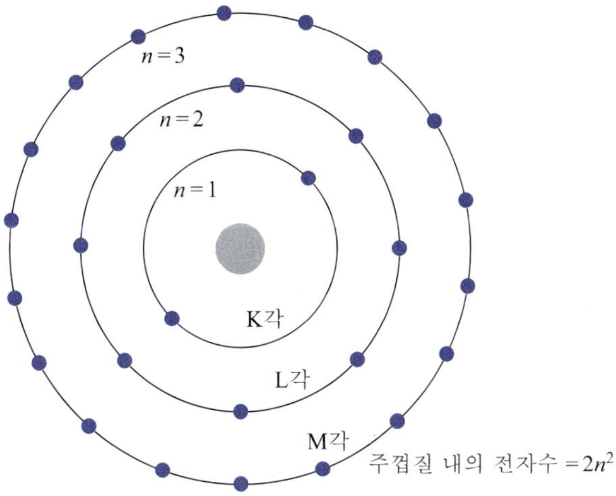

그림 1.27 원자의 주껍질(각)

핵심 N 주양자수는 궤도전자의 총에너지를 규정하는 양자수이다.

1.5.2 부양자수(ℓ)

부양자수는 **부껍질**(subshell)에 해당하는 양자수인데 **각운동량 양자수**, **궤도양자수**, **방위양자수** 등으로 명명된다. 전자를 발견할 확률이 상당히 높은 공간 영역을 나타내는 **궤도함수**(orbital, 전자구름, 보어의 궤도(orbit)와는 다른 개념)의 모양은 일반적으로 ℓ에 의해 결정된다. ℓ이 클수록 궤도함수의 모양은 복잡해진다. 부양자수 ℓ은 주양자수 n에 의해서 그 범위가 다음과 같이 정해진다.

$$0 \le \ell \le n-1 : \ell = 0, 1, 2, 3, \cdots, (n-1)$$

$n=1$이면 ℓ은 0으로 단 1개의 부껍질, $n=2$이면 ℓ은 0, 1로 2개의 부껍질이 존재한다. 따라서 n번째 주껍질에는 n개의 부껍질이 존재한다.

보통 ℓ은 숫자대신 s, p, d, f, … 등과 같이 문자(기호)로 나타내기도 한다. 이는 순서대로 0, 1, 2, 3, … $(n-1)$에 대응된다. s, p, d, f는 분광학에서 유래된 것으로 각각 sharp, principal, diffuse, fundamental의 이니셜이며, f 이후부터는 g, h, i, … 등과 같이 알파벳순으로 나타낸다. 표 1.1은 주껍질과 부껍질의 관계, 부껍질의 기호와 전자배치를 나타낸 것이다.

표 1.1 주껍질과 부껍질의 관계, 부껍질의 기호와 전자배치

n	1	2		3			4			
ℓ	0	0	1	0	1	2	0	1	2	3
전자배치	$1s^2$	$2s^2$	$2p^6$	$3s^2$	$3p^6$	$3d^{10}$	$4s^2$	$4p^6$	$4d^{10}$	$4f^{14}$

이때 부껍질은 s 궤도함수, p 궤도함수, d 궤도함수, … 등으로 구성되는데, 이것은 앞에서 언급한 바와 같이 전자를 발견할 확률이 높은 영역을 말한다. 한편 부양자수 ℓ을 각운동량 양자수라고 일컫는 데는 다음 식과 같이 ℓ을 사용하여 궤도 각운동량의 크기가 결정되기 때문이다.

$$L = \sqrt{\ell(\ell+1)}\,\hbar \tag{1.57}$$

(ℓ은 n으로 나타낸 단과대학 건물에서 1층, 2층, 3층, … 등의 층으로 생각하여라. 즉 $\ell=0$은 1층, $\ell=1$은 2층, $\ell=2$는 3층, …)

그림 1.28는 원자의 부껍질을 도식적으로 나타낸 것이다.

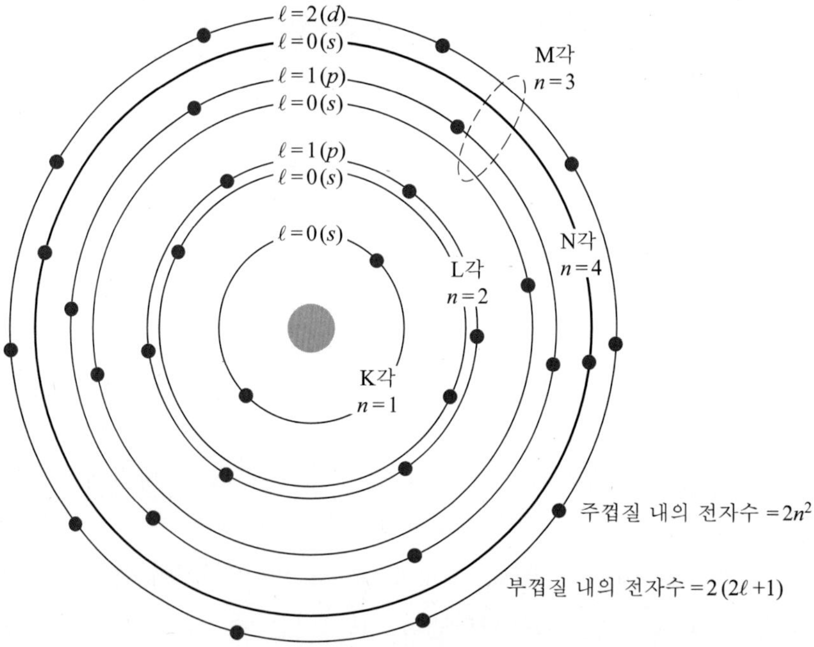

그림 1.28 원자의 부껍질

핵심 N 부양자수는 궤도전자의 각운동량의 크기와 각 껍질에서 궤도함수의 모양을 규정하는 양자수이다.

1.5.3 자기양자수(m_ℓ)

각운동량 L은 벡터이므로 크기뿐만 아니라 방향도 정해져야 한다. 궤도 각운동량의 크기는 부양자수에 의해서 정해지지만 방향은 어떻게 정해지는 것인가? 원자핵 주위를 궤도운동하는 전자는 미소전류 고리를 형성하고, 이때 생기는 궤도자기쌍극자는 외부 자기장에 의해서 궤도 각운동량에 방향성을 띄게 한다. 외부 자기장에 의한 궤도 각운동량의 방향이 양자화되는 것을 **공간양자화**(空間量子化, space quantization)라고 한다. 이때 궤도 각운동량의 방향을 규정하는 양자수가 **자기양자수** m_ℓ이다.

각각의 부양자수는 1개 또는 그 이상의 궤도함수를 가지며, 이들은 세 번째 양자수인 m_ℓ로 표시되는 값들이 서로 다르다. 핵주위의 전자구름이 공간에서 어떤 방향으로 있는지를 알려준다. m_ℓ은 ℓ에 의해서 그 범위가 다음과 같이 정해진다.

$$-\ell \le m_\ell \le \ell$$

따라서 궤도 각운동량이 취할 수 있는 방향의 수는 $2\ell+1$이 된다. s 궤도함수($\ell=0$)에서 m_ℓ은 1개의 값, 즉 0만을 가진다. 이것은 s 궤도함수의 전자구름이 구형이며, 대칭적이라는 것을 의미한다. 이 전자구름의 밀도는 방향에 관계없이 핵으로부터 거리에 따라 변한다. 보통 s 궤도함수는 단순한 구로 나타낸다. 구의 반지름은 전자를 발견할 수 있는 특정한 확률 내의 영역을 말한다. p 궤도함수($\ell=1$)에서 m_ℓ은 $+1$, 0, -1의 값을 가진다. 이것은 서로 다른 3개의 궤도함수가 존재하고, 각각에 대해서 p_x, p_y, p_z 궤도함수라고 한다.

그림 1.29에 나타낸 것과 같이 외부 자기장 방향의 각운동량 성분을 결정함으로써 L의 방향을 결정할 수 있다. 만약 외부 자기장 방향이 z축 방향이라면 z축 방향의 L 성분 L_z는 다음과 같이 양자화된다.

$$L_z = m_\ell \hbar \tag{1.58}$$

예컨대 $\ell=1$일 때는 다음과 같이 3개의 궤도면이 허용된다.

$$m_\ell = +1,\ 0,\ -1$$

이다. 이때 z축 방향의 각운동량 성분은 다음과 같이 된다.

$$L_z = +1\hbar,\ 0,\ -1\hbar$$

$\ell = 2$일 때는 다음과 같이 5개의 궤도면이 허용된다.

$$m_\ell = +2,\ +1,\ 0,\ -1,\ -2$$

따라서 z축 방향의 각운동량 성분 L_z는 다음과 같이 된다.

$$L_z = +2\hbar,\ +1\hbar,\ 0,\ -1\hbar,\ -2\hbar$$

그림 1.29 (a)에서 궤도 각운동량 L을 갖는 자기쌍극자에 외부 자기장 B가 z축 방향으로 인가되어졌을 때 자기쌍극자는 세차운동을 거쳐서 z축 방향의 양자화된 각운동량 성분을 갖게 된다. 그림 1.29 (b)는 $\ell = 2$인 경우에 자기양자수 $m_\ell = -2,\ -1,\ 0,\ +1,\ +2$가 되고 궤도면이 5개가 생긴다. 전자는 각 궤도면 주위를 회전하고, 전자의 궤도 각운동량의 방향은 각 궤도면에 수직인 방향이다. 그림 1.29 (c)는 궤도 각운동량 L의 z축 방향의 성분을 나타낸 것으로 이것이 공간양자화이다.

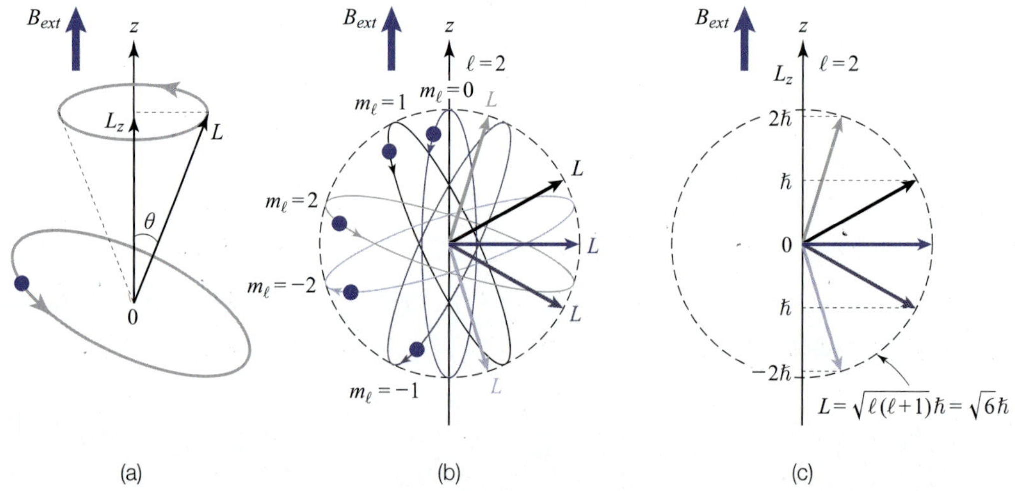

그림 1.29 (a) 전자의 궤도 각운동량과 세차운동, (b)(c) 궤도 각운동량의 공간양자화

이와 같이 추가된 양자수 ℓ과 m_ℓ은 근본적으로 수소 원자 모델을 바꾸어놓았다. 보어의 모델에서 전자는 원자핵 주위 원궤도에서만 운동하는 것으로 묘사되었다(n으로만 나타낸다). 추가된 2개의 새로운 양자수는 n으로 나타내어진 궤도가 모두 동일한 n값을 가지고서 더 많은 부껍질로 나눠질 수 있으며, 원형일 필요가 없다는 것을 의미한다. 다시 말해서 그들은 타원일 수도 있으며, 궤도함수의 모양은 ℓ값에 의해 결정된다. 이런 이유로 원자핵은 원궤도의 중심과 타원궤도의 초점이 된다. 같은 n에 대해서 궤도함수는 같은 에너지 E_n을 갖지만 ℓ의 값으로 다른 모양을 가질 것이다. 총에너지 E_n은 같으나 궤도함수가 다른 것을 **궤도의 축퇴**(degenerate orbits)라고 한다.(m_ℓ은 n으로 나타낸 단과대학 건물에서 ℓ로 나타낸 1층, 2층, 3층 등의 층에 있는 강의실로 생각하여라. 강의실 방향이 서로 다르다고 생각하면 각운동량의 방향을 이해할 수 있다.)

지금까지 설명한 양자수 n, ℓ, m_ℓ을 **공간양자수**라고 한다.

핵심 N 자기양자수는 궤도전자의 각운동량의 방향을 규정하는 하는 양자수이다.

1.6 전자의 스핀

1925년 우렌벡(G.F Uhlenbeck)과 가우스미트(S.A. Goudsmit)는 원자의 전자궤도를 완전히 기술하는 데는 세 가지 양자수로서는 불가능하다고 하여 **스핀양자수** s(또는 m_s)라 불리는 네 번째 양자수를 도입하였다. 앞 절에서 언급한 바와 같이 제이만(P. Zeeman)은 선 스펙트럼에 자기장을 인가했을 스펙트럼선이 여러 개로 쪼개진다는 사실을 발견하였고, 슈타르크(J. Stark)는 선 스펙트럼에 전기장을 인가했을 때 스펙트럼선이 여러 개로 쪼개진다는 사실을 발견하였다. 이에 대해서 우렌벡과 가우스미트는 보다 정밀하게 조사한 결과, 쪼개진 각 선마다 2개의 선이 한조가 되어 나타난다는 사실을 알게 되었다.

그림 1.30과 같이 만약 회전축상의 전자를 당구공으로 생각해보자. 그 공은 시계방향으로 회전(우회전)하거나 반시계방향으로 회전(좌회전)할 것이다. 그러므로 어떤 경우든 전자는 방향이 다른 2개의 회전 중 하나이다. 회전 방향에 있어서 우회전은 ↑, 좌회전은 ↓으로 나타낸다. 이를 바탕으로 전자가 스핀(자전)운동함으로서 스핀자기쌍극자가 형성되고, 궤도전자의 운동에 따른 원자핵의 상대운동으로 스핀전자가 자기장 내에 놓이게 됨으로써 스핀 각운동량(L_s)에 방향성을 띄게 한다. 그 방향은 두 가지로 나타나는데 전자의 스핀방향을 결정하는 양자수가 바로 **스핀양자수**이다. 따라서 스핀양자수는 $s=+1/2$ [↑(우회전, spin up)] 또는 $s=-1/2$ [↓(좌회전, spin down)] 값만을 취한다. 이때 외부 자기장 방향의 각운동량을 결정함으로써 L_s의 방향을 결정할 수 있다.

만약 외부 자기장 방향이 z축 방향이라면 z축 방향의 L_s 성분으로 $L_{s(z)}$는 다음과 같다.

$$L_{s(z)} = s\hbar \tag{1.59}$$

여기서 $s=+\frac{1}{2}, -\frac{1}{2}$ 이다.

따라서 우회전하는 전자와 좌회전하는 전자의 스핀 각운동량의 z성분은 각각 다음과 같이 나타내진다.

$$L_{s(z)} = +\frac{1}{2}\hbar \text{ (우회전)} \tag{1.60-1}$$

$$L_{s(z)} = -\frac{1}{2}\hbar \text{ (좌회전)} \tag{1.60-2}$$

스핀양자수는 스핀방향과 더불어 스핀 각운동량의 크기를 다음과 같이 결정하여 준다.

$$L_s = \sqrt{s(s+1)}\,\hbar \tag{1.61}$$

예컨대 $s=+1/2$일 때 $L_s=\sqrt{3/2}\,\hbar$가 된다.

(s는 n으로 나타낸 단과대학 건물에서 ℓ로 나타낸 1층, 2층 등의 층에 m_ℓ로 나타낸 강의실에 들어갈 수 있는 사람의 수로 생각하여라. 단 사람은 남녀 최대 2명만 들어갈 수 있다. 남자만 2명, 여자만 2명은 불가하다)

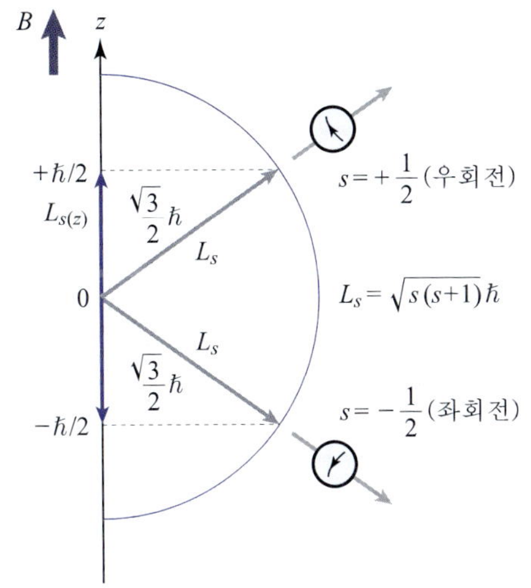

그림 1.30 스핀 각운동량의 공간양자화

원자 내에 많은 전자들이 있지만 지금까지 설명한 네 가지 양자수가 모두 같은 전자는 없다. 이는 주민번호가 같은 사람이 없는 것과 같은 것이다. "원자 내의 어떤 두 전자도 같은 양자상태일 수 없다"라는 명제를 **파울리의 배타원리**(排他原理, Pauli's exclusion principle)라고 한다.

앞으로 다루게 될 고체상태에서 전자의 에너지 상태는 네 가지 양자수로 규성되기 때문에 이에 대한 지식없이는 에너지 밴드 이론을 이해하기가 어렵다. 표 1.2는 네 가지 양자수에 대해 상호간의 연관성을 정리한 것이다.

핵심 N 스핀양자수는 스핀전자의 각운동량의 크기와 방향을 규정하는 양자수이다.

표 1.2 양자수

이름, 기호(성질)	허용된 값	양자수
주양자수, n (크기, 에너지)	양의 정수 (1, 2, 3, ⋯)	1 / 2 / 3
부양자수, l (궤도함수의 모양)	0부터 $n-1$까지	0 / 0, 1 / 0, 1, 2
자기양자수, m_l (궤도함수의 방향)	$-l$, ⋯, 0, ⋯, $+l$	0 / 0, −1 0 +1 / 0, −1 0 +1, −2 −1 0 +1 +2
스핀양자수, s (스핀방향)		$-1/2$, $+1/2$

1.7 물질파

18세기 말까지는 빛은 입자(뉴턴의 가설)였으나 19세기 초에 회절과 간섭현상으로 빛은 분명히 파동이었다. 그러나 광전효과와 이를 설명한 아인슈타인의 광양자설에 따라 입자인 것으로 밝혀졌고, 1923년 콤프톤 효과(Compton effect)로 빛이 입자임이 다시 한 번 입증되었다.

그런데 드 브로이(L.V. de Broglie)는 자연은 현저하게 대칭적이며, 우주는 전적으로 복사와 물질로 구성되어 있다고 주장하였다. 파동인 빛이 입자성을 갖게 됨으로서 역으로 입자가 분명한 물질은 파동성을 갖게 될 거라고 주장하였다. 1924년 드 브로이는 "질량 m인 입자가 속도 v로 운동할 때 공간에 파를 수반하고, 그 파의 파장(λ)은 그 입자의 운동량이 $p(=mv)$라면 이 운동량과 같은 운동량을 가지는 광자의 파장과 같다"라고 하는 **물질파**(物質波, matter wave)**가설**을 세웠다. 즉 간단히 말해서 입자가 운동을 하면 파를 수반한다. 그림 1.27은 물질파의 개념을 나타낸 것이다.

여기서 입자가 운동할 때 수반되는 물질파의 파장 λ를 구하여 보자. 광자가 가지는 에너지에 관한 식은 기본적으로 두 가지가 있다. 하나는 $E=hf$이고 또 하나는 $E=pc$이다[부록 B]. 두 번째 식은 아인슈타인의 특수상대성 이론에서 상대론적 질량 $m=m_o/\sqrt{1-v^2/c^2}$를 이용하면 구해진다[부록 A]. 즉 입자에 대한 상대론적 총에너지는 다음과 같이 나타내진다.

$$E=\sqrt{m_o^2c^4+p^2c^2} \tag{1.62}$$

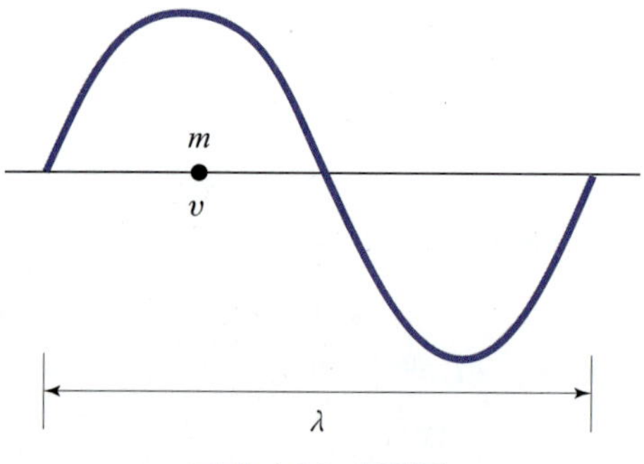

그림 1.31 물질파

여기서 m_o는 정지질량, c는 광속, p는 운동량이다.

광자는 빛의 속도로 움직일 때만 질량이 있고, 정지하면 질량이 없다. 정지질량 $m_o = 0$이므로 식 (1.62)는 다음과 같이 된다.

$$E = pc \tag{1.63}$$

광자의 에너지 $E = pc$와 $E = hf$를 결합시키면

$$pc = hf \tag{1.64}$$

따라서 광자의 운동량은 다음과 같이 나타내진다.

$$p = h \cdot \frac{f}{c} = \frac{h}{\lambda} \tag{1.65-1}$$

여기서 광자의 운동량 $p = h/\lambda$는 파수 $k = 2\pi/\lambda$를 사용하여 다음과 같이 나타낼 수 있다.

$$p = \frac{h}{\lambda} = \hbar k \tag{1.65-2}$$

이 식은 광자로부터 유도되었지만 완전히 일반적인 것이어서 물질의 입자에도 성립한다. 따라서 질량 m인 입자가 속도 v로 운동할 때 물질파의 파장 λ은 다음과 같이 나타내진다.

$$\lambda = \frac{h}{p} = \frac{h}{mv} \tag{1.65-3}$$

λ를 **드 브로이 파장**이라고도 한다.

모든 입자에 대해서 파동성을 관측할 수 있을까? 입자의 파동성 유무는 회절 및 간섭실험을 통해서 알 수 있다. 광학기구의 슬릿 폭이 a, 파의 파장이 λ라면 $\lambda \geq a$ 조건에서 회절현상을 관찰할 수 있다. 그러나 전자의 파장은 너무나 짧기 때문에 파장보다 좁은 슬릿을 만들 수가 없다. 방법은 자연계 존재하는 격자 슬릿을 이용하는 것이다. 결정의 격자상수는 전자의 파장과 비슷하기 때문에 회절이 일어날 것이고, 전자의 파장을 결정할 수 있다.

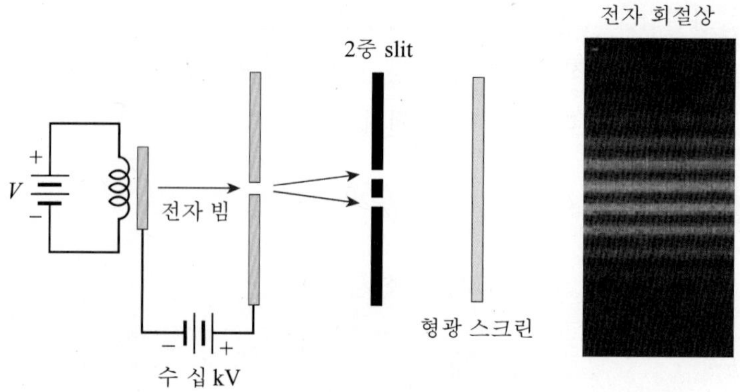

그림 1.32 전자의 회절현상

1927년 데이비슨(Davisson)과 저머(Germer)는 전자빔을 Ni 결정에 입사시켜 X-선과 비슷한 회절현상이 일어난다는 것을 발견하였다. 따라서 드 브로이 물질파 가설이 실험적으로 입증되었다. 전자회절의 실제를 그림 1.32에 나타내었다.

만약 입자가 전자라면 전압 V로 가속되는 전자에 수반되는 파동의 파장을 구해보자. 전압 V를 인가하면 전자는 +전극 쪽으로 운동할 것이고 이때 전자가 얻는 운동에너지는 eV로 주어진다. 따라서 다음 식이 성립한다.

$$E = eV = \frac{1}{2}mv^2 = \frac{p^2}{2m} \tag{1.66}$$

$$p = \sqrt{2meV}$$

전자가 운동할 때 전자가 수반하는 **전자파**(電子波, electron wave)의 파장은 다음과 같이 나타내진다.

$$\lambda = \frac{h}{p} = \sqrt{\frac{h^2}{2meV}} \tag{1.67-1}$$

$$\lambda = \sqrt{\frac{150}{V}}\ [\text{Å}] \tag{1.67-2}$$

이 식을 사용하면 인가전압에 따라 운동하는 전자가 수반하는 전자파의 파장을 쉽게 계산할 수 있다.

핵심 N 물질파란 운동하는 입자가 수반하는 파로서 입자도 파동성을 가짐을 의미다.

1.8 슈뢰딩거의 파동방정식

뉴턴 방정식은 거시계(macroscopic field)에 적용되는 방정식으로 거시적 입자의 운동 상태를 정확히 예측한다. 즉 어떤 시간에 입자의 위치와 속도를 알고 있으면 뉴턴 방정식에 의해 t초 후의 입자의 상태를 정확히 결정할 수 있다. 맥스웰의 전자기 파동방정식도 시간에 따른 전자장(電磁場)의 변화를 정확히 예측한다. 즉 어떤 시간에 장(場)을 알면 t초 후의 장(場)을 정확히 알 수 있다. 1926년 쉬뢰딩거(E. Schrodinger)는 드 브로이의 물질파 이론을 발전시켜 미시계(microscopic field)를 다루는 양자역학의 기초 방정식인 파동방정식을 확립하였다. 이 방정식으로 시간의 변화에 따른 입자의 운동 상태를 확률적으로 예측할 수는 있지만 불확실성을 내포하고 있다. 드 브로이 가설에 따라 입자가 파동성을 가지는 이상, 전자의 운동은 파동을 기술하는 **파동함수** $\Psi(x, t)$로 기술할 수 있다.

파동함수 $\Psi(x, t)$ 자체는 아무런 물리적 의미를 갖지 않지만 확률밀도함수 $|\Psi(x, t)|^2$는 시공간에서 단위 체적당 입자를 발견할 확률에 비례한다. 즉 확률의 척도가 된다. 따라서 $\Psi(x, t)$가 계산에 사용될 수 있고, 물리적 의미를 낳기 위해서는 수학적으로 다음과 같은 성질을 가져야만 한다.

(i) 1가 함수여야 하며, 그 미분도 1가함수여야 한다.
(ii) 연속이어야 하며, 그 미분도 연속이어야 한다.
(iii) 유한하여야 하며, 그 미분도 유한하여야 한다. 또 규격화도 가능하여야 한다.

시간 의존형 1차원 슈뢰딩거의 파동방정식은 다음과 같이 나타내어진다.

$$-\frac{\hbar^2}{2m}\frac{d^2\Psi}{dx^2} + V\Psi = j\hbar\frac{d\Psi}{dt} \tag{1.68}$$

여기서 Ψ는 파동함수, V는 위치에너지에 해당하는 전위함수, m은 질량이다.

파동함수를 다음과 같이 공간함수와 시간함수로 나눌 수 있다.

$$\Psi(x,\, t) = \phi(x)\phi(t) \tag{1.69}$$

이것을 식 (1.68)에 대입하면 다음과 같이 된다.

$$-\frac{\hbar^2}{2m}\frac{1}{\phi(x)}\frac{d^2\phi(x)}{dx^2} + V = j\hbar\frac{1}{\phi(t)}\frac{d\phi(t)}{dt} \tag{1.70}$$

그런데 이 식이 등식이 되기 위해서는 좌변과 우변이 상수여야만 한다. 따라서 우변을 상수 E(분리상수라고 하며, 나중에는 입자의 총에너지로 표현된다)로 두면

$$j\hbar\frac{1}{\phi(t)}\frac{d\phi(t)}{dt} = E \tag{1.71-1}$$

$$\frac{d\phi(t)}{dt} + j\frac{E}{\hbar}\phi(t) = 0 \tag{1.71-2}$$

와 같이 쓸 수 있고, 이 식의 해는 다음과 같다.

$$\phi(t) = e^{-j\frac{E}{\hbar}t} \tag{1.72}$$

$E/\hbar = \omega\left(E = hf = h\dfrac{\omega}{2\pi} = \hbar\omega\right)$로 두고, 이것을 식 (1.69)에 대입하면 슈뢰딩거 방정식의 해는 다음과 같이 표현된다.

$$\Psi(x,\, t) = \phi(x)e^{-j\omega t} \tag{1.73}$$

이 식은 일반적인 파동방정식의 해가 된다.

식 (1.70)에서 슈뢰딩거 방정식의 우변을 식 (1.71-1)의 E로 두고 정리하거나 식 (1.72)을 식 (1.70)에 대입하여 정리하면 다음과 같은 식이 얻어진다.

$$\frac{d^2\phi(x)}{dx^2} + \frac{2m}{\hbar^2}(E - V)\phi(x) = 0 \tag{1.74}$$

이 식을 **시간 비의존형 1차원 슈뢰딩거의 파동방정식**이라고 한다. 만약 위치에너지 $V = 0$이면 다음과 같이 나타내진다.

$$\frac{d^2\phi(x)}{dx^2} + \frac{2mE}{\hbar^2}\phi(x) = 0 \tag{1.74-1}$$

식 (1.74)를 3차원으로 확장하면 다음과 같이 나타내어진다.

$$\frac{d^2\phi(x)}{dx^2} + \frac{d^2\phi(y)}{dy^2} + \frac{d^2\phi(z)}{dz^2} + \frac{2m}{\hbar^2}(E - V)\phi(x,\, y,\, z) = 0 \tag{1.74-2}$$

슈뢰딩거의 파동방정식은 다른 방법으로도 유도될 수 있다. 파동방정식의 일반적인 형태는 다음 식과 같이 나타내진다.

$$\frac{\partial^2\phi}{\partial x^2} = \frac{1}{v^2}\frac{\partial^2\phi}{\partial t^2} \tag{1.75}$$

이 식에서 ϕ는 x와 t의 함수로 일반해는 $\phi = A\sin(kx - \omega t)$와 같은 꼴이다. 이것을 다시 식 (1.75)에 대입하여 정리하면 다음과 같이 **정상상태 1차원 슈뢰딩거의 파동방정식**이 얻어진다.

$$\frac{d^2\phi}{dx^2} + k^2\phi = 0 \tag{1.76}$$

여기서 k는 $k = 2\pi/\lambda$로 정의되는 파수이기도 하지만 식 (1.8)에 나타낸 바와 같이 $k = w/v$이다.

드 브로이의 물질파의 파장을 운동에너지로 나타내면

$$\lambda = \frac{h}{p} = \frac{h}{mv} = \frac{h}{\sqrt{2mE}} \tag{1.77}$$

$$\left(E = \frac{1}{2}mv^2 = \frac{p^2}{2m}\right)$$

가 된다. 따라서 식 (1.77)과 $k = 2\pi/\lambda$를 결합시키면 파수와 에너지 사이의 관계는 다음과 같이 된다.

$$k^2 = \left(\frac{2\pi}{\lambda}\right)^2 = \frac{2mE}{\hbar^2}$$

$$E = \frac{\hbar^2}{2m}k^2 \qquad (1.78)$$

식 (1.78)을 식 (1.76)에 대입시키면 다음과 같이 된다.

$$\frac{d^2\phi}{dx^2} + \frac{2mE}{\hbar^2}\phi = 0$$

이것은 식 (1.74-1)과 같다.

한편 위치에너지를 고려하면 슈뢰딩거의 파동방정식은 다음과 같이 나타내진다.

$$\frac{d^2\phi}{dx^2} + \frac{2m}{\hbar^2}(E - V)\phi = 0$$

이 식은 식 (1.74)와 동일하다.

핵심 N 입자가 파동성을 가지므로 입자의 운동을 파동함수로 기술할 수 있다. 이 때 파동함수를 구하는 방정식이 슈뢰딩거의 파동방정식이다.

1.9 자유전자의 거동

질량이 m인 자유전자의 파동함수를 구해보자. 자유전자이므로 퍼텐셜 에너지 $V = 0$이다. 따라서 슈뢰딩거의 파동방정식은 식 (1.76)과 같다.

$$\frac{d^2\phi}{dx^2} + k^2\phi = 0$$

이 방정식의 일반해는

$$\phi(x) = A'e^{jkx} + B'e^{-jkx} \qquad (1.79\text{-}1)$$

이며, 이 식을 오일러 공식을 이용하면

$$\phi = A\sin kx + B\cos kx \tag{1.79-2}$$

가 된다. 파동함수 ϕ는 x가 어떤 값을 가져도 $\sin kx$ 및 $\cos kx$가 주기함수라 유한한 값을 가진다. 따라서 ϕ와 이것의 1차 도함수는 연속이다. 경계조건이 없는 경우로서 미지의 상수는 구할 수 없다. 이것은 전자가 힘을 받지 않는 자유상태이기 때문이다. 자유전자의 에너지는 연속적으로 변할 수 있으며, 언제나 양수 값을 가져야 한다. 이 결과는 뉴턴역학에서 얻는 결과와 똑 같다. 즉 구속되어 있지 않은 자유상태에서는 고전역학과 양자역학이 동일한 결과를 나타내며, 고전역학은 양자역학의 특수한 경우라고 할 수 있다.

핵심 N 자유공간에서 자유전자의 파동함수는 어떠한 형태인가?

1.10 무한 네모 우물 퍼텐셜 내의 전자

전자가 구속된 경우라면 파동함수는 어떻게 되겠는가? 실제로 결정에서의 전자는 제한된 공간에서의 운동이므로 이 경우에 해당된다. 제한된 영역에서 전자의 거동을 슈뢰딩거의 파동방정식을 통해서 알아보자.

1.10.1 구속전자의 드 브로이 파장

그림 1.33와 같이 무한 네모 우물 퍼텐셜장에서 운동하는 전자의 거동을 해석하기 위해서 다음과 같이 경계조건을 설정한다.

$$x < 0 \text{ 영역과 } x > a \text{ 영역에서 } V(x) = \infty \tag{1.80}$$

$$0 < x < a \text{ 영역에서 } \quad V(x) = 0$$

1차원에서 슈뢰딩거의 파동방정식

$$\frac{d^2\phi}{dx^2} + k^2\phi = 0$$

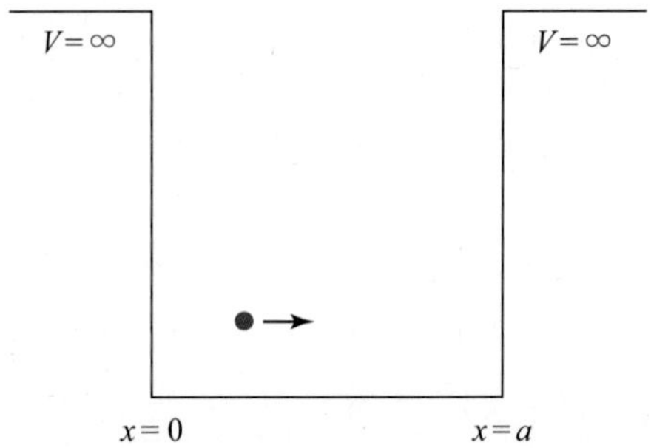

그림 1.33 무한 네모 우물 퍼텐셜 내에서 운동하는 전자

은 2계 선형 미분방정식으로 그 해는 $\phi(x) = Ae^{px}$ 형태로 나타난다.

이것을 다시 슈뢰딩거의 파동방정식에 대입하면 다음과 같은 특성 방정식을 얻을 수 있다.

$$H(p) = p^2 + k^2 = 0 \quad \therefore\ p = \pm jk \tag{1.81}$$

따라서 슈뢰딩거의 파동방정식의 해는 다음과 같이 나타내진다.

$$\begin{aligned}\phi(x) &= A'e^{jkx} + B'e^{-jkx} \\ &= A'(\cos kx + j\sin kx) + B'(\cos kx - j\sin kx) \\ &= (A'j - B'j)\sin kx + (A' + B')\cos kx \\ &= A\sin kx + B\cos kx\end{aligned} \tag{1.82}$$

이 해는 자유공간에서의 전자에 대한 파동함수, 식 (1.79-2)와 같게 보이지만 전자가 구속되어 있기 때문에 미분방정식의 2개의 상수를 결정하기 위해서는 경계조건을 생각해야만 한다.

첫 번째 경계조건은 $x < 0$ 영역과 $x > a$ 영역에서는 전자가 존재할 수 없다. 즉 전자를 발견할 확률이 0이다.

$$\begin{cases}\phi(0) = 0 \\ \phi(a) = 0\end{cases} \tag{1.83}$$

$x = 0$에서 $\phi(0) = 0$이므로 $B = 0$이 된다. 따라서

$$\phi(x) = A\sin kx \tag{1.84}$$

가 된다. 또 $x=a$에서 $\phi(a)=0$이므로

$$\phi(a)=0=A\sin ka \tag{1.85}$$

가 된다. 따라서

$$ka=n\pi \tag{1.86-1}$$

$$k=\frac{n\pi}{a},\quad n=1,\ 2,\ 3,\ \cdots \tag{1.86-2}$$

가 얻어진다. 파수가 양자화됨을 알 수 있다. 또 $k=2\pi/\lambda$이므로 다음과 같이 파장도 양자화된다.

$$\lambda=\frac{2a}{n},\quad n=1,\ 2,\ 3,\ \cdots \tag{1.87}$$

두 번째 경계조건은 구속영역에는 반드시 전자가 존재한다. 즉

$$\int_{-\infty}^{\infty}|\phi^2|\,dx=\int_0^a|\phi|^2\,dx=1 \tag{1.88-1}$$

가 된다. 식 (1.84)를 식 (1.88−1)에 대입하면

$$\int_{-\infty}^{\infty}|\phi(x)|^2dx=\int_0^a A^2\sin^2 kx\,dx=1 \qquad \therefore\ A=\sqrt{\frac{2}{a}} \tag{1.88-2}$$

가 된다. 따라서 구속영역에서 전자의 파동함수는 다음과 같이 정현함수가 된다.

$$\phi(x)=\sqrt{\frac{2}{a}}\sin\frac{n\pi}{a}x \tag{1.89-1}$$

3차원으로 확장하면 $\phi(x)$, $\phi(y)$, $\phi(z)$는 서로 독립적이므로 $\phi(x,\ y,\ z)=\phi(x)\phi(y)\phi(z)$가 된다. 따라서 다음과 같이 나타내진다.

$$\phi(x,\ y,\ z)=\left(\sqrt{\frac{2}{a}}\right)^3\sin\left(\frac{n_x\pi}{a}x\right)\sin\left(\frac{n_y\pi_y}{a}y\right)\sin\left(\frac{n_z\pi}{a}z\right) \tag{1.89-2}$$

핵심 N 구속전자의 파동함수는 정현함수이며, 파수와 파장은 양자화된다.

1.10.2 구속전자의 에너지

무한 네모 우물 퍼텐셜 내에서 전자의 총에너지 E는 위치에너지가 없으므로 운동에너지 K만 존재한다. 따라서 다음 식과 같이 된다.

$$E = K = \frac{1}{2}mv^2 = \frac{p^2}{2m}$$

식 (1.87)과 드 브로이 식을 결합시키면 다음 식을 얻을 수 있다.

$$p = \frac{h}{\lambda} = \frac{nh}{2a} \tag{1.90}$$

이 식을 운동에너지에 포함된 p에 대입하면 다음과 같이 에너지도 양자화된다.

$$E_n = \frac{n^2h^2}{8ma^2}, \quad n = 1, 2, 3, \cdots \tag{1.91}$$

이 식이 가지는 물리적 의미는 다음과 같이 요약할 수 있다.

1. 제한된 영역 내의 전자는 임의의 에너지를 가질 수 없다. 허용된 에너지만 가질 수 있다. 즉 구속전자의 에너지는 양자화된다.
2. 구속전자는 $E \neq 0$인 최소 에너지를 가져야 한다.

만약 $E = 0$이면 $v = 0$가 된다. 따라서 $\lambda = \dfrac{h}{mv} = \infty$가 되는 모순이 생긴다. 구속전자의 E가 불연속적인 값들로 제한됨으로서 이는 모든 에너지 ($E = 0$ 포함)가 허용되는 고전역학에서는 찾아볼 수 없는 결과이다.

에너지 준위별로 파동함수, 에너지, 파장을 구해보면 다음과 같이 된다.

$$n = 1 : \phi_1 = \sqrt{\frac{2}{a}}\sin\frac{\pi}{a}x : E_1 = \frac{(1)^2h^2}{8ma^2} = \frac{h^2}{8ma^2} : \lambda = 2a \tag{1.92-1}$$

$$n = 2 : \phi_2 = \sqrt{\frac{2}{a}}\sin\frac{2\pi}{a}x : E_2 = \frac{(2)^2h^2}{8ma^2} = 4E_1 : \lambda = a \tag{1.92-2}$$

$$n = 3 : \phi_3 = \sqrt{\frac{2}{a}}\sin\frac{3\pi}{a}x : E_2 = \frac{(3)^2h^2}{8ma^2} = 9E_1 : \lambda = \frac{2a}{3} \tag{1.92-3}$$

$$\vdots$$

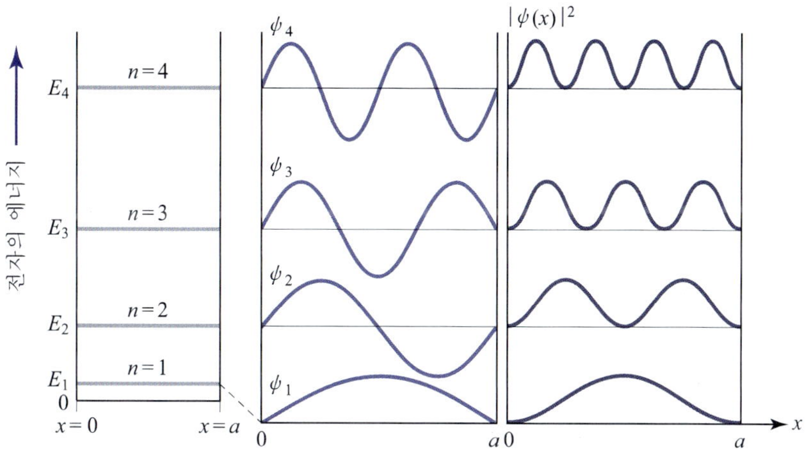

그림 1.34 구속전자의 에너지 준위, 파동함수, 확률밀도

⋮

⋮

구속영역에서 전자의 거동에 대한 개념을 그림 1.34에 나타내었다. 서로 다른 양자수에 대해서 어떤 특정한 위치에서 전자를 발견할 확률은 서로 다르다. 가령 $n=1$에서 전자를 발견할 확률은 $x=a/2$에서 가장 높지만 $n=2$에서는 전자를 발견할 확률은 0이다.

무한 네모 우물 퍼텐셜 내의 전자에 대한 내용은 3장에서 다룰 조머펠트의 금속모형에 적용된다.

핵심 N 전자가 구속되면 임의의 에너지를 가질 수 없고, 0이 아닌 최소 에너지를 가진다. 고전입자의 경우의 최소 에너지는 0일 수 있다.

1.11 불확정성 원리

1927년 하이젠베르그(W.K. Heigenberg)는 "입자의 위치와 운동량을 동시 정확히 측정할 수 없다"는 **불확정성 원리**(不確定性原理, uncertainty principles)를 발표하였다. 입자의 위치를 정확히 측정하면 할수록 운동량이 부정확해지고, 반대로 운동량을 정확히 측정하면 할수록 입자의 위치가 부정확해진다. 드 브로이 가설에서 입자가 운동을 하면 공간에 파수와 진동수가 조금씩 다른 파들이 생긴다. 이 파들이 합성되면 그림 1.35와 같은 **파군**(波群, wave packet)이 생긴다. 파군은 입자와 같은 속도로 움직이고 파군 내에는 반드시 입자가 존재한다. 그림 1.35 (a)와 같이 파군의 폭이 좁으면 입자의 위치는 보다 정확히 결정되어지지만 파장은 정확하게 결정되기 어렵다. 반대로 그림 1.35 (b)와 같이 파군의 폭이 넓을수록 파군에 포함된 파동들의 수가 많고, 이들 파장의 정확성이 높아지므로 입자들의 운동량을 보다 정확히 결정할 수 있다. 그러나 입자는 파군 내의 어느 곳에나 존재할 수 있으므로 입자의 위치를 정확하게 결정할 수 없다.

파군의 파장이 λ라면 위치의 불확정도 Δx는 근사적으로 다음과 같다.

$$\Delta x \simeq \lambda \tag{1.93}$$

또 $\lambda = 2\pi/k$와 같은 관계가 있으므로 Δx는 다음과 같이 쓸 수 있다.

$$\Delta x \simeq \frac{2\pi}{\Delta k} \tag{1.94}$$

한편 운동량 p인 입자의 드 브로이 파장은 $\lambda = h/p$이므로 파수 k는

$$k = \frac{2\pi}{\lambda} = \frac{2\pi p}{h} \tag{1.95}$$

가 되어 불확정도 Δk와 불확정도 Δp의 관계는 다음과 같이 된다.

$$\Delta k = \frac{2\pi}{h}\Delta p \tag{1.96}$$

식 (1.94)와 식 (1.96)을 조합하면 위치의 불확정도와 운동량의 불확정도 사이에는 다음과 같은 관계식이 얻어진다.

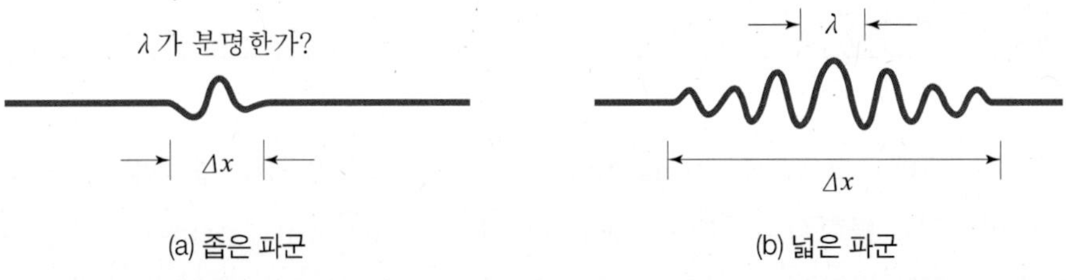

그림 1.35 파군의 모양에 따른 불확정도 : (a) 위치의 불확정도(Δx)는 작으나 운동량의 불확정도(Δp)는 크다. (b) 위치의 불확정도(Δx)는 크나 운동량의 불확정도(Δp)는 작다.

$$\Delta x \cdot \Delta p \simeq h \tag{1.97}$$

이 식을 좀 더 정밀한 방법으로 유도하면 다음과 같이 나타내진다.

$$\Delta x \cdot \Delta p \geq \frac{\hbar}{2} \tag{1.98}$$

즉 입자의 위치와 운동량을 동시에 측정하면 위치의 불확정도 Δx와 운동량의 불확정도 Δp의 곱은 반드시 $\frac{\hbar}{2}$보다 크거나 같다. 한편 전자의 에너지를 측정할 때 측정이 이루어지는 시간에 대해서도 에너지와 시간을 동시에 측정하면 에너지의 불확정도 ΔE와 시간의 불확정도 Δt의 곱은 다음과 같이 반드시 $\frac{\hbar}{2}$보다 크거나 같다.

$$\Delta E \cdot \Delta t \geq \frac{\hbar}{2} \tag{1.99}$$

이것을 하이젠베르그(Heigenberg)의 **불확정성 원리**라고 한다.

불확정성 원리의 물리적 의미를 살펴보면

1. 입자의 위치와 운동량을 동시에 정확히 측정하면 위치의 불확정도 Δx와 운동량의 불확정도 Δp의 곱은 반드시 $\hbar/2$보다 크거나 같다.
2. 동시에 정확히 축정할 수 없는 것은 실험 미숙에서 오는 것이 아니라 객관적인 자연법칙 때문이다.
3. 물리량 측정의 정밀도는 측정 장치 및 방법의 개량으로 정밀도를 높일 수 있다고 믿어 왔지만 장치 및 방법이 아무리 완전하다고 할지라도 측정수단 및 대상 사이에 상호작용으로 인해 정밀도에는 본질적인 한계가 존재한다.

불확정성 원리는 원자와 같은 미시세계에서는 고려될 수 있지만 거시세계, 즉 고전세계에서는 무의미한 내용이다.

핵심 N 전자와 같은 미시적 입자의 위치와 운동량을 동시에 정확하게 아는 것이 사실상 불가능하다. 이것이 불확정성 원리다.

1.12 터널링 효과

운동하고 있는 입자가 장벽에 부딪히면 어떤 현상이 나타날까? 고전역학에서는 무한히 견고한 장벽을 통과하는 것은 불가능하다. 양자역학에서도 마찬가지이다. 그러나 덜 견고한, 즉 무한히 견고하지 않지만 좁은 장벽의 경우는 어떻게 될까? 이 경우에도 고전역학에서는 입자가 투과할 수 없지만 양자역학에서는 다른 결과를 나타낸다. 전자와 같이 질량이 매우 작은 입자가 큰 에너지를 가지고 있다면 수 Å 좁은 장벽을 투과할 수 있다. 이 현상을 **터널링 효과**(tunneling effect)라고 하는데 입자의 파동성에 기인한다. 그림 1.36과 같은 전위장벽을 터널링하는 입자에 대한 슈뢰딩거의 파동 방정식의 해를 구하고 터널링 확률을 고찰해 보기로 한다.

(1) $x < 0$, $x > a$: $V(x) = 0$

이 조건에 맞는 1차원의 슈뢰딩거의 파동방정식은 다음과 같다.

$$\frac{d^2\phi}{dx^2} + k^2\phi = 0$$

여기서 $k = \dfrac{\sqrt{2mE}}{\hbar}$ 이다.

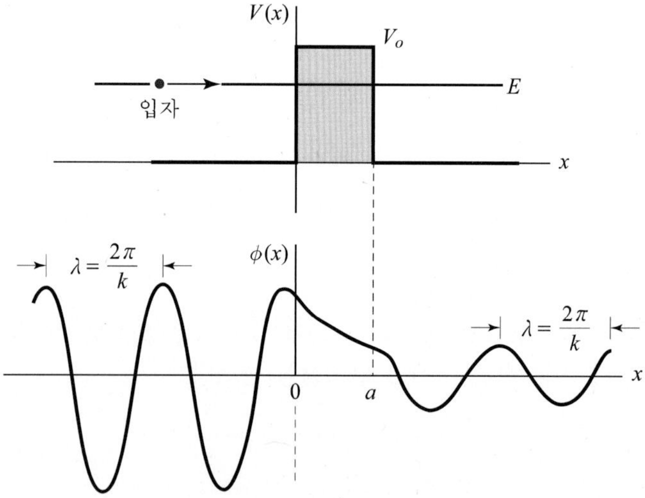

그림 1.36 전위장벽을 터널링하는 입자

이 미분방정식의 해는 다음과 같은 형태이다.

$$\phi = Ae^{jkx} + Be^{-jkx}$$

여기서 Be^{-jkx}는 입사파 중에서 반사파에 해당하므로 고려대상에서 제외된다. $+x$축 방향만 고려하면 $\phi = Ae^{jkx}$이며, 정현파로 진행한다.

(2) $0 < x < a$: $V(x) = V_o$

이 조건에 맞는 1차원 슈뢰딩거의 파동방정식은 다음과 같다.

$$\frac{d^2\phi}{dx^2} - \frac{2m}{\hbar^2}(V_o - E)\phi = 0 \qquad (1.100\text{-}1)$$

이 식을 다음과 같은 형태로 바꾸어 본다.

$$\frac{d^2\phi}{dx^2} - \alpha^2\phi = 0 \qquad (1.100\text{-}2)$$

여기서 $\alpha = \sqrt{\frac{2m}{\hbar^2}(V_o - E)}$ 이다.

이 미분방정식의 해는 다음과 같은 형태이다.

$$\phi = Ce^{\alpha x} + De^{-\alpha x} \qquad (1.101)$$

$\phi = Ce^{+\alpha x}$는 발산하므로 해가 될 수 없다. 그러나 $\phi = De^{-\alpha x}$는 장벽을 투과하는 동안 감쇄를 의미하기 때문에 해가 된다.

터널링 확률은 근사적으로 다음과 같이 나타내진다.

$$T \cong e^{-2\alpha a} \qquad (1.104)$$

입자가 어떤 장벽을 투과할 확률은 입자의 에너지가 크고, 장벽 폭이 좁고, 장벽높이가 낮을 때 크다.

터널링 효과의 응용은 다음과 같은 것들이 있다. 정전압 다이오드로 사용되고 있는 제너 다이오드는 터널링 효과를 이용한 것이다. 또한 주사터널링현미경(scanning tunneling microscope : STM)은 1 Å 크기의 아주 뾰족한 탐침으로부터 방출되는 전자를 탐침과 시료 사이(일반적으로 5 ~ 10 Å)에 전압을 걸어 시료 표면에 조사한 후

전자의 파동성에 의한 터널링 현상으로부터 시료의 구조를 알아내는 현미경이다.

핵심 N	속도가 빠르고 질량이 가벼운 입자는 아주 얇은 장벽을 통과할 수 있다. 전자와 같은 입자가 조건이 충족되면 터널링할 수 있다. 제너 다이오드는 전자의 터널링 효과를 이용한 반도체 소자이다.

1.13 원소의 주기율표

1.13.1 주기율표의 구성

1869년 러시아 과학자 멘델레프(Mendeleev)가 오늘날의 원자량을 표에 차례로 늘어놓고 하나하나 원소의 성질을 조사해 보니 정해진 순번마다 화학적 성질이 비슷한 원소가 나온다는 사실을 착안하고, 원소의 성질에 주기성을 고려하여 표로 나타낸 것이 오늘날의 **주기율표**(periodic table)이다. 주기율표가 중요한 이유는 알려진 모든 원소의 성질에 대하여 많은 양의 정보를 제공해 주기 때문이다.

주기율표는 주기(period)라고 하는 7개의 행(row)과, 족 또는 그룹(group)이라고 하는 8개의 열(column)로 구성된다. 그림 1.37에 나타낸 주기율표를 보라. 족에는 A족과 B족으로 구분되는데 A족 원소를 **주족 원소**라고 하며, 금속과 비금속을 다 포함한다. B족 원소를 **전이원소**(transition elements)라고 하며, 최외각 전자가 d 궤도함수의 전자로 되어 있으며, 모두가 금속이다.

1A족부터 8A족까지 8개의 A족(주족)과 1B족부터 8B족까지 8개의 B족(부족)으로 구성된다. 어떤 원소가 몇 행에 있는가는 주껍질 수가 몇 개인가를 나타낸다. 1행에는 2개, 2행에는 8개, 3행에는 8개, 4행에는 18개, 5행에는 18개, 6행에는 32개의 원소가 있다. 일명 2, 8, 8, 18, 18, 32 법칙이다. 같은 족에 속하는 원소는 전자배치가 비슷하기 때문에 비슷한 화학적 거동을 나타낸다. 원자번호 21, 39, 57 ~ 71번까지의 17종 원소를 **희토류 원소**(rare earth elements)라고 한다. 과학과 산업이 발전함에 따라 오늘날 희토류 원소는 각종 촉매, 형광체, 광섬유, 영구자석, 반도체, 유전체, 초전도체 등 그 쓰임새가 날로 증가하고 있고, 일부이긴 하나 첨단산업에 없으면 안 될 정도로 중요하다.

금속(주족) / 금속(전이 금속) / 금속(내부 전이 금속) / 준금속 / 비금속

주기	1A (1)	2A (2)	3B (3)	4B (4)	5B (5)	6B (6)	7B (7)	8B (8)	8B (9)	8B (10)	1B (11)	2B (12)	3A (13)	4A (14)	5A (15)	6A (16)	7A (17)	8A (18)
1	1 H 1.008																	2 He 4.003
2	3 Li 6.941	4 Be 9.012											5 B 10.81	6 C 12.01	7 N 14.01	8 O 16.00	9 F 19.00	10 Ne 20.18
3	11 Na 22.99	12 Mg 24.31											13 Al 26.98	14 Si 28.09	15 P 30.97	16 S 32.07	17 Cl 35.45	18 Ar 39.95
4	19 K 39.10	20 Ca 40.08	21 Sc 44.96	22 Ti 47.88	23 V 50.94	24 Cr 52.00	25 Mn 54.94	26 Fe 55.85	27 Co 58.93	28 Ni 58.69	29 Cu 63.55	30 Zn 65.41	31 Ga 69.72	32 Ge 72.61	33 As 74.92	34 Se 78.96	35 Br 79.90	36 Kr 83.80
5	37 Rb 85.47	38 Sr 87.62	39 Y 88.91	40 Zr 91.22	41 Nb 92.91	42 Mo 95.94	43 Tc (98)	44 Ru 101.1	45 Rh 102.9	46 Pd 106.4	47 Ag 107.9	48 Cd 112.4	49 In 114.8	50 Sn 118.7	51 Sb 121.8	52 Te 127.6	53 I 126.9	54 Xe 131.3
6	55 Cs 132.9	56 Ba 137.3	57 La 138.9	72 Hf 178.5	73 Ta 180.9	74 W 183.9	75 Re 186.2	76 Os 190.2	77 Ir 192.2	78 Pt 195.1	79 Au 197.0	80 Hg 200.6	81 Tl 204.4	82 Pb 207.2	83 Bi 209.0	84 Po (209)	85 At (210)	86 Rn (222)
7	87 Fr (223)	88 Ra (226)	89 Ac (227)	104 Rf (263)	105 Db (262)	106 Sg (266)	107 Bh (267)	108 Hs (277)	109 Mt (268)	110 Ds (281)	111 Rg (272)	112 (285)	113 (284)	114 (289)	115 (288)	116 (292)		

주족 원소 (1A–2A, 3A–8A) / 전이 원소 (3B–2B)

내부 전이 원소

주기															
6	란타넘족	58 Ce 140.1	59 Pr 140.9	60 Nd 144.2	61 Pm (145)	62 Sm 150.4	63 Eu 152.0	64 Gd 157.3	65 Tb 158.9	66 Dy 162.5	67 Ho 164.9	68 Er 167.3	69 Tm 168.9	70 Yb 173.0	71 Lu 175.0
7	악티늄족	90 Th 232.0	91 Pa (231)	92 U 238.0	93 Np (237)	94 Pu (242)	95 Am (243)	96 Cm (247)	97 Bk (247)	98 Cf (251)	99 Es (252)	100 Fm (257)	101 Md (258)	102 No (259)	103 Lr (260)

그림 1.37 주기율표

핵심 N 희토류 원소는 Sc(21), Y(39)를 포함해서 원자번호 57 ~ 71번까지 17종의 원소를 일컫는다. 첨단산업의 비타민이다.

1.13.2 전자배치법

원자 내의 주껍질과 부껍질은 어떤 규칙으로 전자에 의해서 채워지는 것일까? 원자 내에 수많은 허용된 에너지 상태는 전자에 의해서 임의로 점유되는 것이 아니라 네 가지의 양자수 조합으로 점유된다. 다음과 같은 규칙을 알고 있으면 원자의 에너지 준위를 전자로 채우는 것은 그리 어렵지 않을 것이다. 이 규칙은 새로운 것이 아니며 이미 앞에서 학습한 것이다.

규칙1. 원자는 원자번호(Z)만큼 전자수를 가진다.

규칙2. 각각의 껍질에 들어갈 수 있는 전자수는 주양자수 n에 대해서 $2n^2$개다.

규칙3. 원자 내의 전자는 네 가지 양자수(n, ℓ, m_ℓ, s)로 정해지며, 같은 양자수는 있을 수 없다(파울리의 배타원리).

규칙4. 부양자수 ℓ은 $0 \le \ell \le n-1$을 만족하는 값으로 정해진다.

규칙5. 자기양자수 m_ℓ은 $-\ell \le m_\ell \le \ell$을 만족하는 값으로 정해진다.

규칙6. 스핀양자수 s는 스핀업 $s=+1/2$과 스핀다운 $s=-1/2$로 정해진다.

규칙7. 각각의 m_ℓ에 전자를 배치하되 $s=+1/2$을 차례로 배치한 후에 남는 전자에 대해서 $s=-1/2$을 배치한다.

규칙7을 보다 자세히 설명해보자. 하나의 m_ℓ에는 전자가 반평행스핀을 가지고 최대 2개까지만 전자로 채워진다. 즉 각 궤도함수에는 최대 2개의 전자가 들어갈 수 있다. 따라서 같은 부껍질 ℓ에서 다른 m_ℓ[같은 층(ℓ)에 다른 강의실(m_ℓ)을 생각하여라]에 전자를 채울 때 먼저 스핀업 방향($s=+1/2$) 으로 하나씩 채운 다음, 전자가 남을 경우에는 스핀다운 방향($s=-1/2$) 으로 채운다. 즉 처음부터 하나의 m_ℓ에 전자를 반평행 스핀쌍으로 채울 수는 없다. 이것을 **훈트(Hund)의 규칙**이라고 한다.

(1) 수소(H)의 양자상태

규칙1에서 수소는 원자번호가 1이므로 전자는 1개뿐이다. 규칙2에서 K 각($n=1$)에 들어갈 수 있는 전자수는 최대 $2n^2 = 2(1)^2 = 2$개이나 수소에는 1개뿐이다. 규칙3에서 K 각($n=1$)에는 1개의 양자상태 (n, ℓ, m_ℓ, s)로 규정된다. 규칙4에서 $n=1$이므로 부껍질 $\ell=0$이다. 규칙5에서 $m_\ell=0$이다. 규칙6에서 $s=+1/2$이다. 따라서 수소에서 전자의 양자상태는 (n, ℓ, m_ℓ, s) = (1, 0, 0, +1/2)이 된다. 표 1.3은 수소(H)의 양자상태를 나타낸 것이다.

표 1.3 수소(H) 양자상태

원자 번호	주껍질	전자수	n(주양자수)		ℓ(부양자수)		m_ℓ(자기양자수)		s(스핀양자수)	
	캠퍼스 내 각 건물명				건물의 각 층		각 층의 강의실		남(+1/2), 여(−1/2)	
1	K 각	1	1	K 건물	0	1층	0	1개의 강의실	+1/2 (↑)	남자 1명

(2) 탄소(C)의 양자상태

규칙1에서 C는 원자번호가 6이므로 6개의 전자를 가진다. 규칙2에서 K 각($n = 1$)에는 $2n^2 = 2(1)^2 = 2$개의 전자가 들어갈 수 있고, L 각($n = 2$)에는 $2n^2 = 2(2)^2 = 8$개의 전자가 들어갈 수 있으나 남아 있는 전자수는 4개뿐이다.

K 각에 전자를 배치해보자 :

규칙3에서 K 각($n = 1$)에는 2개의 양자상태가 존재한다. 규칙4에서 $n = 1$이므로 부껍질 $\ell = 0$이다. 규칙5에서 부껍질 $\ell = 0$에서 $m_\ell = 0$이며, 따라서 규칙6에서 반평행 스핀쌍)이 들어간다. 여기까지가 K 각의 양자상태이다.

L 각에 전자를 배치해보자 :

규칙3에서 L 각($n = 2$)에는 나머지 4개의 전자수에 대응하는 4개의 양자상태가 존재한다. 규칙4에서 $n = 2$이므로 $\ell = 0, 1$이다. 규칙5에서 부껍질 $\ell = 0$에서 $m_\ell = 0$이며, 따라서 규칙6에서 반평행 스핀쌍이 들어감으로서 2개의 양자상태가 정해진다. 부껍질 $\ell = 1$에서 $m_\ell = -1, 0, +1$이다. 규칙7에서 전자를 스핀업 방향으로 차례로 배치하면 $m_\ell = -1$과 0에만 각각 전자가 하나씩 들어감으로 2개의 양자상태가 정해진다. 결과적으로 C의 전자배치는 표 1.4와 같다.

표 1.4 탄소(C) 양자상태

<table>
<tr><th rowspan="2">원자번호</th><th>주껍질</th><th>전자수</th><th colspan="2">n(주양자수)</th><th colspan="2">ℓ(부양자수)</th><th colspan="2">m_ℓ(자기양자수)</th><th colspan="2">s(스핀양자수)</th></tr>
<tr><th colspan="4">캠퍼스 내 각 건물명</th><th colspan="2">건물의 각 층</th><th colspan="2">각 층의 강의실</th><th colspan="2">남(+1/2), 여(−1/2)</th></tr>
<tr><td rowspan="10">6</td><td rowspan="8">L 각</td><td rowspan="8">4</td><td rowspan="8">2</td><td rowspan="8">L 건물</td><td rowspan="6">1</td><td rowspan="6">2층</td><td rowspan="2">+1</td><td rowspan="6">3개의 강의실</td><td></td><td></td></tr>
<tr><td></td><td></td></tr>
<tr><td rowspan="2">0</td><td></td><td></td></tr>
<tr><td>+1/2 (↑)</td><td>남자 1명</td></tr>
<tr><td rowspan="2">−1</td><td></td><td></td></tr>
<tr><td>+1/2 (↑)</td><td>남자 1명</td></tr>
<tr><td rowspan="2">0</td><td rowspan="2">1층</td><td rowspan="2">0</td><td rowspan="2">1개의 강의실</td><td>−1/2 (↓)</td><td>여자 1명</td></tr>
<tr><td>+1/2 (↑)</td><td>남자 1명</td></tr>
<tr><td rowspan="2">K 각</td><td rowspan="2">2</td><td rowspan="2" colspan="2">K 건물</td><td rowspan="2">0</td><td rowspan="2">1층</td><td rowspan="2">0</td><td rowspan="2">1개의 강의실</td><td>−1/2 (↓)</td><td>여자 1명</td></tr>
<tr><td>+1/2 (↑)</td><td>남자 1명</td></tr>
</table>

(3) 실리콘(Si)의 양자상태

규칙1에서 Si는 원자번호가 14이므로 14개의 전자를 가진다. 규칙2에서 K 각($n = 1$)에는 $2n^2 = 2(1)^2 = 2$개의 전자가, L 각($n = 2$)에는 $2n^2 = 2(2)^2 = 8$개의 전자가 들어갈 수 있고, M 각($n = 3$)에는 $2n^2 = 2(3)^2 = 18$개의 전자가 들어갈 수 있으나 나머지 4개만 들어간다.

K 각에 전자를 배치해보자 :

규칙3에서 K 각($n = 1$)에는 2개의 양자상태가 존재한다. 규칙4에서 $n = 1$이므로 부껍질 $\ell = 0$이다. 규칙5에서 부껍질 $\ell = 0$에서 $m_\ell = 0$이며, 따라서 규칙6에서 반평행 스핀쌍이 들어간다. 여기까지가 K 각의 양자상태이다.

L 각에 전자를 배치해보자 :

규칙3에서 L 각($n = 2$)에는 8개의 양자상태가 존재한다. 규칙4에서 $n = 2$이므로 $\ell = 0, 1$이다. 규칙5에서 부껍질 $\ell = 0$에서 $m_\ell = 0$이며, 따라서 규칙6에서 반평행 스핀쌍이 들어감으로서 2개의 양자상태가 정해졌다. 부껍질 $\ell = 1$에서 $m_\ell = -1, 0, +1$이다. 규칙7에서 전자를 스핀업 방향으로 차례로 배치한 후, 스핀다운 방향으로 차례로 배치하면 반평행 스핀쌍이 들어감으로 6개의 양자상태가 정해진다. 여기까지가 L 각의 양자상태이다.

M 각에 전자를 배치해보자 :

규칙3에서 M 각($n = 3$)에는 나머지 4개의 전자수에 대응하는 4개의 양자상태가 존재한다. 규칙4에서 $n = 3$이므로 $\ell = 0, 1, 2$이다. 규칙5에서 부껍질 $\ell = 0$에서 $m_\ell = 0$이며, 따라서 규칙6에서 반평행 스핀쌍이 들어감으로서 2개의 양자상태가 정해졌다. 부껍질 $\ell = 1$에서 $m_\ell = -1, 0, +1$이다. 규칙7에서 전자를 스핀업 방향으로 차례로 배치하면 $m_\ell = -1$과 0에만 각각 전자가 하나씩 들어감으로 2개의 양자상태가 정해진다. 결과적으로 Si의 전자배치는 표 1.5와 같다.

이와 같은 방법으로 원자 내에 많은 전자를 배치할 수가 있다. 그러나 이러한 규칙은 18개의 전자, 즉 Ar($Z = 18$)까지만 가능하다. 원자번호($Z > 18$)가 큰 원자에서는 지금까지와 같은 방법으로 채워지지 않고, 핵전하와 내측 각 전자들의 영향으로 외측 각의 부껍질이 중첩됨으로 해서 부껍질의 순서가 바뀌고, 그 결과 전자가 채워지는 순서도 바뀌게 된다.

표 1.5 실리콘(Si) 양자상태

원자 번호	주껍질	전자수	n(주양자수)		ℓ(부양자수)		m_ℓ(자기양자수)		s(스핀양자수)	
	캠퍼스 내 각 건물명				건물의 각 층		각 층의 강의실		남(+1/2), 여(−1/2)	
14	M 각	4	3	M 건물	1	2층	+1	3개의 강의실		
							0			
									+1/2 (↑)	남자 1명
							−1			
									+1/2 (↑)	남자 1명
					0	1층	0	1개의 강의실	+1/2 (↑)	남자 1명
									−1/2 (↓)	여자 1명
	L 각	8	2	L 건물	1	2층	+1	3개의 강의실	+1/2 (↑)	남자 1명
									−1/2 (↓)	여자 1명
							0		+1/2 (↑)	남자 1명
									−1/2 (↓)	여자 1명
							−1		+1/2 (↑)	남자 1명
									−1/2 (↓)	여자 1명
					0	1층	0	1개의 강의실	+1/2 (↑)	남자 1명
									−1/2 (↓)	여자 1명
	K 각	2	1	K 건물	0	1층	0	1개의 강의실	+1/2 (↑)	남자 1명
									−1/2 (↓)	여자 1명

핵심 N 원자 내의 전자는 4개의 양자수로 표시되고, 훈트의 규칙에 따라 배치된다.

1.13.3 부양자수 기호에 의한 전자배치 표기법

앞 표에서 나타낸 바와 같이 전자의 양자상태를 표시하는 것이 간단하게 되지 않고, 기억하기가 쉽지 않다. 따라서 간단하게 표시할 수 있는 방법이 있다면 매우 편리하고 의미전달이 빠를 것이다. 앞에서 부양자수를 다룰 때 설명한 것처럼 부양자수(ℓ)에 숫자대신 문자를 붙이는 방법으로 표기해 보기로 한다.

$\ell = 0$ ········· sharp : s자를 쓴다.

$\ell = 1$ ········· principal : p자를 쓴다.

$\ell = 2$ ········· diffuse : d자를 쓴다.

$\ell = 3$ ········· fundamental : f자를 쓴다.

f 다음부터는 g, h, i, j, … 알파벳 순서에 따른다. 이것은 분광학자들에 의해서 붙여진 것이다.

부껍질 ℓ에 들어갈 수 있는 전자수는 $2(2\ell + 1)$이다. 예컨대, $\ell = 0$인 궤도함수에는 2개의 전자, $\ell = 1$인 궤도함수에는 6개의 전자, $\ell = 2$인 궤도함수에는 10개의 전자가 들어갈 수 있다.

다음과 같은 표기법으로 나타내어보자.

$$n\ell^x$$

n은 주양자수, ℓ은 부양자수, x는 ℓ에 들어가는 전자수이다. 예를 들어

$n = 2$, $\ell = 1$ ············ $2p^6$ ← 부껍질안에 6개의 전자가 있다는 뜻

수소는 $n = 1$, $\ell = 0$ 상태에 단지 하나의 전자만 있기 때문에 수소의 전자배치는 $1s^1$이다.

He은 $n = 1$, $\ell = 0$에 지정된 2개의 전자를 가지고 있기 때문에 $1s^2$이다. Li의 전자배치는 $1s^2 2s^1$이다. 각각 원소의 위첨자 값의 합계는 원소에 대한 원자번호 Z와 같다는 것을 유의해야 한다. 물론 스핀양자수 s에 대한 정보는 없다. 이것은 필요할 경우, 훈트의 규칙과 파울리의 배타원리에 의해 추론될 수 있다.

표 1.6은 원자번호 $Z = 1 \sim 30$인 원소의 전자배치를 나타낸 것으로 **축조원리**(aufbau principle, 전자가 낮은 궤도함수부터 채우기 시작해서 다 채우고 나면 다음으로 높은 궤도함수를 채우게 된다)에 따라 전자는 다음과 같은 순서로 배치된다.

$$1s\ 2s\ 2p\ 3s\ 3p\ 4s\ 3d\ 4p\ 5s\ 4d\ 5p\ 6s\ 4f\ 5d\ 6p\ 7s\ 5f\ 6d\ 7p \cdots$$

표 1.6 원자의 전자배치

원자 번호	원소명	K	L $n=2$		M $n=3$			N $n=4$				부양자수 기호에 의한 전자배치
		$1s$	$2s$	$2p$	$3s$	$3p$	$3d$	$4s$	$4p$	$4d$	$4f$	
1	H	1										$1s^1$
2	He	2										$1s^2$
3	Li	2	1									$1s^22s^1$
4	Be	2	2									$1s^22s^2$
5	B	2	2	1								$1s^22s^22p^1$
6	C	2	2	2								$1s^22s^22p^2$
7	N	2	2	3								$1s^22s^22p^3$
8	O	2	2	4								$1s^22s^22p^4$
9	F	2	2	5								$1s^22s^22p^5$
10	Ne	2	2	6								$1s^22s^22p^6$
11	Na	2	2	6	1							$1s^22s^22p^63s^1$
12	Mg	2	2	6	2							$1s^22s^22p^63s^2$
13	Al	2	2	6	2	1						$1s^22s^22p^63s^23p^1$
14	Si	2	2	6	2	2						$1s^22s^22p^63s^23p^2$
15	P	2	2	6	2	3						$1s^22s^22p^63s^23p^3$
16	S	2	2	6	2	4						$1s^22s^22p^63s^23p^4$
17	Cl	2	2	6	2	5						$1s^22s^22p^63s^23p^5$
18	Ar	1	2	6	2	6						$1s^22s^22p^63s^23p^6$
19	K	2	2	6	2	6		1				$1s^22s^22p^63s^23p^64s^1$
20	Ca	2	2	6	2	6		2				$1s^22s^22p^63s^23p^64s^2$
21	Sc	2	2	6	2	6	1	2				$1s^22s^22p^63s^23p^64s^23d^1$
22	Ti	2	2	6	2	6	2	2				$1s^22s^22p^63s^23p^64s^23d^2$
23	V	2	2	6	2	6	3	2				$1s^22s^22p^63s^23p^64s^23d^3$
24	Cr	2	2	6	2	6	5	1				$1s^22s^22p^63s^23p^64s^13d^5$
25	Mn	2	2	6	2	6	5	2				$1s^22s^22p^63s^23p^64s^23d^5$

표 1.6 계 속

원자 번호	원소명	K	L n=2		M n=3			N n=4				부양자수 기호에 의한 전자배치
		1s	2s	2p	3s	3p	3d	4s	4p	4d	4f	
26	Fe	2	2	6	2	6	6	2				$1s^2 2s^2 2p^6 3s^2 3p^6 4s^2 3d^6$
27	Co	2	2	6	2	6	7	2				$1s^2 2s^2 2p^6 3s^2 3p^6 4s^2 3d^7$
28	Ni	2	2	6	2	6	8	2				$1s^2 2s^2 2p^6 3s^2 3p^6 4s^2 3d^8$
29	Cu	2	2	6	2	6	10	1				$1s^2 2s^2 2p^6 3s^2 3p^6 4s^1 3d^{10}$
30	Zn	2	2	6	2	6	10	2				$1s^2 2s^2 2p^6 3s^2 3p^6 4s^2 3d^{10}$

Fe, Co, Ni는 왜 자성인가? 철에 대해서만 생각해보자. 철의 원자번호는 26이므로 철 원자는 26개의 전자를 가진다. 철의 전자배치는 다소 흥미롭다. 철이 전이원소라는 것은 큰 원자이기 때문에 바깥 껍질이 중첩된다는 것을 의미한다. 이것은 전자가 앞서 언급된 7개의 규칙을 따르지 않는다. 철의 전자배치는 다음과 같이 표기된다.

$$1s^2 2s^2 2p^6 3s^2 3p^6 4s^2 3d^6$$

K 각($n=1$)과 L 각($n=2$)은 모두 전자로 채워진다. L 각까지 전자를 다 채우면 10개의 전자가 된다. M 각(세 번째 껍질)은 14개의 전자를 가지고, 그 다음 2개의 전자는 N 각(네번째 껍질)로 들어간다. 세 번째 껍질의 $3d$ 궤도함수에는 6개의 전자가 차례대로 들어간다(d 궤도함수에는 최대 10개의 전자가 있을 수 있다. $3d$ 궤도함수에는 5개의 반평행스핀 전자쌍). 결과적으로 4개의 전자들은 스핀쌍을 갖지 못한다. 반평행스핀 전자쌍을 갖는 궤도함수에서 합성스핀은 $(-1/2)+(+1/2)=0$이다. 그러므로 소위 전자의 스핀쌍에 의한 자기쌍극자 모멘트는 0이 된다. 철의 경우, $3d$ 궤도함수에서 4개의 전자들은 스핀쌍이 아니므로 합성스핀은 $4\times(+1/2)=+2$이다. 이것이 자기쌍극자 모멘트 발생의 원인이 된다.

핵심 N 전자배치법을 통해서 원소명, 최외각 전자수, 궤도함수의 전자수를 알 수 있으며, 물리적 성질과 화학적 성질, 특히 자기적 성질에 대한 정보를 얻을 수 있다.

1.13.4 원소의 성질

원소의 물리적, 화학적 성질은 **원자가**(原子價)와 전자배치에 의해 결정된다. 원자가는 최외각의 부껍질에 있는 전자의 수가 될 수도 있고 혹은 최외각의 부껍질에서 이용할 수 있는 상태수가 될 수도 있다. 그러므로 원자가(原子価)는 원자가 최외각 전자를 얻거나 잃음으로서 이온화되는 용이성과 관련된다. 예를 들어 산소를 생각해보자. 산소는 $n=2$로 나타낸 최외각(L 각)에 6개의 전자를 갖게 된다. 그러므로 산소는 주기율표의 6족에 있고 −2가 원소이다. 화합물을 형성하기 위해서 2개의 다른 전자와 결합하려고 할 것이다.

그림 1.38에 나타낸 주기율표에서 같은 주기에서 오른쪽으로 갈수록(족의 번호가 증가할수록) 원자반경은 다소 증가하며, 이온화 에너지(최외각에 있는 전자 1개를 제거하는 데 요구되는 에너지)는 증가한다. 이것은 같은 주기이므로 족의 번호가 증가하더라도 주껍질은 변하지 않고 양성자 수만 증가하여 최외각 전자를 끌어당기는 인력이 증가하기 때문이다. 같은 족에서 원자번호가 증가하면 주껍질 수가 증가하므로 원자반경은 당연히 증가하고, 따라서 이온화 에너지는 감소하게 된다. 이와 같은 결과로 주기율표에서 왼쪽으로, 아래로 갈수록 금속성이 증가하게 된다.

주기율표에서 같은 주기에서 오른쪽으로 갈수록 **전기음성도**(電氣陰性度, electronega-tivity, 원자들이 화학결합 내에 있는 원자들을 끌어당기는 상대적 능력)에서는 증가한다. 전기적으로 가장 양성적인 원소(양이온이 가장 쉽게 되려는 원소)는 1A족에 있고, 반대로 전기음성도가 가장 큰 원소(음이온이 가장 쉽게 되려는 원소)는 7A족에 있다. 이런 이유로 가장 반응성이 높은 원소는 주기율표에서 1A족과 7A족 원소이다. 1A족에 있는 모든 원소는 1개의 전자를 잃고, 양이온이 되는 것이 용이하도록 최외각 껍질에 1개의 전자(s 궤도함수에 1개의 전자)를 가진다. 이 원소는 알칼리 성질과 좋은 전도성을 가지고 있기 때문에 **알칼리 금속**이라고 불린다. 7A족의 원소는 1개의 전자를 얻어 음이온이 되는 것이 용이하도록 최외각 껍질에 7개의 전자(s 궤도함수에 2개의 전자와 p 궤도함수에 5개의 전자)를 가진다. 이 족에 속하는 원소들을 **할로겐 원소**(halogens elements)라고 한다. 할로겐 원소들이 최외각 전자를 8개를 가지려는

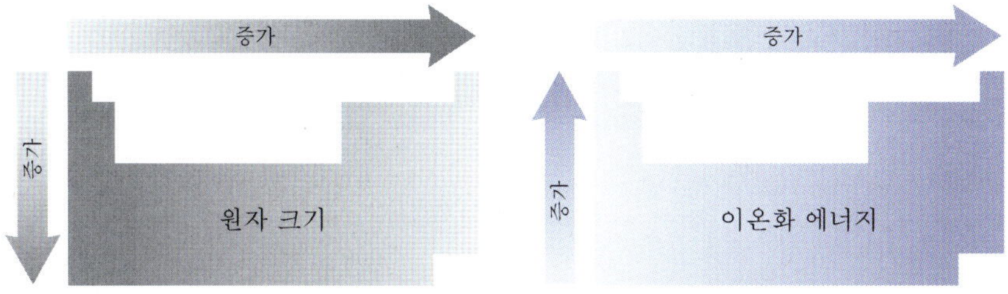

그림 1.38 원자크기와 이온화 에너지의 경향

이유는 매우 안정한 8A족 원소(불활성 원소)와 같이 되려는 성질이 강하기 때문인데 그러기 위해서는 전자 1개가 더 필요하다. 따라서 1개의 최외각 전자를 가지고 있는 알칼리 금속과 매우 쉽게 반응하려고 한다.

가장 반응성이 낮은 원소는 8A족 (0 족)에 있는 원소로서 **불활성 원소**(inert elements)라고 한다. 이들은 최외각 전자가 2개(s 궤도함수에 2개의 전자만을 가지는 He)이거나 최외각 전자가 8개(s 궤도함수에 2개의 전자, p 궤도함수에 6개의 전자를 가지는 원소)로서 아주 안정되어 있다.

따라서 모든 원소는 화학결합을 할 때 바깥 껍질이 8개의 전자를 가지도록 하기 위해 원자들은 전자를 주거나 받거나 공유하게 된다. 이것을 **옥테트 규칙**(octet rule)이라고 한다. 그림 1.39에 그 개념을 나타내었다.

A족 원소는 **반자성**(反磁性, diamagnetic) 또는 **상자성**(常磁性, paramagnetic)으로 이들의 화합물은 대부분 반자성이며 무색이다. 이들 원소의 원자가 전자(valence electron)의 수는 주기율표의 족의 수와 같으며, 이들 원소의 화학적 성질은 원자가 전자의 수에 따라 결정된다. 예컨대 C는 4A족 원소로서 최외각에 있는 전자의 수는 4개이다. Na는 1A족 원소로서 최외각에 있는 전자의 수는 1개이다.

B족 원소는 **전이원소**(轉移元素, transition elements)로 주기율표에서 같은 주기에서 상당한 유사성을 보여준다. 이들은 다음과 같은 몇 가지의 공통적 성질을 가진다.

(1) 딱딱하고, 부스러지기 쉬우며, 광이 날 때 반사하는 특성을 가진다.
(2) **합금성**을 가지고 있다. 합금을 형성하는 능력이 있다.
(3) **전성**이 좋다. 가공으로 평평하게 펴지는 성질이 있다.

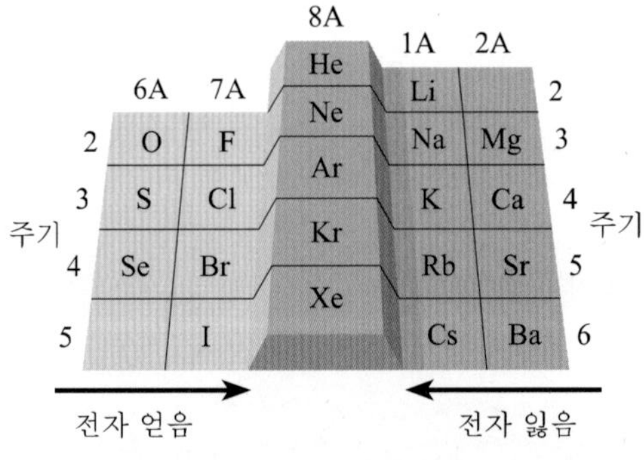

그림 1.39 주기율표

(4) **연성**이 좋다. 가공으로 길게 늘어지는 성질이 있다.

(5) **내열성**이 좋다. 녹는점이 높다.

(6) **열전도성**이 높다. 열이 잘 전도된다.

(7) **다가의 원자가**를 가진다. 철은 2가 또는 3가 원자가를 동시에 가지고 있다.

(8) **착색성**을 가진다. 색을 가지는 화합물을 형성한다.

(9) 대부분 **상자성** 또는 **강자성**을 가진다. 영구자기쌍극자를 가진다.

전이금속이라고 부르는 이유는 바깥 부껍질(d 궤도함수 혹은 f 궤도함수)이 원자 평형거리에 비해서 중첩되는 정도가 충분히 크기 때문에 불려진다. 이것은 **강자성**이라는 흥미로운 성질을 나타낸다. 예컨대 8B족에 있는 3개의 인접한 원소인 철(Fe), 코발트(Co), 니켈(Ni)은 모두 강자성이다.

핵심 N 대부분의 원소는 화학적으로 불안정하여 화학결합을 통해서 안정화를 꾀한다. 원자가 최외각에 8개의 전자를 갖도록 결합을 형성하는 것을 옥테트 규칙이라고 한다. 화학결합을 하지 않고도 안정한 원소를 불활성 원소하고 하며, 일반적으로 8A족 원소들이다. 원소는 안정과 불안정을 이용하여 응용되는데, 특히 전이원소는 다양한 성질(합금성, 연성, 전성, 내열성, 열전도성, 전기전도성, 자성 등)을 가지고 있기 때문에 여러 분야에 응용된다.

Chapter 01 연습문제

※ 부록 B를 참고하여 문제 1 ~ 5를 풀어라.

01. $E = mc^2$의 물리적 의미를 간단히 쓰라.

Hint 질량-에너지 보존의 법칙으로 에너지는 질량을 가지고 있고, 질량은 에너지로 변환된다.

02. 다이나마이트가 폭발할 때 5.0×10^6 J/kg의 에너지를 방출한다면 이것은 전체 에너지의 얼마에 해당하는가?

Hint 전체 에너지 $E = mc^2 = (1\text{ kg})(3 \times 10^8\text{ m/s})^2 = 9 \times 10^{16}\text{ J}$

$\therefore\ (5.0 \times 10^6)/(9 \times 10^{16}) = 5.55 \times 10^{-11}$

03. 100 W의 전구를 10년 동안 켜기 위해 얼마만큼의 정지질량이 에너지로 바뀌어야 하는가?

Hint $E = mc^2$에서

$m = E/c^2 = (100\text{ J/s} \times 10\text{ y} \times 365\text{ d/y} \times 24\text{h/d} \times 3600\text{ s/h})/(3 \times 10^8\text{ m/s})^2$

$\therefore\ m = 3.5 \times 10^{-7}\text{ kg}$

04. 5000 Å 의 파장을 갖는 광자의 질량을 구하여라.

Hint $E = mc^2$, $E = hf = hc/\lambda$. 두 식으로부터

$m = h/(c\lambda) = (6.626 \times 10^{-34}\text{ J.s})/(3 \times 10^8\text{ m/s} \times 5000 \times 10^{-10}\text{ m})$

$= 4.42 \times 10^{-36}\text{ kg}$

$\therefore\ m = 4.42 \times 10^{-36}\text{ kg}$

05. 광자의 정지질량이 0임을 보이고, 광자의 에너지와 운동량과의 관계가 $E = pc$가 됨을 보여라.

Hint 광자의 질량 $m = m_o(1 - v^2/c^2)^{-1/2}$에서 $m_o = m(1 - v^2/c^2)^{1/2}$

광자의 속력은 $v = c$이므로 $\therefore\ m_o = 0$

$m_o = m(1 - v^2/c^2)^{1/2}$ 양변에 제곱을 취하고 정리하면

$m_o^2c^2 = m^2c^2 - m^2v^2$가 된다. 양변에 c^2를 곱면

$m_o^2c^4 = m^2c^4 - m^2v^2c^2 = E^2 - p^2c^2$

$\therefore\ E = \sqrt{m_o^2c^4 + p^2c^2}$

광자의 정지질량 $m_o = 0$이므로 $E = pc$

06. 1 kW 라디오 송신기가 880 kHz의 진동수에서 작동할 때 매초 이 송신기가 방출하는 광자수를 구하여라.

Hint 1 kW의 에너지는 진동수 880 kHz인 N개의 광자가 가지는 에너지다.
따라서 1 kW = Nhf가 된다.

$$N = \frac{1\,\mathrm{kW}}{hf} = (1000\ \mathrm{J/s})/(6.626 \times 10^{-34}\,\mathrm{J.s} \times 880 \times 1000\ \mathrm{Hz})$$

$$\therefore\ N = 1.72 \times 10^{30}\ 개/\mathrm{s}$$

07. 지표면 상에서 태양광의 평균세기는 1 kW/m^{2}이다. 태양광에 대한 전기장의 최대치를 계산하여라.

Hint 파동성 관점에서 태양광은 전자기파이므로 전자기파의 에너지

$$\overline{S} = \frac{1}{2}c\,\epsilon_o E_m^2$$

$$E_m = \sqrt{\frac{2\overline{S}}{c\epsilon_o}} = \sqrt{\frac{(2)(1000\,\mathrm{W/m^2})}{(3 \times 10^8\,\mathrm{m/s})(8.854 \times 10^{-12}\,\mathrm{F/m})}} = 867.7\ \mathrm{V/m}$$

08. 아인슈타인의 광량자설을 간단히 쓰라.

Hint 진동수가 f인 빛이 공간을 지난다는 것은 hf라는 에너지를 가진 광자라는 입자가 공간을 뛰어 넘어 온다는 것. 1개의 광자는 금속 내의 1개의 전자와 충돌하여 전자가 광자의 에너지를 흡수함으로서 전자를 방출시킨다. 광자의 에너지는 $E = hf$로 나타내진다.

09. 광전효과의 실험결과가 빛의 파동론으로 설명될 수 없음과 아인슈타인의 광양자론으로 설명될 수 있음을 기술하여라.

Hint 광전효과의 실험결과, 빛의 세기가 클수록 광전자수가 증가하고, 광전자의 에너지는 빛의 세기에 무관하며, 빛의 진동수에 비례한다. 빛의 파동이론에

의하면 빛의 세기는 파의 진폭의 제곱에 비례한다. 그렇다면 진폭이 클수록 파의 에너지가 크기 때문에 어떠한 진동수에서도 빛의 세기가 크다면 금속 표면에 미치는 힘도 크므로 전자가 방출되어야 하나 실험결과는 그렇지 않다. 금속 표면에 문턱 진동수 이하의 진동수를 갖는 빛은 광자를 방출시킬 수 없다. 아인슈타인의 광양자론에 의해 빛이 광자라는 입자로 보면 다음과 같은 논리로 광전효과의 실험결과가 설명된다.

빛의 세기(진동수 일정)가 증가하면 광자수가 증가하고, 그에 따라 광전자수의 증가로 광전류가 증가하게 된다. 한편 빛의 진동수(빛의 세기 일정)가 증가하면 광자의 에너지가 증가하고, 그에 따라 광전자의 운동에너지의 증가로 정지전압이 높아지게 된다.

10. 일함수가 $2.3\,\mathrm{eV}$인 Na 표면에 입사광이 조사될 때 정지전압이 $3.0\,\mathrm{V}$라면 입사광의 파장을 구하여라.

Hint 아인슈타인의 광전방정식을 사용한다.

$$hf = hf_o + K_{\max} = 2.3 + 3 = \frac{12400}{\lambda}$$

$$\therefore\ \lambda \simeq 2340\ \text{Å}$$

11. 텅스텐에서 전자가 방출되는 문턱파장은 $230\,\mathrm{nm}$이다. 광전자의 최대 운동에너지가 $2.0\,\mathrm{eV}$가 되려면 어떤 파장의 빛을 사용하여야 하는가?

Hint 아인슈타인의 광전방정식을 사용한다.

$$hf = hf_o + K_{\max},\quad \frac{12400}{\lambda} = \frac{12400}{\lambda_o} + 2.0\,\mathrm{eV}$$

$$\therefore\ \lambda = 1678\ \text{Å}$$

12. 구리에서 전자방출이 일어나는 문턱 진동수는 $1.1 \times 10^{15}\,\mathrm{Hz}$이다. 진동수가 $1.5 \times 10^{15}\,\mathrm{Hz}$인 빛을 구리표면에 조사했을 때 광전자의 최대 운동에너지는 몇 eV인가?

Hint 아인슈타인의 광전방정식을 사용한다.

$$hf = hf_o + K_{\max},\quad K_{\max} = h(f - f_o)$$

13. (a) 나트륨에서 전자가 방출되기 위해 필요한 빛의 최대 파장은 얼마인가?
(b) 나트륨 표면에 파장이 250 nm인 빛을 조사하였을 때 방출되는 광전자의 최대 운동에너지는 얼마인가? 나트륨의 일함수는 2.3 eV이다.

Hint 아인슈타인의 광전방정식을 사용한다.

$$\text{(a)}\ hf = hf_o + K_{\max} = hf_o,\quad \frac{12400}{\lambda} = 2.3,\quad \lambda = 5391\ \text{Å}$$

$$\text{(b)}\ hf = hf_o + K_{\max},\quad \frac{12400}{\lambda} = \frac{12400}{\lambda_o} + K_{\max}$$

$$\frac{12400}{2500\ \text{Å}} = \frac{12400}{5391\ \text{Å}} + K_{\max} \quad \therefore\ K_{\max} = 2.66\ \text{eV}$$

14. 은으로 만든 구(siver ball)를 진공 속에 매달아 놓고 파장이 200 nm인 자외선을 조사하였다. 이 구가 얻게 되는 전위는 얼마인가?

Hint $E = hf,\quad E = eV$

$$V = \frac{1}{e}\frac{12400}{\lambda} = \frac{1}{e}\frac{12400}{2000} = \frac{1}{e} \times 6.2\ \text{eV} \quad \therefore\ V = 6.2\ \text{V}$$

15. 파장이 400 nm, 출력이 1.5 mW의 빛을 광전지에 조사했을 때 입사 광자의 0.1%만이 광전사를 생성한다면 전지 속의 전류를 구하여라.

Hint $1.5\ \text{mW} = Nhf = N(12400/\lambda) = N(12400/4000\ \text{Å}) = 3.1N\ \text{eV}$

$$\text{입사 광자수}\ N = (1.5 \times 10^{-3})/(3.1 \times 1.602 \times 10^{-19}) = 3.02 \times 10^{15}\ \text{개/s}$$

$$\therefore\ i = \frac{q}{t} = \frac{0.001Ne}{t} = 0.001 \times (3.02 \times 10^{15}\ \text{개/s}) \times (1.602 \times 10^{-19}\ \text{C}) = 0.484\ \mu\text{A}$$

16. 맥스웰 전자기 이론으로는 원자의 안정된 전자궤도가 존재하지 않는 이유를 설명하여라.

Hint 맥스웰의 전자기 이론에 의하면 가속 운동하는 전하는 전자기파를 방출해야만 한다. 이 이론대로라면 원자핵 주위를 원운동하는 전자는 전자기파를 방출하게 되고, 결과적으로 에너지를 잃게 되므로 전자는 원자핵으로 이끌려 결국 원자핵과 충돌하게 된다. 그렇다면 원자라는 것 자체가 존재할 수 없다. 그런데 원자는 붕괴하지 않고 있으므로 전자기 이론이 어떤 상황에서도 통용되는 것은 아니다.

17. 보어의 수소 원자론에서 양자조건과 주파수조건에 대해 설명하여라.

Hint 양자조건은 $mvr = n\frac{h}{2\pi}$, $n = 1, 2, 3, \cdots$이다. 전자는 전자의 각운동량(L)이 $\frac{h}{2\pi}$의 정수배되는 궤도에서만 운동가능하다. 즉 전자는 어떤 불연속적인 궤도에만 존재가능하다.

18. 보어의 수소 원자 모델을 이용해서 수소 원자의 n번째 궤도에 있는 전자의 속력이 $v = \frac{e^2}{2\epsilon_o hn}$과 같이 됨을 보여라.

Hint 동역학적 전자의 궤도안정조건은 $\frac{mv^2}{r} = \frac{e^2}{4\pi\epsilon_o r^2}$이다.

$r = \frac{\epsilon_o h^2 n^2}{\pi m e^2}$을 상기 식에 대입하여 v를 구하면 $v = \frac{e^2}{2\epsilon_o hn}$

19. 수소 원자의 $n = 2$인 상태에 있는 전자가 바닥상태로 천이시 방출 스펙트럼의 파장은? 어느 계열의 스페트럼인가?

Hint $E_n = -\frac{13.6}{n^2}$, $E_1 = -13.6\,\text{eV}$, $E_2 = -\frac{13.6}{2^2} = -3.4\,\text{eV}$

$hf = E_2 - E_1 = 10.2\,\text{eV}$, $\lambda = \frac{12400}{E_2 - E_1} = 12400/10.2\,\text{eV} = 1216\,\text{Å}$

라이먼 계열이다.

20. $n = 2$인 상태에 있는 수소 원자에서 1개의 전자를 떼어내려면 얼마의 에너지가 필요한가?

Hint $E_n = -\frac{13.6}{n^2}$, $E_\infty - E_2 = 0 + \frac{13.6}{2^2} = 3.4\,\text{eV}$

21. 전자기파의 파동성과 입자성을 입증하는 실험적 사실은 무엇인가?

Hint 파동성은 회절, 간섭, 편광으로부터 입증. 입자성은 광전효과로부터 입증

22. 드 브로이의 물질파 가설을 간단히 기술하여라.

Hint 질량 m인 입자가 속도 v로 운동할 때 공간에 파를 수반하고 그 파의 파장은 이 입자의 운동량이 p라면 입자의 운동량 p와 같은 운동량을 갖는 광자의 파장과 같다. 드 브로이 파장, $\lambda = \frac{h}{p} = \frac{h}{mv}$. 간단히 말하자면, 물질이 움직이면 파를 수반한다는 것.

23. 전자가 $1.6 \times 10^6\ \mathrm{m/s}$ 속도로 운동할 때 전자의 운동에 따른 물질파의 파장을 구하여라.

Hint $\lambda = \frac{h}{mv} = (6.626 \times 10^{-34}\ \mathrm{J \cdot s})/(9.1 \times 10^{-31}\ \mathrm{kg} \times 1.6 \times 10^6\ \mathrm{m/s})$

$$= 4.55\ \text{Å}$$

24. 음극과 양극 사이에 $100\ \mathrm{V}$ 전압을 인가할 때 음극에서 방출된 전자의 속도와 전자파의 파장을 계산하여라.

Hint 인과방정식은 $eV = \frac{1}{2}mv^2 = \frac{p^2}{2m}$

드 브로이 파장은 $\lambda = \frac{h}{p} = \sqrt{\frac{150}{V}} = \sqrt{\frac{150}{100}} = 1.22\ \text{Å}$

25. 상자 내에 구속된 전자가 가질 수 있는 최소 에너지가 $0.5\ \mathrm{eV}$이라면 이 상자의 폭을 계산하여라

Hint $E = \frac{n^2h^2}{8ma^2}$에서

$$a^2 = \frac{n^2h^2}{8mE}$$

$$= (1 \times 6.626 \times 10^{-34}\ \mathrm{J \cdot s})^2/(8 \times 9.1 \times 10^{-31}\ \mathrm{kg} \times 0.5 \times 1.602 \times 10^{-19}\ \mathrm{J})$$

$$= 7.529 \times 10^{-19}\ \mathrm{m}^2 \quad \therefore a = 8.68\ \text{Å}$$

26. 에너지가 $1\ \mathrm{eV}$인 전자가 높이가 $5\ \mathrm{eV}$, 폭이 $0.5\ \mathrm{nm}$인 전위장벽에 입사할 때 근사적 투과확률을 구하여라.

Hint 투과확률 $T \simeq e^{-2\alpha a}$, $\alpha = \frac{\sqrt{2m(V_o - E)}}{\hbar}$

$$\alpha = \frac{\sqrt{2m(V_o - E)}}{\hbar} = \frac{\sqrt{2 \times (9.1 \times 10^{-31}\,\text{kg})(5-1) \times (1.602 \times 10^{-19}\,\text{J})}}{6.626 \times 10^{-34}\,\text{J} \cdot \text{s}/2\pi}$$

$$T \simeq e^{-2\alpha a} = e^{-2\alpha \times 0.5 \times 10^{-9}}$$

27. 궤도양자수 $\ell = 3$인 부껍질에는 몇 개의 전자가 들어갈 수 있는가?

Hint $2(2\ell + 1) = 2(2 \times 3 + 1) = 14$

28. 원자번호가 26인 철(Fe)의 전자배치를 쓰라.

Hint $1s^2 2s^2 2p^6 3s^2 3p^6 4s^2 3d^6$

29. 다음의 내용이 맞으면 T, 틀리면 F를 표시하고, 틀린 내용을 수정하여라.

- 원자는 결코 빛을 방출하지 않는다는 것이 보어 가설 중의 하나이다. F
  … 전자가 높은 궤도에서 낮은 궤도로 천이시 빛을 방출한다.
- 전자의 드 브로이 파장은 전자의 질량에 반비례한다. T
- 전자도 회절할 수 있다. T
- 전자의 위치를 정밀하게 아는 것은 원리적으로 불가능하다. F
  … 전자의 운동량의 불확정도가 클수록 위치가 정밀하다.
- 어떤 영역에 갇힌 입자는 영의 에너지를 가질 수 없다. T
- 슈뢰딩거의 파동방정식은 뉴턴 법칙으로부터 나왔다. F
  … 뉴턴 법칙이 유도될 수 없듯이 슈뢰딩거의 파동방정식도 그 자체가 기본법칙이다.
- 파에 의한 장벽의 투과는 물리적 의미를 갖지 않는다. F
  … 터널링 효과는 중요한 물리적 의미를 갖는다.
- 모든 원소는 특유의 선 스펙트럼을 가지고 있다. T
- 원자핵 주위를 운동하는 전자의 에너지가 음의 부호라고 해서 반드시 구속된 것은 아니다. F
  … 반드시 구속된다.
- 전자현미경은 전자를 보는 데 쓰인다. F
  … 전자의 파동성에 의한 전자자체가 아니라 이미지를 볼 수 있다.
- 방위양자수는 궤도전자의 각운동량의 방향을 규정하는 양자수이다. F
  … 각운동량의 크기를 규정한다.

- 자기장 내에서 전자가 낮은 에너지 상태로 천이시 방출 스펙트럼선들이 여러 선들로 분리되는 현상을 제이만 효과라 한다. T
- 같은 주기에서 원자번호가 증가할수록 이온화 에너지가 증가한다. T

30. 다음 용어를 간단히 설명하여라.

1) 포인팅 벡터
2) 양자
3) 빛의 세기
4) 광자
5) 궤도함수
6) 양자수
7) 이온화 에너지
8) 물질파
9) 전자파(電磁波)
10) 전자파(電子波)
11) 터널링
12) 파울리의 배타원리

CHAPATER

2 결정구조

(Crystal structure)

구성

개요

이 장에서는 전기전자재료와 소자에 사용되는 고체에 대해서 학습한다. 고체를 구성하는 원자들은 어떤 힘으로 결합되어 있는가? **원자결합**에 대해서 다룬다. 결정의 기본 구조인 **단위격자**에는 어떤 것들이 있는지 학습하고, 여러 가지 결정구조를 다룬다. 결정을 얻기 위한 **단결정 성장법**에 대해서도 학습한다. 결정구조를 해석하는 **X-선 회절분석**의 기본 지식을 학습한다. 결정은 완전무결한가? 결정에 존재하는 다양한 **결함**에 대해서 다룬다. 결정과 **비정질 고체**는 어떻게 다른가? 비정질 고체는 어디에 쓰이는가? 이러한 물음에 대해서 학습한다.

2.1 원자결합

모든 물질은 원자로 구성되어 있는데 원자가 무질서하게 또는 질서정연하게 결합되어 있다. 물질을 쪼개면 원자 단위로까지 가능하다. 주기율표에서 8족 원소인 불활성 기체는 단원자 분자로 원자 그 자체가 떠돌아다니거나 모여 있다. 마치 물질이 원자 단위로 쪼개진 것처럼 그렇다. 기체의 온도가 내려가면 기체를 구성하는 원자나 분자의 운동에너지가 감소하여 원자나 분자기 멀리 떨어지지 못하는 상태, 즉 액체로 변한다. 온도를 더 떨어뜨리면 원자 간 혹은 분자 간의 거리가 아주 짧아져서 고체가 되는 경우도 있다. 우리 주위의 대부분의 물질은 온도와 관계없이 고체상태다. 이건 무엇으로 설명할 수 있는가? 고체를 구성하는 원자 간에 어떤 힘으로 결합되어 있기 때문에 그렇다. 원자나 분자가 결합한다는 것은 불안정을 해소하기 위해서다. 홀로 있어도 안정된다면 왜 결합하겠는가? 원자 간의 결합은 안정을 꾀하기 위해서다.

2.1.1 원자 간의 인력과 반발력

홀로 있는 원자 내의 각 전자는 오로지 원자핵과 그 원자의 다른 전자의 영향만을 받게 된다. 여기에 다른 원자가 접근하게 되면 각 원자의 전자들은 다른 원자의 전자와 원자핵의 영향권에 들어간다. 두 원자가 접근하여 홀로 있을 때보다 계(系)의 에너지가 낮아진다면 그림 2.1에 나타낸 바와 같이 두 원자의 상호작용은 **인력**으로 나타나 화학결합을 하게 된다. 홀로 있을 때의 에너지가 높다는 것은 불안정하다는 의미로 이것은 원자핵 주위의 짝을 이루지 않는 스핀 전자가 존재한다는 의미이다(폐각이 되지 않기 때문이다).

원자 내의 껍질이 폐각이 되기 위해서는 다를 원자를 끌어들일 수밖에 없다. 원자들이 서로 가까워질 때 전기적으로 양전하인 원자핵이 전기적으로 음전하인 다른 원자의 전자를 잡아당기게 된다. 이 힘이 **인력**(引力, attractive force)으로 두 원자 간의 거리 r이 작을수록 인력 F_A는 크게 되고, 인력에 의한 퍼텐셜 에너지 U_A는 작게

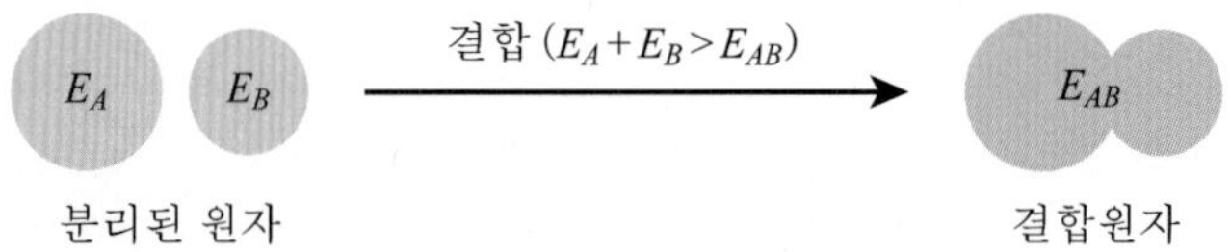

그림 2.1 원자의 결합

된다. 두 원자 간의 인력과 퍼텐셜 에너지는 다음과 같이 나타내진다.

$$U_A = -\frac{A}{r^m} \tag{2.1-1}$$

$$F_A = -\frac{dU_A}{dr} = -\frac{mA}{r^{m+1}} \tag{2.1-2}$$

여기서 A는 비례상수, m은 힘의 성질에 따라 정해지는 상수이다. 만유인력일 경우 $m = 1$이다.

두 원자 간의 거리가 더욱더 작아져서 전자껍질이 점점 더 겹쳐지게 되면 각 원자핵이 다른 원자의 전자들을 잡아당기는 힘보다 같은 전하끼리(원자핵과 원자핵, 전자와 전자) 미는 힘이 커지게 된다. 이 힘이 **척력**(斥力, repulsive force)으로 두 원자 간의 거리 r이 더욱더 작을수록 척력 F_R과 척력에 의한 퍼텐셜 에너지 U_R은 급격히 증가하게 된다. 두 원자 간의 척력과 퍼텐셜 에너지는 다음과 같이 나타내진다.

$$U_R = \frac{B}{r^n} \tag{2.2-1}$$

$$F_R = -\frac{dU_R}{dr} = \frac{nB}{r^{n+1}} \tag{2.2-2}$$

일반적으로 인력은 원자가 어느 정도 떨어져 있어도 작용하지만 척력은 원자 간의 거리가 아주 작을 때 나타나기 시작하여 아주 조금만 가까워져도 급격히 증가한다. 따라서 식 (2.2−1)의 n이 식 (2.1−1)의 m보다 큼을 의미한다($n > m$).

그림 2.2 (a)에 거리에 따른 두 원자 사이에 작용하는 힘을 나타내었다. 원자 사이에 작용하는 알짜 힘(F_N)은 다음 식과 같이 인력과 척력의 합력으로 나타난다.

$$F_N = F_A + F_R = -\frac{mA}{r^{m+1}} + \frac{nB}{r^{n+1}} \tag{2.3-1}$$

열적 평형상태($F_N = 0$)일 때의 거리를 **평형거리**(r_o)라고 한다. r_o는 인력과 척력이 정확히 균형을 유지하는 점에서 얻어진다. 원자 간의 거리가 평형거리보다 작을 때는 매우 큰 척력이 작용할 것이고, 평형거리보다 클 때는 인력이 크게 작용할 것이다. 따라서 어느 조건에서나 원자는 평형거리를 중심으로 진동하면서 수축과 팽창이 일어

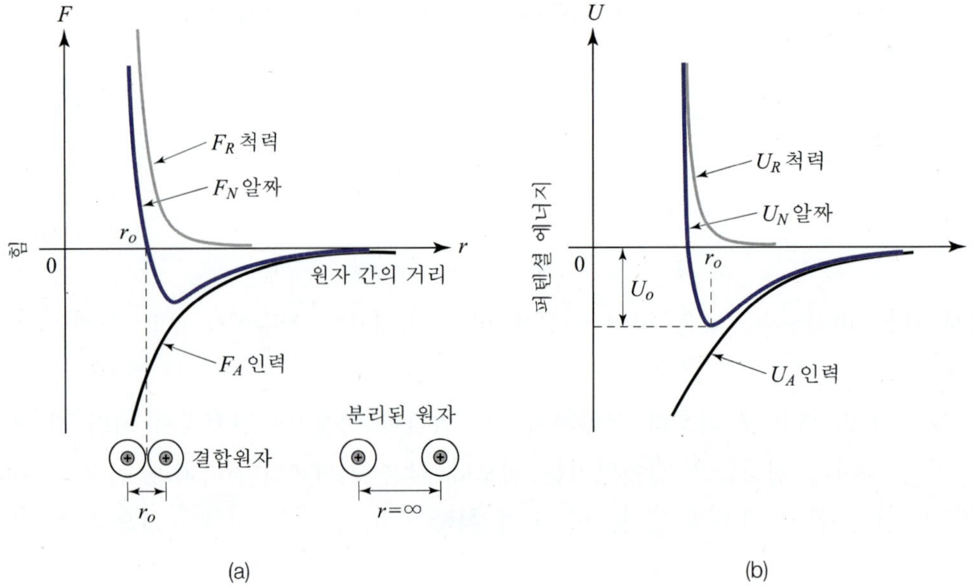

그림 2.2 (a) 원자 간의 힘, (b) 퍼텐셜 에너지

나게 된다. 그림 2.2(b)는 두 원자 간의 거리에 따른 퍼텐셜 에너지를 나타낸 것이다. 원자 간의 전체 퍼텐셜 에너지는 인력 항과 척력 항의 합으로 나타난다.

$$U = U_A + U_R = -\frac{A}{r^m} + \frac{B}{r^n} \tag{2.3-2}$$

퍼텐셜 에너지의 최소치는 $dU/dr = 0$일 때 이며, $r = r_o$에서 최소치 U_o가 나타난다. 일반적으로 퍼텐셜 에너지 곡선은 $r = r_o$에서 좌우 비대칭이다. 에너지 곡선의 임의 점에서 미분은 접선의 기울기, 즉 힘에 해당하므로 평형거리에서 $dU/dr = 0$가 되고, 인력과 척력의 합력은 0이 된다.

핵심 N	물질은 평형거리를 중심으로 원자 간의 인력과 척력으로 평형을 유지하고 있다. 퍼텐셜 에너지를 거리에 대해 미분한 것이 힘이고, 힘을 거리 대해서 적분한 것이 퍼텐셜 에너지이다.

2.1.2 화학결합

기체든 액체든 고체든 물질은 원자로 구성되어 있는데 원자가 안정되기 위해서 화학결합을 한다. 원자 자신이 안정되어 있다면 굳이 결합할 이유가 없다. 원자는 자신보다 에너지를 낮추기 위해서 자발적으로 결합하기도 하고 인위적으로 결합되어 안정되기도 한다. 원자들은 화학결합에서 바깥 껍질이 8개의 전자를 가지도록 하기 위해서 원자들은 전자를 주거나 받거나 공유한다. 이것을 **옥테트 규칙**(octet rule)이라고 한다. 화학결합에는 크게 이온결합, 공유결합, 금속결합 등과 같이 원자 간에 이루어지는 1차 결합과 반데르 발스 결합과 같이 분자 간에 결합이 이루어지는 2차 결합이 있다.

(1) 이온결합

이온결합(ionic bond)은 양이온과 음이온 간에 **정전기력(쿨롱 힘)**으로 이루어지는 결합이다. 무엇보다도 양이온이 되기 쉬운 원자, 즉 이온화 에너지가 작은 금속 원자와 음이온이 되기 쉬운 원자, 즉 전자 친화력이 큰 비금속 원자가 서로 결합한다. 이온결합은 주로 1A족의 알카리 금속과 7A족의 할로겐 원소 간 결합에서 볼 수 있다. 여기서 대표적인 이온결합 물질인 NaCl을 가지고 이온결합이 어떻게 형성되는지 알아보자. 결합하기 전의 두 원자의 구조는 그림 2.3 (a)에 나타내었다. Na는 1족 원소로서 최외각 전자가 1개에 불과하다. 원자 자신이 안정되기 위해서는 7개의 전자가 필요하지만 이것은 결합을 통해서 7개를 받아들이는 것은 사실상 불가능하다. 따라서 최외각은 1개의 전자로 인해서 Na 원자가 불안정한 것이므로 이 전자를 내보냄으로서 안정을 기할 수 있다. 반대로 Cl은 7족 원소로서 최외각에는 7개의 전자가 존재한다. 따라서 Cl 원자가 안정되기 위해서는 1개의 전자가 필요하다. 7개의 전자를 내보내는 것은 사실상 불가능하다. 따라서 그림 2.3 (b)에서 나타낸 바와 같이 Na는 1개의 전자를 쉽게 내놓을 수 있도록 유도하는 Cl이 있고, 그로 인해서 양이온이 되고, Cl은 Na로부터 이탈된 전자를 받음으로서 음이온이 된다. 이 두 이온이 정전기력으로 결합하는 것이다. 공기 중에 소금이 단단한 것은 강한 이온결합에 따른 것이다. 그러나 물속에서는 쉽게 녹는 것은 소금이 놓여 있는 매질, 즉 물의 유전상수가 80에 달하여 결합력이 약화되기 때문이다. 쿨롱의 법칙 $F=\dfrac{(+e)(-e)}{4\pi\epsilon_o\epsilon_r r^2}$에서 결합력은 유전상수 ϵ_r에 의존한다. 이온성 고체는 단단하고, 녹는점이 높으며, 부서지기 쉽다. 극성 용매에 잘 녹는다. 전기적으로 절연체이나 온도가 높아지면 이온성 전도가 일어난다.

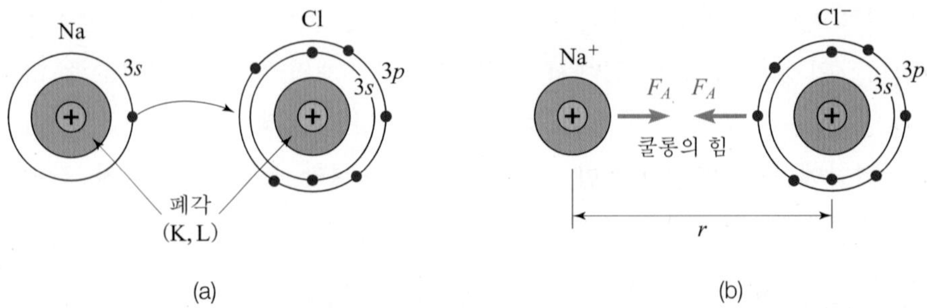

그림 2.3 (a) Na 원자와 Cl 원자, (b) Na 이온과 Cl 이온

(2) 공유결합

공유결합(共有結合, covalent bond)은 이온화되기가 어려운 두 원자 사이에서 원자가 전자(결합에 참여하는 전자)를 서로 공유함으로서 두 원자의 에너지를 감소시켜 안정을 꾀하는 결합이다. 이 결합은 주로 비금속 원자 사이에서 일어난다. 대표적인 공유결합 물질은 기체에서 H_2, N_2, O_2 등이고, 액체에서 H_2O, HCl, HF 등이며, 고체에서는 Si, Ge, GaAs 등이 있다. 그림 2.4에 나타낸 것처럼 H_2는 **공유결합 전자쌍**이 1개, O_2는 2개, N_2는 3개이다. 공유결합 전자쌍이 많을수록 결합력이 강하다. GaAs는 Ga의 3개의 가전자와 As의 5개의 가전자가 서로 공유해서 원자당 4개의 가전자가 공유결합을 형성한다. 따라서 원자당 평균 4개의 가전자를 가지기 때문에 Si 결정과 유사한 결합을 한다. 공유결합 고체는 거의 모든 용매에 용해되지 않고, 방향성을 가지며, 그로 인해서 연성이 없다. 또한 가전자들이 결합에 구속되어 있기 때문에 전기전도도가 극히 낮다.

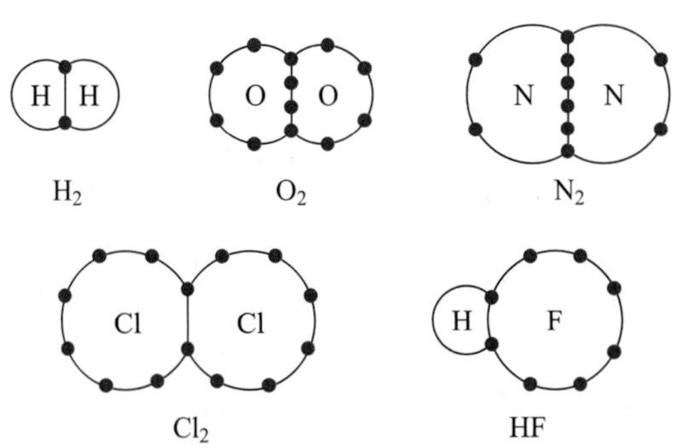

그림 2.4 공유결합 전자쌍

(3) 금속결합

금속결합(金屬結合, metallic bond)은 원자 간에 결합을 이루는 이온결합과 공유결합과는 결합성격이 다르다. 그림 2.5에 나타낸 바와 같이 금속의 양이온들과 주위의 자유로이 움직이는 자유전자운(전자가스)과의 결합으로서 원자의 대집단에서만 가능하다. 방향성이 없으며, **연성**(ductility-길게 늘어지는 성질)과 **전성**(malleability-평평하게 펴지는 성질)이 크다. 전기전도도 뿐만 아니라, 열전도도도 높다. 금속은 모두 금속결합이다. 금속은 모든 파장의 빛을 흡수할 수도 있고, 빛을 재방출할 수도 있다. 그림 2.6 (a)와 같이 금속의 가전자들은 적외선에서 자외선에 이르기까지 넓은 범위에 걸쳐서 전자기파를 흡수하여 더 높은 에너지 준위로 여기한다. 그림 2.6 (b)와 같이 여기된 전자들이 격자와 충돌하여 에너지를 격자진동(phonon)으로 흡수되면 금속은 비광택이 된다. 그러나 그림 2.6 (c)와 같이 여기된 전자들이 격자와 충돌하지 않고

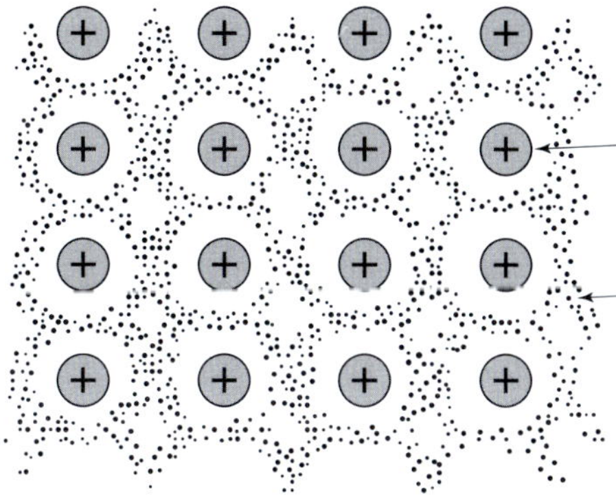

그림 2.5 금속결합에서 양이온과 전자운

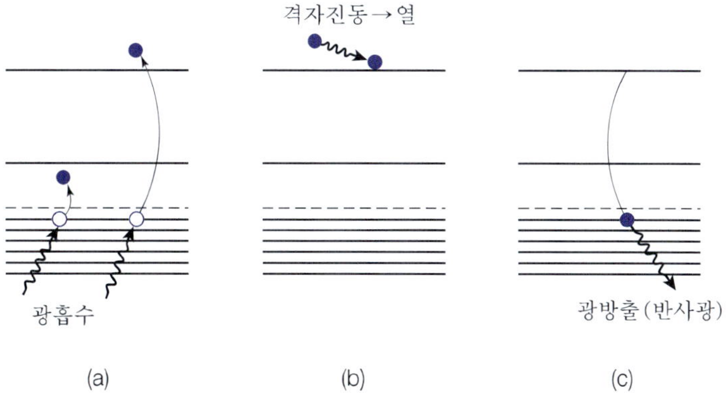

그림 2.6 금속에서 빛의 흡수와 반사 : (a) 광흡수, (b) 격자진동, (c) 광방출

다시 낮은 에너지 준위로 천이하면 방출빛(반사광)은 금속 고유의 광택이 된다. 금(Au)은 청색빛을 흡수하고, 황색빛을 방출한다. 은(Ag)은 대부분의 가시광선을 반사시키기 때문에 은색을 띄게 된다.

(4) 반데르 발스 결합

공유결합, 이온결합, 금속결합은 원자 간의 결합으로 1차 결합이라고 한다. **반데르 발스 결합**(Van der Waals bond)은 **전기쌍극자**(electric dipole) 간의 아주 약한 정전기적 인력에 의한 결합으로 분자 간의 결합 혹은 2차 결합 또는 물리적 결합이라고 한다. 전기쌍극자는 어떤 메카니즘에 의해서 생기는가에 따라 두 종류의 분자로 나눠진다.

1) 극성분자

전자를 끌어당기는 정도, 소위 **전기음성도**(電氣陰性度, electronegativity)가 다른 두 원자 간의 공유결합을 **극성 공유결합**(polar covalent bond)이라고 한다. 그림 2.7(a)와 같이 HF에서 전기음성도가 큰 F가 작은 H의 전자를 자기 쪽으로 당기는 힘이 강하므로 F는 음의 중심이 되고, H는 양의 중심이 된다. 그 결과, 전기쌍극자가 발생한다. 이와 같이 생긴 전기쌍극자를 **영구전기쌍극자**라고 하며, 이때의 분자를 **극성분자**(polar molecular)라고 한다. 하나의 극성분자는 공유결합으로 이루어져 있지만 극성분자들끼리의 결합은 **반데르 발스 결합**이다. 그림 2.7(b)에서처럼 전기쌍극자에서 같은 극은 척력으로, 다른 극은 인력이 작용하여 결과적으로 그림 2.7(c)와 같이 극성분자들 간에는 아주 약한 정전기적 인력으로 반데르 발스 결합이 일어난다.

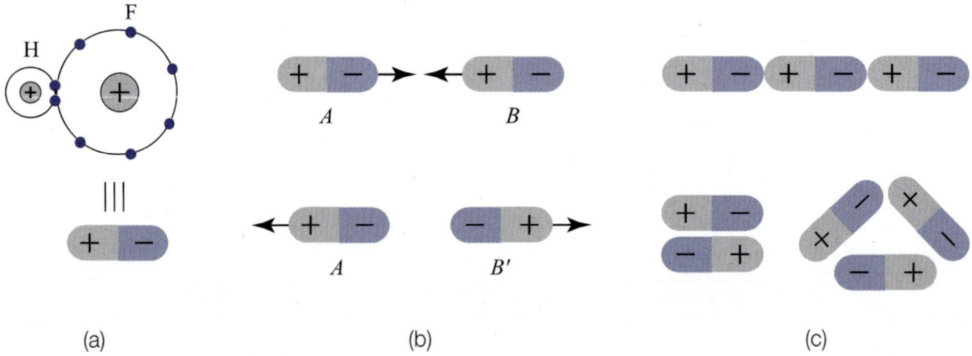

그림 2.7 영구전기쌍극자에 의한 반데르 발스 결합 : (a) 전기쌍극자 발생, (b) 전기쌍극자 간의 인력과 척력, (c) 반데르 발스 결합

2) 무극성 분자

전기음성도가 같은 두 원자끼리 공유결합을 **무극성 공유결합**(nonpolar covalent bond)이라고 하며, 이러한 분자를 **무극성 분자**(nonpolar molecular)라고 한다. 그림 2.8에 나타낸 바와 같이 거시적 관점에서 보면 원자핵과 핵주위의 전자구름의 중심이 일치하여 전기쌍극자가 없는 것 같지만, 미시적 관점에서 보면 전자의 운동으로 전자구름의 중심이 원자핵과 일치하지 않고, 시시각각 원자핵 주위를 이동한다. 그 결과, 전자분포의 불균형으로 순간적으로 전기쌍극자가 생긴다. 이와 같이 생긴 전기쌍극자를 유도전기쌍극자라고 하며, 유도전기쌍극자들끼리의 결합도 아주 약한 정전기적 인력에 의한 **반데르 발스 결합**이다. 이 결합은 열진동을 극복할 수 있는 극저온으로 갈수록 결합력이 커지게 된다. Ne, Ar 등의 단원자 분자, N_2, O_2 등과 같은 이원자 분자 등은 극저온이 되면 전기쌍극자 간의 인력(London 힘)이 강해져서 응축하게 된다. 이와 같이 대칭적인 분자 혹은 단원자 분자 기체도 충분히 저온이 되면 응축하게 되는 것을 **분산효과**(分散效果, dispersion effect)라고 한다. 대략적으로 O_2는 -183℃, N_2는 -193℃, Ar은 -186℃, Ne은 -250℃, He은 -270℃에서 응축한다. 네온, 아르곤 등의 불활성 기체나 산소, 질소 등의 안정한 기체가 만드는 결정을 **분자결정**(分子結晶, molecular crystal)이라고 한다.

반데르 발스 결합력은 아주 약하기 때문에 분자결정에서는 아주 낮은 온도에서조차도 고체에서 액체로, 혹은 기체로 변해버린다. 대부분의 반데르 발스 결합은 액체나 기체에서 가능하다. 플라스틱이나 세라믹 등의 고체에서도 반데르 발스 결합이 있다. PVC(polyvinyl chloride)는 원자 간에는 공유결합이지만 반데르 발스 결합을 하고 있는 길고, 사슬(chain) 분자를 많이 가지고 있기 때문에 힘을 가하면 깨지거나 부러지기보다 사슬이 서로 미끄러지듯이 이동할 수 있어서 구부러지는 성질을 가진다.

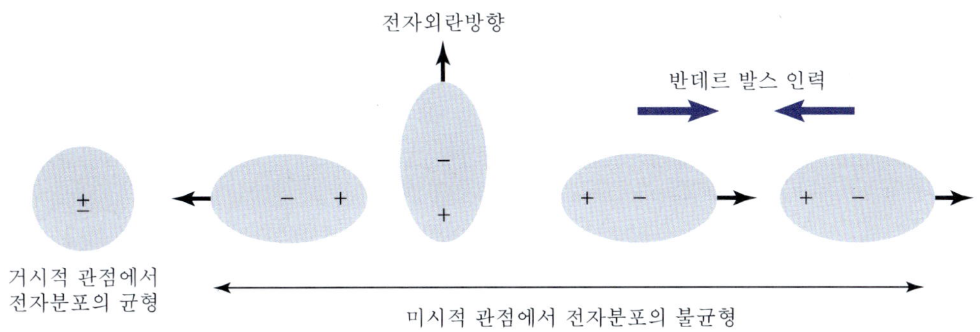

그림 2.8 유도 전기쌍극자에 의한 반데르 발스 결합

(5) 혼합된 결합

그림 2.9에 나타낸 바와 같이 물질마다 단일 결합을 하는 것도 있지만 대부분의 경우는 여러 가지 화학결합이 혼합된 결합 형태를 갖고 있다.

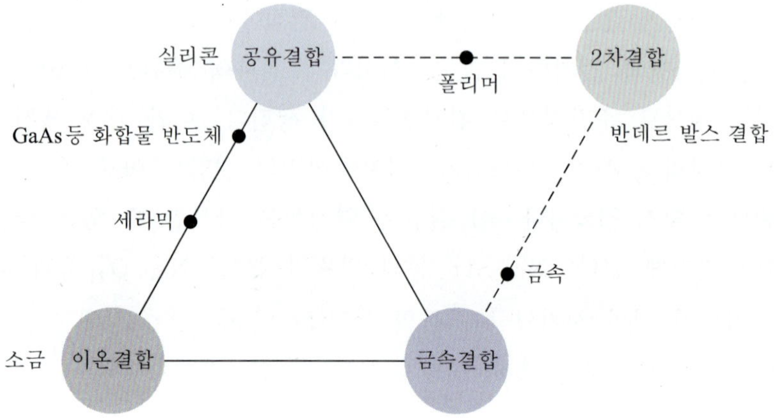

그림 2.9 여러 가지 물질의 화학결합

핵심 N 원자는 안정을 꾀하기 위해서 화학결합을 한다. 이온, 공유, 금속결합은 원자 간의 결합으로 1차 결합이고, 반데르 발스 결합은 분자 간의 결합으로 2차 결합이다. 이온결합은 전자를 주고, 받음으로서 서로 이온이 되었을 때의 정전기력에 의한 결합, 공유결합은 전자를 서로 주고, 받는 것이 여의치 않아 서로 공유하여 안정을 꾀하는 결합, 금속결합은 원자 간이 결합이지만 이온결합과 공유결합과는 달리 많은 원자가 모였을 때 양이온들과 자유전자들 사이의 집단적 결합, 반데르 발스 결합은 전기쌍극자 간의 결합으로 직접적인 결합이라기보다는 아주 미약한 간접적 결합으로 윤활제와 같은 결합이다.

2.2 격 자

2.2.1 공간격자

고체는 원자나 이온들이 결합하여 단위 체적당 대략 $10^{22} \sim 10^{23}$개의 원자밀도 또는 이온밀도를 가지고 있는 단단한 물질로서 결정고체와 비결정 고체로 나눠진다. 결정 고체에서는 그림 2.10 (a)에 나타낸 바와 같이 작은 흑점이 규칙적으로 배열하고 있는데 이것을 **격자**(格子, lattice)라고 하자. 그런데 각 흑점마다 그림 2.10 (b)에 나타낸 바와 같이 큰 점과 작은 점으로 된 한 쌍의 원자가 어떤 모형 또는 기본 무늬(원자무늬)를 이루는데 이것을 **격자점**(lattice point) 또는 결정에서 단위가 된다는 의미에서 **단위구조**(basis)라고 한다. 결국 이들이 모여 있는 집합체가 **격자**이다. 비유하자면 격자점은 모형이나 무늬 측면에서 나비가 될 수도 있고, 잠자리(잠자리를 구성하는 날개, 머리 발 등은 원자에 해당)가 될 수도 있다. 격자점의 위치를 알아내는 것도 중요하지만 하나하나의 격자에 어떤 원자무늬가 들어가 있는지 아는 것도 중요하다. 따라서 그림 2.10 (c)에 나타낸 바와 같이 결정구조는 원자가 모여서 원자무늬를 이루는 격자점과 격자점이 모여서 이루어진 격자로 구성된다고 할 수 있다.

결정구조 = 격자 + 격자점

원자의 배열이 규칙적이고 반복적일 때의 고체를 **결정**(crystal)이라고 하는데 그렇다면 무엇이 규칙적이고, 반복적이란 말인가? 결정구조에서 단위구조(원자무늬)가 주기적 배열을 통해서 형성된 가장 작은 부피의 격자, 즉 평행육면체를 **단위격자**(unit lattice) 혹은 **단위세포**(unit cell) 또는 **단위셀**이라고 하며, 이것이 3차원적으로 반복되는 것이 결정이다. 예컨대 주사위를 아주 많이 쌓았다고 하면 주기적으로 배열된

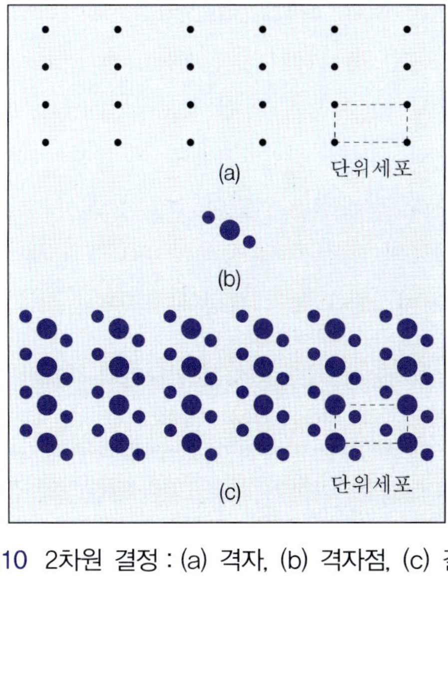

그림 2.10 2차원 결정 : (a) 격자, (b) 격자점, (c) 결정구조

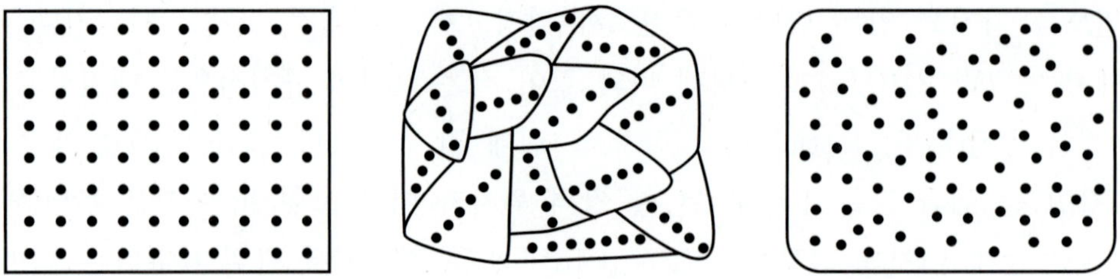

(a) (b) (c)

그림 2.11 고체의 분류 : (a) 단결정, (b) 다결정, (c) 비정질

주사위 전체는 하나의 결정체일 것이고, 주사위는 단위세포에 해당하며, 단위세포를 형성하는 것은 단위구조(원자무늬)인 셈이다. 모서리에만 단위구조(격자점)가 있는 경우를 단순단위격자라고 한다. 단위격자가 3차원적으로 주기적 이동을 통해서 형성되어진 입체화된 격자를 **공간격자**(space lattice) 혹은 단순히 격자라고 한다. 단위격자를 각 축 방향으로 단위길이마다 이동시키는 기본적인 조작을 **병진**(竝進, translation)이라고 한다.

또 그림 2.11 (a), (b)에 나타낸 바와 같이 결정고체는 단결정과 다결정 고체로 나눌 수 있는데, 단위세포가 주기적으로 재료 전체를 통해 배열되어 있을 때의 결정을 **단결정**(single crystalline)이라고 하며, 단위세포의 방향이 서로 다른 결정립(結晶粒, grain)들의 집합체를 **다결정**(polycrystalline)라고 한다. 또한 결정립 크기가 단위세포 정도에 불과하여 그 주기성이 단위세포를 벗어날 정도로 주기적 배열이 없을 때를 고체를 **비결정**(noncrystalline) 혹은 **비정질**(amorphous)이라고 한다. 보통 좁은 범위에서 보면 결정방향을 가지고 있으나[단거리 질서(short range order)를 가지고 있다고 한다] 넓게 보면 결정방향이 없는[장거리 질서(long range order)가 없다고 한다] 경우를 비정질이라고 일컫는다. 이와 같은 고체를 형성하는 방법에는 일반적인 방법은 용융상태에서 냉각률에 따라 달라질 수 있다. 이 장에서는 주로 결정에 대해서 다룬다. 결정방향의 유무는 재료의 성질을 결정하게 된다. 고체에서 특히 중요한 것은 많은 단체와 화합물은 결정이며, 반도체도 결정에 속한다.

핵심 N 원자가 모여서 격자점이 되고, 격자점이 모여서 격자가 되고, 격자가 모여서 결정이 된다. 고체는 결정과 비결정으로, 결정은 단결정과 다결정으로 분류된다. 결정은 원자배열이 규칙적이고 반복적인 것, 비결정은 원자배열이 불규칙적이고 임의적인 것이며, 다결정은 방향이 서로 다른 단결정의 집합체라고 할 수 있다.

2.2.2 단위격자

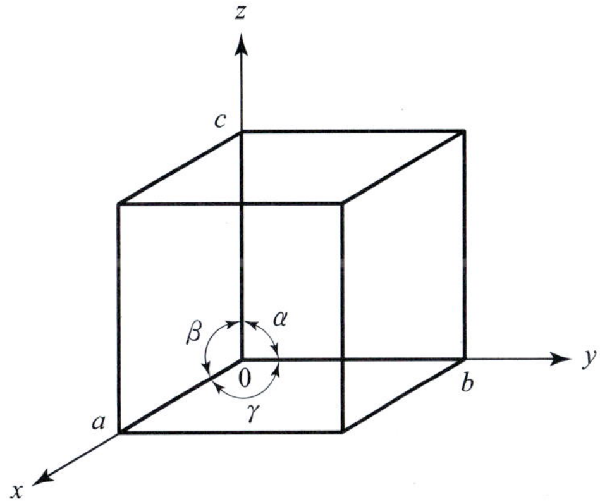

그림 2.12 격자상수와 단위격자

결정은 격자와 격자점으로 구성되는데 격자를 형성하기 위해서는 단위격자의 병진이 필수적이다. 3차원으로 나타낸 단위격자는 그림 2.12와 같으며, 단위격자를 통해서 결정의 특성을 알 수 있다. 단위격자는 x, y, z 결정축의 단위길이(변의 치수) a, b, c와 결정축 사이의 각(변 사이의 각) α, β, γ 등의 6개의 정수, 즉 **격자상수**(lattice constant)를 통해서 그 형태가 정해진다. 단위격자는 크게 일곱 가지의 결정계로 분류되고, 그 속에 열네 가지의 **브라베 격자**(Bravais lattice)가 존재한다. 이것을 표 2.1과 그림 2.13에 나타내었다.

표 2.1 결정계 및 브라베 격자

결정계	단위격자	격자상수		물질
		변의 치수	변 사이의 각	
입방정계 (cubic)	단순 (simple)	$a=b=c$	$\alpha=\beta=\gamma=90°$	
	체심 (body−centered)			α−Fe, V, Cr, Mo, W
	면심 (face−centered)			Ag, Cu, Au, Al, γ−Fe, Pt, Ni
정방정계 (tetragonal)	단순 (simple)	$a=b\neq c$	$\alpha=\beta=\gamma=90°$	In, Sn
	체심 (body−centered)			TiO_2, $BaTiO_3$
사방정계 (orthorhombic)	단순 (simple)	$a\neq b\neq c$	$\alpha=\beta=\gamma=90°$	S, U, Ga, I, Fe_3C
	체심 (body−centered)			
	면심 (face−centered)			
	저심 (base−centered)			
육방정계 (hexagonal)	단순 (simple)	$a=b\neq c$	$\alpha=\beta=90$, $\gamma=120°$	Be, Mg, Zn, Pb, ZnO, GaN, CdS

표 2.1 (계 속)

결정계	단위격자	격자상수		물질
		변의 치수	변 사이의 각	
능방정계 (rhombohedral)	단순 (simple)	$a=b=c$	$\alpha=\beta=\gamma\neq 90°$	B, Bi, As, Sb, Hg
단사정계 (monoclinic)	단순 (simple) 저심 (base−centered)	$a\neq b\neq c$	$\alpha=\gamma=90, \beta\neq 90°$	α−Se, P, Li_2SO_4, SnF_2
삼사정계 (triclinic)	단순 (simple)	$a\neq b\neq c$	$\alpha\neq\beta\neq\gamma\neq 90°$	$K_2Cr_2O_7$

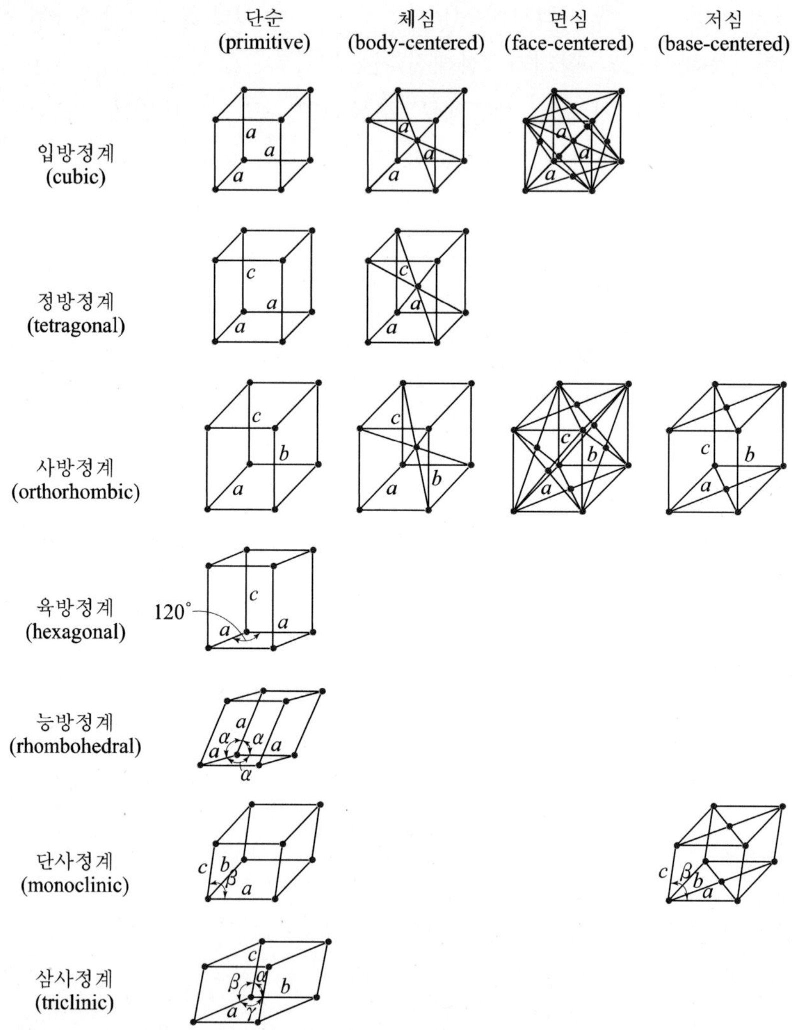

그림 2.13 브라베 격자

그렇다면 단위격자에는 원자가 몇 개 들어가 있는지 알아보자. 육면체 모서리에 1개의 원자가 있을 경우는 단위격자가 독립적으로 1개를 가지는 것이 아니라 이웃 단위격자들, 즉 8개의 단위격자의 모서리가 만나서 1개를 분배하므로 하나의 단위격자는 독립적으로 1/8개를 가진다. 이것은 마치 사과를 열십자로 자른 후에 가운데를 이등분하면 8조각 나오는 경우와 같은 경우이다. 면심에 있는 경우는 2개의 단위격자가 서로 반반 가지는 것이므로 단위격자는 독립적으로 1/2개를 가진다. 체심에 있는 경우는 단위격자가 분배없이 온전히 1개를 가진다. 여기서 모서리에 있는 원자수를 N_c, 면심에 있는 원자수를 N_f, 체심에 있는 원자수를 N_b라고 하면 단위격자가 가지는 원자수 N은 다음과 같이 계산되어진다.

$$N = \frac{1}{8}N_c + \frac{1}{2}N_f + N_b \tag{2.4}$$

예컨대 입방정계 내의 원자수를 계산해보자. 모서리에는 8개, 면에 6개가 있지만 이 원자들은 독립적인 개수가 아니라 이웃하는 단위격자들이 서로 공유하고 있다. 따라서 식 (2.4)를 이용하면

$$N = \frac{1}{8}N_c + \frac{1}{2}N_f + N_b = \frac{1}{8} \times 8 + \frac{1}{2} \times 6 = 4\text{개}$$

핵심 N 단위격자는 결정을 이루는 기본 단위로서 부피가 가장 작은 평행육면체를 말한다. 자연적이거나 인위적으로 만든 결정은 열네 가지의 브라베 격자 중의 하나이다.

2.2.3 격자위치, 격자방향 및 격자면

결정을 효과적으로 설명하기 위해서 격자의 위치, 격자의 방향, 격자면을 도입한다. 격자의 위치는 단위격자를 좌표 상에 올려놓았을 때 격자의 좌표로 나타낸다. 예컨대 체심입방정계의 체심격자의 위치는 $\frac{1}{2}\frac{1}{2}\frac{1}{2}$로 표시된다. 결정격자에서 방향을 정할 때에 격자의 방향을 나타내는 지수, 소위 **방향지수**를 사용한다. 이것은 단위세포에서 원점과 임의의 좌표까지 직선변위로서 결정된다. 결정축 a, b, c를 좌표축으로 하고, 원점과 잇는 직선상의 좌표를 u, v, w라고 하자. 이때 방향지수는 $[uvw]$와 같이 표시한다. 이 직선은 nu, nv, nw의 좌표점도 지난다. 방향지수를 나타낼 때는 가장

작은 정수로 나타내어야 한다. 또 y축의 좌표가 음일 때는 $[u\bar{v}w]$와 같이 그 지수 위에 가로선을 그어 좌표가 음임을 나타낸다. 여러 가지 방향지수를 그림 2.14에 나타내었다.

사실 결정축 a, b, c는 임의의 축과 원점을 선택해서 잡은 것이지 반드시 고정된 것은 아니다. 다시 말해서 x축이 z축, y축이 x축, z축이 y축이 되어도 하등의 문제가 없다. 따라서 입방정계에서 [100], [010], [001], $[\bar{1}00]$, $[0\bar{1}0]$, $[00\bar{1}]$ 등은 결정학적으로 등가의 방향지수이다.

대칭관계를 고려하여 동등한 격자방향을 한데 모아 하나의 지수로 나타내는데 이것을 **방향족**이라고 하며, 기호 〈 〉로 나타낸다. 예를 들면 입방정계의 경우 〈100〉은 [100], [010], [001], $[\bar{1}00]$, $[0\bar{1}0]$, $[00\bar{1}]$ 등의 방향족이다.

한편 공간격자 내의 면을 **격자면**(lattice plan) 또는 그물코와 같이 격자점이 면상에 배열되어 있기 때문에 **망면**(net plane) 또는 단순히 **결정면**(crystal plane)이라고 부른다. 결정면은 **밀러지수**(Miller indices)라고 하는 세 가지 정수(hkl)로 표시된다. 소괄호인 점에 유의하여야 하며, 면을 표현하는 지수이기 때문에 **면지수**(plane indices)라고도 한다. 면지수는 일반적으로 다음과 같은 순서로 결정한다.

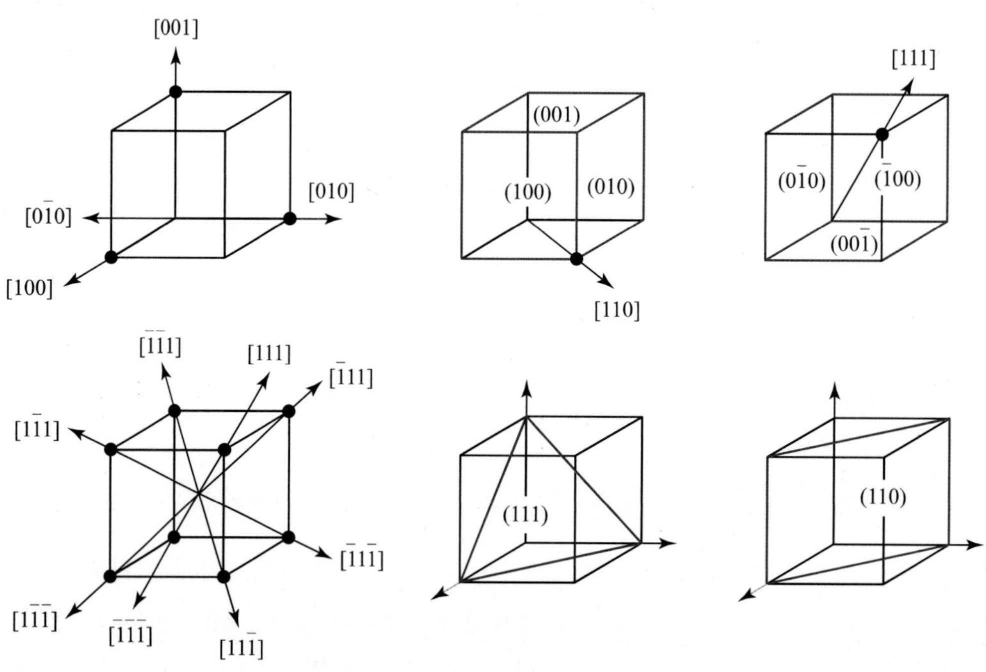

그림 2.14 격자의 방향지수와 면지수

1. 결정면과 결정축과의 교점을 구한다.
2. 결정축의 단위길이로 나눈다.
3. 역수를 취한다.
4. 가장 작은 정수비로 나타낸다.
5. 밀러지수(hkl)로 나타낸다.

면은 이것 하나로만 정해지는 것은 아니다. 어떤 격자의 어떤 면에서 평행한 동등한 면들을 생각할 수 있다. 그중에서 1개의 면은 원점을 지나지만 밀러 지수(hkl)로 나타내는 면은 평행한 면들 중에 가장 원점에 가까운 면을 선택한다. 단 (hkl)은 이것에 평행하는 다른 면에도 그 대표성을 지닌다.

밀러 지수가 0일 때는 그 지수에 대응하는 축에 그 밀러지수로 나타나는 면이 평행할 때이다(바꾸어 말하면 그 축과 ∞로 교차한다). 또 축의 절편이 음일 경우는 그 지수 위에 가로선을 긋는다. 예를 들면 h의 음이라고 하면 $\bar{h}$라 하여 ($\bar{h}kl$)라고 쓴다. 여러 가지 면지수를 그림 2.14에 나타내었다.

대칭관계를 고려하여 동등한 격자면을 한데 모아 하나의 지수로 나타내는데 이것을 **면족**(plane family)이라고 하며, 괄호 { }를 사용하여 {hkl}로 나타낸다. 이것은 등가인 격자면을 대표한다. 예를 들면 입방정계의 경우는 {100}은 (100), (010), (001), ($\bar{1}00$), ($0\bar{1}0$), ($00\bar{1}$) 등의 면족이다.

핵심 N 결정마다 결정성장 방향이 다를 수가 있다. 배열방향을 나타내는 지수가 방향지수이고, 원자들이 이루는 망면(평면)을 나타내는 지수가 면지수이다. 면에 존재하는 단위 면적당 원자수를 다르게 면지수를 설정할 수 있다.

2.3 결정구조

2.3.1 입방정계

입방정계(cubic)는 그림 2.15에 나타낸 것과 같이 격자상수가 $a = b = c$, $\alpha = \beta = \gamma = 90°$인 단위격자로 정의되는데 여기에는 세 종류가 있다. **단순입방정계**(simple cubic : SC)는 단위격자의 각 모서리에 1개 원자가 위치해 있는 구조로 단위격자가 가

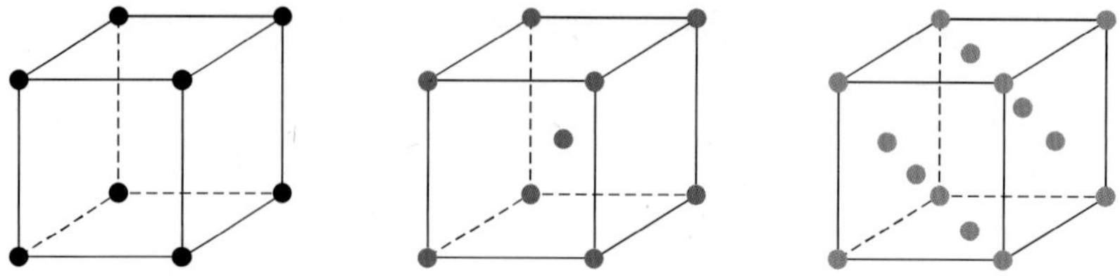

(a) (b) (c)

그림 2.15 입방정계의 구조 : (a) 단순입방정계, (b) 체심입방정계, (c) 면심입방정계

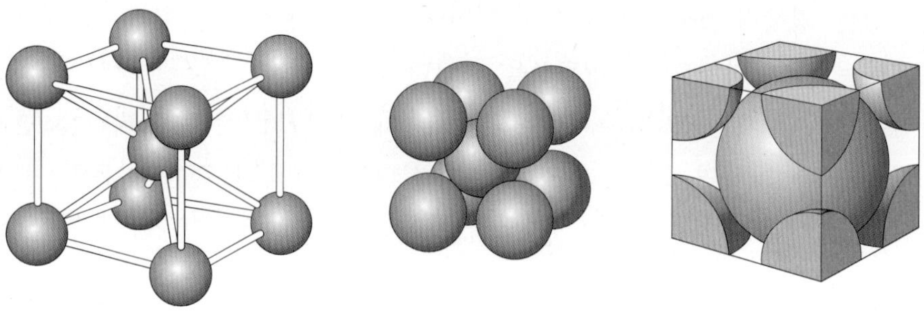

(a) (b) (c)

그림 2.16 체심입방정계 : (a) 단위격자모델, (b) 실제 단위격자, (c) 단위격자 내의 원자수

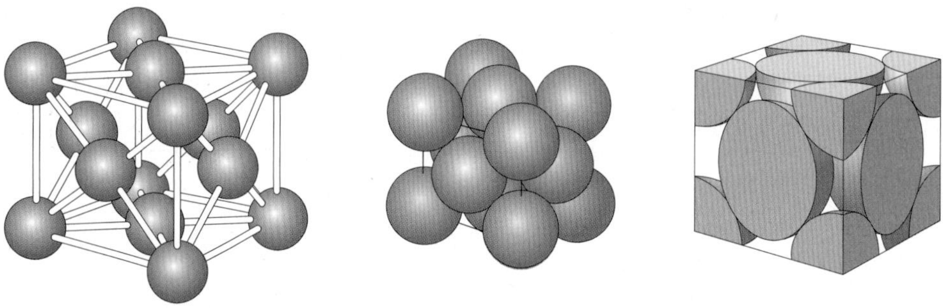

(a) (b) (c)

그림 2.17 면심입방정계 : (a) 단위격자모델, (b) 실제 단위격자, (c) 단위격자 내의 원자수

지는 원자수는 $8 \times 1/8 = 1$개다. **체심입방정계**(body-centered cubic : BCC)는 8개의 모서리마다 1개의 원자와 중심에 1개의 원자가 위치한 구조로 단위격자가 가지는 원자수는 $8 \times 1/8 + 1 = 2$개다. **면심입방정계**(face-centered cubic : FCC)는 8개의 모서리마다 1개의 원자와 6개의 면중심에 원자가 1개씩 위치한 구조로 단위격자가 가지는 원자수는 $8 \times 1/8 + 6 \times 1/2 = 4$개다.

그림 2.16은 체심입방정계의 단위격자와 실제를 나타낸 것이며, 여기에 속하는 물질은 $\alpha-$Fe, V, Cr, Mo, W 등이 있다. 그림 2.17은 면심입방정계의 단위격자와 실제를 나타낸 것이다. 여기에 속하는 물질은 Ag, Cu, Au, Al, $\gamma-$Fe, Pt, Ni 등이 있다.

핵심 N 입방정계는 격자상수가 $a=b=c$, $\alpha=\beta=\gamma=90°$인 평행육면체이다.

2.3.2 다이아몬드 구조

다이아몬드(diamond) 구조는 그림 2.18에 나타낸 것과 같이 단위격자가 FCC이며, FCC 단위격자를 구성하는 원자와 동일한 원자를 4개 더 가지고 있기 때문에, 총 8개의 원자를 가진다. FCC 단위격자에서 추가적인 4개 원자의 위치는 $\frac{a}{4}\frac{a}{4}\frac{a}{4}$: $\frac{3a}{4}\frac{3a}{4}\frac{a}{4}$: $\frac{3a}{4}\frac{a}{4}\frac{3a}{4}$: $\frac{a}{4}\frac{3a}{4}\frac{3a}{4}$이다

이 구조는 모든 원자가 탄소일 때 다이아몬드라 명명되는데 다이아몬드 구조를 가지는 반도체는 Si, Ge 등이다.

핵심 N 다이아몬드 구조의 단위격자는 면심입방정계이며, 추가적인 4개의 원자도 단위격자와 같은 원자이다. Si, Ge 반도체가 이 구조이다.

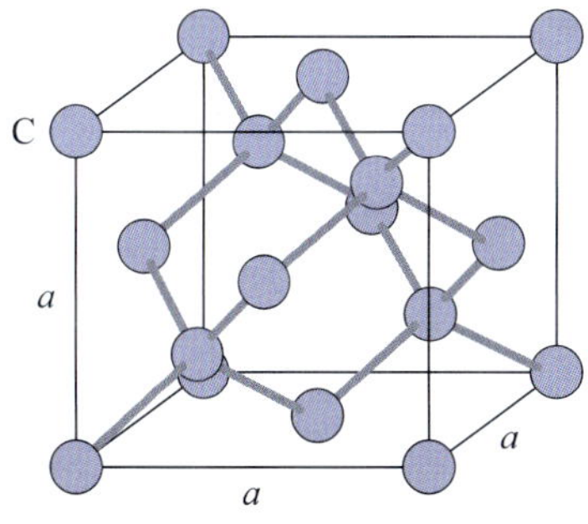

(a)

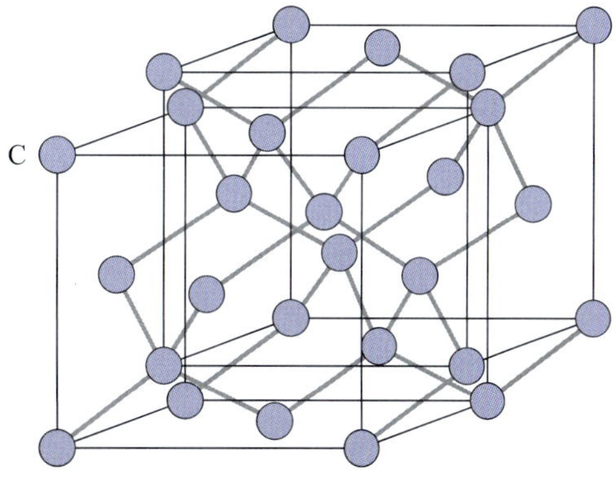

(b)

그림 2.18 다이아몬드 구조 : (a) 단위격자, (b) 단위격자의 병진

2.3.3 섬아연광 구조

섬아연광(zinc blende) 구조는 그림 2.19에 나타낸 바와 같이 다이아몬드 구조처럼 단위격자가 FCC이지만, 추가되는 4개의 원자는 단위격자와 다른 원자이다. 이 구조를 가지는 반도체는 GaAs, GaP, $\beta-$ZnS 등이다. GaAs 반도체는 Ga 원자와 As 원자로 이루어진 화합물 반도체이며, 절반은 Ga 원자이고, 절반은 As 원자로 구성된다. 추가되는 4개의 원자의 위치는 $\frac{a}{4}\frac{a}{4}\frac{a}{4}$: $\frac{3a}{4}\frac{3a}{4}\frac{a}{4}$: $\frac{3a}{4}\frac{a}{4}\frac{3a}{4}$: $\frac{a}{4}\frac{3a}{4}\frac{3a}{4}$이다.

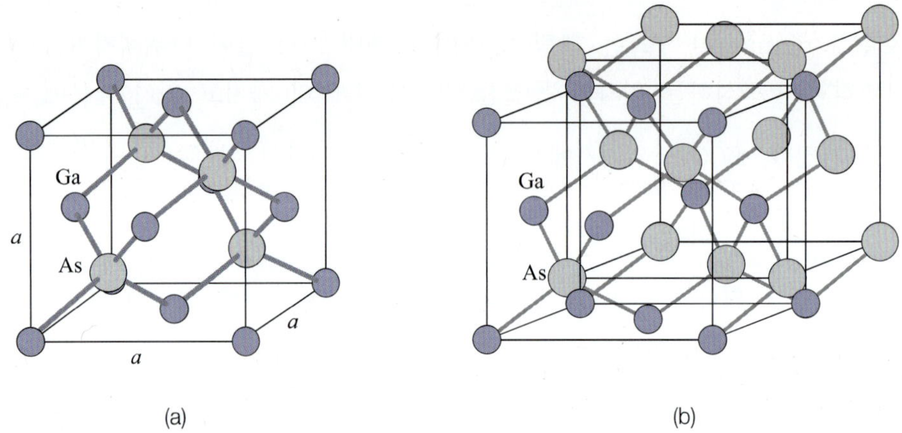

그림 2.19 섬아연광 구조 : (a) 단위격자, (b) 단위격자의 병진

핵심 N 섬아연광 구조의 단위격자는 면심입방정계이며, 추가적인 4개의 원자는 단위격자와 다른 원자이다. GaAS, GaP, $\beta-$ZnS 등의 반도체는 이 구조이다.

2.3.4 우르츠광 구조

우르츠광(wurtzite) 구조는 그림 2.20에 나타낸 바와 같이 단위격자가 육방정계이지만 보다 조밀하게 충진된 육방조밀(hcp) 구조를 가지는 것이 대부분이다. 이 구조를 가지는 반도체는 ZnO, GaN, $\alpha-$CdS 등이다.

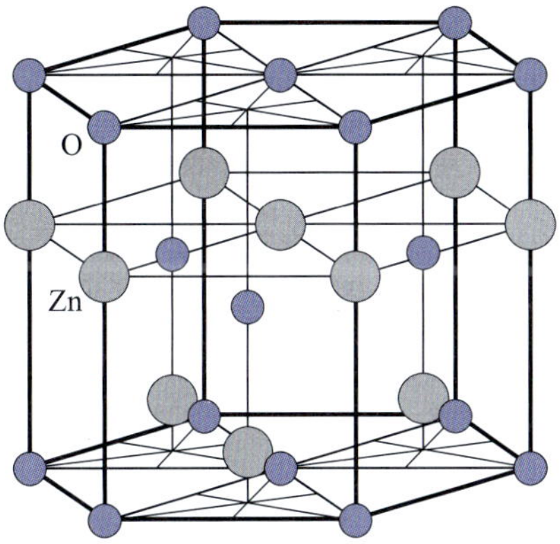

그림 2.20 우르츠광 구조

핵심 N 우르츠광 구조의 단위격자는 육방정계이며, 두 종류의 원자로 되어 있다. ZnO, GaN, $\alpha-$CdS 등의 반도체가 이 구조이다.

2.4 단결정 성장법

2.4.1 부유대역법

부유대역(浮游帶域, floating zone)법은 다결정체를 유도가열법으로 용해와 냉각을 반복하여 단결정체를 얻는 기법이다. 이때 용해되는 부분을 대역이라고 한다. 다결정체가 유도가열코일 부분을 서서히 지나갈 때 지나간 부분은 서서히 고화되어 단결정화된다. 이때 고화부분의 불순물 농도(C_s)와 액상부분의 불순물 농도(C_l)가 일정한 비율로 유지하는 성질이 있다. 대게 $C_s < C_l$이다. 따라서 불순물은 고화부분에서 액상부분으로 이동하게 된다. 이 현상을 **편석**(偏析, segregation)이라고 한다. 용해와 냉각을 반복함으로서 불순물이 아주 적은 고품질의 단결정체을 얻을 수 있다. 단지 대구경화가 어렵기 때문에 연구용 반도체에 적합하다.

2.4.2 쵸크랄스키 성장법

개별소자든 집적회로든 반도체 소자를 만들기 위해서는 기판이 필요하다. 원판 모양의 기판을 **웨이퍼**(wafer)라고 하는데 그렇다면 그 웨이퍼는 어떻게 만들어지는 것일까? 웨이퍼는 원통 모양의 단결정체를 얇게 자르면 된다. 이때 원통 모양의 단결정체를 단결정 주괴 혹은 **잉곳**(ingot)이라고 한다. 그렇다면 잉곳은 어떻게 만들어지는 것일까?

Si 반도체의 천연원료는 SiO_2이다. SiO_2를 코크스 상태인 탄소와 반응시키면 Si가 얻어진다. 일종의 환원반응인 셈이다. 이때 얻어진 Si는 불순물을 많이 포함하고 있기 때문에 이대로는 사용할 수가 없다. 이것을 염산과 반응시켜 얻어진 $SiHCl_3$를 수소와 반응시키면 고순도의 Si가 얻어진다. 이렇게 일련의 복잡한 과정을 거쳐 얻어진 Si는 단결정이 아니라 다결정이다. 다결정체를 단결정 잉곳을 만드는 방법이 바로 그림 2.21에 나타낸 **쵸크랄스키**(Czochralski) **단결정 성장법**이다.

Si 다결정체를 석영도가니에 넣고 성장시 Si의 산화를 방지하기 위해서 불활성 가스를 흘린다. 고주파 유도코일에 의한 온도 상승으로 대략 1415℃에서 Si는 용융된다. Si **시드**(seed, 종자)를 넣고 용융 Si와 접촉한 후, 회전축을 아주 천천히 끌어올

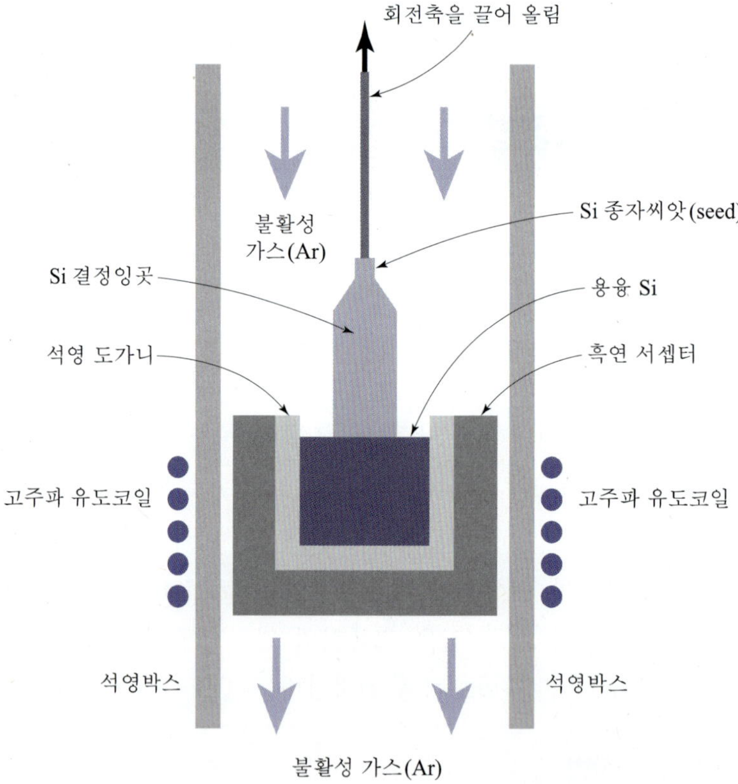

그림 2.21 쵸크랄스키 단결정 성장장치

린다. 이렇게 하는 이유는 온도구배를 균일하게 하여 시드와 용융 Si의 접촉면에서 발생하는 선결함인 전위의 발달과 결정 잉곳 내의 여러 가지 결함을 막기 위해서다. 끌어올려진 잉곳은 응고되면서 결정이 성장된다. 성장된 잉곳은 마치 포탄과 비슷한 모양이다. 결정 잉곳의 양 끝단 부위의 농도가 균일하지 않으므로 양 끝단을 잘라낸 후에 물리적, 화학적으로 잉곳의 표면을 가공하여 원통모양으로 만든다. 결정방향을 표시한 후에 1.0 mm 이내로 얇게 자르고 표면을 물리적, 화학적으로 연마를 하게 되면 대략 0.5 ~ 0.7 mm 두께의 웨이퍼가 얻어진다.

2.4.3 에피택시 성장법

에피택시(epitaxy)란 그리스어로 epi는 upon의 의미이고, taxy는 arrangement라는 뜻으로 이것을 합성하면 Si 웨이퍼, 사파이어 혹은 금속과 같은 기판 위에 원자를 특정 방향으로 성장시키는 기법이다. **에피택셜층**은 양질의 단결정체이다. 예컨대 실리콘 위에 실리콘 성장(Si on Si)이나 사파이어 위에 GaN(GaN on sapphire) 성장 등이다. 에피택시 성장법은 특별하게 화합물 반도체에 아주 유용하게 응용된다.

에피택셜 성장에 있어서 가장 중요한 것은 기판과 성장된 원자층과의 결합이다. 서로 다른 물질이 만나서 완전히 결합하기란 쉽지 않다. 기판과 에피택셜층의 격자상수가 완전히 같거나 비슷할 수도 있고, 큰 차이를 보일 수도 있다. 격자정합의 정도를 나타내는 물리량, 즉 격자상수 차이의 비율을 정량적으로 나타낸 것이 다음 식과 같은 **격자부정합계수**(lattice mismatch coefficient) f이다.

$$f = \frac{a_s - a_e}{a_e} \times 100 \tag{2.5}$$

여기서 a_s는 기판결정의 격자상수, a_e는 에피택셜층의 격자상수이다.

그 차이가 10% 이내일 때를 **격자정합**(lattice matching)이 양호하다고 말한다. 격자정합은 기판과 에피택셜층의 격자상수의 유사성 정도를 말하며, 기판과 에피택셜층이 격자정합을 이룰 수 있다면 에피택시 성장법을 이용하여 다양한 종류의 이원계 및 다원계 화합물 반도체를 제작할 수 있다. $a_s > a_e$일 때는 격자부정합계수 f가 양으로 에피택셜층은 장력(tension) 스트레스를, $a_s < a_e$일 때는 f가 음으로 에피택셜층은 압축(compression) 스트레스를 받게 된다. 따라서 부정합계수가 10% 이상 차이가 나는 원자 간에 결합에는 일부 끊어진 결합이 존재하게 되고, 결정성장이 되었을 때 결정결함으로 나타나 양질의 에피택셜층을 기대하기 어렵다.

에피택시 성장법에는 액상, 기상, 유기금속화학증착, 분자선 에피택시가 있다.

(1) 액상 에피택시(LPE : liquid phase epitaxy)

이것은 최초의 에피택시 성장법이다. 고융점을 갖는 기판의 반도체 A와 저융점 원소 B의 혼합체 AB는 반도체 A 융점보다 낮은 온도에서 용융체를 형성하므로 반도체 A 기판상에 AB 용융체를 형성시킬 수 있다. 또한 C를 추가한 ABC 혼합체는 AB보다 더 낮은 온도에서 용융될 수 있으므로 AB층 위에 에피택셜층을 형성할 수 있게 된다. 예컨대 융점이 1238℃인 GaAs와 융점이 28℃인 Ga의 혼합체의 융점은 GaAs보다 낮은 융점으로 n-GaAs 기판상에 Ga을 많이 포함하는 p-GaAs를 성장시킬 수 있다. 이런 방식을 통해서 다층의 다양한 결정성장이 가능하다. LPE는 특히 LED와 같은 광소자에 좋은 특성을 내는 것으로 알려져 있다.

(2) 기상 에피택시(VPE : vapor phase epitaxy)

기상 에피택시는 반도체 재료를 함유하는 기체 혼합물로부터 에피택셜층을 얻는 성장법이다. 실리콘 집적회로 소자나 GaAs 트랜지스터 제작에 주로 활용되어 왔다. VPE법으로 불순물 농도를 달리하여 연속적으로 여러 층을 성장시키는 것이 가능하다. 따라서 LPE법에 비해 다층 구성시 발생하는 불순물 간의 상호확산현상을 최소화할 수 있다. Si의 기상 에피택시는 다음과 같은 반응으로 얻을 수 있다. 사염화규소($SiCl_4$)와 수소를 반응시키면 Si 에피택셜층이 Si 기판상에 성장되고 기체의 염화수소가 나온다.

$$SiCl_4(g) + H_2(g) \leftrightarrow Si(s) + 4HCl(g) \tag{2.6}$$

또 실란(silane, SiH_4) 가스가 열분해되어 Si 에피택셜층이 Si 기판상에 성장되고, 기체의 수소가 나온다.

$$SiH_4(g) \leftrightarrow Si(s) + 2H_2(g) \tag{2.7}$$

(3) 유기금속화학 기상증착법(MOCVD : metal organic chemical vapor deposition)

유기금속화학 기상증착법은 유기금속가스를 가열한 기판상에 열분해시켜 에피택셜층을 얻는 성장법이다. MOCVD는 트리메틸갈륨(Trimethylgallium) $(CH_3)_3Ga$ 등의 유기금속 원료가스를 GaAs 기판상에 흘려 AlGaAs와 GaAs의 에피택시 성장에 사용하고 있다.

그동안 MOCVD는 원료의 순도에 문제가 있어서 LPE와 MBE에 비해 기술개발이 뒤졌으나 반도체 레이저에 주로 사용되는 LPE의 질에 접근할 정도로 발전하였다. 그 뿐만 아니라 이종접합에서의 계단성이 뛰어나 다음에 설명하는 MBE로만 가능했던 초격자와 HEMT(high electron mobility transistor)에도 응용가능하다. 비록 AlGaAs계에 주 연구개발이 집중되고 있으나 InGaAs와 같은 3원계 및 InGaAsP와 같은 4원계 에피텍셜 성장에도 응용될 수 있다. MOCVD는 반도체 레이저, HEMT, 그 밖의 초고속 트랜지스터 및 저비용으로서는 GaAs 태양전지 등이 연구 개발단계에 MBE와 경합할 것으로 예상된다.

(4) 분자선 에피택시(MBE : molecular beam epitaxy)

분자선 에피택시는 고진공 상태($< \sim 10^{-9}$ Pa)에 고정된 기판에 원자 또는 분자선을 충돌시켜 에피택셜층을 얻는 성장법이다. 현시점에서 가장 양질의 에피택셜층을 얻을 수 있는 기법일 뿐만 아니라 에피택시 성장에 있어서 많은 가능을 가진 기법이다. 이 때 분자선 소스(예컨대 GaAs 기판 상에 AlGaAs 층을 성장시킨다면 Al, Ga, As가 소스가 된다)는 분리된 원통형의 셀 안에서 가열되며, 각 셀에 부착된 셔터로 독립적으로 조절함으로서 분자선이 진공 속으로 분출되어 기판상에 증착하기 때문에 성장되는 박막의 조성 비율을 정확히 조절할 수 있고, 고품질 결정성장이 이루어진다. MBE의 장점 중의 하나는 상대적으로 저온의 기판(GaAs의 경우 600℃)을 사용할 수 있고, 부가적으로 고진공 상태에서 전자선 회절장치(RHEED : reflection high energy electron diffraction)와 같은 분석 장치를 부착하여 실시간 두께를 관찰하여 단일 원자층의 성장도 가능하다는 점이다. 즉 초격자구조도 가능하다. GaAs 반도체를 사용한 초고속 트랜지스터 HEMT 제작은 이 장치를 이용한다.

핵심 N 일반적으로 반도체 소자를 만들려면 단결정으로 성장시켜야만 한다. 단결정 성장법에는 대구경이 가능한 벌크형의 쵸크랄스키 성장법과 막박형의 에피택시 성장법이 있다. 쵸크랄스키 성장법에 의한 웨이퍼는 기판용으로 사용되며, 기판 위에 에피택셜층을 성장시킨다.

2.5 결정에서 회절과 반사

X-선, 전자선, 중성자선 등이 결정에 입사하면 회절(回折, diffraction)을 일으키게 된다. 그러므로 이를 측정하면 결정 속의 원자들이 어떻게 배열하고 있는지 등의 구조를 알 수 있다. 전자선은 투과력이 약하므로 박막이나 고체표면분석에 유리하며, 중성자선은 자기모멘트를 이용하여 자기적 성질을 분석하는데 이용된다.

1912년에 라우에(M. Laue, 독일)는 결정에서의 X-선의 회절이론을 처음으로 전개하였으며, Friedrich와 Knipping이 X-선의 회절을 처음으로 관찰하였다.

2.5.1 X-선 회절

X-선은 전자기파로서 그 파장이 $\lambda = 0.01 \sim 100$ Å 정도이나 사용되는 파장은 1 Å 부근에 있고 다른 전자기파와 같은 물리적 성질을 갖는다. **X-선의 파장**은 결정 중의 원자 간의 거리, 즉 격자상수와 거의 같은 크기이기 때문에 결정구조 분석에 많이 이용되고 있다.

(1) X-선의 발생

1895년 렌트겐(W. Roentgen)은 금속 표면에 고속의 전자가 충돌할 때 미지의 성질을 가진 투과력이 강한 방사선이 방출됨을 확인하였다. 미지의 선이라고 해서 오늘날 X-선이라고 부른다. 그렇다면 X-선은 어떻게 발생하는 것일까? **전자기파는 하전입자의 가속운동**으로 발생한다는 사실을 알고 있다. 고전 전자기 이론에 따르면 고속의 전자가 금속 표면에 충돌할 때 감속운동에 따른 제동 복사파가 방출되는데 이것이 전자기파 발생으로 일종의 **역광전효과**이다. 즉 감속운동에 따른 에너지 감소분이 전자기파 에너지의 증가분으로 방출되는 것이 X-선이다.

그림 2.22에 나타낸 것과 같이 진공 중에 음극을 가열하면 열전자가 방출된다. 이 전자는 고전압으로 가속되고, 양극(target)에 충돌하면 급격한 제동으로 제동 복사선, 즉 X-선이 발생한다. 운동에너지의 99.9%가 열에너지로 소모되고, 0.1% 정도가 X-선으로 방출한다. 가속 전압이 높을수록 전자의 운동에너지는 커지기 때문에 X-선 파장은 짧아진다. X-선은 양극 금속명을 붙여서 무슨 무슨 X-선이라고 하는데, 예를 들어 양극이 Cu라면 Cu X-선이라 한다.

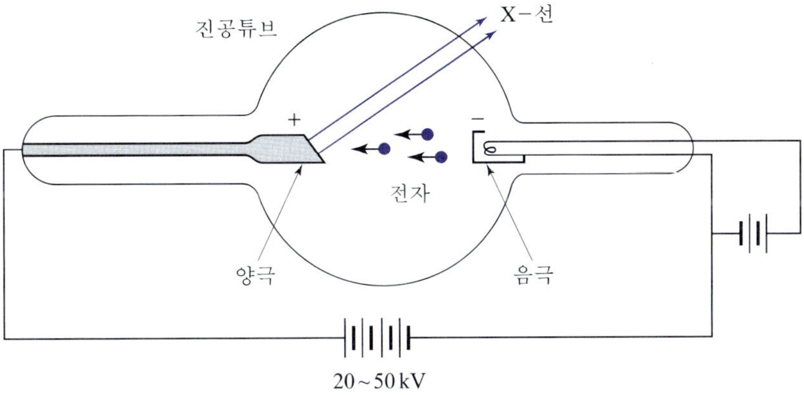

그림 2.22 X-선 발생 장치

(2) 연속 X-선과 특성 X-선

1) 연속 X-선 스펙트럼

전자가 양극에 충돌하면 원자핵 주위의 전기장에 근접하여 통과할 경우 정전기력에 의한 비탄성 충돌이 일어나고, 전자 산란으로 운동에너지의 일부가 X-선으로 방출한다. 이때 전자가 정지할 때까지 비탄성 충돌 과정이 반복하게 되므로 연속적으로 전자기파를 방출하게 된다. 다시 말해서 최초에 운동에너지 K를 가지고 원자핵에 접근할 때 비탄성 충돌로 운동에너지가 K'로 변하며, 이때 운동에너지의 차 $K-K'$에 해당하는 에너지가 hf라고 하는 전자기파 에너지로 방출된다. 또 K'는 비탄성 충돌로 K''로 변하며, 이때 운동에너지의 차 $K'-K''$에 해당하는 에너지가 hf'라고 하는 전자기파 에너지로 방출된다. 이런 식으로 계속되면 X-선의 파장이 연속적으로 방출되게 된다. 이런 X-선을 **연속 X-선**(連續 X-線, continuous X-ray)이라고 하며, 그림 2.23에 나타낸 바와 같이 넓은 연속 스펙트럼을 가지기 때문에 구조해석에 이용되지 않는다. 양극과 음극 간의 전위차가 클수록 연속 X-선의 상대강도는 높아진다.

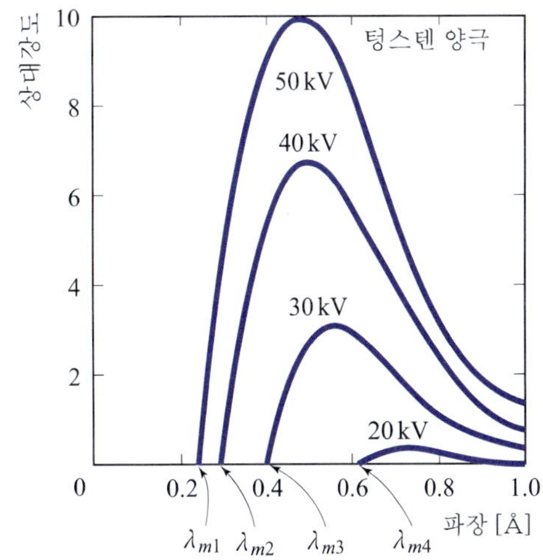

그림 2.23 연속 X-선 스펙트럼

한편 가속 전자가 금속에 충돌시 한 번에 정지해버리면, 전자의 운동에너지 모두가 X-선으로 방출하게 된다. 따라서 다음과 같이 쓸 수 있다.

$$eV = hf = h\frac{c}{\lambda} \tag{2.8}$$

이때 방출되는 전자기파의 파장은 최소가 되고, 최소파장 λ_m은 다음과 같이 나타내진다.

$$\lambda_m = \frac{12400}{V}\,[\text{Å}] \tag{2.9}$$

그림 2.23에서 보는 바와 같이 가속 전압이 증가할수록 최소파장은 짧아진다. 즉 $\lambda_{m1} < \lambda_{m2} < \lambda_{m3} < \lambda_{m4}$가 된다. 그리고 연속 X-선의 강도가 최대로 되는 파장은 대략 λ_m의 1.3 ~ 1.5배이다.

2) 특성 X-선 스펙트럼

고속의 전자가 원자에 충돌하여 원자핵에 가까운 내측 각, 즉 K 각의 전자를 방출시킬 때 (원자가 이온화된다) 위치에너지가 높은 각, 즉 L 각의 전자가 위치에너지가 낮은 자리, 즉 K 각으로 천이시 에너지의 차(L 각 에너지 −K 각 에너지)에 해당하는 전자기파 에너지를 방출하는데 이것이 **특성 X-선**(特性 X-線, characteristic X-ray)이다. 그림 2.24에 나타낸 바와 같이 최소파장은 양극재료에 관계가 없다. X-선 회절에서는 광원으로서 K_α 선을 대부분 이용하고, K_β 선은 필터로 제거된다. 일반적으로 사용되고 있는 양극재료 Cu에서 K 각 전자의 여기 전압은 8.86 kV이다.

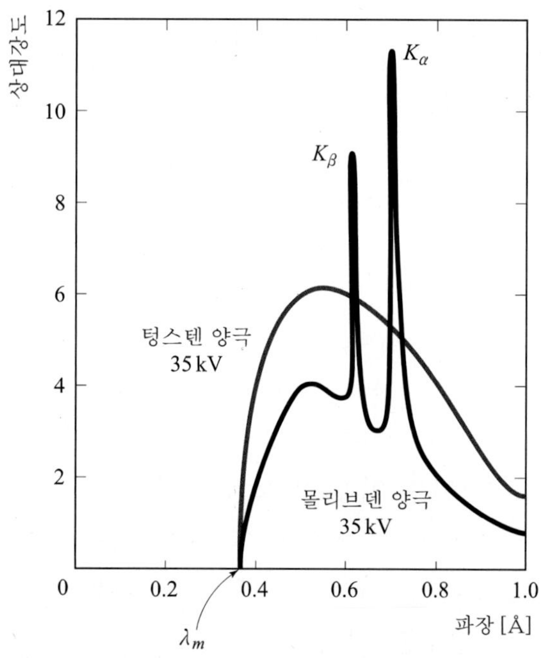

그림 2.24 특성 X-선 스펙트럼

핵심 N X-선은 파장이 0.01 ~ 100 Å 인 전자기파로 금속에 고속의 전자를 충돌시킬 때 발생되며, 물질의 구조분석에 활용된다.

2.5.2 브래그의 회절법칙

그림 2.25에 나타낸 X-선 회절장치에서 보는 바와 같이 X-선을 슬릿(< 0.5mm)을 통해서 시편에 조사하는 동안 시편을 회절각 $\theta = 0 \sim 180°$까지 회전시키면 X-선 회절패턴이 얻어진다. 회절패턴을 통해서 회절방향과 그 세기를 측정함으로서 회절을 일으킨 결정구조에 대한 정보를 얻을 수 있다. 그렇다면 결정이 회절을 일이키기 위한 조건은 무엇인가?

회절은 본질적으로 많은 원자가 관여하는 산란현상이다. 산란의 대부분은 소멸간섭으로 사라지고 극히 적은 방향으로 보강간섭이 일어나 회절빔이 나타난다. 3차원 결정을 여러 방향에서 보면 원자들로 이루어진 여러 망면(결정면)이 존재하고, 그 망면을 거울로 생각하면 입사 X-선이 거울에서 반사되는 현상으로 보면 이해하기 쉽다. X-선을 결정구조 분석에 유용하게 이용하기 위해서는 반사된 X-선에서 보강간섭이 일어나야 한다.

그림 2.26에서 면간격이 d인 **격자면**(결정면)을 생각해보자. X-선이 이 면과 **입사각** 또는 **브래그 각**(Bragg angle) θ로 입사하면 격자면 상의 원자에 부딪혀 여러 방향으로 산란된다. A면에서 산란된 파와 A면을 투과하여 B면에서 산란된 파의 위상이 같을 경우 광로차는 다음과 같이 된다.

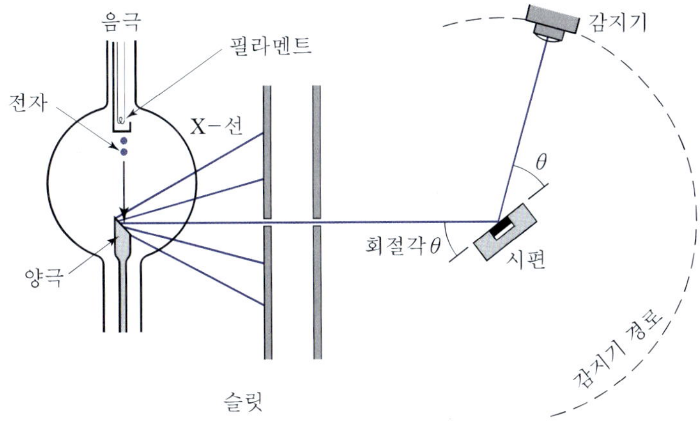

그림 2.25 X-선 회절장치

$$광로차 = 2d\sin\theta \tag{2.10}$$

입사 X-선의 파장이 λ라면 광로차가 파장의 정수배, 즉 $n\lambda$일 경우에만 보강간섭이 일어난다. 역으로 이 조건을 만족시키지 않는 X-선은 서로를 약하게 또는 소멸간섭이 일어나게 된다. 따라서 입사 X-선과 회절 X-선의 위상이 일치하여 서로를 강하게 하는 보강간섭이 일어날 조건은 다음 식과 같다.

$$n\lambda = 2d\sin\theta \tag{2.11}$$

이 식을 **브래그의 회절법칙**(Bragg's diffraction law)이라고 한다. 만약 파장을 아는 X-선을 사용하여 회절상이 가장 강하게 나타나는 입사각 θ를 찾으면 브래그의 회절조건으로부터 결정면의 간격 d를 알 수 있다.

보강 간섭이 일어나려면 X-선의 최대 파장은 다음과 같은 조건에서 얻을 수 있다. 즉

$$\sin\theta = \frac{\lambda}{2d} \leq 1 \tag{2.12}$$

$$\lambda \leq 2d$$

일반적으로 $d \leq 3\,Å$ 이므로 $\lambda \leq 6\,Å$ 가 된다. 따라서 6 Å 이하의 X-선은 결정에서 브래그 회절되나 그 이상은 브래그 회절이 일어나지 않는다. 결정구조 분석에 광파가 사용될 수 없는 이유가 바로 여기에 있다. 보통 사용되는 X-선의 파장은 0.7~2.3 Å 정도이다.

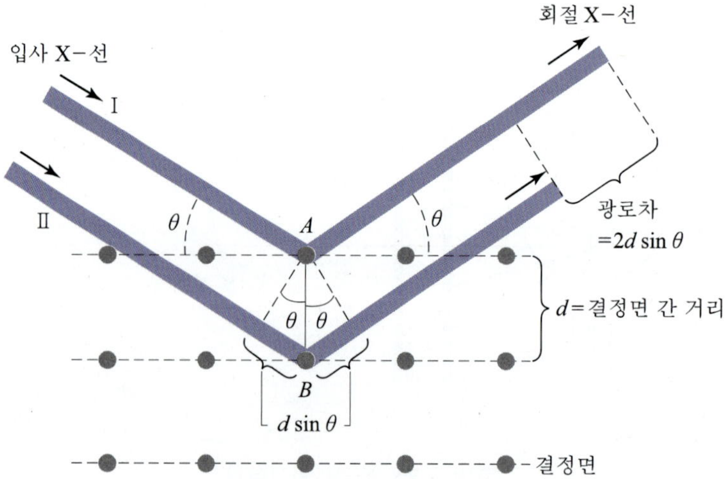

그림 2.26 결정에 의한 단색 X선의 회절

핵심 N 브래그 회절조건은 결정에서 보강간섭이 일어날 조건($n\lambda = 2d\sin\theta$)이다. 이 조건에서 회절피크를 분석해서 물질의 구조를 분석한다.

2.6 격자결함

결정 중에는 다양한 격자결함이 존재하는데 이것은 재료의 기계적, 전기적 성질을 결정하고, 또 형광체, 반도체의 **구조 민감성**(structure sensitivity)의 원인이 된다. 결함에는 점결함, 선결함, 면결함으로 분류된다.

2.6.1 점결함

결정을 구성하는 같은 종류의 원자를 **모원자**(母原子, host atom)라고 하는데 모든 원자가 넓은 범위에 걸쳐 규칙적으로 배열하고 있는 것은 실은 드문 경우이며, 어떤 결함을 포함하고 있다. 이것을 **격자결함**(格子缺陷, lattice defect)라고 한다. 여기에는 여러 가지 종류가 있다. 그림 2.27에 나타낸 것과 같이 모원자가 있어야 할 위치에 없고 비어있는 상태의 **공공**(空孔, vacancy), 격자 사이에 모원자가 들어간 **자기 침입형 원자**(self-interstitial atom), 불순물이 격자 사이에 들어간 **침입형 불순물**(interstitial impurity), 불순물이 격자자리에 들어간 **치환형 불순물**(substitutional impurity) 등이 **점결함**(point defect)이다.

반도체에서 도핑은 점결함을 이용한 것이며, 금속에서 합금도 마찬가지이다. 점결함을 이용하여 금속의 저항을 변화시킬 수 있다. 또 이온성 결정에서 볼 수 있는 점결함에는 **프렌켈**(Frenkel) **결함**과 **쇼트키**(Schottky) **결함**이 있다. 프렌켈 결함은 격자자리에 있어야 할 원자가 격자 사이로 이동함으로서 생긴 원자공공과 격자 사이에 낀 원자(격자간 원자)가 만든 한 쌍으로 이루어진 결함이다. 이온결정의 경우는 양이온이 격자 사이에 이동하는 경우와 음이온이 격자 사이에 이동하는 경우가 있다. 하지만 일반적으로 양이온 쪽이 이온반경이 음이온 보다 작기 때문에 이동하는 경우가 대부분이다.

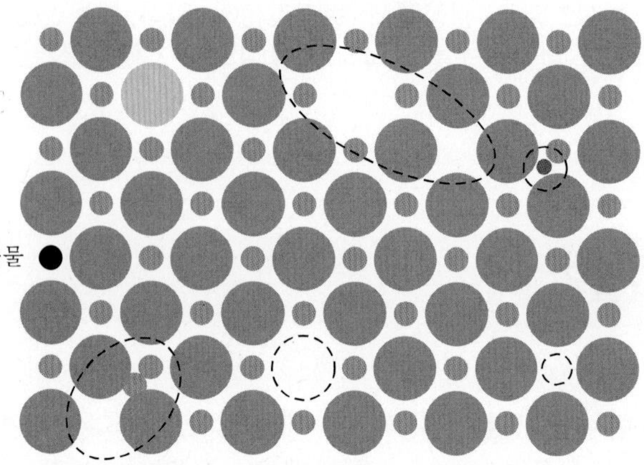

그림 2.27 여러 가지 점결함

격자점의 수를 $N[\text{cm}^{-3}]$, 격자 사이의 틈의 수를 $N'[\text{cm}^{-3}]$, 원자공공과 격자 사이의 원자가 만든 쌍의 수를 $n[\text{cm}^{-3}]$, 프렌켈 결함생성 에너지(formation energy)를 E_{Fr}, 절대온도를 T, 볼츠만 상수를 k_B라고 하면 프렌켈 결함의 수 n은 다음과 같이 나타내진다.

$$n = \sqrt{NN'}\, e^{-E_{Fr}/2k_BT} \tag{2.13}$$

프렌켈 결함생성 에너지 E_{Fr}은 원자 1개를 격자점으로부터 이탈시켜 격자 사이의 틈에 끼어 놓는데 필요한 에너지이다.

쇼트키 결함은 격자점 원자가 표면으로 빠져나와 그 자리에 생긴 원자공공이다. 그 결과, 결정표면이 바깥 측으로 퍼져 결정내부는 원자 최밀이 떨어진다. 이온결정의 경우는 양이온이 빠지는 경우와 음이온이 빠지는 경우가 있지만 결정내부에는 전기적으로 중성, 즉 양전하수와 음전하수가 같아야 하기 때문에 양이온 공공과 음이온 공공의 수는 같다.

격자점의 수를 $N[\text{cm}^{-3}]$, 원자공공의 수를 $n[\text{cm}^{-3}]$, 쇼트키 결함생성 에너지를 E_S라고 하면 쇼트키 결함의 수 n은 다음과 같이 나타내진다.

$$n = Ne^{-E_S/k_BT} \tag{2.14}$$

쇼트키 결함생성 에너지 E_S는 원자 1개를 격자점으로부터 이탈시켜 결정표면으로 이동시키는 데 필요한 에너지이다.

2.6.2 선결함

점결함은 1개의 원자부터 수 원자의 크기이지만 이것과 비교하여 **선결함**(line defect)은 선을 따라 크게 펴져있는 1차원 결함이다. **전위**(轉位, dislocation)가 대표적인 선결함의 하나이다. 선을 중심으로 발생하는 선결함에는 인상전위(칼날전위)와 나선전위(나사전위)가 있다.

그림 2.28 (a)에 나타낸 **인상전위**(刃狀轉位, edge dislocation)는 원자면의 일부가 사라졌거나 혹은 원자면의 일부가 적층된 형태이다. 그림 2.28 (b)에 나타낸 **나선전위**(螺線轉位, screw dislocation)는 마치 어떤 결정체의 일부에 응력이 가해져서 나사가 돌아가듯 약간의 회전으로 일어나는 결함이다. 전위는 물질의 기계적 성질 뿐만 아니라 결정성장이나 확산, 전기저항 등에도 큰 영향을 끼친다. 예를 들면 금속재료를 기계적으로 가공하면 할수록 견고해진다. 이같은 **가공경화**(加工硬化, work hardening) 현상도 전위로 설명이 가능하다. 금속에 미끄러짐을 생기게 하면 전위가 증식하고 발생한 다수의 전위가 서로 간에 충돌로 뒤얽혀 전위의 이동이 어려워져서 미끄러짐이 멈추게 된다. 결국 **소성변형**이 일어나기 힘들게 되어 점차 금속이 견고해진다. 도전재료인 Cu는 선결함에 의해서 **연성** 및 **전성**으로 변형이 가능하고, 전위는 전기저항을 증가시킬 뿐만 아니라 pn 접합에서 누설전류를 일으킨다.

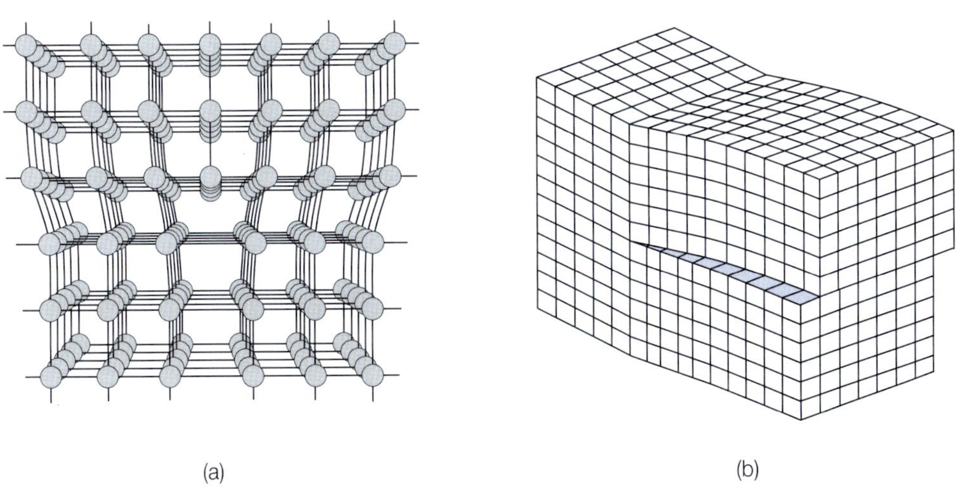

그림 2.28 전위 : (a) 인상전위, (b) 나선전위

2.6.3 면결함

면결함(plane defect)은 면을 중심으로 일어나는 2차원 결함으로 입계, 계면, 표면 등이 있다. **입계**(粒界, grain boundary)는 같은 물질의 결정과 결정 사이의 경계이며, **계면**(界面, interface)은 다른 물질 사이의 경계, **표면**(表面, surface)은 외부로 노출된 원자들로 이루어 면이다. 입계는 다결정체에서 볼 수 있고, 바리스터, PTC 서미스터, BL 콘덴서와 같은 반도체 세라믹스는 입계를 이용하여 전기적 특성이 얻어진다. 또한 금속-반도체 접촉 다이오드, 즉 쇼트키 다이오드는 계면을 이용하여 정류현상이 얻어진다. 표면은 공기에 노출된 면이므로 어디서나 있는 것이다. 그림 2.29는 ZnO 세라믹의 입계를 포함하는 미세구조를 나타낸 것이다.

핵심 N 실제로 재료를 전기전자공학에 응용함에 있어서 결함이 없는 완전한 결정을 이용하는 경우가 있는가 하면 결함을 이용하는 경우도 있다. 결함에는 점결함(공공, 치환형 불순물, 침입형 불순물), 선결함(전위), 면결함(입계, 계면, 표면)이 있다. 반도체 도핑은 점결함을 이용, 구리선의 변형은 선결함을, 입계를 이용한 세라믹스는 면결함을 이용한 것이다.

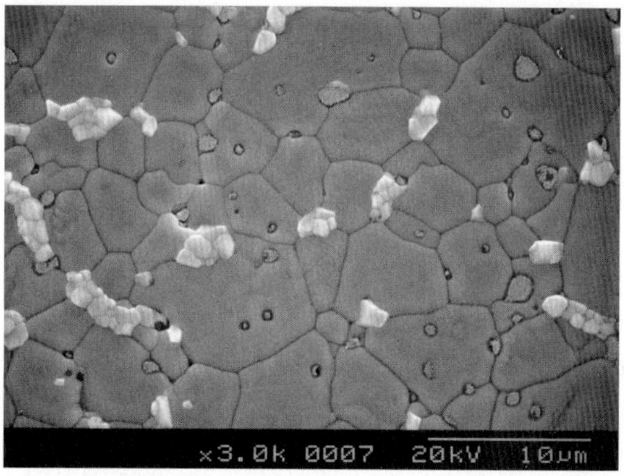

그림 2.29 ZnO 세라믹스의 미세구조

2.7 비정질 고체

비정질 고체는 우리 주위에서 많이 볼 수 있다. 종이, 나무, 고무, 비닐 등이 대표적이다. 이것들은 전기절연재료로서 변압기, 전동기, 발전기의 절연부에, 특히 고무나 비닐은 각종 전선, 케이블에 많이 사용되고 있다. 비정질 고체의 대표적인 것이 유리이다. 유리는 단결정 수정과는 주성분 SiO_2만 같을 뿐 원자의 주기성이 붕괴된 구조이다. 액체와 마찬가지로 규칙성이 수 원자 이상으로는 미치지 않고 또 시간적으로도 변동하여 원자가 여기 저기 돌아다니고 있다. 일반적으로 결정은 **장거리 질서**(long range order)를 가지고 있으나, 비정질은 **단거리 질서**(short range order)만 있는 경우이다.

유리나 플라스틱 등은 액체정도의 규칙성 뿐이어서, 즉 마치 얼어붙은 것과 같은 고체일 뿐 결정이라고는 할 수 없다. 그림 2.30은 SiO_2에 대해서 결정과 비결정을 비교한 것이다. 그림 2.30 (a)에 나타낸 결정 SiO_2, 즉 수정은 Si 주변에 3개의 O가 있는 소단위의 규칙성을 가지는 것과 동시에 이 소단위가 광범위한 규칙성을 가진다. 이것과 비교하여 그림 2.30 (b)에 나타낸 **비결정**(noncrystalline) 또는 **비절정**(amorphous) SiO_2, 즉 석영유리는 소단위만의 규칙성 밖에 없고, 광범위한 규칙성이 없는 고체이다.

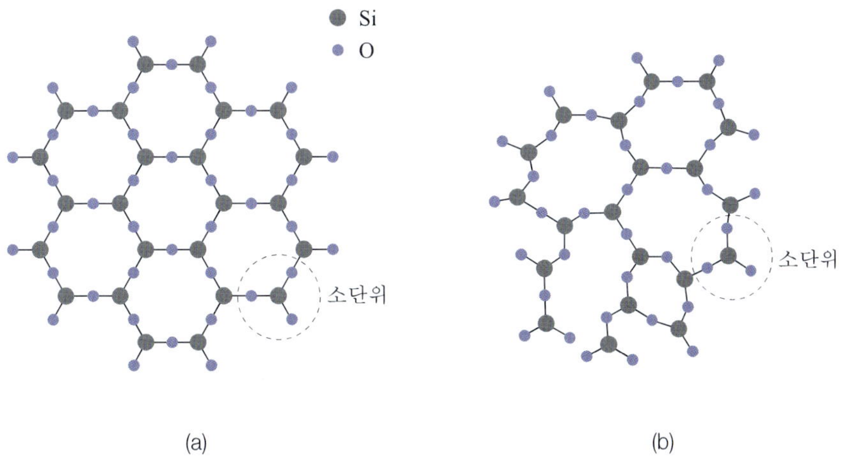

그림 2.30 (a) 결정 SiO_2(수정), (b) 비정질 SiO_2(석영유리)

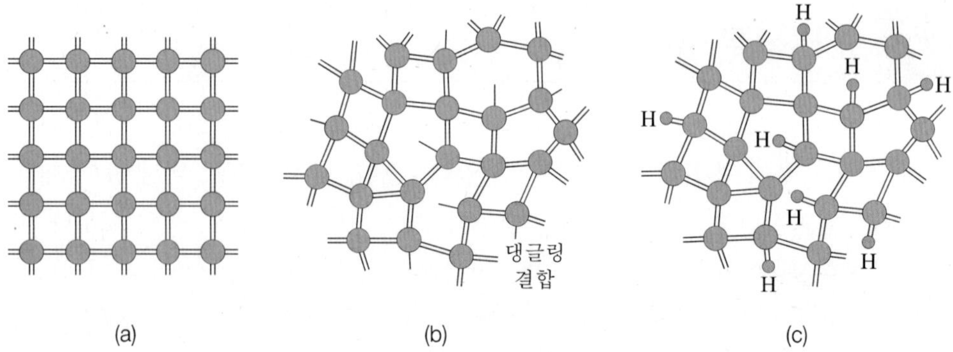

그림 2.31 Si 재료의 평면구조 : (a) 결정 , (b) 비정질, (c) 수소화된 비정질

한편 그림 2.31은 Si에 대해서 결정과 비결정을 비교한 것이다. 구조상으로 확연히 차이가 난다. 그림 2.31(a)에 나타낸 결정질 Si은 쵸크랄스키 성장법으로 얻어지며, 개별소자나 집적회로 등의 전자소자에 사용된다. 그림 2.31(b)에 나타낸 비정질 Si는 전자빔 증착장비를 이용하면 가능하고, 밀도가 3 ~ 10% 이하로 아직까지 공학적으로 응용되지 못하고 있다. 그러나 일부는 **댕글링 결합**(dangling bond)을 하고 있어 여기에 RF 플라즈마 장비를 이용하여 수소처리를 하면 대략 10%의 수소를 포함하는 수소화된 비정질 Si을 얻을 수 있다(그림 2.31(c)). 이것은 태양전지나 평판표시기와 같은 대면적 전자소자에 응용된다.

한편 ZnO, SnO_2, In_2O_3 등과 같은 투명 산화물 반도체는 3.1 eV 이상의 넓은 밴드갭을 가지고 있기 때문에 가시광 영역에서 높은 투과도를 이용하여 자동차 유리나 창문 등에 디스플레이 화면으로 이용할 수도 있고, 각종 투명 디스플레이 소자에도 응용이 가능하다. 낮은 온도에서 제작되므로 구부릴 수 있는 유연한 디스플레이(flexible display)에도 응용할 수 있다. 전기적 특성을 이용하는 측면에서 보면, 스위칭 소자로 활용되고 있는 기존의 비정질 Si 박막 트랜지스터보다 산화물 반도체는 이동도가 높기 때문에 고성능 박막 트랜지스터 응용에 유리하다. 그러나 이러한 장점과 달리 p형 반도체 제작이 어렵다는 등의 문제점도 안고 있다. 분명한 것은 응용 잠재력이 높다는 점이다.

핵심 N	비정질 산화물 반도체는 디스플레이 소자나 박막 트랜지스터 등의 다양한 응용 잠재력을 가지고 있다.

Chapter 02 연습문제

01. 금속결합의 특징을 설명하여라.

Hint 금속결합은 원자 간의 결합이지만 많은 양이온과 자유전자 간의 결합으로 원자의 대집단에서만 가능하다. 다른 화학결합에서 찾아 볼 수 없는 연성과 전성이 좋고, 전기전도도 및 열전도도가 높다.

02. 극성분자 및 무극성 분자에서 전기쌍극자가 어떻게 생기는지에 대해서 기술하라.

Hint 극성분자에서 전기쌍극자는 두 원자 사이의 전기음성도(electronegativity) 차이로 인해 생기는 영구전기쌍극자이다.
무극성 분자에서 전기쌍극자는 거시적으로 보면 쌍극자가 없는 상태이나 미시적으로 보면 순간 순간의 전자분포의 불균형으로 생기는 유도전기쌍극자이다.

03. (a) BCC 단위셀을 그리고, 격자상수를 표시하라. 단위셀 내의 원자수는 몇 개인가? 대표적인 물질을 예로 들어라. (b) FCC 단위셀을 그리고, 격자상수를 표시하라. 단위셀 내의 원자수는 몇 개인가? 대표적인 물질을 예로 들어라.

Hint (a) bcc 단위셀은 교재 참고
bcc 격자상수는 $a = b = c$, $\alpha = \beta = \gamma = 90°$
bcc 단위셀 내의 원자수 $= 1 + 8 \times 1/8 = 2$
bcc 물질은 α-Fe, Na, Mo, W 등이 있다.
(b) fcc 단위셀은 교재 참고
fcc 격자상수는 $a = b = c$, $\alpha = \beta = \gamma = 90°$
fcc 단위셀 내의 원자수 $= 6 \times 1/6 + 8 \times 1/8 = 4$
fcc 물질은 Ag, Cu, Au, γ-Fe 등이 있다.

04. 구리의 격자상수가 3.61 Å 이다. 단위 체적당 원자수를 구하여라.

Hint 구리의 단위격자는 FCC로 단위격자 내의 원자수는 4개가 된다. 따라서 입방체 부피 a^3(a는 격자상수) 내의 원자수는 4개이므로 단위 체적당 원자수를 계산할 수 있다.

05. 그림 2.32에 나타낸 결정면의 밀러지수를 구하여라.

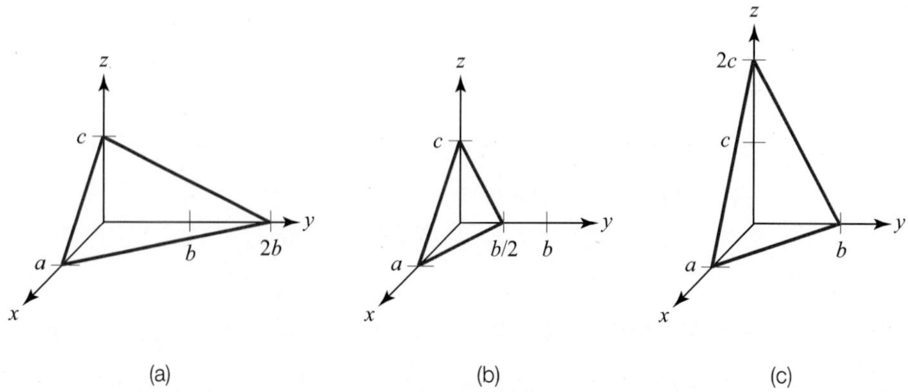

그림 2.32

Hint (a) (a 2b c), (1 2 1), (1 1/2 1) **답 (212)**
(b) (a b/2 c), (1 1/2 1) **답 (121)**
(c) (a b 2c), (1 1 2), (1 1 1/2) **답 (221)**

06. 밀러지수가 (220), (020)으로 주어지는 결정면을 단순입방격자에 그려라.

Hint 밀러지수를 구하는 방법을 역으로 생각하라.
(220) 밀러지수의 역수는 (1/2 1/2 ∞)이다. 이 면이 결정축과의 교점이므로 x축과는 $a/2$, y축과는 $b/2$, z축과는 교점이 없는 그런 면을 그리면 된다.
같은 방법으로 (020) 밀러지수의 역수는 (∞ 1/2 ∞)이다. 이 면이 결정축과의 교점이므로 x축과는 교점이 없고, y축과는 $b/2$, z축과도 교점이 없는 그런 면을 그리면 된다.

07. 쵸크랄스키 단결정 성장법을 그림을 통해서 대략적으로 설명하고, 시드, 잉곳, 웨이퍼 용어의 뜻을 간단히 쓰라.

Hint
- **쵸크랄스키 단결정 성장법** : 성장로에 녹아있는 용융체에 시드라는 종자 반도체를 넣고 서서히 끌어올려서 시드와 같은 방향을 가지는 잉곳이라는 반도체 결정괴를 성장시키는 법
- **시드** : 특정 방향을 가지는 반도체 결정괴를 성장시킬 때 사용되는 종자 반도체
- **잉곳** : 반도체가 성장되었을 때 긴 덩어리(bulk) 형태의 결정체

- 웨이퍼 : 잉곳의 양단을 잘라내면 원기둥 형태가 된다. 이것의 표면을 물리적, 화학적으로 가공한 후에 1 mm 내외로 얇게 잘라진 디스크 형태의 반도체

08. 다음 결함의 명칭을 쓰고, 간단히 설명하여라.

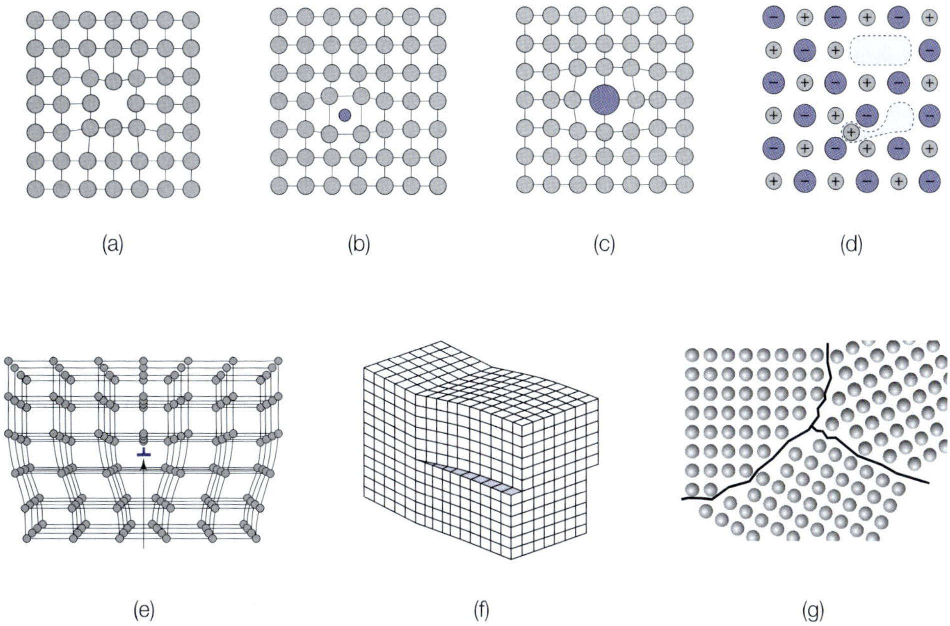

그림 2.33

Hint (a) 공공(vacancy) : 모원자(물질을 구성하고 있는 원자가 다수인 원자)가 빠져나간 자리.

(b) 침입형 불순물 (interstitial impurity) : 불순물이 격자 사이에 위치한 것.

(c) 치환형 불순물 (interstitial atom) : 불순물이 격자자리에 위치한 것.

(d) 쇼트키 결함 : 양이온과 음이온 공공의 쌍.
프렌켈 결함 : 양이온 공공과 격자 간 양이온과의 쌍.

(e) 인상전위(edge dislocation) : 원자면의 일부가 적층되었거나, 원자면의 일부가 떨어져 나간 형태.

(f) 나선전위(screw dislocation) : 결정물질의 일부가 나사가 돌아가듯 회전한 형태.

(g) 입계(grain boundary) : 같은 물질의 결정입과 결정입 사이의 경계.

09. 대표적인 결함의 종류를 들고, 결함을 유용하게 이용한 예를 들어라.

Hint 점결함 : 반도체 불순물 도핑, 합금 등
선결함 : 금속재료의 가공경화, 연성 및 전성 등
면결함 : 다결정 세라믹스의 입계효과, 금속-반도체 접촉의 계면효과 등

10. 연속 X-선과 특성 X-선의 방출원리를 간단히 기술하라.

Hint 연속 X-선은 음극에서 방출된 전자가 수십 kV의 고전압으로 가속되어 양극(target)으로 입사시 금속 내의 자유전자와 충돌하거나 원자핵 주위의 전기장에 의해 비탄성 산란하여 운동에너지의 일부가 빛으로 변환되는 전자기파를 말한다. 이때 입사 전자가 정지할 때까지 $K - K' = hf$로부터의 f, f', f'', … 를 갖는 전자기파를 연속적으로 방출한다.
특성 X-선은 고속전자가 원자와 충돌하여 원자핵에 가까운 내측 각(shell)의 전자를 방출시킬 때 위치에너지가 높은 궤도의 전자가 방출된 전자 궤도로 천이시 에너지 차만큼 방출되는 전자기파를 말한다.

11. 최소파장이 30 pm인 X-선이 방출되려면 X-선관에 얼마의 전압을 걸어야 하는가?

Hint $\lambda = 12400/V \quad \therefore \ V = 12400/0.3 \text{ Å} = 41.3 \text{ kV}$

12. X-선관에 35 kV의 전압을 인가할 때 방출되는 X-선의 최소파장을 구하여라.

Hint $\lambda = 12400/V = 12400/35000 \text{ V} = 0.35 \text{ Å}$

13. 브래그 회절조건에 대해서 간략히 설명하여라.

Hint 결정에 X-선을 조사할 때 여러 방향으로 산란되고, 산란파들은 간섭을 일으키게 된다. 결정의 구조를 분석하기 위해서는 보강간섭이 이어날 조건을 찾아야 회절 피크치를 통해서 여러 가지 결정에 대한 정보를 얻을 수 있다. 보강간섭이 일어날 회절조건이

$$2d\sin\theta = n\lambda$$

여기서 d는 결정면 간 거리, θ는 회절각, λ는 X-선의 파장이다.

14. 다음은 어떤 결합을 이용한 것인가?
    1) 금속이나 반도체에 불순물 첨가
    2) 금속의 연성과 전성
    3) 바리스터나 콘덴서의 특성에 영향을 미치는 미세구조

15. 다음 용어를 간략히 설명하여라.
    1) 금속에서 연성과 전성
    2) 반데르 발스 결합
    3) 극성분자와 무극성 분자
    4) 격자상수
    5) 단위격자
    6) 밀러지수
    7) 에피택시

CHAPATER

3 고체의 에너지대

(Energy band of solid)

구성

개요

이 장에서는 고체의 **에너지대**의 발생원리를 학습하고, 이에 따라 도체, 절연체, 반도체를 분류한다. 왜 도체는 전기가 잘 통하고, 절연체는 잘 통하지 않는가, 반도체는 그 중간적 성질을 가지는가에 대한 이유를 에너지대를 통해서 알아본다. 고체 내에 전자의 피텐셜 에너지를 다루며, 금속에서 전자의 운동상태를 기술하기 위한 **조머펠트의 금속모형**을 도입한다. 주기적인 퍼텐셜 내의 전자의 운동에 대해서 학습한다. **에너지-파수 공간**에서 에너지대의 기초를 학습하고, 이것으로부터 직접형 반도체와 간접형 반도체를 구별한다. 또한 에너지-파수 공간에서 전자의 속도와 **유효질량**의 개념을 다룬다.

3.1 고체에서의 에너지대

원자 내의 전자의 에너지 준위는 이산적이다는 사실을 알았다. 단 하나의 원자에 대한 모델은 기체처럼 멀리 떨어져 있는 경우와 같은 경우이다. 그렇다면 원자들이 보다 접근하여 껍질들이 중첩된다면 에너지 준위는 어떻게 될까? 많은 원자가 모여서 결정이 만들어질 때 결정 내의 전자의 에너지 준위는 일정한 에너지 폭, 즉 **에너지대**(energy band)를 갖게 된다. 여기서 에너지대가 어떻게 형성되는지를 학습한다.

3.1.1 에너지대의 발생

(1) 에너지대의 발생과정

에너지대의 발생과정을 이해하지 못하면 밴드 이론을 접하는데 많은 애로를 가질 것이다. 그림 3.1에 나타낸 것처럼 원자들이 기체분자와 같이 멀리 떨어져 있을 때, 주어진 원자들의 에너지 준위는 앞장에서 설명한 것과 고립원자에 대해서 설명한 것과 동일하다. 원자들 간에 인력이 작용하는 정도가 되면 그림 3.2에서처럼 거리가 점점 줄어들면서 최외각 에너지 준위가 접촉되는 단계에 이르게 된다. 계속되는 인력으로 그림 3.3에서처럼 어떤 단계에 도달하면 원자 간의 에너지 준위가 중첩되어 가전자가 상호작용을 하게 된다. 그 결과, 가전자 준위는 이웃 원자의 가전자가 만든 전기장의 영향으로 각각 조금씩 다른 에너지 값으로 분리된다. 그림 3.4에서처럼 원자의 거리가 더욱 더 가까워져 평형거리에 도달했을 때 고체 모양이 되고, 점점 내부 에너지 준위들까지 중첩되어 가전자 상호 간의 전기장 영향도 더욱 커지기 때문에 에너지 준위는 더욱 많이 분리되거나 보다 넓은 폭으로 펼쳐질 것이다. 그림 3.5에서와 같이 결정에서처럼 수많은 원자로 구성된 경우에 에너지 준위들이 어떻게 되는지를 상상해보라. 이산적인 에너지 준위가 모여 있는 매우 밀집한 작은 에너지 범위를 **에너지대**(帶, energy band)라고 하며, **에너지띠** 또는 **에너지 밴드**라고도 한다.

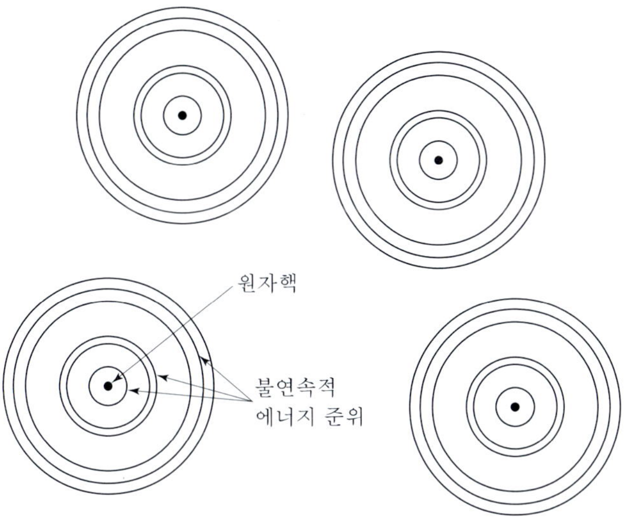

그림 3.1 기체와 같은 고립원자의 에너지 준위

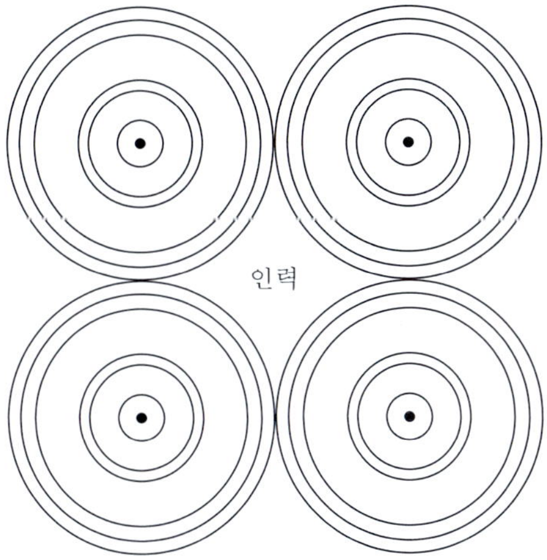

그림 3.2 원자 간의 인력으로 접근한 원자들의 에너지 준위

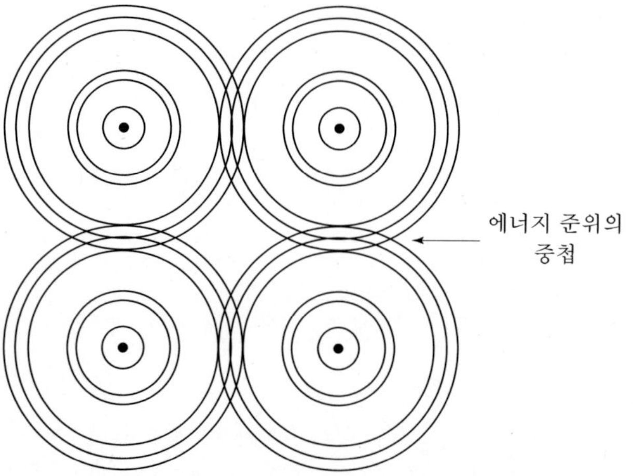

그림 3.3 최외각에서 에너지 준위들의 중첩

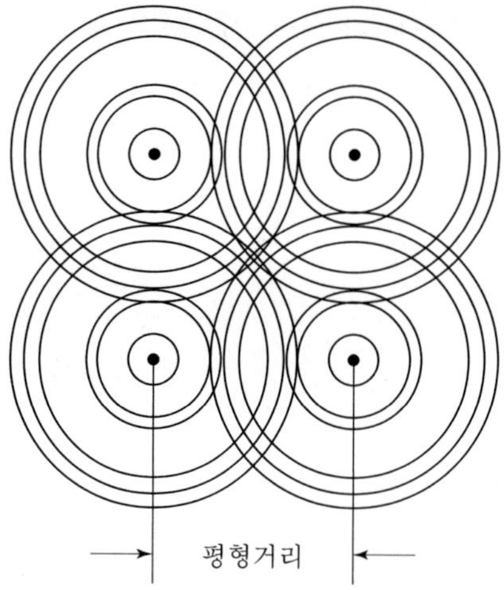

그림 3.4 평형거리에서 에너지 준위들의 중첩

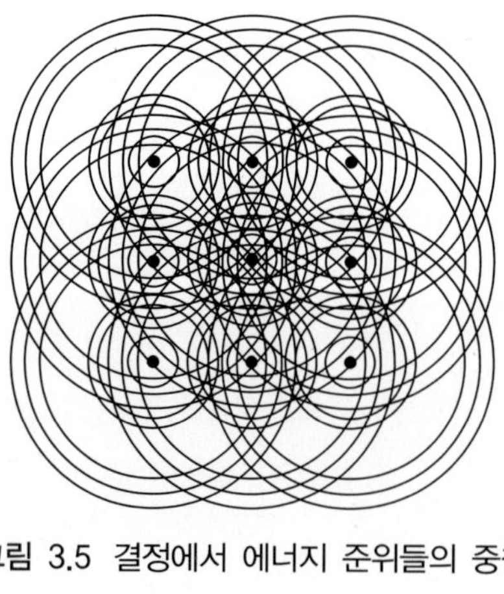

그림 3.5 결정에서 에너지 준위들의 중첩

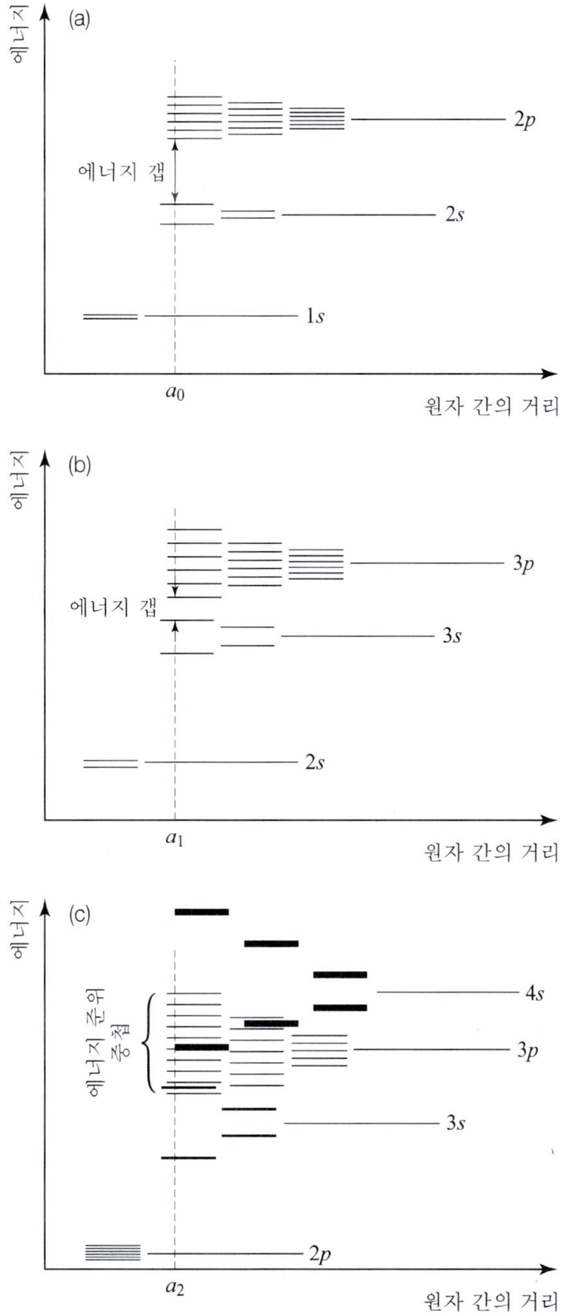

그림 3.6 고체에서 에너지대의 발생 개념도 : (a) 절연체, (b) 반도체), (c) 도체

지금까지 언급된 그림 3.1 ~ 3.5는 원자가 서로 접근하여 결정을 이룰 때 에너지 준위들이 중첩되는 과정을 설명하였다. 그렇다면 에너지대를 그림으로 나타내기 위해

서는 세로축은 에너지를 나타내고, 가로축은 원자 간의 거리이지만 보통 사용하지 않고 그냥 두는 것이 편리하다. 전자가 가로축을 따라 움직이는 것은 원자에서 원자로 이동하는 것으로 보면 된다. 다시 말해서 전자는 같은 에너지를 가지고 이동할 수는 없다. 외부 전기장이 인가되면 전자들은 에너지를 얻게 되고, 그 결과, 높은 에너지 준위로 이동하면서 원자에서 원자로 이동하게 된다.

절연체, 반도체, 도체일 경우의 에너지대를 그림 3.6에 나타내었다. 물질을 구성하는 원자가 결합할 때 원자 간의 거리에 비해서 에너지 준위의 펼쳐지는 정도가 다르기 때문에 에너지대의 형태가 다르게 된다. 그림 3.6 (a)는 원자 간의 거리에 비해서 에너지 준위의 펼쳐지는 정도가 작다. 평형거리(a_o)에서 전자로 채워진 에너지 준위와 비어 있는 에너지 준위 차이, 소위 **에너지 갭**(energy gap)이 상대적으로 크다. 이러한 에너지대를 갖는 물질을 **절연체**(絕緣體, insulator)라고 한다. 그림 3.6 (b)는 원자 간의 거리에 비해서 에너지 준위의 펼쳐지는 정도가 절연체보다는 크다. 상대적으로 평형거리(a_1)에서 에너지 갭이 작다. 이러한 에너지대를 갖는 물질을 **반도체**(半導體, semiconductor)라고 한다. 반면에 그림 3.6 (c)는 원자 간의 거리에 비해서 에너지 준위의 펼쳐지는 정도가 매우 크다. 그 결과, 평형거리(a_2)에서 다른 에너지 준위들끼리 겹쳐져서 에너지 갭이 없는 상태가 된다. 이러한 에너지대를 갖는 물질을 **금속**(金屬, metal)이라고 한다.

(2) 도체의 에너지대

도체의 에너지대에 대한 개념을 Na를 예로 들어 자세히 설명한다. Na는 전기가 잘 통하는 알칼리 금속이다. 도체라는 물질은 전자가 내부에서 자유롭게 움직이는 물질이다. 그림 3.7은 Na 원자 간 거리에 따른 에너지 준위의 펼쳐짐(spreading)과 에너지대의 발생원리를 나타낸 것이다.

원자가 서로 가까워지면 밴드 내에서 에너지 준위가 어떻게 확장되는지를 알아야 한다. 주껍질 $n = 2, 3, 4$까지만 나타내었다. 고체 Na에서 원자의 평형거리(a_o)는 그림에 표시된 바와 같이 3.71 Å 이다. 이것은 원자가 안정상태에 있을 때 원자핵 간의 평균거리가 3.71 Å 이라는 것을 의미한다. 고체상태를 유지하는 한, 원자들은 이 거리를 중심으로 열진동을 하게 된다. 원자핵 간의 거리가 3.71 Å 에서 $n = 3$(세 번째 껍질) 이상의 밴드들이 크게 중첩되어 연속에 가까울 정도로 매우 좁은 에너지 준위 간격을 가지게 된다. 실제로 $n = 3$의 $3d$ 궤도함수 이상이 되면 전자는 자유상태에 이르게 된다. 즉 연속상태 영역에 도달하게 되면 전자가 구속상태에서 벗으나 대기 속에서 이리저리 자유롭게 움직이는 것이다. 이것은 마치 광전효과실험에서 방출된 전자의 거동과 같은 경우이다.

에너지대 내의 이산 에너지 준위 사이의 간격은 연속에 가까울 정도로 극히 작다. Pauli 배타원리는 고립원자에서처럼 여전히 고체에서도 적용된다. 고체 내에서 1개의 전자는 에너지대에서 각각의 이산적인 부준위를 점할 수 있다. 전자가 에너지 준위를 점할 때 에너지 준위는 가장 낮은 이산적인 부준위부터 시작하여 모든 전자가 준위에 수용될 때까지 높은 순서로 계속 점유된다. 에너지대는 전자를 포함할 수도 있고 그렇지 않을 수도 있다. 밴드에서 흥미로운 특징은 밴드 내의 부준위가 연속에 가까울 정도로 매우 근접되어 있다 할지라도 전자가 결정에서 방출된 $E>0$인 에너지 상태는 아니라는 점이다. 즉 여전히 결정 내에 묶여있다.

Na는 왜 양도체인가? 이것은 주기율표에서 원자번호 $Z=11$인 1족 알칼리 금속으로 전자는 $1s^2 2s^2 2p^6 3s^1$과 같이 됨으로써 $3s$ 궤도함수에 하나밖에 없는 전자가 양도체가 되는 원인을 제공한다. $n=1$에는 원자당 2개의 전자가 있고, $n=2$에는 원자당 8개의 전자가 있다. $n=3$에는 최대 18개의 전자가 들어갈 수 있으나 Na에서는 원자당 단 하나의 전자가 바닥상태에 존재한다. 그렇다면 Na에 전기가 통하기 위해서는 반드시 $n=3$의 전자가 결정에서 이리저리 움직여야 할 것이다. 절대온도 0 K에서

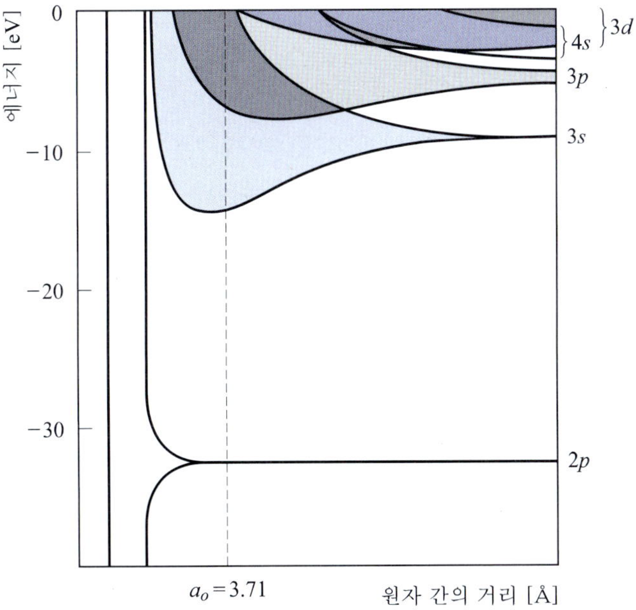

그림 3.7 Na에 대한 에너지 준위의 분리와 에너지대의 발생

$n = 3$에 있는 1개의 전자는 그것이 점유할 수 있는 가장 낮은 에너지 상태인 **바닥상태**에 위치하고, 그 위의 에너지 준위는 비어있는 상태이다. 한 원자의 전자는 같은 에너지를 가지는 옆 원자로는 이동할 수 없다. 어떻게 전자는 비어있는 상태로 올라갈 수 있을까? 그것은 전자가 어떤 에너지를 얻음으로서 가능하다. 전자에 에너지를 주는 방법에는 여러 가지가 있다. Na가 약간의 열을 받았다고 가정해보자. 전자는 약간의 열 흡수로 에너지는 더욱 활성화된다. 전자는 전자가 가지는 에너지 양(量) 때문에 특별한 에너지 상태나 준위에 있게 된다. 전자가 약간 더 에너지를 흡수한다면 전자는 보다 높은 에너지 상태로 이동해야만 할 것이다. 만약 전자가 더 많은 에너지를 흡수한다면 계속해서 위로 이동할 것이다. 사실 전자는 밴드를 통해서 쉽게 높은 에너지 상태로 움직일 수 있는 방법은 에너지를 흡수하는 것 외에는 아무 것도 없다. 밴드에서 에너지 상태들이 너무 조밀한 간격으로 붙어 있기 때문에 매우 작은 에너지를 흡수해도 한 상태에서 다른 상태로 움직일 수 있다. $3s$ 궤도함수 이상의 에너지 상태에는 전자가 없는 상태이고, $n = 3, 4$의 두 밴드가 중첩되어 있기 때문에 아주 작은 에너지를 흡수해도 전자는 에너지 상태를 점유할 수 있다. 그때 전자는 인접한 원자의 비어있는 에너지 상태들 사이를 자유롭게 이동한다.

Na의 원자량은 22.99 g/mol이다. 1몰은 아보가드로 수($N_A = 6.02 \times 10^{23}$/mol)의 원자를 포함한다. 따라서 22.99 g의 Na 속에는 6.02×10^{23}개의 전자가 $3s$ 궤도함수의 반을 차지한다. 매 Na 원자가 1개의 자유전자를 제공한다면 Na 결정에 수많은 자유전자가 있을 것이고, 이 결정에 전압을 인가하면 자유전자들은 +극으로 빈 에너지 상태에서 빈 에너지 상태로 이동이 일어날 것이다. $n = 1, 2$ 에너지 상태에 있는 전자들은 어떤 거동을 나타낼까? 전자들이 모든 상태를 점유하였기 때문에 전자가 움직일 수 있는 빈 상태가 없다. 따라서 $n = 1, 2$ 전자들은 $n = 3$ 에너지 상태로 올라갈 수 있을 정도의 에너지를 얻지 못한다면 조금도 이동할 수 없다. 따라서 외부 전계를 인가하여도 전도에 기여할 수 없다.

(3) 절연체의 에너지대

절연체의 에너지대 구조는 금속과 어떻게 다른가? 그림 3.6 (a)에서 언급된 바와 같이 절연체는 일반적으로 원자 간의 거리에 비해서 궤도의 펼쳐짐이 작다. 평형거리에 도달할 때까지 이 상태가 계속된다면 같은 주껍질 내에서도 s와 p 궤도함수의 에너지 준위의 펼쳐짐이 작아서 중첩이 되지 않고, 전자로 채워진 영역과 채워지지 않은 영역으로 간단히 분리되는 에너지대 구조를 가진다. 그러나 평형거리에 도달하기 전에 중첩이 일어난다면 에너지대의 모양은 다르게 된다. 그림 3.8을 통해서 N개의 원자로

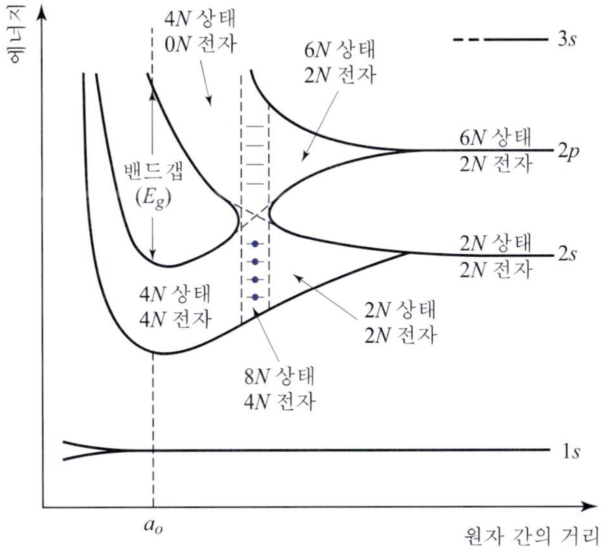

그림 3.8 탄소(C)에 대한 에너지 준위의 분리와 에너지대의 발생

구성된 탄소(C)의 에너지대가 어떻게 발생하는지 그 원리를 살펴보자. C의 전자배치는 $1s^2 2s^2 2p^2$이다. 최외각 $n = 2$에서 $2s$ 궤도함수에는 $2N$개의 상태 모두가 $2N$개의 전자로 채워져 있고, $2p$ 궤도함수에는 $6N$개의 상태 중에서 $2N$개의 상태가 전자로 채워져 있다. 원자 간의 거리가 가까워짐에 따라서 에너지 준위의 펼쳐지는 정도가 증가하여 임의의 거리가 되면 중첩이 되고, s와 p 궤도함수의 각각의 상태들이 합쳐져서 $2N + 6N = 8N$ 상태가 공존하는 에너지대 영역에 다다르게 된다. 공존영역에서 $8N$ 상태 중에서 $4N$ 상태는 전자로 채워진 $4N$ 상태와 채워지지 않은 $4N$ 상태로 구분된다. 원자들 간의 거리가 더 가까워지면 두 영역이 분리되고, 평형거리에 이르게 되면 두 영역이 대략 5 eV의 에너지 갭(energy gap)으로 분리되는 에너지대가 형성된다. 여기서 에너지 갭을 **밴드갭**이라고도 하며 **금지대 폭**에 해당한다.

(4) 반도체의 에너지대

반도체의 에너지대 구조는 도체와 절연체와는 또 어떻게 다른가? 도체는 원자 간의 거리에 비해 궤도함수의 펼쳐짐이 크고, 에너지 준위의 중첩이 크게 일어난다. 반면 절연체는 궤도함수의 펼쳐짐이 작고, 중첩이 없거나 중첩되어도 평형거리에서 큰 밴드갭으로 분리된다. 반도체도 절연체와 크게 다르지 않다. 다만 궤도함수의 펼쳐짐이 상대적으로 크고, 중첩이 되어 평형거리에서 작은 밴드갭으로 분리된다는 점에서 절연체와 차이가 있다. 그림 3.9를 통해서 N개의 원자로 구성된 실리콘(Si) 반도체에 대해서 밴드 구조가 발생하는 원리를 살펴보자. Si의 전자배치는 $1s^2 2s^2 2p^6 3s^2 3p^2$이다. 최외각 $n=3$에서 s 궤도함수에는 $2N$개의 상태에 $2N$개의 전자로 충만되고, p 궤도함수에는 $6N$개의 상태 중에서 $2N$개만 채워지고 $4N$개의 상태는 비어 있다. 원자 간의 거리가 임의의 거리에 이르면 s, p 궤도함수가 펼쳐지면서 중첩되기 시작한다. s와 p 궤도함수가 중첩되면 s 궤도함수 $2N$개의 상태와 p 궤도함수 $6N$개의 상태가 합쳐져서 $8N$개의 상태가 공존하는 영역에 이른다. 이때 $8N$개의 상태에 전자가 재배치되어 s 궤도함수의 맨 아래부터 전자가 차례로 $4N$개가 상태를 점유한다. 나머지 $4N$개의 상태는 비어 있는 상태가 된다. 원자 간의 거리가 평형거리(Si에서 $a_o = 2.23$ Å)에 이르면 궤도함수의 펼쳐짐이 더 커져서 전자에 점유된 $4N$개의 상태를 가지고 있는 에너지대와 비어 있는 상태를 가지는 에너지대가 1.12 eV의 밴드갭으로 분리된다.

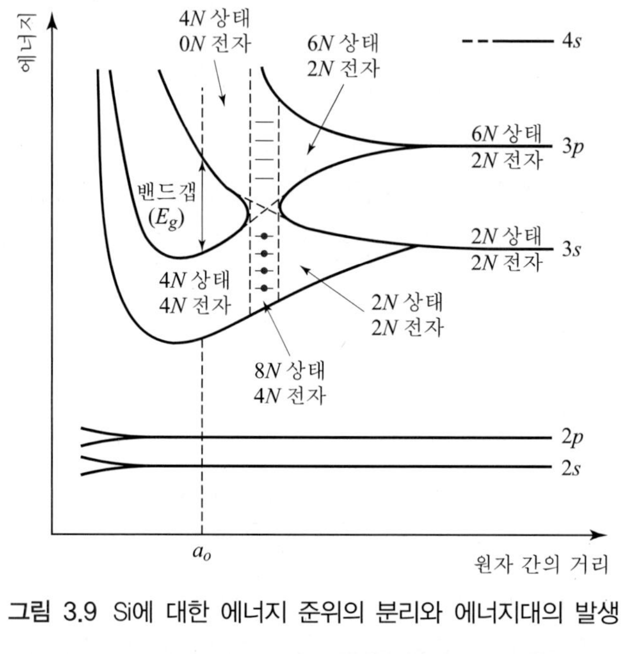

그림 3.9 Si에 대한 에너지 준위의 분리와 에너지대의 발생

핵심 N 결정에서 원자 간의 거리가 가까워지면 각 원자들이 가지고 있는 궤도함수, 즉 에너지 준위가 겹치게 된다. 겹치는 순간부터 에너지 준위의 분리가 시작된다. 수많은 원자가 모여서 결정이 되면 분리된 에너지 준위의 수는 무한정에 가까울 정도가 되며, 하나의 준위 사이의 간격이 준연속에 가까울 정도로 아주 좁다. 이것이 에너지대이다. 그런데 원자 간의 거리에 따라 에너지 준위가 펼쳐지는 정도가 금속, 반도체, 절연체마다 다르기 때문에 에너지대의 형태가 다르게 된다.

3.1.2 에너지대의 분류

고립원자에서 주껍질 $n = 1, 2, 3 \cdots$ 등에는 많은 부껍질이 존재한다. 부껍질에서 에너지 준위 사이의 간격은 연속에 가까울 정도로 매우 작지만 주껍질 사이의 에너지 간격은 부껍질과 비교시 매우 크다. 어떠한 조건에서도 에너지 준위들이 전자로 점유될 수 있는 에너지대를 **허용대**(許容帶, allowed band)라고 하며, 전자가 들어갈 수 없는 에너지대를 **금지대**(禁止帶, forbidden band)라고 한다. 원자핵에 가까운 내측 각의 에너지 상태가 전자로 완전히 채워져 있다면 그런 내측 각을 **충만대**(充滿帶, filled band)라고 한다. 충만대들 중에서 가장 높은 에너지대를 **가전자대**(價電子帶, valence band)라고 하고, 빈 에너지 상태들로 구성된 외측 각을 **공대**(空帶, empty band)라고 하며, 공대들 중에서 가장 낮은 에너지대를 **전도대**(傳導帶, conduction band)라고 한다.

결정에서도 고립원자와 같은 원리로 에너지대를 나눌 수 있다. 많은 원자로 구성되는 결정이라도 에너지 준위가 중첩되지 않는 경우는 고립원자에서 내측 각에 해당한다. 평형거리에서, 중첩되지 않은 에너지대 사이의 간극이나 중첩되더라도 에너지 준위의 펼쳐짐의 정도에 따라 준연속이 아닌 에너지대 사이의 간극을 **밴드갭** 혹은 **금지대 폭**이라고 한다. 전자로 채워진 가장 바깥 에너지대가 **가전자대**다. 가전자대의 전자가 에너지를 받아 밴드갭을 가로질러 전자가 자유롭게 움직일 수 있는 에너지 상태가 있는 첫 번째

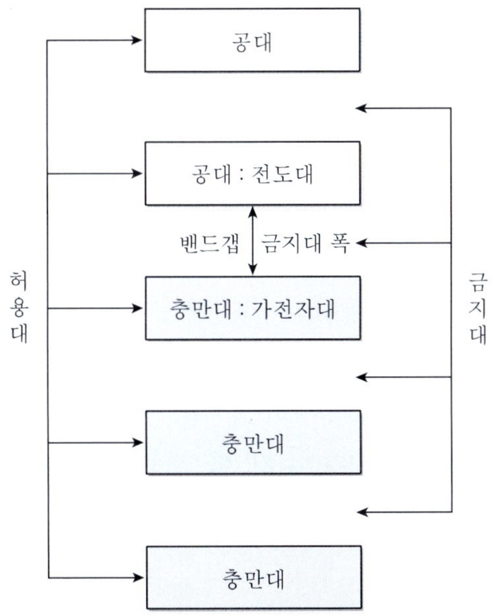

그림 3.10 에너지대의 분류

에너지대가 **전도대**이며, 전도대의 전자들이 전도에 기여하게 된다. 여러 가지 에너지대에 대한 개념도를 그림 3.10에 나타내었다.

핵심 N	구속전자가 있는 곳이 가전자대, 자유전자가 있는 곳이 전도대, 전자가 존재할 수 없는 곳이 금지대이다.

3.1.3 고체의 단순화된 에너지대

앞 절에서 다룬 바와 같이 고체는 에너지대 구조에 따라 도체, 절연체, 반도체로 분류된다. 결정을 구성하는 원자 간의 평형거리는 원소마다 다르다. 원자가 접근하여 최외각의 부준위가 중첩이 될 수도 있고, 그렇지 않을 수도 있다. 중첩이 되는 경우에도 평형거리까지 원자가 접근시에 중첩되는 에너지 준위의 전자들에 의한 전기장의 크기에 따라 에너지 준위의 펼쳐지는 정도가 다르게 된다.

(1) 도체(conductor)

도체는 최외각에서 s 궤도함수와 p 궤도함수의 에너지 준위의 펼쳐짐이 큰 정도여서 서로 혼합되어 구별이 안 될 정도가 된다. 따라서 도체는 최외각의 상태들이 전자에 의해 완전히 채워지든 그렇지 않든 전기장이 인가될 경우 전기를 전도하는 것이 가능하다. Na와 같은 알칼리 금속에서 바깥 껍질에 원자당 단 1개의 가전자가 있지만, 전자는 이 껍질에서 점유할 수 있는 2개의 상태가 있다. 그 보다 높은 밴드에서는 더욱 많은 비어있는 상태가 전도에 이용될 수 있을 정도로 중첩되어 있다. Na 결정에 전기장을 인가하면 자유전자가 전류를 형성한다. 단위 세포당 가전자의 수가 홀수인 물질은 반드시 금속이다. 왜냐하면 궤도함수를 채우기 위해서는 짝수의 전자가 필요하기 때문이다. 예컨대 Na, K, Cu와 같은 1가, Al과 같은 3가 원소는 원자당 홀수개의 전자를 가지기 때문에 부분적으로 에너지대를 채우게 된다. 따라서 도체가 된다. 2가 원소는 단위 세포당 짝수개의 가전자를 가지고 있어 s 궤도함수가 채워진 에너지 준위를 가지고 있다. 그럼에도 불구하고 어떻게 도체가 될 수 있는가? 예컨대 Mg와 같은 경우, $3s$ 궤도함수와 $3p$ 궤도함수의 일부가 중첩되어 혼합되므로 $3s$ 궤도함수의 전자는 바로 위의 $3p$ 궤도함수의 빈 상태로 이동할 수 있기 때문에 전도가 가능하다. 그렇다면 2가 금속이 1가 금속보다 가전자가 2배 더 많기 때문에 더 높은 전도도를 가질 것이라고 생각할 수 있다. 그런데 Mg가 Cu보다 왜 전도도가 낮은가? 이것을 알기 위해서는 다음과 같은 전기 전도도에 관한에 식을 고찰할 필요가 있다.

$$\sigma = \frac{1}{3} e^2 v_F^2 \tau_F g(E_F) \tag{3.1}$$

이 식을 보면 금속에서 전도도는 전자수 뿐만 아니라 페르미 준위에서 전자의 속도(v_F), 평균자유시간(τ_F), 상태밀도[$g(E_F)$] 등과 같은 변수에 의해서 결정된다. 전부 페르미 준위에서의 값이다. Mg의 페르미 준위는 상대적으로 상태밀도가 적은 $3s$ 궤도함수 밴드 위쪽과 $3p$ 궤도함수 밴드의 아래쪽 준위가 겹치는 부분에 위치하나 Cu의 경우, 상태밀도가 높은 $4s$ 궤도함수 밴드의 중앙에 위치한다. 따라서 Mg가 Cu보다 페르미 준위에서 상태밀도가 낮다. 이러한 것을 고려하였을 때 Mg가 Cu보다는 낮은 전도도를 나타낸다.

일반적으로 금속의 에너지대는 그림 3.7에 나타낸 것과 같이 매우 복잡하였다. 그러므로 전자의 전도 관점에서 가전자대와 전도대로만 간단하게 나타낸 것이 그림 3.11이다. 금속은 가전자대의 상단일부와 전도대의 하단일부가 중첩되어 있어 금지대가 존재하지 않는다. 가전자대의 전자가 곧 전도대의 전자이므로 전기가 잘 통하게 된다.

그림 3.11 단순화된 도체의 에너지대

(2) 절연체(insulator)

그림 3.12는 단순화된 절연체의 에너지대를 나타낸 것이다. 전자로 완전히 충만되어 있는 가전자대와 완전히 비어있는 전도대 사이의 밴드갭(금지대 폭)이 너무 크기 때문에 충분한 열에너지를 받지 않는 한, 가전자가 밴드갭을 가로질러 전도대로 올라갈 수가 없다. 따라서 절연체에 전기장이 인가되는 경우에 전자가 에너지를 얻어 이용할 수 있는 바로 위의 빈 에너지 상태가 없기 때문에 전기전도가 있을 수 없고,

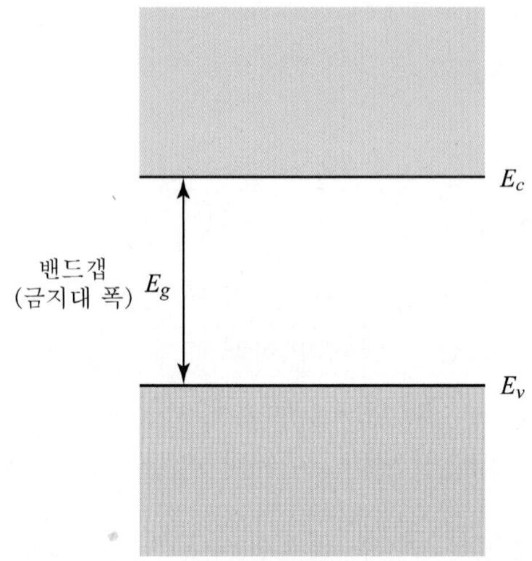

그림 3.12 단순화된 절연체의 에너지대

전기적으로 절연되어 있다. 전형적인 전기장에 의한 힘은 절연체의 전자에는 너무 작은 것이기 때문에 가전자대에서 전도대로 밴드갭을 가로질러 이동하기는 어렵다. 두 밴드를 분리하는 밴드갭은 정상적인 조건에서 가전자대에서 전도대까지 전자가 여기하기에는 어려울 정도로 넓다. 보통 절연체는 $E_g > 5.0\ \mathrm{eV}$이다.

(3) 반도체(semiconductor)

원자 간의 평형거리에서 밴드갭이 좁다는 것을 제외하고는 절연체와 유사한 에너지대 구조를 가진다. 밴드갭이 좁은 경우에는 상온의 열에너지로도 일부 전자들이 가전자대에서 전도대까지 이동할 수 있기 때문에 반도체의 전도도는 절연체보다 크고, 금속보다는 작다. 반도체에서 0 K 근처의 가전자대의 전자는 공유결합으로 묶여 있는 상태이므로 전자는 밴드갭을 가로질러 전도대로 올라갈 수 없다. 반도체는 사실상 전도되지 않는 절연체와 비슷하다. 온도가 증가하면 가전자대 전자는 밴드갭을 가로질러 전도대로 여기되기에 충분한 열에너지를 얻게 되고, 전도대의 에너지 상태는 부분적으로 전자에 의해서 점유된다. 실온(300 K)에서 더 많은 전자가 전도대로 여기될 수 있다. 가전자대에서 전도대로 전자가 여기될 때 밴드갭 내의 불순물 준위에 포획되는 경우를 제외하고는 밴드갭 내에 전자가 존재할 수 없다. 즉 금지대 내에는 전자가 있을 수 없다. 가전자대의 전자가 밴드갭보다 큰 에너지를 얻게 되면 전도대로 여기할 수 있지만 적다면 가전자대에 남게 된다. 가령 가전자대의 전자가 밴드갭의 반에 해당하는 에너지를 얻었다고 해서 밴드갭 내의 어딘가에 위치할 수 있는 것은 아니다.

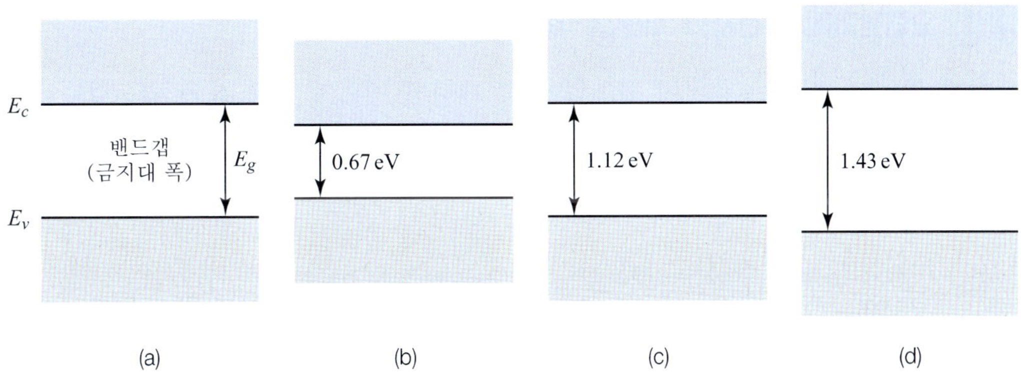

그림 3.13 (a) 단순화된 반도체의 에너지대, (b) Ge , (c) Si, (d) GaAs

그림 3.13은 단순화된 반도체의 에너지대와 대표적인 반도체의 밴드갭 관점에서 나타낸 에너지대이다.

일반적으로 반도체는 밴드갭에 의해서 전기적 성질이 결정된다. 이것에 대해서는 5장에서 상세히 다루기로 하고, 여기서는 주요 반도체의 밴드갭만 알아둔다. Ge의 밴드갭은 $E_g = 0.67\ \mathrm{eV}$, Si의 밴드갭은 $E_g = 1.12\ \mathrm{eV}$, GaAs의 밴드갭은 $E_g = 1.43\ \mathrm{eV}$이다. 그래서 절대 0 K에서도 밴드갭의 크기에 따라 저항이 결정된다. 즉 Ge, Si, GaAs 순으로 저항이 커진다.

핵심 N Si 반도체의 금지대 폭은 1.12 eV이다. 금지대 폭이 클수록 전기저항이 크다.

3.2 고체에서 전자의 에너지 상태

고립원자에서 전자의 퍼텐셜 에너지와 많은 원자들로 구성된 결정에서의 전자의 퍼텐셜 에너지가 어떻게 다른지를 알아본다. 금속에서 자유전자의 모델을 도입하여 페르미 준위, 상태밀도 함수, 에너지를 설명한다. 주기적인 퍼텐셜 내에서 전자의 운동에 대해서 설명한다.

3.2.1 고립원자에서 전자의 퍼텐셜 에너지

고립원자 내의 전자는 순서에 관계없이 몇 개라도 에너지 상태 혹은 궤도함수에 임의로 들어갈 수가 없고, 정해진 양지규칙에 따라 들어갈 수 있다. 즉 다음과 같은 양자수에 의해 정해진다.

주양자수 : $n = 1, 2, 3, \cdots, n$

부양자수 : $\ell = 0, 1, \cdots, n-1$의 n개의 값.

자기양자수 : $m_\ell = \ell,\ \ell-1, \cdots, 0, \cdots, -\ell$의 $2\ell+1$개의 값

스핀양자수 : $s = +1/2,\ -1/2$

여기서 $\ell = 0, 1, 2, 3, \cdots$ 일 때 그 궤도함수를 각각 s, p, d, f, $\cdots$ 궤도함수라고 하고, $n=1$, $\ell=0$의 궤도함수를 $1s$ 궤도함수, $n=3$, $\ell=2$의 궤도함수를 $3d$ 궤도함수라고 한다. 또 **파울리의 배타원리**(Pauli's exclusion principle)에 따라 하나의 양자

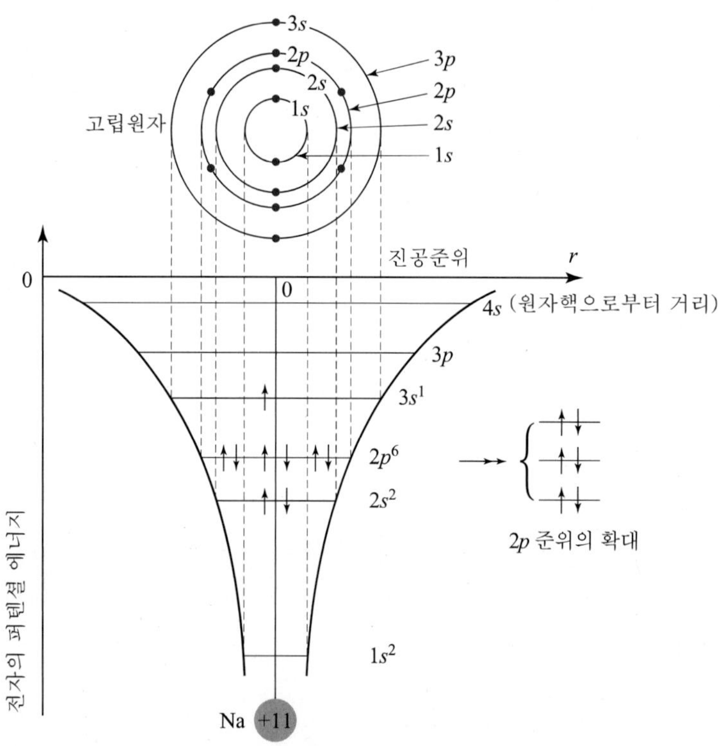

그림 3.14 전자궤도와 퍼텐셜 에너지

상태에는 하나의 전자 밖에 들어갈 수 없기 때문에 전자의 스핀을 고려하면 궤도함수 내의 각각의 에너지 상태에는 양과 음의 스핀 전자가 2개 밖에 들어갈 수 없다. s 궤도함수에서는 $1 \times 2 = 2$개, p 궤도함수에는 $3 \times 2 = 6$개, d 궤도함수에는 $5 \times 2 = 10$개, f 궤도함수에는 $7 \times 2 = 14$개가 된다. 따라서 각 부껍질에는 최대 $(2\ell + 1) \times 2$개의 전자가 들어갈 수 있다.

예로서 고립원자 Na의 전자궤도와 전자의 퍼텐셜 곡선을 그림 3.14에 나타내었다. 양자수가 정해져 있다는 것은 에너지 준위가 연속이 아니라 불연속적, 즉 이산적이라는 것이다. 전자는 원자핵을 중심으로 에너지가 낮은 껍질에서부터 파울리의 배타원리에 따라 차례로 채워져 들어간다. 이때 각각의 궤도전자가 가지는 퍼텐셜 에너지를 구해보자.

원자핵으로부터 거리 r만큼 떨어진 궤도에서 전위는 다음과 같이 주어진다.

$$V = +\frac{Ze}{4\pi\epsilon_o r} \tag{3.2}$$

여기서 r은 궤도반경, Z는 원자번호이다.

그렇다면 궤도전자의 퍼텐셜 에너지는 다음과 같이 나타내진다.

$$U = qV = -eV = -\frac{Ze^2}{4\pi\epsilon_o r} \propto -\frac{1}{r} \tag{3.3}$$

따라서 퍼텐셜 에너지는 궤도반경의 함수로서 $y = 1/x$ 그래프를 생각하면 전자의 퍼텐셜 에너지 곡선이 그림 3.14와 같이 그려진다. 결과적으로 전자가 원자핵에 가까워질수록 전자는 깊은 퍼텐셜 곡선 내에 위치하므로, 즉 큰 정전기력으로 인해서 전자가 바깥으로 이탈하기가 어렵다. 반대로 원자핵에서 멀어지면 완만한 퍼텐셜 곡선 내에 위치하므로, 즉 작은 정전기력으로 인해서 전자가 이탈하기가 쉽다.

핵심 N 고립원자에서 전자의 퍼텐셜 에너지는 원자핵으로부터 거리 r에 비례한다.

3.2.2 결정에서 전자의 퍼텐셜 에너지

고립원자 하나에 다른 고립원자가 접근하여 평형거리에 위치한다면 원자핵에 가까운 내측 각의 에너지 준위는 서로 영향을 받지 않고 고립원자에서 에너지 준위 그 상태로 있겠지만, 최외각 에너지 준위는 서로 영향을 받을 것이다. 그렇게 되면 에너지 곡선의 모양도 변형될 것이다. 많은 원자가 결합된 결정에서 전자의 퍼텐셜 에너지

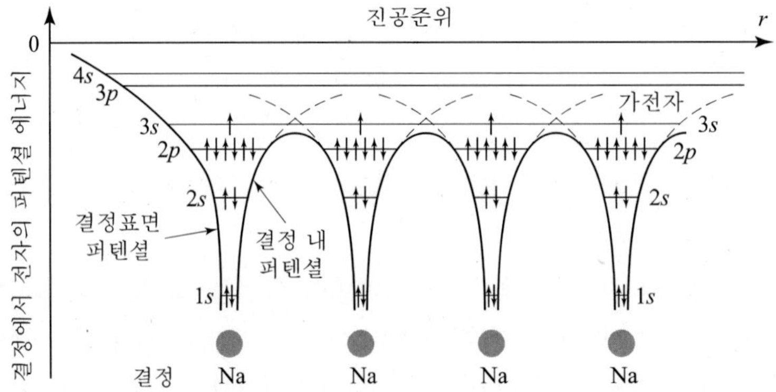

그림 3.15 Na 결정 중의 전자의 퍼텐셜 에너지

곡선은 그림 3.15와 같이 그려진다. 결정에서 각각의 Na 원자의 퍼텐셜 모양은 결정 표면에만 그대로 남아있고 결정내부에는 퍼텐셜이 서로 영향을 주어 그 모양이 변형된다. 그 결과, 결정내부에는 주기적인 퍼텐셜 산(山)이 생긴다. 가전자인 최외각의 $3s$ 궤도함수의 전자는 주기적 퍼텐셜 산보다 높은 에너지를 가지게 되므로 퍼텐셜 산으로부터의 영향을 받으면서도 비교적 자유롭게 결정내부를 움직일 수 있다. N개의 Na 원자로 된 결정에서는 N개의 $3s$ 궤도함수의 전자가 있고 이 에너지는 N개의 에너지 준위로 된 에너지대를 만든다. 이 에너지대에서 $3s$ 궤도함수의 전자가 이리저리 돌아다닌다. 이것이 전기전도의 원인이 되므로 이 에너지대가 **전도대**(conduction band)가 된다.

핵심 N 금속에서 전자의 퍼텐셜 에너지 곡선이 중첩되는 가장 바깥쪽의 부껍질 전자들은 원자 간에 자유롭게 이동할 수 있다.

3.2.3 금속에서 자유전자

그림 3.15에서 Na 결정 중의 $3s$ 궤도함수의 전자는 Na 원자가 만드는 주기적 퍼텐셜 내에서 이동할 수 있다. $3s$ 부껍질 아래의 전자들은 퍼텐셜 장벽에 막혀 있기 때문에 전도에 기여할 수 없고, $3s$ 부껍질 위에서만 전자가 자유롭게 이동한다. 전자의 운동 상태를 보다 간단히 기술하기 위해서 그림 3.15와 동일한 전자의 퍼텐셜 에너지 곡선에 에너지 준위만 나타낸 것이 그림 3.16(b)이며, 이것에 대응하여 주기적 퍼텐셜을 무시하고, 금속 내의 전자가 균일한 퍼텐셜을 가지는 무한 네모 우물 퍼텐셜로 근사한 것이 그림 3.16(a)이다. 이것을 **조머펠트의 금속모형**이라고 한다. 퍼텐셜

양단은 무한히 높은 퍼텐셜 벽으로 되어있기 때문에 전자가 외부로 탈출할 수가 없다. 이것은 금속의 표면에 해당한다. 즉 공기에 노출된 면으로 금속에서 전자가 마구 밖으로 흘러나올 수 없는 이유이다. $3s$ 부껍질 아래의 모든 궤도함수는 반평행 스핀 쌍으로 완전히 채워져 있지만, $3s$ 궤도함수는 반만 전자로 채워져 있고 반은 비어있을 뿐만 아니라 더 높은 에너지 궤도함수가 비어 있기 때문에 전자는 높은 에너지 준위로 이동할 수 있다. 이것이 금속에서 전기가 잘 통하는 이유이다. 이와 같은 조머펠트의 모형은 금속에서는 잘 적용되지만 절연체나 반도체에는 적용할 수가 없다. 조머펠트의 금속모형에서 전자는 결정 전체에서 보면 구속되어 있지만 제한된 영역에서 보면 자유전자이다. 따라서 금속에 1장 1.10절에서 다룬 무한 네모 우물 퍼텐셜 모델이 적용된다. 그러므로 구속영역에서 자유전자의 물질파 파장, 파수, 파동함수, 에너지 등의 내용은 1장 1.10절을 참고하기 바란다.

금속에서 **페르미 준위**(Fermi level)는 0 K에서 전자에 의해서 점유된 최대 에너지 준위를 말하며, 일명 페르미 에너지 E_{FO}라고 하며, 식으로는 다음과 같이 정의된다.

$$E_{FO} = \frac{h^2}{8m_e}\left(\frac{3n}{\pi}\right)^{2/3} \tag{3.4}$$

여기서 E_{FO}는 0 K에서 페르미 에너지, h는 플랑크 상수(6.626×10^{-34} J·s), m_e는 전자의 질량, n은 단위 체적당 전자밀도로서 $n = dN_A / M_{at}$이다. 여기서 d는 원자밀도, N_A는 아보가드로수(6.02×10^{23}/mol), M_{at}는 그램원자량이다.

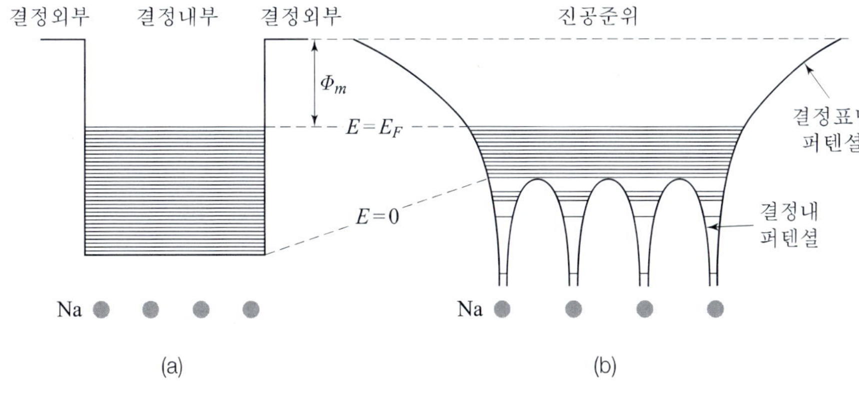

그림 3.16 (a) 균일 퍼텐셜 모델(조머펠트의 금속모형), (b) 주기적 퍼텐셜

0 K에서 금속 내의 전체 자유전자의 평균 에너지 E_{av}는 페르미 에너지와는 다르며, 다음과 같이 나타내진다.

$$E_{av} = \frac{3}{5} E_{FO} \tag{3.5}$$

전자의 평균 에너지는 온도에 따라 거의 변하지 않고, 항상 페르미 에너지의 60% 정도, 즉 수 eV 정도이다. 자유전자의 평균속도와 페르미 전자의 속도를 비교해보자, 페르미 준위에서 전자의 속도 v_F는 다음과 같은 관계로부터 구할 수 있다.

$$\frac{1}{2} m_e v_F^2 = E_{FO} \tag{3.6}$$

자유전자의 평균속도 v_e는 다음과 같은 관계로부터 구할 수 있다.

$$\frac{1}{2} m_e v_e^2 = \frac{3}{5} E_{FO} \tag{3.7}$$

식 (3.6)과 식 (3.7)을 비교하면 자유전자의 평균속도는 페르미 전자의 속도의 77.5%에 해당한다. 참고로 구리의 경우 페르미 속도는 1.6×10^6 m/s 이며, 자유전자의 평균속도는 1.2×10^6 m/s 이다.

한편 에너지 준위 E에서 단위 체적당, 단위 에너지당 허용상태의 수, 즉 상태밀도 $g(E)$는 다음과 같은 식으로 정의된다.

$$g(E) = 4\pi \left(\frac{2 m_e}{h^2} \right)^{3/2} E^{1/2} \tag{3.8-1}$$

상태밀도 $g(E)$는 금속에서는 어떠한 영역에서도 연속이지만 반도체에서는 $g(E) = 0$ 인 에너지 갭의 존재로 불연속이다. 0 K에서 페르미 준위 E_{FO}에 존재하는 상태밀도 $g(E_{FO})$는 다음 식과 같이 된다.

$$g(E_{FO}) = 4\pi \left(\frac{2 m_e}{h^2} \right)^{3/2} E_{FO}^{1/2} \tag{3.8-2}$$

E_{FO}를 안다면 $g(E_{FO})$를 계산할 수 있다. $g(E_{FO})$는 금속마다 다르며, 대략 ~ 10^{22} cm^{-3} eV^{-1}이다.

표 3.1은 몇 가지 금속의 페르미 에너지와 일함수를 나타낸 것이다. 금속의 일함수 Φ_m는 전자를 외부로 이탈시키는 데 요구되는 에너지이다. 일함수에 대해서는 차후에 설명하기로 한다.

표 3.1 금속의 페르미 에너지와 일함수

페르미 에너지, 일함수	금속							
	Ag	Cu	Au	Al	Mg	Na	Li	Cs
E_{FO} [eV]	5.5	7.0	5.5	11.7	7.1	3.2	4.7	1.58
Φ_m [eV]	4.5	4.65	5.0	4.28	3.7	2.75	2.3	2.14

무한 네모 우물 퍼텐셜 내부에서 전자는 운동에너지만 가지고 있다. 전자는 입자성 외에도 파동성도 가지고 있다(드 브로이의 물질파). 전자의 운동에 따른 전자파(電子波)의 파장 λ는 1장에서 언급된 식 (1.65-3)이다.

$$\lambda = \frac{h}{p}$$

운동량과 파수와의 관계는 다음과 같이 된다.

$$p = \frac{h}{\lambda} = \frac{h}{2\pi/k} = k\frac{h}{2\pi} = k\hbar \tag{3.9}$$

여기서 p는 전자의 운동량, h는 플랑크 상수($6.626 \times 10^{-34}\,\mathrm{J \cdot s}$), k는 파수이다.

자유전자는 어디서나 퍼텐셜 에너지가 0이므로 전체 에너지는 운동에너지가 되며, 다음과 같이 된다.

$$E = \frac{1}{2}mv^2 = \frac{p^2}{2m} = \left(\frac{\hbar^2}{2m}\right)k^2 \tag{3.10}$$

양이온으로부터의 자유로워진 전자의 운동에너지 E는 그림 3.17에 나타낸 것과 같이 파수 k의 함수로서 포물선이다.

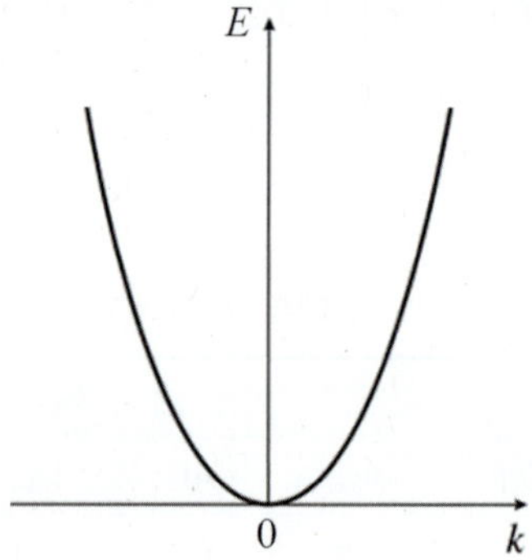

그림 3.17 자유전자의 운동에너지와 파수의 관계

자유전자의 운동에너지는 파수 k의 변화에 따라 연속적으로 변한다. 따라서 자유공간에서 전자는 모든 k 값에서 에너지가 존재하지만, 주기적 퍼텐셜 내의 전자는 특정 범위의 에너지를 가지지 못한다.

핵심 N 금속에서 자유전자는 페르미 부근의 전자만 전도에 기여한다. 상온에서 이 전자수는 가전자 밀도의 1% 정도에 불과하다.

3.2.4 주기적 퍼텐셜 내의 전자

그림 3.15에 나타낸 주기적 퍼텐셜 내의 전자는 어떤 운동을 할까? 결정 내를 운동하는 전자는 파동을 수반하고, 이때 파동은 원자배열의 주기성 때문에 X선 회절처럼 브래그 회절, 즉 브래그 반사를 하게 된다. 2장에서 다룬 식 (2.5)의 브래그(Bragg)의 법칙에 따르면

$$2d\sin\theta = n\lambda$$

그림 3.18에서 수직으로 입사한 경우에는 $d\sin\theta = a$이므로

$$2a = n\lambda \tag{3.11}$$

가 된다. 식 (3.11)은 수직으로 입사할 때의 식으로 여기서 그 관계식을 직관적으로 유추해보자. 제1면에서 반사하는 파동과 제2면에서 반사하는 파동과의 광로차(경로차)는 $2a$이다. 이 2개의 파동이 보강간섭이 일어날 조건은 광로차 = 파장의 정수배일 때이다. 따라서 $2a = n\lambda$가 된다. 이때 파수는

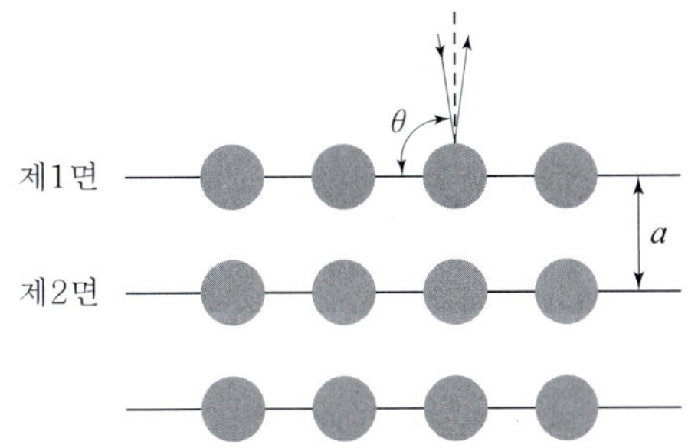

그림 3.18 전자파의 수직 입사는 브래그 회절을 일으켜 결정 내로 진행할 수 없다.

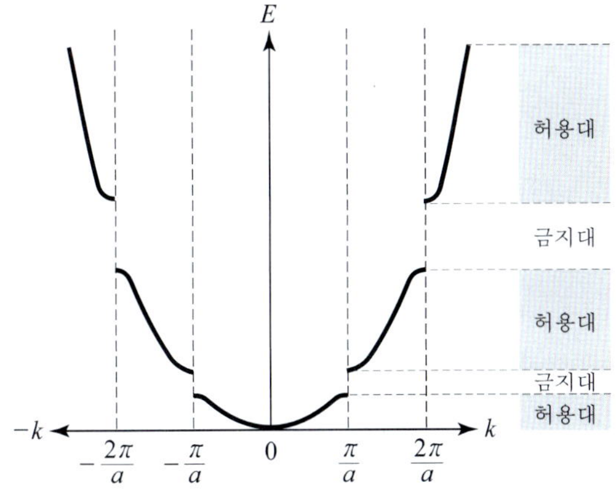

그림 3.19 결정에서 에너지대의 분리

$$k = \frac{2\pi}{\lambda} = \frac{n\pi}{a} \quad (n = 1,\ 2,\ 3,\ \cdots) \tag{3.12}$$

이와 같은 파수의 전자파는 격자에 의해서 완전 반사되어 결정 내를 자유롭게 지나갈 수가 없다. 즉 이런 파수의 **진행파**는 존재하지 않는다. 즉 진행하는 전자는 식 (3.12)의 k값에 대응하는 에너지를 가질 수가 없다. 이것에 따라 그림 3.19에 나타낸 바와 같이 특정 k에서 불연속으로 에너지대의 분리, 즉 금지대가 생기게 된다.

마찬가지로 $\theta = 270°$로 입사하는 파동, 즉 $k = -n\pi/a$의 파수에 대응하는 진행파도 존재하지 않는다.

이때

$$-\pi/a \le k \le \pi/a \tag{3.13}$$

인 범위를 **제1 브릴루앙 영역**(Brillouin zone)이라고 한다. 이 영역의 k 전자들은 격자와 거의 상호작용을 하지 않으므로 회절되지 않는다. 그 밖은 차례대로 제2, 제3⋯.브릴루앙 영역이라고 한다. $k = \pm n\pi/a$, 즉 영역경계(zone boundary)에서 에너지의 불연속성으로 **금지대**가 생긴다. 금지대외는 **허용대**로 에너지 곡선은 자유전자일 때 곡선과 거의 일치한다. 요약하면 브릴루앙 영역은 전자가 존재할 수 있는 허용영역이며, 경계 영역은 에너지의 불연속성으로 전자가 존재할 수 없는 영역이다.

핵심 N 결정에서 전자가 운동할 때 전자파(electron wave)를 수반하고, 이 파가 결정면에 반사되지 않을 경우가 금속에 해당하고, 결정면에 전반사가 되는 경우가 절연체이다. 왜 전기가 금속에서는 잘 통하고 절연체에서 잘 통하지 않는가는 전자파와 관계된다.

3.3 에너지-파수 공간

반도체의 에너지대를 그릴 때 일반적으로 수직축은 에너지로 나타내며, 수평축은 거리이지만 잘 나타내지 않는다. 이것은 에너지 관점에서 일반적으로 가전자대, 금지대, 전도대라고 하는 에너지대의 세트(set)만으로도 많은 것을 설명할 수 있기 때문이다. 여기서는 수평축을 파수 k로 나타낸다. 이것이 오히려 정확한 수평축 표현이라고 할 수 있다. 그렇다면 왜 k인가? 전자가 천이하려면 에너지 보존의 법칙과 운동량 보존의 법칙이 성립하여야만 한다. 따라서 종축은 에너지 E, 횡축은 운동량 p로 나타내어야 하는데 운동량 p는 곧 파수 벡터 $k(p = \hbar k)$이다. 즉 에너지-파수, $E-k$ 관계로 나타내어야 한다. $E-k$ 관계는 식 (3.10)에서 언급한 바와 같이 다음과 같다.

$$E = \frac{\hbar^2}{2m}k^2$$

식에서 보듯이 에너지 E는 파수 k에 대해 2차식으로 포물선 형태의 $E-k$ 관계를 **$E-k$ 공간** 혹은 **k−공간**이라고도 한다. 그림 3.20과 같이 $E-k$ 공간은 지금까지 다루었던 밴드 다이어그램과는 상당히 다르며, 복잡한 모양의 곡선이다. $E-k$ 공간을 크게 두 종류로 나타낼 수 있는데 그림 3.20 (a)는 상단 곡선(차후에 전도대가 된다)의 최저점과 하단 곡선(차후에 가전자대가 된다)의 최대점이 $k=0$에서 일치하는 $E-k$ 곡선이고, 그림 3.20 (b)는 상단 곡선의 최저점은 $k=k_c$에, 하단 곡선의 최대점은 $k=k_v$에 위치하는 것으로 서로 다른 k 값을 가지는 $E-k$ 곡선이다.

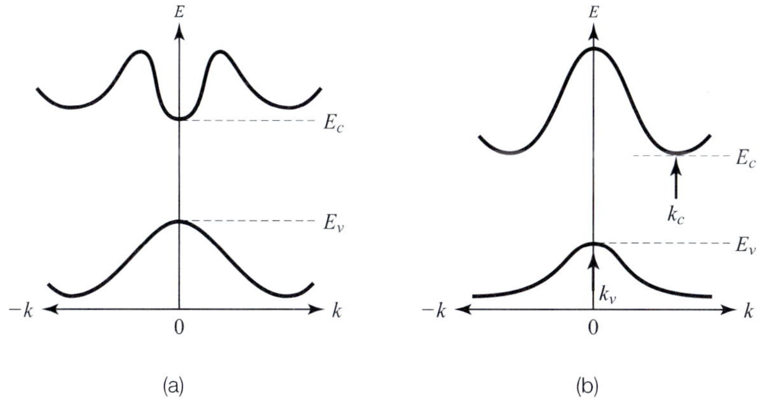

그림 3.20 $E-k$ 공간에서 에너지대 : (a) 상단 곡선의 최저점과 하단 곡선의 최대점이 $k=0$에서 일치하는 $E-k$ 곡선, (b) 상단 곡선의 최저점과 하단 곡선의 최대점이 다른 k값을 가지는 $E-k$ 곡선

3.3.1 직접형 반도체와 간접형 반도체

(1) 전자-전공쌍의 생성

반도체는 가전자대에서 전도대로 전자가 천이할 때 k의 변화 유무에 따라 **직접형 반도체**(직접천이 반도체 혹은 직접 밴드갭 반도체)와 **간접형 반도체**(간접천이 반도체 혹은 간접 밴드갭 반도체)로 구분된다. 그림 3.21 (a)에 나타낸 바와 같이 GaAs와 같은 직접형 반도체는 $E-k$ 공간에서 가전자대의 최대점과 전도대의 최소점(Γ **계곡**)이 같은 k값에서 나타나는 반도체이다. 같은 k값을 가지기 때문에 저절로 운동량 보존의 법칙이 성립한다. 운동량이 0($k=0$)인 가전자대의 전자가 전도대로 천이할 때 k(운동량 $p=\hbar k$)의 변화없이도 천이가 가능하다. 즉 전자가 천이하는데 운동량이 필요하지 않다. 빛이 가전자대의 결합전자에 밴드갭 E_g만큼의 에너지를 주면 전자는 전도대로 천이할 수 있다. 즉 다음과 같은 조건이 만족될 때 천이가 가능하다.

$$\hbar\omega \geq E_g \tag{3.14}$$

그림 3.21 (b)에 나타낸 바와 같이 Si과 같은 간접형 반도체는 $E-k$ 공간에서 가전자대의 최대점과 전도대의 최소점(Γ 계곡)이 다른 k값에서 나타나는 반도체이다. 다른 k값을 가지기 때문에 저절로 운동량 보존의 법칙이 성립하지 않는다. 이 경우에는 $k=0$인 가전자대의 전자가 $k\neq 0$, 즉 운동량이 0이 아닌 전도대로 천이할 때 k의 변화없이는 천이가 불가능하다. 가전자대에서 전자를 전도대로 천이시키기 위해서는

E_g와 같은 에너지가 필요할 뿐만 아니라 약간의 운동량도 요구된다. 반도체의 온도가 절대온도 $T = 0\,\text{K}$인 경우, 가전자대의 전자가 에너지 E_g만큼 에너지를 받은 다음, **포논의 에너지** $\hbar\Omega$을 받아야 전도대로 천이가 가능하다. 여기서 Ω는 **포논**(phonon, 격자진동의 양자 또는 탄성에너지의 양자)의 진동수이다. 결국 빛이 천이에 필요 에너지와 포논까지 만들어 줘야 한다. 광자는 천이에 필요한 에너지를 전자에 주고, 포논은 천이에 필요한 운동량을 전자에 주는 두 단계를 밟아야 가전자대에서 전도대로 천이할 수 있다. 따라서 다음과 같은 조건이 만족될 때 천이가 가능하다.

$$\hbar\omega \geq E_g + \hbar\Omega \tag{3.15}$$

반도체의 온도가 절대온도 $T \neq 0\,\text{K}$인 경우, 반도체에 격자의 열진동이 있는 상태이므로 빛과 포논이 합해져서 전자를 전도대로 올릴 수 있다. 이런 경우는 포논의 도움을 받아서 천이되는 것이므로 빛에너지가 밴드갭보다 작더라도 전자를 전도대로 천이시킬 수 있다. 따라서 다음과 같은 조건이 만족될 때 천이가 가능하다.

$$\hbar\omega + \hbar\Omega \geq E_g \tag{3.16}$$

(2) 전자-전공쌍의 재결합

그림 3.21에서 반도체가 직접형 또는 간접형에 따라 **전자-정공쌍**(electron-hole pair : EHP)의 생성과정이 운동량 변화유무에 따라 다르다는 것을 알았다. 그렇다면 전도대의 전자가 가전자대로 천이하는 과정, 즉 EHP의 재결합은 어떤 과정을 통해서 이루어지는가를 살펴보자. 그림 3.22 (a)에 나타낸 바와 같이 직접형 반도체(GaAs)에서는 전도대의 전자가 가전자대에서의 정공과 운동량의 변화없이 에너지 손실만으로

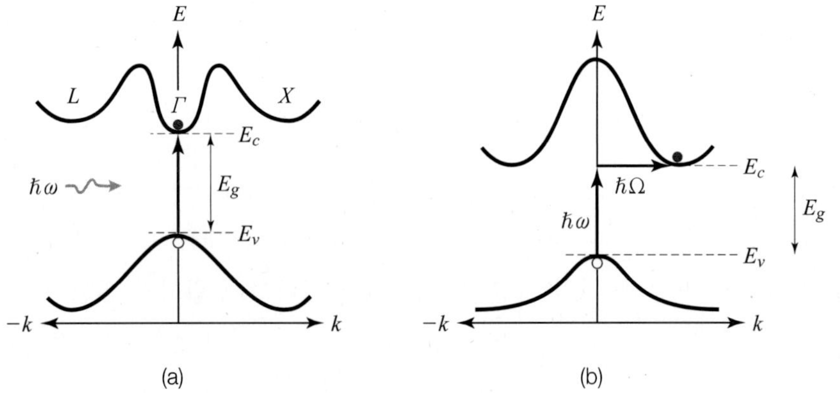

그림 3.21 에너지대에서 전자-정공쌍의 생성 : (a) 직접형 반도체(GaAs), (b) 간접형 반도체(Si)

직접 재결합이 이루어진다(운동량 보존). 직접형 반도체에서 전도대의 전자가 가전자대로 천이할 때 EHP의 재결합은 에너지 보존 법칙에 따라 밴드갭에 해당하는 **빛에너지**를 방출시킨다. 발광 다이오드, 레이저 다이오드와 같은 광전자 소자는 직접형 반도체로 만든다. 이러한 빛에너지의 발생원리는 보어의 수소 원자 모델에서 높은 에너지 준위에서 낮은 에너지 준위로 전자가 떨어질 때 광자가 방출된다는 주파수 조건에 따른다.

그림 3.22 (b)나타낸 바와 같이 간접형 반도체(Si)의 경우는 전도대의 전자가 가전자대의 정공과 재결합할 때 전자는 에너지 손실과 더불어 운동량 손실(운동량 비보존)도 있어야 가능하다. 간접형 반도체에서 EHP의 재결합은 금지대 내에서 재결합 중심(recombination center)이라고 하는 에너지 상태를 거쳐야 하기 때문에 가지고 있는 에너지는 빛에너지로 변환되지 못하고, **격자의 열에너지**(phonon)로 소멸된다. 따라서 대부분의 간접형 반도체로는 발광소자를 만들 수가 없다. 그렇지만 GaP와 같은 간접형 반도체는 전도대에서 전자가 재결합 중심을 통해서 가전자대로 천이되더라도 빛을 방출한다.

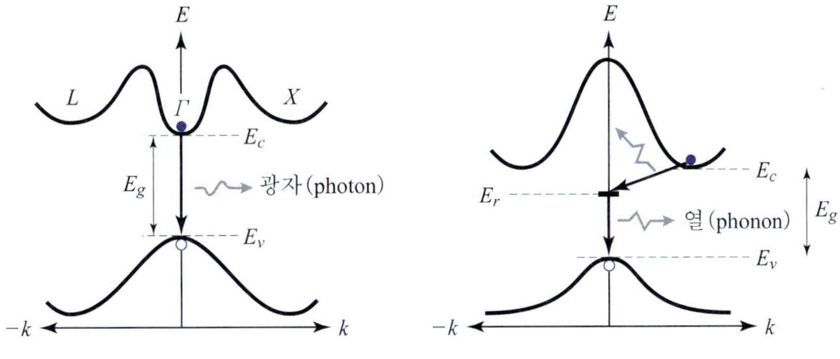

그림 3.22 에너지대에서 전자-정공쌍의 재결합 : (a) 직접형 반도체(GaAs), (b) 간접형 반도체(Si)

(3) III-V족 반도체 구성

화합물 반도체는 화합물을 구성하는 성분 간의 비율에 의해서 결정되는데 화합물이 된다고 해서 다 응용되는 것이 아니다. 그렇다면 몇 가지 성분으로 구성되는 것일까? 일반적으로 2, 3, 4성분계로 구성된다. 원소 간의 상대적인 조성비를 변화시켜 정확하게 밴드갭(E_g)의 크기와 심지어 밴드갭의 성질까지 설계하는 것이 가능하다.

$GaAs_{1-x}P_x$는 Ga, As, P와 같은 성분을 가진 재료로 만들어지는 3성분계 화합물 반도체로 조성비 x를 0에서(즉 GaAs) 1까지(즉 GaP) 변화시키면 반도체의 여러 가지 특성이 변하게 된다. x가 0일 때 GaAs 반도체의 밴드갭은 1.43 eV이지만 x가 1일 때 GaP 반도체의 밴드갭은 2.26 eV까지 증가한다. 이것은 GaAsP에서 밴드갭의 크기를 1.43 eV와 2.26 eV 사이의 값으로 설계할 수 있음을 의미한다. $x \leq 0.45$일 때 이 반도체는 직접형이 되며, $x > 0.45$일 때는 간접형 반도체가 된다. 이때 GaP는 간접형 반도체로 EHP의 재결합이 직접적으로 일어나지 않음에도 불구하고, 광자를 방출하며, 최초의 상용 LED에 사용되었다.

$Al_xGa_{1-x}As$는 Al, Ga, As와 같은 재료를 사용하여 만들어지는 3성분계 화합물 반도체로 조성비 x를 0에서(즉 GaAs) 1까지(즉 AlAs) 변화시키면 반도체의 여러 가지 특성이 변하게 된다. x가 0일 때 GaAs 반도체의 밴드갭은 1.43 eV이지만 x가 1일 때 AlAs 반도체의 밴드갭은 2.16 eV까지 증가한다. 이것은 AlGaAs 반도체의 밴드갭의 크기를 1.43 eV와 2.16 eV 사이에서 조절할 수 있다. $x \leq 0.38$일 때 이 반도체는 직접형이 되며, $x > 0.38$일 때는 간접형 반도체가 된다.

$Ga_xIn_{1-x}P$는 Ga, In, P와 같은 성분을 가진 재료로 만들어지는 3성분계 화합물 반도체로 조성비 x를 0에서(즉 InP) 1까지(즉 GaP) 변화시키면 반도체의 여러 가지 특성이 변하게 된다.

x가 0일 때 InP 반도체의 밴드갭은 1.35 eV이지만 x가 1일 때 GaP 반도체의 밴드갭은 2.26 eV까지 증가한다. 이것은 GaInP 조성에서 밴드갭의 크기를 1.35 eV와 2.26 eV 사이에서 조절할 수 있다.

$Ga_xIn_{1-x}As_yP_{x1-y}$는 Ga, In, As, P와 같은 성분을 가진 재료로 만들어지는 4성분계 화합물 반도체로 조성비 $x=0$, $y=0$에서(즉 InP) $x=1$, $y=1$까지(즉 GaAs) 변화시키면 반도체의 여러 가지 특성이 변하게 된다. $x=0$, $y=0$일 때 밴드갭 $E_g = 1.35\text{ eV}$ (InP)에서 $x=1$, $y=1$일 때 밴드갭 $E_g = 1.43\text{ eV}$ (GaAs)까지 변한다. 화합물 반도체 설계에서 밴드갭의 크기에 대한 설계 능력은 매우 중요하다. 표 3.2는 실온에서 여러 반도체의 밴드갭의 유형과 크기 그리고 이동도를 나타낸 것이다. 밴드갭이 증가하는 순서대로 반도체를 나열하였다.

표 3.2 실온에서 여러 반도체의 밴드갭의 유형과 크기 그리고 이동도

반도체	밴드갭 유형*	밴드갭 [eV]	이동도 [$cm^2/V \cdot s$]		응 용
			전자	정공	
InSb	D	0.17	80000	1250	홀소자, 무접점 릴레이
InAs	D	0.36	33000	460	홀소자
Ge	I	0.67	3900	1900	고주파용 다이오드
Si	I	1.12	1350	450	다이오드, 트랜지스터
InP	D	1.35	4600	150	건다이오드, FET
GaAs	D	1.43	8500	400	홀센서, μ파 FET, 태양전지
$Al_xGa_{1-x}As$ ($x \leq 0.38$)	D	1.87	–	–	발광 다이오드 (고휘도 적색, 통신용 적외선)
$Al_xGa_{1-x}As$ ($x > 0.38$)	I	1.96	–	–	발광 다이오드
AlAs	I	2.16	1200	420	홀소자
$GaAs_{1-x}P_x$ ($x \leq 0.45$)	D	1.94	–	–	발광 다이오드 (적색–적외선)
$GaAs_{1-x}P_x$ ($x > 0.45$)	I	2.03	–	–	발광 다이오드 (적색, 등색, 황색)
GaP(Zn)	I	2.26	300	150	발광 다이오드(적색)
GaP(N)	I	2.26	300	150	발광 다이오드(녹색)
InGaAsP	D–I	0.36–2.26	–	–	통신용 발광 다이오드(1μm)
GaN	D	3.3	380		발광 다이오드(청색)
ZnS	D	3.68	165	5	통신용 발광 다이오드 (1 ~ 6μm)
C	I	5.47	1800	1200	전력용 반도체
C	D	7.3	–	–	

* D(direct) : 직접형, I (indirect) : 간접형

핵심 N 전자의 천이 방법에 따라 직접형 반도체와 간접형 반도체로 구분된다. 직접형 반도체는 전자가 광자 흡수만으로도 직접천이가 가능한 반도체이며, 간접형 반도체는 광자 흡수와 포논의 도움으로 천이할 수 있는 반도체이다. 전자가 정공과 재결합할 때 직접형 반도체는 광자를 방출하나, 간접형 반도체는 포논을 방출한다.

3.3.2 $E-k$ 공간에서 전자의 속도와 유효질량

결정 내에서 전자의 속도 및 유효질량은 $E-k$ 곡선을 통해서 결정할 수 있다. $E-k$ 곡선은 다음 식과 같이 전자 에너지 E는 파수 k의 2차함수이다. 즉 **포물선**이다.

$$E = \frac{\hbar^2}{2m}k^2$$

E를 k에 대해서 한 번 미분한 것과 두 번 미분한 것의 물리적 의미는 무엇일까? 위 식을 k에 대해서 미분하면 k에 대한 1차 함수가 된다.

따라서

$$\frac{dE}{dk} = \frac{d}{dk}\left(\frac{\hbar^2}{2m}k^2\right) = \frac{\hbar^2}{m}k \tag{3.17}$$

한 번 미분은 임의의 k에서 **접선의 기울기**이다. 접선의 기울기는 어떤 물리적 의미인가? 전도대에서 전자의 운동에 따라 수반되는 물질파, 즉 전자파(電子波)의 **군속도**(群速度, group velocity, v_g : 파수가 아주 조금 다른 파동이 서로 중첩하여 생긴 파군 혹은 파속의 속도로 일종의 전자파의 에너지를 전달하는 속도)는 다음과 같은 식으로 정의된다.

$$v_g = \frac{d\omega}{dk} \tag{3.18}$$

이것을 $E = \hbar\omega$와 결합시키면 군속도 v_g는 다음과 같이 나타내진다.

$$v_g = \frac{d\omega}{dk} = \frac{1}{\hbar}\frac{dE}{dk} \tag{3.19}$$

다른 방법으로 전자의 운동량 $mv_g = \hbar k$에서 $v_g = \hbar k/m$이므로 이것을 식 (3.17)과 결합시키면 결과적으로 식 (3.19)와 같아진다. 따라서 $E-k$ 곡선의 접선의 기울기는 전도대 내의 전자의 속도를 의미한다. 식 (3.17)을 k에 대해서 미분하면 상수가 된다.

따라서 다음과 같은 식이 된다.

$$\frac{d}{dk}\left(\frac{dE}{dk}\right) = \frac{d^2E}{dk^2} = \frac{d}{dk}\left(\frac{\hbar^2}{m}k\right) = \frac{\hbar^2}{m} \tag{3.20}$$

$\frac{d}{dk}\left(\frac{dE}{dk}\right)$는 접선의 기울기 변화로서 곡률(曲律, curvature)이 된다. 식 (3.20)에서 알 수 있는 바와 같이 결정 내에서 운동하는 전자의 질량은 곡률과 직접적으로 관계된다. 따라서 전자의 **유효질량** m_e^*는 다음과 같이 나타내진다.

$$m_e^* = \frac{\hbar^2}{d^2E/dk^2} \tag{3.21}$$

결정 내의 질량은 유효질량이라는 용어를 가장 많이 사용하고, **실효질량** 또는 **밴드 질량**이라고도 한다. 식 (3.21)의 물리적 의미는 이렇다. $E-k$ 공간에서 곡률이 클수록(접선의 기울기가 클수록, 즉 곡선의 게곡이 좁을수록) 유효질량이 작아지는, 즉 가벼워진다. 반대로 곡률이 작을수록 전자는 무거워진다. 반도체에서 전자의 유효질량이 가볍다거나 무겁다는 말은 고속소자의 응용에 매우 중요하다.

자유전자와 결정 내의 전자에 대해서 $E-k$ 곡선을 통해서 유효질량이 k에 따라 어떻게 변하는지 고찰해보자.

(1) 자유전자

그림 3.23은 모든 k에 대해서 E가 연속인 자유전자의 $E-k$ 곡선이다. 그림 3.23 (a)에서처럼 곡선의 경사가 큰 것은 전자의 군속도가 빠르고, 유효질량은 가볍다. 그림 3.23 (b)와 같이 곡선의 경사가 작은 것은 전자의 군속도가 느리고, 유효질량은 무겁다. 유효질량은 두 곡선의 k에 관계없이 각각 일정한 양(+)의 값을 취한다.

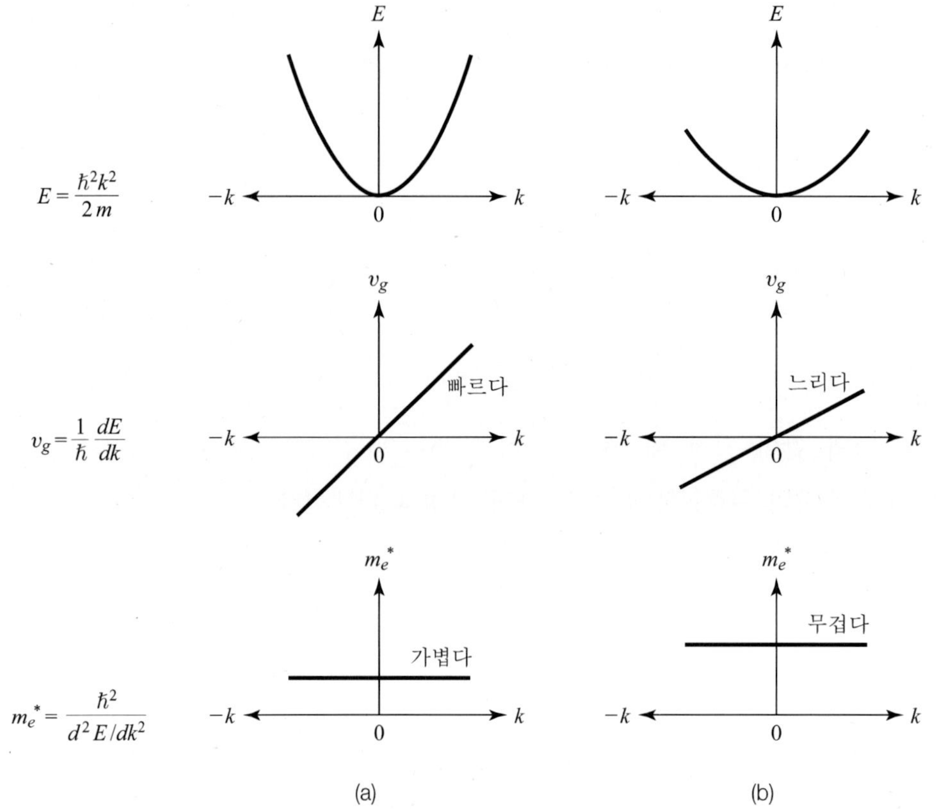

그림 3.23 $E-k$ 곡선으로 본 자유전자의 속도와 질량 : (a) 빠르고 가벼운, (b) 느리고 무거운

(2) 결정 내의 전자

그림 3.24 (a)는 그림 3.19에 나타낸 $E-k$ 곡선의 제1 브릴루앙 영역(Brillouin zone)만을 나타낸 것이다. 파수 k가 증가함에 따라 에너지도 증가하고, 전자의 군속도 v_g도 그림 3.24 (b)에서와 같이 증가한다. 파선으로 나타낸 $E-k$ 곡선의 변곡점에서 군속도는 최대가 되고, 더 큰 파수 k에서는 dE/dk가 감소하기 때문에 군속도 v_g가 감소하기 시작한다.

한편 유효질량은 파수 k가 변곡점 부근에 이르기 전까지는 거의 일정한 양(+)의 값이다. 여기까지는 결정 내의 전자가 자유전자와 유사한 운동을 한다고 볼 수 있다. 그러나 변곡점을 벗어나면 군속도 v_g의 감소에 따라 그림 3.24 (c)에서와 같이 음의 유효질량이 된다. 질량이 음이 될 수 있는가?

자유전자를 전기장 내에 두면 −전하를 가지는 전자는 전기장과 반대방향으로 운동한다. $m_e > 0$(양의 질량)이라고 가정하고, $F = m_e a = -eE$이므로 가속도 a는 전기장과 반대방향이다. 그런데 $m_e < 0$(음의 질량)이라고 가정하면 $F = m_e a = -eE$에서 가속도 a는 전기장과 같은 방향으로 가속하게 된다. 그러나 실제로 음의 질량을 생각할 수 없으므로 가속도가 전기장과 같은 방향이 되게 할 수 있는 방법은 $F = m_e a = -eE$에서 양의 질량과 +전하를 가지는 입자라고 생각하면 $F = m_e a = eE$가 된다. 따라서 음의 질량과 음의 전하보다는 양의 질량과 양의 전하를 생각하는 것이 낫다. 이 입자가 **정공**(正孔, hole)이다.

이런 내용을 가지고 그림 3.21 혹은 그림 3.22로 돌아가서 $E-k$ 곡선의 전도대에서 곡률을 살펴보자. GaAs에서 전도대의 곡률이 Si에서 곡률보다 훨씬 크다. 이것은 GaAs의 전도전자가 Si의 전도전자보다 훨씬 작은 질량을 가지고 운동한다는 것을 의미한다. 따라서 GaAs의 전자 이동도가 Si의 전자 이동도보다 5 ~ 6배 큰 이유가 $E-k$ 곡선에서 찾을 수 있다. 그러나 GaAs의 전도전자가 두 번째 계곡에 있다고 가

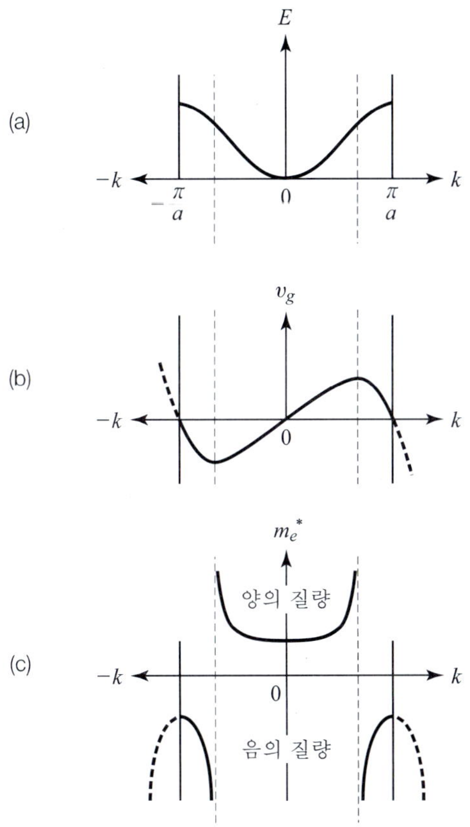

그림 3.24 결정 내의 전자 : (a) 에너지, (b) 속도, (c) 유효질량

정하면 그곳에서의 $E-k$ 곡선의 곡률을 보라. 첫 번째 계곡보다 곡률이 훨씬 작다. 따라서 두 번째 계곡에서 전자의 유효질량은 첫 번째 계곡에서전자의 유효질량보다 크므로 이동하기가 어렵다는 것을 이해할 수 있다. 두 번째 있는 전자는 오히려 Si의 전자보다 더 무겁다. 만약에 이 전자를 이용한다면 굳이 GaAs를 고속소자에 쓸 이유가 없다.

핵심 N $E-k$ 곡선에서 곡선 상의 임의의 점에서 접선의 기울기는 전자의 속도로 접선의 기울기가 클수록 속도가 빠르다. 또한 곡률이 클수록, 즉 계곡이 좁을수록 유효질량이 작다.

3.3.3 전자의 겉보기 질량

자유공간에서 전자의 정지질량은 $9.1 \times 10^{-31}\,\mathrm{kg}$이다. 자유공간에서는 전자를 제외하고는 어떤 입자도 없기 때문에 입자 간에 상호작용을 고려할 필요가 없다. 따라서 그림 3.25 (a)에 나타낸 바와 같이 외부에서 전기장 E를 인가하면 자유전자는 외력($F_{ext} = eE$)에 의해서 전기장의 반대방향으로 운동하게 된다. 이때 가속도 a는 다음과 같이 나타내어진다.

$$a = \frac{F_{ext}}{m_e} \tag{3.22}$$

그렇다면 그림 3.25 (b)와 같이 결정 내에서 전자의 가속도는 어떻게 될까? 결정에서는 많은 전자들이 있고, 전자들 간에도 쿨롱 상호작용이 일어나며, 자유전자 집단들은 이온과 원자가 만드는 주기적 퍼텐셜 내에 있게 되므로 구속되어 있다. 구속은 쿨롱의 힘을 받고 있다는 것이다. 그런 힘을 받지 않는다면 전자들은 금속에서 와르르 쏟아질 것이다. 이미 앞에서 다루었던 광전효과를 생각하면 전자가 외부로 방출하기 위해서는 여분의 에너지가 필요하다. 이것이 일함수인데 전자가 구속되어 있음을 의미한다.

따라서 외력 외에도 쿨롱의 힘(인력+척력)에 의한 내력 F_{int}을 고려하여 한다. 이때 전자의 가속도는 다음과 같이 쓸 수 있다.

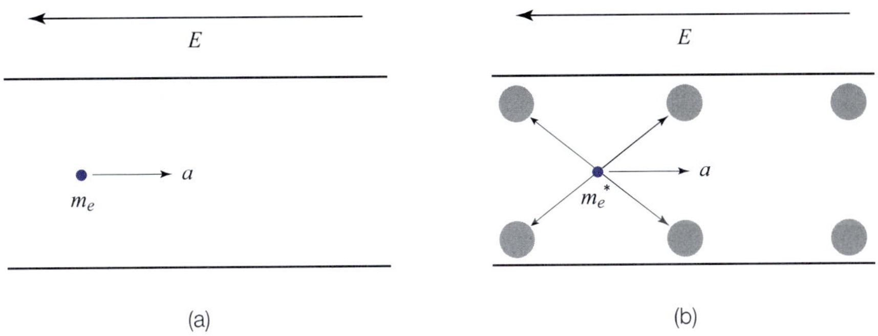

그림 2.25 전자의 운동 : (a) 자유공간, (b) 결정

$$a = \frac{F_{ext} + F_{int}}{m_e} \tag{3.23}$$

여기서 결정 내의 하나의 전자에 대해서 모든 내력을 고려한 질량을 m_e^*라고 하면 가속도는 다음과 같이 나타내진다.

$$a = \frac{F_{ext}}{m_e^*} \tag{3.24}$$

이 식은 (3.22)와 같지만 분모의 질량 표시가 다르다. m_e^*는 고전역학에서 관성질량과 같은 역할을 하는 양자역학적 양인데 이것을 전자의 **유효질량**(effective mass) 혹은 **겉보기 질량**이라고 한다.

전자의 질량은 격자 주위를 운동할 때도 변하며, 운동하는 방향에도 의존한다. 따라서 움직이는 전자의 질량은 정지질량(m_e)과는 다르다. 표 3.3에 나타낸 반도체에서 전자와 정공의 유효질량은 직교좌표 x, y, z에서의 평균치이기 때문에 다른 참고서에서의 값과 다를 수가 있다. 반도체에서 m_e*는 m_e와는 상당한 차이가 있다. 표 3.4에 나타낸 금속의 m_e*는 m_e와 거의 같은 금속도 있다. 금속의 경우, 자유전자모형과 관련된 계산에서는 $m_e^* = m_e$ 를 사용한다.

표 3.3 반도체에서 전자와 정공의 유효질량(300 K)

반도체 형태	반도체	m_e^*(전자의 유효질량)	m_h^*(정공의 유효질량)
원소형 반도체	C	$0.20\ m_e$	$0.25\ m_e$
	Ge	$0.55\ m_e$	$0.37\ m_e$
	Si	$1.1\ m_e$	$0.56\ m_e$
Ⅲ－Ⅴ	GaAs	$0.067\ m_e$	$0.48\ m_e$
	GaN	$0.19\ m_e$	$0.60\ m_e$
	GaP	$0.82\ m_e$	$0.60\ m_e$
	InP	$0.077\ m_e$	$0.64\ m_e$
Ⅱ－Ⅵ	CdS	$0.21\ m_e$	$0.80\ m_e$
	CdSe	$0.13\ m_e$	$0.45\ m_e$
Ⅳ－Ⅵ	PbTe	$0.17\ m_e$	$0.20\ m_e$
	PbS	$0.25\ m_e$	$0.25\ m_e$

표 3.4 금속에서의 전자의 유효질량

금속	Ag	Cu	Au	Al	Mg	Na	K	Li	Zn	Pt	Ni	Bi
$\frac{m_e^*}{m_e}$	0.99	1.01	1.1	1.02	1.0	1.2	1.12	1.28	0.85	13	28	0.047

핵심 N 전자의 유효질량은 결정 내에서 운동하는 겉보기 질량이다. GaAs는 전자의 유효질량이 Si의 6%에 불과하여 고속소자에 유리하다. 구리는 대부분의 계산에서 진공에서의 전자의 질량을 사용한다.

Chapter 03 연습문제

01. 결정에서 에너지대가 생기는 근본적인 이유에 대해서 그 핵심만 설명하여라.

Hint 수많은 원자로 구성된 결정에서 에너지 준위들이 중첩되고, 파울리의 배타 원리에 따라 에너지 준위의 분리가 발생하여 에너지대가 생긴다.

02. 도체, 절연체, 반도체의 단순화된 에너지대를 그려보아라.

Hint 금지대를 중심으로 전도대와 가전자대를 수평선으로 표시한다.

03. Ag와 Mg 중에서 전기가 더 잘 통하는 물질은 어떤 것이며, 이유를 설명하여라.

Hint $\sigma = \frac{1}{3} e^2 v_F^2 \tau_F g(E_F)$를 비교한다.

04. Cu의 페르미 에너지는 $E_{FO} = 7.0\,\mathrm{eV}$이다. 페르미 준위에서 전자의 속도를 구하여라.

Hint $E_{FO} = \frac{1}{2} m v_F^2$를 이용하여라.

05. Cu의 자유전자의 평균속도를 구하여라.

Hint $\frac{3}{5} E_{FO} = \frac{1}{2} m v_e^2$를 이용하여라.

06. Cu의 페르미 준위에서 전자의 속도와 자유전자의 평균속도를 비교하고, 그 의미를 쓰라.

Hint 페르미 준위에서 전자의 속도, 즉 페르미 전자의 속도는 최상위 준위에서 전자의 속도이므로 Cu에서 가장 빠른 전자의 속도가 된다. Cu 내의 전자의 평균속도는 자유전자 전체의 평균값이므로 페르미 전자의 속도보다는 작다. 계산상으로 자유전자의 평균속도는 페르미 전자의 속도의 대략 77.5%에 해당한다.

07. Na와 Mg가 양도체인 이유를 설명하여라.

Hint Na의 전자배치를 쓰면 $1s^2 2s^2 2p^6 3s^1$, $3s$ 궤도함수의 반은 전자로 채워져 있고 반은 비어 있는 상태다. 또한 금속에서는 궤도의 펼쳐짐이 크기 때문에 Na의 $3s$ 궤도함수와 $3p$ 궤도함수가 혼합되어 더 많은 빈상태가 존재하게 되므로 $3s$ 궤도함수의 전자는 빈 상태로 이동하기 쉽다.

Mg의 전자배치를 쓰면 $1s^2 2s^2 2p^6 3s^2$, Mg의 $3s$ 궤도함수는 모두 전자로 채워져 있다. 즉 전자가 짝을 이룬 상태이다. 그럼에도 Mg가 양도체인 것은 $3s$ 궤도함수와 $3p$ 궤도함수의 펼펴짐이 크기 때문에 서로 혼합됨으로서 $3s$ 궤도함수의 전자가 쉽게 $3p$ 궤도함수로 이동할 수 있다.

08. 직접형 반도체와 간접형 반도체의 $E-k$ 곡선을 그려서 전자가 전도대로 천이하는 과정을 간단히 설명하여라.

Hint 그림은 그림 2.27을 참고하여라.

직접형 반도체는 운동량이 $k=0$에서 보존되기 때문에 반도체에 조사되는 빛에너지($\hbar\omega$)가 밴드갭(E_g)보다 크기만 하면 천이된다. 즉 $\hbar\omega \geq E_g$이다. 그러나 간접형 반도체는 운동량이 $k=0$에서 보존되지 않기 때문에 천이과정이 직접형 반도체와는 완전히 다르다. 격자의 열진동을 수반해야만 천이가 가능하다. 즉 광자는 천이에 필요한 에너지를 전자에 공급하고, 포논은 천이에 필요한 운동량을 전자에 공급할 때만 천이가 가능하다.

09. 반도체의 $E-k$ 곡선에서 자유전자는 전도대의 가장 낮은 계곡에 존재한다. 이때 자유전자의 속도는 곡선의 모양과 어떻게 관계하는지 설명하여라.

Hint 전도대에서 전자의 속도는 $v_g = \dfrac{1}{\hbar}\dfrac{dE}{dk}$와 같이 나타낼 수 있다. 이것은 $E-k$ 곡선에서 접선의 기울기이다. 따라서 접선의 기울기가 클수록 전도대 계곡의 전자의 속도는 크게 된다.

10. GaAs 반도체의 전자의 유효질량이 Si 반도체의 전자의 유효질량보다 훨씬 작은 이유를 설명하여라.

Hint 유효질량을 수식으로 나타내면 다음과 같다.

$$m_e^* = \frac{\hbar^2}{d^2E/dk^2}$$

유효질량은 $E-k$ 곡선과 관계되며, 전도대의 곡률 d^2E/dk^2이 클수록 유효질량은 작아진다. GaAs에서 전도대의 곡률이 Si에서 곡률보다 훨씬 크다. 따라서 GaAs에서의 전도전자의 질량이 Si에서보다 훨씬 작다.

11. 다음 용어를 설명하여라.
    1) 에너지대
    2) 가전자대
    3) 전도대
    4) 금지대
    5) 페르미 준위
    6) 일함수
    7) 페르미 속도
    8) 유효질량
    9) 직접형 반도체
    10) 간접형 반도체

CHAPATER

4 금속 및 초전도체

(Metal and superconductor)

구성

개요

이 장에서는 금속과 초전도체에 관한 물성을 다룬다. 금속하면 생각나는 것은 전기가 잘 통한다는 것과 광택이다. 금속이 전기가 잘 통한다는 것은 자유전자가 많기 때문인데 자유전자가 왜 많은가? 그럼에도 불구하고 저항은 왜 생기는가? 금속에 전류를 흘리면 열은 왜 나는가? 금속에 불순물을 첨가하면 어떤 현상이 나타나는가? 초전도 상태는 어떤 조건에서 가능한가? **초전도체**가 되면 어떤 현상이 나타나는가? 초전도체는 어디에 응용되는가? 금속 내의 전자를 어떤 방법으로 방출시킬 수 있는가? 이러한 물음에 대해서 학습한다.

4.1 금속의 전기전도

금속에 전기장을 인가했을 때 자유전자의 이동으로 전기전도가 일어난다. 전자가 운동할 때 어떤 운동을 하며, 금속이온과 충돌로 평균속도, 평균자유시간 등은 어떻게 되는지를 다룬다. 금속에서 자유전자의 운동을 기체분자의 운동과 같이 다룰 수 있는 이론이 Drude의 고전 전도이론이다.

4.1.1 자유전자

11개의 전자를 가지는 Na 원자의 전자배치는 $1s^2 2s^2 2p^6 3s^1$이다. $1s$, $2s$, $2p$ 궤도함수는 전자로 꽉 찬 상태이며, 주양자수가 $n=1, 2$인 내측 각, 즉 K, L 각에 있는 전자들은 원자핵으로부터 강한 쿨롱의 힘을 받는다. 따라서 원자핵과의 결합에너지는 아주 크다. 반면에 $n=3$, 즉 M 각은 최외각에 해당하고, M 각에는 3개의 s, p, d 궤도함수가 있지만 1개의 전자는 $3s$ 궤도함수에만 있게 된다. 이 $3s$ 궤도함수의 전자는 원자핵으로부터 쿨롱의 인력을 받고, 동시에 K, L 각의 10개의 전자로부터 쿨롱의 척력을 받는다. 그 결과, $3s$ 궤도함수의 전자가 원자핵으로부터 받는 인력은 약해지고, 궤도반경도 커진다. 그 반경은 2Å이다.

Na는 단위세포가 BCC 구조로 모서리 원자와 체심 원자의 $3s$ 궤도함수 전자의 궤도는 서로 겹친다(∵ 격자상수 = 4.28Å, 모서리 원자와 체심 원자 사이의 거리=3.71 Å). 이때 $3s$ 궤도함수의 전자는 자기가 속하는 원자로부터의 인력과 이웃 원자로부터의 인력을 같은 정도의 크기로 받는다. 따라서 $3s$ 궤도함수의 전자는 원래 원자에 속하는 것도, 또 옆의 원자에 속하는 것도 가능하다. 옆의 원자에 속한 전자는 또 그 다음 옆의 원자에 속하는 것도 가능하다. 결정에서의 $3s$ 궤도함수의 전자는 특정 원자에 속하는 것이 아니라 결정 전체에 속하게 된다. 이와 같이 결정에서 자유롭게 이리저리 움직이는 전자를 **자유전자**(自由電子, free electron)라고 한다.

외부에서 에너지를 가하지 않는 이상, 자유전자는 바깥으로는 나올 수 없고 내부에만 있는 이유는 뭘까? **불확정성 원리**를 수식으로 나타내면 근사적으로

$$\Delta x \cdot \Delta p \gtrsim \hbar \tag{4.1}$$

이다. 여기서 Δx와 Δp는 위치 x와 운동량 p의 측정값에 있어서 불확정도이다. $3s$

궤도함수의 전자가 $\Delta x \simeq r$인 공간 내(r은 원자궤도반경정도)에서 운동하고 있으면 그 때의 운동량은 다음 식과 같다.

$$p \simeq \Delta p \simeq \frac{\hbar}{r} \tag{4.2}$$

또 운동에너지 K는 다음과 같이 나타내진다.

$$K = \frac{1}{2}mv^2 = \frac{p^2}{2m} \simeq \frac{1}{2m}\left(\frac{\hbar}{r}\right)^2 = \frac{\hbar^2}{2mr^2} \tag{4.3}$$

하지만 Na가 결정을 만들어 $3s$ 궤도함수의 전자가 자유전자가 되어 결정 내의 넓은 공간을 자유롭게 운동하기 시작하면 r은 매우 커져서 앞 식에서 전자 1개당 운동에너지는 매우 작아진다. 그래서 $3s$ 궤도함수의 전자의 운동에너지 감소가 금속의 결합력의 원인이 된다. 바꿔 말하면 그림 4.1에 나타낸 바와 같이 운동에너지가 감소하고, 총에너지가 U만큼 내려가게 되면 U에 기초하는 힘이 자유전자를 금속 내에 구속시키는, 즉 Na^+ 이온에 의한 정전기력이 된다. 이와 같이 집단적 원자, 즉 결정에서 전자가스와 금속이온들 간의 정전기력에 의한 결합을 **금속결합**(metallic bond)이라고 한다.

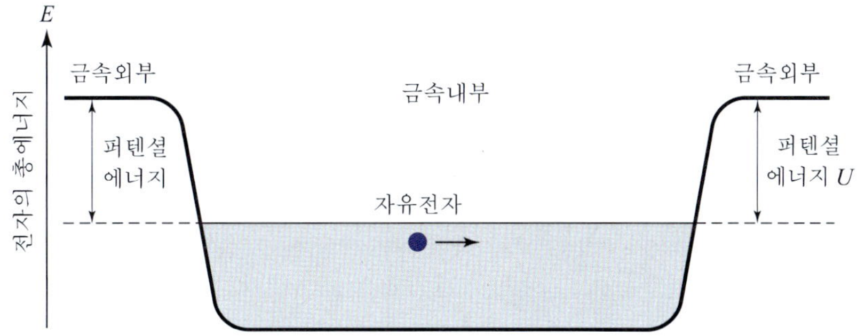

그림 4.1 금속 내부에서 자유전자의 퍼텐셜 에너지의 감소

핵심 N 금속 내부에서 자유롭게 이동이 가능한 전자가 자유전자이며, 자유전자가 금속 외부로 와르르 쏟아지지 않는 이유는 전자가스와 금속이온들 간에 정전기력이 작용하기 때문이다.

4.1.2 자유전자의 운동

모든 금속에서는 결정 내의 전자는 Na 결정에서의 $3s$ 궤도함수의 전자처럼 자유롭게 운동한다. 그림 4.2 (a)는 열평형 상태에서 금속의 전자들이 격자와 충돌로 특정한 방향이 없이 무질서한 운동을 한다. 이런 운동을 **열운동**(熱運動, thermal motion)이라고 하며, 그때의 속도를 **열속도**(熱速度, thermal velocity)라고 한다. 무질서한 운동이므로 오랜 시간이 경과한 후의 전자의 이동거리는 0이 된다. 따라서 전자가 열운동만 하게 되면 전류는 흐르지 않는다.

그림 4.2 (b)와 같이 전기장을 걸면 전자들은 전기력($F = eE$)으로 전기장의 반대 방향으로 이동하면서 격자와 충돌을 하게 되고, 충돌 직 후엔 여전히 열속도를 가지고 있으며, 다시 전기력으로 이동하고, 다시 격자와 충돌하는 이런 운동이 계속 반복하게 된다. 그러나 오랜 시간이 경과 후에는 전자는 최초의 위치에서 전기장과 반대 방향의 어떤 위치에 있게 된다. 결국 전자들은 전기장의 반대 방향으로 평균적 이동이 있게 되는데 이것을 **드리프트 운동**(drift motion) 혹은 **표동운동**(漂動運動), **유동운동**(流動運動)이라고 하고, 그때의 전자의 평균적 이동에 따른 속도를 **드리프트 속도** 혹은 **표동속도** 또는 **유동속도**라고 한다.

핵심 N 자유전자는 전기장 인가 유무에 관계없이 항상 열운동을 하고, 전기장 인가시에는 열운동과 표동운동을 한다.

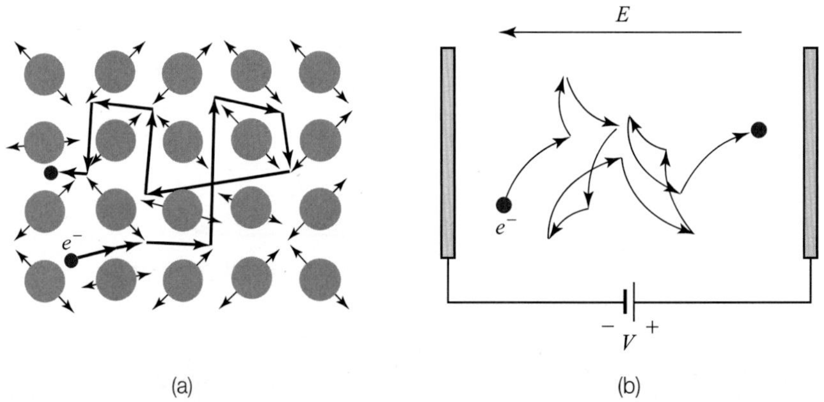

그림 4.2 (a) 열평형 상태에서 자유전자의 운동, (b) 전기장 인가시 자유전자의 운동

4.1.3 충돌시간과 표동속도

그림 4.3은 전기장이 인가되었을 때 전자가 양이온과 차례차례로 충돌을 반복하면서 전기장과 반대방향으로 이동하는 모습을 나타낸 것이다. 충돌과 충돌 사이의 시간 τ_i는 일정하지 않고, 그 사이의 속도 v_i도 일정하지 않다. 이것을 그림 4.4에 나타내었다. 이때 속도의 평균이 드리프트 속도 또는 표동속도 혹은 유동속도이다.

전자의 질량을 m_e, 전하량을 e, i번째의 전자의 속도를 v_i라고 하자. 전기장을 인가하면 전자는 전기장의 반대방향으로 가속도 $a = dv_i/dt$로 운동을 한다. 이때의 전자에 대한 운동방정식은 다음과 같이 나타낼 수 있다.

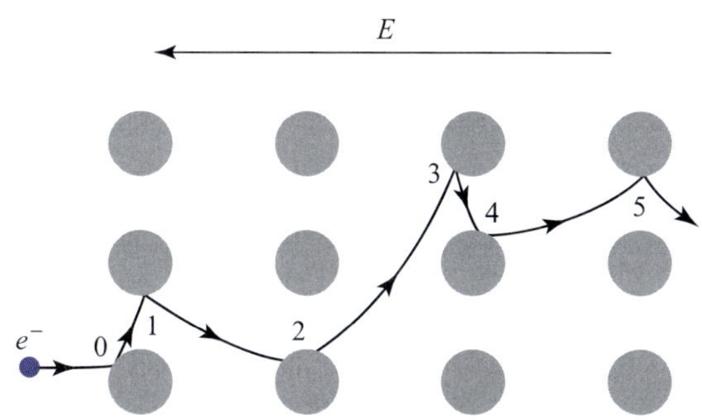

그림 4.3 금속의 양이온과 전자의 충돌모형

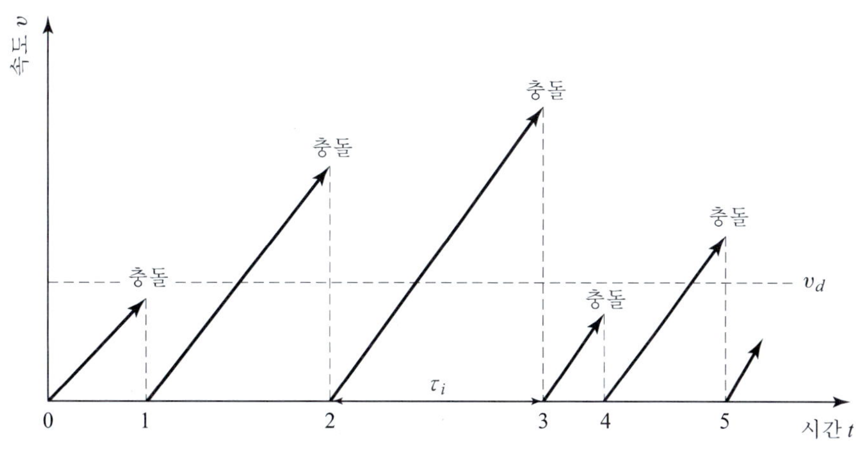

그림 4.4 그림 4.3에서 전자와 양이온과의 충돌과 관련하여 전기장 반대방향으로 전자의 충돌과 충돌 사이의 시간과 속도. 번호는 충돌 순서를 나타낸다.

$$F = m_e a = m_e \frac{dv_i}{dt}$$

$$F = eE \tag{4.4}$$

$$m_e \frac{dv_i}{dt} = eE$$

i번째의 전자가 양이온과 충돌한 후, 다른 양이온과 충돌하기까지의 시간을 τ_i라고 하자. 충돌 직후는 열평형 상태의 속도(**열속도**) v_0로 되어있다. i번째 전자의 열속도는 v_{0i}로 나타내고, 이 전자가 τ_i초간 전계에 의해 가속된 후에 다음 충돌하기 직전의 속도 v_i를 구해보자. 식 (4.4)를 풀면 v_i는 다음과 같다. 단 $t=0$에서 $v_i = v_{0i}$이다.

$$v_i = v_{0i} + \frac{eE}{m_e} t \tag{4.5-1}$$

여기서 $t = \tau_i$로 두면

$$v_i = v_{0i} + \frac{eE}{m_e} \tau_i \tag{4.5-2}$$

이 식은 등가속도 직선운동방정식, $v_i = v_0 + at$와 같은 꼴이다. v_i는 각 전자마다 다르다. N개의 전자에 대해서 v_i의 평균값이 표동속도 v_d이므로 표동속도는 다음과 같이 된다.

$$\begin{aligned} v_d &= \frac{1}{N}(v_1 + v_2 + v_3 + \cdots + v_N) \\ &= \frac{1}{N}\sum_i^N v_i = \frac{1}{N}\sum_i^N v_{0i} + \frac{eE}{m_e}\left(\frac{1}{N}\sum_i^N \tau_i\right) \\ &= 0 + \frac{eE}{m_e}\tau = \frac{e\tau}{m_e}E \end{aligned} \tag{4.6}$$

여기서 τ는 충돌시간의 평균이라고 하여 **평균자유시간**이라고 한다. 금속에서 대략 10^{-14}s 이다. 식 (4.6)의 결과만 나타내면 표동속도 v_d는

$$v_d = \frac{e\tau}{m_e} E \tag{4.6-1}$$

실제로는 v_d는 E와 반대방향이 된다. 식 (4.6−1)에서 v_d를 다음과 같이 둘 때

$$v_d = \mu E \tag{4.6-2}$$

μ를 **이동도**(mobility)라고 하며, 수식으로는 다음과 같이 정의한다.

$$\mu = \frac{e\tau}{m_e} \tag{4.7}$$

이동도는 전자가 물질에서 얼마나 이동하기 쉬운가를 나타내는 물질의 고유특성이다. 식에서 알 수 있는 바와 같이 충돌이 많아지면 평균자유시간이 짧아져서 전자가 이동하기 어렵게 되고, 또 전자의 유효질량이 클수록 이동하기 어렵다. 물질마다 이동도는 다른데 GaAs에서 전자의 이동도가 Si에서 전자의 이동도보다 5 ~ 6배 더 큰 것은 질량 6%에 불과하기 때문이다. 따라서 GaAs는 고속의 전자소자에 적합하다.

핵심 N 전기장 인가시에 수많은 전자는 격자와 무질서하게 충돌을 거듭하면서 표동속도라는 평균속도로 운동한다.

4.1.4 옴의 법칙

금속, 즉 도체에 전기장 E를 걸었을 때 전류밀도 J는 어떻게 표현되는가? 일정 체적을 갖는 도체의 체적전하밀도 혹은 전자농도(단위 체적당 전자의 개수, n)를 $\rho(= ne)$라고 하면 전류밀도는 다음과 같이 정의된다.

$$J = \rho v_d = ne\, v_d \tag{4.8}$$

식 (4.8)과 같이 표현되는 전류밀도를 **대류전류밀도**라고 한다. 대류라는 표현은 도체 내의 전자를 기체로 취급하는 데에서 온 용어이다.

식 (4.8)에 표동속도 v_d에 관계되는 식 (4.6−1)과 식 (4.7)을 대입하여 정리하면 다음과 같이 된다.

$$J = ne\mu E = \frac{ne^2\tau}{m_e}E \tag{4.9}$$

식 (4.9)는 다음과 같이 간단히 나타낼 수 있다.

$$J = \sigma E \tag{4.10}$$

이 식을 미시적 관점에서 **옴의 법칙**이라고 한다. J를 **전도전류밀도**라고 하며, 식 (4.8)의 대류전류밀도를 전기장 E에 관계시킴으로서 전도전류로 바뀌게 된 것이다. 또 σ를 **전기전도도** 혹은 **도전율**(conductivity)이라고 하며, 다음과 같이 나타내진다.

$$\sigma = ne\mu = \frac{ne^2\tau}{m_e} \tag{4.11}$$

따라서 전도도는 전자수가 많을수록, 평균자유시간이 길수록 크다. 전도도는 물질마다 정해지는 고유특성이다. 또 전도도의 역수를 **전기저항률** 혹은 **비저항**(resistivity)이라고 하며, 다음과 같이 나타내진다.

$$\rho = \frac{1}{\sigma} = \frac{m_e}{ne^2\tau} \tag{4.12}$$

따라서 식 (4.10)으로부터 ρ는 다음과 같이 쓸 수 있다.

$$\rho = \frac{E}{J} \tag{4.13}$$

식 (4.13)에서 보면 비저항 ρ는 전기장 E에 비례하여 전기장에 의존하는 것으로 보이나 E가 증가하면 그에 따라 J도 증가하여, ρ는 E에 무관하게 된다. 식 (4.12)에서 금속의 비저항 ρ는 전자농도 n과 전자의 평균자유시간 τ에만 의존하며 전기장과는 무관하다. 따라서 어떤 물질의 비저항이 전기장에 무관하게 될 때 그 물질은 옴의 법칙에 따르다고 한다.

전기이론에서 잘 알려진 옴의 법칙, 즉 $V = RI$는 거시적 관점에서 사용되는 식으로 이것은 식 (4.10) 혹은 (4.13)에서 유도된 식이다. 단면적이 A, 길이가 ℓ인 도선에 전압 V를 인가할 때 전류 I가 흐른다고 가정하면 식 (4.13)으로부터 다음과 같은 식들이 성립한다.

$$E = \rho J \rightarrow \frac{V}{\ell} = \rho\frac{I}{S} \rightarrow V = \rho\frac{\ell}{S}I \tag{4.14}$$

여기서 $\rho\frac{\ell}{S}$을 저항을 R로 두면 다음과 같은 식을 얻는다.

$$V = RI \tag{4.15}$$

따라서 저항은 R은 다음과 같이 나타내진다.

$$R = \rho\frac{\ell}{S} \tag{4.16}$$

이 식도 결과적으로 옴의 법칙에서 온 식이다. 길이가 길수록, 단면적이 작을수록 전자가 이동하는데 더 많은 충돌이 일어날 것이므로 저항이 증가하게 된다.

상온에서 몇몇의 순수한 금속들의 비저항과 전도도를 표 4.1에 나타내었다.

표 4.1 대표적인 금속들의 비저항과 전도도(20℃)

금속	비저항, $\rho\,[\mu\Omega\cdot\text{cm}]$	전도도, $\sigma\,[\times 10^5\ \Omega^{-1}\cdot\text{cm}^{-1}]$
Ag	1.62	6.17
Cu	1.72	5.81
Au	2.4	4.17
Al	2.82	3.55
Mg	4.46	2.24
Na	4.6	2.17
W	5.48	1.82
Zn	6.1	1.64
Ni	6.9	1.45
Fe	10	1.0
Pt	10.5	0.95
Pd	10.8	0.92
Sn	11.4	0.88
Pb	21.9	0.46

식(4.11)에 따르면 전도도 σ는 전자농도 n과 평균자유시간 τ에 의존한다. 전도도가 가장 높은 은(Ag)의 τ를 구해보자. 은(Ag)의 페르미 에너지 E_F는 $E_F = 5.5\,\mathrm{eV}$이므로

$$E_F = 5.5 \times 1.602 \times 10^{-19} = m_e v_F^2/2 = 0.99 \times 9.1 \times 10^{-31} v_F^2/2$$

페르미 준위에서 전자의 속도 v_F는 $v_F = 1.4 \times 10^6\,\mathrm{m/s}$이다. 금속에서 v_F는 대개 $\sim 10^6\,\mathrm{m/s}$이다. 전자농도 n을 안다면 $\sigma = ne^2\tau/m_e$에서 τ를 계산할 수 있다. 전자농도 n은 원자밀도(d), 아보가드로수(N_A), 원자량(M_{at})을 알 때 다음과 같이 구해진다.

$$n = dN_A/M_{at} = 10.5 \times 6.02 \times 10^{23}/107.9 = 5.85 \times 10^{22}\,\mathrm{cm}^{-3}$$

따라서 전도도 σ는

$$\sigma = 6.17 \times 10^7 = \frac{ne^2\tau}{m_e} = \frac{(5.85 \times 10^{28})(1.602 \times 10^{-19})^2\,\tau}{9.1 \times 10^{-31}}$$

$\tau = 3.74 \times 10^{-14}\,\mathrm{s}$ 이다. 평균자유행정 ℓ은

$$\ell = v_F\tau = (1.4 \times 10^6)(3.74 \times 10^{-14}) \simeq 52.4\,\mathrm{nm} = 524\,\text{Å}$$

전도도가 높은 5개의 금속에 대해서 전도도에 영향을 미치는 인자를 표 4.2에 나타내었다.

표 4.2 주요 금속의 전도도에 미치는 인자

금속	n ($\times 10^{22}\,\mathrm{cm}^{-3}$)	v_F ($\times 10^6\,\mathrm{m/s}$)	τ ($\times 10^{-14}\,\mathrm{s}$)	ℓ(Å)
Ag	5.85	1.4	3.74	524
Cu	8.5	1.57	2.42	380
Au	5.9	1.4	2.5	350
Al	18.1	2.03	0.68	138
Mg	8.62	1.58	0.92	145

표 4.2에서 알루미늄(Al)이 페르미 준위에서 전자의 속도가 가장 빠르고, 3가로 자유전자수도 가장 많아서 전도도가 가장 높을 것으로 예상할 수 있지만 평균자유시간이 가장 짧아 격자와의 충돌이 가장 많다. 즉 대략 140Å 이동할 때마다 한 번씩 충돌한다.

핵심 N 물질의 비저항이 전기장에 무관할 때 그 물질은 옴의 법칙에 따른다. 금속의 전도도는 전자농도와 평균자유시간의 곱에 비례한다.

4.1.5 직류저항과 교류저항

(1) 표피효과

그림 4.5 (a)에 나타낸 바와 같이 직경이 $2a$인 도체에 흐르는 직류 I는 도체의 단면을 통해서 균일하게 흐른다. 이때 도체의 저항은 옴의 법칙에 따라 식 (4.16), **직류저항** $R = \rho \dfrac{\ell}{S}$이다. 그러나 그림 4.5 (b)와 같이 도체에 흐르는 교류는 직류일 때와는 다르게 균일하게 흐르지 않는다. 즉 중심부와 가장자리에 흐르는 전류가 다르게 나타난다. 이것의 원인은 **표피효과**(表皮效果, skin effect)에 있다.

교류가 흐르게 되면 자기 플럭스가 발생하게 되고, 자기 인덕턴스가 생긴다. (1) 도체 내부에 교류가 흐를 경우에 자기 플럭스가 도체 내부와 외부를 지나가게 되고, 큰 자기 인덕턴스를 발생시킨다. (2) 내부에는 전류가 흐를 수 없으므로 외부 도체에만 자기 플럭스가 지나가게 되고, 내부에 비해서 자기 인덕턴스를 작게 발생시킨다. 따라서 전류는 외부도체로 집중하게 된다. 이와 같이 도체에 흐르는 전류를 표면으로만 제한하는 전자기 현상을 **표피효과**라고 한다.

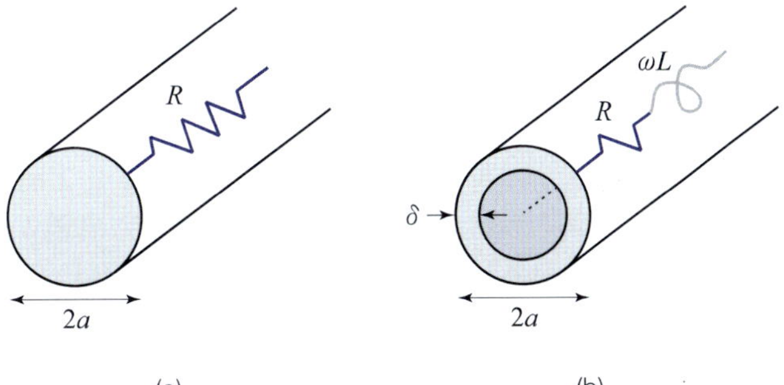

그림 4.5 도체의 저항 : (a) 직류저항, (b) 교류저항(표피효과)

그림 4.5 (b)에서 표피깊이 δ는 다음 식과 같이 나타내진다(증명생략)

$$\delta = \frac{1}{\sqrt{\pi f \sigma \mu}} \tag{4.17}$$

여기서 f는 교류 주파수, σ는 도체의 전도도, μ는 도체의 투자율이다.

식에서 알 수 있는 바와 같이 도체에 흐르는 전류의 주파수가 클수록 전류의 표피효과가 크고, 같은 주파수라도 전도도와 투자율이 큰 도체일수록 표피효과가 크다.

(2) 교류저항

교류저항은 외견상 직류저항 식과 같은 형태를 취한다. 즉 $R_{ac} = \rho_{ac}\frac{\ell}{S}$ 이다. 표피효과로 전류가 흐르는 단면적이 직류일 때와는 다르게 된다.

$$R_{ac} = \rho_{ac}\frac{\ell}{S} = \rho_{ac}\frac{\ell}{\pi a^2 - \pi(a-\delta)^2} = \rho_{ac}\frac{\ell}{2\pi a\delta - \pi\delta^2} \tag{4.18}$$

표피효과가 크다면, 즉 $\delta \ll a$라면 식 (4.18)은 다음과 같이 나타내진다.

$$R_{ac} \simeq \rho_{ac}\frac{\ell}{2\pi a\delta} \tag{4.18-1}$$

여기서 ρ_{ac}는 교류에서 도체의 비저항으로서 대략 주파수가 10^{14} Hz 이하에서는 직류에서 비저항 ρ_{dc}와 거의 같다. 표피효과가 클수록 전류는 표면으로만 흐르고, 중심부에는 거의 흐르지 않기 때문에 도체의 겉보기 단면적이 크더라도 고주파가 되면 전류가 흐를 수 있는 단면적은 감소하여 저항이 증가하게 된다. 따라서 고주파에서는 필요 이상의 굵은 선을 사용할 필요가 없다. 고주파가 GHz대 이상인 초고주파에서는 도파관(파이프)을 사용하는 것이 일반적이다.

핵심 N 도체의 직류저항과 교류저항은 다르다. 도체에 직류를 인가하면 단면적을 통해서 균일하게 흐르나, 교류는 표피효과로 인해서 주로 표면쪽으로 쏠리는 경향이 있다. 도체에서 교류저항이 직류저항보다 항상 크다.

4.2 전기저항

금속에서 저항이 생기는 원인은 결정격자의 주기성이 흐트러지기 때문인데 흐트러짐을 유발하는 인자는 크게 두 가지로 대별된다.

(1) 격자의 열진동

(2) 불순물, 결함 등

일반적으로 완전한 결정은 절대 영도에서 전기장을 인가한 경우 전자의 운동을 산란시킬 수 있는 인자가 없기 때문에 전기저항은 0이다. 그러나 실제로 사용하고 있는 도체는 불순물을 함유하기 때문에 절대 0도에서 저항이 0이 될 수가 없고, 반드시 얼마간의 저항을 가지고 있는데 이것을 **잔류저항**(residual resistance)이라고 한다. 온도에 따른 저항변화를 그림 4.6에 나타내었다.

저항은 열에 의한 성분(ρ_{th})과 불순물 및 격자결함에 의한 성분(ρ_i)의 합으로 다음과 같이 나타낸다.

$$\rho = \rho_{th} + \rho_i = \frac{m_e}{ne^2\tau_{th}} + \frac{m_e}{ne^2\tau_i} - \frac{m_e}{ne^2}\left(\frac{1}{\tau_{th}} + \frac{1}{\tau_i}\right) \tag{4.19}$$

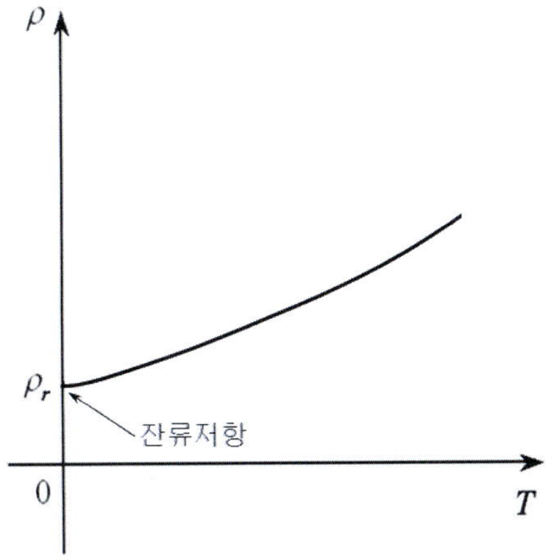

그림 4.6 온도와 저항의 관계

여기서 n은 전자농도, m_e는 전자의 질량, τ_{th}는 열성분에 의한 전자의 평균자유시간, τ_i는 불순물 성분에 의한 전자의 평균자유시간이다.

식 (4.19)는 **마티센의 법칙**(Matthiessen's law)으로 알려져 있다. ρ_{th}는 온도에 의한 결정격자의 열진동으로 생기는 저항이며, ρ_i은 불순물(합금 원소) 또는 격자결함에 의한 격자왜형으로 생기는 저항이다. 이처럼 합성 저항률은 전자의 여러 가지 충돌(산란)에 의한 저항률의 합으로 나타난다. 마티센의 법칙은 고온 또는 불순물 농도가 높은 곳에서는 그다지 정확하지 않다. 하지만 간단한 법칙이기 때문에 자주 사용된다.

4.2.1 온도와 전기저항

금속의 비저항은 온도가 증가하면 어떻게 될까? 비저항 $\rho = 1/(ne\mu)$이므로 n, e는 온도에 무관하고, μ의 온도 연관성 유무에 따라 ρ의 온도 의존성이 결정될 것이다. 따라서 μ의 온도 관련성을 살펴보자.

온도가 올라가면 격자의 열진동이 커져서 격자 사이를 지나가는 전자는 격자와 충돌할 확률이 커질 수밖에 없다. 즉 충돌 후에 여러 방향으로 산란하게 된다. 충돌 자체가 곧 저항의 발생이다. 전자는 충돌 후에 평균자유행정만큼 이동하고 다시 충돌하는 과정을 반복한다.

그림 4.7과 같은 격자의 열진동으로 전자가 산란되는 모형을 생각해보자. 격자 진동의 크기를 a, 진동의 단면적을 S, 원자밀도를 N_s, 전자의 열평균속도를 u, 충돌 사이의 평균거리를 ℓ이라고 하면 부피 $S\ell$ 내에는 하나의 산란중심이 있다. 즉 $N_s S\ell = N_s Su\tau = 1$이다.

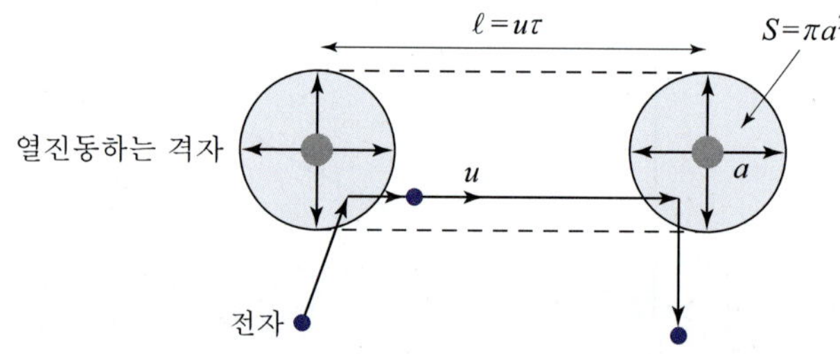

그림 4.7 격자의 열진동에 의한 전자의 산란

따라서 평균자유시간 τ는 다음과 같이 쓸 수 있다.

$$\tau = \frac{1}{SN_s u} \tag{4.20}$$

이 식으로부터 τ는 격자진동의 단면적(산란 단면적) $S = \pi a^2$에 의존하므로

$$\tau \propto \frac{1}{\pi a^2} \tag{4.21}$$

가 된다. τ와 온도 T의 관계를 알기 위해서는 a와 온도 T의 관계를 알아야만 한다.

이와 관련된 내용의 전개과정을 아래 박스 속에 다루었다. 그러나 그 과정을 생략하고 결과만 알아둬도 진도의 흐름에 큰 문제가 없으므로 참고하기 바란다.

원자 간의 결합은 스프링계와 유사하므로 격자의 열진동을 질량 m이 연결된 스프링의 단순조화진동에 적용시켜보자. 스프링에 연결된 물체의 운동방정식은 다음과 같이 쓸 수 있다.

$$ma = -kx, \quad \frac{d^2x}{dl^2} + \frac{k}{m}x = 0$$

미분방정식을 풀면 해는

$$x = A\sin\omega t, \quad \omega^2 = \frac{k}{m}$$

운동에너지 K는

$$K = \frac{1}{2}mv^2 = \frac{1}{2}m\left(\frac{dx}{dt}\right)^2 = \frac{1}{2}m\omega^2 A^2\cos^2\omega t = \frac{1}{2}kA^2\cos^2\omega t$$

용수철의 퍼텐셜 에너지 U는

$$U = \frac{1}{2}kx^2 = \frac{1}{2}kA^2\sin^2\omega t$$

1주기 동안 운동에너지가 최대일 때 퍼텐셜 에너지는 0이 되고, 퍼텐셜 에너지가 최대일 때 운동에너지는 0이 된다. 탄성력은 보존력이므로 탄성력이 질점에 한일, 즉 총에너지 $E = K + U$는 보존된다. 총에너지는

$$E = K + U = \frac{1}{2}kA^2\cos^2\omega t + \frac{1}{2}kA^2\sin^2\omega t = \frac{1}{2}kA^2$$

로 언제나 일정하다. 1주기 동안 평균 운동에너지와 평균 퍼텐셜 에너지는 같으며, 다음과 같이 된다.

$$K = U = \frac{1}{2}\left(\frac{1}{2}kA^2\right) = \frac{1}{4}m\omega^2 A^2$$

A는 조화진동에서 진폭이므로 격자진동의 크기 a에 해당한다. 여기서 이러한 내용을 x 방향으로만 열진동하는 격자에 적용시키면 온도와 관계되는 평균 운동에너지는 $kT/2$와 같아야 한다.

$$\frac{1}{4}m\omega^2 a^2 = \frac{1}{2}kT$$

따라서 $a \propto \sqrt{T}$이다.

온도 T에서 사방으로 격자진동의 크기 a는 다음 식에서와 같이 온도 T의 평방근에 비례함을 알 수 있다.

$$a \propto \sqrt{T} \tag{4.22}$$

사실 온도가 증가하면 격자진동의 폭은 당연히 커질 것이라고 예상되지만 상기에서 유도한 식에 따르지 않고서는 $a \propto T^x$에서 x가 어떻게 되는지는 알 수가 없다. 평균자유시간 τ는 식 (4.21)과 식 (4.22)로부터 다음과 같이 온도에 연관된다.

$$\tau \propto \frac{1}{\pi a^2} \propto \frac{1}{T} \tag{4.23}$$

온도가 증가하면 평균자유행정이 짧아진다. 이런 관계식을 이용하면 이동도 μ는 다음과 같이 온도에 반비례한다.

$$\mu = \frac{e\tau}{m_e} \propto \frac{1}{T} \tag{4.24}$$

온도가 증가하면 전자가 이동하기 어렵다는 것이다. 결과적으로 비저항 ρ는 다음과 같이 온도에 비례하게 된다.

$$\rho = \frac{1}{ne\mu} \propto T \tag{4.25}$$

온도가 점점 증가하면 격자의 진동은 더 커질 것이고, 전자는 격자와 충돌이 잦아져서 전자의 이동에 대한 저항으로 나타난다.

온도 1℃ 증가에 따른 저항의 변화를 **저항의 온도계수**($\alpha = \Delta\rho/(\rho\Delta T)$)라고 하는데 온도가 증가할 때 저항이 증가하면 저항의 온도계수는 양이고, 저항이 감소하면 음이 된다. 금속은 대체로 양의 값을 가지고, 반도체는 음의 값을 가진다. 온도계수 α가 어떤 온도범위에서 일정할 때 다음 식을 사용하여 저항률을 구할 수 있다.

$$\rho = \rho_o[1 + \alpha(T - T_o)] \tag{4.26}$$

온도계수는 전기전자재료를 연구하거나 응용하는 경우에 여러 가지 의미를 가진다. 즉 저항재료에 있어서 정밀용 저항으로 사용하는 경우는 온도계수가 작거나 0인 것이 바람직하다. 저항온도계로 사용하는 경우는 온도계수가 크고, 더구나 온도와 저항 사이의 관계가 직선적인 것이 바람직하다. 전열저항의 경우에는 온도-저항 곡선의 형태에서 이것을 급속 가열에 응용하거나 또는 온도의 상승을 포화시켜서 과열을 방지하도록 할 수도 있다. 음의 온도계수를 가지는 재료는 양으로 변하는 온도에 대응하는 온도보상용으로 적합하다.

나아가 여름철이 되면 도선 혹은 전선의 온도가 올라가므로 전선의 저항변화로 인해 크든 작든 전력손실이 생긴다는 사실도 알아두자.

핵심 N 금속의 온도가 올라가면 전기저항은 증가한다.

4.2.2 불순물과 전기저항

결함이 거의 없는 순수한 금속은 격자의 열진동에 의한 격자산란이 저항률을 지배하지만 불순물이 첨가되면 상황이 달라진다. 모원자로 구성된 순금속의 내부에는 금속이온에 의한 전위분포는 주기적이지만 그림 4.8에서처럼 불순물을 첨가하면 불순물이 침입형 형태이든 치환형 형태이든 **격자왜형**이 생기고, 전위분포의 주기성이 부분적으로 흐트러지게 된다. 그로 인해 전자는 격자왜형 영역에서 퍼텐셜 에너지 변화, 즉 다음과 같은 힘을 받게 된다.

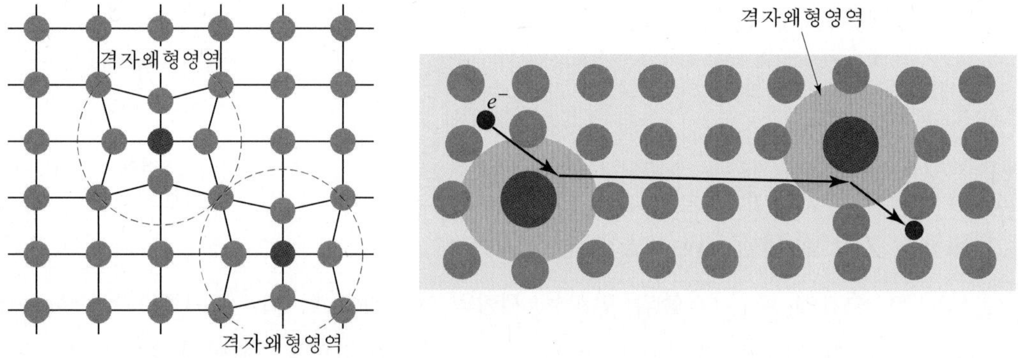

그림 4.8 불순물 첨가시 격자의 주기성 붕괴와 격자왜형영역

$$F = -\frac{dU}{dx} \tag{4.27}$$

그로 인해서 전자는 격자왜형영역에서 비탄성 충돌로 산란이 일어나므로 전자의 이동이 어려워진다. 일반적으로 금속에 불순물을 첨가하면 전기저항은 증가하고, 격자왜형으로 결합력이 더 강해져서 격자의 열진동의 단면적이 감소하여 온도의 영향은 점점 더 줄어든다. 합금에서 온도계수가 순금속보다 작은 이유가 바로 여기에 있다.

핵심 N 금속에 불순물을 첨가하면 전기저항은 증가한다.

4.2.3 금속가공과 전기저항

일반적으로 금속은 압연, 선인 등과 같이 탄성한도 이상으로 가공하게 되면 전기저항은 증가한다. 이것은 가공에 의해 생기는 변형 또는 전위 등의 격자결함에 따른 것이다. 가공에 의한 전기저항의 변화는 그림 4.9에서처럼 결정의 미끄럼에 따른 감소(a)와 가공변형에 따른 증가(b)가 있다. 가공을 하게 되면 가공방향에 따라 결정입자가 미끄럼으로 그 모양이 길어지게 되고, 입계수가 감소하여 저항이 감소하나 동시에 격자왜형으로 전위분포의 주기성이 완전하지 못하여 전자의 산란이 증가하기 때문에 저항이 증가하게 된다. 이 둘의 요인은 동시에 일어나고 총합적으로는 **가공하면 저항의 증가**라는 결과를 나타내게 된다. 이러한 현상에 의한 전기저항의 증가는 전선에서의 가공한 그대로의 **경인선**(硬引線)에서 볼 수 있다. 그러나 이러한 가공의 효과는 전기저항의 증가뿐만 아니라, 인장강도, 경도의 증가 및 신장의 감소를 가져오는데

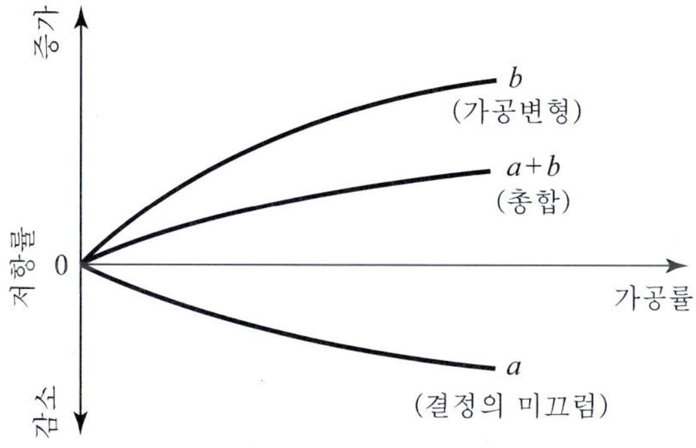

그림 4.9 가공과 저항과의 관계

이러한 현상을 **가공경화**(加工硬化, Work hardening)라고 한다. 특히 송배전선의 경우 가공으로 서로 상반된 도전율과 인장강도를 모두 고려하여야 한다.

핵심 N 금속을 가공하면 인장강도 및 경도가 커지고 전기저항도 증가한다.

4.2.4 석출경화와 전기저항

석출경화과정의 개념을 그림 4.9에 나타내었다. 이종(異種) 금속을 용융하여 합금으로 만들 때 용융상태에서 **급냉**(**담금질**, quenching)하면 용질원자가 고용한계를 넘어 용매금속에 고용된다. 즉 과포화 고용체가 된다(그림 4.10에서 $X \rightarrow A$). 이것을 적당한 온도에서 **재가열**(**뜨임**, tempering)하면 고용한계 이상의 용질원자는 미결정이 되어 금속 중에 석출된다(그림 4.10에서 $A \rightarrow B$). 이 결과로 석출물 주위에 왜형이 생기고, 원자배열이 불규칙하게 되어 합금이 경화 또는 강화되는 것은 **석출경화**(析出硬化, precipitation hardening) 또는 **시효경화**(時效硬化, age hardening)라고 한다. 이 합금을 **석출경화합금** 또는 **시효경화합금**이라고 한다. 시효열처리는 도전율을 약간 떨어뜨리지만 기계적 강도를 증가시킨다. 석출현상이 계속되면 응집물이 성장하면서 연화되는 것을 **과시효**(over-aging)라고 한다(그림 4.10에서 $B \rightarrow C$). 재료가 과시효 처리되면 도전율은 회복되지만 기계적 강도는 감소하게 된다. 따라서 도전재료의 선택에 있어서 기계적 강도와 도전율 양쪽 모두를 고려하여야 한다. 한편 과포화 고용체를 **서냉**(**풀림**, annealing)하면 용질원자가 입계로 석출한다(그림 4.10에서 $X \rightarrow D$). 이 결과로 기계적 강도는 다소 감소하나 도전율은 향상된다.

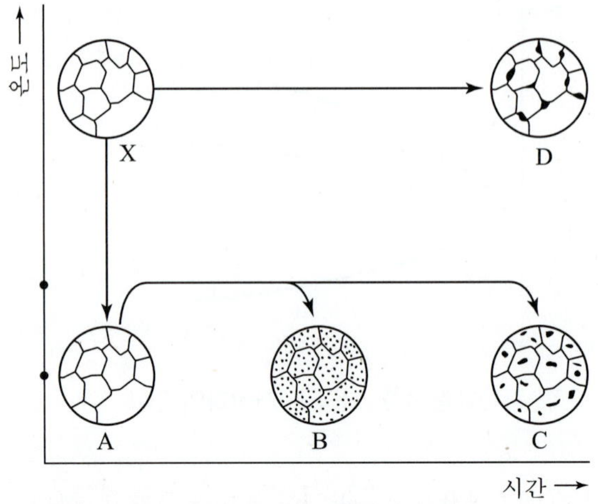

그림 4.10 시효경화(석출경화) 과정

핵심 N 과포화 고용체를 뜨임하면 고용한계 이상의 용질원자가 석출되어 도전율은 약간 낮아지지만 인장강도는 증가한다.

4.2.5 열처리와 전기저항

상온가공(hot work)으로 저항이 증가한 금속을 적당히 열처리(어닐링)하면 그림 4.11과 같이 저항이 증가하는 요소(a)와 감소하는 요소(b)가 동시에 나타난다. 열처리를 하게 되면 그림 4.9에서 가공으로 미끄럼 방향으로 배열된 결정격자(저항감소)가 가공하기 전의 상태로 회복하여 저항이 증가한다. 동시에 가공변형으로 증가했던 저항은 열처리로 가공 전의 상태로 회복되어 저항이 감소하게 된다. 다시 말해서, 재결정온도 이상으로 열처리하면 크게 3단계 과정이 일어나는데 1단계는 **회복단계**로 가공으로 인한 금속 내부의 응력을 제거하는 단계, 2단계는 **재결정단계**로 새로운 결정핵이 생성되는 단계, 3단계는 **성장단계**로 결정립들 간에 병합이 이루어지는 단계가 일어난다. 이러한 과정에서 전위분포의 주기성이 붕괴된 격자에서 응력이 제거되어 주기적 퍼텐셜이 만들어지고, 격자왜형이 없는 결정이 만들어짐으로서 저항이 감소하게 된다. 요소(a)와 요소(b)가 동시에 일어나지만 총합적으로는 보면 **열처리하면 저항의 감소**라는 결과를 나타내게 된다. 열처리하면 감소되었던 도전율은 회복하지만 인장강도는 감소한다. 도전재료인 연동선은 경동선을 열처리한 것이다.

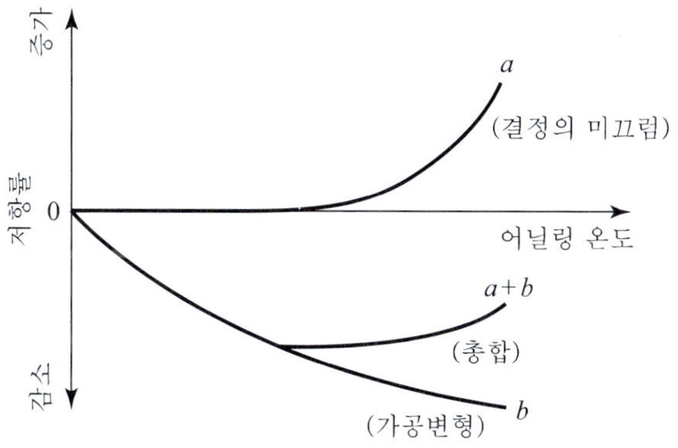

그림 4.11 열처리와 저항과의 관계

여기서 열처리에 대해서 간단히 설명하면 금속을 가열과 냉각을 반복 처리함으로서 필요한 성질을 가지게끔 하는 일련의 공정을 총칭해서 **열처리**라고 한다. 열처리에는 여러 가지의 종류가 있다.

담금질(quenching)은 용융상태나 융점 이하의 고온에서 가열한 금속을 물이나 기름 속에 넣어 급냉시키는 열처리를 말하며, 재료의 경도는 향상되지만 인성(충격에 견디는 성질)은 떨어지게 된다. **뜨임**(tempering)은 담금질한 것을 적당한 온도까지 천천히 가열시키는 열처리를 말하며, 경도는 떨어지지만 인성은 증가한다. **풀림**(annealing)은 상온 가공한 금속을 적당히 다시 재가열하여 전기적 성질을 안정화시키는 열처리를 말하며, 기계적 강도는 떨어지지만 전기전도율은 증가한다.

핵심 N 담금질, 뜨임(템프링), 풀림(어닐링)으로 나타나는 전기적, 기계적 성질을 요약한다. 열처리를 하면 기계적 강도는 다소 떨어지나 도전율은 향상된다.

4.2.6 주울의 법칙

금속에 전류를 흘리면 열이 발생한다. 이 열을 **주울열**(Joule heat)이라고 하는데 열은 어떻게 해서 발생하는가? 금속 내의 자유전자는 전기장(E) 안에서 가속($a = eE/m$)될 것이고, 평균자유행정을 이동한 후에 격자와 충돌한다. 전자가 가지고 있는 운동에너지를 격자에 줌으로서 격자는 진동을 할 것이다. 금속의 격자진동은 양이온의 가속운동에 해당하므로 전자기파를 방출한다. 전자기파는 에너지이므로 이것이 열이다.

열에너지를 정량적으로 구해보자. 전기장 E를 가하고 전자 1개가 2τ동안 가속된다고 가정하면 1개의 전자가 가지는 운동에너지(K)는 다음과 같이 나타내진다.

$$K = \frac{1}{2}mv^2 = \frac{1}{2}m\left(\frac{2e\tau}{m}E\right)^2 = \frac{2e^2\tau^2E^2}{m} \tag{4.28}$$

단위 체적당 전자수가 n개라면 그때의 전자들이 가지는 전체의 운동에너지 K는 다음과 같이 된다.

$$K = \frac{2ne^2\tau^2}{m}E^2 \tag{4.29}$$

이때 2τ초간 전자가 격자와 충돌해서 격자에 주는 평균 에너지 밀도는 다음과 같이 쓸 수 있다.

$$w = \frac{ne^2\tau}{m}E^2 = \sigma E^2 \tag{4.30}$$

여기서 전도도 $\sigma = ne\mu = \dfrac{ne^2\tau}{m}$이다.

식 (4.30)은 단위 체적당 열로 소비되는 전력에 해당한다. 이것이 **주울의 법칙**이다. 주울의 법칙은 거시적 옴의 법칙을 사용한 전력 공식으로부터도 다음과 같이 유도된다.

$$W = VI = (El)(JS) = (EJ)Sl = (E)(\sigma E)Sl = (\sigma E^2)Sl \tag{4.31-1}$$

$$W = I^2R = (JS)^2\frac{l}{\sigma S} = \frac{J^2}{\sigma}Sl = \frac{(\sigma E)^2}{\sigma}Sl = (\sigma E^2)Sl \tag{4.31-2}$$

$$W = \frac{V^2}{R} = \frac{(El)^2}{l/\sigma S} = \frac{(\sigma E^2)\ell}{1/S} = (\sigma E^2)Sl \tag{4.31-3}$$

식 (4.31-1, 2, 3) 모두 $w = W/Sl = \sigma E^2$와 같은 결과를 얻는다.

핵심 N 전선이나 저항체에 전류를 흘리면 열이 발생한다. 이것이 주울의 법칙이다. 주울열은 전기장에서 표동운동하는 전자가 격자와 충돌했을 때 격자진동으로부터 발생하는 열에너지이다.

4.3 합금의 저항률

일반적으로 저항은 격자산란과 불순물 산란으로 생긴다. 불순물이 첨가되면 결정의 규칙성이 줄어들고, 격자의 왜형이 생겨나 기계적 강도가 증가한다. 따라서 합금에서 격자의 열진동이 순금속보다 작기 때문에 합금의 저항은 온도보다 불순물에 더 큰 영향을 받는다.

고체의 결정격자 속에 다른 원소의 원자가 들어가 용해한 고체 상태를 **고용체**(固溶體, solid solution)라고 한다. 이때 결정을 이루는 모원자를 용매원자라고 하고, 용해한 원자를 용질원자라고 한다. 용질원자가 용매원자 사이에 들어간 경우를 **침입형 고용체**, 용매원자 자리에 들어간 경우를 **치환형 고용체**라고 한다. 용질원자가 무한정 용해하여 단일상이 형성되는 것을 **전율 고용체**(全率固溶體)라고 하며, Au-Ag, Cu-Ni, Cu-Au, Cu-Pd, Pt-Pd 등이 여기에 해당한다. 일부만 용해되어 2개의 상이 형성되는 것을 **한율 고용체**(限率固溶體)라고 하며, Si-Au, Si-Al 등이 여기에 해당한다.

4.3.1 단일상에서 저항률

고용체가 되면 결정격자의 배열이 흐트러져 전자의 충돌 확률은 증가하고, 용질원자의 용해량이 작을 경우의 저항률은 거의 직선적으로 증가한다. 용매와 용질이 반대가 되는 경우에도 같은 성질이 나타난다. 일반적으로 어떤 비율로도 단일상이 되는 전율 고용체의 저항률 ρ는 그림 4.12처럼 포물선형이 된다. 합금비율이 1 : 1의 부근에서 저항률 ρ는 최대가 된다. 합금의 목적은 저항률의 변화와 강도의 증가에 있다. 예컨대 전기 플러그의 금속은 황동(70% Cu-30% Zn)이다.

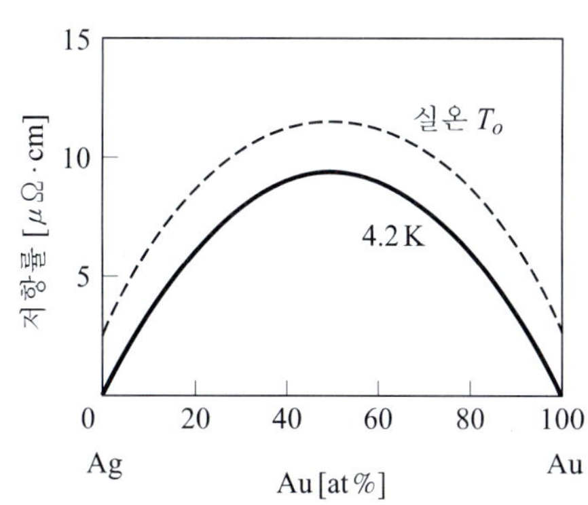

그림 4.12 Au-Ag 2원합금의 조성과 저항률. 실선은 4.2 K에서 잔류저항

단일상 합금의 저항률을 예측하기 위한 실험식이 다음과 같은 **노드하임**(Nordheim) **의 법칙**(Nordheim's law)이다.

$$\rho_i = \beta c(1-c) \tag{4.32}$$

여기서 c는 불순물의 농도, 즉 용질원소의 농도, β는 용매원소와 용질원소에 의해 결정되는 상수로 노드하임 계수라고 한다. 용매원소와 용질원소의 원자의 크기나 원자가의 차가 클수록 이 값은 커진다. 노드하임 식은 아주 적은 양의 불순물일 경우 유용하게 사용된다. $c \ll 1$일 경우, 식 (4.32)에서 $\rho_i \simeq \beta c$가 되고, 저항률은 농도에 비례한다.

금속이 가지고 있는 전체 저항률은 마티센의 법칙과 노드하임의 법칙에 따라 다음과 같이 나타내진다.

$$\rho = \rho_{th} + \rho_i = \rho_{th} + \beta c(1-c) \tag{4.33}$$

ρ_{th}는 앞에서는 격자의 열진동에 의한 저항률이었으나 여기서는 불순물을 첨가하기 전의 모든 인자에 의한 저항률로 보는 것이 타당할 것이다. 참고로 $c < 1.0\ at\%$일 때 노드하임 계수를 아래 표에 정리하였다.

표 4.2 $c < 1.0\ at\%$일 때 노드하임 계수

용매원소 속에 용질원소	노드하임 계수, β [nΩ·m]
Cu(Au)	5500
Cu(Mn)	2900
Cu(Ni)	1200
Cu(Sn)	2900
Cu(Zn)	300
Au(Cu)	450
Au(Mn)	2410
Au(Ni)	790
Au(Sn)	3360
Au(Zn)	950

출처 : J. K. Stanley, Electrical and Magnetics Properties of Metals, American Society for Metals, 1963. Solubility data from M. Hansen and K. Anderko, Constitution of Binary Alloys, New York, McGraw-Hill, 1985.

4.3.2 2상에서 저항률

고용체라고 해서 모두 단일상의 전율 고용체는 아니다. 2상이 존재하는, 즉 α상과 β상이 혼합된 **2상합금의 저항률**을 알아보자. 사실 노드하임의 법칙은 단일상의 고용체에서만 사용할 수 있다.

(1) 균일층 합금의 직렬구조

그림 4.13은 전류가 2상 균일층에 수직으로 흐르는 직렬구조이다. 이 구조의 실효저항(R_{eff})은 옴의 법칙에 따라 다음과 같이 쓸 수 있다.

$$R_{eff} = R_\alpha + R_\beta = \rho_\alpha \frac{\ell_\alpha}{S} + \rho_\beta \frac{\ell_\beta}{S} = \rho_{eff} \frac{\ell}{S} \tag{4.34}$$

여기서 R_α는 α상의 저항, R_β는 β상의 저항, ρ_α는 α상의 저항률, ρ_β는 β상의 저항률, ρ_{eff}는 실효 저항률, ℓ_α는 α상의 총길이, ℓ_β는 β상의 총길이, $\ell_\alpha + \ell_\alpha = \ell$은 시료의 길이, S는 단면적이다.

ρ_{eff}를 ρ_α와 ρ_β로 나타내어보자. χ_α와 χ_β를 각각 α상과 β상의 부피분율, 즉 $\chi_\alpha = \ell_\alpha / \ell$, $\chi_\beta = \ell_\beta / \ell$라고 하면 식 (4.34)는 다음과 같이 쓸 수 있다.

$$R_{eff} = \rho_\alpha \chi_\alpha \frac{\ell}{S} + \rho_\beta \chi_\beta \frac{\ell}{S} = \rho_{eff} \frac{\ell}{S} \tag{4.35}$$

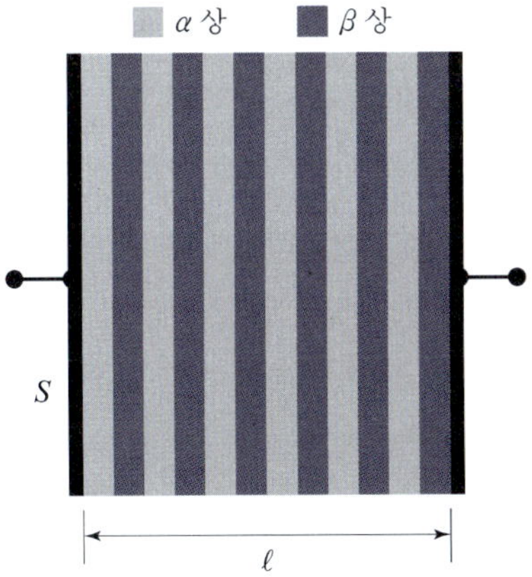

그림 4.13 균일층 합금의 직렬구조

따라서 직렬구조에서 균일층 합금의 실효 저항률은 다음과 같다.

$$\rho_{eff} = \rho_\alpha \chi_\alpha + \rho_\beta \chi_\beta \tag{4.36}$$

(2) 균일층 합금의 병렬구조

그림 4.14는 전류가 2상 균일층에 수평으로 흐르는 병렬구조이다. 이 구조의 실효 저항(R_{eff})은 옴의 법칙에 따라 다음과 같이 쓸 수 있다.

$$\frac{1}{R_{eff}} = \frac{1}{R_\alpha} + \frac{1}{R_\beta} = \frac{1}{\rho_\alpha \ell / S_\alpha} + \frac{1}{\rho_\beta \ell / S_\beta} = \frac{1}{\rho_{eff} \ell / S} \tag{4.37}$$

여기서 R_α는 α상의 저항, R_β는 β상의 저항, ρ_α는 α상의 저항률, ρ_β는 β상의 저항률, ρ_{eff}는 실효 저항률, S_α는 α상의 총 단면적, S_β는 β상의 총 단면적, $S_\alpha + S_\alpha = S$는 시료의 단면적, ℓ은 시료의 길이이다.

ρ_{eff}를 ρ_α와 ρ_β로 나타내어보자. χ_α와 χ_β를 각각 α상과 β상의 부피분율, 즉 $\chi_\alpha = S_\alpha / S$, $\chi_\beta = S_\beta / S$라고 하면 식 (4.37)은 다음과 같이 쓸 수 있다.

$$\frac{1}{R_{eff}} = \frac{1}{\rho_\alpha \ell / \chi_\alpha S} + \frac{1}{\rho_\beta \ell / \chi_\beta S} = \frac{1}{(\rho_\alpha / \chi_\alpha) \ell / S} + \frac{1}{(\rho_\beta / \chi_\beta) \ell / S} = \frac{1}{\rho_{eff} \ell / S} \tag{4.38}$$

따라서 병렬구조에서 균일층 합금의 실효 저항률은 다음과 같다.

$$\frac{1}{\rho_{eff}} = \frac{1}{\rho_\alpha / \chi_\alpha} + \frac{1}{\rho_\beta / \chi_\beta} \tag{4.39}$$

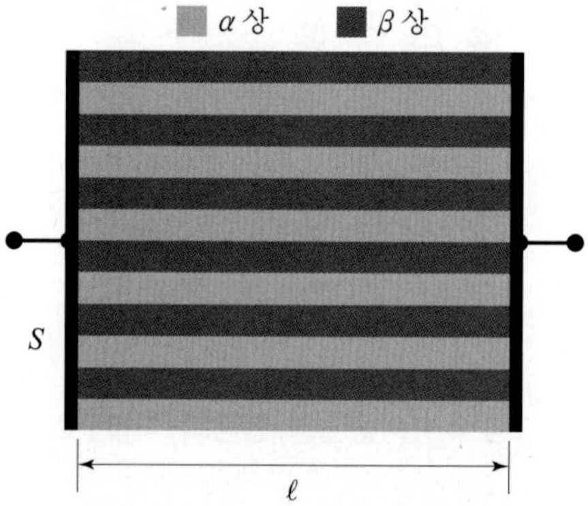

그림 4.14 균일층 합금의 병렬구조

식 (4.39)에서 저항률을 도전율로 나타내면 다음 식과 같이 된다.

$$\sigma_{eff} = \sigma_\alpha \chi_\alpha + \sigma_\beta \chi_\beta \tag{4.40}$$

(3) 분산상

그림 4.15 (a)는 α상과 β상이 불균일한 혼합상의 합금이다. 이 합금의 단면적을 S, 길이를 ℓ이라 하고, 저항과 저항률을 각각 R_{rod}, ρ_{rod}라고 하면

$$R_{rod} = \rho_{rod} \frac{\ell}{S} \tag{4.41}$$

이 된다. 이 합금을 그림 4.15 (b)처럼 횡방향으로 길이가 ℓ, 단면적이 S/N인 N개의 평행한 선(wire)으로 분할할 수 있다. 선은 α상과 β상의 직렬구조이다. 따라서 선의 저항은 다음과 같이 쓸 수 있다.

$$R_{wire} = R_\alpha + R_\beta = \rho_\alpha \frac{\ell_\alpha}{S/N} + \rho_\beta \frac{\ell_\beta}{S/N} = \rho_{eff} \frac{\ell}{S/N} \tag{4.42}$$

여기서 R_α는 α상의 저항, R_β는 β상의 저항, ρ_α는 α상의 저항률, ρ_β는 β상의 저항률, ρ_{eff}는 실효 저항률, ℓ_α는 α상의 총길이, ℓ_β는 β상의 총길이, $\ell_\alpha + \ell_\alpha = \ell$은 시료의 길이, S는 단면적이다.

ρ_{eff}를 ρ_α와 ρ_β로 나타내어보자. χ_α와 χ_β를 각각 α상과 β상의 부피분율, 즉 $\chi_\alpha = \ell_\alpha / \ell$, $\chi_\beta = \ell_\beta / \ell$라고 하면 식 (4.42)는 다음과 같이 쓸 수 있다.

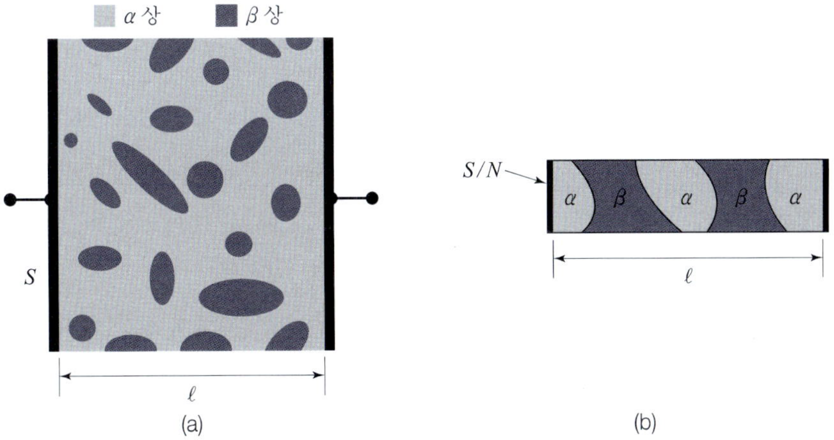

그림 4.15 (a) 불균일 혼합상의 합금(rod), (b) 불균일 혼합상의 합금선. 단면적은 S/N

$$R_{wire}=\rho_\alpha\chi_\alpha\frac{\ell}{S/N}+\rho_\beta\chi_\beta\frac{\ell}{S/N}=\rho_{eff}\frac{\ell}{S/N} \tag{4.43}$$

따라서 N개의 선으로 분할된 선의 실효 저항률은 다음과 같다.

$$\rho_{eff}=\rho_\alpha\chi_\alpha+\rho_\beta\chi_\beta \tag{4.44}$$

합금봉은 평행한 N개의 선들로 구성된 병렬구조이다. N개로 분할한 선의 저항이 모두 같다고 가정하면 합금봉의 저항 R_{rod}는 다음과 같이 쓸 수 있다.

$$R_{rod}=\frac{R_{wire}}{N}=\frac{\rho_\alpha\chi_\alpha\frac{\ell}{S/N}+\rho_\beta\chi_\beta\frac{\ell}{S/N}}{N}=\rho_\alpha\chi_\alpha\frac{\ell}{S}+\rho_\beta\chi_\beta\frac{\ell}{S} \tag{4.45}$$

핵심 N 합금의 목적은 기계적 강도와 저항률 변화에 있다. 합금이 되면 저항률과 기계적 강도가 일반적으로 증가한다.

4.4 초전도 현상

전기저항이 0으로써 영구히 전류가 흐르고, 에너지 손실이 거의 없는 꿈의 테크놀로지-초전도 현상, 절대온도 0 K 부근의 극저온에서만 일어났던 초전도 현상이 신소재의 발견으로 획기적으로 발전을 거듭하고 있다. 오늘날 일렉트로닉스와 에너지 분야에 예측할 수 없는 혁신을 일으켜서 21세기의 기본 테크놀로지가 될 수 있을 것인지, 실온에 가까운 온도에서도 초전도 실현이 가능할 것인지에 대한 기대가 크다.

금속의 전기저항은 온도 강하와 함께 감소하는데 그림 4.16에 나타낸 바와 같이 임계온도(T_c)에 다다르면 전기저항이 사라지는 경우가 있다.

이것은 1911년 네덜란드의 오네스(Onnes)가 수은(Hg)을 4.2 K 이하로 냉각시켰을 때 이 현상이 나타난다는 것을 최초로 발견하였다. 이것을 **초전도**(superconductivity) 현상이라고 한다.

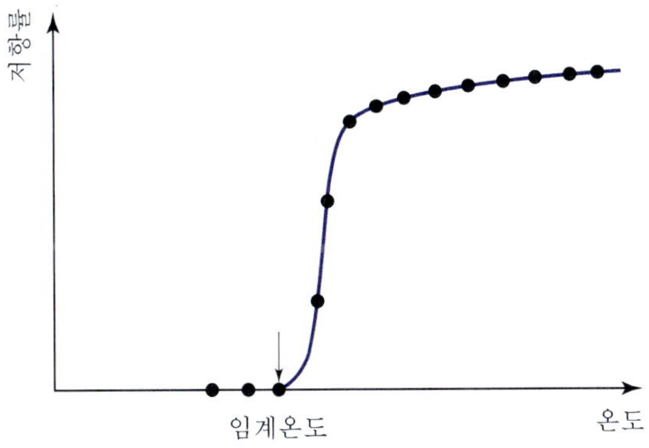

그림 4.16 초전도 현상

4.4.1 초전도체의 성질

초전도체의 성질은 크게 두 가지로 대별된다. 완전 전도성과 완전 반자성이다.

(1) 완전 전도성

초전도체의 전기저항은 0이다. 초전도체는 전자와 격자의 충돌이 없고, 한 번 흘려보낸 전류는 **영구전류**(永久電流, permanent current)가 되고, 또 전류의 양도 줄지 않는 저항이 0인 **완전 전도성**을 가진다. 초전도에서는 왜 전기저항이 사라지는 것일까. 전류란 금속이온 주위의 자유전자의 흐름이다. 전기저항은 금속이온이 전자의 흐름을 방해함으로써 생긴다. 구체적으로는 금속이온의 열진동이나 격자결함이 전기저항의 원인이 된다. 초전도에서 전기저항이 0이 되는 것은 전자가 **쿠퍼쌍**(Cooper pair)을 형성한다고 가정함으로써 설명된다. 그리고 전기적으로 음인 전자끼리 반발하지 않고 쌍을 이루게 되는 메커니즘은 **BCS**(Bardeen-Cooper-Schrieffer, 1957년) **이론**으로 설명된다. 금속 내에는 $1\,\text{cm}^3$에는 아보가드로수(6.02×10^{23})만큼의 많은 전자들이 쿨롱상호작용과 스핀(전자의 자전)상호작용을 하며 움직인다. 이들 상호작용 중 전자 간의 반발력 쿨롱상호작용과 전자와 **포논**(phonon, 격자진동의 양자 또는 탄성에너지의 양자) 간의 상호작용인데 전자-포논 상호작용에 의한 간접적 전자-전자 쿨롱상호작용이 인력으로 나타나 반발력 전자-전자 쿨롱상호작용보다 커지게 되면 전자-전자 간의 유효상호작용은 인력이 되어 전자쌍을 이룰 수 있다. 이것이 **쿠퍼쌍**이며, **초전도의 궁극적 원인**이 된다. 그림 4.17에 나타낸 바와 같이 하나의 전자가 양이온을 지나가면 전기적 인력으로 양이온쪽으로 끌리게 되며 격자의 진동으로 전자 주위는 양전하를 띄게 되어 다른 전자도 이쪽으로 끌리게 된다. 결과적으로 모든 쿠퍼쌍이 집합하여 하나가 된다는 것이다. 이것은 기체분자가 모여 액체가 되는 것과 비슷하다. 하나가 된 초전도 전자는 금속이온의 방해에 관계없이 액체처럼 흐를 수가 있다. 이것이 바로 전기저항이 0이 되는 이유이다. 따라서 BCS이론에서는 이온의 진동을 매개로 전자가 쌍을 형성한다고 보는 것이다. 그런데 제2세대 세라믹스의 발견으로 BCS 이론의 근간이 흔들리기 시작했다. 그것은 이 이론에 따라 계산하면 임계온도의 상한이 40 ~ 50 K가 되기 때문이다. 제2세대 세라믹스의 임계온도 90 K는 그때까지의 이론의 벽을 넘어섰다는 것이다.

현재는 BCS 이론에 대신하는 이론이나 BCS 이론을 수정한 이론이 많이 나와 연구자 사이에서 활발히 논의되고 있다. 그중의 하나가 공명상 가전자결합(RVB : Resonance Valence Bond) 이론으로 세라믹스가 원래 절연체라는 점, 초전도 세라믹스에서는 평면상의 결정구조가 중요한 구실을 하고 있다는 점에 착안하고 있는데 그 내용은 이 책의 범위를 넘어서기 때문에 여기서는 생략하기로 한다.

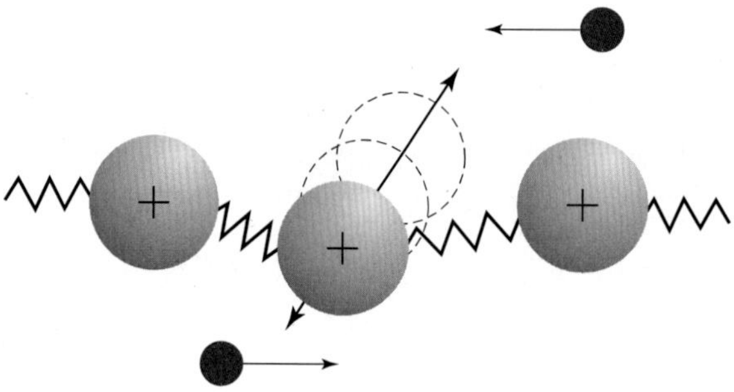

그림 4.17 격자진동을 매개로 전자쌍의 생성

(2) 완전 반자성

초전도체 내부의 자기장은 0이다. 초전도체는 내부로 들어오는 자력선을 완전히 차단시켜 내부 자기장의 세기를 0이 되게 하는 **완전 반자성**을 가지고 있다. 이 현상을 **마이스너 효과**(Meissner effect)라고 한다. 그림 4.18은 완전도체와 초전도체를 비교한 것이다. 완전도체는 초전도체의 비교하기 위해서 도입된 가상의 도체로서 저항이 0인 점에서는 초전도체와 같다. 그러나 자기장 속에 넣을 때는 다른 성질을 나타낸다. 그림 4.18에 나타낸 바와 같이 자기장을 걸면 완전도체와 일반도체는 온도와 관계없이 도체 내부를 자력선이 통과하므로 도체 내부에 자기장이 형성된다. 따라서 완전도체에는 마이스너 효과가 절대로 나타나지 않는다.

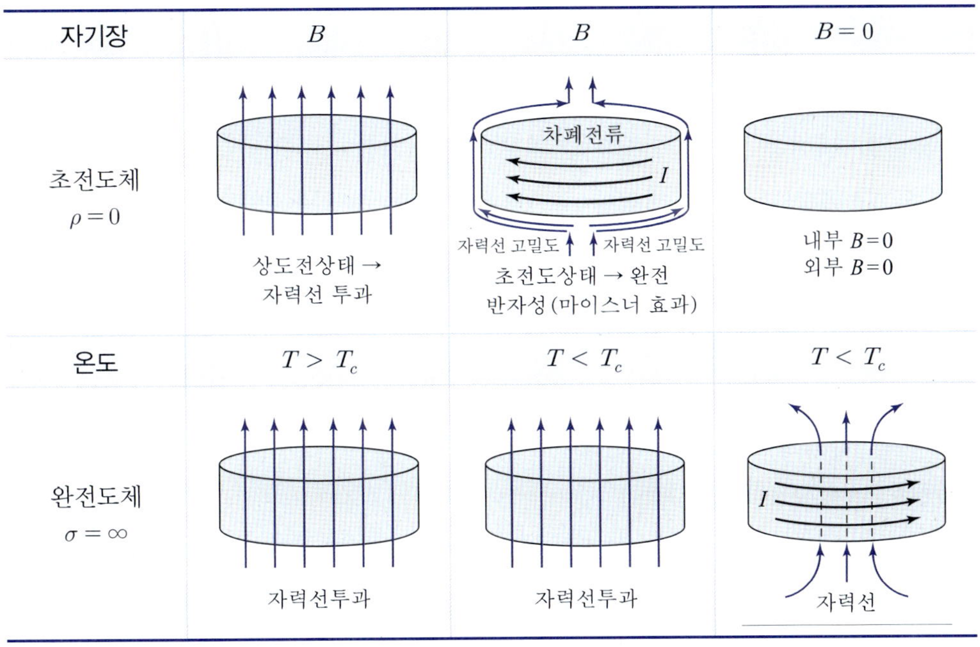

그림 4.18 마이스너 효과

자력선이 초전도체와의 쇄교로 외부 자기장과 반대방향으로 유도전류가 발생하고 전기저항이 0이므로 한 번 생긴 전류는 자기장이 존재하는 한 영구히 흐른다. 이 전류를 **차폐전류**(遮蔽電流) 또는 표면전류라고 한다. 차폐전류는 초전도체 주위에 외부 자기장의 방향과 반대 방향의 자기장을 형성하여 초전도체 내부로 외부 자기장의 침입을 막는다. 차폐전류는 초전도체 표면의 극히 얇은 층에만 흐른다. 따라서 자기장 소스가 자석이라면 자석과 초전도체 사이에는 자력선의 밀도가 높아져서 초전도체가 자석 위에서 부상하는 현상이 발생하게 된다. 자기장을 제거하면 초전도체는 초전도체 내외부의 자기장은 없어지게 되며, 완전도체의 경우는 패러데이의 유도법칙에 따라 자력선을 증가시키는 방향, 즉 외부자기장 방향으로 유도전류가 흐른다. 저항이 없기 때문에 전류의 흐름은 유지될 것이며, 자기장도 유지된다.

핵심 N 초전도체는 전기저항이 0인 완전 전도성과 내부 자기장이 0인 완전 반자성으로 특징된다. 마이스너 효과는 초전도체 내부로 들어오는 자력선을 완전히 차단시켜 초전도체의 내부 자기장을 0으로 만드는 현상이다.

4.4.2 초전도체의 장벽

초전도 재료에는 임계온도(T_c) 외에도 두 가지의 장벽이 더 있다. 그것은 임계자기장과 임계전류밀도(J_c)이다. **임계자기장**은 초전도체에 인가할 수 있는 최대 자기장의 세기를 말하며, **임계전류밀도**는 단위 면적당 초전도체에 흘릴 수 있는 최대 전류를 말한다. 초전도체는 전기저항이 0이므로 대량의 전류를 보낼 수 있다고는 하지만 그 양은 한계가 있다. 초전도체가 발견된 초기에는 초전도체의 임계자기장은 매우 낮았다. 이 임계자기장을 올린 것이 제2형 초전도체이다. **제2형 초전도체**란 자기장의 세기가 어떤 값을 넘으면 재료 내부에 초전도와 상전도 부분이 섞이기 시작하는 재료이다. 이제까지의 초전도체는 제1형 초전도체이다.

제2형 초전도체에서 초전도와 상전도가 섞이기 시작하는 자기장의 값을 하부임계자기장이라고 하며, 완전히 상전도로 되는 자기장의 값을 상부임계자기장이라고 한다. 높은 임계온도로 주목받고 있는 초전도 세라믹스는 아직까지는 임계전류밀도가 낮다는 문제점이 있다. 그림 4.19는 초전도체의 세 가지 장벽을 나타낸 것이다.

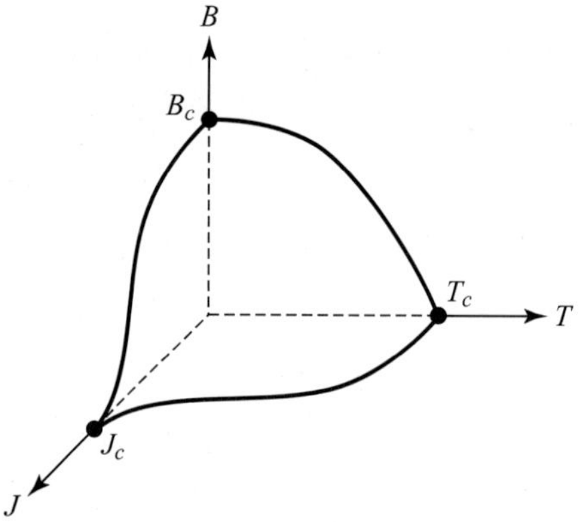

그림 4.19 초전도체의 세 가지 장벽

핵심 N 초전도체에 전류를 많이 흘린다든지, 온도를 올려준다든지, 자기장을 크게 한다든지 하면 초전도 현상이 사라진다.

4.4.3 초전도 재료

초전도 재료에 온도를 높여가면 어떤 온도에서 갑자기 초전도 상태가 깨진다. 초전도 상태가 유지되는 최대 온도를 **임계온도**(臨界溫度, critical temperature)라고 한다. 오네스 이후, 보다 높은 임계온도를 가지는 재료에 대한 연구가 시작되었다. 먼저 금속재료가 발견되고, 다음에 더욱 임계온도가 높은 합금재료가 발견되었다. 합금은 2종 이상의 금속을 용융시킨 후에 응고시킨 것이다. 그러므로 그 결정구조는 용매 금속과 거의 같다. 다음에 찾아낸 것이 **금속간 화합물**이다. 성분금속의 원자수가 일정한 정수비로된 합금을 금속간 화합물이라고 한다. 결정구조는 성분금속과는 다른 구조이다. 대표적인 금속간 화합물의 하나인 Nb_3Ge은 당시 최고의 임계온도인 23.2 K를 나타냈다.

초전도체는 초전도 상태와 상전도 상태 사이에서 상태전이의 방법에 따라 분류된다. 일반적으로 초전도 상태가 작은 임계자기장 및 낮은 임계전류밀도로 특징되는 **제1형 초전도체**(소프트 초전도체)와 높은 임계자기장 및 높은 임계전류밀도로 특징되는 **제2형 초전도체**(하드 초전도체)로 구분된다. 그림 4.20에 나타낸 바와 같이 제1형 초전도체는 임계자기장(B_c) 이하에서는 완전 반자성으로 자화율이 $\chi_m = -1$이 된다. 따라서 자하(M)−자기장 세기(H) 사이의 관계식 $M = \chi_m H$에서 $M = -H$와 같이 되고, 음의 기울기로 직선이 된다. 이때는 초전도 상태가 되며 초전도체 내부의 자기장 B_{inside}는 없다. B_c를 초과하면 완전 반자성이 사라지면서 날카롭게 바로 상도전 상태로 전이된다. B_c 이상에서 자기력선은 도체를 완전히 관통하게 된다. Al, Sn, Hg, Pb, Nb 등을 포함한 여러 가지 원소형 금속이 제1형 초전도체 해당한다.

제2형 초전도체는 하부임계자기장(B_{c1}) 이하에서는 완전 반자성이 유지되며, B_{c1}을 초과해도 초전도 상태에서 상전도 상태로 갑자기 변하지 않고 B_{c1}과 상부임계자기장(B_{c2}) 사이에서 점진적으로 변하며, B_{c2}가 되기 전까지는 초전도 상태와 상전도 상태가 혼합된 상태, 즉 혼합상태 또는 **와동상태**(vortex state)가 유지된다. 자력선은 B_{c1}에서 재료 내부로 부분적으로 통과하기 시작하며, 자기장이 점점 증가하면 자력선의 통과도 점점 증가하고, B_{c2} 이상에서 자력선은 재료를 완전히 통과하게 된다. Nb−Ti, Nb−Zr, V_3Ga, Nb_3Sn, Nb_3Ge, 세라믹스 등이 제2형 초전도체에 속한다.

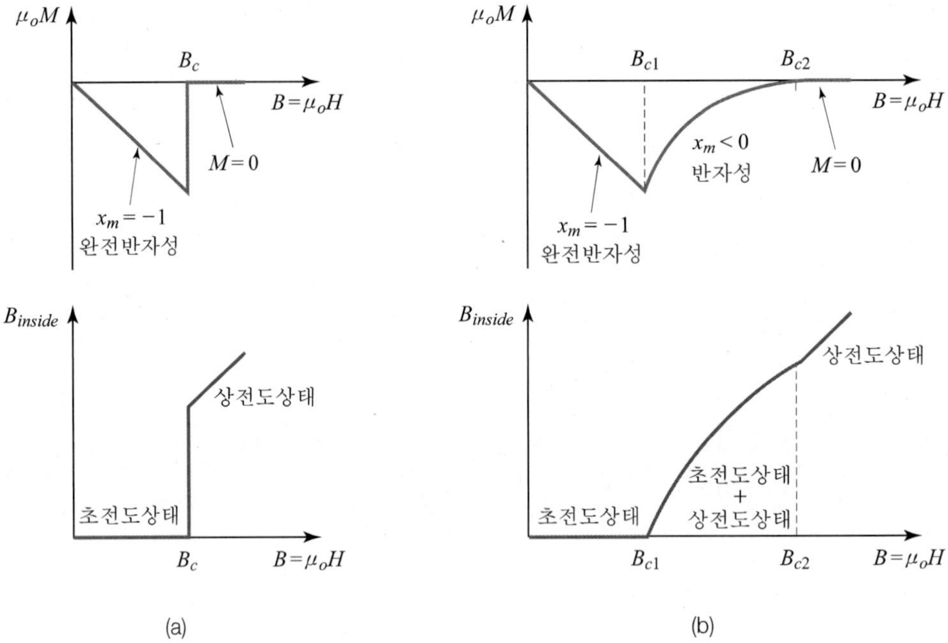

그림 4.20 자기장에 따른 초전도체의 자화(M) : (a) 제1형, (b) 제2형

초전도체 개발의 획기적인 전환점은 **초전도 세라믹스**의 발견이다. 1986년, 초전도 임계온도가 30 ~ 50 K인 La−Ba−Cu−O 복합 산화물 초전도 재료가 발견되었다. 이 재료를 초전도 산화물, 또는 초전도 세라믹스라고 불렀다. 그 후에 임계온도가 90 K 전후인 Y−Ba−Cu−O 초전도 산화물이 발견되었다. 임계온도가 액체질소의 온도(77 K)보다 낮은 La계의 재료를 **제1세대 세라믹스**, 그보다 높은 Y계의 재료를 **제2세대 세라믹스**로 불린다. 그 후에 임계온도가 105 K 전후인 Bi−Sr−Ca−Cu−O 초전도 산화물(Bi−2223), 임계온도가 130−150 K인 Hg−Ba−Ca−Cu−O 초전도 산화물이 발견되었다.

그렇다면 세라믹스가 왜 고온에서 초전도 현상을 보이는가에 대한 메커니즘은 아직 명확하지 않다. 그러나 이들의 결정구조는 모두 매우 복잡하긴 하나 결정구조가 모두 밝혀짐에 따라 초전도 메커니즘이 결정구조와 깊이 관계되어 있다는 사실이 밝혀지고 있다. 최근에는 실온인 300 K 전후의 임계온도를 갖는 **제3세대 세라믹스** 재료도 보고되고 있다.

초전도 재료의 성질은 재료의 결정구조에 크게 좌우된다. 제1세대 세라믹스는 전부터 잘 알려진 Kr_2NiF_4**형** 결정구조를 하고 있었다. 이에 대해 제2세대 세라믹스의 구조는 아직까지 알려져 있지 않던 **산소결손삼중(三重) 페로브스키이트형**이라는 사실이 최근에 밝혀졌다. 제2세대 세라믹스의 임계온도가 액체질소의 온도를 넘을 수 있었던 이유는 이러한 미지의 결정구조 때문이었던 것이다. 초전도 세라믹스의 큰 특징은 특정한 방향으로만 전류를 보낸다는 것이다. 이 성질은 재료가 층 모양의 결정구조를 하고 있다는 것과 관계있다.

초전도 물질로써 임계온도, 임계자계 및 임계전류의 값은 실용상 중요한 특성인데 표 4.3은 주된 초전도 물질의 임계온도와 임계자계를 나타낸 것이다.

표 4.3 대표적인 초전도 재료의 특성

	재 료	임계온도 T_c [K]	임계자계 $\mu_o H_c$ [T]	물 질
제1형	Al	1.2	0.01	단금속
	Sn	3.7	0.03	〃
	Hg	4.2	0.04	〃
	Pb	7.2	0.08	〃
	Nb	9.2	0.2	
제2형	Nb−Ti	9.5	11.5	합금
	Nb−Zr	10.8	10.5	〃
	V_3Ga	15.3	22	〃
	Nb_3Sn	18	21.5	〃
	Nb_3Ge	23	37	〃
	$YBa_2Cu_3O_7$	95	90	세라믹스
	$Bi_2Sr_2Ca_2Cu_3O_{10}$	110	−	〃
	$HgBa_2Ca_2Cu_2O_8$	150	−	〃

핵심 N 초전도체에는 제1형 초전도체로서 Al, Sn, Hg, Pb, Nb 등의 단금속, 제2형 초전도체로서 Nb−Ti, Nb−Zr, V_3Ga, Nb_3Sn, Nb_3Ge 등의 합금, 고온 초전도체로서 $YBa_2Cu_3O_7$, $Bi_2Sr_2Ca_2Cu_3O_{10}$, $HgBa_2Ca_2Cu_2O_8$ 등의 세라믹스가 있다.

4.4.3 초전도의 응용

초전도 상태는 전기저항이 완전히 0이어서, 발열에 의한 에너지 손실이 없다. 또 초전도체 내부로 자기장이 들어올 수 없으므로 **자기부상**이라는 현상을 일으킨다. 임계전류밀도의 벽은 있지만 그 범위 안에서는 얼마든지 전류를 보낼 수 있다. 대량의 에너지를 효율적으로 쓸 수 있다는 초전도의 특성은 여러 분야에서 응용이 기대된다.

(a) 에너지 분야

초전도 재료로 만든 거대한 코일에 전력을 저장하는 것이 초전도 에너지 저장이다. 현재의 양수발전에 비교하면 저장효율이 70 ~ 90%로 향상된다. 초전도 케이블을 통해 송전하는 **초전도 송전**에서는 전력의 손실이 약 6분의 1로 감소한다.

대량의 전류를 보낼 수 있는 초전도 재료로 만든 전자석은 매우 강력하다. 초전도 자석으로 만든 **초전도 모터**는 간단한 계산에 따르면 이제까지의 모터보다 성능이 250배가량 향상된다. 또한 초전도 자석을 이용하여 **초전도 발전기**를 만들 수 있다.

(b) 일렉트로닉스 분야

이 분야에서는 초전도의 특수한 현상인 조셉슨 효과(Josepson effect)를 이용하여 **조셉슨 소자**나 SQUID(**초전도 양자 간섭 디바이스**)가 만들어진다. 현재의 컴퓨터는 실리콘 등의 반도체 소자로 구성되어 있다. 컴퓨터의 처리속도를 높이려면 소자의 동작 속도를 높여야 한다. 또 집적도를 높여 배선을 짧게 하는 일도 필요하다. 그러나 배선의 전기저항으로 생기는 열이 소자의 집적화를 방해하고 있다. 초전도 재료를 사용한 **조셉슨 소자**는 이제까지의 소자에 비하여 소비전력이 1,000분의 1밖에 되지 않는다. 또 배선을 초전도 재료로 만들면 열이 거의 생기지 않아 고집적화도 가능하다. 소자 자체의 동작 속도 또한 실리콘 소자보다 10배나 빠르다.

조셉슨 소자는 2매의 초전도체 사이에 얇은 절연층을 약하게 결합시키면 절연층도 약한 초전도 상태가 되어 전류가 통한다. 이것이 **조셉슨 효과**이다. 조셉슨 소자는 이 전류를 자기장으로 제어하여 온/오프 스위치 역할을 하도록 만든 소자이다. 한편 SQUID는 지자기의 수십억분의 1이라는 초미세 자기장을 검출할 수 있는 센서이다.

(c) 의료, 분석 분야

현재 암세포의 진단에 MRI(핵자기공명 단층장치)가 쓰이고 있다. 초전도 자석을 이용하면 MRI의 정확도가 크게 향상된다. 초전도 자석으로 가속기나 전자현미경의 성능을 크게 높일 수 있다.

(d) 교통시스템

자기부상의 원리에 따라 차량을 선로 위에 부상시켜 전자석의 힘으로 운행하는 것이 **리니어 모터카**이다. 진동이나 소음도 없이 시속 500 km의 고속 주행이 가능하다. 전류를 통한 바닷물에 자기장을 걸어 추진력을 얻는 **초전도 전자기 추진선**도 가능하다.

핵심 N 초전도체는 초전도 코일(에너지 저장), 초전도 케이블(전력전송), 초전도 자석(초전도 모터, 초전도 발전기 등) 등의 에너지 분야, 조셉슨 소자(컴퓨터 응용, 스위칭 소자), 초전도 양자 디바이스(센서) 등의 전자 분야, MRI 등의 의료 분야, 자기부상열차 등의 교통시스템 등 많은 분야에 응용될 수 있다.

4.5 전자방출

금속 표면에 있는 전자, 즉 자유전자나 구속전자를 외부로 이탈시키는 것을 **전자방출**(電子放出, electronic emission)이라고 한다. 이때 외부에서 공급하는 에너지가 반드시 있어야 하며, 그 에너지원이 열이면 열전자 방출, 빛이면 광전자 방출, 전기장이면 전계방출, 외부전자의 충돌이면 2차 전자방출이라고 한다. 그렇다면 전자는 왜 금속 밖으로 나오지 못하나?

조머펠트의 금속모형에서 금속 내의 전자는 균일한 퍼텐셜을 가지는 무한 네모 우물 퍼텐셜에 갇혀있다. 퍼텐셜 양단은 무한히 높은 벽으로 되어있기 때문에 전자가 외부로 탈출할 수가 없다. 이것은 금속의 표면에 해당한다. 즉 공기에 노출된 면으로 금속에서 전자가 마구 밖으로 흘러나올 수 없는 이유이다. 즉 그림 4.21에 나타낸 바와 같이 무한 퍼텐셜 대신에 유한한 장벽 높이, 즉 일함수를 갖는 금속 표면에 대한 모형도를 가지고 전자방출에 대해서 설명한다. 기본적으로 전자를 방출시키려면 외부 에너지가 금속의 일함수 Φ보다 커야만 한다.

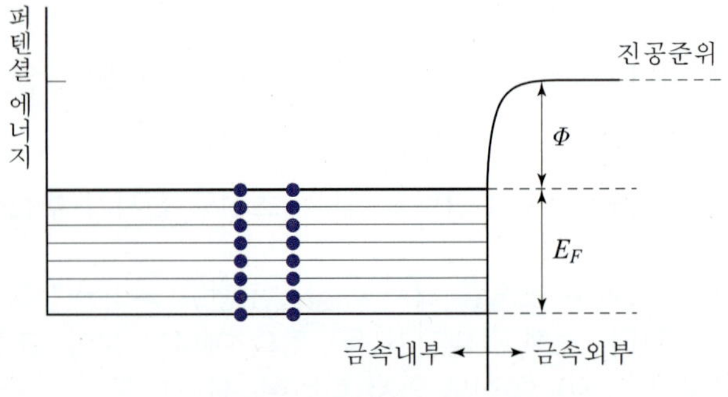

그림 4.21 금속 표면의 퍼텐셜

4.5.1 열전자 방출

열전자 방출(熱電子放出, thermionic emission)은 고온의 금속 표면으로부터 전자가 밖으로 방출되는 현상이다. 즉 금속 표면의 전자가 열에너지를 받아 외부로 방출하는 것이다. 금속의 온도가 올라가면 자유전자의 운동에너지도 증가하고, 위치에너지 또한 증가한다. 온도가 임계값에 다다르면 전자는 전위장벽을 넘어 밖으로 나오게 된다.

금속은 금속의 온도에 대응되는 만큼 전자를 방출하는데 이때 방출된 전자는 금속 내에 양전하인 **영상전하**(影像電荷, image charge)를 유발시켜 영상전위장벽(image potential barrier)을 형성한다. 금속 내의 전자가 금속과 접촉하고 있는 물질 속(진공)으로 들어가기 위해서는 영상전위장벽을 넘어야 한다. 이때 전계가 작용하면 영상전위퍼텐셜이 전계에 의한 퍼텐셜과 작용하여 영상전위장벽이 낮아져서 일정온도에서 방출되는 전자수보다 더 많이 전자가 방출된다. 이것을 **쇼트키 효과**(Schottky effect)라고 한다. 간략하게 요약하면 **전계작용에 의한 영상전위장벽의 감소 현상**을 말한다.

그렇다면 전계작용으로 어떻게 영상전위장벽이 감소하는가를 그림 4.22로부터 알아보자. 그림 4.22 (a)에서 전계가 작용하기 전에 금속의 온도에 대응해서 열전자가 방출된다. 방출된 열전자는 금속 표면을 기준으로 같은 거리의 금속 내에 양전하를 유발시킨다. 이 전하가 영상전하이다.

열전자와 영상전하 사이에 작용하는 쿨롱의 힘, 즉 영상력 F_i는

$$F_i = -\frac{e^2}{4\pi\epsilon_o(2x)^2} = -\frac{e^2}{16\pi\epsilon_o x^2} \tag{4.46}$$

가 된다. 따라서 영상력에 의한 퍼텐셜 에너지 PE_i는 다음과 같이 나타내진다.

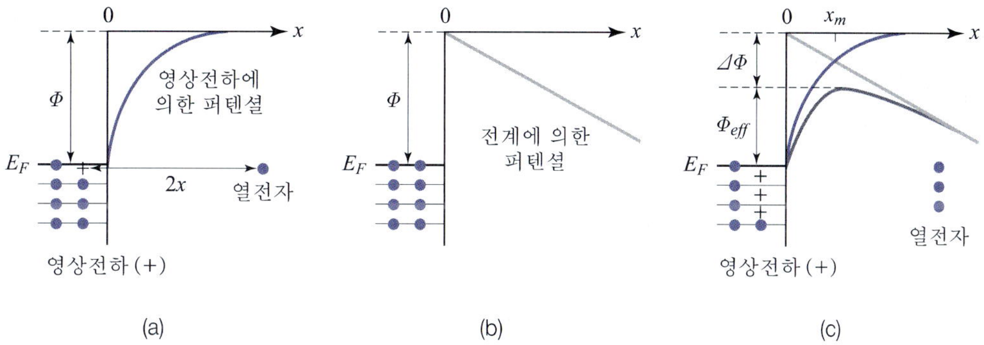

그림 4.22 쇼트키 효과에 의한 전위장벽 : (a) 영상전하에 의한 퍼텐셜, (b) 전계에 의한 퍼텐셜, (c) 쇼트키 효과에 의한 퍼텐셜

$$PE_i = -\int_{\infty}^{x} F_i\,dx = -\int_{\infty}^{x} \frac{-e^2}{16\pi\epsilon_o x^2}\,dx = -\frac{e^2}{16\pi\epsilon_o x} \tag{4.47}$$

또 전계가 작용할 때는 전자가 받는 힘, 즉 전기력 F_e는

$$F_e = -eE \tag{4.48}$$

가 된다. 따라서 전기력에 의한 퍼텐셜 에너지 PE_e는 다음과 같이 나타내진다.

$$PE_e = F_e x = -eEx \tag{4.49}$$

그림 4.22 (b)에 나타낸 것과 같이 거리 x에 따라 직선으로 나타내진다. 전계가 인가되면 두 퍼텐셜 에너지가 합해지는 것이므로 다음과 같이 된다.

$$PE(x) = PE_i + PE_e = -\frac{e^2}{16\pi\epsilon_o x} - eEx \tag{4.50}$$

그 결과, 그림 4.22 (c)에 나타낸 바와 같이 영상전위장벽높이가 감소하게 된다. 유효장벽높이 Φ_{eff}를 구하기 위해서 식 (4.50)을 x에 대해 미분하여 0으로 두면, 즉 $PE(x)/dx = 0$

$$\left[\frac{PE(x)}{dx}\right]_{x=x_m} = \frac{e^2}{16\pi\epsilon_o x^2} - eE = 0$$

이때 x_m은 다음과 같다.

$$x_m = \sqrt{\frac{e}{16\pi\epsilon_o E}} \tag{4.51}$$

x_m을 식 (4.50)에 대입했을 때 $PE(x_m)$와 전계작용에 의한 장벽높이 감소분 $\Delta\Phi$는 각각 다음과 같이 된다.

$$PE(x_m) = -\sqrt{\frac{e^3 E}{4\pi\epsilon_o}}\ ,\ \Delta\Phi = |PE(x_m)| = \sqrt{\frac{e^3 E}{4\pi\epsilon_o}} \tag{4.52}$$

따라서 유효 장벽높이, 즉 유효 일함수 Φ_{eff}는 다음과 같이 구해진다.

$$\Phi_{eff} = \Phi - \Delta\Phi = \Phi - \sqrt{\frac{e^3 E}{4\pi\epsilon_o}} = \Phi - \beta_S E^{1/2} \tag{4.53}$$

여기서 $\beta_S = \sqrt{e^3/4\pi\epsilon_o} = 3.79 \times 10^{-5}\ \mathrm{eV\,m^{1/2}/V^{1/2}}$를 **쇼트키 계수**라고 한다.
전계가 인가되지 않을 경우에 열전자 방출에 따른 전류밀도는 다음과 같이 나타내진다.

$$J = A^* T^2 \exp\left(-\frac{\Phi}{kT}\right) \tag{4.54}$$

여기서 $A^* = 4\pi mek^2/h^3 = 120\ \mathrm{A/cm^2\,deg^{-2}}$이다. 식 (4.49)는 **열전자 방출의 포화전류**라고 하는 **Richardson–Dushman의 식**이다. 그런데 전계가 인가되면 식 (4.54)는 다음과 같이 변형된다.

$$J = A^* T^2 \exp\left[-\frac{\Phi - \beta_S E^{1/2}}{kT}\right] \tag{4.55}$$

결과적으로 열전자가 잘 방출되려면 무엇보다도 금속의 일함수가 작아야 하고, 금속의 온도를 고온까지 높일 수 있어야 한다.

그렇다면 효율적인 열전자 음극은 어떤 금속인지를 생각해보자. 높은 온도라면 약 3600℃의 녹는점을 가지는 W을 빼놓을 수 없다. 그러나 W은 약 4.5 eV의 높은 일함수를 가진다. 어떤 금속은 이와는 정 반대인 경우가 있다. 전형적인 예로 Cs인데 일함수가 1.8 eV로 좋긴 하나 녹는점이 28.5℃에 불과하다. 그러므로 사용하기에 부적합하다. 이처럼 단금속으로는 곤란하므로 대략 1 eV의 일함수를 가지는 ThO나

BaO를 W에 코팅하면 높은 녹는점과 동시에 낮은 일함수를 얻을 수 있다. 이 경우에 일함수 2.6 eV, 녹는점이 1845℃가 되므로 효율적인 열전자 방출 음극이 된다. 또 다른 음극은 대부분의 진공관에 사용되는 Ni에 BaO, SrO(1.27 eV)가 코팅되거나 CaO가 코팅된 형태이다. 이러한 음극의 동작온도는 800℃ 정도이다. 열전자 방출은 오실로스코프와 진공관 TV의 전자총, 형광등의 음극 등에 응용된다.

핵심 N 금속이 열을 받으면 전자가 방출한다. 이것을 열전자 방출이라고 한다. 열전자 방출은 오실로스코프와 진공관 TV의 전자총, 형광등의 음극 등에 응용된다.

4.5.2 광전자 방출

광전자 방출(光電子放出, photoelectron emission)은 금속 표면에 빛을 조사했을 때 금속 표면의 전자가 빛에너지를 흡수하여 전자가 외부로 방출하는 현상이다. 광자를 전자에 충돌시킴으로서 전자가 튀어나오게 된다. 이것은 **광전효과**를 이용한 것이다. 1장에서 설명한 광전효과는 빛의 입자성을 증명한 것으로 빛을 금속에 조사했을 때 다음 식이 성립한다.

$$hf = hf_o + K_{\max} \tag{4.56}$$

여기서 hf는 빛에너지, hf_o는 금속의 일함수, $K_{\max}$는 광전자의 최대 운동에너지이다. 또 f_o는 금속 고유의 문턱 진동수 또 문턱 주파수이다. 빛의 주파수보다 큰 문턱 주파수를 갖는 금속에서는 전자가 방출될 수가 없다. 그러므로 열전자 방출에서 언급한 바와 같이 여기서도 금속의 일함수가 낮아야 효율적인 광전자 방출 음극이 된다. 일반적으로 일함수가 낮은 알칼리 금속, 즉 1족 원소가 광전자 방출 음극으로 많이 선택된다. 그중에서도 대표적으로 사용되는 음극으로는 Cs이다.

빛이 조사되면 광자수만큼 전자가 튀어 나올 수 있는가? 입사광량자수(N)에 대한 광전자수 (n)(방출 전자수)의 비를 **양자효율**(η)이라고 한다. 식으로 나타내면 다음과 같다.

$$\eta = \frac{n}{N} < 1 \tag{4.57}$$

양자효율은 항상 1보다 작다. 이것은 광자를 흡수한 전자가 밖으로 방출되기를 기대하지만 내부로 들어가는 경우가 발생하기 때문이다. 광전자 방출을 이용한 광전관은 전기적 신호를 만드는 진공관이다. 광전관의 음극에 빛이 들어오면 전자가 방출되고, 음극과 양극 사이의 전위차로 전자가 양극에서 도달함으로서 광전류가 흐른다. 광전관은 빛을 하나의 신호로 사용하기 때문에 빛과 관련되는 부분에 주로 응용되며, 자동문, 도난 경보기, 화재 탐지기 등에 사용된다.

광전면의 재료는 알칼리 금속(Li, Na, K, Rb, Cs), Cs_2O−Ag−Bi, Cs−Sb 등이 사용된다. 광전관에는 진공 광전관과 아르곤 등의 비활성기체를 약간 봉입한 가스 광전관이 있다. 진공 광전관은 광전류가 입사하는 빛의 양에 비례하며, 주파수 특성이 좋기 때문에 측정 장치에 주로 사용된다. 가스 광전관은 광전면에서 나온 전자가 가스 원자와 충돌하여 이온화되면서 더 많은 전자가 양극에 도달하므로 진공 광전관보다 수십배의 높은 감도를 얻을 수 있다.

핵심 N	금속에 빛을 조사하면 전자가 방출한다. 이것을 광전효과라고 하며, 광전효과에 의한 광전자 방출은 광전관에 응용된다.

4.5.3 전계방출

전계방출(電界放出, field emission)은 판상의 양극과 침상의 음극 간에 높은 전계가 인가되었을 때 침상의 음극으로부터 **양자역학적 터널링**(quantum mechanical tunneling)으로 전자가 방출되는 현상이다. 그림 4.23 (a)에 나타낸 바와 같이 동일한 극 간에 전압이라도 음극이 침상 모양일수록 높은 전계가 나타난다. 이럴 경우 빛이나 열을 가하지 않더라도 침상 모양의 음극에서 전자가 방출된다. 이것을 퍼텐셜 개념으로 나타낸 것이 그림 4.23 (b)이다. 전계가 없을 때 주어진 온도에서 열전자가 방출하면 영상전위장벽이 만들어진다(a). 여기서 전압을 걸면 전계가 약할 경우(b), 전계에 의한 퍼텐셜과의 합성으로 Φ_{eff}'와 같은 유효전위장벽이 생긴다. 이 경우에 전자를 방출시키려면 온도를 증가시켜 전자가 **장벽을 넘어가야** 한다(over barrier). 그러나 전계가 강할 경우(c), 전계에 의한 퍼텐셜과의 합성으로 Φ_{eff}와 같은 유효전위장벽이 생기며, 장벽높이는 Φ_{eff}'보다 낮고, 폭은 좁다. 이 경우에는 전자가 음극으로부터 장벽을 넘어가지 않고 **장벽을 관통**하게 된다(through barrier). 이것이 **전계방출** 또는 Fowler−Nordheim **터널링**이라고 한다.

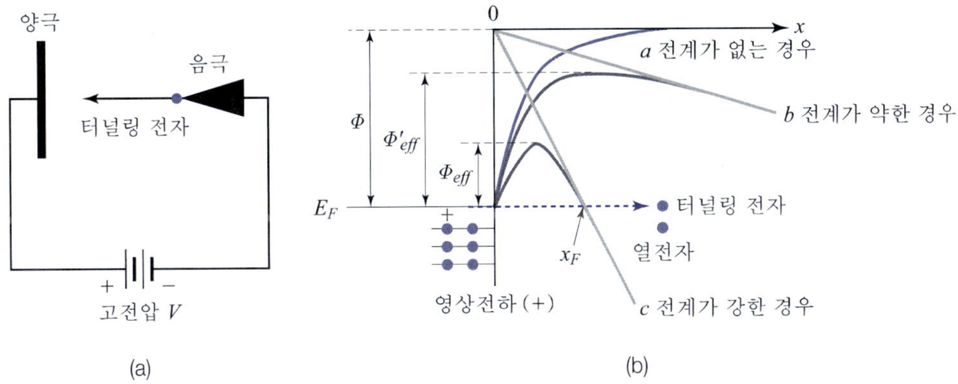

그림 4.23 전계방출 개념도 : (a) 전극형태, (b) 전계에 따른 영상전위장벽

전계방출 기구에 따라 전극 간에 흐르는 전류는 다음과 같이 나타내진다.

$$J = aE^2 \exp\left(-\frac{b}{E}\right) \tag{4.58}$$

여기서 a와 b는 다음과 같다.

$$a = \frac{e^3}{8\pi h \Phi_{eff}} \tag{4.58-1}$$

$$b = \frac{8\pi\left(2m_e \Phi_{eff}^3\right)^{1/2}}{3eh} \tag{4.58-2}$$

식 (4.58), 식 (4.58−1), 식 (4.58−2)를 보면 온도와 관련이 있는 인자가 없기 때문에 전계방출은 온도와는 무관하며, 전압이 증가하면 전류가 증가한다. 식 (4.58)의 양변에 자연로그를 취하면 다음과 같이 된다.

$$\ln J = \ln aE^2 - b\frac{1}{E} \tag{4.59}$$

$\ln J - 1/E$ 관계를 그래프로 나타내면 직선이 되고, 직선의 기울기가 바로 b이므로 식 (4.58−2)로부터 장벽높이 Φ_{eff}를 구할 수 있다.

전계방출은 전계방출 디스플레이(FED), 전계방출 현미경, 마이크로웨이브 증폭기 등에 응용된다.

핵심 N 대면 전극 간에 온도에 관계없이 고전계를 걸면 전자가 방출한다. 이것을 전계방출이라고 한다. 전계방출은 전계방출 디스플레이(FED), 전계방출 현미경, 마이크로웨이브 증폭기 등에 응용된다.

4.5.4 2차 전자방출

2차 전자방출(2次電子放出, secondary emission)은 그림 4.24에 나타낸 것과 같이 외부에서 전자를 금속(고체) 표면에 충돌시키면 충돌 전자가 반사되기도 하지만 일부 전자는 금속(고체) 내부로 들어가 충돌 전자의 운동에너지를 받아 금속(고체) 내부의 전자가 방출하는 현상이다. 이때 충돌시킨 전자를 1차 전자, 방출된 금속(고체) 표면의 전자를 2차 전자라고 한다. 2차 전자류 I_2와 1차 전자류 I_1의 비를 2차 전자 방출비라고 하며, 다음과 같이 나타낸다.

$$\frac{I_2}{I_1} = \delta \tag{4.60}$$

1차 전자의 에너지가 증가하면 2차 전자 방출수도 증가하지만 단금속일 경우에는 방출비가 거의 2 이하이며, Al_2O_3, BaO, BeO, MgO 등과 같이 산화물인 경우에는 3 ~ 20 범위에 있다. $Ag-Cs_2O-Cs$, $Sb-Cs$ 등이나 $Ag-Mg$ 합금은 1개의 전자 충돌로 몇 개의 2차 전자를 방출하는 성질이 있기 때문에 이러한 물질로 대(對)음극을 만들고 이것을 몇 개 배치하여 전자가 차례로 충돌하게 한 것이 **2차 전자 증배관**(2次電子增倍管, secondary electron multiplier)이다.

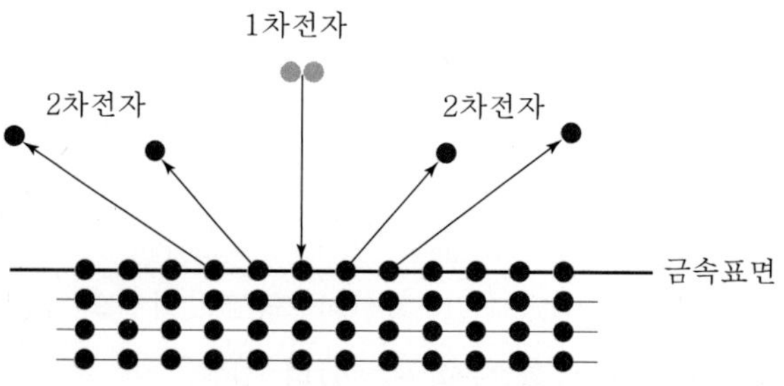

그림 4.24 2차 전자방출

그림 4.25는 2차 전자 증배관의 개략도이다. 대음극의 수를 2차 전자 증배관의 단수(段數)라고 한다. 각 단에는 80 ~ 160 V 정도의 전압을 가한다. 2차 전자 증배관의 이득은 각 단에 가하는 전압과 단수에 의해서 결정되는데, 예를 들면 1단당 100 V의 전압을 가하면 1단당의 이득은 4.5 정도이므로 9단의 2차 전자 증배관에서는 4.5^9으로 대략 10^6배 정도의 이득이 얻어진다. 2차 전자 증배관을 이용하여 광전자를 증배하는 것을 **광전자 증배관**이라고 하고, 분광 광도계나 신틸레이션 카운터(scintillation counter, 방사선 검출 계수기) 등에 널리 이용되고 있다.

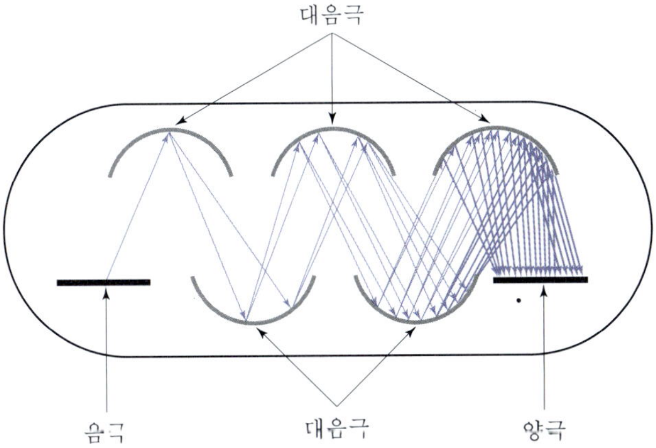

그림 4.25 2차 전자 증배관

핵심 N 금속 표면에 전자를 충돌시켰을 때 방출하는 전자가 2차 전자이다. 전자가 더 많이 방출하도록 한 것이 2차 전자 증배관이다.

Chapter 04 연습문제

01. 금속에서 전기장인가 전과 후의 전자의 운동, 속도를 설명하라.

Hint 금속 내의 전자의 운동을 기술하기 위해서는 금속에 전기장을 인가 전과 인가 후로 구분하여 설명한다. 인가하기 전에는 금속 내의 자유전자들이 절대 0 K가 아닌 이상 $\sim 1 \times 10^6$ m/s의 열속도로 격자와 충돌로 특정한 방향이 없이 무질서한 운동을 한다. 이런 운동을 열운동이라고 하며, 그때의 속도를 열속도라고 한다. 무질서한 운동이므로 오랜 시간이 경과한 후의 전자의 평균적 이동 거리는 0이다. 따라서 전자가 열운동만 하게 되면 전류는 흐르지 않는다.
그러나 여기에 전기장을 인가하면 어떻게 될까?
전기장을 인가하면 전자들은 전기장의 힘($F = eE$)을 받아 전기장 반대 방향으로 이동하면서 격자와 충돌을 하게 되고, 충돌 직 후엔 여전히 열속도를 가지고 있으며, 다시 전기장 힘을 받아 이동하고 다시 격자와 충돌하는 이런 운동이 계속 반복하게 된다. 그러나 오랜 시간이 경과 후에는 전자는 최초의 위치에서 전기장과 반대 방향의 어떤 위치에 오게 된다. 결국 전자들은 전기장 반대 방향으로 평균적 이동이 있게 되는데 이것을 드리프트 운동이라고 하고 그때의 전자의 평균적 이동에 따른 속도를 드리프트 속도라 한다.

02. 어떤 물질의 비저항이 전기장에 의존하지 않을 때, 이 물질은 옴법칙을 따른다고 한다. 옴법칙에서 비저항이 왜 전기장에 의존하지 않는지를 설명하여라.

Hint $J = \rho v_d = (ne)v_d = (ne)(\mu E) = (ne\mu)E = \sigma E$

$$\sigma = ne\mu = ne\frac{e\tau}{m_e} = \frac{ne^2\tau}{m_e}$$

$$\rho = \frac{1}{\sigma} = \frac{m_e}{ne^2\tau} \quad \cdots\cdots (1)$$

$$\rho = \frac{E}{J} \quad \cdots\cdots (2)$$

식 (2)에서 보면 비저항 ρ는 전기장 E에 비례하여 E에 의존하는 것으로 보이나, E가 증가하면 그에 따라 전류밀도 J도 정비례적으로 증가하여, ρ가 E에 무관하다. 그렇다면 무관하다는 것을 식 (1)을 통해서 확인해보자. 금속의 비저항(ρ)은 전자농도(n)와 전자의 평균자유시간(τ)에만 의존하며, E와는 전혀 관계가 없다.

03. 60 Hz의 전류가 구리(Cu)선에 흐를 때 구리선의 표피깊이를 구하라. 27℃에서 구리의 저항률 ρ는 $1.72\,\mu\Omega\cdot\text{cm}$, 비투자율 $\mu_r = 1$이다. 전력전송을 위해서 어느 정도의 지름을 가지는 도체를 사용하는 것이 합리적인지를 검토하여라.

Hint 표피깊이 $\delta = \dfrac{1}{\sqrt{\pi f \sigma \mu}}$

직경이 $2a$라고 하면 $2a > 2\delta$인 근사값으로 설계하면 된다. 만약 $2a \gg 2\delta$를 설계하면 재료의 낭비가 발생하게 된다.

04. 금속에서 저항이 생기는 원인을 두 가지로 대별하여 기술하라(Matthiessen 법칙)

Hint 온도로 생긴 격자의 열진동에 의한 전자의 격자산란(lattice scattering), 불순물로 생긴 격자왜형에 의한 전자의 불순물 산란(impurity scattering).

05. 순금속과 불순물이 첨가된 합금과의 저항의 온도계수를 비교하라.

Hint 순금속이나 합금은 온도가 증가하면 격자진동으로 전자의 산란확률이 증가하여 평균자유행정이 짧아져서 저항이 증가하게 된다. 그러나 합금은 순금속보다 격자의 왜형으로 격자와 불순물간의 응력이 존재하여 더욱더 결합력이 강하게 되므로 동일한 온도 증가시 합금에서 격자진동이 순금속의 격자진동보다 약하다. 따라서 저항의 온도계수는 순금속이 합금보다 커지게 된다. 저항의 온도계수는 단위온도 증가시 저항의 변화를 말하는 것이므로 당연히 온도가 증가하면 격자 간 결합력이 약한 격자가 더 진동하게 되므로 격자진동이 큰 금속에서 저항의 증가는 더 커지게 된다. 따라서 순금속이 합금보다 온도계수가 크다.

06. 금속가공과 전기저항의 관계를 설명하여라.

Hint 금속을 가공하면 격자왜형으로 결정의 주기성이 붕괴된다. 그 결과, 전자의 산란이 증가하므로 전자의 평균자유행정이 짧아져서 전기저항이 증가하게 된다.

07. 가공된 금속의 열처리와 전기저항의 관계를 설명하여라.

Hint 가공된 금속을 열처리하면 격자왜형으로 생긴 응력이 감소한다. 그 결과, 전자의 산란이 감소하므로 전자의 평균자유행정이 길어져서 전기저항이 감소하게 된다.

08. 보통 배전선에 사용하는 구리 나전선은 가공하여 사용하는 것인지 아니면 가공 후에 열처리 공정을 하는 것인지 설명하여라.

Hint 기계적 특성과 전기적 특성를 모두 고려할 것인지? 아니면 둘 중의 하나만 고려할 것인지를 생각하여라.

09. 대류전류, 전도전류, 변위전류를 구분하여라.

Hint 기압차에 의해서 따뜻한 공기와 차가운 공기가 연직운동하는 것을 대류라고 하는데 진공 속에서도 전압차에 의해서 전하의 이동이 일어날 때 이것을 대류전류(convection current)다. 전도전류(conduction current)는 도체 혹은 도선에 흐르는 전류, 흔히 통상적으로 말하는 전류이다. 변위전류(displacement current)는 전기장의 변화로 만들어지는 전류로서 축전기의 극판 사이에 흐르는 전류가 변위전류에 해당한다.

10. 구리의 이동도가 $43.4\ \mathrm{cm^2/V \cdot s}$, 전도율이 $5.8 \times 10^5 / \Omega \cdot \mathrm{cm}$(비저항 $= 1.72\ \mu\Omega \cdot \mathrm{cm}$)일 때 유동속도가 전자의 열속도 $v_{th}(1.5 \times 10^6\ \mathrm{m/s})$의 0.1%가 되기 위한 전기장 E, 그 때의 평균자유시간 τ, 지름 1mm 전선의 전류밀도 J를 구하여라.

Hint 열속도의 0.1%는 1500 m/s 이다.

$$v_d = \mu E,\quad E = \frac{v_d}{\mu} = \frac{(0.001)(1.5 \times 10^8\ \mathrm{m/s})}{43.4\ \mathrm{cm^2/V \cdot s}} = 3.46\ \mathrm{kV/cm}$$

이것은 1 cm 길이의 구리 내의 정지상태의 전자를 1500 m/s 갖게 하려면 대략 3400 V 전압을 인가하여야 한다는 의미이다.

$$\mu = \frac{e\tau}{m_e},\quad \tau = \frac{\mu m_e}{e} = \frac{(43.4 \times 10^{-4}\ \mathrm{m^2/V \cdot s})(9.1 \times 10^{-31}\ \mathrm{kg})}{1.602 \times 10^{-19}\ \mathrm{C}}$$
$$= 2.5 \times 10^{-14}\ \mathrm{s}$$

전자가 진행할 때 한 번 충돌하는데 걸리는 시간으로 상상하기 힘들 정도의 극히 짧은 시간이다.

$$J = \sigma E = (5.8 \times 10^5 / \Omega \cdot \mathrm{cm})(3.46\ \mathrm{kV/cm}) = 2.01 \times 10^9\ \mathrm{A/cm^2}$$

11. 다결정과 단결정의 저항을 비교하여라. 또 같은 재료에서 벌크형태와 박막형태의 비저항을 비교하여라.

Hint 다결정의 결함은 단결정보다 훨씬 많다. 특히 입계라고 하는 면결함이 그렇다. 면결함에서 전자가 많이 산란하게 되므로 다결정이 당연히 단결정보다 저항이 커지게 된다. 또한 벌크형태에서 전자의 운동 범위가 넓다고 할 수 있으나 박막형태가 되면 그 범위가 좁게 한정되게 된다. 그 결과, 박막에서 표면과의 전자산란이 더욱 빈번하여 평균자유행정이 짧아지므로 벌크보다 비저항이 커지게 된다.

12. 초전도체의 두 가지 특성을 설명하여라.

Hint 초전도체는 완전 전도성과 완전 반자성을 가진다. 완전 전도성은 전기저항이 완전히 사라지는 성질, 즉 전기저항이 0이며, 완전 반자성은 초전도체의 내부 자기장이 사라지는 성질, 즉 내부 자기장이 0이다.

13. 초전도체가 전력공학에 실용화되면 어떤 변화가 나타나는지 생각해보아라.

Hint 현재의 송전선은 ACSR(강심알루미늄연선)이 주다. 그리고 전송되는 전력은 전압과 전류의 곱이다. 고압으로 승압하는 이유 중의 하나는 전류를 많이 흘러 보내게 되면 송전선의 저항으로 주울 열손실이 크게 된다. 송전선을 초전도체로 하면 열손실이 없게 되므로 전압을 낮춘 상태에서 대전류를 보낼 수 있다. 또 초전도 솔레노이드 자석으로부터 15T에 달하는 큰 자기장을 얻을 수 있다. 강자성체를 사용한 솔레노이드로부터 얻을 수 있는 자기장은 2T 정도에 불과하다. 큰 자기에너지는 높은 전기에너지로 변환될 수 있다.

14. 전자방출을 간략히 설명하고 대표적인 응용 예를 들어라.

Hint 전자방출에는 열전자, 광전자, 전계, 2차 전자방출이 있다. 열전자 방출은 금속에 열을 가했을 때 전자가 방출되는 현상으로 형광등은 열전자 방출을 이용한 것이다. 광전자 방출은 금속에 빛을 쬐였을 때 전자가 방출되는 현상으로 자동문은 광전자 방출을 이용한 것이다. 전계방출은 대면 전극 간에 고전계를 걸었을 때 전자가 방출되는 현상으로 전계방출 디스플레이(FED)는 전계방출을 이용한 것이다. 2차 전자방출은 1차 전자를 금속에 입사시켰을 때 2차 전자가 방출되는 현상으로 방사선 검출 계수기는 2차 전자방출을 이용한 것이다.

15. 손실 에너지 밀도를 $w = \sigma E^2$와 같이 나타낼 수 있음을 보여라.

Hint 옴의 법칙을 이용하여라.

16. 다음 용어를 간략히 설명하여라.
   1) 드리프트 속도
   2) 열속도
   3) 평균자유시간
   4) 저항의 온도계수
   5) 마티센(Matthiessen)의 법칙
   6) 주울의 법칙
   7) 표피효과
   8) 초전도성
   9) 쇼트키 효과
   10) 마이스너 효과

CHAPATER

5 반도체

(Semiconductors)

구성

개요

이 장에서는 **반도체**의 전반적인 물성, 전기적 성질, 광학적 성질, pn **접합이론** 등을 주로 다룬다. 주요 내용으로는 반도체의 유형(진성 반도체, 불순물 반도체), 페르미–디랙 통계, 캐리어 농도, 반도체에서의 캐리어 수송, 광생성과 광전도도, 광생성과 재결합, 소수 캐리어 수명시간과 확산거리, pn 접합, pn 접합의 공핍층에서 전하밀도 및 전계분포, 비대칭적인 p^+n 접합, 접합에서 정전용량, **금속–반도체 접촉** 등 핵심적인 반도체 이론을 학습한다.

5.1 반도체의 유형

반도체는 불순물 첨가 유무(有無)에 따라 진성 반도체와 불순물 반도체로 분류된다. 또 불순물 반도체는 외인성 반도체라고도 하며, 여기에는 n형과 p형으로 분류된다. 반도체 캐리어로는 전자와 정공이 있으며, 이것들이 어떻게 생성되는지를 다룬다.

5.1.1 진성 반도체

진성 반도체(眞性半導體, intrinsic semiconductor)는 깨끗한 상태, 순수한 상태라고 하지만 실질적으로 0.1 ppb 이하의 불순물 원자를 포함하는 반도체이다. 이러한 불순물 원자는 대부분의 경우, 자연 상태에서부터 가지고 있는 것이며, 일부이기는 하나 결정성장과정에서 혼입되는 경우도 있다. 이상적인 진성 반도체는 불순물을 전혀 포함하지 않는 **모원자**(母原子, host atom)로만 구성된다. Si이나 Ge과 같은 **원소형 반도체**는 4족 원소로서 4개의 가전자를 가진다. GaAs, GaN, InP 등과 같은 **화합물 반도체**는 3족 원소(Ga, In 등)와 5족 원소(N, P, As 등)로 구성되어 있기 때문에 원자당 평균적으로 4개의 가전자를 가진다. 이러한 반도체의 결합은 반도체를 구성하는 원자들이 4개의 가장 가까운 이웃의 가전자를 서로 공유함으로서 결합하는 공유결합이다. 그림 5.1은 Si 원자들의 2차원적 공유결합을 나타낸 것이다. 공유결합은 원자 간의 결합이 매우 강하기 때문에 결정 구조가 안정되어 있다. 절대 0 K에서 격자는 완전히 정지 상태이므로 모든 가전자는 결합에 묶여있다. 따라서 반도체는 절연체와 다름없다.

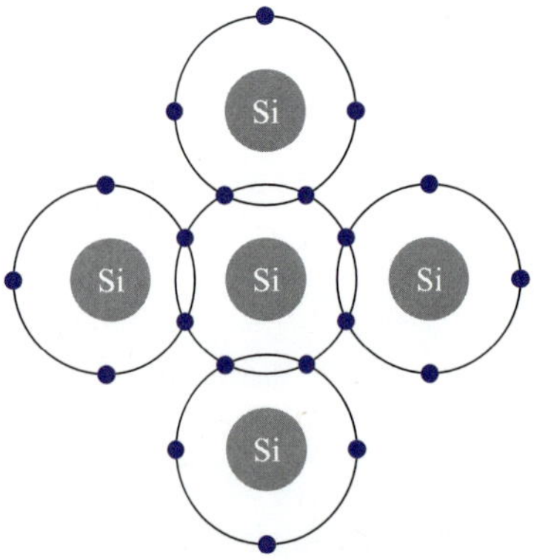

(a)

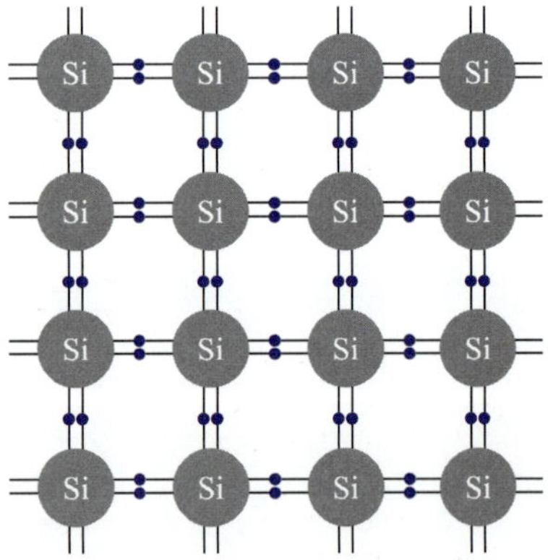

(b)

그림 5.1 0 K에서 Si 결정 : (a) 공유결합, (b) 단순화된 공유결합 평면도

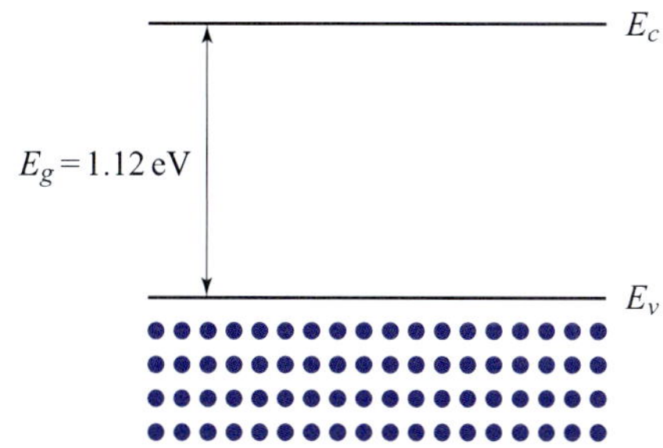

그림 5.2 0 K에서 진성 반도체 Si의 에너지대

그림 5.1에 나타낸 2차원 Si 결정을 에너지대 관점에서 나타낸 것이 그림 5.2이다. 이것은 0 K에서 진성 반도체의 **에너지 밴드 다이아그램**이다. 온도가 증가하면 Si 격자와 더불어 가전자도 열진동을 한다. 가전자가 결합에서 이탈할 정도의 열에너지를 받게 되면 가전자는 결합을 깨고 격자 내에서 이리저리 움직일 것이다. 그림 5.3은 격자의 열진동과 그로 인한 전자의 이탈로 정공이 생성되는 과정을 나타낸 것이다. 결합에서 이탈한 전자를 **자유전자**(自由電子, free electron)라고 하며, 결합에 참여했던 전자가 떠난 빈자리를 **정공**(正孔, hole)이라고 한다. 정공은 양자역학적 입자로 고전적으로 설명이 되지 않는 입자이다. 따라서 전기력이 미치는 아주 작은 공간인데 이해관점에서 물위에 떠다니는 거품성노로 알아두면 어떨까? 그림 5.3의 2차원 평면에서 정공과 전자의 발생 개념을 에너지대로 나타낸 것이 그림 5.4이다. 가전자대에서 이탈한 전자, 즉 자유전자는 전도대로 천이하고, 전자가 떠난 자리에 정공이 생성된다. 결합에서 이탈하지 못한 가전자는 가전자대에 구속전자로 남아있다. 결과적으로 진성 반도체에서 전도대의 1개의 자유전자는 가전대의 1개의 정공을 남긴다. 이러한 전자와 정공을 **전자-정공쌍**(electron-hole pair : EHP)이라고 부른다. 따라서 진성 반도체에서 전자농도 n(매 cm^3당 전자수)과 정공농도 p(매 cm^3당 정공수)는 항상 같다. 진성 캐리어 농도를 n_i라고 하면 진성 반도체에서 다음 식이 성립한다.

$$n = p = n_i \tag{5.1}$$

Ge, Si, GaAs 반도체의 n_i는 300 K에서 각각 $2.4 \times 10^{13}\,\text{cm}^{-3}$, $1.5 \times 10^{10}\,\text{cm}^{-3}$, $1.79 \times 10^{6}\,\text{cm}^{-3}$이다[부록 C].

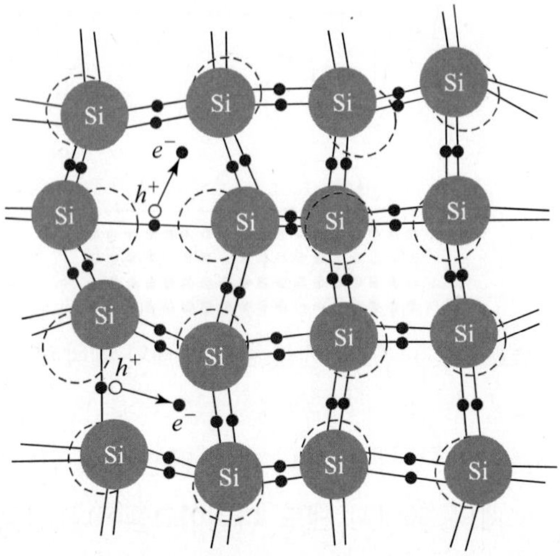

그림 5.3 $T>0\,\mathrm{K}$에서 Si 결정에서 격자의 열진동과 전자-정공쌍의 생성

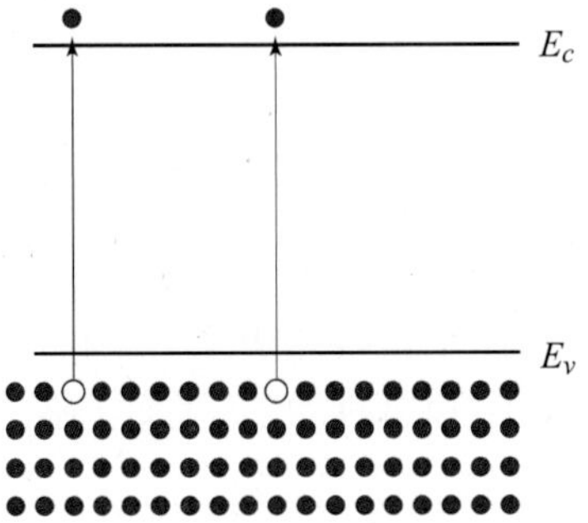

그림 5.4 $T>0\,\mathrm{K}$에서 진성 반도체의 에너지대

$T>0\,\mathrm{K}$일 때 전자는 가전자대에서 전도대로 여기되고, 가전자대에는 정공을 남긴다. 만약 전계 E가 인가된다면 어떤 일이 일어날까? 그림 5.5에서 전계가 인가되기 전의 평형상태에서 EHP가 1개라고 가정해보자(그림 5.5 (a)). 전계는 오른쪽에서 왼쪽으로 인가된다고 가정하면 오른쪽은 +전위가 되고, 왼쪽은 −전위가 될 것이다. 전도대의 전자는 +전위 쪽으로 이끌리게 되므로 전도대에서 전도를 일으킬 것이다. 그렇다면 가전자대에서 정공은 어떻게 움직이는가? 잠시 가전자대의 정공에 초점을 맞춰보자. 정공의 왼쪽에 있는 가전자가 최초 전자의 이탈로 생긴 첫 번째 정공을 점유한다면 가전자는 +전위 쪽으로 움직일 것이다. 그래서 전자는 첫 번째의 정공 안으로 들어가고, 그 결과, 두 번째로 생긴 정공의 위치는 첫 번째의 정공 위치보다 왼쪽에 있게 된다(그림 5.5 (b)). 계속해서 전계가 유지된다면 두 번째의 정공의 왼쪽 전자는

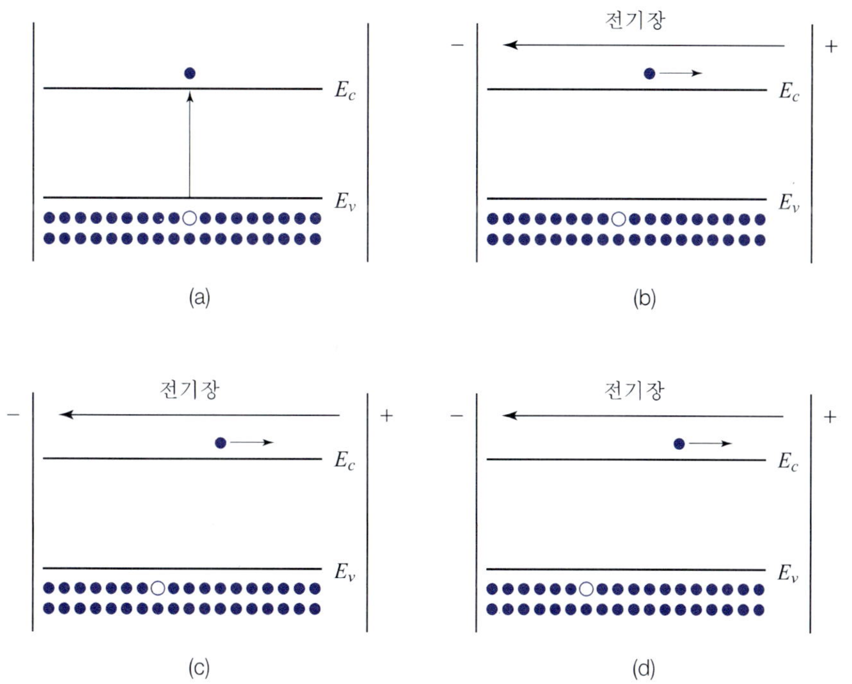

그림 5.5 $T > 0$ K에서 전계 인가시 전자와 정공의 거동

세 번째의 정공을 남기고, 두 번째 정공 안으로 움직인다(그림 5.5 (c)). 전계가 인가되는 한 이 과정은 계속될 것이다 (그림 5.5 (d)). 결과적으로 전도대의 전자는 왼쪽에서 오른쪽으로 이동하고, 가전자대의 정공은 오른쪽에서 왼쪽으로 이동한다. 그러므로 전자에 의해서만 전도되는 금속과는 달리 반도체에서는 전도대에서 전자의 이동에 의한 전도와 가전자대에서 정공의 이동에 의한 전도가 동시에 일어난다.

어째든 진성 반도체에서도 전도는 일어나겠지만, 실온에서 여기된 전자가 많지 않아 원하는 전도도를 얻기가 어렵다. 따라서 전도도를 개선하기 위해 특정한 불순물을 첨가해야만 한다.

핵심 N 진성 반도체는 불순물이 없는 반도체로 항상 자유전자수와 정공수는 동일하다.

5.1.2 불순물 반도체

불순물 반도체는 진성 반도체에 불순물을 첨가한 것으로 **외인성 반도체**(外因性半導體, extrinsic semiconductor)라고도 한다. 불순물을 첨가하는 행위를 **도핑**(doping)이라고 하며, 첨가한 불순물을 **도펀트**(dopant)라고 한다. 도펀트의 종류에 따라 n**형**

(n type)과 p**형**(p type)의 두 가지 유형이 있다. 불순물을 도핑하면 캐리어(전자와 정공) 농도(단위 체적당 캐리어의 수)는 진성 반도체의 캐리어 농도보다 훨씬 높다.

(1) n형 반도체

그림 5.6과 같이 Si 반도체에서 일부 Si 원자를 As 원자로 치환한다고 하자. As는 5가 원소로 5개의 가전자를 가진다. 5개의 가전자 중에서 4개는 이웃하는 Si 가전자와 공유결합을 형성하고, 다섯 번째 전자는 느슨하게 As 모원자에 결합되어 있다. 따라서 5번째 전자는 적은 에너지로도 결합에서 이탈하여 자유로워질 수 있다. 적은 에너지는 실온의 열에너지로도 충분하다. 5가 원자 가운데서도 Sb와 같이 큰 원자는 격자를 왜형시킬 수도 있으며, 너무 큰 원자일 경우, 결합이 깨질 수도 있고 결정성을 잃을 수도 있다.

다섯 번째 전자가 적은 열에너지로도 결합에서 이탈할 수 있다는 것은 에너지대 구조 관점에서 전도대 바로 아래 위치한 As 불순물 준위에서 전도대로 전자가 쉽게 여기한다는 것을 의미한다. 따라서 이것을 에너지대로 표현한 것이 그림 5.7이다. 진성 반도체에서 전도대의 전자는 가전자대에서 금지대를 가로질러 올라온 전자이다. 불순물을 첨가했을 때 전도대로 전자가 쉽게 올라온다는 것은 불순물이 첨가되면 마치 금지대 폭이 아주 좁아진 것과 같은 이치이다. 그러나 불순물을 첨가한다고 해서 물리적으로 금지대 폭이 줄어들지는 않는다. As와 같이 5가 불순물은 Si 반도체에 자유전자를 제공해 주기 때문에 5가 불순물을 **도너**(donor)라고 하는데 국제화된(localized) 도너 준위(E_d)는 전도대 바로 아래의 밴드갭 내에 위치한다. 이와 같이 도너는 자유전자를 제공하며, 전자는 전기적으로 음전하(negative charge)이므로 영어 이니셜 n을 따서 도너가 도핑된 반도체를 n**형 반도체**라고 한다. 도너가 전자를 내놓으면 그 자체는 양전하로 이온화된다. 따라서 도너 1개는 1개의 전자를 내놓으므로 도너의 수는 곧 전도대의 전자수와 거의 같다. 불순물의 이온화 에너지는 반도체의 유전상수(ϵ_r)가 클수록 작아진다. 따라서 Si보다 Ge 반도체에서 불순물이 이온화하기 쉽다.

n형 반도체의 전도는 주로 전도대의 전자에 의해서 이루어지며, 전도도는 도너의 수에 의존한다. n형 반도체에서 전도대의 전자를 **다수 캐리어**(majority carrier)라고 하며, 가전자대에서 약간의 정공을 **소수 캐리어**(minority carrier)라고 한다. n형 반도체라도 실온에서 가전자대의 공유결합이 끊어져서 전자가 전도대로 여기되므로 당연히 가전자대에 정공이 있다. 그러나 정공은 전자에 비해서 매우 적은 양이기 때문에 소수 캐리어이다. 도핑은 기본적으로 다수 캐리어 수를 조절하는 것이며, 도핑농도가 높을수록 소수 캐리어 수는 감소한다.

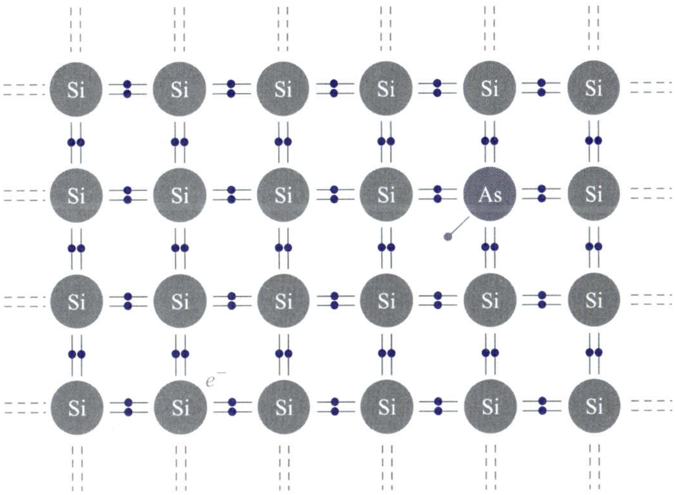

그림 5.6 5가 불순물이 도핑된 Si 반도체

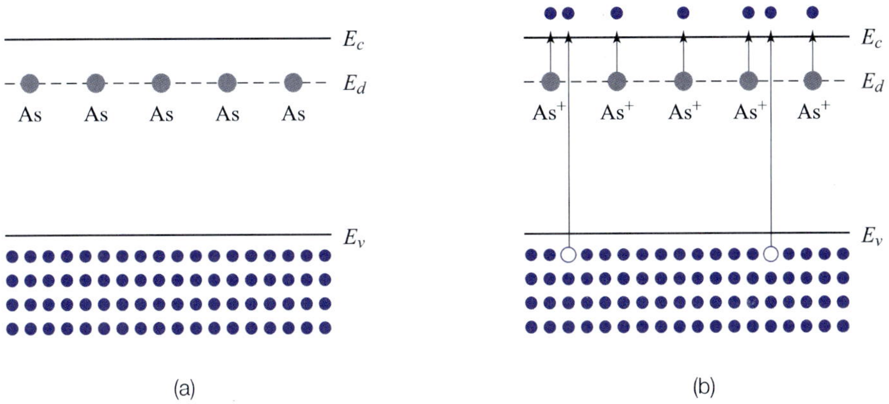

그림 5.7 도너가 도핑된 반도체의 에너지대 구조 : (a) 0 K, (b) 300 K

(2) p형 반도체

그림 5.8과 같이 Si 반도체에서 일부 Si 원자를 B 원자로 치환한다고 하자. B는 3가 원소로 3개의 가전자를 가진다. 3개의 가전자 모두가 이웃하는 Si 가전자와 공유결합을 형성하지만 B는 네 번째 전자가 없으므로 Si의 네 번째 전자와 결합할 수가 없다. 따라서 정공으로 남아 있게 된다. 이 결합은 결합 자체가 불완전하기 때문에 다른 것보다 덜 안정하다. 따라서 안정되기 위해서 어떤 조건에서 이웃 전자를 끌어들이려고 할 것이다. 만약 적은 에너지로도 다른 결합전자가 정공에 들어간다면 그 결합전자 자리에 정공을 남기게 된다.

정공에 이웃하는 결합전자가 열에너지로도 들어갈 수 있다는 것은 에너지대 구조 관점에서 가전자대 바로 위에 위치하는 불순물 준위의 자리에 가전자대의 전자가 쉽게 여기할 수 있다는 것을 의미한다. 따라서 이것을 에너지대로 표현한 것이 그림 5.9이다. 진성 반도체에서 가전자대의 정공은 가전자대에서 금지대를 가로질러 올라온 전자가 빠져나간 자리이다. 그러나 불순물을 첨가하면 가전자대에 정공이 쉽게 생긴다는 것은 불순물이 첨가되면 마치 금지대 폭이 아주 좁아진 것과 같은 이치이다. B와 같이 3가 불순물은 Si 반도체의 공유결합전자를 받고 그 대신 정공을 제공해 주기 때문에 3가 불순물을 **억셉터**(acceptor)라고 하는데 국제화된 억셉터 준위(E_a)는 가전자대 바로 위의 밴드갭 내에 위치한다. 억셉터는 정공을 제공하며, 정공은 전기적으로 양전하(positive charge)이므로 영어 이니셜 p를 따서 억셉터가 도핑된 반도체를 **p형 반도체**라고 한다. 억셉터가 가전자대에서 전자를 받으면 그 자체는 음전하로 이온화된다. 따라서 억셉터 1개는 1개의 전자를 받으므로 억셉터의 수는 곧 가전자대의 정공수와 거의 같다.

p형 반도체의 전도는 주로 가전자대의 정공에 의해서 이루어지며, 전도도는 억셉터의 수에 의존한다. p형 반도체에서 가전자대의 정공을 **다수 캐리어**(majority carrier)라고 하며, 전도대의 전자를 **소수 캐리어**(minority carrier)라고 한다. p형 반도체라도 실온에서 가전자대의 공유결합이 끊어져서 전자가 전도대로 여기되므로 당연히 전도대에 전자가 있다. 그러나 전자는 정공에 비해서 매우 적은 양이기 때문에 소수 캐리어이다.

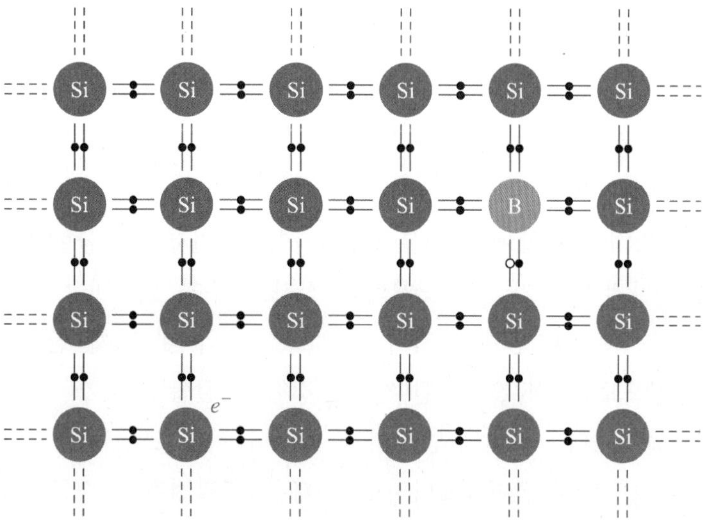

그림 5.8 3가 불순물이 도핑된 Si 반도체

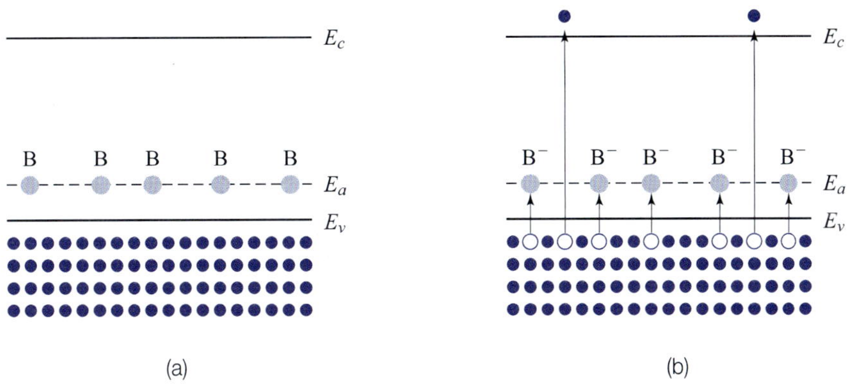

그림 5.9 억셉터가 도핑된 반도체의 에너지대 구조 : (a) 0 K, (b) 300 K

핵심 N 진성 반도체에 3가 불순물이 도핑된 것을 p형 반도체, 5가 불순물이 도핑된 것을 n형 반도체라고 한다. p형 반도체는 정공수가 전자수보다 훨씬 많고, n형 반도체는 전자수가 정공수보다 훨씬 많다. 상대적으로 많다고 하면 다수 캐리어, 적다고 하면 소수 캐리어라고 한다.

5.2 캐리어 농도

여기서는 페르미 준위와 일함수, 페르미-디락 분포함수에 대해서 설명하고, n형 반도체와 p형 반도체의 캐리어 농도 식을 유도한다. 보상도핑의 개념, 캐리어 농도 및 전도도의 온도 의존성, 페르미 준위의 온도 의존성을 다룬다.

5.2.1 페르미 준위

페르미 준위는 불순물 농도에 대한 기준점으로 사용되는 가상의 에너지 준위이다. 불순물 준위는 불순물 형태에 따라 전도대 바로 아래에 위치하거나 가전자대 바로 위에 위치한다. 그렇다면 불순물 농도의 많고, 적음에 따라 불순물 준위의 위치는 어떻게 달라지겠는가? 밴드갭 내에 어떤 기준점이 있다면 불순물 준위가 그 기준점으로부터 얼마나 떨어져 있는지를 알면 불순물의 양을 가늠할 수 있다. 그 기준점이 바로 페르미 준위이다. 이것은 전자에 의해서 점유될 확률이 50%가 되는 에너지 준위로 정의된다. 이렇게 되는 이유는 페르미-디락 통계에서 설명할 것이다.

(1) 진성 반도체의 페르미 준위

페르미 준위에 어떤 상태가 있다면 그리고 그 상태를 점유할 전자가 있다면 그 상태에서 전자를 발견할 확률이 절반일 것이라고 알려주는 준위가 페르미 준위이다. 따라서 진성 반도체에서 페르미 준위가 전자를 허용하지 않는 밴드갭, 즉 금지대 내에 있다고 한들 아무 문제가 되지 않는다. 그러므로 진성 반도체의 페르미 준위 E_i는 그림 5.10에 나타낸 바와 같이 밴드갭의 중앙 근처에 놓인다. 차후에 그 위치를 수식으로 다룰 것이다.

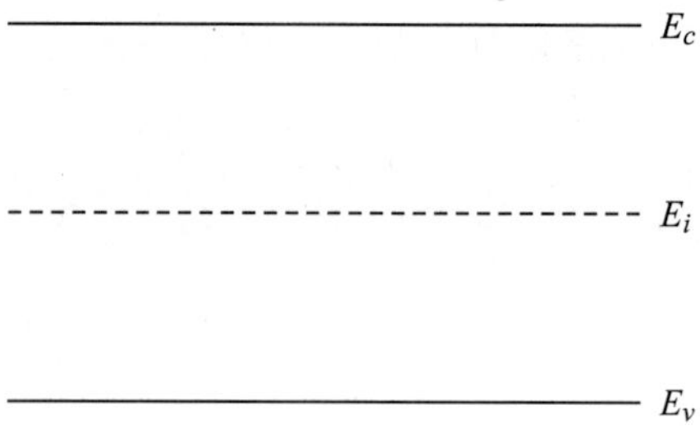

그림 5.10 진성 반도체의 페르미 준위

(2) 불순물 반도체의 페르미 준위

불순물 반도체의 페르미 준위 E_f는 재료의 도핑 형태에 따라 구분된다. n형 반도체에서 전도대의 전자농도가 가전자대의 정공농도와 비교하여 높기 때문에 페르미 준위는 그림 5.11 (a)에 나타낸 것과 같이 전도대 근처에 있다. p형 반도체에서 가전자대의 정공농도가 전도대의 전자농도와 비교하여 높기 때문에 페르미 준위는 그림 5.11 (b)에 나타낸 것과 같이 가전자대 근처에 있다. n형 반도체의 도너농도가 증가할수록 페르미 준위는 전도대에 가까워진다. p형 반도체의 억셉터 농도가 증가할수록 페르미 준위는 가전자대에 가까워진다.

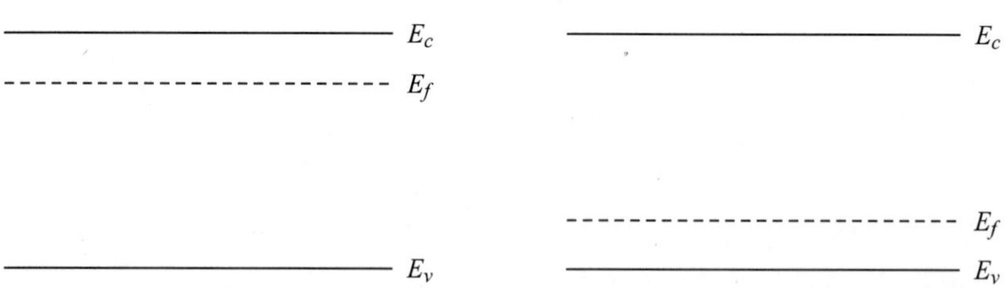

(a) (b)

그림 5.11 불순물 반도체의 페르미 준위 : (a) n형, (b) p형

핵심 N 페르미 준위는 불순물이 얼마나 도핑되었는지를 알려주는 가상의 기준 에너지 준위이다.

5.2.2 일함수와 전자 친화력

(1) 일함수

액체를 가열하면 기체가 증발한다. 이것은 액체를 형성하는 원자나 분자가 결합에서 완전히 이탈하는 것이다. 금속 내의 전자는 양이온에 정전기력으로 구속되어 있는 상태이다. 전자를 외부로 이탈시키기 위해서는 에너지가 필요하다. 4장에서 전자방출에 대해서 학습한 바와 같이 전자가 금속에서 이탈하기 위해선 금속 표면의 전자를 금속 내로 끌어 들이는 정전기력(쿨롱의 힘)을 끊어낼 수 있는 충분한 에너지를 가지고 있어야만 가능하다. 이것을 전자 볼트(electron volt)로 표현한 것이 **일함수**(work function : Φ_m)이다. 일함수의 개념을 도식적으로 나타낸 것이 그림 5.12이다.

금속에서는 이용한 가능한 모든 상태가운데서 페르미 준위까지 전자로 채워지기 때문에 0 K에서 전자로 점유된 가장 높은 에너지 준위가 **페르미 준위**(E_{fm})로 정의된다. 한마디로 금속 표면이 페르미 준위인 셈이다. 금속과는 달리 반도체의 페르미 준위는 전자에 의해서 점유될 확률이 50%인 에너지 준위이다.

그림 5.13 (a)에서 정의하는 바와 같이 금속의 일함수는 금속 표면에서 진공 준위까지 전자를 이탈시키는 데 필요한 에너지이다. **반도체의 일함수**(Φ_s)도 마찬가지로 그림 5.13 (b)에 나타냈듯이 페르미 준위에서 전자를 진공 준위까지 끌어내는 데 필요한 에너지다.

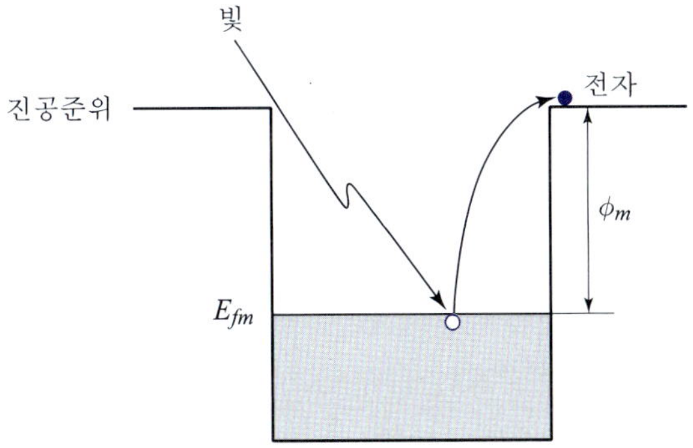

그림 5.12 금속의 페르미 준위와 일함수

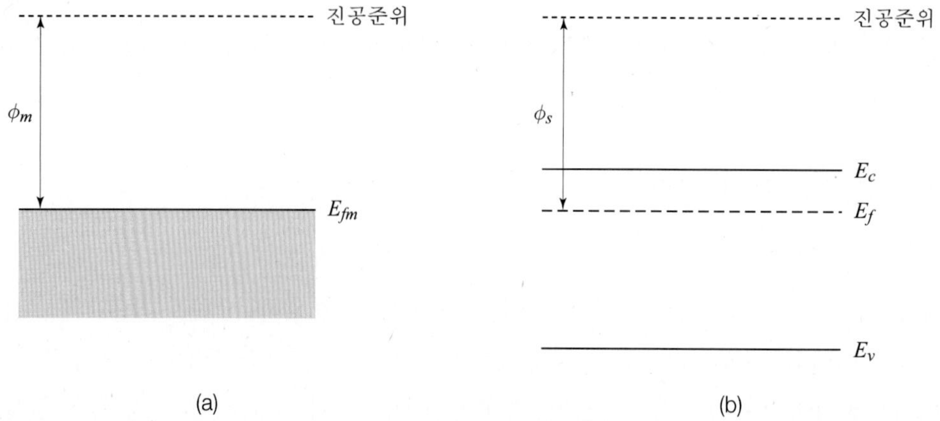

그림 5.13 (a) 일함수를 정의하는 에너지대 : (a) 금속의 일함수(ϕ_m)와 (b) 반도체의 일함수(ϕ_s)

(2) 전자 친화력

반도체를 설명하는 또 다른 중요 용어는 **전자 친화력**(電子親和力, electron affinity : χ_s)이다. 그림 5.14에 나타낸 바와 같이 전자 친화력은 전도대 E_c에 있는 전자를 진공 밖으로 이탈시키는 데 필요한 에너지이다. 따라서 전자 친화력은 일함수보다 전도대와 페르미 준위 사이의 에너지 차($E_c - E_f$)만큼 더 작다. Ge의 전자 친화력은 4.13 eV, Si은 4.01 eV, GaAs는 4.07 eV이다[부록 C].

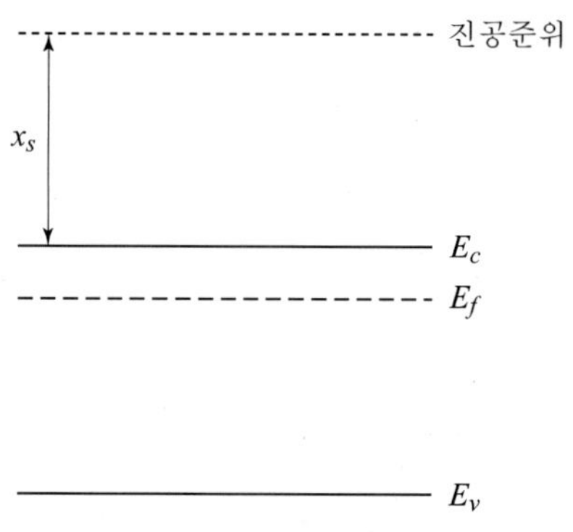

그림 5.14 전자 친화력을 정의하는 에너지대

핵심 N 일함수는 페르미 준위에서 전자를 이탈시키는데 요구되는 에너지이며, 전자 친화력은 전도대에서 전자를 이탈시키는데 요구되는 에너지이다.

5.2.3 페르미-디락 통계

(1) 통계 시스템

수많은 입자를 취급할 때에는 통계 시스템을 사용하여야 한다. 통계는 하나하나의 입자특성을 통해서 계 전체 입자특성을 예측한다든지, 반대로 계 전체의 입자특성을 이용하여 각 입자의 특성을 예측할 때 필요하다. 예를 들어 반도체의 단위 체적당 전도대에 전자가 $1 \times 10^{15}/\text{cm}^3$ 이상 있을 수 있다. 이것을 취급하기에는 매우 큰 숫자이고, 계의 개별적 전자의 거동을 하나하나 모형화시키는 것은 극히 어렵다. 입자를 통계처리하는 데 사용되는 시스템은 맥스웰-볼쯔만(Maxwell-Boltzmann : MB, 통계, 보즈-아인슈타인(Bose-Einstein : BE) 통계, 페르미-디락(Fermi-Dirac : FD, 통계 등 세 가지가 있다. **MB 통계**는 전기공학에서 기체 절연물로 사용되는 공기, 육불화황(SF_6), 질소, 아르곤 등과 같은 기체 입자를 취급하는 고전통계이다. 이런 입자의 특징으로는 입자의 에너지가 양자화되지 않고, 하나의 상태에 몇 개의 입자라도 들어갈 수 있는, 즉 파울리의 배타원리에 따르지 않다. **BE 통계**는 입자의 에너지는 양자화되지만 파울리의 배타원리에 따르지 않는 입자로 광자가 여기에 해당한다. **FD 통계**는 입자의 에너지가 양자화되고, 파울리의 배타원리에 따르는 입자로 고체 내의 전자가 여기에 해당한다. 여기에서는 FD 통계 시스템을 다루기로 한다.

(2) 페르미-디락 분포함수

고체 내에는 전자가 존재할 수 있는 수많은 에너지 준위가 존재하는데 그때 임의의 에너지 준위 E가 전자에 의해 점유될 확률은 이론적으로 다음과 같은 **페르미-디락 분포함수** $f(E)$에 따른다.

$$f(E) = \frac{1}{1 + \exp\left(\frac{E - E_f}{kT}\right)} \tag{5.2}$$

$$\left(\begin{array}{l}\text{이것을 } y = f(x) \text{ 꼴로 나타내면 이해하기가 쉬울 것이다} \\ y = \dfrac{1}{1 + e^{\left(\frac{x-a}{b}\right)}}\end{array}\right)$$

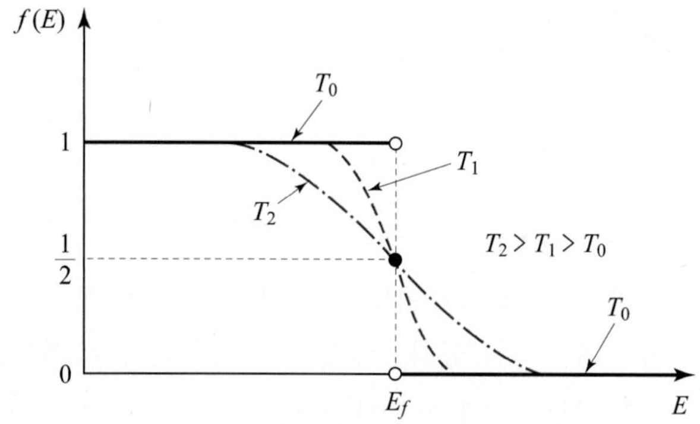

그림 5.15 페르미-디락 분포함수

$f(E)$는 절대온도 T일 때 에너지 준위 E에서 전자를 발견할 확률이다. E_f는 페르미 준위이다. E_f는 금속과 반도체에서의 그 개념이 다소 차이가 있는데 금속에서는 0 K에서 전자로 점유된 가장 높은 에너지 준위이며, 반도체에서는 전자로 점유될 확률이 0.5인 에너지 준위이다. 그림 5.15에 $f(E)$를 온도별로 에너지 준위 E 함수로서 나타내었다.

1) $T = 0\text{ K}$

0 K에서 E_f 이하의 에너지 준위는 전자들로 완전히 채워져 있고, E_f 이상의 에너지 준위는 완전히 비어있다. 0 K에서 E_f보다 더 높은 에너지 준위가 전자들에 의해서 점유될 확률은 0이며, E_f보다 더 낮은 에너지 준위가 전자에 의해서 점유될 확률은 1이 된다.

여기서 식 (5.2)를 수학적으로 다루어 보자.

$T = 0\text{ K}$에서

$$f(E) = \frac{1}{1 + \exp\left(\dfrac{E - E_f}{0}\right)}$$

와 같이 된다. $E < E_f$, $E = E_f$, $E > E_f$에서 세 가지 조건에 대해서 $f(E)$를 계산해보자.

① $E < E_f$일 때

$$f(E) = \frac{1}{1 + \exp(-\infty)} = \frac{1}{1+0} = 1$$

이 된다. 따라서 절대온도 0 K에서 E_f보다 낮은 에너지 준위 E에서 전자를 발견할 확률은 100%이다.

② $E = E_f$일 때

$$f(E) = \frac{1}{1+\exp(0)} = \frac{1}{1+1} = \frac{1}{2}$$

가 된다. 절대온도 0도에서 에너지 준위 E_f에서 전자가 발견될 확률은 50% 이다. 따라서 전자에 의해서 점유될 확률이 50%인 에너지 준위 E가 **페르미 준위** E_f다.

③ $E > E_f$일 때

$$f(E) = \frac{1}{1+\exp(\infty)} = \frac{1}{1+\infty} = 0$$

이 된다. 절대온도 0 K에서 E_f보다 높은 에너지 준위 E에서 전자가 발견될 확률은 0%이다.

2) $T \neq 0\,\mathrm{K}$

물질의 온도가 300 K로 증가한 경우, 가전자대의 일부 전자들은 밴드갭을 가로질러 여기하는데 충분한 열에너지를 얻을 것이다. 이럴 경우에 전자-정공쌍(EHP)이 생성된다.

300 K에서 페르미-디락 분포함수는 더 이상 직각 모양이 아니다. 온도가 점점 증가함으로서 전자-정공쌍이 많이 생성되고, E_f를 중심으로 위쪽에는 전자가 발견될 확률이 점점 증가하게 되며, 아래쪽에서는 정공을 발견할 확률이 점점 증가한다. 따라서 페르미-디락 분포함수의 모양은 점점 온도에 따라 직각 모양에서 벗어나게 된다. E_f를 중심으로 대칭 곡선이 나타나게 된다.

$T = 0\,\mathrm{K}$일 때처럼 $T \neq 0\,\mathrm{K}$에서 수학적으로 다루어 보자.

$$f(E) = \frac{1}{1+\exp\left(\dfrac{E-E_f}{kT}\right)}$$

$E < E_f$, $E = E_f$, $E > E_f$에서 세 가지 조건에 대해서 수식을 정리해보면

① $E < E_f$일 때

$$f(E) = \frac{1}{1 + \exp\left(\frac{E - E_f}{kT_{300}}\right)} = \frac{1}{1 + x}$$

이 된다. x는 작은 유효값으로 에너지 준위 E에서 전자를 발견할 확률이 $T = 0\,\mathrm{K}$일 때보다는 작지만 여전히 높고, $1 - f(E)$는 정공을 발견할 확률이므로 이 값은 작게 된다.

② $E = E_f$일 때

$$f(E) = \frac{1}{1 + \exp\left(\frac{E - E_f}{kT_{300}}\right)} = \frac{1}{1 + \exp\left(\frac{0}{kT_{300}}\right)} = \frac{1}{1 + 1} = \frac{1}{2}$$

가 된다. $T = 0\,\mathrm{K}$를 제외한 어떠한 온도에서도 에너지 준위 E_f에서 전자가 발견될 확률은 50%이다.

③ $E > E_f$일 때

$$f(E) = \frac{1}{1 + \exp\left(\frac{E - E_f}{kT_{300}}\right)} = \frac{1}{1 + x}$$

이 된다. x는 큰 유효값으로 에너지 준위 E에서 전자를 발견할 확률이 $T = 0\,\mathrm{K}$일 때보다는 크지만 여전히 작다. 온도가 증가하면 점점 x가 감소하므로 전자를 발견할 확률은 점점 증가한다.

이상에서 확률곡선의 특징을 살펴보면 $E = E_f$에서 $f(E) = 0.5$인 점을 반드시 통과하고, $E = E_f$를 중심으로 상하 대칭인 곡선을 나타내며, 그림 5.16에 나타낸 바와 같이 각 곡선 아래와 위의 면적은 항상 동일하다는 것이다.

그림 5.16에서 면적이 같은 이유는 그림 5.17의 에너지 상태를 보면 이해할 수 있다. 0 K에서는 페르미 준위까지 모든 에너지 상태가 전자로 채워져 있고, 그 이상은 비어 있다. 그러나 온도가 상승하게 되면 페르미 준위 아래 전자가 보다 높은 에너지 상태로 이동하게 된다. 그렇다면 이동 전자수와 비어 있는 상태수는 같을 수밖에 없

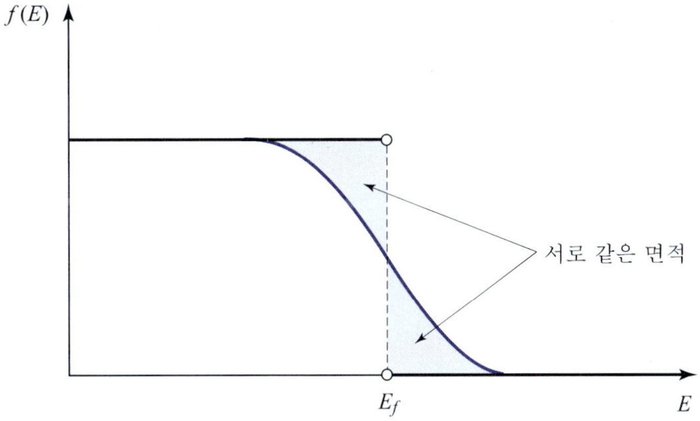

그림 5.16 E_f 아래의 빈 상태수와 E_f 위의 점유된 상태수는 동일

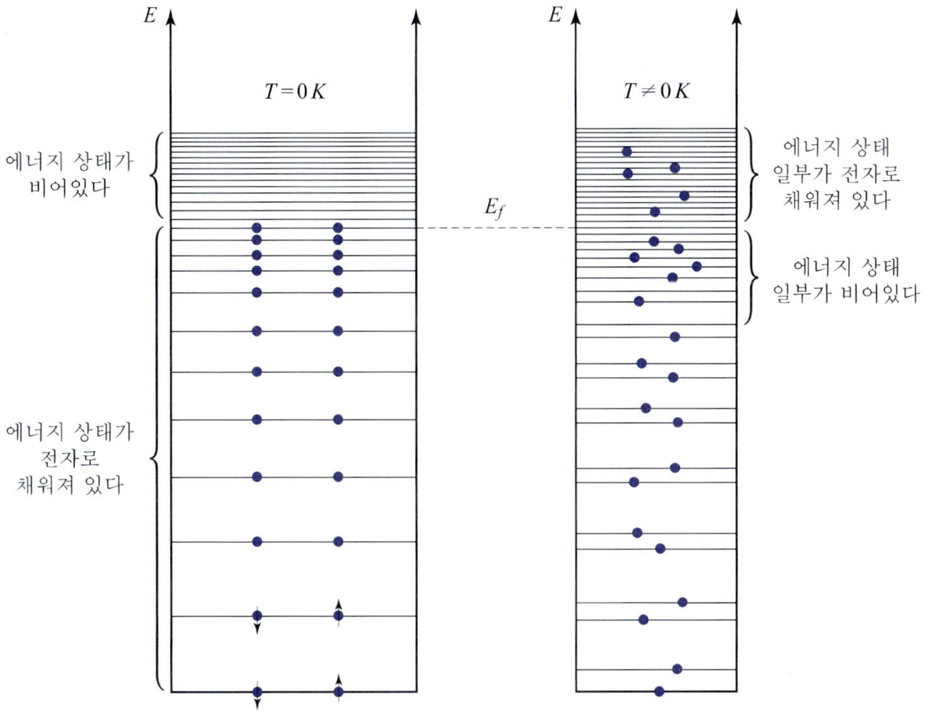

그림 5.17 온도에 따른 전자의 에너지 상태 : (a) 하나의 준위에 반평행 스핀 전자, (b) 하나의 준위에 하나의 전자

다. 따라서 주어진 온도에서 E_f 이하의 전자로 채워지지 않은 상태수와 E_f 이상에서 전자로 점유된 상태수는 같다.

그림 5.17에서 전자가 에너지 준위를 점유할 때 표현하는 방법으로는 (a)와 같이 하나의 에너지 준위에 반평행 스핀 전자가 들어가게 하거나, (b)와 같이 하나의 에너지 상태에 하나의 전자가 들어가게 할 수 있다.

핵심 N 페르미-디락 통계는 고체에서와 같이 전자의 에너지가 양자화되고, 하나의 양자상태에 하나의 전자만이 들어갈 수 있는 경우에 취급하는 통계이며, 에너지 준위가 전자에 의해 점유될 확률을 나타내는 것이 페르미-디락 분포함수이다.

5.2.4 캐리어 농도

(1) 전도대의 전자농도

$f(E)$는 에너지 준위 E에서 전자를 발견할 확률을 나타내는 것일 뿐, E에 허용상태 존재유무에 대한 정보는 알려주지 않는다. 그러나 E에서 허용 상태수[$g(E)$]에 확률 $f(E)$를 곱하게 되면 전자에 의해 점유된 상태수를 알 수 있다. 다시 말해서 E에서 허용 상태수와 E가 전자에 의해 점유될 확률을 곱하게 되면 E에 존재하는 전자수를 알 수 있다. 즉

에너지 준위 E에 존재하는 전자수 = E에서 허용 상태수 × E에서 전자를 발견할 확률

= $g(E)f(E)$

가 된다. 여기서 $g(E)$는 에너지 준위 E에서 단위 체적당, 단위 에너지당 허용 상태수로 **상태밀도**(density of states)라고 하며, 다음 식과 같이 나타내진다.

$$g(E) = 4\pi\left(\frac{2m_e^*}{h^2}\right)^{3/2} E^{1/2} \tag{5.3}$$

따라서 평형상태에서 전도대의 전자농도 n_o는 다음과 같이 나타낼 수 있다.

$$n_o = \int_{E_c}^{\infty} g_c(E)f(E)dE \tag{5.4}$$

여기서 $f(E)$는 에너지 준위 E가 전자에 의해 점유될 확률, $g_c(E)$는 전도대에서 상태밀도이다. 그러므로 $g_c(E)dE$는 에너지 범위 dE에 있는 허용 상태수로서 dE를 $E = E_c \sim \infty$ 범위로 잡으면 전도대 전체에서의 상태수가 된다. 전도대에서 상태밀도

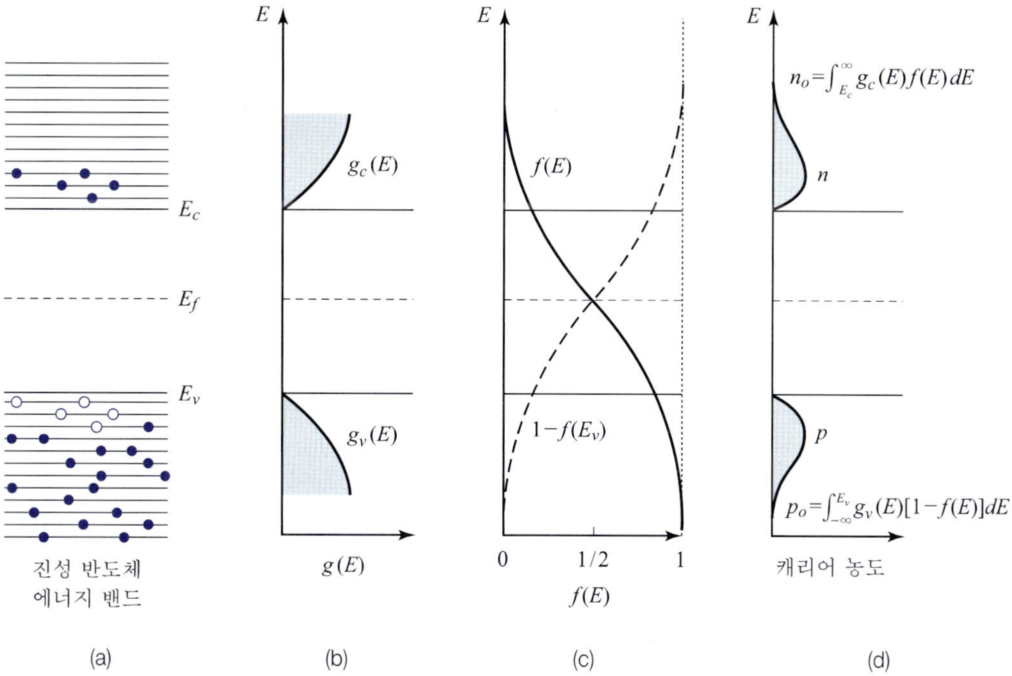

그림 5.18 진성 반도체 : (a) 에너지대, (b) 상태밀도, (c) 페르미-디락 분포함수, (d) 캐리어 농도

$g_c(E)$는 전도대의 하단 E_c를 기점으로 할 때 다음과 같이 나타내진다.

$$g_c(E) = 4\pi\left(\frac{2m_e^*}{h^2}\right)^{3/2}(E-E_c)^{1/2} \tag{5.5}$$

일련의 이런 과정을 그림 5.18에 나타내었다.

평형상태에서의 n_o를 구하는 과정을 아래 박스 속에 다루었으며, 그 과정을 생략하고 결과만 알아둬도 학습의 흐름에 큰 문제가 없으므로 참고하기 바란다.

$$n_o = \int_{E_c}^{\infty} g_c(E)f(E)dE = \int_{E_c}^{\infty} 4\pi\left(\frac{2m_e^*}{h^2}\right)^{3/2}(E-E_c)^{1/2}\exp\left[\frac{-(E-E_f)}{kT}\right]dE$$

$$= 4\pi\left(\frac{2m_e^*}{h^2}\right)^{3/2}\int_{E_c}^{\infty}\exp\left[\frac{-(E-E_c+E_c-E_f)}{kT}\right](E-E_c)^{1/2}dE$$

$$= 4\pi\left(\frac{2m_e^*}{h^2}\right)^{3/2}\int_{E_c}^{\infty}\exp\left[\frac{-(E_c-E_f)}{kT}\right]\exp\left[\frac{-(E-E_c)}{kT}\right](E-E_c)^{1/2}dE$$

$$= 4\pi\left(\frac{2m_e^*}{h^2}\right)^{3/2}\exp\left[\frac{-(E_c-E_f)}{kT}\right]\int_{E_c}^{\infty}\exp\left[\frac{-(E-E_c)}{kT}\right](E-E_c)^{1/2}dE$$

$$= A\int_{E_c}^{\infty}\exp\left[\frac{-(E-E_c)}{kT}\right](E-E_c)^{1/2}dE$$

여기서 $A = 4\pi\left(\frac{2m_e^*}{h^2}\right)^{3/2}\exp\left[\frac{-(E_c-E_f)}{kT}\right]$이다.

$\frac{E-E_c}{kT} = x$로 두면 $E-E_c = kTx$, $dE = kTdx$와 같이 쓸 수 있다.

따라서 다음과 같이 된다.

$$n_o = \int_0^{\infty}\exp(-x)(kTx)^{1/2}kT\,dx = A(kT)^{3/2}\int_0^{\infty}e^{-x}x^{1/2}dx$$

여기서 이 식을 풀기 위해서는 감마함수($\Gamma(t)$)를 도입하여야 하며, 감마함수는 다음과 같이 정의된다.

$$\left(\begin{array}{l}\Gamma(t) = \int_0^{\infty}e^{-x}x^{t-1}dx \\ \Gamma(t+1) = (t)\Gamma(t) = (t)(t-1)\Gamma(t-1) = \dots\dots = t! \\ \Gamma(1) = \Gamma(2) = 1,\ \Gamma(1/2) = \sqrt{\pi}\end{array}\right)$$

감마함수를 활용하여 n_o를 구하면 다음과 같다.

$$n_o = A(kT)^{3/2}\int_0^{\infty}e^{-x}x^{1/2}dx$$

$$= A(kT)^{3/2}\int_0^{\infty}e^{-x}x^{3/2-1}dx$$

$$= A(kT)^{3/2}\Gamma\left(\frac{3}{2}\right)$$

$$= A(kT)^{3/2}\left(\frac{3}{2}-1\right)\Gamma\left(\frac{3}{2}-1\right)$$

$$= A(kT)^{3/2}\,\frac{1}{2}\sqrt{\pi}$$

$$= 4\pi\left(\frac{2m_e^*}{h^2}\right)^{3/2}\exp\left[\frac{-(E_c-E_f)}{kT}\right](kT)^{3/2}\,\frac{1}{2}\sqrt{\pi}$$

$$= 2\left(\frac{2\pi m_e^* kT}{h^2}\right)^{3/2}\exp\left[\frac{-(E_c-E_f)}{kT}\right]$$

결과적으로 전도대의 전자농도 n_o는 다음과 같이 나타내진다.

$$n_o = 2\left(\frac{2\pi m_e^* kT}{h^2}\right)^{3/2}\exp\left[\frac{-(E_c-E_f)}{kT}\right] \tag{5.6}$$

위 식을 보다 간단히 나타내면 다음과 같다.

$$n_o = N_c\,e^{-(E_c-E_f)/kT} \tag{5.7}$$

여기서 N_c는 전도대에서 단위 체적당 **유효상태밀도**(effective density of states) 또는 **등가상태밀도**(equivalent density of states)라고 하며, 식 (5.6)과 식 (5.7)로부터 다음과 같이 나타내진다.

$$N_c = 2\left(\frac{2\pi m_e^* kT}{h^2}\right)^{3/2} \tag{5.8}$$

식 (5.7)은 평형상태에서 전도대의 하단 E_c로부터 페르미 준위 E_f의 위치를 알 때 전자농도 n_o를 구하는 데 이용된다. 이 식이 주는 중요한 의미는 페르미 준위 E_f가 전도대의 하단 E_c에 가까워질수록 전자농도가 증가하고, 도핑농도의 증가로 $E_c - E_f \ll kT$가 되면 $n_o \simeq N_c$가 된다.

앞에서 전자농도를 계산할 때 전도대의 범위를 $E_c \sim \infty$로 하였다. 그러나 실제로 전자에 의해 점유될 수 있는 에너지 상태는 전도대로부터 대략 $4kT$의 좁은 에너지 범위 내로 거의 전도대의 하단 E_c와 같다. 이 범위 내의 상태수가 유효상태밀도이다. 300 K에서 Si의 경우는 $N_c = 2.8 \times 10^{19}\ \text{cm}^{-3}$, GaAs의 경우는 $N_c = 4.7 \times 10^{17}\ \text{cm}^{-3}$이다[부록 C].

(2) 가전자대의 정공농도

평형상태에서 가전자대의 정공농도 p_o는 다음과 같은 식에서 출발한다.

$$p_o = \int_{-\infty}^{E_v} g_v(E)[1 - f(E)]dE \tag{5.9}$$

여기서 $1-f(E)$는 에너지 준위 E가 정공에 의해 점유될 확률, 즉 E에서 정공을 발견할 확률은 1에서 전자를 발견할 확률 $f(E)$를 뺀 것이다. $g_v(E)$는 가전자대에서 상태밀도이다. $g_v(E)dE$는 에너지 범위 dE에 있는 허용 상태수로서 dE를 $E = -\infty \sim E_v$ 범위로 잡으면 가전자대 전체에서의 상태수가 된다.

가전자대에서 상태밀도 $g_v(E)$는 가전대의 상단 E_v를 기점으로 할 때는 다음과 같이 나타내진다.

$$g_v(E) = 4\pi\left(\frac{2m_h^*}{h^2}\right)^{3/2}(E_v - E)^{1/2} \tag{5.10}$$

정공농도 p_o는 다음과 같은 과정으로 구해진다.

$$\begin{aligned} p_o &= \int_{-\infty}^{E_v} g_v(E)[1 - f(E)]dE \\ &= \int_{E_c}^{\infty} 4\pi\left(\frac{2m_h^*}{h^2}\right)^{3/2}(E_v - E)^{1/2}\left\{1 - \exp\left[\frac{-(E-E_f)}{kT}\right]\right\} dE \\ &\quad\vdots \\ &= 2\left(\frac{2\pi m_h^* kT}{h^2}\right)^{3/2}\exp\left[\frac{-(E_f - E_v)}{kT}\right] \end{aligned} \tag{5.11}$$

위 식을 보다 간단히 나타내면 다음과 같다.

$$p_o = N_v e^{-(E_f - E_v)/kT} \tag{5.12}$$

여기서 N_v는 가전자대에서 단위 체적당 **유효상태밀도**(effective density of states) 또는 **등가상태밀도**(equivalent density of states)라고 하며, 식 (5.11)과 식 (5.12)로부터 다음과 같이 나타내진다.

$$N_v = 2\left(\frac{2\pi m_h^* kT}{h^2}\right)^{3/2} \tag{5.13}$$

식 (5.12)는 평형상태에서 가전자대의 상단 E_v로부터 페르미 준위 E_f의 위치를 알 때 정공농도를 구하는데 이용된다. 이 식이 주는 중요한 의미는 페르미 준위 E_f가 가전자대의 상단 E_v에 가까워질수록 정공농도가 증가하고, 도핑농도의 증가로 $E_f - E_v \ll kT$가 되면 $p_o \simeq N_v$가 된다.

앞에서 정공농도를 계산할 때 가전자대의 범위를 $-\infty \sim E_v$로 하였다. 그러나 실제로 전자에 의해 점유되지 않을 에너지 상태는 가전자대로부터 대략 $-4kT$의 좁은 에너지 범위내로 거의 가전자대의 상단 E_v와 같다. 이 범위 내의 상태수가 유효상태밀도이다. 300 K에서 Si의 경우 $N_v = 1.04\times 10^{19}\ \text{cm}^{-3}$, GaAs의 경우 $N_v = 7.0\times 10^{18}\ \text{cm}^{-3}$이다[부록 C].

(3) 전자와 정공농도의 근사적 접근법

앞에서 전자 및 정공농도를 구하는 식을 유도하였다. 그러나 결과 식을 얻기까지는 복잡한 적분을 거쳐야만 한다. 상세한 적분과정은 생략하였지만 감마함수라는 특수함

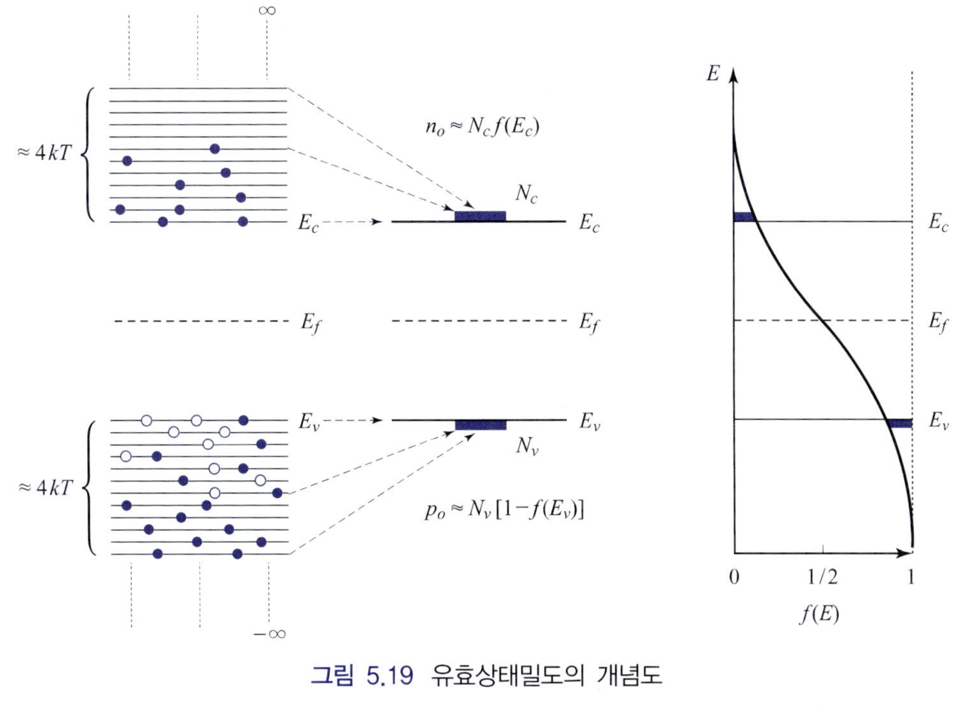

그림 5.19 유효상태밀도의 개념도

수에 대한 수학 지식도 필요하다. 여기서는 복잡한 수식이 아닌 개념적으로 접근하여 그 식을 얻고자 한다. 전도대의 전자수를 계산하는 데는 실질적으로 전자에 의해 점유될 가능성이 매우 높은 전도대 부근의 상태수, 즉 유효상태밀도가 중요하다. 그림 5.19는 유효상태밀도의 개념을 나타낸 것이다.

이것은 전도대($E_c \sim \infty$)의 모든 에너지 상태를 전도대의 하단 E_c로 압축한 것이다. 따라서 전도대의 전체 상태수를 고려할 필요가 없다. 전도대의 전자수와 가전자대의 정공수는 대략 $4kT$ 범위에서의 값으로 보면 된다. 그러므로 전자농도 n_o는 다음과 같이 쓸 수 있다.

$$
\begin{aligned}
n_o &\simeq \text{전도대의 유효상태밀도} \times \text{전도대의 하단 } E_c\text{가 전자에 의해 점유될 확률} \\
&= N_c f(E_c) \\
&= N_c \frac{1}{1+\exp\left(\dfrac{E_c - E_f}{kT}\right)} \simeq N_c \exp\left[\frac{-(E_c - E_f)}{kT}\right]
\end{aligned} \tag{5.14}
$$

위 식에서 페르미 준위 E_f가 적어도 전도대의 하단 E_c보다 몇 kT 아래에 있다는 것을 가정한 것으로 그렇게 되면 페르미-디락 분포함수의 분모의 1은 무시된다. 같은 방법으로 정공농도 p_o는 다음과 같이 쓸 수 있다.

$$
\begin{aligned}
p_o &\simeq \text{가전자대의 유효상태밀도} \times \text{가전자대의 상단 } E_v\text{가 전자에 의해 점유되지 않을 확률(정공의 점유율)} \\
&= N_v[1 - f(E_v)] \\
&= N_v\left[1 - \frac{1}{1 + \exp\left(\dfrac{E_v - E_f}{kT}\right)}\right] = N_v\left[\frac{\exp\left(\dfrac{E_v - E_f}{kT}\right)}{1 + \exp\left(\dfrac{E_v - E_f}{kT}\right)}\right] \\
&= N_v\left\{\frac{1}{1 + \exp\left[\dfrac{-(E_v - E_f)}{kT}\right]}\right\} \simeq N_v \exp\left[\frac{-(E_f - E_v)}{kT}\right]
\end{aligned} \tag{5.15}
$$

위 식에서 가전자대의 상단 E_v가 적어도 페르미 준위 E_f보다 몇 kT 아래에 있다는 것을 가정한 것으로 그렇게 되면 페르미-디락 분포함수의 분모의 1은 무시된다.

(4) 진성 반도체의 캐리어 농도

식 (5.7)과 식 (5.12)에서 구한 전자농도 n_o와 정공농도 p_o는 진성 반도체이든 불순물 반도체이든 열평형 상태에서 유효하다. 진성 반도체의 페르미 준위 E_i는 밴드갭 중앙에 위치하며, E_f 대신에 E_i로 표시한다.

따라서 진성 반도체의 전자농도 n_i는 식 (5.7)로부터 다음과 같이 된다.

$$n_i = N_c\, e^{-(E_c - E_i)/kT} \tag{5.16}$$

마찬가지로 진성 반도체의 정공농도 p_i는 식 (5.12)로부터 다음과 같이 된다.

$$p_i = N_v\, e^{-(E_i - E_v)/kT} \tag{5.17}$$

여기서 식 (5.7)의 전자농도 n_o를 식 (5.16)의 진성농도 n_i와 관련시켜보자.

$$\begin{aligned} n_o &= N_c \exp\left[\frac{-(E_c - E_f)}{kT}\right] = N_c \exp\left[\frac{-(E_c - E_i + E_i - E_f)}{kT}\right] \\ &= N_c \exp\left[\frac{-(E_c - E_i)}{kT}\right]\exp\left(\frac{E_f - E_i}{kT}\right) \end{aligned} \tag{5.18}$$

가 되므로 n_o는 다음과 같이 보다 간단한 형태로 나타내진다.

$$n_o = n_i e^{(E_f - E_i)/kT} \tag{5.19}$$

전자농도 n_o는 진성농도 n_i를 포함하는 식이 되며, $E_f - E_i \gg kT$이므로 $n_o \gg n_i$가 된다.

또 식 (5.12)의 정공농도 p_o를 식 (5.17)의 진성농도 p_i와 관련시켜보자.

$$\begin{aligned} p_o &= N_v \exp\left[\frac{-(E_f - E_v)}{kT}\right] = N_v \exp\left[\frac{-(E_f - E_i + E_i - E_v)}{kT}\right] \\ &= N_v \exp\left[\frac{-(E_i - E_v)}{kT}\right]\exp\left(\frac{E_i - E_f}{kT}\right) \end{aligned} \tag{5.20}$$

가 되므로 p_o는 다음과 같이 보다 간단한 형태로 나타내진다.

$$p_o = p_i e^{(E_i - E_f)/kT} \tag{5.21}$$

정공농도 p_o는 진성농도 p_i를 포함하는 식이 되며, $E_i - E_f \gg kT$이므로 $p_o \gg p_i$가 된다.

식 (5.7)과 식 (5.12)를 이용하면 $n_o p_o$는 다음과 같이 된다.

$$n_o p_o = N_c N_v e^{-(E_c - E_v)/kT} = N_c N_v e^{-E_g/kT} \tag{5.22}$$

여기서 E_g는 금지대 폭, 즉 밴드갭이다.

식 (5.16)과 식 (5.17)로부터 $n_i p_i$는 다음과 같이 된다.

$$n_i p_i = N_c N_v e^{-(E_c - E_v)/kT} = N_c N_v e^{-E_g/kT} \tag{5.23}$$

식 (5.22)와 식 (5.23)을 비교하면 우변이 같으므로 다음과 같은 식이 된다.

$$n_o p_o = n_i p_i \tag{5.24}$$

평형상태에서는 진성 반도체와 불순물 반도체의 전자농도와 정공농도의 곱은 같다는 것을 보여준다. 진성 반도체에서 $n_i = p_i$이므로 $n_i p_i$는 다음과 같이 된다.

$$n_i p_i = n_i^2 \tag{5.25}$$

따라서 진성 반도체의 전자농도 n_i는 식 (5.23)과 식 (5.25)를 결합시키면 다음과 같이 된다.

$$n_i = (N_c N_v)^{1/2} e^{-E_g/2kT} \tag{5.26}$$

진성 반도체의 농도는 주로 밴드갭(E_g)과 온도(T)에 의존한다. Ge, Si, GaAs에서 금지대 폭이 서로 다르므로 주어진 온도에서 가전자대에서 공유결합 붕괴에 따라 자연적으로 발생하는 전자 및 정공농도, 즉 반도체별 진성농도는 다르게 된다[부록 C].

한편 식 (5.24)와 식 (5.25)를 결합시키면 다음과 같은 중요한 관계식이 얻어진다.

$$n_o p_o = n_i^2 \tag{5.27}$$

즉 도핑농도에 관계없이 열평형 상태에서 반도체의 다수 캐리어 농도와 소수 캐리어 농도의 곱은 항상 일정하다. 이것을 **질량작용법칙**(mass action law)이라고 한다. 많은 책에서 사용되고 있는 이 용어가 식 (5.27)을 잘 표현하고 있다고 생각하는가?

사실 np **곱의 일정성**이라고 하는 것이 의미전달에서 더 분명할 것 같다.

n형 반도체일 경우 식 (5.27)은 다음과 같이 쓸 수 있다.

$$n_{no}p_{no} = n_i^2 \tag{5.28}$$

n_{no}는 n형 반도체의 다수 캐리어 농도, 즉 전자농도이며, p_{no}는 n형 반도체의 소수 캐리어 농도, 즉 정공농도이다. 아래 첨자에 n을 표기함으로서 n형 반도체에서 다수 캐리어와 소수 캐리어가 보다 분명해진다.

p형 반도체일 경우 식 (5.27)은 다음과 같이 쓸 수 있다.

$$n_{po}p_{po} = n_i^2 \tag{5.29}$$

n_{po}는 p형 반도체의 소수 캐리어 농도, 즉 전자농도이며, p_{po}는 p형 반도체의 다수 캐리어 농도, 즉 정공농도이다. 아래 첨자에 p를 표기함으로서 p형 반도체에서 다수 캐리어와 소수 캐리어가 보다 분명해진다. 300 K에서 Si의 n_i는 약 $1.5 \times 10^{10}\ \text{cm}^{-3}$이다. 이것은 $1\ \text{cm}^3$의 입방체의 Si에서 150억 개의 전자가 공유결합에서 이탈하여 자유롭게 돌아다닌다는 것을 의미하다.

(5) 불순물 반도체의 캐리어 농도

식 (5.7)과 식 (5.12)에 구한 전자농도 n_o와 정공농도 p_o는 반도체가 진성이든 외인성이든 열평형 상태에서 유효하다. 식 (5.7)과 식 (5.12)는 유효상태밀도와 전도대의 하단 혹은 가전자대의 상단으로 표기된 캐리어 농도이다. 여기서는 불순물 양으로 표기되는 캐리어 농도 식을 도출해보자.

n형 반도체에서 전도대의 전자수는 도너준위에서 여기된 전자수, 즉 이온화된 도너농도 N_d^+와 가전자대의 정공수, 즉 n_i^2/N_d^+의 합이다.

따라서 전도대의 전자농도 n_o는 다음과 같이 나타내진다.

$$n_o = N_d^+ + p_o = N_d^+ + \frac{n_i^2}{N_d^+} \tag{5.30}$$

이온화된 도너농도 N_d^+는 다음과 같이 구해진다.

$$N_d^+ = N_d \times (E_d\text{에서 전자를 발견하지 못할 확률})$$

$$= N_d[1 - f(E_d)] = N_d\left(1 - \frac{1}{1 + \frac{1}{2}e^{(E_d - E_f)/kT}}\right) \tag{5.31}$$

$$= \frac{N_d}{1 + 2e^{(E_f - E_d)/kT}}$$

$N_d \gg n_i$라고 가정하면 식 (5.30)은 다음과 같이 된다.

$$n_o \simeq {N_d}^+ \tag{5.32}$$

이때 정공농도 $p_o = n_i^2/{N_d}^+$은 진성농도보다 작다. 도핑을 하게 되면 다수 캐리어 전자수는 당연히 증가하지만 소수 캐리어 정공수가 왜 도핑에 영향을 받게 되는가? 이것은 전도대의 일부전자가 np 곱의 일정성을 유지하기 위해서 가전자대의 정공과 재결합하기 때문에 정공수는 감소하게 된다.

p형 반도체에서 가전자대의 정공수는 억셉터 준위로 여기된 전자수, 즉 이온화된 억셉터 농도 N_a^-와 전도대의 전자수, 즉 $n_i^2/{N_a}^-$의 합이다.

따라서 가전자대의 정공농도 p_o는 다음과 같이 나타내진다.

$$p_o = {N_a}^- + n_o = {N_a}^- + \frac{n_i^2}{{N_a}^-} \tag{5.33}$$

이온화된 억셉터 농도 ${N_a}^-$는 다음과 같이 구해진다.

$$\begin{aligned} {N_a}^- &= N_a \times (E_a\text{에서 전자를 발견할 확률}) \\ &= N_a f(E_a) = \frac{N_a}{1 + 2e^{(E_a - E_f)/kT}} \end{aligned} \tag{5.34}$$

$N_a \gg n_i$라고 가정하면 식 (5.33)은 다음과 같이 된다.

$$p_o \simeq {N_a}^- \tag{5.35}$$

(6) 보상도핑

일반적으로 반도체 소자를 만들 때 불순물 반도체는 도너와 억셉터, 둘 다 포함하는 경우가 있다. 즉 n형 반도체에 억셉터가 도핑되는 경우와 p형 반도체에 도너가 도핑되는 경우가 있다. 이때 어떤 목적이든 간에 반도체에 둘 다 도핑되는 것을 **보상도핑**이라고 한다. 그림 5.20은 보상도핑의 개념을 설명하기 위한 것이다. 그림 5.20 (a)는 $N_d > N_a$인 반도체로 도너농도가 억셉터 농도보다 크기 때문에 억샙터 준위가 가전자대의 상단에 가까운 것보다 도너준위가 전도대의 하단에 더 가깝다. 따라서 그림 5.20 (b)에서 나타낸 억셉터의 이온화는 가전자대의 전자 여기에 의해서가 아니라 도너 전자가 전도대로 여기된 후에 억셉터 준위로 천이에 의해서 이루어진다. 다시 말해서 억셉터는 도너로부터 전자를 공급받아 음이온이 된 것이다. 억셉터를 더 많이 도핑하면 전도대의 전자수는 더 많이 감소할 것이고, 만약 도너농도와 같은 억셉터를 도핑하면 물리적으로 불순물은 있겠지만 전기적으로 불순물이 없는 순수한 반도체, 즉 진성 반도체의 성질을 나타내게 된다.

순수한 반도체가 획득되지 않을 경우에 이와 같이 도너와 억셉터의 상호 상쇄로 전기적으로 순도가 높은 결정을 만드는 과정을 **보상**(補償, compensation)이라고 한다. 보상도핑을 통해서 n형 반도체를 p형 반도체로, 반대로 p형 반도체를 n형 반도체로 바꿀 수가 있고, 농도 조절이 가능하기 때문에 반도체 공정에 많이 사용된다.

여기서 보상도핑에 따른 농도계산법을 알아보자. 만약에 n형 반도체라면 도너농도가 N_d, 억셉터 농도가 N_a일 때 다수 캐리어 농도, 즉 전자농도 n은 다음과 같이 된다.

$$n = N_d - N_a \tag{5.36}$$

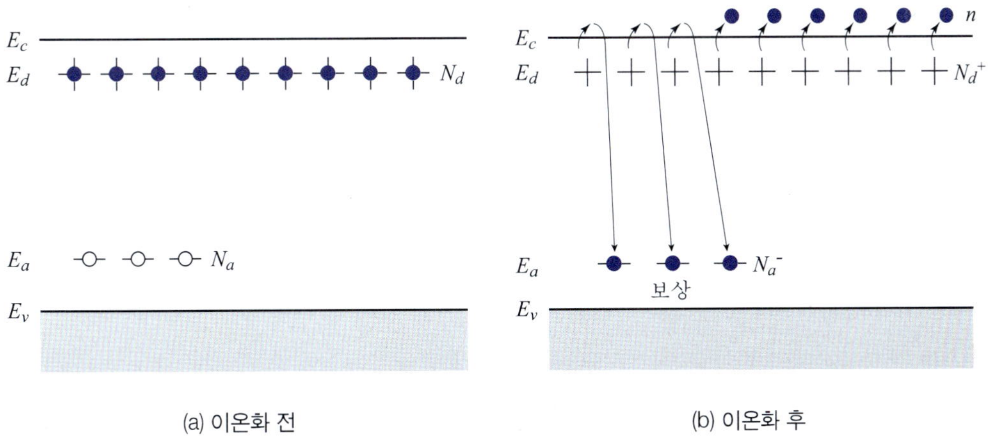

그림 5.20 보상도핑 개념도

이때 소수 캐리어 농도, 즉 정공농도 p는 다음과 같이 나타내진다.

$$p = \frac{n_i^2}{n} = \frac{n_i^2}{N_d - N_a} \tag{5.37}$$

반대로 p형 반도체라면 정공농도 p는 다음과 같이 된다.

$$p = N_a - N_d \tag{5.38}$$

이때 전자농도 n은 다음과 같이 나타내진다.

$$n = \frac{n_i^2}{p} = \frac{n_i^2}{N_a - N_d} \tag{5.39}$$

(7) 캐리어 농도 및 전도도의 온도 의존성

그림 5.21은 n형 반도체에서 전자농도의 온도 의존성을 나타낸 것이다. 저온에서 전자농도는 온도에 따라 선형적으로 증가한다. 온도가 점점 증가하면 도너는 더 많이 이온화하고, 가령 도너농도가 $1 \times 10^{17}\,\mathrm{cm}^{-3}$이라고 가정하면 대략 105 K에서 도너는 모두 이온화된다. 따라서 흔히 문제를 풀 때 가정하는 온도가 298 K 혹은 300 K인데

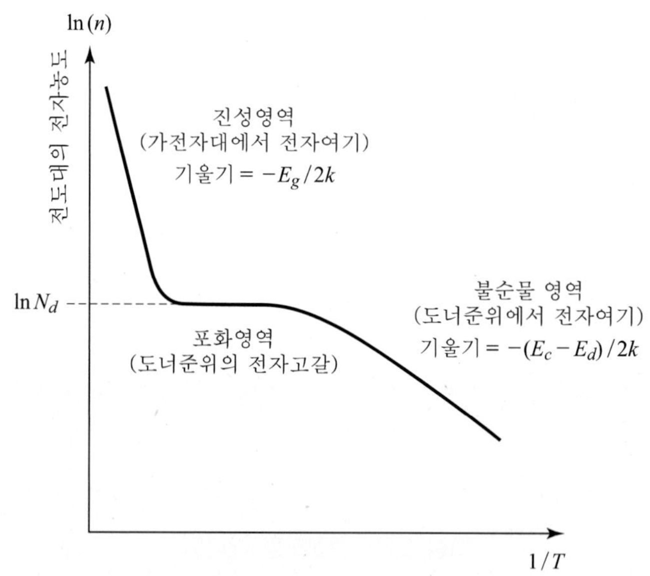

그림 5.21 n형 반도체에서 전자농도의 온도 의존성

이 온도에서 전도대의 전자농도는 도너농도가 된다. 도너가 모두 이온화해버리면 온도가 증가하더라도 도너는 전자를 더 이상 공급하지 않는다. 일반적으로 저온에서 식 (5.32)와 같이 $n_o = N_d^+$가 된다. 어떤 온도범위에서 전자농도는 일정값으로 포화해버린다. 포화영역에 이르기 전까지 진성농도도 증가하나 도너농도에 미치지 못한다. 고온이 되면 전자-정공쌍의 생성을 무시할 수 없게 되며, 더욱더 고온으로 가면 진성농도가 도너농도보다 커지므로 식 (5.30)은 다음과 같이 된다.

$$n_o \simeq n_i \tag{5.40}$$

진성 캐리어 농도 n_i에 대한 식 (5.26), 즉

$$n_i = (N_c N_v)^{1/2} e^{-E_g/2kT}$$

에 식 (5.8)과 식 (5.13)을 대입하여 정리하면

$$\begin{aligned} n_i &= \left[2\left(\frac{2\pi m_e^* kT}{h^2}\right)^{3/2}\right]^{1/2}\left[2\left(\frac{2\pi m_h^* kT}{h^2}\right)^{3/2}\right]^{1/2} e^{-E_g/2kT} \\ &= 2\left(\frac{2\pi kT}{h^2}\right)^{3/2}(m_e^* m_h^*)^{3/4} e^{-E_g/2kT} \\ &= 2\left(\frac{2\pi k}{h^2}\right)^{3/2}(m_e^* m_h^*)^{3/4}\, T^{3/2}\, e^{-E_g/2kT} \\ &= A\, T^{3/2} e^{-E_g/2kT} \end{aligned} \tag{5.41}$$

따라서 다음과 같이 쓸 수 있다.

$$n_i \propto T^{3/2} e^{-E_g/2kT} \tag{5.42}$$

진성 반도체의 전도도 σ_i는 온도에 따라 어떻게 변하는지를 살펴보자. 전도도 σ_i는 다음과 같이 나타내진다.

$$\sigma_i = \sigma_e + \sigma_h = ne\mu_e + pe\mu_h = n_i e(\mu_e + \mu_h) = n_i e\mu \tag{5.43}$$

n_i의 온도 의존성은 식 (5.42)로 나타내지지만 μ의 온도 의존성을 알아야 한다. μ의 온도 함수에 대한 내용을 아래 박스 속에 다루었다. 그러나 그 과정을 생략하고

결과만 알아둬도 진도의 흐름에 큰 문제가 없으므로 참고하기 바란다.

4장 식 (4.7)에서 나타낸 μ를 다시 써보자.

$$\mu = \frac{e\tau}{m_e^*}$$

평균자유시간 τ는 다음 식과 같이 정의된다.

$$\tau = \frac{1}{SN_s v_{th}}$$

여기서 S는 온도 T에서 격자진동의 단면적, N_s는 원자밀도, v_{th}는 전자의 열속도이다.

S는 다음과 같이 온도에 비례한다. 4장에서 식 (4.22)를 참고하여라.

$$S = \pi a^2 \propto T$$

전자는 온도 T에서 열에너지를 가지고 운동하게 되므로 인과방정식에 따라 다음 식이 성립한다.

$$\frac{3}{2}kT = \frac{1}{2}m_e^* v_{th}^2$$

따라서 열속도 v_{th}는 다음과 같은 온도 의존성을 가진다.

$$v_{th} \propto \sqrt{T}$$

또 평균자유시간 τ는 다음과 같은 온도 의존성을 가진다.

$$\tau \propto T^{-3/2}$$

그러므로 이동도 μ는 다음과 같은 온도 의존성을 가진다는 결론에 도달한다.

$$\mu \propto T^{-3/2}$$

μ는 다음 식에 나타낸 바와 같이 온도 T의 3/2승에 반비례한다.

$$\mu \propto T^{-3/2} \tag{5.44}$$

식 (5.42)와 식 (5.44)를 식 (5.43)에 대입하면 반도체의 전도도는 다음과 같이 된다.

$$\sigma_i = \sigma_o e^{-E_g/2kT} \tag{5.45}$$

양변에 자연로그를 취하면

$$\ln\sigma = \ln\sigma_o - \frac{E_g}{2k}\frac{1}{T} \tag{5.46}$$

가 된다. $\ln\sigma$와 $\frac{1}{T}$의 관계는 직선이다.

따라서 미지의 물질에서 저항을 측정할 수 있도록 시편을 가공 처리하여 온도에 따른 저항을 구한 다음, 저항률을 구하고, $\ln\sigma$와 $\frac{1}{T}$의 관계를 그림 5.22처럼 그래프를 그리게 되면 직선의 기울기 $E_g/2k$에서 미지의 물질에 대한 밴드갭을 구할 수 있다.

0 K에서 금지대 폭을 E_{go}, 비례상수를 α라고 하면 온도 T에서의 금지대 폭 E_g는 다음과 같이 나타낼 수 있다.

$$E_g = E_{go} - \alpha T \tag{5.47}$$

그림 5.23에 나타낸 바와 같이 금지대 폭은 온도 증가에 따라 선형적으로 좁아진다. 금지대 폭이 온도에 무관하지 않다는 점을 알아두기 바란다.

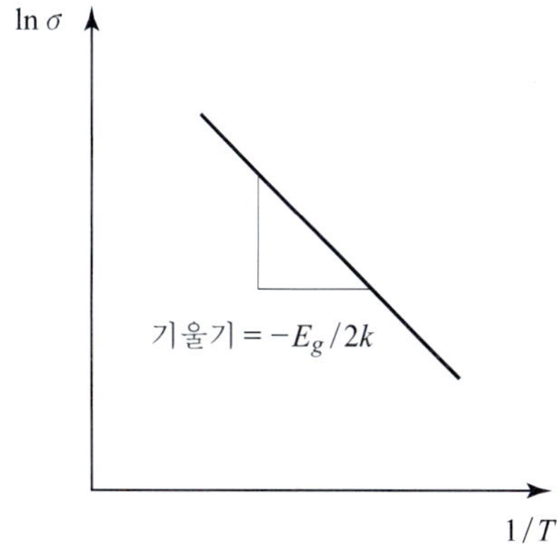

그림 5.22 진성 반도체의 밴드갭 구하기

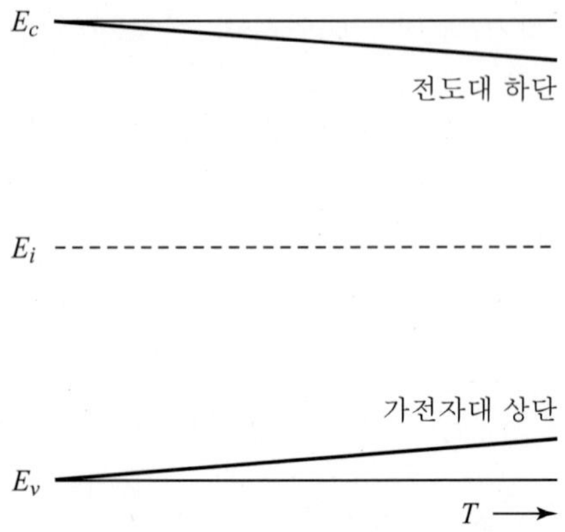

그림 5.23 밴드갭의 온도 의존성

(8) 진성 반도체에서의 페르미 준위

진성 반도체에서 전자농도 n_i와 정공농도 p_i는 각각 식 (5.16)과 식 (5.17), 즉

$$n_i = N_c e^{-(E_c - E_i)/kT}$$

$$p_i = N_v e^{-(E_i - E_v)/kT}$$

여기서 유효상태밀도 N_c와 N_v는 각각 식 (5.8)과 식 (5.13), 즉

$$N_v = 2\left(\frac{2\pi m_h^* kT}{h^2}\right)^{3/2}$$

$$N_c = 2\left(\frac{2\pi m_e^* kT}{h^2}\right)^{3/2}$$

따라서 진성 반도체에서는 $n_i = p_i$이므로

$$N_c e^{-(E_c - E_i)/kT} = N_v e^{-(E_i - E_v)/kT} \tag{5.48}$$

와 같이 되며, 진성 반도체의 페르미 준위 E_i는 다음과 같이 나타내진다.

$$E_i = \frac{E_c + E_v}{2} - \frac{1}{2} kT \ln\left(\frac{N_c}{N_v}\right) \tag{5.49}$$

여기에 상기의 N_c와 N_v를 대입하여 정리하면 E_i는 다음과 같이 된다.

$$E_i = \frac{E_c + E_v}{2} - \frac{3}{4} kT \ln\left(\frac{m_e^*}{m_h^*}\right) \tag{5.50}$$

만약 $m_e^* \simeq m_h^*$이면 E_i는 다음과 같이 간단히 나타내진다.

$$E_i \simeq \frac{E_c + E_v}{2} \tag{5.51}$$

즉 진성 반도체의 페르미 준위 E_i는 금지대의 중앙에 위치한다.

(9) 불순물 반도체에서의 페르미 준위

불순물 반도체에서 페르미 준위를 정량적으로 다루기 위해서는 전자농도와 정공농도에 관한 식을 이용할 수 있다.

식 (5.7), 즉

$$n_o = N_c\, e^{-(E_c - E_f)/kT}$$

로부터 E_f를 구하면 나음과 같이 된다.

$$E_f = E_c - kT \ln\left(\frac{N_c}{n_o}\right) \tag{5.52}$$

이 식으로부터 전자농도가 n_o일 때 페르미 준위 E_f는 그림 5.24 (a)에 나타낸 것과 같이 전도대의 하단 E_c으로부터 $kT\ln(N_c/n_o)$만큼 아래에 위치한다. 도너농도가 증가할수록 E_f는 E_c에 가까워지며, $n_o = N_c$가 되면 $E_f = E_c$가 된다. 페르미 준위 E_f가 전도대의 하단 E_c와 일치하거나 전도대 내에 위치할 정도로 불순물이 많이 도핑된 반도체, 즉 $n_o > N_c$ 혹은 $p_o > N_v$인 반도체를 **축퇴 반도체**(縮退半導體, degenerated semiconductor)라고 한다. 식 (5.7), 식 (5.12), 식 (5.27)은 축퇴 반도체에 더 이상 유효하지 않다.

식 (5.12), 즉

$$p_o = N_v\, e^{-(E_f - E_v)/kT}$$

로부터 E_f를 구하면 다음과 같이 된다.

$$E_f = E_v + kT\ln\left(\frac{N_v}{p_o}\right) \tag{5.53}$$

이 식으로부터 정공농도가 p_o일 때 페르미 준위 E_f는 그림 5.24 (b)에 나타낸 것과 같이 가전자대의 상단 E_v로부터 $kT\ln(N_v/p_o)$만큼 위에 위치한다. 억셉터 농도가 증가할수록 페르미 준위 E_f는 E_v에 가까워진다.

한편 진성농도와 결부된 전자농도는 식 (5.19), 즉

$$n_o = n_i e^{(E_f - E_i)/kT}$$

로부터 E_f를 구하면 다음과 같이 된다.

$$E_f = E_i + kT\ln\left(\frac{n_o}{n_i}\right) \tag{5.54}$$

이 식으로부터 전자농도가 n_o일 때 페르미 준위 E_f는 그림 5.24 (a)에 나타낸 것과 같이 진성 페르미 준위 E_i로부터 $kT\ln(n_o/n_i)$만큼 위에 위치한다.

또 진성농도와 결부된 정공농도 p_o는 식 (5.21), 즉

$$p_o = n_i e^{(E_i - E_f)/kT}$$

로부터 E_f를 구하면 다음과 같이 된다.

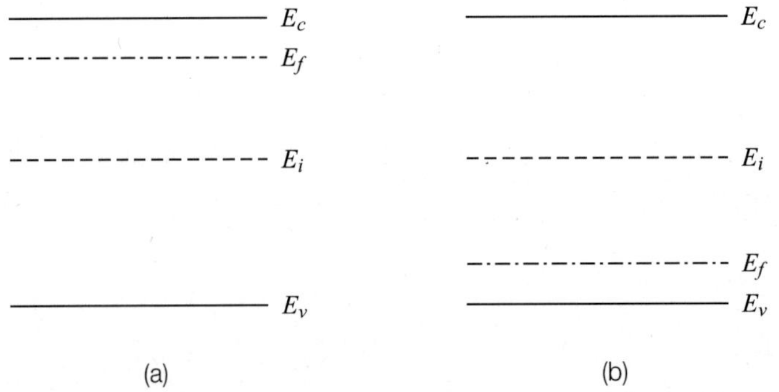

그림 5.24 불순물 반도체의 페르미 준위 : (a) n형, (b) p형

$$E_f = E_i - kT\ln\left(\frac{p_o}{n_i}\right) \tag{5.55}$$

이 식으로부터 정공농도가 p_o일 때 페르미 준위 E_f는 그림 5.24 (b)에 나타낸 것과 같이 진성 페르미 준위 E_i로부터 $kT\ln(p_o/n_i)$만큼 아래에 위치한다.

식 (5.52)와 식 (5.54)의 차이점을 살펴보자. 식 (5.52)는 기준점이 전도대 하단 E_c이며, 이때는 유효상태밀도 N_c가 도입된다. 반면에 식 (5.54)는 기준점이 진성 페르미 준위 E_i이고, 이때는 진성농도 n_i가 도입된다는 점이다. 식 (5.53)과 식 (5.55)의 차이점도 유사하다.

이상에서 도너농도 혹은 억셉터 농도를 증가시키면 페르미 준위는 어떻게 변하는지를 수식을 통해서 다루었다. 그림 5.25는 페르미 준위의 농도 의존성과 온도 의존성을 도식적으로 나타낸 것이다. 0 K에서 n형 반도체의 페르미 준위 E_f는 전도대 하단 E_c와 도너준위 E_d 사이에 존재하며, 엄밀히 말하면 도너준위는 페르미 준이와 다르다. 그러나 그 차가 대단히 작기 때문에 일반적으로 도너준위를 페르미 준위로 본다. 임의의 온도에서 도너농도가 증가할수록 페르미 준위는 전도대에 가까워진다. 그만큼 전도도가 증가한다는 것을 의미한다. p형 반도체에서는 억셉터 농도를 증가시키면 페

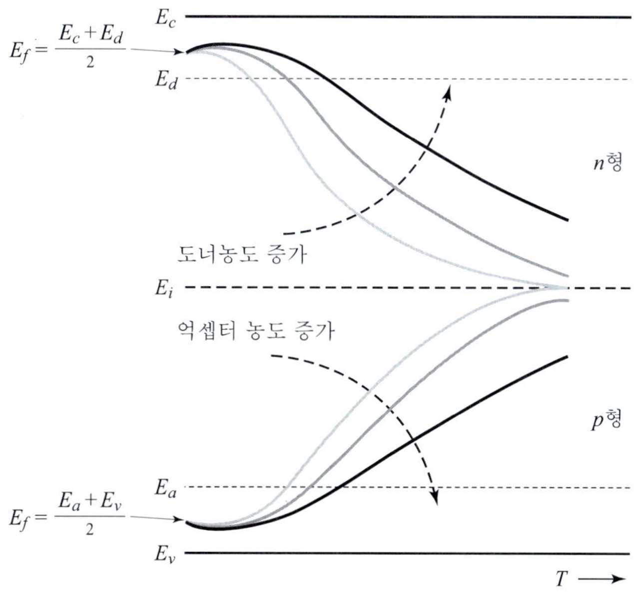

그림 5.25 페르미 준위의 온도 의존성

르미 준위는 점점 가전자대에 가까워진다. 그렇다면 온도를 증가시키면 페르미 준위는 어떻게 되겠는가? 저온에서 온도가 증가하면 이온화가 증가하지만 온도가 점점 증가하면 불순물 이온화가 점점 줄어들어 도너로부터 전자의 공급이, 억셉터로부터 정공의 공급이 줄게 된다. 고온이 되어 모두 불순물이 전부 이온화가 되어버리면 더 이상 캐리어 공급은 되지 않고 가전자대에서 캐리어 공급이 주가 되므로 진성 반도체의 성질이 나타나기 시작한다.

그림 5.25에서 알 수 있는 바와 같이 온도가 증가하면 페르미 준위는 점점 진성 반도체의 페르미 준위 E_i에 가까워진다. 도핑농도가 낮을수록 온도증가에 따라 E_i에 빠르게 접근한다.

핵심 N 진성 반도체의 캐리어 농도는 온도에 의존하며, 불순물 반도체의 캐리어 농도는 불순물 도핑 농도에 의존한다. 진성 반도체의 페르미 준위는 근사적으로 밴드갭의 중앙 위치하며, 불순물 반도체의 페르미 준위는 n형 반도체의 경우 전도대 가까이, p형 반도체의 경우는 가전자대 가까이에 위치한다. 온도가 증가하면 페르미 준위는 밴드갭의 중앙으로 이동한다.

5.3 반도체에서의 캐리어 수송

반도체는 금속이나 절연체와 달리 두 종류의 **캐리어**(carrier) 혹은 **전하 운반체**에 의해서 전류가 생성된다. 여기서는 캐리어 수송기구, 즉 표동과 확산에 대해서 다룬다. 이동도와 확산계수 사이의 관계, 즉 아인슈타인 관계식, 자기장 하에서 캐리어 운동, 즉 홀효과를 학습한다.

5.3.1 반도체에서 전자의 운동

(1) 열운동

높은 온도에서 반도체 내의 자유전자는 어떤 운동을 하는지에 대해서 생각해보자. 온도에 따른 열에너지는 반도체를 구성하는 격자를 진동시킬 것이고, 자유전자들은 열진동하는 격자와 각종 결함과의 충돌로 무질서한 **열운동**(熱運動, thermal motion)을 할 것이다. 이것에 대한 개념도를 그림 5.26에 나타내었다. 반도체에서 전자의 운동은 기체 분자와 같은 운동으로 볼 수 있다. 전자를 무질서하게 움직이게 하는 원천은 열이다.

온도 T에서 전자 1개의 평균 운동에너지(E)는 기체분자 운동론에서 기체분자 1개의 평균 운동에너지와 같은 형태이므로 다음 식과 같이 나타낼 수 있다.

$$E = \frac{3}{2}kT \tag{5.56}$$

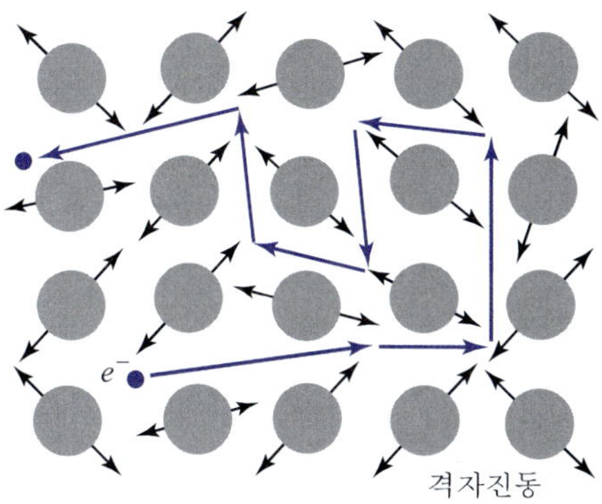

그림 5.26 반도체 격자의 열진동

따라서 온도 T에서 전자의 열운동 따른 운동에너지는 다음과 같은 인과방정식으로 나타내진다.

$$\frac{3}{2}kT = \frac{1}{2}m_e^* v_{th}^2 \tag{5.57}$$

따라서 반도체에서 전자의 **열속도**(熱速度, thermal velocity)는 다음과 같다.

$$v_{th} = \sqrt{\frac{3kT}{m_e^*}} \tag{5.58}$$

여기서 k는 볼쯔만 상수(1.38×10^{-23} J/K), T는 절대온도, m_e^*는 전자의 유효질량($1.1m_e$: Si 반도체)이다. 전자는 실온에서 대략 $\sim 10^5$ m/s 속력으로 빠르게 운동한다. 빠른 속도로 무질서하게 운동하는 특정 전자에 대한 전류를 생각하자. 전자의 위치는 시시각각 변하겠지만 오랜 시간이 경과한 후의 전자의 위치는 처음 위치에 있을 것으로 추정할 수 있다. 따라서 전자의 평균적 이동거리는 0이며, 열평형 상태에서 전자의 평균속도는 0이다. 결국 전자의 흐름은 없는 것으로 볼 수 있기 때문에 열운동에 따른 전류는 0이 된다.

(2) 표동운동

반도체에 전계가 인가된다면 전자는 어떤 움직임을 보일까? 전계가 인가된다고 해서 전자의 열운동 자체가 없어지는 것은 아니다. 본질적인 열운동 그 자체를 유지한 채 전계의 반대 방향 즉 +전위 쪽으로 전자는 이끌릴 것이다. 이것이 전기장의 영향이다. 이것에 대한 개념도를 그림 5.27에 나타내었다. 전계(+전위에서 −전위 방향)와 반대되는 방향으로 전자의 평균적 이동을 **표동**(漂動, drift)**운동**, **유동운동**, 또는 **드리프트 운동**이라고 부른다. 이때 전자의 속도를 **표동속도**, **유동속도** 또는 **드리프트 속도**(drift velocity, v_d)라고 하며, 열속도보다 훨씬 작다. 왜 그럴까?

여기서 자유공간에 있는 전자에 전계를 인가하면 어떤 운동을 하는지를 살펴보자. 전자의 운동을 가져오는 알짜 원천은 전계이다. 전계 인가시 전자가 받는 힘 F는 다음과 같다.

$$F = eE \tag{5.59}$$

전자에 힘 F를 가하면 가속도 a를 가지고 운동을 할 것이다. 따라서 다음 식과 같이 나타내진다.

$$F = eE = m_e a \tag{5.60}$$

따라서 가속도 a는 다음과 같다.

$$a = \frac{eE}{m_e} \tag{5.61}$$

여기서 전계 E가 일정하다면[이것은 전자가 존재하는 영역에 직류(배터리)를 가한다고 보면 된다] 가속도 a는 일정하고 시간에 따라 점점 속도가 증가하기 시작하여 결국 무한대가 된다. 이것은 전류가 무한대가 된다는 것과 같은 것인데 과연 이것이 고체에서 가능한가?

고체 속에서 전자는 수많은 격자를 통과해야하므로 격자와 충돌을 피할 수가 없다. 충돌은 전자장치를 설계하는데 중요한 고려 요소가 된다. 충돌과 충돌 사이의 시간의 평균을 **평균자유시간**(mean free time, τ)이라고 하며, 충돌과 충돌 사이의 거리의 평균을 **평균자유행정**(mean free path)이라고 한다. τ가 작다는 것은 충돌수가 많다는 것이므로 전자가 이동하기 어려울 것이고, τ가 크다는 것은 충돌수가 적다는 것이므로

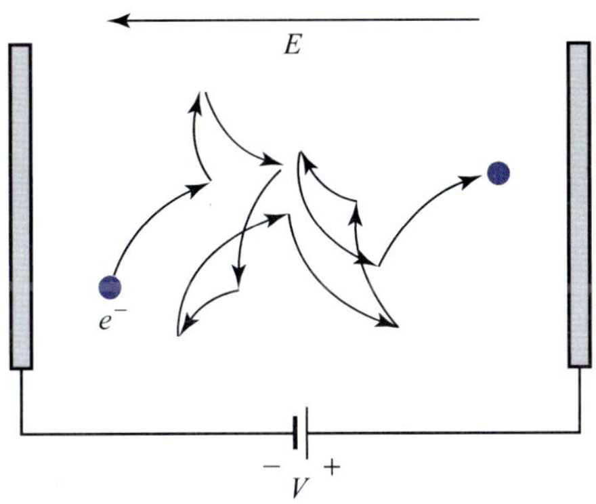

그림 5.27 전계 인가시 반도체 내에서 전자의 표동운동

전자가 이동하기 쉬울 것이다. 따라서 충돌은 캐리어 수송에 크게 영향을 미친다. 이러한 충돌을 고려한 전자의 속도는 어떻게 표현되는가? 전자의 운동에 뉴턴의 등가속도 직선 운동방정식을 적용해보자.

$$v = v_o + at \tag{5.62}$$

여기서 v_o는 $t = 0$에서 속도, 즉 초기 속도이다. 결정에서는 열속도 v_{th}에 해당한다. 따라서 전자의 속도를 다음과 같이 열성분과 표동성분으로 쓸 수 있다.

$$v = v_{th} + at \tag{5.63}$$

결정 내에 전자가 n개 있다면 n개의 전자의 속도는 각각 v_1, v_2, v_3, ⋯ v_n이다. n개의 전자 중에서 임의의 i번째 전자의 속도는

$$v_i = v_{thi} + at_i \tag{5.64}$$

가 된다. 이때 n개의 전자의 평균속도 v_d는 다음과 같이 된다.

$$\begin{aligned} v_d &= \frac{1}{n}(v_1 + v_2 + v_3 + \cdots\cdots + v_n) \qquad (5.65) \\ &= \frac{1}{n}\sum_{i=1}^{n} v_i \\ &= \frac{1}{n}\sum_{i=1}^{n} v_{thi} + \frac{1}{n}\sum_{i=1}^{n} at_i \end{aligned}$$

여기서 n개의 전자에 대해서 열운동에 따른 전자들의 이동거리는 실제로 0이므로 열속도 v_{thi}의 평균은 다음 식과 같이 0이 된다.

$$\frac{1}{n}\sum_{i=1}^{n} v_{thi} = 0 \tag{5.66}$$

따라서 전자의 평균속도 v_d는 전계에 의한 속도, 즉 표동속도만 고려하면 된다. 즉

$$v_d = a\left(\frac{1}{n}\sum_{i=1}^{n} t_i\right) = a\overline{t_i} = a\tau \tag{5.67}$$

결과적으로 전계 내의 전자의 표동속도 v_d는 다음과 같이 나타내진다.

$$v_d = \frac{e\tau}{m_e}E \tag{5.68}$$

식 (5.68)은 전자의 표동속도가 전계의 크기와 평균자유시간에 의존한다는 것을 보여준다. 반도체 내에서 전자의 질량은 자유공간에서의 그것과는 다르다. 따라서 전자 자신을 제외한 모든 영향을 고려하여 나타낸 질량을 **유효질량**(有效質量, effective mass)이라고 하며, 식 (5.68)에서 질량을 유효질량으로 바꾸면

$$v_d = \frac{e\tau}{m_e^*}E = \mu_e E \tag{5.69}$$

가 된다. 여기서 μ_e를 전자 **이동도**(移動度, mobility)라고 하며, 식으로는 다음과 같이 정의한다.

$$\mu_e = \frac{e\tau}{m_e^*} \tag{5.70}$$

전자 이동도 μ_e는 평균자유시간 τ에 의존하는데 전자가 물질 내에서 얼마나 이동하기 쉬운가를 나타낸다. 이동도가 클수록 전자의 이동이 용이하다. GaAs와 Si를 비교해보라[부록 C]. GaAs가 Si보다 이동도가 5 ~ 6배 더 크다.

핵심 N 금속과 마찬가지로 반도체에서도 전자는 항상 열운동을 하고 있다. 전자의 열운동에 의한 평균적 이동은 없다. 여기에 전계를 인가하면 열운동과 동시에 표동운동을 한다. 전계 인가시 전계 반대방향으로 전자의 평균적 이동을 표동운동이라고 한다.

5.3.2 표동전류

반도체에 전계를 인가할 때 캐리어 표동운동으로 나타나는 전류가 **표동전류**(漂動電流, drift current)이다. 여기서 전류와 전류밀도에 대한 개념을 간단히 설명하고, 표동전류를 식으로 나타내어보자. 시편을 통해서 흐르는 전류는 시편의 크기에 의존하기 때문에 하나의 시편과 또 다른 시편 사이에서 전기적 성질을 비교하기 어렵다. 반면에 전류밀도(J)는 시편의 크기에 의존하지 않기 때문에 두 시편 J의 비교는 의미가 있다. 전류밀도는 단위 시간당 단위면적을 통과하는 전자수에 관계된다. 단면적이 A, 길이가 ℓ인 부피에 단위 체적당 전자수가 n인 시편에 전계 E를 인가할 때 전자가 속도 v_x로 dx만큼 이동했다면 dt 시간 동안 단면적 A를 통과하는 전하량 dq는

$$dq = (ne)A\,dx \tag{5.71}$$

가 된다. 따라서 전류 I는 다음과 같다.

$$I = \frac{dq}{dt} = \frac{neAdx}{dt} = neAv_x \tag{5.72}$$

전자표동 전류밀도 $J_{e(drift)}$는 단위 면적당 전류이므로 다음과 같이 나타내진다.

$$J_{e(drift)} = \frac{I}{A} = nev_x = ne\mu_e E \tag{5.73}$$

여기서 n은 전자농도(매 cm^3당 전자수, 전자수/cm^3)이고, μ_e는 전자 이동도($cm^2/V \cdot s$)이다. 이동도의 단위는 $cm^2/V \cdot s$로 식 (5.69)를 참고하여라.

같은 방법으로 **정공표동 전류밀도** $J_{h(drift)}$는 다음과 같이 나타내진다.

$$J_{h(drift)} = pe\mu_h E \tag{5.74}$$

여기서 p는 정공농도(매 cm^3당 정공수, 정공수/cm^3)이고, μ_h는 정공 이동도

$(\text{cm}^2/\text{V}\cdot\text{s})$이다. 표동전류밀도는 식 (5.73)과 식 (5.74)의 합으로 전도도를 사용하여 다음과 같이 간단한 형태로 나타낼 수 있다.

$$J = \sigma E \tag{5.75}$$

이 식은 보통 **전도전류밀도**라고 하나, 반도체에서는 확산전류밀도와 비교되는 표동전류밀도라고 한다. 여기서 σ를 **전도도**(conductivity)라고 하며, 식으로는 다음과 같이 정의된다.

$$\sigma = \sigma_e + \sigma_h = ne\mu_e + pe\mu_h \tag{5.76}$$

전도도의 단위는 $\Omega^{-1}\,\text{m}^{-1}$이다.

반도체에서 전자와 정공의 이동도는 서로 다르며, 전도도도 역시 다르다. 일반적으로 전자가 정공보다 높은 이동도를 가지기 때문에 빠른 속도의 전자장치에는 p형보다는 n형 반도체를 사용한다. 어떤 형태든 반도체는 전자와 정공을 모두 가지고 있기 때문에 전도도는 식 (5.76)과 같이 나타내어야 한다.

n형 반도체일 경우에 전도도는 식 (5.76)으로부터 근사적으로 다음과 같이 나타낼 수 있다.

$$\sigma_e \simeq ne\mu_e \tag{5.77}$$

p형 반도체일 경우에 전도도는 식 (5.76)으로부터 근사적으로 다음과 같이 나타낼 수 있다.

$$\sigma_h \simeq pe\mu_h \tag{5.78}$$

여기서 p는 정공농도(매 cm^3당 정공수, 정공수$/\text{cm}^3$)이고, μ_h는 정공 이동도 $(\text{cm}^2/\text{V}\cdot\text{s})$이다. 몇 가지 반도체의 전자와 정공 이동도를 표 5.1에 나타내었다.

전도도의 역수가 **비저항**(resistivity)이므로 비저항을 구해서 전도도를 구할 수 있다. **비저항**은 물질의 고유특성으로서 단면적이 $1\,\text{cm}^2$이고, 길이가 $1\,\text{cm}$인 시편의 저항으로 정의된다. 그러나 시편을 이렇게 가공하기는 성가신 일이다. 그렇다면 비저항은 어떻게 구할 수 있는가?

표 5.1 주요 반도체의 전자 및 정공 이동도

반도체	E_g(eV)	μ_e [$cm^2/V\cdot s$]	μ_h [$cm^2/V\cdot s$]
Ge	0.67	3900	1900
Si	1.12	1350	450
GaAs	1.43	8500	400
GaN	3.3	380	–
InP	1.35	4600	150
InAs	0.17	33000	460
InSb	0.17	78000	750

* 300 K에서의 값이다.

비저항 ρ는 저항 R을 대신하여 흔하게 사용된다. 예컨대 저항이 얼마다 하면 저항값으로부터 시편에 대한 정보를 알 수 있는가? 저항은 시편의 구조 파라미터(단면적, 길이)에 절대적으로 영향을 받는다. 비저항은 저항과 달리 시편의 크기에 영향을 받지 않으며, 이것은 물질 고유의 특성이다. 그림 5.28과 같은 판모양의 반도체의 시편에서 비저항을 식을 구해보자. 시편의 두 전극에 전압 V를 인가하면 전류 I가 시편을 통해서 +전극에서 −전극으로 흐른다. 시편의 저항 R은 옴의 법칙에 따라 다음과 같이 구할 수 있다.

$$R = \frac{V}{I}\,[\Omega] \tag{5.79}$$

그리고 저항 R은 다음과 같이 나타내진다.

$$R = \rho\frac{\ell}{A} \tag{5.80}$$

따라서 시편의 비저항 ρ는 다음 식으로 구할 수 있다.

$$\rho = R\,\frac{wt}{\ell}\,[\Omega\cdot \mathrm{cm}] \tag{5.81}$$

식 (5.81)을 보면 비저항은 시편을 단위 단면적($wt = 1\ \mathrm{cm}^2$), 단위길이($\ell = 1\ \mathrm{cm}$)로 가공했을 때의 저항 R과 같은 값이 된다.

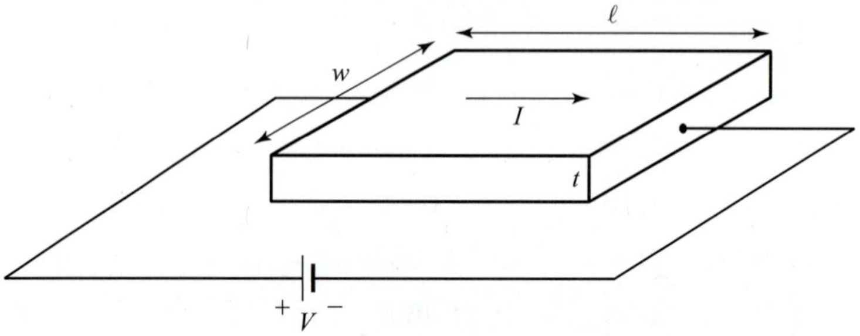

그림 5.28 비저항을 결정하기 위한 시편

핵심 N 전자나 정공의 표동운동에 의한 전류를 표동전류라고 한다. 전도도는 전기가 잘 통하는 정도를 말하며, 그 역수가 비저항으로 단면적이 $1\ \text{cm}^2$, 길이가 $1\ \text{cm}$인 시편의 저항으로 정의된다.

5.3.3 확산전류

작은 밀폐된 공간에 기체를 주입하거나, 물에 잉크 한 방울을 떨어뜨리면 어떤 현상이 일어나는가? 기체나 잉크 분자가 주위로 퍼져 나간다. 이것이 **확산**(diffusion)이다. 확산은 두 물질 간에 농도차로 인해서 농도가 높은 쪽에서 낮은 쪽으로의 입자의 이동을 말한다. 반도체에서도 이런 확산 현상이 많이 일어나는데 n 영역과 p 영역에서 캐리어 농도의 공간적 변화 또는 농도의 기울기로 캐리어가 확산한다. 확산은 반도체에서 중요한 전하수송기구이다. 전하를 띤 캐리어 확산으로 생긴 전류를 **확산전류**(擴散電流, diffusion current)라고 한다.

반도체에서 캐리어들은 무질서한 열운동과 **격자산란**(lattice scattering) 과정을 거치면서 캐리어 농도의 경사에 따라 확산한다. 여기서 전자가 1차원에서 확산하는 비율을 계산해보자. 단위 시간당 $+x$ 방향으로 전자의 흐름에 수직인 면을 지나는 전자수를 **전자 플럭스 밀도**(electron flux density, Φ_e)라고 하는데 다음과 같이 나타내진다.

$$\Phi_e = -D_e \frac{dn(x)}{dx} \tag{5.82}$$

여기서 $n(x)$는 전자농도, $dn(x)/dx$는 전자농도의 기울기, D_e는 전자의 **확산계수**로 단위는 cm^2/s이다. 식 (5.82)에서 단위의 차원을 확인해보자.

$$[\Phi_e] = \left[\frac{\text{cm}^2}{\text{s}}\right] \frac{\left[\frac{\text{전자수}}{\text{cm}^3}\right]}{[\text{cm}]} = \left[\frac{\text{전자수}}{[\text{s}][\text{cm}^2]}\right] \tag{5.83}$$

이것을 통해서 플럭스의 개념이 뭔가를 알 수 있다. 즉 어떤 입자의 플럭스 밀도는 단위 시간당, 단위 면적당 수직인 면을 지나는 입자의 수로 정의된다.

식 (5.82)에서 음의 부호는 전자의 확산방향이 전자농도의 감소방향임을 나타낸다. 마찬가지로 **정공 플럭스 밀도**(hole flux density, Φ_h)를 다음과 같이 나타낼 수 있다.

$$\Phi_h = -D_h \frac{dp(x)}{dx} \tag{5.84}$$

여기서 $p(x)$는 정공농도, $dp(x)/dx$는 정공농도의 기울기, D_h는 정공의 확산계수다.

전자확산 전류밀도(J)는 단위 면적을 가로지르는 전하량의 시간적 변화율이므로 단위를 고려하면 식 (5.83)을 참고로 하여 식 (5.82)에 전자의 전하량을 곱하면 **전자확산 전류밀도** $J_{e(diff)}$는 다음과 같이 나타내진다.

$$J_{e(diff)} = -e\Phi_e = eD_e \frac{dn(x)}{dx} \tag{5.85}$$

같은 방법으로 **정공확산 전류밀도** $J_{h(diff)}$는 다음과 같이 나타내진다.

$$J_{h(diff)} = e\Phi_h = -eD_h \frac{dp(x)}{dx} \tag{5.86}$$

표 5.2는 대표적인 반도체의 전자와 정공의 확산계수를 나타낸 것이다.

표 5.2 대표적인 반도체의 전자와 정공의 확산계수

반도체	D_e [cm²/s]	D_h [cm²/s]
Ge	100	50
Si	35	12.5
GaAs	220	10

핵심 N	전계를 인가하지 않더라도 농도차가 있으면 캐리어가 높은 농도에서 낮은 농도로 이동한다. 이것을 확산이라고 하며, 확산에 의한 전류를 확산전류라고 한다.

5.3.4 반도체에서의 총전류

반도체에 흐르는 총전류는 전자와 정공이라는 두 종류 캐리어와 두 가지 캐리어 수송과정에 의해서 나타난다. 전자전류밀도는 표동성분과 확산성분으로 구성되는데 다음과 같이 나타내진다.

$$J_e = J_{e(drift)} + J_{e(diff)} = \sigma_e E + eD_e \frac{dn}{dx} = ne\mu_e E + eD_e \frac{dn}{dx} \tag{5.87}$$

전기장이 전자분포의 감소방향이면 두 성분은 차가 되고, 반대 방향이면 합이 된다. 정공전류밀도도 마찬가지로 표동성분과 확산성분으로 구성되는데 다음과 같이 나타내진다.

$$J_h = J_{h(drift)} + J_{h(diff)} = \sigma_h E - eD_h \frac{dp}{dx} = pe\mu_h E - eD_h \frac{dp}{dx} \tag{5.88}$$

전기장이 정공분포의 감소방향이면 두 성분은 합이 되고, 반대 방향이면 차가 된다.

따라서 전체 전류밀도 J는 전자전류밀도 J_e와 정공전류밀도 J_h의 합으로 다음과 같이 나타내진다.

$$J = J_e + J_h = (ne\mu_e + pe\mu_h)E + e\left(D_e \frac{dn}{dx} - D_h \frac{dp}{dx}\right) \tag{5.89}$$

따라서 반도체에 흐르는 전류는 전자와 정공의 표동과 확산에 의한 흐름으로 나타난다.

핵심 N	반도체 흐르는 전류는 캐리어 표동에 의한 표동전류와 확산에 의한 확산전류로 구성된다.

5.3.5 아인슈타인 관계식

확산계수와 이동도 사이의 관계식을 **아인슈타인 관계식**이라고 하는데 이것을 유도하기 위해서는 평형상태에서 식 (5.87) 혹은 식 (5.88)의 우변을 0으로 두고, 관련 식을 사용하면 결과를 얻을 수 있지만 여기서는 다른 방법으로 유도한다.

x 방향으로 운동하고 있는 전자에 대해서 전자의 평균자유행정을 ℓ, 평균자유시간을 τ라고 하면 전자의 확산계수는 다음과 같은 식으로 표현된다.

$$D_e = \frac{\ell^2}{\tau} \tag{5.90}$$

평균자유행정 ℓ은 다음 식으로 주어진다.

$$\ell = v_{dx}\tau \tag{5.91}$$

여기서 v_{dx}는 전자의 평균속도, τ는 평균자유시간이다.

따라서 전자의 확산계수 D_e는 다음과 같이 된다.

$$D_e = v_{dx}^2\tau \tag{5.92}$$

전도대에서 전자의 평균 운동에너지는 맥스웰의 에너지 등배분의 법칙에 따라 $kT/2$이므로 다음과 같이 인과방정식을 쓸 수 있다.

$$\frac{1}{2}kT = \frac{1}{2}m_e^* v_{dx}^2 \tag{5.93}$$

따라서 다음과 같이 된다.

$$v_{dx}^2 = \frac{kT}{m_e^*} \tag{5.94}$$

식 (5.94)를 식 (5.92)에 대입하면 확산계수와 이동도 사이의 관계식이 얻어진다.

$$D_e = \frac{kT}{m_e^*}\tau = \frac{kT}{e}\left(\frac{e\tau}{m_e^*}\right) = \frac{kT}{e}\mu_e \tag{5.95}$$

식 (5.95)를 다음과 같이 다시 쓰면

$$\frac{D_e}{\mu_e} = \frac{kT}{e} \tag{5.96}$$

가 된다. 정공과 관련해서도 다음과 같이 쓸 수 있다.

$$\frac{D_h}{\mu_h} = \frac{kT}{e} \tag{5.97}$$

식 (5.96)과 식 (5.97)을 **아인슈타인 관계식**이라고 한다. 여기서 kT/e는 **열전압**이다. 이 식은 캐리어 수송기구로서 표동과 관련된 이동도와 확산과 관련된 확산계수를 결부시켜주는 관계식이라 매우 유용한 식이다. 이 식은 비축퇴 반도체($n << N_c$, $p << N_v$)에만 적용 가능하며, 금속에는 적용시킬 수 없다.

핵심 N 아인슈타인 관계식은 이동도와 확산계수 사이의 관계식이다.

5.3.6 홀효과

전류가 흐르고 있는 시료에 전류방향과 수직으로 자기장을 걸었을 때 전류와 자기장에 수직인 방향으로 전압이 생긴다. 이 현상을 **홀효과**(Hall effect)라고 하며, 1879년 E. H. Hall이 금속박막 시료에서 처음으로 발견하였다. 홀전압 측정에서 얻어진 홀계수는 반도체의 전자적 특성평가에 매우 효과적으로 이용된다. 홀계수로부터 다수 캐리어의 농도를 결정할 수가 있고, 나아가 n형인지 p형인지도 알 수 있다. 그림 5.29와 같이 길이 ℓ, 폭 w 그리고 두께 t인 슬래브(slab) 형태의 n형 반도체 시편을 생각하자. x 방향의 시편전극의 양단에 전압 V를 인가하면 전류 I_x는 $+x$ 방향으로 전류가 흐르고, 전자는 $-x$ 방향으로 드리프트 속도 v_{dx}를 가지고 이동한다. 이 시편을 I_x에 직교가 되게 $+z$ 방향으로 향하는 자기장 B_z 내에 놓는다고 하자. $-x$ 방향으로 운동하는 전자는 $-y$ 방향으로 자기 편향력 F_{By}를 받을 것이다(플레밍의 왼손법칙을 활용하여라). 운동하는 전하가 자기장에 놓였을 때 받는 힘은 자기 편향력이므로 다음과 같이 주어진다.

$$\begin{aligned} \boldsymbol{F} &= q\boldsymbol{v} \times \boldsymbol{B} \\ F_{By} &= e(-v_{dx})B_z \\ &= -B_z e v_{dx} \end{aligned} \tag{5.98}$$

여기서 e는 전자의 전하량, v_{dx}는 $-x$ 방향의 표동속도, B_z는 $+z$ 방향의 자기장이다.

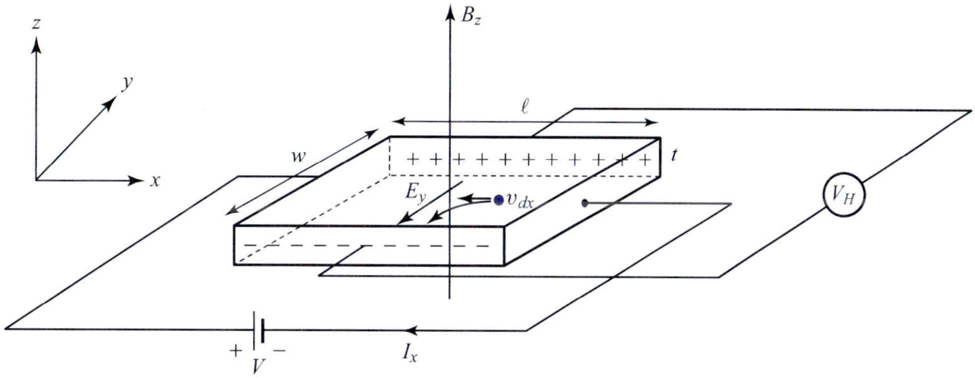

그림 5.29 홀효과 개략도

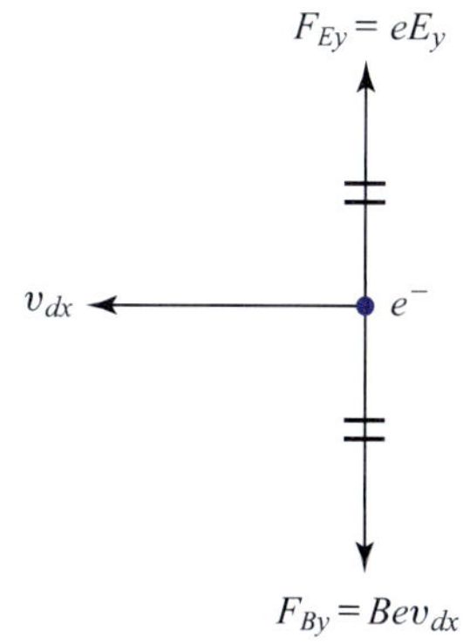

그림 5.30 전기력과 자기 편향력의 평형(로렌츠 힘=0)

따라서 $-y$ 방향의 면에는 전자가 축적될 것이고, 반대 면에는 노출된 양전하(양이온)가 축적된다. $\pm y$ 방향의 양면에 축적된 전하는 전기장 E_y를 발생시킨다. 따라서 시료 내의 전자가 축적되면 축적될수록 전기장 E_y는 점점 증가할 것이다. 또한 시료 내의 전자는 두 힘의 합력, 즉 **로렌츠 힘**(Lorentz force), $\boldsymbol{F} = q(\boldsymbol{E} + \boldsymbol{v} \times \boldsymbol{B})$를 받게 된다. 자기력 F_{By}에 의한 $-y$ 방향의 면에 전자의 축적은 $-y$ 방향으로 발생된 전기장 E_y에 의해서 $+y$ 방향으로 전자에 작용하는 전기력 $F_{Ey} = eE_y$와 평형이 될 때까지 계속된다. 그러므로 힘의 평형상태에 도달했을 때는 두 힘은 정확히 균형을 이루어 전자는 힘을 받지 않고 $-x$ 방향으로 시편을 통해 직선으로 움직일 것이다. 평형상태에서 그림 5.30과 같이 로렌츠 힘은 0이며, 전자는 $-x$ 방향으로 직진한다.

그림 5.30와 같은 정상상태에서 다음 식이 성립한다.

$$eE_y = -B_z e v_{dx} \tag{5.99}$$

여기서 E_y를 구하면 다음과 같이 된다.

$$E_y = -B_z v_{dx} = -B_z \frac{J_x}{ne} = -\frac{B_z}{ne}\frac{I_x}{wt} \tag{5.100}$$

위 식에서 E_y는 시료의 폭 w에 나타나는 전기장이므로 $\pm y$ 방향의 양면 사이의 전압 $V_H = wE_y$이다.

따라서

$$V_H = -\frac{1}{ne}\frac{I_x B_z}{t} = R_H \frac{I_x B_z}{t} \tag{5.101}$$

가 된다. 이 전압을 **홀전압**(Hall voltage)이라고 한다. 식 (5.101)에서 R_H를 **홀계수**라고 하며 다음과 같이 정의한다.

$$R_H = -\frac{1}{ne} \tag{5.102}$$

또한 p형 반도체의 경우 홀계수 R_H는 다음과 같이 정의된다.

$$R_H = \frac{1}{pe} \tag{5.103}$$

홀장치로부터 홀전압을 결정하면 식 (5.101)을 이용하여 전자농도를 구할 수 있다. 그리고 홀계수가 음일 경우에는 시료가 n형 반도체이고, 양일 경우에는 p형 반도체라는 정보도 얻을 수 있다. 홀전압 V_H의 극성과 크기는 홀장치에 부착된 전압계를 통해서 결정된다. 홀효과로부터 얻은 몇 가지 정보를 통해서 다른 중요한 특성 파라미터도 구할 수 있다.

시편의 저항 R은 옴의 법칙으로부터

$$R = \frac{V_x}{I_x} \tag{5.104}$$

가 되고, 저항 R은

$$R = \rho \frac{\ell}{wt} \tag{5.105}$$

이므로 비저항 ρ는 다음과 같이 된다.

$$\rho = \frac{V_x wt}{I_x \ell} \tag{5.106}$$

비저항 ρ로부터 전도도 σ가 구해지며, 이는 다음과 같이 나타내진다.

$$\sigma = \frac{1}{\rho} = ne\mu_e = \frac{\mu_e}{R_H} \tag{5.107}$$

따라서 전자의 이동도 μ_e는 다음과 같이 나타낼 수 있다.

$$\mu_e = \sigma_e R_H \tag{5.108}$$

그러므로 홀효과 장치는 다수 캐리어 농도와 이동도, 캐리어 유형을 결정하는 데 이용할 수 있는 유용한 수단이다. 이러한 모든 요소들은 반도체 장치를 설계하는 데 매우 중요하다. 또한 홀효과는 부하에서의 소모되는 전력을 측정하는 와트미터나 지기장을 측정하는 가우스 미터 등의 측정기에도 이용된다. 홀소자 재료로는 전자 이동도가 큰 InSb, InAs, GaAs 등의 III–V족 화합물 반도체가 주로 사용된다.

핵심 N 홀효과는 전류가 흐르는 시료에 전류방향에 수직으로 자기장을 인가할 때 전류와 자기장에 수직인 방향으로 전압이 생기는 현상이다. 홀효과를 통해서 전자농도, 이동도, 반도체의 유형(n, p) 등의 정보를 알 수 있다.

5.4 광생성과 재결합

5.4.1 광생성과 광전도도

반도체에서 결합전자가 열에너지나 빛에너지를 흡수할 때 **전자–정공쌍**(electron

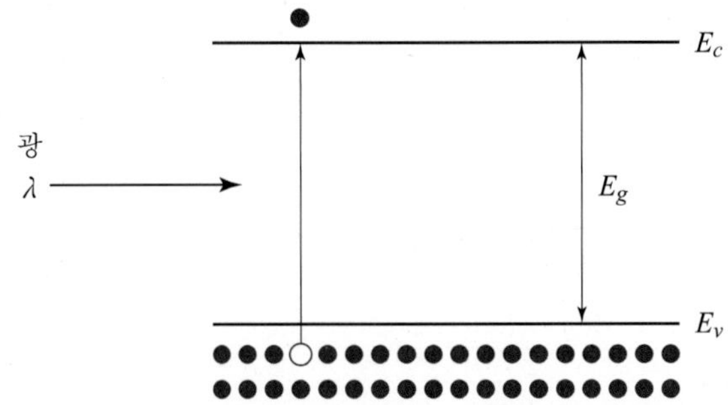

그림 5.31 광생성의 개념도

−hole pair : EHP)이 생성된다. 열에너지를 흡수할 때 발생하는 EHP 생성을 **열생성**(thermal generation)이라고 하며, 빛에너지를 흡수할 때 발생하는 EHP 생성을 **광생성**(optical generation)이라고 한다. 그림 5.31에 나타낸 바와 같이 파장 λ인 빛을 밴드갭이 E_g인 반도체에 조사할 때 빛에너지가 반도체 재료에 흡수된다면 EHP가 생성된다.

빛에너지의 기본 입자가 광자이므로 광자의 에너지는 다음과 같다.

$$E_{ph} = hf = \frac{hc}{\lambda} = \frac{12400}{\lambda\,[\text{Å}]}\,[e\,\text{V}] \tag{5.109}$$

여기서 h는 플랑크 상수($6.626 \times 10^{-23}\,\text{J}\cdot\text{s}$), f는 빛의 진동수, c는 광속이다.

광자가 반도체에 흡수될 수 있는 조건은 다음 식과 같이 광자의 에너지 E_{ph}가 밴드갭 E_g 이상이어야 한다.

$$E_{ph} \geq E_g \tag{5.110}$$

따라서 빛에너지가 반도체에 흡수되려면 파장은 다음과 같은 조건이 되어야 한다.

$$\lambda \leq \frac{12400}{E_g} \tag{5.111}$$

만약 $E_{ph} < E_g$이면 광자는 반도체에 흡수되지 않고 투과해 버린다. 가령 빛은 Si 반도체에서는 대략 11000 Å 이하의 파장, GaAs 반도체에서는 대략 8600 Å 이하의 파장일 때 흡수되고, 그 이상은 투과하게 된다. 이런 원리를 이용하여 반도체는 태양전지, 광검출기로 응용된다.

반도체에서 EHP의 광생성은 열생성만큼 잘 일어난다. 이것은 광학적으로 생성된 캐리어는 열적으로 생성된 캐리어의 '여분'이라는 것을 의미한다. 이러한 이유로 이 캐리어를 **과잉 캐리어**(excess carrier)라고 부른다.

n형 반도체에서 빛이 조사되기 전의 열평형 상태에서 다수 캐리어 농도(전자농도)를 n_{no}라고 하고, 소수 캐리어 농도(정공농도)를 p_{no}라고 하면 **질량작용법칙**에 따라 $n_{no}p_{no}=n_i^2$이 된다. 반도체에 빛을 조사하면 광생성에 의해서 과잉 캐리어가 생성되므로 불평형 상태가 된다. 이때 임의의 순간에 다수 캐리어 농도 n_n, 소수 캐리어 농도 p_n이라고 하면 과잉 전자농도 Δn_n과 과잉 정공농도 Δp_n은 각각 다음과 같이 나타낼 수 있다.

$$\Delta n_n = n_n - n_{no} \tag{5.112}$$

$$\Delta p_n = p_n - p_{no} \tag{5.113}$$

따라서 빛이 조사될 때 전자농도 n_n과 정공농도 p_n은 각각 다음과 같이 된다.

$$n_n = n_{no} + \Delta n_n \tag{5.114}$$

$$p_n = p_{no} + \Delta p_n \tag{5.115}$$

물론 빛이 조사될 때는 EHP 생성이므로

$$\Delta n_n = \Delta p_n \tag{5.116}$$

가 되지만 불평형 상태이므로 **질량작용법칙**이 성립하지 않는다. 즉 $n_n p_n \neq n_i^2$.

과잉 캐리어는 소수 캐리어 농도에 큰 변화를 가져오지만 다수 캐리어 농도에는 별 영향이 없다. 예컨대 전자농도가 $1\times10^{17}\,\text{cm}^{-3}$인 n형 반도체에 빛을 조사했을 때 전자농도가 10% 증가했다면 $\Delta n_n = 0.1\times10^{17}\,\text{cm}^{-3}$이 된다. 이때 전자농도 n_n은 식 (4.114)로부터 다음과 같이 계산된다.

$$\begin{aligned} n_n &= n_{no} + \Delta n_n = 1\times10^{17}\,\text{cm}^{-3} + 0.1\times10^{17}\,\text{cm}^{-3} \\ &= 1.1\times10^{17}\,\text{cm}^{-3} \simeq n_{no} \end{aligned}$$

정공농도는 식 (4.115)로부터 다음과 같이 계산된다.

$$p_n = p_{no} + \Delta p_n = \frac{n_i^2}{n_{no}} + \Delta n_n = \frac{(1.5 \times 10^{10}\ \mathrm{cm}^{-3})^2}{10^{17}\ \mathrm{cm}^{-3}} + 0.1 \times 10^{17}\ \mathrm{cm}^{-3}$$

$$= 2.25 \times 10^3\ \mathrm{cm}^{-3} + 0.1 \times 10^{17}\ \mathrm{cm}^{-3}$$

$$\simeq 0.1 \times 10^{17}\ \mathrm{cm}^{-3} = \Delta p_n$$

따라서 빛이 조사될 때 다수 캐리어 농도는 미미하게 증가하지만 소수 캐리어 농도는 급격히 증가한다. 광검출기와 같은 광소자들은 과잉 캐리어 생성을 이용한다.

광자의 흡수에 의해서 생성된 과잉 캐리어는 열적으로 생성된 캐리어처럼 반도체 내에서 자유롭게 움직이며, 전도할 것이다. 이와 같이 빛을 조사하면 전도도가 증가하는데, 이때의 전도도를 **광전도도**(photoconductivity)라고 한다. 응용에 사용되는 빛은 가시광선일 필요가 없으며, 적외선과 자외선이 더 일반적이다.

핵심 N 반도체에 빛을 쬐면 같은 수의 전자와 정공이 생성된다. 이것을 광생성이라고 한다. 빛을 쬐면 캐리어가 여분으로 더 생성되는 것이므로 이것은 과잉 캐리어가 된다. 과잉 캐리어는 다수 캐리어의 농도에는 별로 기여하지 못하지만 소수 캐리어 농도에는 크게 영향을 미친다.

5.4.2 재결합과 포획

평형상태에서 불평형 상태로, 불평형 상태에서 평형상태로 이행해 가는 과정에서 캐리어 농도 변화를 도식적으로 나타낸 것이 그림 5.32이다. 평형상태의 반도체에 빛을 조사하면 과잉 캐리어가 발생한다. 당연히 이때는 EHP가 더해지는 것이므로 평형상태일 때의 농도보다 캐리어 농도가 높다. 불평형 상태를 유발하는 열이나 빛을 제거하면 일정 시간이 경과한 후에는 평형상태에 도달한다. 불평형 상태에서는 EHP가 발생하고, 동시에 EHP가 소멸하는 과정이 끊임없이 일어난다.

전도대의 전자들은 에너지를 잃어서 가전자대로 바로 떨어지거나, 금지대 내에 존재하는 도너준위, 억셉터 준위, 여러 가지 결함준위 등을 거쳐 가전자대로 천이할 수도 있다. 가전자대의 정공과 결합하여 EHP가 소멸되는 것을 **재결합**(recombination)이라고 한다. 캐리어들이 재결합하는 과정에는 직접 재결합과 간접 재결합의 두 가지가 있다.

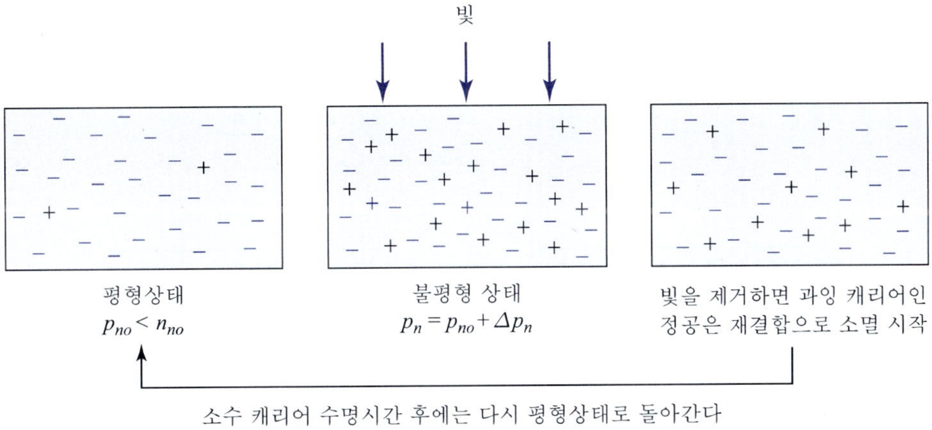

그림 5.32 과잉 캐리어의 생성과 소멸

(1) 재결합 중심과 포획 중심

전도대의 전자를 포획하여 다음에 일어날 확률이 높은 사상이 정공포획이라면 불순물 또는 결함중심을 **재결합 중심**(再結合中心, recombination center)이라고 한다. 개념도를 그림 5.33에 도시하였다. 재결합 중심은 간접 재결합의 중간기지와 같은 것이다. 한편 전도대의 전자를 포획한 후에 다음에 일어날 확률이 높은 사상이 재여기(reexcitation) 과정이라면 불순물 또는 결함중심을 **포획중심**(捕獲中心, trapping center)이라고 한다. 그 개념도를 그림 5.34에 도시하였다. 포획중심에 자유전자가 포획되면 일시적으로 비활성화되어 전도에 기여할 수 없다.

금지대 내에는 많은 불순물 준위나 결함준위가 존재한다. 전도대 및 가전자대에 가까운 준위를 **얕은 준위**(shallow level)라고 하고, 금지대 중앙 부근에 위치하는 준위를 **깊은 준위**(deep level)이라고 한다. 3, 5족 원소가 아닌 금속이온들은 주로 깊은 준위를 형성한다.

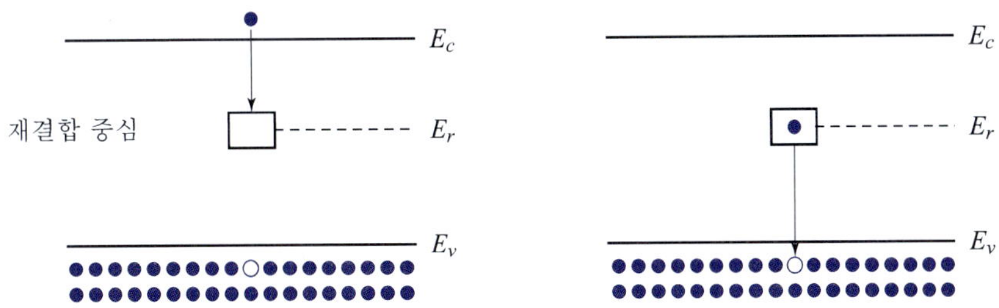

그림 5.33 재결합 중심

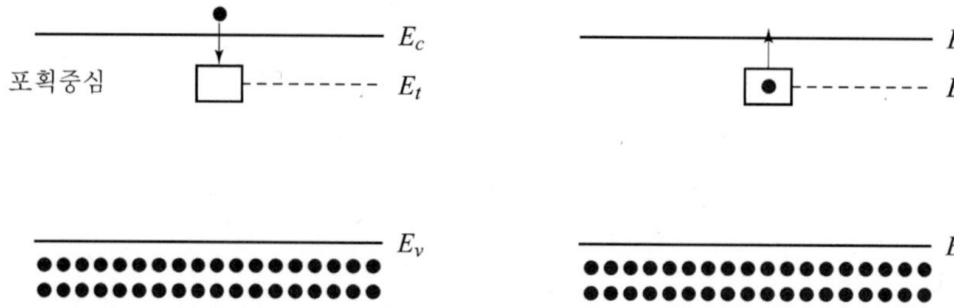

그림 5.34 포획중심

(2) 재결합 과정

그림 5.35 (a)는 직접 재결합 과정을 나타낸 것이다. 전도대의 자유전자가 자유롭게 운동하다가 에너지가 낮아져서 가전자대의 정공과 **직접 재결합**하는 것으로 대부분의 화합물 반도체가 여기에 해당하며, 이러한 반도체를 **직접형 반도체**(direct semiconductor)라고 한다. 이 반도체의 특징은 재결합시에 금지대 폭에 해당하는 에너지를 빛에너지로 방출한다. 발광 다이오드(LED)가 이에 해당한다.

그림 5.35 (b) ~ (e)는 간접 재결합 과정을 나타낸 것이다. 간접 재결합은 금지대 내의 재결합 중심을 거쳐서 가전자대의 정공과 결합하는 것이다. 그림 5.35 (b)는 재결합 중심에 전자가 포획되는 과정이다. 재결합 중심은 전자적으로 에너지가 활성화되어 있기 때문에 에너지가 낮은 전자를 쉽게 포획할 수 있다. 이때 재결합 중심은 음으로 대전된다. 그림 5.35 (d)와 같이 재결합 중심이 가전자대의 정공을 포획하게 되면 재결합 과정이 완료된다. 정공의 포획은 재결합 중심에 있는 전자가 가전자대역으로 떨어지는 것과 같은 것이다.

그림 5.35 (c)처럼 전자를 포획한 재결합 중심이 그림 5.35 (d)의 과정이 일어나기도 전에, 즉 정공을 포획하기도 전에 전자가 전도대로 재여기하는 경우도 있다. 또 그림 5.35 (e)처럼 가전자대의 전자가 재결합 중심으로 여기된 후, 다시 원래의 대역으로 되돌아가는 경우도 있기 때문에 재결합이 지연되고 여러 가지로 직접 재결합보다는 복잡하다. 이와 같이 전도대에서 가전자대로 재결합 중심을 통해서 전자와 정공이 재결합하는 방식을 **간접 재결합**이라고 하며, 원소형 반도체는 간접 재결합 방식으로 전자와 정공이 재결합한다. 이러한 반도체를 **간접형 반도체**(indirect semiconductor)라고 한다. 여러 가지 원인으로 반도체에서 캐리어는 계속해서 생성되고, 재결합으로 사라지는 과정이 계속해서 일어난다.

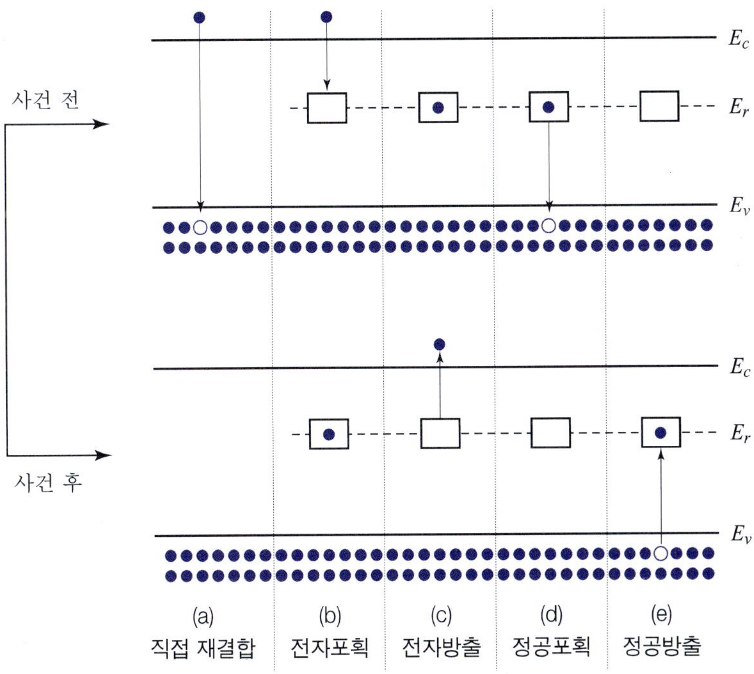

그림 5.35 재결합 과정

핵심 N 전자와 정공이 만나는 것을 재결합이라고 한다. 전도대의 선자와 가선자대의 정공이 밴드갭을 통해서 직접 재결합하는 반도체를 직접형 반도체, 밴드갭 내의 불순물 준위나 결함을 거쳐서 재결합하는 반도체를 간접형 반도체라고 한다. 이때 불순물 준위나 결함을 재결합 중심이라고 한다.

5.4.3 소수 캐리어 수명시간과 확산거리

정공과 전자가 재결합하기 전까지 자유로운 시간간격은 보통 μs 이하로 매우 짧다. 이러한 시간을 **수명시간**(lifetime, τ)이라 하는데 평균수명시간은 캐리어의 생성과 재결합 사이의 자유롭게 유지되는 평균시간이다. **수명시간이 긴 경우**는 지속적인 발광이 요구되는 LED에 중요하며, **수명시간이 짧은 경우**는 고속 스위칭 동작을 하는 pn 접합에서 중요하다. 수명시간은 확산거리 L과 밀접하게 관계된다. 확산거리는 수명시간 동안 캐리어가 자유롭게 이동하는 평균거리이다. 전자와 정공의 수명시간과 **확산거리**는 서로 다르며, 각기 반도체 재료에 따라서도 다르다. 심지어 같은 반도체로 만든 소자마다 다르다. 수명시간과 확산거리는 **확산계수** D와 깊은 연관성을 가지고 있다. 전자의 확산거리는 다음과 같이 주어진다.

$$L_e = \sqrt{D_e \tau_e} \tag{5.117}$$

여기서 L_e는 전자의 확산거리, D_e는 전자의 확산계수 그리고 τ_e는 전자의 평균수명 시간이다.

정공의 확산거리는 전자의 확산거리와 유사하게 다음과 같이 주어진다.

$$L_h = \sqrt{D_h \tau_h} \tag{5.118}$$

여기서 L_h는 정공의 확산거리, D_h는 정공의 확산계수 그리고 τ_h는 정공의 평균수명 시간이다.

상기 식에서 알 수 있는 바와 같이 확산계수가 크고, 수명시간이 길면 당연히 확산거리는 커진다. 일반적으로 전자가 정공보다 확산거리가 길다.

핵심 N 전자가 재결합하기까지의 시간을 수명시간이라고 한다. 전자의 수명이 긴 경우는 발광 다이오드에 적합하고, 전자의 수명시간이 짧은 경우는 스위칭 다이오드에 적합하다.

5.5 *pn* 접합과 금속-반도체 접촉

여기에서는 *pn* 접합과 금속-반도체 접촉의 결합 개념을 설명한다. *pn* 접합의 제조 공정, 평형상태의 *pn* 접합에서 에너지 밴드 다이아그램을 통해서 캐리어 이동과 전류 흐름을 알아본다. 평형상태의 *pn* 접합에서 공핍층 폭, 전하밀도분포 및 전계분포를 학습한다. 바이어스된 접합에서 소수 캐리어 주입에 따른 **다이오드 전류 방정식**을 유도한다. 역방향 바이어스에 따른 *pn* 접합의 정전용량으로부터 장벽높이와 농도를 구하는 방법을 학습한다. 금속-반도체 접촉에는 **정류성 접촉**과 **저항성 접촉**, 두 종류가 있으며, 접촉이 형성되는 조건을 설명하고, 접촉에서 에너지대 구조를 다룬다.

5.5.1 *pn* 접합

다른 불순물이 도핑된 같은 반도체이거나, 같은 불순물 혹은 다른 불순물이 도핑된 다른 반도체끼리 결합을 **접합**(junction)이라고 한다. 접합은 단순히 2개의 반도체를 물리적으로 붙이는 것이 아니고, 화학적 결합에 의한 것이다. pn 접합은 p형 반도체의 정해진 영역에 n형 불순물을 확산시키거나, 반대로 n형 반도체의 정해진 영역에 p형 불순물을 확산시킴으로서 형성되는데 **p형과 n형 반도체 사이의 금속학적 경계면을 pn 접합**이라고 한다. 접합부위에 형성된 전위장벽은 전류를 한쪽 방향으로는 잘 흐르게 하나, 반대 방향으로 흐르지 않게 하는 정류작용을 일으킨다. pn 접합은 다이오드(정류, 제너, 발광, 포토, 레이저), 태양전지, 트랜지스터(쌍극성 접합, 전계효과), 사이리스터 등의 반도체 소자와 집적회로에 기초가 된다.

(1) pn 접합의 제조공정

pn 접합의 제조공정 과정을 그림 5.36에 상세히 나타내었다. 단면에서는 2개의 다이오드가 제작되는 것처럼 보이지만 그림 5.37에 나타낸 마스크를 보면 4개의 다이오드가 동시에 제작된다.

n형 Si 웨이퍼 준비 : n형 Si 웨이퍼(wafer)를 준비한다. 화학약품과 증류수를 이용하여 세척한다.

SiO_2 산화막 형성 : 전기로에 넣고, 산소 혹은 수증기를 불어 넣으면서 Si 표면에 **SiO_2 산화막을 형성시킨다.**

포지티브 감광막(PR) 도포 : 산화막 위에 포지티브 감광막(photoresist : PR)을 도포한다. 감광막은 빛에 민감한 물질이다. 적당한 온도에서 경화시킨다.

도핑용 마스크 A 정렬 : p형 불순물을 선택적으로 도핑하기 위한 도핑위치에 마스크를 정렬(alignment)시킨다.

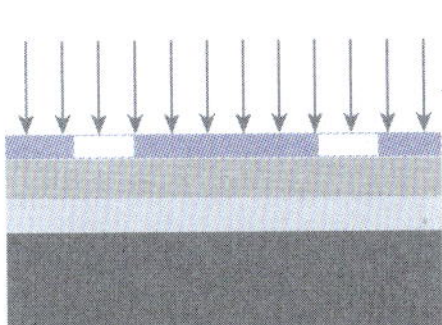

자외선 조사 : 자외선(ultraviolet)을 조사한다.

감광된 PR : 자외선이 선택적으로 통과하여 감광막의 분자구조를 변형시킨다.

PR 현상 : 웨이퍼를 현상액(developer)에 넣어 자외선에 감광된 막을 제거한다.

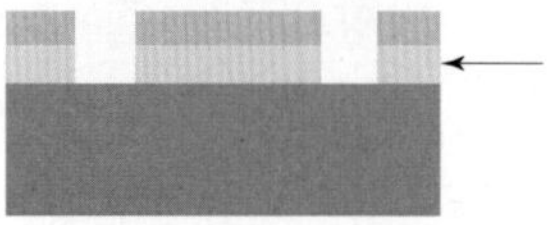

산화막 선택적 식각 : 식각장치(reactive ion etcher : RIE)를 이용하거나 묽은 HF를 사용하여서 노출된 산화막을 제거한다.

PR 제거 : 필요하지 않은 감광막을 아세톤으로 제거한다.

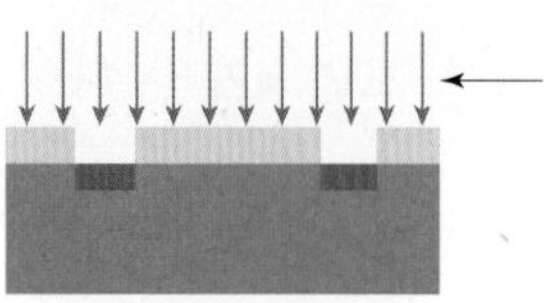

억셉터 주입 : 이온 주입기(ion implanter)를 사용하여 노출된 n형 반도체에 p형 불순물을 주입시키거나 혹은 확산법으로 확산시킨다. 산화막이 있는 부위를 통해서 불순물이 들어갈 수는 없다.

p형 반도체 형성 : n형 반도체에 선택적으로 p형 반도체 영역이 형성된다(보상도핑).

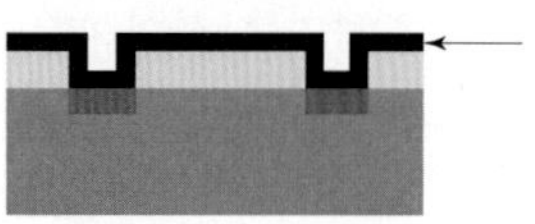

금속막 증착 : 웨이퍼 전면에 스퍼터링 장치(sputter)나 진공증착기를 사용하여 금속막을 증착시킨다.

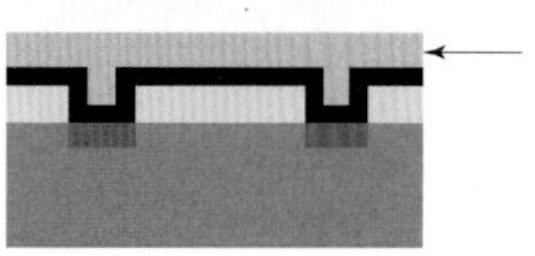

포지티브 감광막(PR) : 포지티브 PR을 도포한다. 적당한 온도에서 경화시킨다.

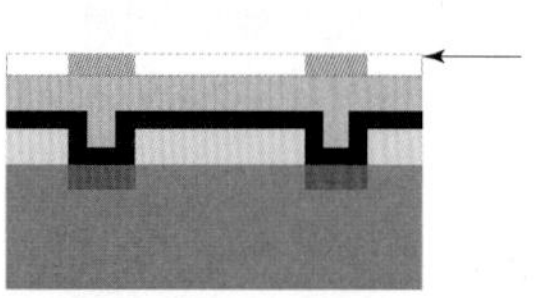

전극용 마스크 B 정렬 : 에노드 전극을 형성시키기 위한 마스크를 정렬(alignment)시킨다.

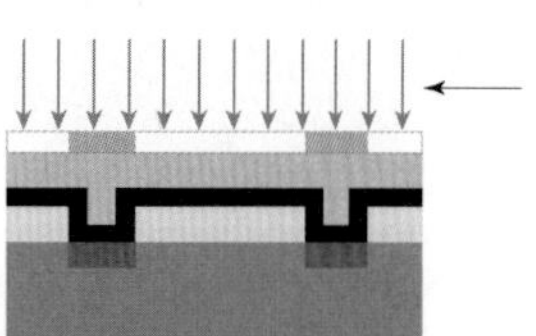

자외선 조사 : 자외선(ultraviolet)을 조사한다.

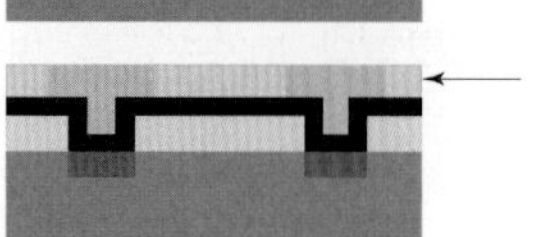

감광된 PR : 자외선이 선택적으로 통과하여 감광막의 분자구조를 변형시킨다.

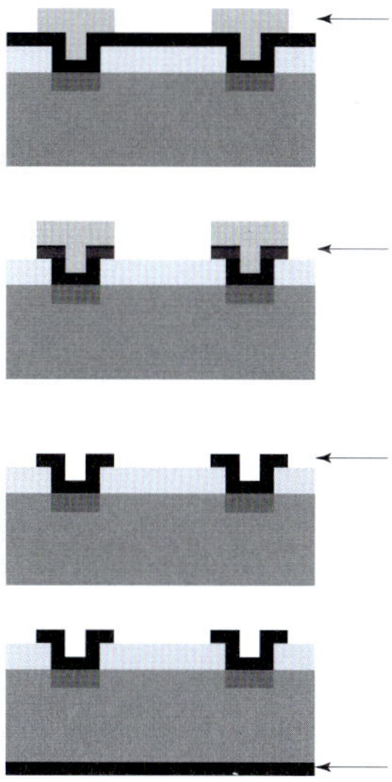

PR 현상 : 웨이퍼를 현상액(developer)에 넣어 자외선에 감광된 막을 제거한다.

금속막 선택적 식각 : PR을 현상한 후에 노출된 금속막을 막 제거장치(reactive ion etcher : RIE)나 산(acid)을 써서 제거한다.

에노드 전극 형성 : 필요하지 않은 감광막을 아세톤으로 제거한다.

캐소드 전극 형성 : 웨이퍼 후면에 스퍼터링 장치(sputter)나 진공증착기를 사용하여 금속막을 증착시킨다.

그림 5.36 pn 접합의 제조 공정도

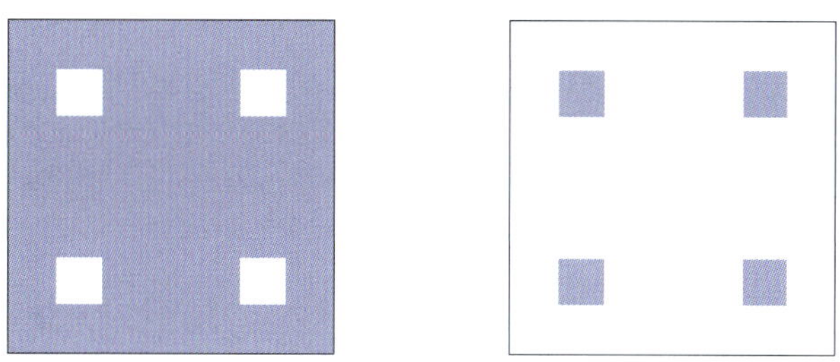

마스크 A　　　　마스크 B

그림 5.37 pn 접합의 제조공정용 마스크 형태

(2) 평형상태에서 pn 접합

pn 접합에서 **평형상태**라는 것은 전기적인 바이어스가 가해지지 않는 상태를 말한다. 반도체 내에 전자 및 정공은 열적으로는 움직일 수 있으나 알짜 흐름은 없다. 따라서 전류의 흐름은 있을 수 없다.

1) 접합 전

그림 5.38은 접합 전의 p형 반도체와 n형 반도체의 에너지 밴드 다이아그램이다. p형 반도체의 페르미 준위 E_f는 가전자대에 가까우며, n형 반도체의 페르미 준위 E_f

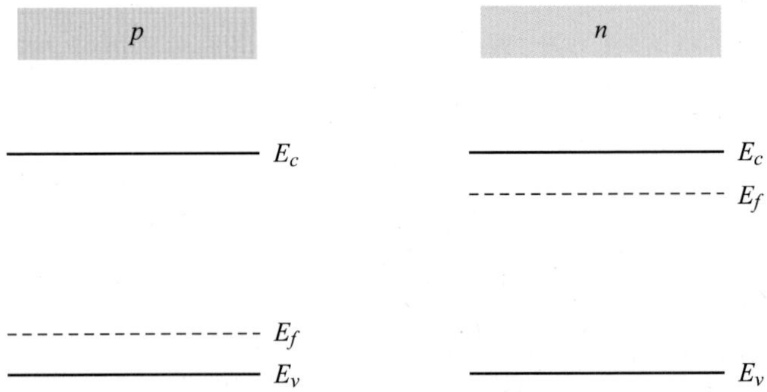

그림 5.38 pn 접합 전의 각 반도체의 에너지 밴드 다이아그램

는 전도대에 가깝다는 것을 보여준다. 여기서 다시 한 번 언급하지만 페르미 준위 E_f는 불순물이 어느 정도 도핑되었는지를 나타내는 기준 에너지 준위이다. 불순물이 도핑되어 있지 않는 진성 반도체의 페르미 준위 E_i는 밴드갭의 중앙에 위치한다. 따라서 이 준위로부터 불순물 반도체의 페르미 준위 E_f가 어디에 위치해 있는가를 보면 상대적으로 도핑이 많이 되어 있는지, 적게 되어 있는지를 가늠할 수 있다.

2) 접합 후

정공농도가 균일한 p형 반도체와 전자농도가 균일한 n형 반도체가 접합이 되면 어떤 현상이 일어나는지를 상상해보라. 그림 5.39는 pn 접합 후의 평형상태에서 캐리어 이동을 나타낸 에너지 밴드 다이아그램이다. 접합이 되는 순간 p형 쪽의 다수 캐리어 정공은 n형 쪽으로, n형 쪽의 다수 캐리어 전자는 p형 쪽으로 **확산**(擴散, diffusion)한다. 이것은 도핑농도의 차이로 일어나는 현상이다. 마치 접촉된 2개의 용기 속에서 다른 두 기체가 섞이는 것과 같은 이치이다. 이 두 기체 간에도 농도 차이로 확산하게 된다. 두 기체가 완전히 섞여서 균일한 기체가 될 때까지 계속 확산하지만, 반도체 접합에서는 정공과 전자가 무한정 계속 확산하지는 않는다.

n형 반도체의 도너 전자들은 p형 쪽으로 확산하고, 전자가 떠난 자리에는 이온화된 도너만 남는다. 즉 n형 쪽의 접합부에는 양이온의 도너만 존재한다. p형 쪽으로 확산한 전자는 억셉터 정공과 재결합하여 음이온의 억셉터를 남긴다. 여기서는 p형 쪽의 접합부에 생긴 이온화된 억셉터를 전자의 이동으로 설명하였다. 그러나 정공도 전자와 같이 하나의 입자이므로 억셉터 정공이 n형 쪽으로 확산하고 정공이 떠난 자리에는 이온화된 억셉터만 남는다고 볼 수 있다. 따라서 p형 쪽의 접합부에는 이온화된 억셉터와 n형 쪽의 접합부에는 이온화된 도너의 영역이 형성된다. 이 영역은 자유전자와 정공

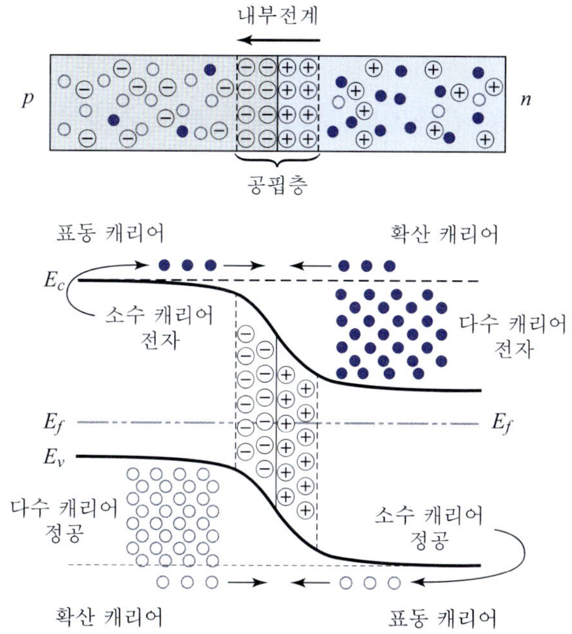

그림 5.39 *pn* 접합 후의 평형상태에서 캐리어 이동을 나타낸 에너지 밴드 다이아그램

이 거의 없는 고갈된 영역으로 **공핍층**(空乏層, depletion layer) 또는 **공핍영역**이라고 하며, 또 이온화된 도너 및 억셉터 등과 같은 공간전하들이 차있는 영역이라는 의미에서 **공간전하층**(space charge layer : SCL)이라고도 한다. 또한 양전하의 정공이 있던 자리에 음전하의 억셉터 이온이, 음전하의 전자가 있던 자리에 양전하의 도너이온이 있다고 하여 **변천영역** 혹은 **전이영역**(transition region)이라고도 한다.

불순물의 농도가 높아지면 확산하더라도 반대영역의 다수 캐리어와의 높은 재결합률로 확산거리가 짧아져서 공핍층 폭은 좁아진다. 반대로 불순물의 농도가 낮아지면 같은 원리로 공핍층 폭은 넓어진다. 따라서 *pn* 접합에서 도핑농도가 같을 때는 *p*형 쪽과 *n*형 쪽의 공핍층 폭은 같지만 도핑농도가 다르게 되면 공핍층 폭은 도핑농도가 높은 쪽이 좁고, 도핑농도가 낮은 쪽이 넓다. 도핑농도와 관계없이 어떠한 경우에서도 공핍영역에서 이온화된 억셉터수와 이온화된 도너수는 같다.

한편 공핍영역에서 *p*형 쪽 부분은 음으로 대전된 억셉터로 인해 전위가 낮고, *n*형 쪽 부분은 양으로 대전된 도너로 인해 전위가 높아져서 **전위장벽**이라고 하는, 소위 전위경도가 나타난다. 이것은 *n*형 쪽에서 *p*형 쪽으로 향하는 **내부전계**이다. 내부전계는 도핑농도에 따라 달라지는데 도핑농도가 높으면 공핍층 폭이 좁아져서 내부전계는 높아지게 되고(가파른 전위장벽), 도핑농도가 낮으면 공핍층 폭이 넓어져서 내부전계는 낮아지게 된다(완만한 전위장벽). 전위장벽은 다수 캐리어 확산과 재결합으로 생긴 공간전하에 기인하는 것이므로 n형 쪽에서 p형 쪽으로 확산하는 전자나 p형 쪽에서 n형 쪽으로 확산하는 정공은 전위장벽으로 인해서 어느 시점에서 확산이 멈추게 된다. 에너지 밴드 다이아그램에서 보면 p형 쪽과 n형 쪽의 페르미 준위 E_f가 서로 일치하기 전까지는 확산이 계속되지만 일치하는 순간에 확산은 멈추게 된다. 이때를 **평형상태**(平衡狀態, equilibrium)에 도달했다고 한다. 캐리어의 농도차에 의해서 이동하는 캐리어를 **확산 캐리어**라고 한다.

그렇다면 pn 접합에서 소수 캐리어는 어떤 거동을 나타내는가? 소수 캐리어는 가전자대의 공유결합 전자가 전도대로 열적으로 여기된 캐리어이다. p형 쪽의 소수 캐리어 전자와 n형 쪽의 소수 캐리어인 정공 중에서 단지 공핍층 부근의 캐리어는 내부전계에 의해서 확산 캐리어와는 정반대 방향으로 전위장벽의 높이에 관계없이 아래로 쓸려 내려갈 것이다. 이것을 **표동**(漂動, drift)이라고 하는데 전계에 의해서 이동하는 캐리어를 **표동 캐리어**라고 한다. 표동 캐리어는 확산 캐리어에 대비되는 용어이다.

3) 평형상태에서 전류

그림 5.40은 평형상태에서 캐리어 이동과 전류 흐름을 나타낸 에너지 밴드 다이아그램이다. 평형상태에서 다수 캐리어는 많지만 대부분은 전위장벽에 막혀 이동할 수 없고, 전위장벽보다 높은 에너지를 가지는 캐리어만 확산이 가능하다. 소수 캐리어 중에서 공핍층 부근의 캐리어만 오로지 내부전계에 의해 전위장벽을 타고 내려오는, 즉 표동한다. n형 쪽의 전도대에서 확산하는 전자와 p형 쪽의 전도대에서 표동하는 전자수는 같고, 흐름의 방향이 반대이기 때문에 전자에 의한 전류는 0이다. 또한 p형 쪽의 가전자대에서 확산하는 정공과 n형 쪽의 가전자대에서 표동하는 정공수가 같고, 이동 방향이 서로 반대이기 때문에 역시 정공에 의한 전류도 0이다. 따라서 평형상태에서 전류의 흐름은 없다. 결과적으로 평형상태에서 정공에 의한 전류(J_h)와 전자에 의한 전류(J_e)는 다음 식과 같이 나타낼 수 있다.

$$J_{h(drift)} + J_{h(diff)} = 0 \tag{5.119}$$

$$J_{e(drift)} + J_{e(diff)} = 0 \tag{5.120}$$

어떠한 경우에서도 확산전류는 p형 쪽에서 n형 쪽으로 흐르며, 표동전류는 n형 쪽에서 p형 쪽으로 흐른다는 것을 기억해 두면 전류방향을 이해하는 데 도움이 될 것이다.

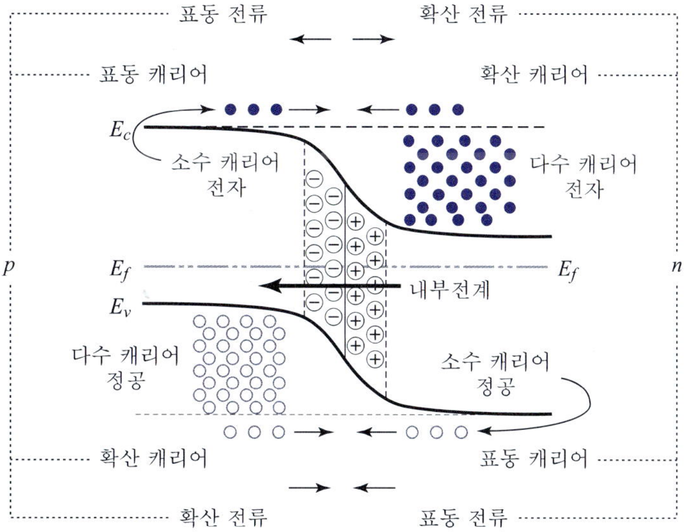

그림 5.40 평형상태에서 캐리어 이동과 전류 흐름을 나타낸 에너지 밴드 다이아그램

4) 평형상태에서 접촉전위(내부전위, 점화전위, 문턱전압, V_o)

pn 접합의 공핍층은 이온화된 억셉터와 이온화된 도너로 구성된다. 즉 p형 쪽의 음으로 대전된 억셉터와 n형 쪽의 양으로 대전된 도너로 인해서 내부전계가 생겼으므로 당연히 두 영역 사이에는 전위차가 존재한다. 이것을 **접촉전위**(contact potential), **내부전위**(built-in potential), **점화전위**(firing potential), **문턱전압**(threshold voltage) V_o 등 여러 가지 명으로 불려지는데 그 개념도를 그림 5.41에 나타내었다.

공핍층 바깥쪽은 중성영역이므로 전계가 존재하지 않으며, 공핍층 내부에만 n형 쪽에서 p형 쪽으로 내부전계가 존재하고, 접촉전위는 내부전계 방향으로 감소한다. 따라서 그림 5.41에 나타낸 바와 같이 전위경도가 생긴다. 공핍층 양단 사이의 전위차는 다음과 같이 나타내진다.

$$V_o = V_n - V_p \tag{5.121}$$

접촉전위 V_o는 캐리어가 이동하는 데 방해가 되는 전위장벽으로서 독립적인 전압원이 아니다. 따라서 이 전압은 전압계로 측정되지 않는다.

그림 5.42에 나타낸 에너지 밴드 다이아그램에서 보면 접촉전위 V_o는 다수 캐리어가 확산하는 데 장애가 되는 장벽높이이다. 즉 식으로 정의하면 다음과 같다.

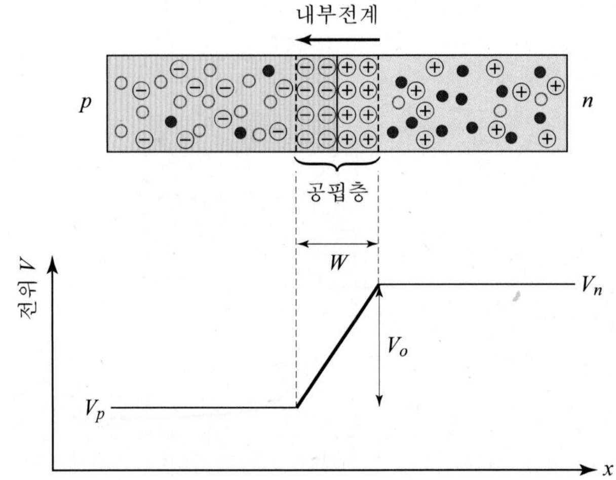

그림 5.41 접촉전위 개념도

$$V_o = \frac{E_{cp} - E_{cn}}{q} \tag{5.122}$$

여기서 E_{cp}는 p형 반도체의 전도대의 하단, E_{cn}는 n형 반도체의 전도대의 하단이다.

식 (5.122)는 다음과 같이 쓸 수 있다.

$$V_o = |\phi_{fp}| + |\phi_{fn}| \tag{5.123}$$

여기서 ϕ_{fp}와 ϕ_{fn}는 각각 p 영역과 n 영역에서 **페르미 전위**(Fermi potential)로 다음과 같은 식으로 정의된다.

$$\phi_{fp} = -\frac{E_{fp} - E_i}{q}$$
$$\phi_{fn} = -\frac{E_{fn} - E_i}{q} \tag{5.124}$$

페르미 전위를 구하기 위해서 식 (5.54)를 조금 다르게 표현하면 다음과 같이 쓸 수 있다.

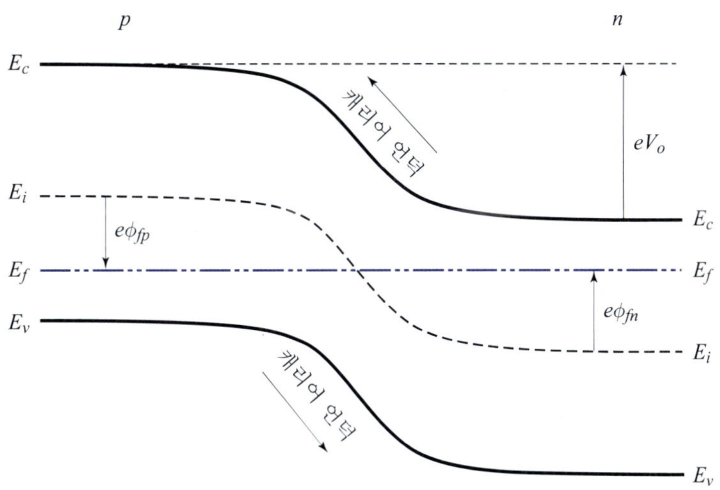

그림 5.42 접촉전위를 나타내는 에너지 밴드 다이아그램

$$E_{fn} - E_i = kT \ln\left(\frac{n_{no}}{n_i}\right) \tag{5.125}$$

또한 식 (5.55)도 같은 방법으로 다음과 같이 쓸 수 있다.

$$E_{fp} - E_i = -kT \ln\left(\frac{p_{po}}{n_i}\right) \tag{5.126}$$

식 (5.125)와 식 (5.126)을 식 (5.124)에 대입하여 페르미 전위를 구한 후에 식 (5.123)에 대입하면 접촉전위 V_o는 다음과 같이 나타내진다.

$$V_o = \frac{kT}{q} \ln\left(\frac{n_{no} p_{po}}{n_i^2}\right) \tag{5.127}$$

여기서 $n_{no} \simeq N_d$, $p_{po} \simeq N_a$이므로 V_o를 다음과 같이 나타낼 수 있다.

$$V_o = \frac{kT}{q} \ln\left(\frac{N_d N_a}{n_i^2}\right) \tag{5.128}$$

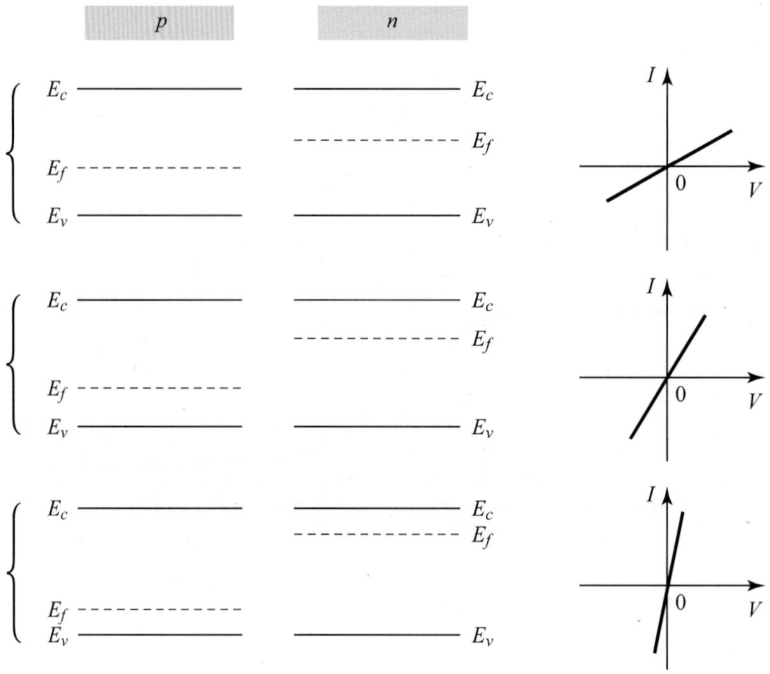

그림 5.43 반도체의 도핑농도에 따른 저항의 변화

따라서 접촉전위는 도핑농도에 의존한다. 도핑농도가 클수록 접촉전위가 높다는 것을 알 수 있다. 예컨대 Si 다이오드에서 문턱전압 $V_o = 0.6\,\text{V}$와 $V_o = 0.7\,\text{V}$를 비교할 때 0.7 V가 0.6 V보다 pn 접합에서 불순물이 많이 도핑되었다고 볼 수 있다.

여기서 도핑농도에 따른 페르미 준위, 접촉전위, 저항의 변화에 대해서 고찰할 필요가 있다. 그림 5.43에서와 같이 반도체의 도핑농도가 증가하면 페르미 준위는 p형에서는 가전자대로 이동하고, n형에서는 전도대로 이동한다. 또한 캐리어 수가 증가하기 때문에 저항이 감소한다. 따라서 페르미 준위를 기준으로 저항의 대소를 짐작할 수 있다. 이것은 반도체 자체에 대한 설명이다. 그러나 그림 5.44에서와 같이 pn 접합에서도 p형과 n형 반도체의 농도가 높아지면 접촉전위가 점점 증가하고, 확산전류 흐름이 둔해진다. 따라서 접촉전위보다 낮은 전압을 인가하면 도핑농도가 낮은 경우에는 pn 접합의 저항이 상대적으로 낮고, 반대로 도핑농도가 높은 경우에는 pn 접합의 저항이 상대적으로 높다. 반대로 접촉전위에 도달하면 도핑농도가 높을수록 pn 접합의 저항은 감소한다. 접촉전위 이상에서의 pn 접합의 저항감소는 확산전류의 흐름을 방해하는 전위장벽 높이의 급격한 감소에 따른 결과이다. 결론적으로 불순물을 많이 첨가하면 반도체 자체의 저항은 감소하나, 이것이 pn 접합이 되면 오히려 저항은 증가한다. 평형상태에서 서로 다른 도핑농도를 가지는 다이오드를 가지고 저항계로 확인해보아라.

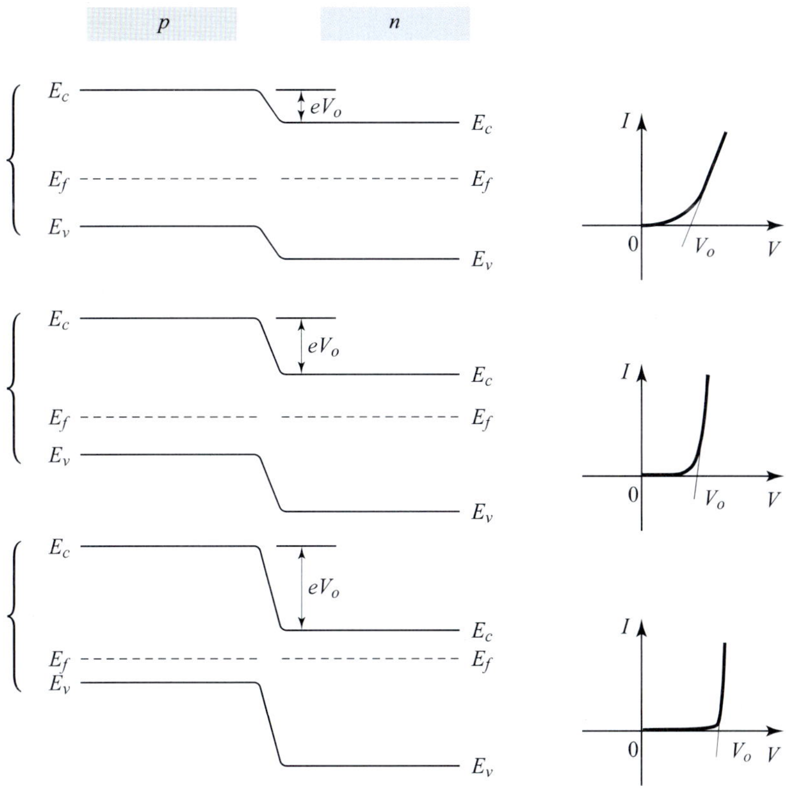

그림 5.44 pn 접합에서 반도체 도핑농도에 따른 저항의 변화

한편 평형상태에서 전도대의 전자전류의 합은 0이라고 하는 식 (5.120)을 이용하여 접촉전위 V_o를 구할 수도 있다.

$$J_{e(drift)} + J_{e(diff)} = 0$$

여기에 식 (5.87)을 적용하면 다음과 같이 된다.

$$ne\,\mu_e E + eD_e \frac{dn}{dx} = 0 \tag{5.129}$$

이 식을 다음과 같은 형태로 변형시킬 수 있다.

$$-\frac{\mu_e}{D_e}\left(-\frac{dV}{dx}\right) = \frac{1}{n}\frac{dn}{dx} \tag{5.130}$$

여기서 식 (5.96), 즉

$$\frac{D_n}{\mu_e} = \frac{kT}{e}$$

이 식을 식 (5.130)에 대입하면 다음과 같이 된다.

$$-\frac{e}{kT}\left(-\frac{dV}{dx}\right) = \frac{1}{n}\frac{dn}{dx} \tag{5.131}$$

이 식을 풀면

$$dV = \frac{kT}{e}\frac{1}{n}dn$$

$$\int_{V_p}^{V_n} dV = \frac{kT}{e}\int_{n_{po}}^{n_{no}}\frac{1}{n}dn \tag{5.132}$$

$$V_n - V_p = \frac{kT}{e}\ln\left(\frac{n_{no}}{n_{po}}\right)$$

가 된다. $V_n - V_p = V_o$이므로 접촉전위 V_o는 다음과 같다.

$$V_o = \frac{kT}{e}\ln\left(\frac{n_{no}}{n_{po}}\right) \tag{5.133}$$

pn 접합에서 p형과 n형 반도체의 전자농도로 접촉전위를 알 수 있다. 같은 방법으로 정공농도로 접촉전위를 나타내면 다음과 같다.

$$V_o = \frac{kT}{e}\ln\left(\frac{p_{po}}{p_{no}}\right) \tag{5.134}$$

여기서 식 (5.133)에 다음의 질량작용법칙을 적용해보자.

$$n_{po}\,p_{po} = n_i^2$$

이 식에서 n_{po}를 식 (5.133)에 대입하면 접촉전위 V_o는 다음과 같이 나타내진다.

$$V_o = \frac{kT}{e}\ln\left(\frac{n_{no}\,p_{po}}{n_i^2}\right) \tag{5.135}$$

결과적으로 식 (5.127)과 같은 결과를 얻는다.

(3) pn 접합에서 공핍층 폭, 전계 및 전위

1) 대칭 pn 접합

n 영역과 p 영역의 도핑농도가 균일한 **계단접합**(step junction, abrupt junction)이라고 가정하고 pn 접합에서 공핍층 폭, 전하밀도분포, 전계분포를 그림 5.45에 나타내었다. pn 접합의 공핍층 내에는 움직일 수 있는 전하(mobile charge)가 거의 없는 고정된 공간전하로 구성되어 있다. 공핍층 내의 전하량은 전하평형조건에 따라 음으로 대전된 전하량과 양으로 대전된 전하량은 같다. 즉

$$|Q^-| = |Q^+| \tag{5.136}$$

전하량은 체적전하밀도와 체적과의 곱이다.

$$|\rho^- V| = |\rho^+ V| \tag{5.137}$$

$$N_a q x_{po} A = N_d q x_{no} A \tag{5.138}$$

여기서 x_{po}는 p형 쪽의 공핍층 폭, x_{no}는 n형 쪽의 공핍층 폭, A는 단면적이다. 이 식을 정리하면 다음과 같이 된다.

$$N_a x_{po} = N_d x_{no} \tag{5.139}$$

도핑농도와 공핍층 폭은 반비례 관계를 나타낸다. 즉 도핑농도가 클수록 공핍층 폭은 좁아지고, 도핑농도가 작을수록 공핍층 폭은 넓어진다. 전체 공핍층 폭 W는 다음 식과 같이 된다.

$$W = x_{po} + x_{no} \tag{5.140}$$

식 (5.139)와 식 (5.140)을 결합시키면 다음 식이 얻어진다.

$$x_{po} = \frac{N_d}{N_a + N_d} W \tag{5.141}$$

$$x_{no} = \frac{N_a}{N_a + N_d} W \tag{5.142}$$

전체 공핍층 폭 W는 pn 접합의 농도에 따라 이온화된 도너 영역과 이온화된 억셉터 영역으로 분배된다. 이 식은 마치 병렬회로에서 전류분배법칙의 관계와 흡사하다.

반도체 내의 어떤 점에서 공간전하밀도 ρ는 다음과 같이 나타내진다.

$$\rho = q(p + N_d^{\ +} - n - N_a^{\ -}) \tag{5.143-1}$$

공핍층 내에는 전자와 정공이 없으므로 위 식에서 전하밀도는 다음 식과 같이 된다.

$$\rho = q(N_d^{\ +} - N_a^{\ -}) \tag{5.143-2}$$

공핍층 내의 거리에 따른 내부전계는 가우스의 법칙으로부터 구할 수 있다.

$$\nabla \cdot \boldsymbol{E} = \frac{\rho}{\epsilon} \tag{5.144}$$

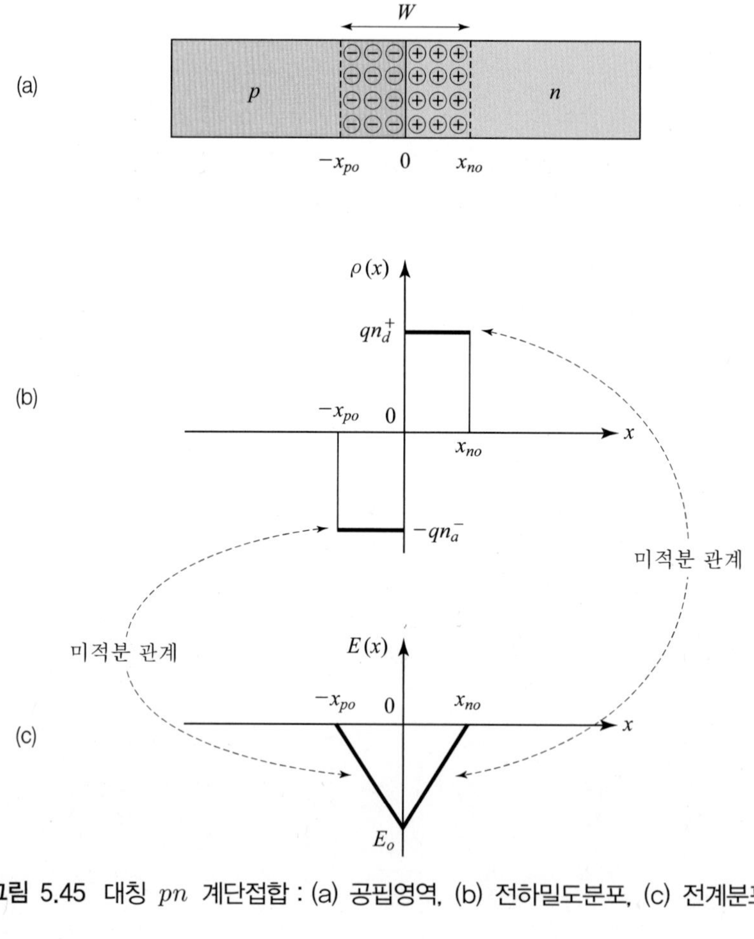

그림 5.45 대칭 pn 계단접합 : (a) 공핍영역, (b) 전하밀도분포, (c) 전계분포

$$\frac{dE}{dx} = -\frac{qN_a}{\epsilon} \quad (-x_{po} \le x \le 0) \tag{5.145}$$

$$\frac{dE}{dx} = \frac{qN_d}{\epsilon} \quad (0 \le x \le x_{no}) \tag{5.146}$$

식 (5.145)를 풀면 그 해는 다음과 같다.

$$E = -\frac{qN_a}{\epsilon}x + C_1 \quad (-x_{po} \le x \le 0) \tag{5.147}$$

$x = -x_{po}$에서 전위는 $V = 0$이므로 $E = 0$이 된다. 따라서 $C_1 = -qN_a x_{po}/\varepsilon$이다.
따라서 이온화된 억셉터 영역 내의 내부전계 다음과 같이 된다.

$$E = -\frac{qN_a}{\epsilon}(x + x_{po}) \quad (-x_{po} \le x \le 0) \tag{5.148}$$

또 식 (5.146)을 풀면 그 해는 다음과 같다.

$$E = \frac{qN_d}{\epsilon}x + C_2 \quad (0 \le x \le x_{no}) \tag{5.149}$$

$x = x_{no}$에서 전위는 $V = V_o$(접촉전위)이므로 $E = -dV/dx = 0$이 된다. 따라서 $C_2 = qN_d x_{no}/\varepsilon$이다.
따라서 이온화된 도너 영역 내의 내부전계는 다음과 같이 된다.

$$E = \frac{qN_d}{\epsilon}(x - x_{no}) \quad (0 \le x \le x_{no}) \tag{5.150}$$

공핍층 내에서 내부전계는 1차식이므로 선형적으로 변한다. 중성영역에 접근할수록 즉 가장자리로 갈수록 전계는 감소하며, 내부전계의 최대값 E_o는 금속학적 경계면 $x = 0$에서 얻어진다.

$$E_o = -\frac{qN_a}{\epsilon}x_{po} = -\frac{qN_d}{\epsilon}x_{no} \tag{5.151}$$

전계와 전위 사이의 관계는 $E = -dV/dx$이므로 이것을 식 (5.148)과 식 (5.150)의 좌변에 두면 다음 식과 같이 된다.

$$\frac{dV}{dx} = \frac{qN_a}{\epsilon}(x + x_{po}) \quad (-x_{po} \le x \le 0) \tag{5.152}$$

$$\frac{dV}{dx} = -\frac{qN_d}{\epsilon}(x - x_{no}) \quad (0 \le x \le x_{no}) \tag{5.153}$$

이 식으로부터 공핍층 내의 전위를 계산할 수 있다. 식 (5.152)를 풀면 그 해는 다음과 같다.

$$V = \frac{qN_a}{2\epsilon}(x + x_{po})^2 + C_3 \quad (-x_{po} \le x \le 0) \tag{5.154}$$

$x = -x_{po}$에서 전위는 $V = 0$이므로 $C_3 = 0$이다.
따라서 이온화된 억셉터 영역 내의 전위는 다음과 같이 된다.

$$V = \frac{qN_a}{2\epsilon}(x + x_{po})^2 \quad (-x_{po} \le x \le 0) \tag{5.155}$$

또 식 (5.153)을 풀면 그 해는 다음과 같다.

$$V = -\frac{qN_d}{2\epsilon}(x - x_{no})^2 + C_4 \quad (0 \le x \le x_{no}) \tag{5.156}$$

$x = x_{no}$에서 전위는 $V = V_o$(접촉전위)이므로 $C_4 = V_o$가 된다.
따라서 이온화된 도너 영역 내의 전위는 다음과 같이 된다.

$$V = -\frac{qN_d}{2\epsilon}(x - x_{no})^2 + V_o \quad (0 \le x \le x_{no}) \tag{5.157}$$

공핍층 내에서 전위는 선형적으로 변하는 것이 아니라 비선형적으로 변한다. 전위는 $x = 0$에서 연속이므로 식 (5.155)와 식 (5.157)은 $x = 0$에서 같아야 한다.

$$\frac{qN_a}{2\epsilon}x_{po}^2 = -\frac{qN_d}{2\epsilon}x_{no}^2 + V_o \quad (x = 0) \tag{5.158}$$

V_o를 구하면 다음과 같이 된다.

$$V_o = \frac{qN_a}{2\epsilon} x_{po}^2 + \frac{qN_d}{2\epsilon} x_{no}^2 \tag{5.159}$$

식 (5.141)과 식 (5.142)의 x_{po}, x_{no}를 식 (5.159)에 대입하면 V_o는 다음과 같이 된다.

$$V_o = \frac{q}{2\epsilon}\left[N_a\left(\frac{N_d}{N_a+N_d}W\right)^2 + N_d\left(\frac{N_a}{N_a+N_d}W\right)^2\right] \tag{5.160}$$

위 식으로부터 평형상태에서 공핍층 폭 W는 다음과 같이 나타내진다.

$$W = \sqrt{\frac{2\epsilon V_o}{q}\left(\frac{1}{N_d} + \frac{1}{N_a}\right)} \tag{5.161}$$

식 (5.161)을 식 (5.141)과 식 (5.142)에 대입하면 이온화된 억셉터 영역과 이온화된 도너 영역, 즉 각 영역의 공핍층 폭은 다음과 같다.

$$x_{po} = \sqrt{\frac{2\epsilon V_o}{q}\frac{N_d}{N_a(N_a+N_d)}} \tag{5.162}$$

$$x_{no} = \sqrt{\frac{2\epsilon V_o}{q}\frac{N_a}{N_d(N_a+N_d)}} \tag{5.163}$$

여기까지 다소 복잡한 과정을 거쳐 공핍층 내의 전계와 전위로부터 공핍층 폭을 구하는 식을 유도하였다. 그러나 단순히 공핍층만을 유도하기 위한 것이라면 보다 간단한 방법으로 구할 수도 있다.

$$E = -\frac{dV}{dx} \tag{5.164}$$

$$V = -\int_{-x_{po}}^{x_{no}} E\,dx \tag{5.165}$$

위 식의 V는 그림 5.45 (c)에서 E를 적분하는 것이므로 삼각형의 면적에 해당한다. 따라서 다음과 같은 식이 얻어진다.

$$V_o = -\frac{E_o W}{2} = \frac{E_o x_{po} + E_o x_{no}}{2} \tag{5.166}$$

식 (5.166)에 식 (5.151)을 대입하면 다음 식이 된다.

$$V_o = \frac{qN_a x_{po}^2}{2\epsilon} + \frac{qN_d x_{no}^2}{2\epsilon} \tag{5.167}$$

식 (5.167)은 식 (5.159)와 동일하며, 위 식의 도출 과정이 더 간단하다는 것을 알 수 있다. 식 (5.167)에 식 (5.141)과 식 (5.142)를 대입하여 공핍층 폭 W를 구하면 식 (5.161)을 얻을 수 있다.

한편 공핍층 폭 W는 바이어스에 따라 변하며, 다음과 같은 바이어스 의존성을 가진다.

$$W = \sqrt{\frac{2\epsilon(V_o - V)}{q}\left(\frac{1}{N_d} + \frac{1}{N_a}\right)} \tag{5.168}$$

여기서 V는 인가 전압으로 순방향 바이어스 ($V = V_f$)일 때는 양이지만 역방향 바이어스일 때는 음($V = -V_r$)이다. 따라서 순방향 바이어스일 때는 공핍층 폭이 좁아지고, 역방향 바이아스일 때는 공핍층 폭이 넓어진다.

2) 비대칭 pn 접합

앞에서 설명한 것은 p 영역과 n 영역의 농도가 동일한 대칭 pn 접합에 대해서 설명한 것이며, 여기서는 그림 5.46에 나타낸 것처럼 p형 쪽이 n형 쪽 보다 훨씬 많이 도핑되어 있는 p^+n 접합의 경우를 생각해보자. 실제로 대부분의 반도체 소자의 도핑 농도는 p^+n 또는 pn^+ 접합처럼 비대칭적이다. $N_a > N_d$인 경우의 한 예로 p형 반도체의 억셉터 농도가 10^{18}cm^{-3}이고, n형 반도체의 도너농도가 10^{17}cm^{-3}일 때 공핍층 폭은 $x_{po} \neq x_{no}$이다. 공핍층은 확산하는 정공과 전자의 재결합으로 생긴다. 정공이 전자보다 많다고 하면 n형 쪽에서 p형 쪽으로 확산하는 전자는 p형 쪽의 많은 정공 때문에 p형 쪽으로 넘어 가자마자 정공과 재결합할 것이다. 그래서 p형 쪽에서 공핍영역은 좁아질 것이다. 반대로 p형 쪽에서 n형 쪽으로 확산하는 많은 정공은 n형 쪽의 전자와 재결합하기 위해서 보다 깊이 확산할 것이다. 따라서 그림 5.46 (a)에 나타낸 것과 같이 p형 쪽보다 n형 쪽의 공핍영역이 넓다. 공핍층 폭이 달라짐으로서 그림 5.46 (b)와 같이 단위 체적당 전하밀도분포도 당연히 비대칭이 된다. 나아가 그림 5.46 (c)와 같이 공핍층 내에서 전계분포도 비대칭을 이룬다.

또 $p^{++}n$ 접합이라고 하면 공핍층은 거의 n형 쪽에만 존재하고, p형 쪽에서는 거의 무시될 정도이다. 따라서 이 경우 $x_{po} \simeq 0$이며, 식 (5.161)과 식 (5.163)은 다음과 같이 바뀌게 된다.

$$W \simeq \sqrt{\frac{2\epsilon V_o}{qN_d}} \tag{5.169}$$

$$x_{no} \simeq \sqrt{\frac{2\epsilon V_o}{qN_d}} \tag{5.170}$$

결과적으로 $W \simeq x_{no}$가 된다.

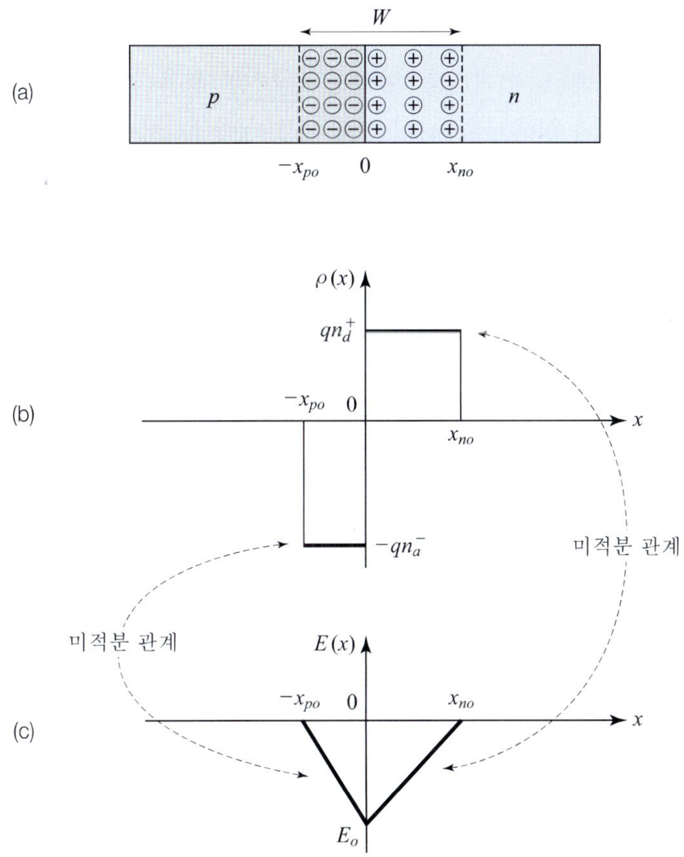

그림 5.46 비대칭 pn 계단접합 : (a) 공핍영역, (b) 전하밀도분포, (c) 전계분포

핵심 N pn 접합은 p형과 n형 반도체 사이의 금속학적 경계면이다. 경계면은 어떤 상태이며, 접합이 되었을 때 어떤 전기적 특성을 나타내는가를 아는 것은 대단히 중요하다. 반도체 자체는 단순히 선형 저항체이며 접합이 되면 비선형 저항체가 된다. 접합이 되면 농도차로 전자와 정공이 상대 영역으로 확산하다. 그 결과, 접합부의 n형 영역에는 $+$로 이온화된 도너, p형 영역에는 $-$로 이온화된 억셉터가 나타난다. 이 영역이 전기적으로 절연성인 공핍 영역 또는 공간전하 영역이다. 공핍영역에는 공간전하로 인해서 내부전계가 나타나며, 내부전계로 인하여 전자와 정공의 이동을 어렵게 하는 전위장벽이 만들어진다. 평형상태에서 캐리어의 알짜 이동이 없기 때문에 전류가 흐르지 않는다.

5.5.2 바이어스된 pn 접합

평형상태의 pn 접합에 바이어스를 인가하면 어떤 현상이 일어나는지를 알아보자. pn 접합의 핵심은 접합부위에 캐리어의 흐름을 방해하는 전위장벽이 형성된다는 점이다. 전위장벽의 높이는 외부에서 인가하는 바이어스의 크기와 방향에 따라 달라진다.

(1) 순방향 바이어스

1) 캐리어 이동과 에너지 밴드 다이아그램

평형상태의 pn 접합에는 전류가 흐르지 않는다는 것을 알았다. 그러면 pn 접합에 순방향 바이어스를 인가했을 때 어떤 현상이 발생하는지에 대해서 알아보자. 순방향 바이어스 상태는 그림 5.47에 나타낸 바와 같이 p형 쪽에 $+$전위를, n형 쪽에 $-$전위를 인가하는 것을 말한다. pn 접합은 저항이 작은 p형 중성영역, 저항이 매우 큰 공핍영역, 저항이 작은 n형 중성영역이 직렬로 연결된 것과 같다.

외부에서 바이어스를 인가하면 대부분의 인가전압은 공핍영역에 걸린다. 외부 바이어스에 의한 외부전계 E의 방향은 p형에서 n형으로, 내부전계 E_o와는 반대 방향이다. 따라서 순방향 바이어스에서 공핍층 내의 알짜 전계는 평형상태의 내부전계 E_o에서 외부전계 E만큼 감소한 $E_o - E$가 됨으로서 전위장벽이 낮아져 전자와 정공의 확산이 일어나게 된다. p형 영역에는 전자확산으로 과잉전자(n_p)가, n형 영역에는 정공확산으로 과잉정공(p_n)이 나타난다. 확산으로 반대 영역으로 넘어간 과잉 소수 캐리어들은 그 영역의 다수 캐리어와의 재결합으로 점점 농도가 감소하고, 확산거리만큼 이동 후에는 확산에 의한 과잉은 소멸된다.

확산으로 인해 전자와 정공이 계속적으로 재결합을 하게 되면 결국 전자와 정공이 모두 없어져 버리는 것이 아닌지 의문이 생길 것이다. 외부전계의 영향으로 전자와 정공이 서로 다른 영역으로 확산과 동시에 −극에서는 n형 반도체로 전자를 공급하고, +극에서는 p형 반도체의 공유결합전자를 끌어들임으로서 정공이 생성된다. 이와 같이 순방향 바이어스에서는 캐리어 확산, 재결합, 전극에서 캐리어 공급 등 일련의 캐리어 흐름에 따라 전류가 흐르게 된다.

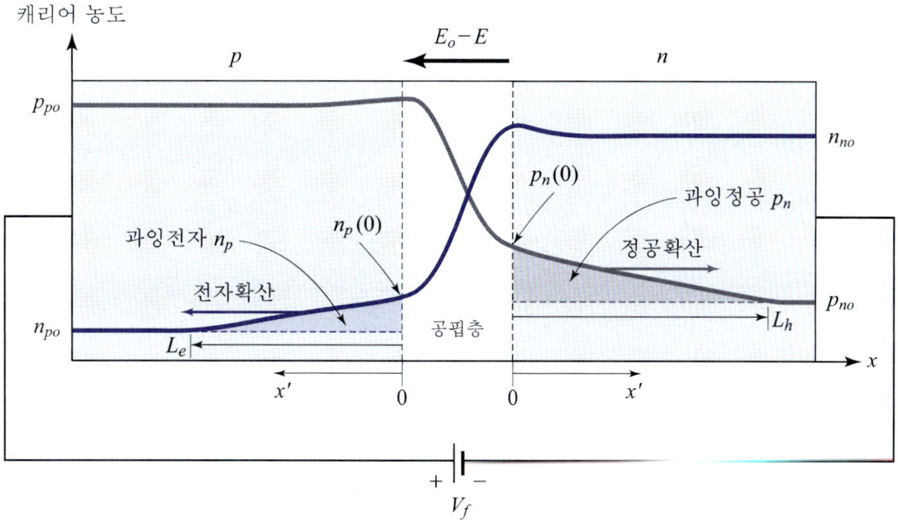

그림 5.47 순방향 바이어스에서 pn 접합과 소수 캐리어 주입

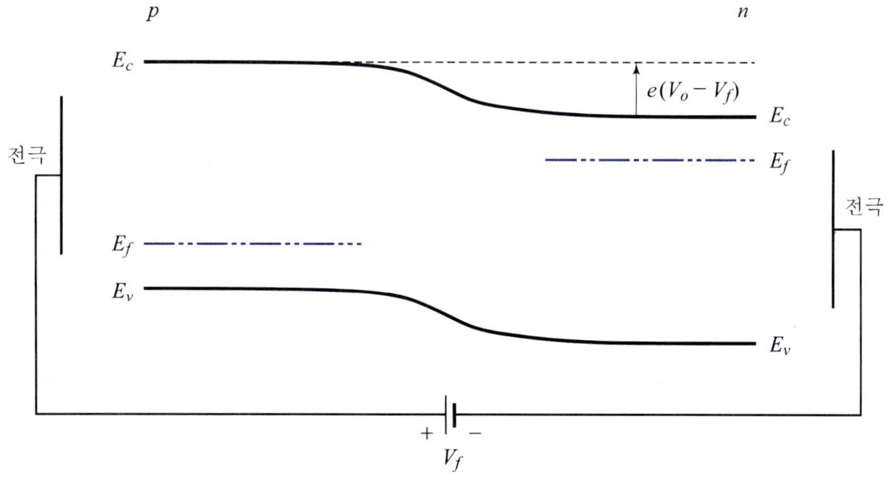

그림 5.48 순방향 바이어스에서 에너지 밴드 다이아그램

그림 5.48과 같이 순방향 바이어스일 때 에너지 밴드 다이아그램을 가지고서 캐리어 흐름을 살펴보자. 순방향 바이어스는 p형 쪽에 +전위를, n형 쪽에 −전위를 인가하는 것이므로 에너지 밴드는 전자의 퍼텐셜 에너지를 기준으로 해서 그린다. 즉 순방향 전압 V_f를 인가했을 때 전자의 퍼텐셜 에너지는 $E=-eV_f$이다. p형 쪽에는 $+V_f$를 인가하므로 $E=-e(+V_f)=-eV_f$가 되어 p형 쪽의 전도대와 가전자대의 밴드는 평형상태에서 아래로 내려간다. n형 쪽에는 $-V_f$를 인가하므로 $E=-e(-V_f)=+eV_f$가 되어 n형 쪽의 전도대와 가전자대의 밴드는 평형상태에서 위로 올라간다. 이렇게 되면 전위장벽의 높이가 평형상태일 때의 eV_o에서 $e(V_o-V_f)$로 낮아져서 다수 캐리어 확산이 가능해진다.

2) 소수 캐리어 주입

pn 접합에서 확산 캐리어는 상대 영역으로 확산 후에는 소수 캐리어가 된다. 식 (5.133)으로부터 평형상태의 pn 접합에서 p형 쪽의 소수 캐리어 전자농도 n_{po}는 다음과 같이 나타낼 수 있다.

$$n_{po}=n_{no}e^{-qV_o/kT} \tag{5.171}$$

마찬가지로 식 (5.134)로부터 평형상태의 pn 접합에서 n형 쪽의 소수 캐리어 정공농도 p_{no}는 다음과 같이 나타내진다.

$$p_{no}=p_{po}e^{-qV_o/kT} \tag{5.172}$$

식 (5.171)의 관계식은 평형상태에서 V_o가 생기면 n형 쪽의 다수 캐리어 전자농도로부터 p형 쪽의 소수 캐리어 전자농도가 얼마인지를 알려준다. 이 식에 따르면 접촉전위 V_o가 낮아질수록 소수 캐리어 전자농도 n_{po}는 높아진다. V_o가 낮다는 것은 p형과 n형 영역에서 다수 캐리어 농도 p_{po}와 n_{no}가 낮다는 것이며, 이렇게 되면 질량작용법칙, $n_{po}p_{po}=n_i^2$에서 p_{po}가 낮아지면 n_{po}가 높아진다는 것을 알 수 있다. 또 이 식은 접촉전위 V_o가 높아질수록 n_{po}는 낮아진다는 것을 보여준다. $n_{po}p_{po}=n_i^2$을 통해서 왜 그런지를 물성적으로 확인해보라.

순방향 바이어스 전압 V를 인가하면 확산을 방해하는 내부전위 V_o가 V만큼 감소하므로 n형 쪽에서 p형 쪽으로 전자가 많이 확산하게 된다. n형 쪽의 다수 캐리어 전자가 p형 쪽으로 확산하면 p형 쪽에서 소수 캐리어가 되기 때문에 이것을 **소수 캐**

리어 주입(minority carrier injection)이라고 한다. 순방향 바이어스에서 p형 쪽의 소수 캐리어 전자농도 n_p는 평형상태에서의 p형 쪽의 소수 캐리어 농도를 나타내는 식 (5.171)과는 다르며, 다음과 같이 변형된다.

$$n_p = n_{no}\, e^{-q(V_o - V)/kT} \tag{5.173}$$

마찬가지로 순방향 바이어스에서 n형 쪽의 소수 캐리어 정공농도 p_n은 다음과 같이 변형된다.

$$p_n = p_{po}\, e^{-q(V_o - V)/kT} \tag{5.174}$$

식 (5.173)에서 농도의 아래 첨자 o가 없는 것은 바이어스가 인가된 상태를 의미하는 것으로 아래 첨자 o가 있는 평형상태와 구분된다. n_p는 공핍층 가장자리 $x = -x_p$ (평형상태에서의 x_{po}와 다르다)에서 농도인데 여기서 거리의 기준이 되는 0점을 새로 설정한다. 즉 x_p를 기준점 $x' = 0$로 잡는다. 따라서 x_p에서 $-x$방향으로 측정한 거리가 x'이다. 인가전압이 없다면 당연히 $V = 0$이고, $n_p(x' = 0) = n_p(0) = n_{po}$가 된다. 주입된 전자는 p형 영역으로 확산하여 많은 다수 캐리어 정공과 재결합하며, 정공이 소멸되지만 정공은 +전극에서 계속 공급되고, 전자도 역시 −전극에서 계속적으로 공급됨으로서 공급되는 그 자체가 캐리어의 흐름이므로 전류가 흐르게 되는 것이다.

식 (5.173)의 지수부분을 전개하여 정리하면 다음 식과 같이 된다.

$$n_p = n_{no}\, e^{-q(V_o - V)/kT} = n_{no}\, e^{-qV_o/kT}\, e^{qV/kT}$$

따라서 $n_{no}\, e^{-qV_o/kT} = n_{po}$이므로 다음 식이 얻어진다.

$$n_p = n_{po}\, e^{qV/kT} \tag{5.175}$$

같은 방법으로 식 (5.174)의 지수부분을 전개하여 정리하면 다음 식을 얻을 수 있다.

$$p_n = p_{po}\, e^{-q(V_o - V)/kT} = p_{po}\, e^{-qV_o/kT}\, e^{qV/kT}$$

따라서 $p_{po}e^{-qV_o/kT} = p_{no}$이므로 다음 식이 얻어진다.

$$p_n = p_{no}e^{qV/kT} \tag{5.176}$$

식 (5.175)는 순방향 바이어스 전압 V를 인가했을 때 p형 영역에서 소수 캐리어 전자농도 n_p가 평형상태에서의 소수 캐리어 전자농도 n_{po}에 대해서 어떤 비율로 증가했는가를 나타낸다. 인가전압 $V=0\,\text{V}$이면 평형상태이므로 당연히 $n_p = n_{po}$가 된다. 그러나 순방향 바이어스가 되면, 즉 $V > 0$이면 $n_p > n_{po}$가 된다. 이것이 확산의 효과이다.

순방향 바이어스일 때 공핍층 가장자리 $x' = 0$에서 소수 캐리어 전자농도[$n_p(0)$]는 그림 5.47을 통해서 평형상태일 때보다 크게 증가함을 알 수 있다. 이때 $x' = 0$에서 전자농도는 **과잉**(excess)상태이다. 따라서 $x' = 0$에서 과잉 전자농도는 Δn_p는 다음과 같이 된다.

$$\Delta n_p(0) = n_p - n_{po} = n_{po}\left(e^{qV/kT} - 1\right) \tag{5.177}$$

마찬가지로 $x' = 0$에서 과잉 정공농도는 Δp_n는 다음과 같이 된다.

$$\Delta p_n(0) = p_n - p_{no} = p_{no}\left(e^{qV/kT} - 1\right) \tag{5.178}$$

전자가 p형 쪽으로 보다 깊이 확산해 감에 따라 p형 쪽의 다수 캐리어 정공과 재결합하면서 감소하게 된다. 만약 p형 쪽의 중성영역 길이가 전자의 확산거리(L_e)보다 길다면 과잉전자는 결국에 모두 재결합으로 소멸되고, 평형상태의 전자농도 n_{po}에 이르게 된다. 거리에 따른 과잉 정공농도 Δn_p는 확산방정식의 해로부터 다음 식과 같이 나타내진다.

$$\Delta n_p(x') = \Delta n_p(0)e^{-x'/L_e} \tag{5.179}$$

여기서 $\Delta n_p(0)$는 $x' = 0$에서 과잉 전자농도, L_e는 전자의 확산거리이다.

마찬가지로 거리에 따른 과잉 정공농도 Δp_n는 확산방정식의 해로부터 다음 식과 같이 나타내진다.

$$\Delta p_n(x') = \Delta p_n(0)e^{-x'/L_h} \tag{5.180}$$

여기서 $\Delta p_n(0)$는 $x'=0$에서 과잉 정공농도, L_h는 정공의 확산거리이다.

3) 확산전류

식 (5.85)를 이용하면 다음과 같이 전자의 확산전류 J_e를 구할 수 있다.

$$J_e = qD_e \frac{dn_p}{dx'} = qD_e \frac{d\Delta n_p}{dx'} = -\left(\frac{qD_e}{L_e}\right)\Delta n_p(0)\,e^{-x'/L_e} \tag{5.181}$$

마찬가지로 식 (5.86)을 이용하면 다음과 같이 정공의 확산전류 J_h를 구할 수 있다.

$$J_h = -qD_h \frac{dp_n}{dx'} = -qD_h \frac{d\Delta p_n}{dx'} = \left(\frac{qD_h}{L_h}\right)\Delta p_n(0)\,e^{-x'/L_h} \tag{5.182}$$

식 (5.181)에서 음의 부호는 전자의 확산전류 J_e가 $-x'$ 방향과 반대 방향임을 의미한다. 즉 J_e는 $+x'$ 방향이며, 전체 확산전류에서는 J_h에 더해진다. 위 식에서 확산전류는 x'에 따라 변하며 지수함수적으로 감소한다. 그러나 그림 5.49에 나타낸 것과 같이 p형 쪽에서 전류는 n형 쪽에서 넘어온 소수 캐리어 전자의 확산전류, 다수 캐리어 정공의 확산전류, 다수 캐리어 정공의 표동전류의 합으로 일정하다. 다수 캐리어 정공의 확산전류와 다수 캐리어 정공의 표동전류 어떻게 생긴 전류인지 의문이 생길 것이다. 다수 캐리어 정공의 확산전류는 소수 캐리어 전자가 확산할 때 정공이 재결합으로 소멸되기 때문에 공핍층 가장자리로부터 전자의 확산거리까지 정공농도가 감소하므로 p형 쪽 중성영역으로부터 정공의 확산이 일어난다. +극에서 전자의 확산거리까지는 정공이 거의 일정하므로 재결합으로부터 소멸된 정공을 보충해 주기 위해서는 정공의 표동이 일어나야만 한다. 따라서 순방향 바이어스 전압이 공핍층에만 인가되는 것이 아니라 다수 캐리어를 표동시키기 위해서 중성영역에도 작은 전계나마 존재할 수밖에 없다. 그러나 거의 대부분의 전압이 공핍층에 인가된다는 가정은 타당하다. 또 식 (5.181)을 이용하여 공핍층 가장자리($x'=0$)에서 전자의 확산전류는 다음과 같다.

$$J_e = -\left(\frac{qD_e}{L_e}\right)\Delta n_p(0) = -\left(\frac{qD_e n_{po}}{L_e}\right)\left(e^{qV/kT}-1\right) \tag{5.183}$$

식 (5.182)를 이용하여 공핍층 가장자리($x'=0$)에서 정공의 확산전류는 다음과 같다.

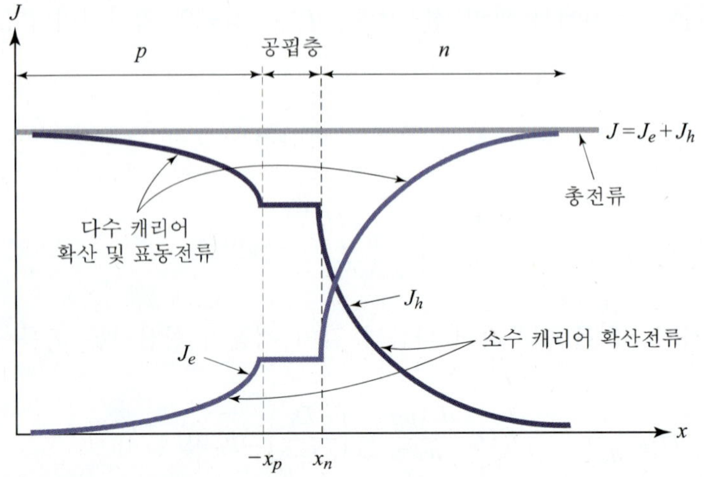

그림 5.49 pn **접합에서 총전류**

$$J_h = \left(\frac{qD_h}{L_h}\right)\Delta p_n(0) = \left(\frac{qD_h\,p_{no}}{L_h}\right)\left(e^{qV/kT} - 1\right) \tag{5.184}$$

총확산전류는 전자의 확산전류와 정공의 확산전류의 합, $J = J_{e(diff)} + J_{h(diff)}$로 다음과 같이 표현된다.

$$J = \left(\frac{qD_h\,p_{no}}{L_h} + \frac{qD_e\,n_{po}}{L_e}\right)\left(e^{qV/kT} - 1\right) = J_s\left(e^{qV/kT} - 1\right) \tag{5.185}$$

이것을 **다이오드 전류 방정식**이라고 한다. 여기서 J_s는 다음 식과 같으며, **역포화 전류** 혹은 **누설전류**라고 한다.

$$J_s = \frac{qD_h\,p_{no}}{L_h} + \frac{qD_e\,n_{po}}{L_e} \tag{5.186}$$

그렇다면 다이오드 전류 방정식으로부터 누설전류와 순방향 전류가 밴드갭에 어떤 영향을 받는지를 알아보자. 질량작용법칙, 식 (5.28)과 식 (5.29)를 다음과 같이 쓸 수 있다.

$$p_{no} = \frac{n_i^2}{n_{no}} = \frac{n_i^2}{N_d} \tag{5.187}$$

$$n_{po} = \frac{n_i^2}{p_{po}} = \frac{n_i^2}{N_a} \tag{5.188}$$

식 (5.187)과 식 (5.188)을 식 (5.185)에 대입하면 다음과 같이 된다.

$$J = \left(\frac{qD_h}{L_h N_d} + \frac{qD_e}{L_e N_a}\right) n_i^2 \left(e^{qV/kT} - 1\right) = J_s \left(e^{qV/kT} - 1\right) \tag{5.189}$$

여기서 J_s는 다음과 같으며, 역포화 전류 혹은 누설전류이다.

$$J_s = \left(\frac{qD_h}{L_h N_d} + \frac{qD_e}{L_e N_a}\right) n_i^2 \tag{5.190}$$

식 (5.172)에 식 (5.26), 즉 $n_i = (N_c N_v)^{1/2} e^{-E_g/2kT}$를 대입시키면 다음과 같은 식을 얻을 수 있다.

$$\begin{aligned} J &= \left(\frac{qD_h}{L_h N_d} + \frac{qD_e}{L_e N_a}\right)(N_c N_v) e^{-qV_g/kT} \left(e^{qV/kT} - 1\right) \\ &= J_1 e^{-qV_g/kT} \left(e^{qV/kT} - 1\right) \end{aligned} \tag{5.191}$$

여기서 $V_g = E_g / q$는 밴드갭 전압, J_1은 누설전류로 다음과 같다.

$$J_1 = \left(\frac{qD_h}{L_h N_d} + \frac{qD_e}{L_e N_a}\right)(N_c N_v) \tag{5.192}$$

식 (5.191)은 근사적으로 다음과 같이 쓸 수 있다.

$$J \approx J_1 e^{q(V - V_g)/kT} \tag{5.193}$$

이 식에서 알 수 있는 바와 같이 전압에 따른 순방향 전류가 밴드갭에 크게 영향을 받는다는 것을 알 수 있다. 이론적으로 순방향 전압 $V < V_g$일 때는 J_1보다 낮은 전류가 흐르고, $V = V_g$일 때 전류는 누설전류 J_1이 된다. 따라서 $V > V_g$일 때, 즉 Ge 다이오드는 0.65 V, Si 다이오드는 1.12 V, GaAs 다이오드는 1.43 V 이상에서 전류가 급격히 증가한다고 볼 수 있는데, 실제 다이오드에서는 즉 Ge 다이오드는 0.3 V, Si 다이오드는 0.7 V, GaAs 다이오드는 1.2 V가 문턱전압으로 이론과는 차이가 있다.

4) 재결합 전류

지금까지는 순방향 바이어스 하에서 공핍층 내에서 재결합하는 캐리어는 없다고 가정하였다. 그러나 상대 영역으로 서로 확산하는 다수 캐리어의 일부는 공핍영역에서 재결합할 것이다. 따라서 재결합으로 소멸된 캐리어들을 역시 외부 바이어스 단자에서 공급하여야 한다. 이때 재결합으로 소멸된 캐리어 보상에 따른 외부 단자에 흐르는 전류를 **재결합 전류**라고 하며 다음과 같이 나타내진다.

$$J_{rec} = \frac{qn_i}{2}\left(\frac{x_p}{\tau_e} + \frac{x_n}{\tau_h}\right)\left(e^{qV/2kT} - 1\right) = J_r\left(e^{qV/2kT} - 1\right) \tag{5.194}$$

이상에서 다이오드 총전류는 확산전류 식 (5.185)와 재결합 전류 식 (5.194)의 합으로 다음 식과 같이 나타내어야 한다.

$$J = J_s\, e^{qV/kT} + J_r\, e^{qV/2kT} = J_o\, e^{qV/\eta kT} \quad (V > kT/q) \tag{5.195}$$

여기서 η는 **이상계수**(ideality factor)로서 전류가 공핍층 밖의 중성영역에 주입된 소수 캐리어 확산(pn 접합부에서 다수 캐리어 확산)에 의한 것일 경우에는 $\eta = 1$이며, 공간전하층에서 재결합에 의한 것일 경우에는 $\eta = 2$이다. 일반적으로 문턱전압보다 낮은 전압에서는 재결합 전류가 우세하고, 문턱전압보다 높은 전압에서는 확산전류가 우세하다.

(2) 역방향 바이어스

pn 접합에 역방향 바이어스를 인가하면 어떤 현상이 발생하는지에 대해서 알아보자. 그림 5.50에 나타낸 바와 같이 역방향 바어어스는 p형 쪽에 $-$전위를, n형 쪽에 $+$전위를 인가하는 것을 말한다. 바이어스 상태에 따라 공핍층의 내부전계 E_o의 방향은 변함이 없다. 외부 바이어스에 의한 외부전계 E의 방향은 n형에서 p형으로 공핍층의 내부전계와 같은 방향이다. 따라서 역방향 바이어스에서 공핍층 내의 알짜 전계는 평형상태의 내부전계 E_o가 외부전계 E만큼 증가한 $E_o + E$가 됨으로써 전위장벽이 높아져 전자와 정공의 확산이 불가능하게 된다.

역방향 바이어스에서 공핍층 폭은 평형상태에서의 것보다 넓어지게 된다. $-$극은 p형 반도체의 공핍층 부근에 전자를 공급하고, 전자는 정공과 재결합하여 이온화된 억셉터 농도가 증가하게 된다(다시 말해서 $-$극이 공핍층 부근의 정공을 끌어당김으로서 더 많은 이온화 억셉터가 노출된다). $+$극은 n형 반도체의 공핍층 부근의 전자를 끌

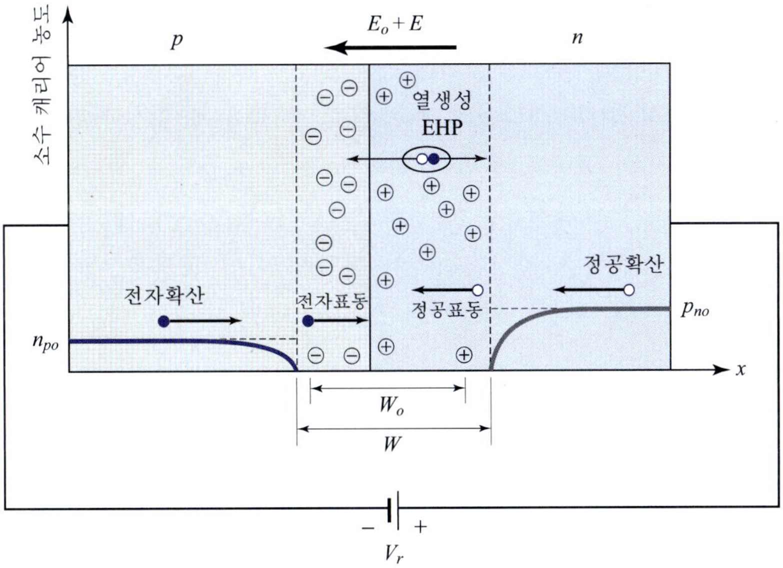

그림 5.50 역방향 바이어스에서 캐리어 흐름도

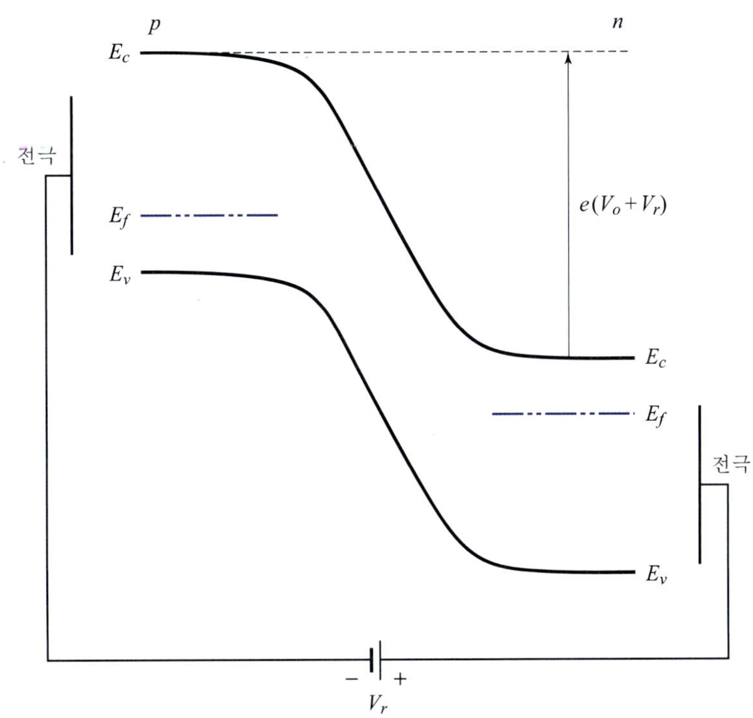

그림 5.51 역방향 바이어스에서 에너지 밴드 다이아그램

어당김으로서 공핍층 부근에서 이온화된 도너농도가 증가하게 되므로 공핍층 폭은 넓어지게 된다.

역방향 바이어스에서 다수 캐리어의 흐름은 없기 때문에 확산전류는 없으며, 공핍층 부근의 소수 캐리어의 표동과 공핍층 내의 EHP의 표동으로 생기는 표동전류만 흐르게 된다. 다시 말해서 표동전류는 공핍층으로부터 확산거리 내의 중성영역에서 열생성된 소수 캐리어가 공핍층 가장자리까지 확산에 이어 공핍층 내의 내부 전기장으로 표동하는 것과 공핍층 내에서 열생성된 EHP가 공핍층 내의 내부 전기장으로 표동하는 것에 의한 전류이다.

그림 5.51과 같이 역방향 바이어스일 때 에너지 밴드 다이아그램을 가지고서 캐리어 흐름을 살펴보자. 역방향 바이어스는 p형 쪽에는 $-V_r$를 인가하므로 $E=-e(-V_r)=+eV_r$가 되어 p형 쪽의 전도대와 가전자대의 밴드는 위로 올라간다. n형 쪽에는 $+V_r$를 인가하므로 $E=-e(V_r)=-eV_r$가 되어 n형 쪽의 전도대와 가전자대의 밴드가 아래로 내려간다. 이렇게 되면 전위장벽의 높이가 평형상태일 때의 eV_o에서 $e(V_o+V_r)$로 높아져서 다수 캐리어 확산은 불가능해진다. 그러나 공핍층 부근의 소수 캐리어는 바이어스 크기에 무관하게 장벽을 따라 쓸려 내려 올 것이다. 따라서 역방향 바이어스 하에서는 소수 캐리어 표동만이 가능하다.

(3) 정류특성

앞에서 설명한 바이어스 인가에 따른 캐리어 이동에 따라 pn 접합의 $I-V$ 특성은 그림 5.52와 같이 비선형이다. 이것은 전류 흐름에 장애가 되는 전위장벽의 존재에

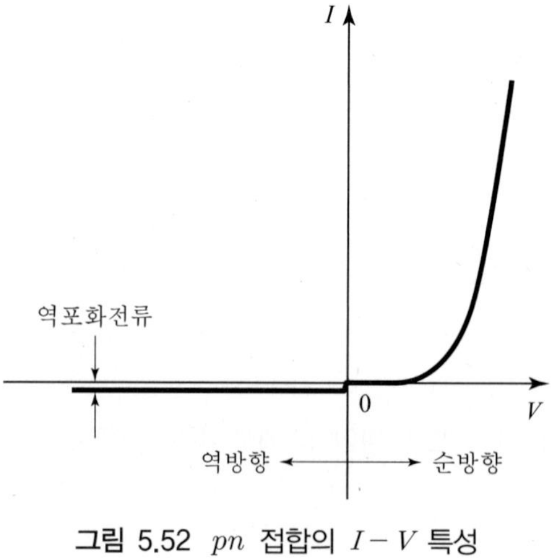

그림 5.52 pn **접합의** $I-V$ **특성**

기인한다. 순방향 바이어스를 걸면 전위장벽이 낮아져서 다수 캐리어 확산에 의한 전류가 흐르기 시작하며, 어떤 임계값, 즉 문턱전압에 도달하면 전위장벽이 아주 낮아지기 때문에 전류가 급격히 상승한다. 역방향 바이어스를 걸면 전위장벽이 매우 높아져서 다수 캐리어 확산에 의한 전류는 없고, 역방향 바이어스 크기와 무관하게 소수 캐리어 표동에 의한 아주 작은 역방향 포화전류만이 흐르게 된다.

> **핵심 N** pn 접합에 있어서 순방향 바이어스는 전위장벽을 낮추어 전류가 보다 많이 흐르게 하는 역할을 하고, 역방향 바이어스는 전위장벽을 높여 전류를 흐르지 못하게 하는 역할을 한다. 이런 이유로 pn 접합은 정류작용을 한다.

5.5.3 pn 접합의 정전용량

pn 접합에서 발생하는 정전용량은 신호처리 속도에 영향을 미치게 되는데 소자를 설계할 때 반드시 고려해야 할 인자이다. 정전용량에는 크게 두 가지가 있다. 하나는 역방향 바이어스일 때 공핍층 내의 공간전하에 의한 **접합 정전용량**(junction capacitance) 또는 전이 정전용량(transition capacitance), 공핍층 정전용량(depletion capacitance), 공간전하층 정전용량(space charge layer : SCL capacitance) 등으로 모두 같은 의미이며, 또 하나는 순방향 바이어스일 때 **확산 정전용량**(diffusion capacitance) 또는 전하축적 정전용량(charge storage capacitance)이다.

(1) 접합 정전용량

그림 5.53은 pn 접합을 커패시터로 대응시킨 것이다. pn 접합은 반도체-공핍층-반도체 구조를 반도체-절연체-반도체 구조로 대체할 수 있으며, 다시 이것을 재료의 저항 개념으로 보면 전극-유전체-전극 구조이므로 일종의 평행판 커패시터이다. 접합 정전용량 C_j는 평행판 커패시터의 정전용량과 같은 형태의 식으로 다음과 같이 나타내진다.

$$C_j = \frac{\epsilon A}{W} \tag{5.196}$$

여기서 ϵ는 반도체의 유전율인데 $\epsilon = \epsilon_o \epsilon_r$로 ϵ_o는 진공에서 유전율 8.854×10^{12} F/m이며, ϵ_r은 유전상수로 Si인 경우에는 11.9, GaAs인 경우는 13.2이다. A는 단면적, W는 공핍층 폭이다. C_j는 W에 따라 변한다는 것을 알 수 있다. W가 작으면 C_j가

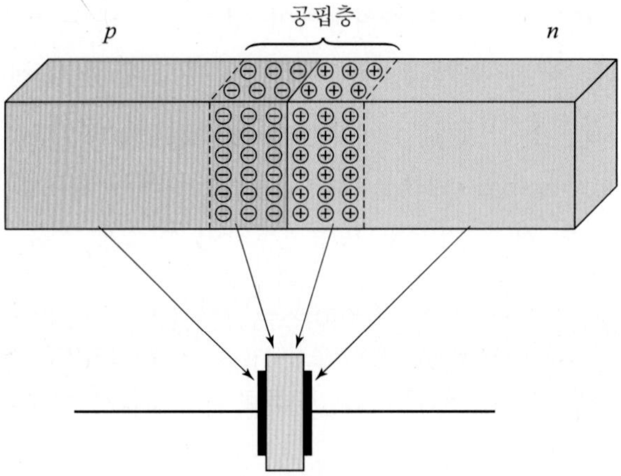

그림 5.53 pn 접합의 정전용량

클 것이고, W가 크면 C_j가 작을 것이다.

역방향 바이어스($V = -V_r$)에서 식 (5.168)을 식 (5.196)에 대입하면 C_j는 다음 식과 같이 나타내진다.

$$C_j = \frac{\epsilon A}{\sqrt{\dfrac{2\epsilon(V_o + V_r)}{q}\left(\dfrac{1}{N_d} + \dfrac{1}{N_a}\right)}} = \epsilon A\left[\frac{q}{2\epsilon(V_o + V_r)}\left(\frac{N_a N_d}{N_a + N_d}\right)\right]^{1/2} \tag{5.197}$$

p^+n 접합일 경우, 식 (5.197)은 근사적으로 다음과 같이 나타내진다.

$$C_j = \epsilon A\left[\frac{qN_d}{2\epsilon(V_o + V_r)}\right]^{1/2} \tag{5.198}$$

위 식은 접촉전위 V_o와 도핑농도 N_d를 구하는데 이용되는 중요한 식이다. 식 (5.198)을 다음 식과 같이 변형시켜보자.

$$\frac{1}{C_j^2} = \frac{2(V_o + V_r)}{\epsilon q N_d A^2} \tag{5.199}$$

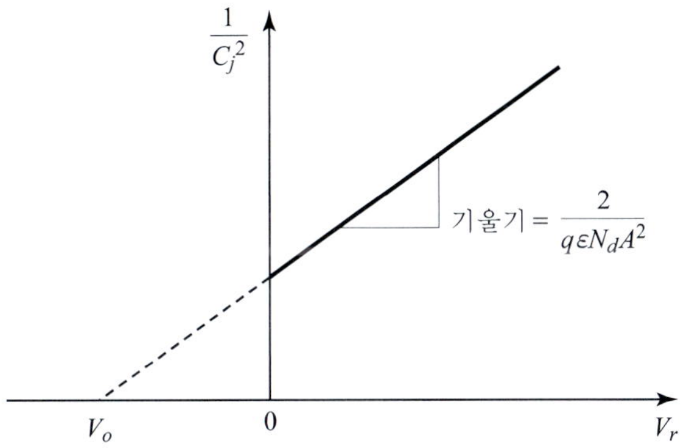

그림 5.54 $C-V$ 플롯

V_r 값에 따라 C_j를 구하여 $1/C_j^2-V$ 관계를 그래프를 그리면 그림 5.54와 같이 된다. 직선을 V축까지 외삽시켰을 때 교점이 접촉전위 V_o이며, 직선의 기울기는 $2/\epsilon q N_d A^2$이므로 도핑농도 N_d를 구할 수 있다.

(2) 확산 정전용량

확산 정전용량은 pn 접합을 순방향으로 바이어스시킬 때 생기는 정전용량이다. 이때 순방향 바이어스가 되면 확산에 의해서 소수 캐리어가 p형과 n형 쪽에 각각 축적된다. 즉 p형 쪽에는 전자가 축적되고, n형 쪽에는 정공이 축적된다. 이때 확산 정전용량 C_d는 다음과 같다.

$$C_d = \frac{dQ}{dV} \tag{5.200}$$

주입된 전하들은 Q/τ 비율로 재결합하여 소멸된다. 여기서 τ는 소수 캐리어 수명시간이다. 따라서 확산전류는 $I = Q/\tau$가 된다. 확산전류는 다이오드 전류 $I = I_o\left(e^{qV/kT}-1\right)$와 같게 되므로 주입전하 Q는 다음과 같다.

$$Q = \tau I = \tau I_o\left(e^{qV/kT}-1\right) \tag{5.201}$$

식 (5.200)과 식 (5.201)로부터 확산 정전용량은 다음과 같이 나타내진다.

$$C_d = \frac{dQ}{dV} = \frac{q\tau I}{kT} \tag{5.202}$$

300 K에서 $kT/q = 26\ \mathrm{mV}$이므로 $C_d = \tau I / 26\ \mathrm{mV}$가 된다.

핵심 N 공핍영역은 공간전하만 존재하기 때문에 평행판 축전기와 같은 역할을 한다. 역방향 바이어스를 걸면 공핍층이 넓어져서 정전용량이 감소하고, 순방향 바이어스를 걸면 공핍영역이 좁아져서 정전용량이 증가한다.

5.5.4 금속-반도체 접촉

pn 접합을 이용하는 반도체 소자 중에서 가장 간단한 소자는 다이오드이며, 이것의 주요 기능은 정류작용이다. 그런데 정류작용은 금속-반도체 접촉으로부터도 가능하다. 여기서 접합과 접촉을 구별할 필요가 있다. 반도체와 다른 물질과의 결합은 접합이라고 하지 않고 **접촉**(contact)이라고 한다. 예를 들면 금속-금속 접촉, 금속-반도체 접촉이다. 접합의 성질이나 접촉의 성질은 구성 물질이 개별로 있을 때와는 전혀 다른 성질을 나타낸다. 접합은 어떠한 조건에서도 전류-전압 관계가 비선형이다. 금속-반도체 접촉은 모든 반도체 소자가 다 가지고 있다. 이때 대부분의 금속-반도체 접촉은 정류작용보다는 소자를 구동시키기 위한 전극으로서의 기능이다. 이럴 경우에는 금속-반도체 접촉은 정류성 접촉이 되어서는 되지 않고, 전류-전압 관계가 선형을 나타내는 저항성 접촉이 되어야 한다. 여기서는 정류성 접촉과 저항성 접촉과 관련된 내용을 학습한다.

(1) 정류성 접촉

1) 평형상태에서 에너지 밴드 다이아그램

금속-반도체 접촉에서 반도체의 일함수(Φ_s)와 금속의 일함수(Φ_m)의 대소에 따라서 정류성 접촉이 되기도 하고, 저항성 접촉이 되기도 한다. **정류성 접촉**을 일명 **쇼트키 접촉**(Schottky contact)이라고도 하며, 저항성 접촉을 일명 **옴성 접촉**(ohmic contact)이라고도 한다. 정류성 접촉은 다음과 같은 조건일 때에 가능하다.

$$\Phi_m > \Phi_s \tag{5.203}$$

정류성 접촉이 어떻게 형성되는지를 그림 5.55에 나타낸 금속-n형 반도체 접촉의 에너지 밴드 다이아그램을 통해서 알아보자.

일함수는 전도대 아래에 위치하는 페르미 준위에서 진공준위까지의 높이에 해당한다. 전도대의 하단에서 진공준위까지의 높이는 **전자 친화력**(electron affinity, χ_s)이다.

정류성 접촉인지 아닌지를 개념적으로 빨리 확인하는 방법은 금속-반도체 접촉 전에 금속의 페르미 준위(E_{fm})가 반도체의 전도대와 가전자대 사이에 위치하는지 아닌지를 보면 된다. 그림 5.55 (a)에 나타낸 바와 같이 그 사이에 위치하면 이것은 정류성 접촉이 된다. 전도대의 전자의 에너지가 금속의 표면보다 높기 때문에 금속–반도체 접촉 후 접촉부의 전도대의 전자는 금속 표면으로 이동한다. 따라서 반도체의 접촉부위에 전자의 공핍으로 이온화된 도너가 노출된다. 즉, 반도체 쪽에 공핍층이 형성된다. 금속은 전자를 받음으로서 표면에 음전하의 전자가 쌓이게 된다. 그 결과, 공핍층 영역에서 반도체에서 금속 방향으로 내부전계가 생기며, 내부전계는 반도체의 전자가 금속으로 이동하는 것을 방해하게 된다. 내부전계에 의해서 전자의 이동이 정지될 때 금속의 페르미 준위와 반도체의 페르미 준위가 서로 일치한다. 페르미 준위가 서로 일치한 평형상태에서 정류성 접촉의 에너지 밴드 다이아그램은 그림 5.55 (b)와 같다.

금속에서 반도체로 본 장벽을 **쇼트키 장벽**이라고 하며, 장벽높이(Φ_B)는 금속의 일함수와 반도체의 전자 친화력의 차이로 다음과 같이 나타낸다.

$$\Phi_B = \Phi_m - \chi_s \tag{5.204}$$

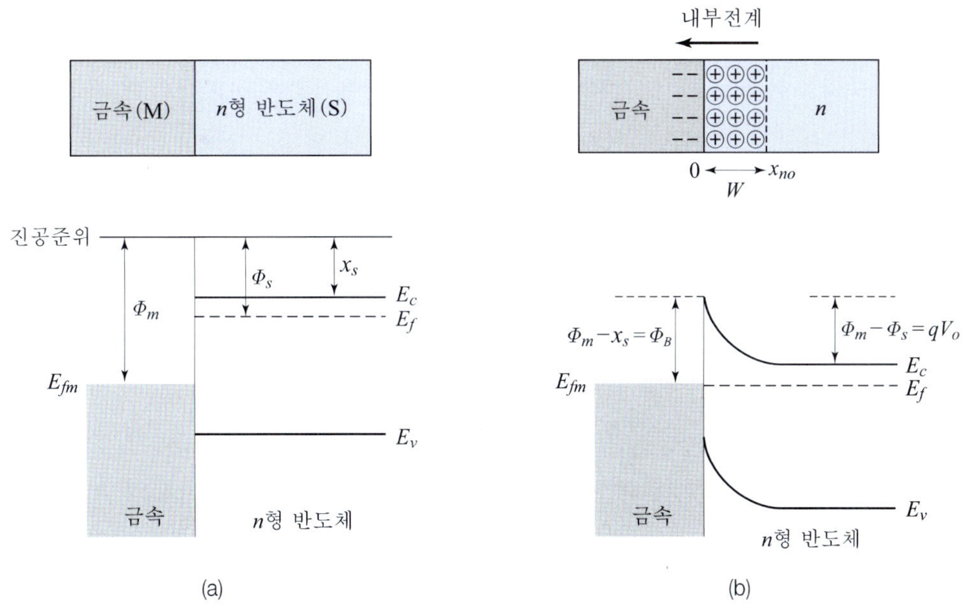

그림 5.55 평형상태에서 금속–n형 반도체 접촉(정류성)의 에너지 밴드 다이아그램 : (a) 접촉 전, (b) 접촉 후

반대로 반도체에서 금속으로 본 전위장벽을 접촉전위 또는 내부전위(V_o)라고 하며, 이것은 금속의 일함수와 반도체의 일함수의 차로 다음과 같이 나타내진다.

$$\Phi_m - \Phi_s = qV_o \tag{5.205}$$

평형상태에서 공핍층의 폭 W는 다음과 같다

$$W = x_{no} = \sqrt{\frac{2\epsilon V_o}{qN_d}} \tag{5.206}$$

이것은 식 (5.169)와 식 (5.170)과 같은 것으로 비대칭 p^+n 접합에서 공핍층 폭과 근사적으로 일치한다.

2) 바이어스 인가시 에너지 밴드 다이아그램

그림 5.55 (b)에 나타낸 평형상태의 정류성 접촉에 순방향 바이어스를 걸면, 즉 금속에 +전위를, n형 반도체에 −전위를 인가하면 이때의 에너지 밴드는 그림 5.56 (a)와 같이 된다. −극에서 n형 반도체로 전자를 공급하고 이들 전자는 공핍층 부근에 전달되기 때문에 이온화된 도너 영역의 폭이 좁아지게 된다. 또 순방향 바이어스에서 n형 반도체의 퍼텐셜 에너지는 증가하게 되고, 금속의 퍼텐셜 에너지는 감소하게 된다. 그 결과, 금속과 반도체의 페르미 준위가 어긋나게 되면서 내부전위는 순방향 바이어스 전압 V_f만큼 감소한다. 따라서 순방향 바이어스 전압을 걸면 전도대의 전자는 내부전위의 감소로 금속으로 더 많은 전자가 장벽을 넘어가게 된다. 그러나 순방향 바이어스 된다고 해서 금속에서 반도체로 본 쇼트키 장벽 높이에는 변화가 없다. 그러므로 금속에서 반도체로 전자의 흐름은 순방향 바이어스 전압과는 무관하다.

그림 5.55 (b)에 나타낸 평형상태의 정류성 접촉에 역방향 바이어스를 걸면, 즉 금속에 −전위를, n형 반도체에 +전위를 인가하면 에너지 밴드는 그림 5.56 (b)와 같이 된다. 공핍층 폭의 변화는 pn 접합에서 설명한 것과 같다. 즉 +극은 n형 반도체의 공핍층 부근의 전자를 끌어당김으로서 공핍층 부근에서 이온화된 도너가 증가하게 되므로 공핍층 폭은 넓어지게 된다. 또 역방향 바이어스에서 n형 반도체의 퍼텐셜 에너지는 감소하게 되고, 금속의 퍼텐셜 에너지는 상대적으로 증가하게 된다. 그 결과, 금속과 반도체의 페르미 준위가 어긋나게 되면서 내부전위는 역방향 바이어스 전압 V_r 만큼 증가한다. 따라서 역방향 바이어스 전압을 걸면 전도대의 전자는 내부전위의 증가로 금속으로 넘어가지 못하게 된다. 그러나 역방향 바이어스 된다고 해서 금속에

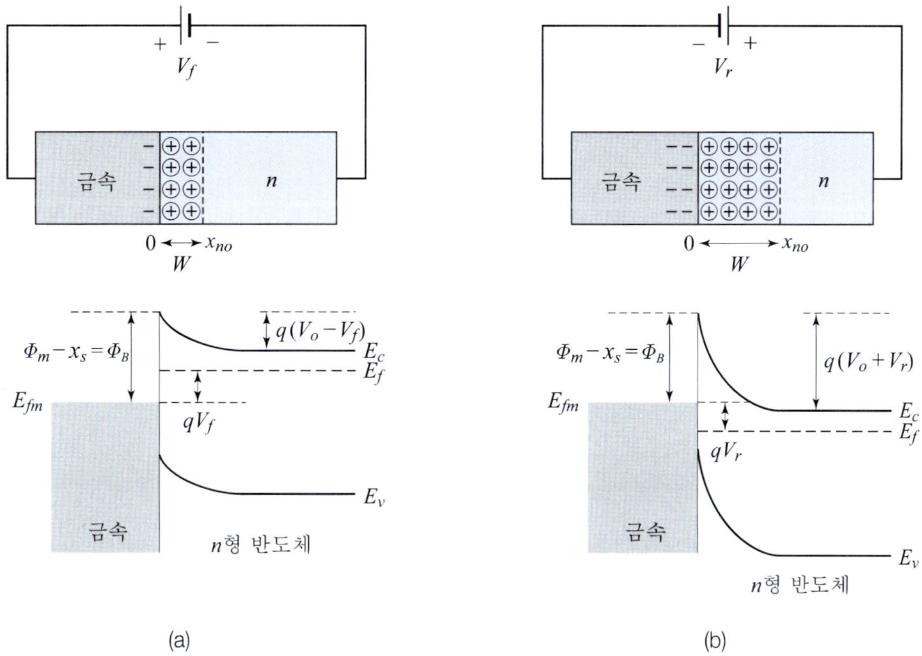

그림 5.56 금속–(n형)반도체 접촉(정류성)에서 바이어스 인가시 에너지 밴드 다이아그램 : (a) 순방향, (b) 역방향

서 반도체로 본 쇼트키 장벽 높이는 순방향 바이어스 때와 마찬가지로 변화가 없다. 이와 같이 금속–반도체 접촉에서 정류특성을 나타내는 다이오드를 **쇼트키 다이오드**라고 한다. 쇼트키 다이오드의 $I-V$ 특성은 그림 5.57과 같이 그림 5.52에 나타낸 pn 접합 $I-V$ 특성과 흡사하다. 쇼트키 다이오드는 pn 접합 다이오드와 달리 다수 캐리어의 주입에 의해서, 즉 한 종류의 캐리어에 의해서 작동하기 때문에 소수 캐리어 축적효과가 나타나지 않는다. 따라서 시간지연이 없다. 그러므로 스위칭 속도가 수백 ps로 실리콘 pn 접합 다이오드의 수 ns보다 10배 정도로 굉장히 빨라 고속의 스위칭 다이오드로 응용된다. 그리고 순방향 문턱전압이 0.3 ~ 0.5 V로 실리콘 pn 접합 다이오드보다 0.3 ~ 0.4 V 정도 더 낮다. 따라서 저전압, 대전류를 정류할 때 아주 효율적이다. 그러나 1000 V의 역내전압을 갖는 실리콘 pn 접합 다이오드와 비교하여 높아야 90 V로 높은 내전압을 갖는 쇼트키 다이오드를 만들기가 어려워 고전압을 정류하기는 어렵다. 또 문턱전압이 낮은 만큼 누설전류가 높다는 등의 단점을 가지고 있다.

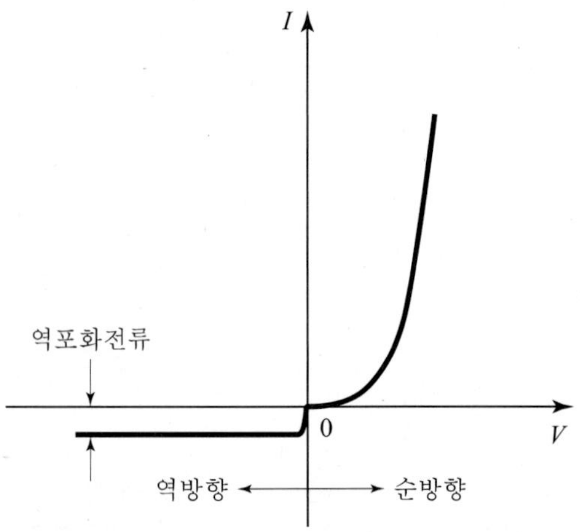

그림 5.57 쇼트키 다이오드의 $I-V$ 특성

(2) 옴성 접촉

1) 평형상태에서 에너지 밴드 다이아그램

앞에서 언급한 바와 같이 금속-반도체 접촉에서 반도체의 일함수(Φ_s)와 금속의 일함수(Φ_m)의 대소에 따라서 정류성 접촉이 되기도 하고, 옴성 접촉이 되기도 한다. 옴성 접촉은 다음과 같은 조건일 때에 가능하다.

$$\Phi_m < \Phi_s \tag{5.207}$$

옴성 접촉이 어떻게 형성되는지를 그림 5.58에 나타낸 금속-n형 반도체 접촉의 에너지 밴드 다이아그램을 통해서 알아보자.

그림 5.58 (a)에서 반도체의 전도대의 하단(E_c)과 페르미 준위(E_f)가 금속의 페르미 준위(E_{fm})보다 아래에 위치한다. 이런 경우는 옴성 접촉이 된다. 접촉 전에 생각할 수 있는 것은 금속에서 전자의 에너지가 반도체의 전도대의 하단보다 높기 때문에 금속-반도체 접촉 후 접촉부의 금속 표면의 전자는 반도체의 전도대로 이동할 것이고, 반도체 표면의 전자수는 점점 증가하게 되며, 금속 표면의 전자가 반도체 쪽으로 방출됨으로서 전기적으로 중성에서 양(陽)으로 대전될 것이다. 그렇게 되면 반도체에서 전도대의 전자분포는 표면과 벌크 쪽이 다르게 된다. 마치 반도체의 표면은 도핑농도가 많이 된 것과 같은 효과를 나타내며, 표면에서 반도체의 페르미 준위는 전도대 위에 위치한다. 접촉 후의 평형상태에서 옴성 접촉의 에너지 밴드는 그림 5.58 (b)와 같이 된다. 접촉면에는 공핍영역과 내부전계가 존재하지 않기 때문에 전위장벽이 존재

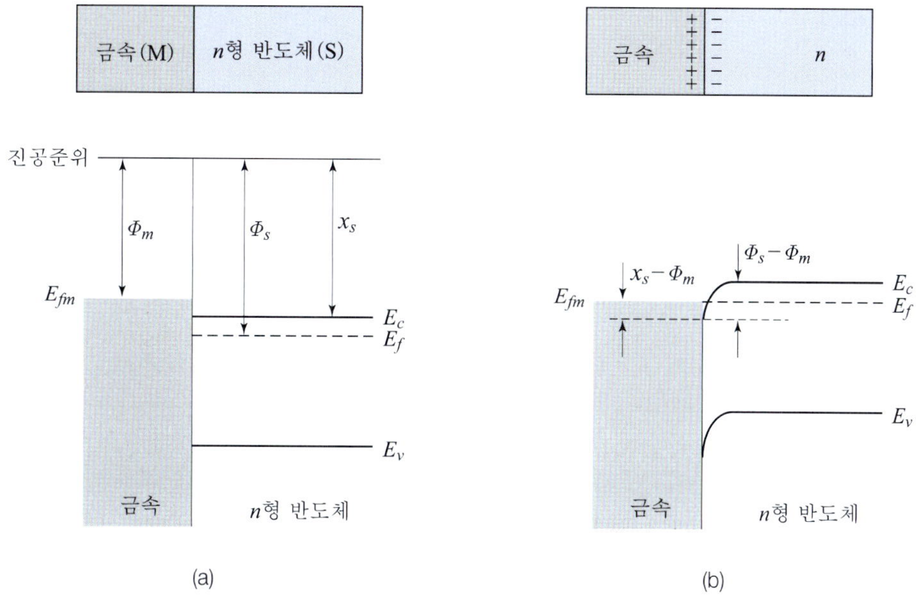

그림 5.58 평형상태에서 금속–n형 반도체 접촉(저항성)의 에너지 밴드 다이아그램 : (a) 접촉 전, (b) 접촉 후

하지 않는다. 즉 전자가 금속에서 반도체로, 반도체에서 금속으로 이동하는 데 아무런 제약이 없다. 따라서 외부에서 바이어스 인가 방향에 관계없이 정류현상은 나타나지 않고 선형성이 나타나게 된다. 이것이 옴성 접촉의 특성이다. 그러나 실제로는 옴성 접촉 특성을 어떤 기법을 사용하여 얻을 수는 있으나 옴성 접촉 자체를 만들기가 어렵다. 금속–반도체 접촉은 거의가 정류성 접촉이다.

반도체 표면은 벌크와는 달리 원자 간에 결합이 끊어진, 소위 **댕글링 결합**(dangling bond)이며, 이로 인해서 표면에 표면상태라고 하는 국제화된 에너지 준위가 존재하게 된다. 이 준위와 반도체의 페르미 준위가 일치할 때까지 표면 부근의 전도대 전자가 표면상태에 포획된다. 그 결과, 표면은 금속과 접촉에 상관없이 이미 에너지 밴드(band)가 벤딩(bending)되는 현상이 발생하게 된다. 즉 반도체 자체가 전위장벽을 가지고 금속과 접촉하게 됨으로서 정류성 접촉이 저절로 나타나게 된다. 사실상 옴성 접촉을 얻을 수가 없다. 그러나 그림 5.59와 같이 반도체 표면을 고농도로 도핑시켜 공핍층 폭을 좁게 만들어주면 **양자역학적 터널링**(quantum mechanical tunneling) 현상으로 전자가 금속에서 반도체로, 반도체에서 금속으로 통과할 수 있게 되어 옴성 특성이 얻어진다. 터널링 확률은 공핍층 폭(W)에 가장 크게 의존한다.

모든 반도체 소자는 금속–반도체 접촉을 피해갈 수가 없다. 그것이 정류성 접촉이 되건 옴성 접촉이 되건, 둘 중에 하나이다. 옴성 접촉에서 $I-V$ 특성은 그림 5.60과 같이 선형이다.

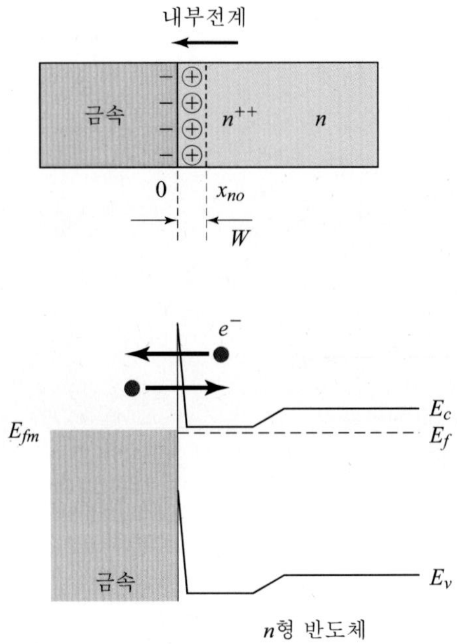

그림 5.59 고농도로 도핑된 정류성 접촉에서 양자역학적 터널링

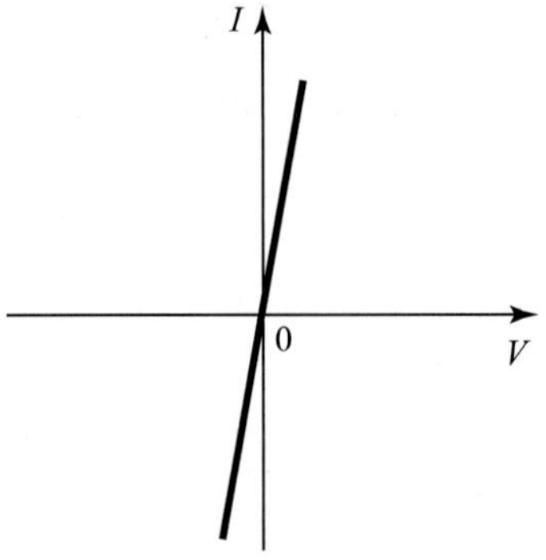

그림 5.60 옴성 접촉의 $I-V$ 특성

핵심 N 금속–반도체 접촉을 하게 되면 기본적으로 접촉부에 전류흐름을 방해하는 pn 접합과 같은 전위장벽이 나타난다. 이를 이용하는 다이오드가 쇼트키 다이오드이며, pn 접촉 다이오드보다 스위칭 속도가 빠르다.

Chapter 05 연습문제

01. 반도체에서 전자와 정공이 생기는 원리를 설명하여라.

Hint 전자와 정공이 생기는 원리는 크게 두 가지로 생각할 수 있다. 하나는 진성 반도체이건 불순물 반도체이건 열에너지나 빛에너지를 흡수하면 전자-정공쌍(EHP)이 생성된다. EHP 생성은 가전자대의 구속전자가 이탈한다는 의미이므로 전도대로 전자가 이동하게 됨으로서 가전자대에는 정공이 생긴다. 이와 같은 경우에는 항상 전자수와 정공수는 같다.
다른 또 하나는 진성 반도체에 불순물을 도핑할 때 불순물이 이온화되면 전자 혹은 정공이 생성된다. 진성 반도체에 5가 불순물을 도핑했을 때 이 불순물이 양이온화하면 전도대에 전자가 생성된다. 그리고 진성 반도체에 3가 불순물을 도핑했을 때 이 불순물이 음이온화하면 가전자대에 정공이 생성된다. 따라서 n형 반도체는 전자가 정공보다, p형 반도체는 정공이 전자보다 훨씬 많게 된다.

02. 페르미 준위가 실질적으로 의미하는 바가 무엇인가?

Hint 진성 반도체의 페르미 준위는 밴드갭 중앙에 위치한다. 이 말은 불순물을 도핑하지 않으면 페르미 준위가 금지대 한가운데 있다는 것이다. 이때 불순물이 도핑되면 페르미 준위는 한가운데서 가전대쪽으로 혹은 전도대쪽으로 이동하게 된다. p형 반도체는 페르미 준위가 금지대 중앙에서 가전자대 사이에 존재하며, 불순물 양이 많을수록 가전자대에 가까워진다(반드시 그림으로 그려보라). n형 반도체는 페르미 준위가 금지대 중앙에서 전도대 사이에 존재하며, 불순물 양이 많을수록 전도대에 가까워진다(반드시 그림으로 그려보라). 따라서 페르미 준위는 도핑양의 대소의 기준을 나타내는 에너지 준위이다.

03. 아래 식이 의미하는 바가 무엇인가?

$$n = N_c e^{-(E_c - E_f)/kT}$$

Hint 이 식은 전도대의 전자농도(단위 체적당 전자수) n을 결정하는 계산식이다. 전도대(E_c)와 페르미 준위(E_f)와의 에너지 차이($E_c - E_f$)가 전자농도를 결정하는 핵심인자이다. [문제 2]에서 설명한 바와 같이 ($E_c - E_f$)가 작다는 것은 페르미 준위(E_f)가 전도대(E_c)에 가까이 위치하는 것이므로 농도가 크다는 것을 의미한다. 수식에서도 $(E_c - E_f)$가 작을수록 n이 커짐을 알 수 있다.

04. 아래 식이 의미하는 바가 무엇인가?

$n = n_i e^{(E_f - E_i)/kT}$

Hint 이 식은 전도대의 전자농도(단위 체적당 전자수) n을 결정하는 계산식이다. 페르미 준위(E_f)와 진성 페르미 준위(E_i)(금지대 한가운데 위치)와의 에너지 차이$(E_f - E_i)$가 전자농도를 결정하는 핵심인자이다. [문제 2]에서 설명한 바와 같이 $(E_f - E_i)$가 크다는 것은 페르미 준위(E_f)가 진성 페르미 준위(E_i)로부터 멀리 떨어져 있는 것이므로 농도가 크다는 것을 의미한다. 수식에서도 $(E_f - E_i)$가 클수록 n이 커짐을 알 수 있다.

05. n형 Si 반도체에서 E_i 위의 페르미 준위(E_f)가 $0.36\,\text{eV}$에 위치할 때 도너농도를 계산하여라. 단 $300\,\text{K}$.

Hint $n = n_i e^{(E_f - E_i)/kT}$

06. n형 Si 반도체에서 도너농도가 $1.0 \times 10^{17}\,\text{cm}^{-3}$일 때 페르미 준위를 계산하여라. 단 300 K.

Hint $E_f = E_i + kT\ln\left(\dfrac{N_d}{n_i}\right)$

07. n형 Si 반도체에서 도너농도가 $1.0 \times 10^{17}\,\text{cm}^{-3}$일 때 정공농도를 계산하여라.

Hint $pn = n_i^2$

08. Si 반도체가 보상도핑되어 있다. 억셉터 농도가 $1.0 \times 10^{16}\,\text{cm}^{-3}$, E_i 위의 페르미 준위(E_f)가 $0.36\,\text{eV}$에 위치할 때 도너농도를 계산하여라. 단 $300\,\text{K}$.

Hint $E_f = E_i + kT\ln\left(\dfrac{N_d - N_a}{n_i}\right)$

09. $1.0 \times 10^{17}\ \text{cm}^{-3}$개의 붕소(B)로 도핑된 Si에 $1.0 \times 10^{16}\ \text{cm}^{-3}$개의 비소(As)를 도핑했을 때 정공농도와 전자농도를 계산하여라.

Hint 보상도핑문제, $p = N_a - N_d$, $n = \dfrac{n_i^2}{p} = \dfrac{n_i^2}{N_a - N_d}$

10. $2.0 \times 10^{18}\ \text{cm}^{-3}$개의 인(P)으로 도핑된 Si에 $1.0 \times 10^{16}\ \text{cm}^{-3}$개의 붕소(B)를 도핑했을 때 전자농도와 정공농도를 구하여라.

Hint 보상도핑문제, $n = N_d - N_a$, $p = \dfrac{n_i^2}{n} = \dfrac{n_i^2}{N_d - N_a}$

11. n형 반도체에서 온도에 따른 전자농도의 변화를 그림을 그려서 설명하여라.

Hint 횡축은 온도축이며, $1/T$의 감소는 온도가 증가하는 것이고, $1/T$의 증가는 온도는 감소하는 것이다. 따라서 오른쪽에서 왼쪽으로 갈수록 온도가 증가한다. 온도가 증가하면 도너가 이온화되고, 점점 전도대의 전자수가 많아진다. 어떤 온도에 도달했을 때 도너가 모두 이온화 되면 전도대의 전자수는 포화가 된다. 이것이 통상적으로 전도대의 전자수다. 그러나 온도가 크게 증가하면 가전자대의 전자가 급격히 전도대로 여기하여 전도대의 전자수가 급격히 증가한다. 보통의 경우에서는 일어나지 않는다.

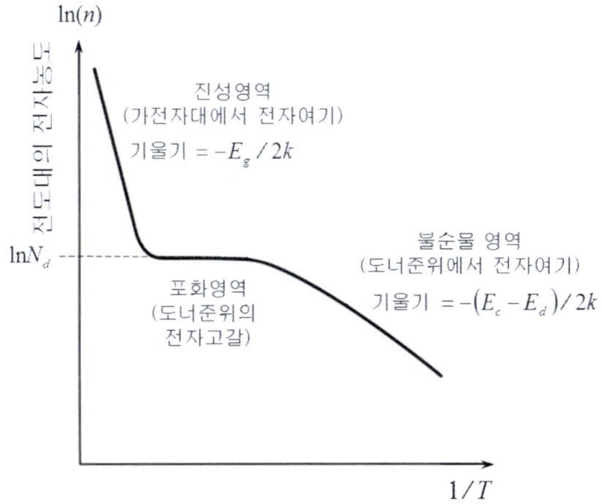

12. As 원자가 $1 \times 10^{16}\ \mathrm{cm}^{-3}$개로 도핑된 Si에 대해서 (1) 정공농도를 구하여라. (2) 저항률을 구하여라. (3) 페르미 준위의 위치를 진성 페르미 준위를 기준으로 구하여라. Si의 전자 이동도는 $1350\ \mathrm{cm^2/V \cdot s}$, 정공 이동도는 $450\ \mathrm{cm^2/V \cdot s}$, 진성농도는 $1.5 \times 10^{10}\ \mathrm{cm}^{-3}$이다.

Hint (1) $p = \dfrac{n_i^2}{n} = \dfrac{(1.5 \times 10^{10}\ \mathrm{cm}^{-3})^2}{1 \times 10^{16}\ \mathrm{cm}^{-3}}$

(2) $\sigma_e = n e \mu_e = (1 \times 10^{16}\ \mathrm{cm}^{-3})(1.602 \times 10^{-19}\ \mathrm{C})(1350\ \mathrm{cm^2/V \cdot s})$

$\rho = \dfrac{1}{\sigma}$

(3) $E_f - E_i = kT \ln\left(\dfrac{N_d}{n_i}\right) = (0.026\ \mathrm{eV}) \ln\left(\dfrac{1 \times 10^{16}\ \mathrm{cm}^{-3}}{1.5 \times 10^{10}\ \mathrm{cm}^{-3}}\right)$

13. As 원자가 $1 \times 10^{16}\ \mathrm{cm}^{-3}$개로 도핑된 Si에 대해 27℃에서 전자의 확산계수를 구하여라. Si의 전자 이동도는 $1350\ \mathrm{cm^2/V \cdot s}$, 정공 이동도는 $450\ \mathrm{cm^2/V \cdot s}$이다.

Hint $\dfrac{D_e}{\mu_e} = \dfrac{kT}{q}$

$D_e = \dfrac{kT}{q}\mu_e = (0.026\ \mathrm{V})(1350\ \mathrm{cm^2/V \cdot s})$

14. 홀효과를 통해서 얻을 수 있는 정보는 무엇인가?

Hint 홀전압을 측정하면 $V_H = -\dfrac{1}{ne}\dfrac{I_x B_z}{t}$ 로부터 전자의 농도를 구할 수 있다.

홀시편에서 저항을 측정하면 $R = \rho \dfrac{\ell}{wt}$ 로부터 비저항을 구할 수 있고, 이를 이용하면 $\sigma = \dfrac{1}{\rho} = n e \mu_e$ 로부터 이동도를 구할 수 있다.

15. 캐리어의 재결합 과정을 그림을 통해서 설명하여라.

Hint 교재(그림 5.35) 참고

16. pn 접합에서 억셉터 농도와 도너농도가 각각 $1 \times 10^{17}\,\mathrm{cm}^{-3}$, $5 \times 10^{16}\,\mathrm{cm}^{-3}$일 때의 접촉전위를 계산하여라.

Hint $V_o = \dfrac{kT}{q} \ln\left(\dfrac{N_d N_a}{n_i^2}\right)$

17. pn Si 접합에서 억셉터 농도가 $1 \times 10^{17}\,\mathrm{cm}^{-3}$, 도너농도가 $1 \times 10^{15}\,\mathrm{cm}^{-3}$일 때 (1) 접촉전위를 구하여라. (2) 접합부의 최대전계를 구하여라.

Hint (1)
$$V_o = \frac{kT}{q} \ln\left(\frac{N_a N_d}{n_i^2}\right) = (0.026\,\mathrm{V}) \ln\left(\frac{(1 \times 10^{17}\,\mathrm{cm}^{-3})(1 \times 10^{15}\,\mathrm{cm}^{-3})}{(1.5 \times 10^{10}\,\mathrm{cm}^{-3})^2}\right)$$

(2)
$$W = \sqrt{\frac{2\epsilon V_o}{qN_d}} = \sqrt{\frac{2(11.9)(8.854 \times 10^{-14}\,\mathrm{F/cm})(V_o)}{(1.602 \times 10^{-19}\,\mathrm{C})(1 \times 10^{15}\,\mathrm{cm}^{-3})}}$$

$$V_o = -\frac{1}{2} E_o W \quad \therefore\ E_o = -\frac{2V_o}{W}$$

18. pn 접합에서 n형 쪽에 도너농도가 $1 \times 10^{16}\,\mathrm{cm}^{-3}$으로 도핑되어 있다. $0.5\,\mathrm{V}$ 순방향 전압인가시 n형 공핍층 가장자리에서 소수 캐리어 정공농도를 계산하여라.

Hint $p_n = p_{no} \exp\left(\dfrac{qV}{kT}\right) = \dfrac{n_i^2}{N_d} \exp\left(\dfrac{qV}{kT}\right) = \dfrac{(1.5 \times 10^{10}\,\mathrm{cm}^{-3})^2}{1 \times 10^{16}\,\mathrm{cm}^{-3}} \exp\left(\dfrac{0.5}{0.026}\right)$

19. p^+n Si 접합(면적이 $10^{-3}\,\mathrm{cm}^2$)의 n형 쪽에 도너농도가 $2 \times 10^{16}\,\mathrm{cm}^{-3}$으로 도핑되어 있다. 정공의 수명시간이 $1\,\mu\mathrm{s}$이고, 정공의 확산계수가 $10\,\mathrm{cm}^2/\mathrm{s}$라면 $300\,\mathrm{K}$에서 $0.5\,\mathrm{V}$의 순방향 바이어스 인가시 순방향 전류를 구하여라.

Hint
$$p_{no} = \frac{n_i^2}{N_d} = \frac{(1.5 \times 10^{10}\,\mathrm{cm}^{-3})^2}{2 \times 10^{16}\,\mathrm{cm}^{-3}}$$

$$L_h = \sqrt{D_h \tau_h}$$

$$I = I_s \left[\exp\frac{qV}{kT} - 1\right] = A\left(\frac{qD_h p_{no}}{L_h}\right)\left[\exp\left(\frac{qV}{kT}\right) - 1\right]$$

20. pn 접합의 공핍층 정전용량은 평형상태에서 C_o이고, 접촉전위는 0.5 V일 때 이 공핍층 정전용량을 0.5 C_o로 줄이려면 얼마의 역방향 바이어스를 인가해야 하는가?

Hint 바이어스 인가 전후에 식을 써보아라. 두 식을 서로 나누어 변하지 않는 값을 제거 후에 역방향 전압 값을 찾으면 된다.

21. 금속–반도체 접촉에서 정류성 접촉과 옴성 접촉의 $I-V$ 특성곡선을 그려라.

Hint 정류성 접촉은 pn 접합 다이오드와 유사한 비선형 곡선, 옴성 접촉은 원점을 지나는 직선

22. 다음 괄호를 완성시켜라.

(1) 진성 반도체는 0 K에서 전기적으로 ( )이다. 반도체의 캐리어에는 ( )와 ( )이 있다. 진성 반도체는 불순물을 인위적으로 첨가하지 않은 순수 반도체로 전도에 기여하는 두 종류의 캐리어 수가 ( )다.

(2) 진성 반도체에 3가 불순물을 첨가한 것을 ( ) 반도체, 5가 불순물을 첨가한 것을 ( ) 반도체라고 한다. 이때 3가 불순물 ( )라고 하며, 5가 불순물을 ( )라고 한다.

(3) Si 반도체에 5가 원소를 첨가하면 ( )가 많이 생긴다. 소수 캐리어는 ( )이다.

(4) Si 반도체에 3가 원소를 첨가하면 ( )가 많이 생긴다. 소수 캐리어는 ( )이다.

(5) 반도체에서 캐리어가 존재할 수 없는 에너지대를 ( )라고 하며, 이 에너지대의 폭이 넓을수록 반도체 자체의 전기저항은 ( )진다.

(6) Si과 Ge 반도체에 동일한 불순물을 첨가할 때 불순물의 이온화 에너지는 ( ) 반도체에서 작으며, 이것은 반도체의 ( )에 기인한다.

(7) 진성 반도체의 페르미 준위는 금지대의 ( )에 위치하며, 5가 불순물을 첨가하면 페르미 준위는 ( )대에 가까워진다.

(8) 반도체의 전도도는 전자수가 많을수록, ( )가 클수록 증가한다.

(9) 반도체는 전자가 정공과 재결합하는 방식에 따라 직접형 반도체와 간접형 반도체로 나뉜다. 전자는 전자–정공이 재결합할 때 입자개념에서 ( )를 방출하고, 후자는 재결합 중심을 통해서 재결합하는데 이때 격자의 열진동을 수반한다. 격자의 열진동을 ( )이라고 한다.

(10) 반도체에 광을 조사를 하면 우선적으로 ( )의 수가 증가하여 ( )가 증가한다. 그러나 광을 제거하면 소수 캐리어가 점점 사라지게 되는데 평형상태로 돌라가는데 걸리는 시간을 소수 캐리어의 ( )라고 하며, 긴 경우는 LED에 응용하고, 짧은 경우는 ( )에 응용된다.

(11) 전자의 이동에는 ( )과 ( )이 있으며, 전자는 농도차에 의한 것이며, 후자는 전계에 의한 이동이다.

(12) pn 접합을 하면 p형 쪽의 정공과 n형 쪽의 전자가 ( )에 의해서 서로 반대 영역으로, 각 영역의 ( ) 준위가 일치할 때까지 ( )한다. 그 결과, p형 쪽의 이온화된 ( )층과 n형 쪽의 이온화된 ( )층으로 구성된 ( )이 형성된다. 이것은 도핑농도와 ( )에 따라 그 폭이 변한다.

(13) pn 접합에 순방향 바이어스를 걸면 내부전계 감소로 다수 캐리어의 이동에 의한 확산전류는 ( )형 쪽에서 ( )형 쪽으로 흐르며, 소수 캐리어의 이동에 의한 ( ) 전류는 ( )형 쪽에서 ( )형 쪽으로 흐른다.

(14) pn 접합의 도핑농도가 클수록 공핍층 폭은 ( )하고, 항복전압은 ( )한다.

(15) 접합과 접촉에서 반도체 간의 경계를 ( )이라고 하며, 금속과 반도체 간의 경계를 ( )이라고 한다. 후자에 의해서 만들어진 다이오드를 ( ) 다이오드라 한다.

(16) 금속–반도체 접촉에는 ( )접촉과 ( )접촉으로 나뉘는데 전자는 전류–전압 특성곡선이 비선형이며, 후자는 선형이다.

23. 다음 용어를 간략히 설명하여라.

1) n형 반도체
2) p형 반도체
3) 다수 캐리어
4) 소수 캐리어
5) 정공
6) 도너
7) 억셉터
8) 페르미 준위
9) 페르미 디락 분포함수
10) 보상도핑
11) 평균자유시간
12) 평균자유행정
13) 재결합

14) 포획
15) 소수 캐리어 주입
16) 표동운동
17) 확산
18) 소수 캐리어 수명시간
19) 확산거리
20) 홀효과
21) pn 접합
22) 공핍층
23) 내부전계
24) 접합 정전용량
25) 확산 정전용량
26) 정류성 접촉

CHAPATER

6 반도체 소자

(Semiconductor devices)

구성

개요

이 장에서는 가장 간단한 반도체 소자인 여러 가지 pn **접합 다이오드**(정류, 제너, 포토, 발광 및 레이저 다이오드)를 시작으로 **쌍극성 접합 트랜지스터**(BJT), **전계효과 트랜지스터** 등에 대한 구조, 동작원리, 특성을 학습한다. 미래의 에너지원으로서 청정에너지를 만들어내는 **태양전지**의 구조, 제법, 동작원리, 중요 특성 파라미터 등을 상세히 다룬다. 전력용 스위치로 사용되는 **사이리스터**의 종류와 동작원리 및 특성을 다루며, 열전현상을 이용한 **열전발전기** 및 **열전냉각기**의 동작원리를 학습한다. 반도체 세라믹스의 대표적인 응용인 **PTC 서미스터**와 **바리스터**의 재료, 제법, 동작원리, 용도 등을 다룬다.

6.1 다이오드

여기서는 5장에서 학습한 pn 접합의 이론을 바탕으로 한 여러 가지 다이오드의 동작과 그 응용에 대해서 살펴본다. pn 접합 다이오드에 순방향으로 전압을 인가하면 전류는 급격히 증가하고, 역방향으로 인가하면 전류가 거의 흐르지 않는다. 이런 성질을 이용한 **정류** 다이오드, **제너** 다이오드, **포토** 다이오드, **발광** 다이오드, **레이저** 다이오드의 특성과 동작원리 및 그 응용에 대해서 학습한다.

6.1.1 pn 접합 다이오드의 기초

pn 접합에 바이어스를 가하는 경우, p형 쪽이 n형 쪽보다 전위가 높을 때 장벽이 낮아져서 전류가 p형 쪽에서 n형 쪽으로 흐르기가 쉬우나 반대로 p형 쪽이 n형 쪽보다 보다 전위가 낮을 때 장벽이 높아져서 전류가 p형 쪽에서 n형 쪽으로 흐르기가 어렵게 된다.

그림 6.1은 pn 접합에서 전류의 바이어스 의존성을 나타낸 것이다. p형 쪽에서 n형 쪽으로 지나가는 큰 전류를 순방향 전류라고 한다. 그림 6.1 (a)과 같이 다이오드에 순방향 전류가 흐르게끔 전압을 인가하는 것을 **순방향 바이어스**라고 한다. 순방향 바이어스 하에서 흐르는 큰 전류는 p형 쪽에서 n형 쪽으로 확산하는 다수 캐리어에 의해서 만들어진다. 그림 6.1 (b)와 같이 인가전압이 역으로 바이어스될 때, 즉 p형 쪽이 n형 쪽을 기준으로 음으로 바이어스일 때는 n형 쪽에서 p형 쪽으로는 아주 미미한 전류가 흐르게 된다. 이것을 역방향 전류하고 하고, 이때의 바이어스를 **역방향 바이어스**라고 한다. 역방향 전류는 n형 쪽에서 p형 쪽으로 향하는 내부전계에 의해서 표동하는 소수 캐리어로 만들어진다. 역방향 바이어스일 때 다이오드를 흐르는 전류는 수~수백 nA로 작다. 순방향 전류는 수~수백 mA이다.

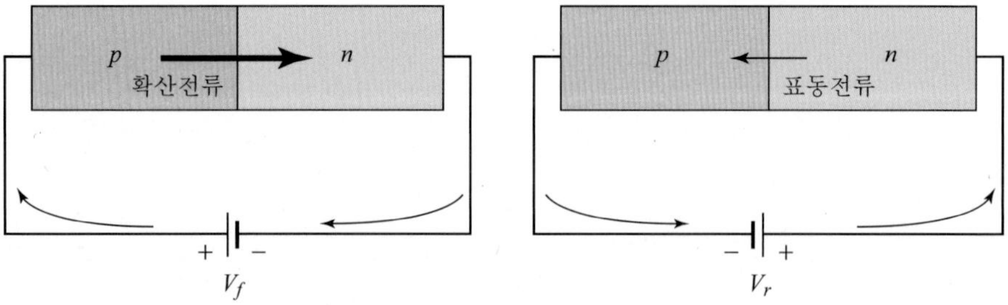

그림 6.1 pn 접합에서 전류 흐름의 바이어스 의존성 : (a) 순방향 바이어스, (b) 역방향 바이어스

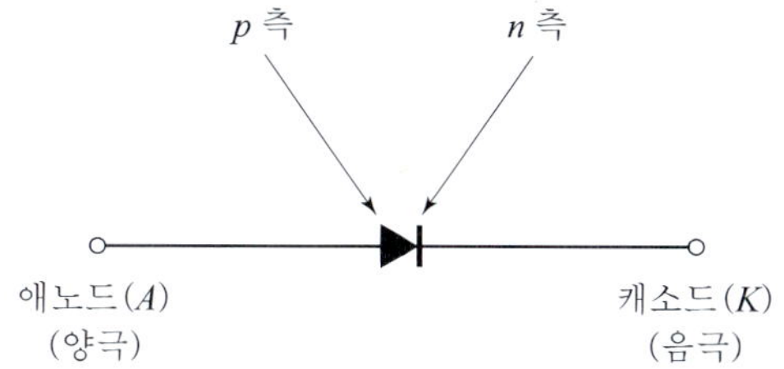

그림 6.2 pn 접합 다이오드의 기호

다이오드는 기본적으로 교류를 정류하여 직류로 만드는 데 사용되는 가장 간단한 전자 소자이다. 다이오드에는 용도에 따라 여러 형태가 있으며 기본적으로 pn 접합을 이용한 것이다.

다이오드를 나타내는 기호는 그림 6.2에 나타낸 것과 같이 화살표로 표시하는 데 순방향 바이어스일 때 화살표 방향으로 큰 전류가 흐른다. p형 쪽 단자를 **애노드**(anode, A), n형 쪽 단자를 **캐소드**(cathode, K)라고 한다. 여기서 anode나 cathode는 ode로 끝나는데 이것은 전극(electrode)을 의미하는 접미사이다.

(1) 다이오드 특성과 등가회로

pn 접합 다이오드의 전류-전압($I-V$) 특성은 그림 6.3에 나타낸 것처럼 다이오드에 직류 바이어스를 걸고, 전압에 따른 전류의 변화를 관찰함으로서 알 수 있다. 회로의 저항은 다이오드를 통해서 과도한 전류가 흘러 과열로 납땜부위가 녹는다든지 혹은 주울열에 의해서 다이오드가 물리적으로 파괴되는 것을 방지하기 위한 전류제한 저항이다. 또 이 저항은 전압에 따른 전류를 직접 측정하지 않을 경우에 저항부위에 걸리는 전압으로부터 옴의 법칙을 사용하여 전류를 계산할 때 필요하다. 그림 6.4는 다이오드의 $I-V$ 특성을 나타낸 것으로 1사분면에 나타나는 곡선은 순방향 바이어스일 때 $I-V$ 특성이며, 3사분면에 나타나는 곡선은 역방향 바이어스일 때 $I-V$ 특성이다. 순방향 전류는 전압에 따라 지수함수적으로 급격히 증가하지만 역방향 전류는 전압을 증가시키더라도 거의 변화가 없고 거의 0에 가깝다.

순방향과 역방향 바이어스 하에서 pn 접합을 통해서 흐르는 전류는 이상적인 다이오드일 경우에 다음과 같은 식으로 나타내어진다.

$$I = I_o\left(e^{qV/\eta kT} - 1\right) \tag{6.1}$$

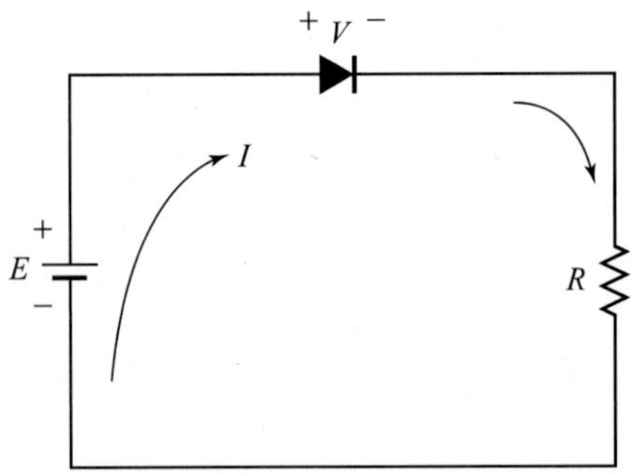

그림 6.3 pn 접합 다이오드의 $I-V$ 특성 회로

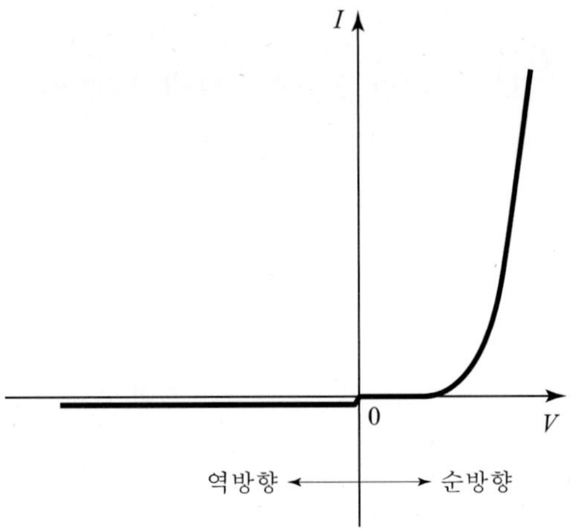

그림 6.4 pn 접합 다이오드의 $I-V$ 특성

여기서 I_o는 역포화 전류, V는 다이오드에 인가되는 전압, k는 볼쯔만 상수, η는 이상계수, T는 절대온도, q는 전자의 전하량이다.

이상적인 다이오드는 그림 6.5 (a)에 나타낸 바와 같이 순방향 저항 (R_f)이 $0\,\Omega$이며, 역방향 저항(R_r)은 $\infty\,\Omega$인 다이오드이다. 다시 말해서 이상적인 다이오드는 순방향 바이어스에서는 전류가 ∞ A로 간주하여 다이오드가 **단락**된 것으로, 역방향 바이어스에서는 전류가 0 A으로 간주하여 다이오드가 **개방**된 것으로 일종의 전압 스위치로서 역할을 한다. 일반적으로 다이오드 회로에서는 그림 6.5 (b)에 나타낸 특성 그래프 성질을 사용한다. **턴온 전압**(문턱전압, 접촉전위, 점화전위, 무릎전위) V_k는 다이오드에 전압을 증가시켜갈 때 순방향으로 전도되기 시작하는 전압을 말한다. 이것은 다이오드 접합에서 전위장벽높이에 해당한다. 턴온 전압은 반도체 재료에 따라 다르다. 예컨대 Ge의 경우에는 0.3 V, Si 경우에는 0.7 V, GaAs의 경우에는 1.2 V이다.

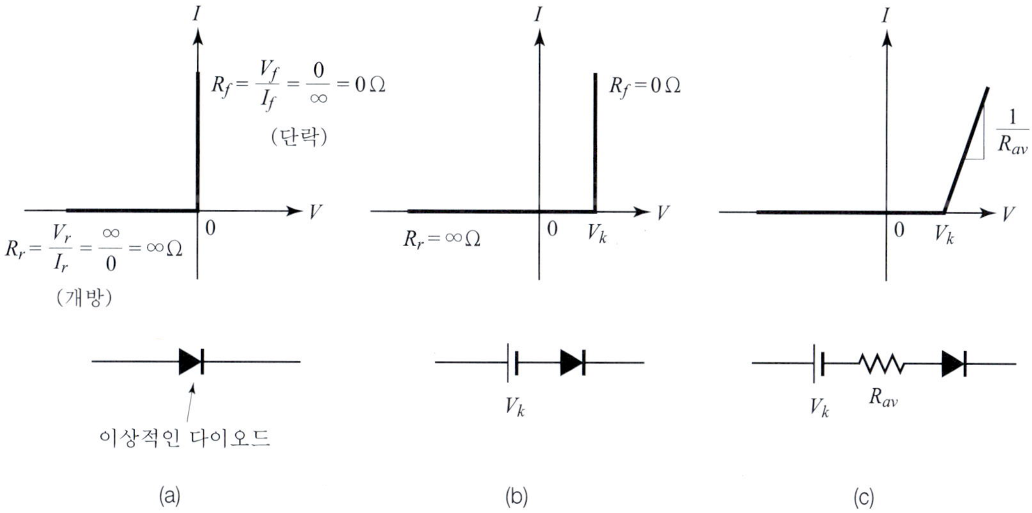

그림 6.5 다이오드의 $I-V$ 특성과 등가회로 : (a) 이상적인 경우, (b) 다이오드 저항을 무시한 경우, (c) 다이오드 저항을 고려한 경우

정확히 말하면 다이오드는 순방향으로 전압을 인가하더라도 저항이 $0\,\Omega$이 될 수 없다. 어떠한 경우라도 평균교류저항 (R_{av})이 존재한다. 그러나 그림 6.5 (c)에서와 같이 외부저항 값이 R_{av}보다 훨씬 크다면 R_{av}는 무시되고, 다이오드의 특성은 그림 6.5 (b)로 근사화된다. 이 특성이 전자회로에 일반적으로 사용된다. 나아가 인가전압이 다이오드 턴온 전압보다 훨씬 크다면 그림 6.5 (a)로 근사화된다. 따라서 다이오드 회로에서 인가전압과 회로저항을 고려하여 적절한 다이오드 등가회로를 선택할 수 있다.

(2) 다이오드 응용

pn 접합 다이오드의 응용은 $I-V$ 평면상에서 동작하는 영역에 따라 분류되는데 그림 6.6에 그 동작영역을 나타내었다. 1사분면과 3사분면에서 동작하는 것은 정류 다이오드, 1사분면에서 동작하는 것은 발광 다이오드와 레이저 다이오드, 3사분면에서 동작하는 것은 제너 다이오드와 포토 다이오드, 4사분면에서 동작하는 것은 태양전지이다.

핵심 N 다이오드는 한 방향으로만 전류를 흘리는 가장 간단한 반도체 소자이다.

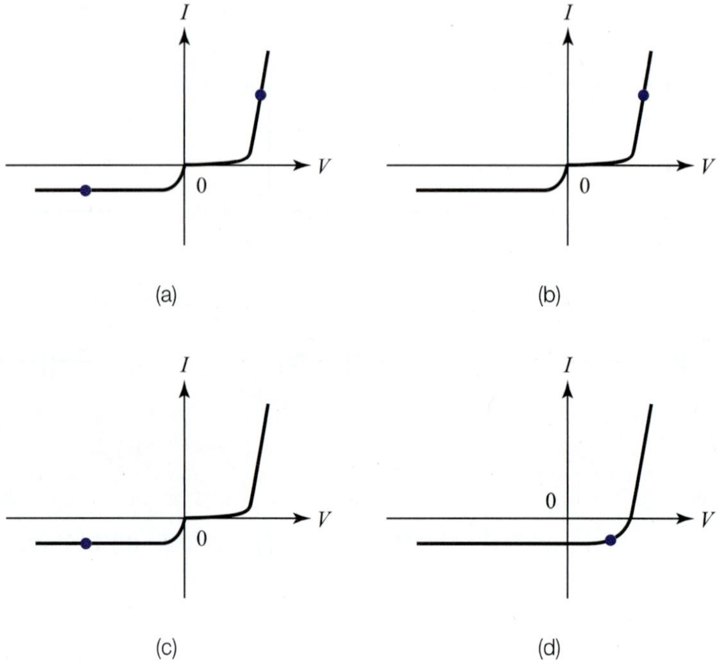

그림 6.6 여러 가지 다이오드 동작 영역 : (a) 정류 다이오드, (b) 발광 및 레이저 다이오드, (c) 제너 및 포토 다이오드, (d) 태양전지

6.1.2 정류 다이오드

정류 다이오드는 한 방향으로만 전류가 흐르고 반대 방향으로는 전류가 흐르지 않는다는 성질을 이용한 것이다. 정류회로에 사용되는 다이오드는 대부분의 경우 Si 반도체로 제조되며, 턴온 전압은 대략 0.7 V이다. 양호한 다이오드일수록 순방향 저항은 작고, 역방향 저항은 매우 크다. 정류 다이오드는 주로 직류공급장치에 사용된다.

(1) 간단한 정류회로

정류회로는 교류(alternating current : AC)에서 맥류(pulsating current : PC)를 거쳐 직류(direct current : DC)로 변환시키는 다이오드 응용 전자회로이다. 가정, 학교, 사무실, 공공기관 등의 대부분의 전기전자시스템은 직류에서 작동하기 때문에 정류회로시스템을 내장하고 있다. 작은 전력을 요구하는 라디오도 가정에 들어오는 콘센트를 통해서 전력을 공급받을 수 있다는 사실은 누구나 알고 있다. 라디오 그 자체는 수 볼트의 직류전압을 필요로 하기 때문에 작은 건전지를 사용할 수도 있다. 그러나 대부분의 전기장치는 교류를 직류로 변환시켜주는 정류회로를 내장하고 있다. 그림 6.7은 간단한 정류회로이다. 그것은 반파정류기(半波整流器, half wave rectifier)인데 그림 6.8에서와 같이 입력신호로 들어오는 정현파의 반을 제거하기 때문에 소위 클리퍼(clipper)라고도 한다. 정류회로는 교류전원, 전류제한저항을 가지는 정류 다이오드, 부하저항으로 구성된다. 부하 저항은 회로 단자에 연결되는 저항이다. 교류전원으로부터 들어오는 정현파를 생각해보자. 다이오드가 어떻게 입력 신호를 정류하는지를 알기 위해서는 입력 신호의 양의 반주기부터 시작해보라. 입력신호가 양의 반주기가 되면 다이오드의 애노드는 양(+)이 되고, 순방향 바이어스 상태이므로 순방향 전류가 흐르게 된다. 따라서 부하 저항에 전압이 나타나게 된다. 따라서 양의 반주기동안 다이오도는 도통상태가 되므로 이때의 다이오드는 **단락상태**(short circuit)에 놓이게 된다. 다음으로 입력 신호가 음의 반주기가 되면 다이오드의 애노드는 음(−)이 되고, 역방향 바이어스 상태이므로 전류가 거의 흐르지 않게 된다. 따라서 부하 저항에는 전압이 나타나지 않게 된다. 음의 반주기동안 다이오드는 차단상태가 되므로 이때의 다이오드는 **개방상태**(open circuit)에 놓이게 된다. 이와 같이 **반파 정류기**는 입력 신호의 반(半, half)을 제거하고, 즉 음의 반주기를 제거하고 나머지 신호, 즉 양의 반주기를 출력시키는 전자장치이다.

결국 반파정류회로에서 다이오드를 통해서 교류가 흐를 때 다이오드는 반주기마다 단락과 개방을 반복하는 작동을 하기 때문에 부하에 나타나는 출력 신호는 양의 반파만 나타나게 된다. 그런데 반파 정류기는 평균직류전압이 낮고, 맥동률(직류성분과 교류성분의 비)이 크기 때문에 실제로 잘 사용하지 않으며, 대신에 양의 반주기와 음의 반주기를 모두 출력시킴으로써 평균직류전압이 높고, 맥동률이 작은 전파정류기가 주로 사용된다.

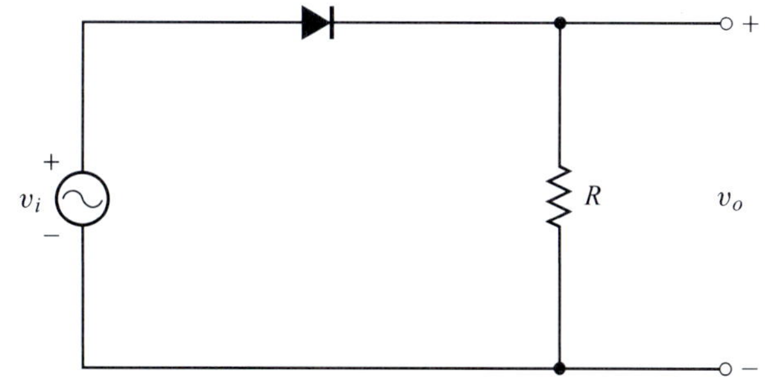

그림 6.7 간단한 반파정류회로

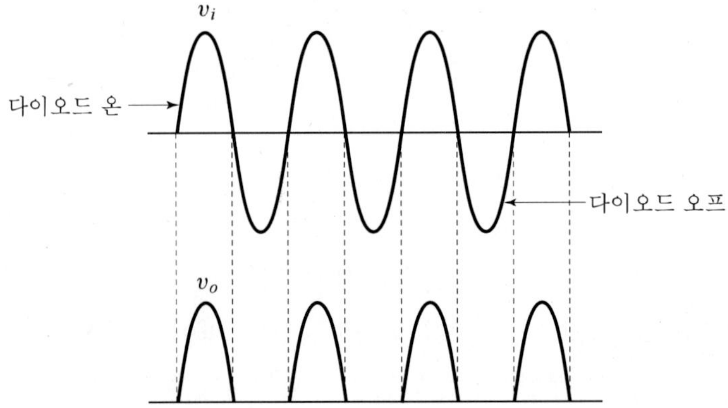

그림 6.8 반파정류회로의 입출력 관계

핵심 N 정류 다이오드는 양방향으로 흐르는 전류, 즉 교류를 한 방향으로만 흐르게 하는 다이오드이다. 즉 교류를 직류로 변환시키는 다이오드이다.

6.1.3 제너 다이오드

다이오드는 순방향으로 바이어스되면 전류가 잘 흐르고, 역방향으로 바이어스 되면 전류가 거의 흐르지 않는다. 즉 한 방향으로만 전류가 흐르게 되는 것이 다이오드의 가장 중요한 특징이다. 그렇다면 역방향으로 전압을 증가시키면 어떤 현상이 일어나겠는가? 그림 6.9에 나타낸 것처럼 어떤 역방향 전압에서 전류가 갑자기 크게 증가하는 현상이 발생하게 된다. 이것을 **항복현상**이라고 하며, 이때의 전압을 **항복전압**(breakdown voltage, V_z)이라고 한다. 항복전압은 pn 접합의 도핑농도에 의존한다. 어떤 특정 전압에서 항복되도록 설계된 다이오드가 **제너 다이오드**이다. 일종의 기준전압을 제공하는 **정전압 다이오드**(定電壓, voltage regulating diode)이다. 제너 다이오드에서 항복전압은 자주 **제너전압**으로 언급된다. 제너 다이오드의 항복전류는 역방향 전압의 대단히 작은 범위에 걸쳐서 빠르게 증가한다. 다시 말해서 제너 다이오드는 넓은 역방향 전류 범위에 걸쳐서 거의 일정한 전압을 유지시키는 능력을 가지고 있다. 따라서 이러한 특성을 이용하여 제너 다이오드는 전압 조정기 회로나 기준전압회로에 응용된다.

(1) 항복기구

역방향 항복전압이 일어나는 원인은 무엇일까? 항복현상을 설명해줄 수 있는 기구에는 **제너항복**(Zener breakdown)과 **전자사태항복**(avalanche breakdown)이 있다.

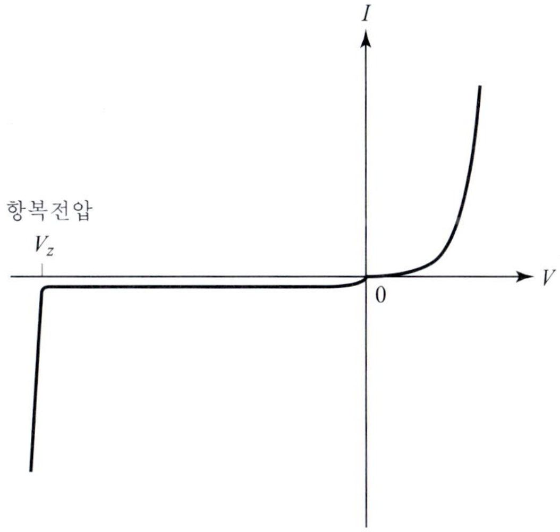

그림 6.9 제너 다이오드의 $I-V$ 특성

항복전압에서 항복기구가 제너항복이면 제너 다이오드라고 하며, 전자사태항복이면 애발란취 다이오드라고 한다. 그러나 보통 항복기구에 관계없이 제너 다이오드라고 부르는 것이 일반적이다.

1) 제너항복

그림 6.10에 나타낸 바와 같이 pn 접합에서 p형 페르미 준위가 가전자대에, n형 페르미 준위가 전도대에 아주 가까울 정도로 고농도($\sim 10^{19}\,\mathrm{cm}^{-3}$)로 도핑되었을 때 공핍층 폭은 일반적인 도핑농도($\sim 10^{17}\,\mathrm{cm}^{-3}$)일 때보다 훨씬 좁다. 여기에 역방향 바이어스를 인가하면 p형 쪽의 가전자대가 n형 쪽의 전도대보다 높은 에너지대에 놓이게 되는 밴드의 엇갈림으로 공핍층 폭은 아주 좁아진다. 그 결과, 공핍층 내의 높은 전계로 인해서 p형 쪽 가전자대의 공유결합전자가 양자역학적 터널링에 의해 n형 쪽의 전도대로 급속히 이동하면서 역방향 전류가 급격히 증가한다. 이 현상을 **제너항복**(Zener breakdown)이라고 한다. 전자는 $p \rightarrow n$형 쪽으로 이동하면 전류는 $n \rightarrow p$형 쪽으로 흐르므로 이것은 소수 캐리어에 의한 전류, 즉 표동전류(다수 캐리어에 의한 확산전류는 $p \rightarrow n$형 쪽으로 흐른다)이다. 일반적인 표동전류는 누설전류로서 아주 작은 전류이지만 전자항복으로 흐르는 전류는 아주 큰 표동전류이다. 전자의 터널링은 전자의 에너지가 높고, 장벽 폭이 좁을 때 **전자의 파동성**에 의한 결과이다.

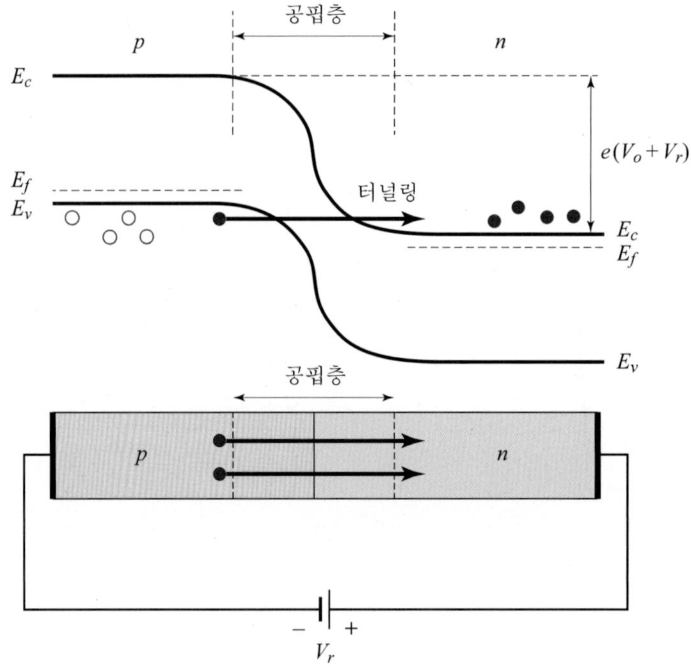

그림 6.10 제너항복 메커니즘

2) 전자사태항복

그림 6.11에 나타낸 것처럼 p형과 n형 양쪽 모두 혹은 어느 한 쪽이 저농도($\sim 10^{16}\,\mathrm{cm}^{-3}$)로 도핑되었을 때 공핍층 폭은 일반적인 도핑농도($\sim 10^{17}\,\mathrm{cm}^{-3}$)일 때보다 넓다. 여기에 역방향 바이어스를 인가하면 공핍층 폭은 더 넓어진다. 그 결과, p형 쪽의 소수 캐리어 중에서 공핍층 부근의 전자는 공핍층 내의 강한 전계로 인해서 공핍층 안으로 가속 운동할 것이다. 밴드갭 이상의 에너지를 가진 전자는 공핍층 내의 격자와 충돌하여 공유결합 전자를 이탈시키며, 이탈된 전자는 다시 공핍층 내의 고전계로 가속되고, 격자와 충돌하여 공유결합전자를 이탈시킨다. 이와 같이 가속→충돌→이탈→가속 등 일련의 반복과정을 통해서 공핍층 내 전자수의 급속한 증가로 역방향 전류가 급격히 증가한다. 이것을 **전자사태항복** 혹은 **사태항복**(avalanche breakdown)이라고 한다. 전자사태는 일종의 **충격이온화**(impact ionization) 현상이다. 전자사태에 의한 역방향 항복은 제너항복보다 더 높은 역방향 전압에서 일어난다.

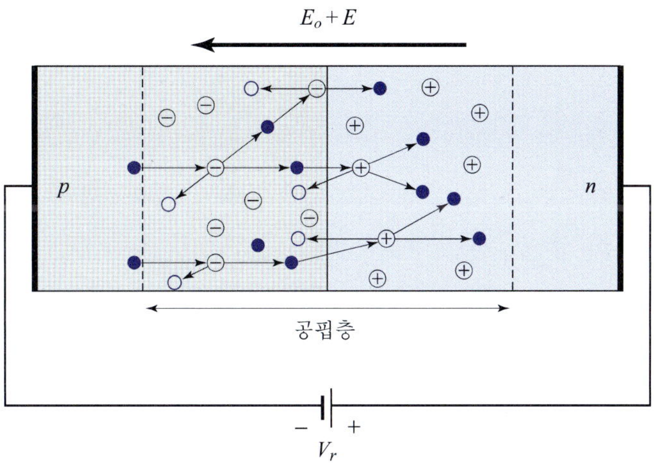

그림 6.11 전자사태항복 메커니즘

(2) 간단한 전압 조정기 회로 및 동작

제너 또는 애발란취 다이오드의 중요한 성질은 항복전압에서 큰 역방향 전류가 흐른다는 돌발성이다. 큰 양의 역방향 전류가 흐르더라도 다이오드에 걸리는 전압은 V_Z에서 거의 일정하게 유지된다. 그러므로 역방향 바이어스된 제너 다이오드가 부하 양단에 결선된다면 부하 양단의 전류가 변한지라도 양단의 전압강하는 거의 일정한 V_Z를 가질 것이다. 전압을 제어하거나 조정하는 제너 다이오드의 이러한 기능은 매우 유용하다. 그림 6.12는 전압을 조정하는 데 사용되는 간단한 전압 조정기 회로를 나타낸 것이다.

전압 조정기는 직류전압공급기 V_i, 전류제한저항 R, 부하저항 R_L, 제너 다이오드로 구성된다. 제너 다이오드는 특정한 항복전압 값을 가진다. 다이오드 양 단자에 걸리는 전압은 제너 다이오드가 동작한계 내에서 사용된다면 V_Z일 것이다. 저항 R은 제너 다이오드가 동작 영역에서 사용될 수 있도록 선택되어져야만 한다. 제너 다이오드가 전압 조정기에 사용될 때는 부하저항 R_L에 걸리는 전압은 V_Z 값으로 고정된다.

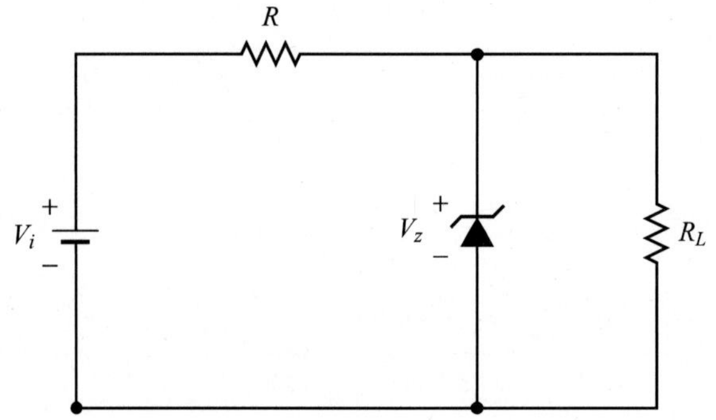

그림 6.12 간단한 전압 조정기 회로

제너 다이오드는 입력전압과 부하저항 값에 따라 부하에 V_Z의 공급 유무가 정해진다. 만약 V_i가 너무 작다면 R_L에 걸리는 전압은 전압분배법칙에 따라 정해진다. 제너 다이오드가 온된다는 것은 부하저항의 양단에 걸리는 전압이 V_Z이다. 따라서 제너 다이오드가 온되는지 오프되는지를 확인할 필요가 있다. 제너 다이오드가 없다고 생각하고, 부하에 걸리는 전압 V_L은 다음과 같이 나타낼 수 있다.

$$V_L = \frac{R_L}{R + R_L} V_i \tag{6.2}$$

V_L이 V_Z보다 클 경우에 제너 다이오드는 온된다. 따라서 제너 다이오드가 온되는 조건은 다음과 같다.

$$V_L = \frac{R_L}{R + R_L} V_i \geq V_Z \tag{6.3}$$

제너 다이오드를 충분히 온시킬 수 있는 입력전압이 인가된다고 하더라도 부하저항에 따라서 온 혹은 오프가 정해진다. 따라서 이러한 상태에서 제너 다이오드를 온시킬 수 있는 부하저항의 조건은 식 (6.3)으로부터 다음과 같다.

$$R_L \geq \frac{V_Z}{V_i - V_Z} R \tag{6.4}$$

핵심 N	제너 다이오드는 역방향으로 바이어스되게 설계된 다이오드로 두 단자 사이에 항복전압, 즉 제너전압이 걸리도록 한 정전압 다이오드이다.

6.1.4 포토 다이오드

역방향으로 바이어스된 포토 다이오드는 빛을 받을 때만 동작하는 수광소자로 순방향 바이어스일 때 빛을 내는 발광소자와 대비된다.

(1) 포토 다이오드의 구조

앞에서 설명한 내용을 토대로 포토 다이오드가 정류 다이오드와 다른 점은 접합영역 그 자체의 크기이다. 포토 다이오드에서 접합은 반도체 표면에 입사하는 광자의 수를 최대로 하기 위해서 가능한 한 큰 표면적을 가져야 한다. 그리고 접합은 표면에 가까울 필요가 있다. 가능한 한 표면으로부터 접합까지의 거리가 소수 캐리어 확산거리 이하여야 한다.

pn 접합 구조에서 광생성이 일어나는 영역은 p형 영역, 공핍층, n형 영역으로 빛이 입사할 때 p형 영역에서 생긴 소수 캐리어 전자 가운데서 공핍층에서 확산거리 이내의 전자만이 공핍층의 내부전계로 n형 영역에 도달하고, 마찬가지로 n형 영역에서 생긴 소수 캐리어 정공 가운데서 공핍층에서 확산거리 이내의 정공만이 공핍층의 내부전계로 p형 영역에 도달한다. 중성영역에서 광생성된 소수 캐리어 중에서 확산거리 밖의 소수 캐리어는 광전류에 기여하지 못한다. 그러나 공핍층에서 광생성된 캐리어들은 모두 광전류에 기여한다. 그러므로 pn 접합의 부피를 크게 하면 광전류를 크게 증가시킬 수 있다. pn 접합의 표면적만 크게 하는 데는 한계가 있기 때문에 그림 6.13에 나타낸 pin 구조를 택하는 것이 일반적이다. pin 구조는 p형과 n형 사이에 i라는 이니셜을 갖는 intrinsic 혹은 insulating 층을 갖는 구조로 공핍층의 부피를 증대시키는 좋은 방법이다. 일반적으로 i층의 두께는 $5 \sim 50\,\mu\text{m}$이다. pin 구조의 다이오드를 pin 다이오드라고 한다. 더 넓은 공핍층을 갖도록 설계하면 역방향 바이어스로 공핍층 내의 큰 전계가 중성영역의 과잉전자와 정공이 광전류에 기여할 수 있도록 표동에 의해서 공핍층 폭을 가로질러 쓸려가게 하는 것은 물론이고, 넓은 공핍층 내의 더 많은 전자-정공쌍(EHP)으로 광전류가 증가하여 출력은 증가한다. 그러나 캐리어의 이동시간이 길어져 응답시간이 지연된다. 단순한 pn 접합 다이오드를 광다이오드로 사용하기에는 몇 가지 문제점이 있다. 첫째로 공핍층 정전용량이 충분히 작지 못해 고주파 변조에서 광검출이 가능하지 않다. 이는 RC 시정수 한계이다. 둘째로 공핍층 폭이 넓어봐야 수 μm이다. 이는 투과 깊이가 공핍층 폭보다 더 큰, 긴 파장에서는 대부분의 광자가 공핍층 밖에서 흡수된다는 의미에서 EHP를 분리하여 표동시킬 전계가 없다. 그에 따라 광검출기의 효율이 긴 파장에서는 낮게 된다.

반도체 표면 위에 반사방지막을 코팅하는 것은 다이오드에 흡수되는 광자수를 증가시켜 감도를 증가시키기 위한 것과 표면보호를 위해서도 필요하다. 포토 다이오드의 외관은 빛이 접합에 들어가도록 투명 패키지 처리되어야 한다. 이것은 반도체 그 자체의 표면을 볼 수 있다는 것을 의미한다. 주의 깊게 살펴본다면 반도체를 외부단자로 연결하는 미세한 와이어도 볼 수 있다. 이에 반해서 일반 다이오드는 빛을 차단되게 하고, 또한 전기적으로 절연되게 수지로 충진되거나 불투명 플라스틱 물질로 패키지 된다. 실제 다이오드 그 자체를 볼 수 없고, 단지 패키지 상태의 소자를 보게 된다.

광검출기(photo detector)에서 가장 중요한 고려요소는 포토 다이오드가 실질적인 용도에 쓰일 수 있게 충분한 감도로 원하는 파장 범위의 빛을 검출하는 것이다. 빛을 흡수할 수 있는 한계 파장은 반도체의 밴드갭에 의존한다. 예컨대 $1\mu m$ 이상의 장파장을 검출하기 위한 광검출기를 제작하려고 한다면 반도체는 $1\mu m$ 이상의 파장을 갖는 광자를 흡수해야만 한다. 광자의 에너지는 다음과 같이 나타내진다.

$$E_{\mathrm{ph(max)}} = \frac{12400}{\lambda_{\mathrm{min}}}$$

여기서 λ_{min}은 $1\mu\mathrm{m}$이다. 따라서 밴드갭은 다음 조건을 만족해야만 한다.

$$E_g \le E_{\mathrm{ph(max)}}$$

$$E_g \le \frac{12400}{\lambda_{\mathrm{min}}} = \frac{12400}{10000[\mathrm{\AA}]}[\mathrm{eV}] = 1.24\,\mathrm{eV}$$

밴드갭이 1.24 eV 이하인 반도체는 $1\mu\mathrm{m}$ 이상의 빛을 흡수할 수 있다. 여기에 해당하는 반도체는 감도가 우수한 Si이다. 밴드갭이 0.75 eV인 InGaAs로 만들어진 pin 검출기는 광섬유 통신용 $1.3\mu\mathrm{m}$와 $1.55\mu\mathrm{m}$ 적외선을 검출하기 위해서 사용된다.

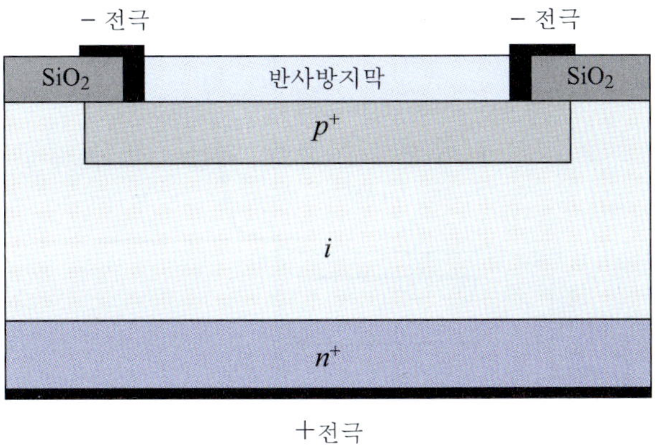

그림 6.13 $p-i-n$ 광검출기의 구조

(2) 포토 다이오드의 동작

포토 다이오드나 태양전지 등과 같은 pn 접합 다이오드는 빛을 이용하는 다이오드이다. 포토 다이오드는 빛에 아주 민감하여 빛의 파장에 따라 빛을 검출하도록 설계되고, 태양전지는 빛을 흡수했을 때 전력을 생성하도록 설계된다. 그림 6.6에서 언급한 바와 같이 $I-V$ 평면상의 동작영역도 서로 다르다. 포토 다이오드는 순방향 바이어스 하에서 사용되는 것이 아니고, **역방향 바이어스** 하에서 누설전류의 크기로서 동작하는 것이기 때문에 누설전류가 빛의 파장에 민감해야만 한다. 따라서 반도체 재료의 선택시 중요한 것은 누설전류가 어떤 파장의 빛에 얼마나 민감하게 반응하는지를 조사하여야 한다.

pn 접합에 빛을 조사하면, p형 쪽과 n형 쪽에서 전자가 광여기되어 전자–정공쌍(EHP)이 광학적으로 생성된다. 각 영역에서 생성된 소수 캐리어 가운데 공핍층으로부터 확산거리 내의 것들은 표동에 의해서 공핍층을 가로질러서 전자는 p형 쪽에서 n형 쪽으로 정공은 n형 쪽에서 p형 쪽으로 이동한다. 이 방법으로 표동하는 소수 캐리어의 생성을 **광주입**(optical injection)이라고 부른다. 광주입이 없는 상태에서의 역포화 전류는 아주 작으나, 광주입 상태에서 큰 포화전류가 만들어질 수 있다. n형 쪽에서 p형 쪽으로 소수 캐리어(정공)전류는 공핍층으로부터 확산거리 L_h내의 n형 쪽에서 광주입률에 의존한다. 마찬가지로 p형 쪽에서 n형 쪽으로 소수 캐리어(전자)전류는 공핍층으로부터 확산거리 L_e내의 p형 쪽에서 광주입률에 의존한다. 광생성된 캐리어는 열적으로 생성된 캐리어의 여분이기 때문에 **과잉 캐리어**(excess carrier)라고

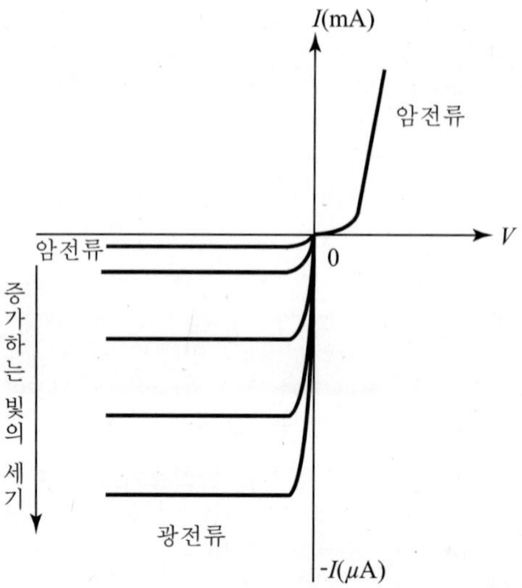

그림 6.14 포토 다이오드의 암전류와 광전류를 나타내는 $I-V$ 곡선

한다. 과잉 캐리어의 생성은 전도대에 더 많은 전자가 있을 것이고, 가전자대에는 더 많은 정공이 있음을 의미한다.

그림 6.14는 광의 세기에 따른 $I-V$ 특성을 나타내 것이다. 여기서 유의해야 할 부분은 암전류와 광전류의 단위이다. 즉 암전류의 단위는 mA이나 광전류의 단위는 μA이다. 3사분면의 암전류, 즉 누설전류는 열적으로 생성된 소수 캐리어가 공핍층 내의 내부전계로 표동되어 형성된 것이다. 광의 세기가 증가함에 따라 광전류 특성은 열적으로 생성된 캐리어와 광학적으로 생성된 소수 캐리어가 공핍층 내의 내부전계로 표동되어 형성된 것이다. $I-V$ 특성은 광의 세기가 증가함에 따라 역방향 바이어스 하에서 중요하게 변한다는 것을 알 수 있다. 이때 광전류는 광의 세기에 따라 수천 배로 증가할 수도 있다.

(3) 광검출기 회로

포토 다이오드는 광의 세기에 따라 저항이 감소하기 때문에 광 의존성 저항체로 생각할 수 있다. 그림 6.15는 간단한 광검출기 회로를 나타낸 것이다. 광의 세기가 증가함에 따라 역방향 전류는 μA 범위에서 측정된다. **전류제한저항** R은 광검출기를 보호하기 위한 **보호저항**이기도 하다.

포토 다이오드는 응답속도가 빠르고, 감도 파장이 넓으며, 광전류의 직진성이 양호하다는 특징이 있다. 주로 CD 플레이어, 화재경보기, TV의 리모컨 수신부와 같은 전자제품 소자에 사용되며, 빛의 세기를 정확하게 측정하기 위하여 활용되기도 한다.

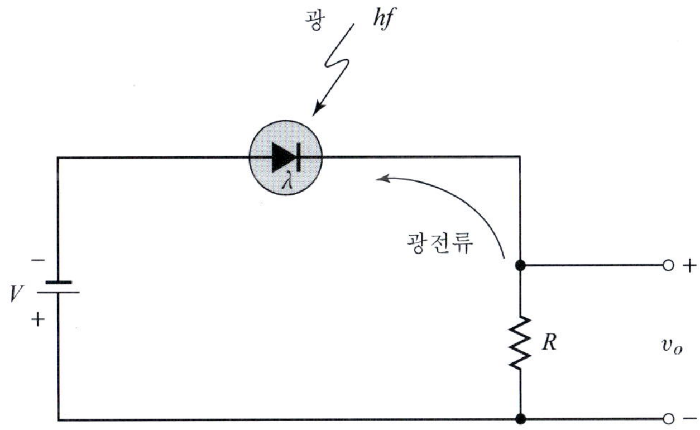

그림 6.15 광검출기 회로

포토 다이오드는 포토 트랜지스터(photo transistor)와 구성과 빛에너지를 전기에너지로 변환하는 기능면에서 유사하다. 그러나 빛을 쪼였을 때 빛을 전류로 변환하고 증폭시키는 기능을 가진 **포토 트랜지스터**에 비해 빛에 덜 민감하고 대신에 반응속도는 빠르다.

핵심 N 포토 다이오드는 역방향 바이어스 상태에서 빛을 받았을 때 동작하도록 설계된 다이오드이다. 광검출기에 응용된다. TV 리모컨에서 빛을 쏘면 TV가 켜진다. TV 내에 포토 다이오드가 내장되어 있다.

6.1.5 발광 다이오드

발광 다이오드(light emitting diode : LED)는 광을 방출하기 위해서 EHP 재결합 과정을 이용하는 pn 접합 다이오드이다. LED는 소위 진공관 소자라고 하는 백열등과 형광등과는 구조 및 발광 메카니즘이 전혀 다른 고체 소자이다. 일종의 **주입 전계 루미네선스**(injection electroluminescence)이다. 특징으로는 소형, 근사적 단일파장, 저전압 동작(1.5 ~ 6 V), 면광원(백열등, 형광등)이 아닌 점광원, 장수명, 저소비전력, 고속응답 등이다. LED를 사용한 표시기는 포켓용 계산기, 손목시계, 교통, 자동차 신호, 공항, 지하철 등에서 흔히 볼 수 있다. 물론, 가시광(visible light)을 방출하는 LED를 가지는 것이 중요하다. 화합물 반도체의 조성을 변화시킴으로서 적색(red)에서 자색(violet)에 이르는 가시광을 넘어서 넓은 파장대의 빛을 방출하는 LED를 만드는 것도 얼마는지 가능하다. 표 6.1은 LED에 사용되는 여러 가지 화합물 반도체들이다.

표 6.1 화합물 반도체

반도체 활성층	구조	밴드구조	파장[nm]	효율 η[%]	비 고
GaAs	DH	D	870-900	10	적외선
$Al_xGa_{1-x}As$ ($0<x<0.38$)	DH	D	640-870	3-20	적색-적외선
$In_{1-x}Ga_xAs_yP_{1-y}$ ($y \simeq 2.2x$, $0<x<0.47$)	DH	D	1-1.6μm	>10	통신용 LED
$In_{0.49}Al_xGa_{0.51-x}P$	DH	D	590-630	>10	호박, 녹색, 적색
InGaN/GaN	QW	D	450-530	5-20	청색-적외선
$GaAs_{1-x}P_x$ ($x \le 0.45$)	HJ	D	630-870	<1	적색-적외선
$GaAs_{1-x}P_x$ ($x>0.45$)	HJ	I	560-700	<1	적색, 오렌지, 노랑
SiC	HJ	I	460-470	0.02	청색, 저효율
GaP(Zn)	HJ	I	700	2-3	적색
GaP(N)	HJ	I	565	<1	녹색

(1) 발광 다이오드의 구조

LED의 기본 설계는 매우 간단하다. 그림 6.16과 같이 우선 도핑농도가 큰 기판(substrate, GaAs나 GaP)을 사용하여 기판 상에 차례로 n^+형과 p형의 GaAsP 에피택셜 (epitaxial) 층을 결정 성장시킨다. 빛이 방출될 때 n^+층으로 방출하는 광자들은 기판의 두께 문제로 외부로 방출되지 않고 기판에 흡수될 것이다. 또한 기판과 에피택셜 층 사이에 **격자정합**이 잘 이루어 져야 한다. 그렇지 않을 경우, 즉 **격자부정합**(lattice mismatch)은 LED층 내의 격자변형 등의 결정결함을 야기시켜 빛이 방출되지 않는 EHP 재결합을 촉진시키고, 결함은 재결합 중심 역할을 하여 광자의 방출 효율을 떨어뜨린다.

적색, 오렌지, 노랑, 그 외 적외선을 방출하는 상용 반도체 재료는 GaAs와 GaP를 적당한 조성비로 합금한 Ⅲ-Ⅵ족 화합물 반도체 $GaAs_{1-x}P_x$이다. As와 P의 조성비가 $x \le 0.45$일 때 $GaAs_{1-x}P_x$는 직접형 반도체가 된다. $GaAs_{0.6}P_{0.4}$는 에너지 갭이 1.9 eV로서 6500Å 파장인 적색광을 방출한다. $x > 0.45$일 때 $GaAs_{1-x}P_x$는 간접형 반도체이며, 재결합은 밴드갭 내의 재결합 중심을 통해서 일어난다. 그러나 이 경우에는 광자가 방출되는 것보다 격자진동, 즉 **포논**(phonon : 격자진동의 양자화)을 수반한다. 그러나 5가 원소 P 자리에 N이 일부가 치환된다면 간접형 반도체이지만 광방출

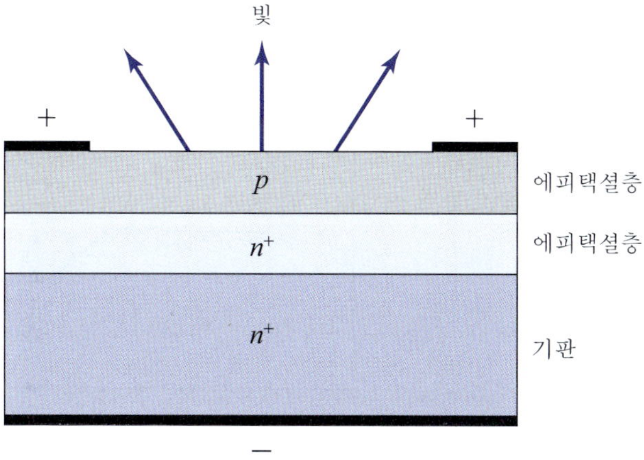

그림 6.16 LED 구조

이 일어난다. 이것은 N이 P 자리에 치환되더라도 도너나 억셉터 역할은 하지 않지만 결합을 형성한다. 즉 P 원자보다 N 원자의 전자가 원자핵에 대한 스크린 효과가 떨어지기 때문에 주위의 전도전자를 포획하기 쉽다. 이러한 방법으로 재결합을 하게 되면 직접 재결합과 비교하여 효율이 떨어지게 된다. N이 도핑된 $GaAs_{1-x}P_x$는 초록, 노랑, 오렌지 등 저가의 LED에 널리 사용되고 있다.

(2) 발광 다이오드의 동작

그림 6.17은 평형상태와 순방향 바이어스에서 pn 접합의 에너지 밴드 다이아그램을 나타낸 것이다. 평형상태에서 캐리어의 알짜 흐름은 없다. 그러나 순방향 바이어스를 인가하면 접촉전위가 감소하여 다수 캐리어가 확산하게 되고, 이때 상당한 EHP 재결합이 일어날 것이다. Si, Ge과 같이 간접형 반도체의 EHP 재결합은 격자의 진동, 즉 포논이라는 열을 만들게 된다. 반대로 GaAs, InGaAs와 같은 직접형 반도체에서 EHP 재결합은 밴드갭과 같은 에너지를 가지는 광자를 만든다. LED에서 방출되는 빛은 비간섭성(파장이 다른) 빛이다.

방출되는 광자의 에너지는 밴드갭에 해당한다. 즉

$$hf = E_g$$

이 식으로부터 방출되는 빛의 파장은 1장에서 다룬 바와 같이 다음과 같다.

$$\lambda = \frac{12400}{E_g\,[\mathrm{eV}]}\,[\mathrm{\AA}]$$

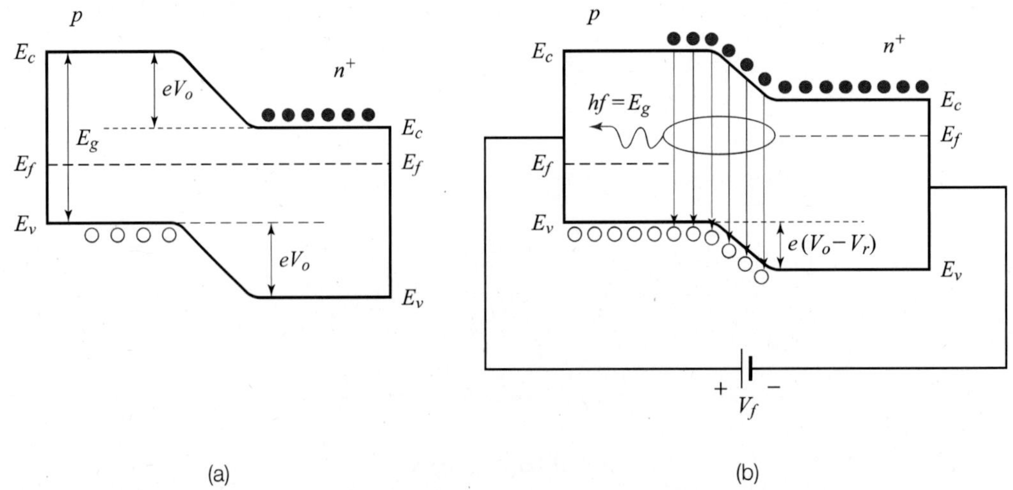

그림 6.17 n^+p 접합 에너지 밴드 다이아그램 : (a) 평형상태, (b) 순방향 바이어스

밴드갭의 크기에 따라 다양한 빛의 파장이 방출된다. 밴드갭을 조절할 수 있는 것은 원소형 반도체(Si, Ge)에서는 불가능하고, 오로지 조성비를 조절할 수 있는 화합물 반도체에서만 가능하다.

(3) 발광 다이오드의 특성

발광 다이오드는 화합물 반도체를 사용한 pn 접합 소자이므로 $I-V$ 특성곡선의 형태는 일반 다이오드와 동일하다. 표 6.2에 나타낸 바와 같이 단지 점화전위(문턱전압)가 다소 높을 뿐이다. 오늘날 LED 색깔은 녹색, 등색, 황색, 적색인데 여기에 사용되는 LED의 순방향 전압과 전류의 근사치는 $V_F = 2\,\text{V}$, $I_F = 20\,\text{mA}$ 이다.

표 6.2 발광 다이오드의 점화전위

반도체 재료	발광색	점화전위 [V]
$Al_{0.35}Ga_{0.65}As$	적색	1.8
$GaAs_{0.35}P_{0.65}$	적색	2.0
$GaAs_{0.15}P_{0.85}$	황색	2.0
AlInGaP	황색	2.1
GaP(N)	녹색	2.2
GaN	백색	4.2
GaN	청색	5.0

그런데 1990년대 초반에 청색의 LED(GaN)가 나오고, 1990년대 후반에 백색의 LED(GaN)가 출현함으로써 LED의 순방향 전압의 근사치가 $V_F = 5\,\mathrm{V}$(청색), $V_F = 4\,\mathrm{V}$(백색)로 크게 올라갔다. 순방향 전류가 증가하면 빛의 세기가 증가한다.

(4) 발광 다이오드를 이용한 백색 조명

1968년 최초로 적색 LED가 개발된데 이어 순차적으로 황색, 녹색이 개발되었다. 이때까지는 LED는 빛을 발하는 전자부품으로만 생각하였고, 조명으로의 발전을 생각하지 못하였다. 1993년에 개발된 것보다 훨씬 향상된 청색 LED(GaN)가 2014년에 개발됨으로써 빨강, 초록과 함께 백색을 만들 수 있고, 모든 색을 구현할 수 있는 길이 열림으로서 LED가 단순한 부품이 아니라 조명이라는 엄청난 발전이 눈앞에 다가온 것이다. 그동안 백색 조명은 청색 LED의 발광면에 황색의 형광재를 도포함으로 실현되었다.

실제 접하고 있는 백색 LED가 황색을 내는 이유는 황색의 형광재를 사용하기 때문이며, 백색 LED의 빛의 스펙트럼을 분석해보면 대부분이 청색과 2차 피크를 가지는 황색으로 구성되고 그 중심부는 백색이다.

빛의 3원색 R(빨강), G(초록), B(파랑)로는 혼합비율에 따라 모든 색을 다 구현할 수가 있다. 빨강(red)과 초록(green)을 혼합하면 노랑(yellow), 초록(green)과 파랑(blue)을 혼합하면 청록(cyan), 파랑(blue)과 빨강(red)을 혼합하면 자홍(magenta)이 된다.

백색 LED를 사용하면 형광등대비 약 20%의 전력절감을 가져오며, 25% 이상 밝다. 또 수명이 2배 이상 길다. 이러한 관점에서 백열등에서 형광등, 형광등에서 **LED 조명**으로 가는 것은 너무나도 당연한 것이다.

(5) 빛의 단위

빛에 사용되는 중요 용어로는 광속, 광도, 조도, 휘도 등이 있다. **광속**(光束, light flux)은 사방으로 퍼져 나가는 모든 빛의 양을 말하며, 속(束, flux)은 다발이라는 의미이므로, 광속은 '빛의 다발'이라는 뜻으로 광원에서 방사되는 단위 면적당 밀도를 나타낸다. 단위는 **루멘**(lm)으로 창 또는 빛을 의미하는 라틴어에서 왔다. **광도**(光度, intensity of light, luminous intensity)는 사방으로 퍼져나가는 빛에서 어떤 특정 방향의 빛의 세기를 말하며, 단위거리만큼 떨어진 거리에서 빛의 방향에 수직인 단위 면적에 단위 시간당 빛의 양으로도 정의된다. 단위는 **칸델라**(cd)이며, 밀랍으로 만든 초라는 라틴어에서 유래되었다. 칸델라는 단위계에 있어서 기본단위에 속한다. **조도**

(照度, intensity of illumination)는 우리들 생활 속에서 가장 친숙한 단어인데, 어떤 면에 들오는 빛의 양으로 광속이 크다고 하더라도 조도가 작으면, 면에 들어오는 빛의 양이 작다는 것이므로 빛이 많이 퍼진다는 것을 의미한다. 조도는 광원 그 자체의 밝기가 아니고 빛을 받는 부분의 밝기를 말하다. 검은 부분은 많은 빛을 주어도 흡수하여 밝게 보이지 않을 것이고, 흰 부분은 적은 빛이라도 반사하므로 인식할 수 있다. 따라서 물체에 따라서 같은 조도에서도 물체에 따라 밝기가 다르게 보인다. 조도의 단위는 **럭스**(lx = lm/m^2)이다. 태양광은 대략 100,000 lx이며, 만월은 0.1 lx에 불과하다. **휘도**(輝度, luminance)는 어떤 방향에서 본 물체의 밝기, 즉 물체의 빛의 세기를 말하며, 단위는 **니트**(nt = cd/m^2)이다. **램프효율**(lm/W)은 전 광속을 전 소비전력으로 나눈 값으로 조명에서 중요하다.

핵심 N 발광 다이오드는 순방향으로 바이어스를 걸면 빛을 발광하도록 설계된 다이오드이다. 발광 다이오드는 주로 직접형 반도체로 제작한다.

6.1.6 레이저 다이오드

레이저(laser)는 복사선의 유도방출에 의한 빛의 증폭(light amplification by the stimulated emission of radiation)으로 전기적, 광학적 소자의 동작을 합성한 것이다. 레이저는 방출된 모든 광자들이 같은 진동수를 가지는 빛(**단색성**, monochromatic light), 방출된 모든 광자들이 같은 위상을 가지는 빛(**간섭성**, coherent light), 빔이 거의 퍼지지 않는 빛(**지향성**, directional light), 어떤 빛보다 그 세기가 월등히 높은 빛(**고에너지 밀도**) 등 네 가지의 주요 특징을 가지고 있다.

레이저 발생원리의 본질은 높은 에너지 상태의 전자가 낮은 에너지 상태로 떨어질 때 복사선이 방출된다는 보어의 수소 원자론에서 주파수 조건이다. 반도체에서 무작위로 전자-정공쌍(EHP)이 재결합하게 되면 LED처럼 단순한 빛이 방출될 뿐이며, 결코 광증폭이 일어나지 않는다. 어떤 타당한 조건을 만족할 때만 광증폭이 가능하다.

(1) 자발방출과 유도방출

그림 6.18 (a)와 같이 빛이 반도체에 입사할 때 빛에너지(hf)가 밴드갭에 해당하는 에너지($E_2 - E_1$)보다 크면 반도체는 빛을 흡수하여 낮은 에너지 준위(E_1)의 전자가 높은 에너지 준위(E_2)로 여기된다. 이것을 **유도흡수**(induced absorption)라고 한다. 그림 6.18 (b)와 같이 E_2의 전자가 외부에서 어떠한 자극도 없이 자발적으로 E_1으로 떨

어져 정공과 재결합할 때 빛을 방출하는 것을 **자발방출**(spontaneous emission)이라고 한다. LED가 여기에 해당한다. 반면에 E_2의 전자가 자발적으로 E_1으로 천이되는 것이 아니라 그림 6.18 (c)와 같이 두 에너지 준위차($E_2 - E_1$)에 해당하는 입사 광자의 자극에 의해 천이할 때 광자를 방출하는 것을 **유도방출**(stimulated emission)이라고 한다. 이때 광자는 입사 광자와 동상으로 방출하게 된다. 즉 유도방출은 하나의 입사 광자가 동상인 2개의 방출 광자를 만드는 광자증폭을 일으킨다. 유도방출을 증대시키기 위해서는 반드시 E_2에 많은 전자를 모아야만 한다. E_1보다 E_2에 더 많은 전자가 있는 경우를 **밀도반전** 또는 **분포반전**(population inversion)이라고 한다.

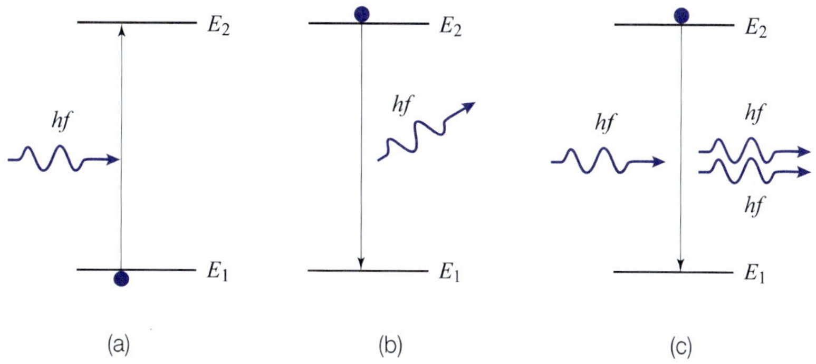

그림 6.18 (a) 에너지 흡수, (b) 자발방출(LED), (c) 유도방출(LD)

(2) pn 접합에서 밀도반전(분포반전)

레이저 다이오드에 사용되는 p형과 n형 반도체는 그림 6.19에 나타낸 바와 같이 각각의 페르미 준위가 가전도대 아래와 전도대 위에 존재하는 **축퇴 반도체**(degenerated semiconductor)이다. 일반적인 반도체의 페르미 준위는 밴드갭 내에 존재한다. 축퇴가 되면 전도대 하단에는 상당한 전자가 존재하고 가전자대 상단에는 완전히 비어 있게 되어 일반적인 경우와 역전되는 형태가 되기 때문에 밀도반전이 생긴다.

축퇴형 pn 접합에 순방향 바이어스를 걸면 에너지 밴드가 어떻게 변할까? 그림 6.20 (a)와 같이 바이어스를 크게 걸면 전자와 정공이 공핍영역으로 주입된다. 그러나 그림 6.20 (b)와 같이 바이어스를 상당히 크게 걸면 많은 수의 전자와 정공이 공핍영역을 넘어 주입된다. 그 결과, 공핍영역 부근은 비축퇴 반도체에서 전자, 정공이 공핍되어 있는 것과는 완전히 다른 상당한 농도의 전자와 정공을 포함한다. 결국 분포반전 상태가 되고, 공핍영역은 반전영역으로 바뀌게 된다. 또 바이어스 상태에 따른 반전영역 넓이도 변하게 된다. 분포반전이 일어나기 위한 조건은 $E_{fn} - E_{fp} > E_g$일 때이며, E_{fn}과 E_{fp}가 각각 전도대역과 가전자대역 내에 있을 때만 유도방출이 가능하다.

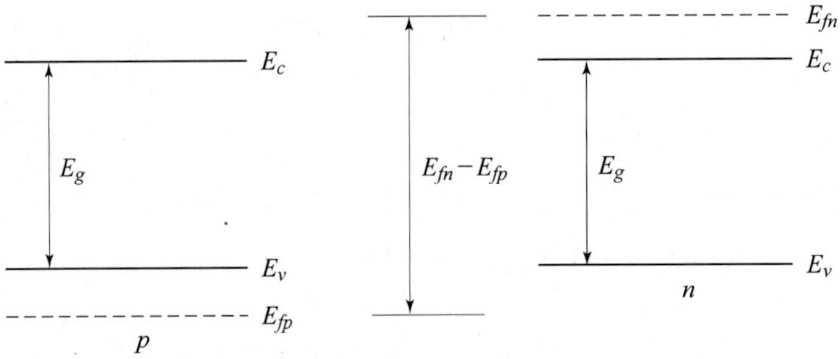

그림 6.19 축퇴 반도체의 에너지 밴드 다이아그램

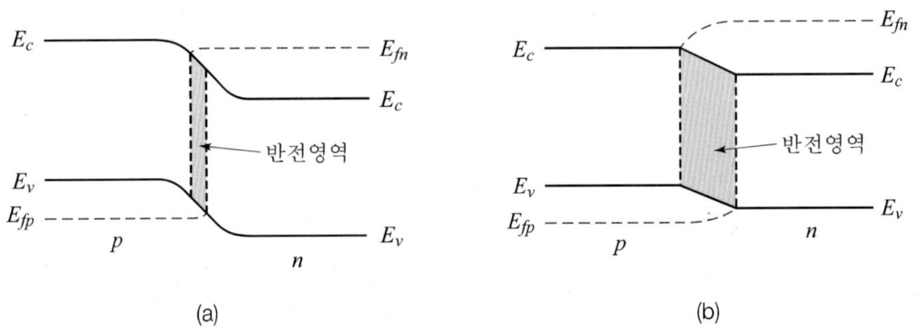

그림 6.20 순방향 바이어스 크기에 따른 반전영역 : (a) 높은 바이어스, (b) 더 높은 바이어스

(3) 레이저 다이오드 구조

최초의 반도체 레이저 다이오드용 재료는 적외선일 경우에는 GaAs가, 가시광선일 경우에는 GaAsP가 사용되었다. 개발 초기의 pn 접합 레이저 다이오드는 확산기법을 사용함으로서 비교적 간단하게 제작되었다. 우선 고농도로 도핑된 축퇴형 n^+형 GaAs 기판에 Zn^{2+}를 고농도로 확산시킴으로서 Zn^{2+}가 기판의 Ga^{3+}과 치환되어 p^+형 GaAs가 만들어진다. 그러나 같은 반도체 위에 pn 접합이 만들어지는 **동종접합** (homojunction)보다는 효율이 좋은 상용 레이저 다이오드는 거의 모두 **이종접합** (heterojunction)이다. 그림 6.21에 나타낸 바와 같이 축퇴형 n-GaAs 기판상에 확산기법으로 p-GaAs 축퇴형 반도체를 형성시킨다. 이것은 정공주입보다 전자주입이 높은 효율을 얻을 수 있기 때문에 접합의 p형 쪽을 **활성층**으로 하기 위해서이며, 두

께는 $0.1 \sim 0.2\,\mu m$로 좁게 만든다. 그 위에 p-AlGaAs 층을 LPE, MBE, MOVPE 등과 같은 성장 장치를 사용하여 **에피택시**(epitaxy) 기법으로 양질의 반도체 층을 성장시킨다. 밴드갭이 1.43 eV인 p-GaAs와 밴드갭이 2.0 eV인 p-AlGaAs의 이종접합이 형성된다.

방출된 광자를 내부 반사를 통해 증폭시키기 위해서는 **반사거울**(reflection mirror)이 필요하다. 반사거울은 레이저 양단을 벽개처리(cleavage process)함으로서 만들어진다. 반도체가 특정 결정면을 따라 벽개될 때 새롭게 노출된 면은 마치 거울처럼 반짝인다. 그 끝은 화학적으로 처리되고, 거울면을 유지하기 위해서 산화물이나 질화물로 코팅처리한다.

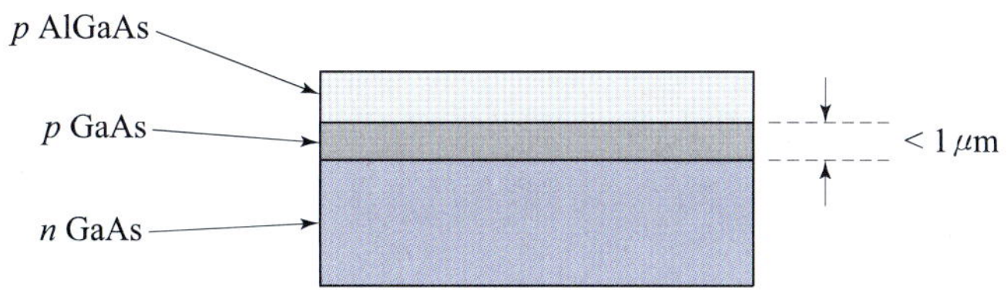

그림 6.21 이종접합 레이저 다이오드 구조 단면도

(4) 레이저 다이오드 동작

LED에서 빛의 방출은 EHP 재결합이 무작위로 자발적으로 일어나는 자발방출(spontaneous emission)이다. 전자들은 어느 순간에 전도대로 여기된다. 여기된 전자는 자발적으로 가전자대의 정공과 재결합한다. 어느 한순간에 재결합하는 전자가 많을 필요가 없다. 하지만 레이저 다이오드에서는 어느 한순간에 여기되기를 기다리는 전자보다 재결합하려고 기다리는 전자가 더 많게끔 캐리어를 제어할 수 있는 소위 밀도반전을 일으켜서 동시에 이 모든 전자가 한꺼번에 재결합하게끔 할 수가 있다. 이것이 더욱 강한 빔을 방출하는 유도방출(stimulated emission)이다. n-GaAs / p-GaAs / p-AlGaAs 구조에 대한 에너지 밴드 다이아그램을 그림 6.22에 나타내었다. 평형상태에서는 n-GaAs / p-GaAs 간에 높은 에너지 장벽 외에도 p-GaAs / p-AlGaAs 간에도 상대적으로 낮은 에너지 장벽이 존재한다. 순방향 바이어스를 크게 인가하면 n-GaAs 전도대가 p-GaAs의 전도대에 가깝게 접근하고, n-GaAs의 전도대의 전자가 p-GaAs의 전도대로 주입되어 그림 6.20에 나타낸 것처럼 pn 접합 부근에서 분포반전이 일어나게 된다. 주입된 전자는 p-GaAs / p-AlGaAs 이종접합에서 전위장벽($\Delta E_c \approx 0.6$ eV)에 가로 막혀 좁은 p-GaAs의 전도대에 갇히게 된다. 이렇게

되면 주입된 전자가 pn 접합 부근에 집속됨으로서 단순한 동종의 pn 접합보다 충분히 낮은 전류에서 레이저 동작이 가능하다.

여기된 전자가 자발적으로 천이되는 시간을 기다릴 필요가 없이 어떤 조건에서 낮은 준위로 떨어져 그의 평균적 자연감쇠시간보다 훨씬 짧은 시간에 광자를 방출하도록 유도될 수 있다. 광자들 중에서 일부는 더 많은 EHP를 생성시키기 위해서 소자 자체 내의 거울에 내부 반사되기도 하고 일부는 더 많은 광자를 생성시키기 위해서 재결합한다. 또 다시 광자들은 거울에 내부 반사되는 등 일련의 과정이 반복된다. 이런 과정들을 통해서 보강간섭으로 증폭된 빛이 방출하게 된다.

그림 6.23은 레이저 다이오드 동작 개념도로서 벽개로 만들어진 거울면에서 광자의 다중적인 내부 반사 후에 광자가 방출되는 것을 볼 수 있다. 양쪽 거울면에서 광자가 반복적으로 반사를 거듭하는 영역을 **활성영역**(active region)이라고 한다.

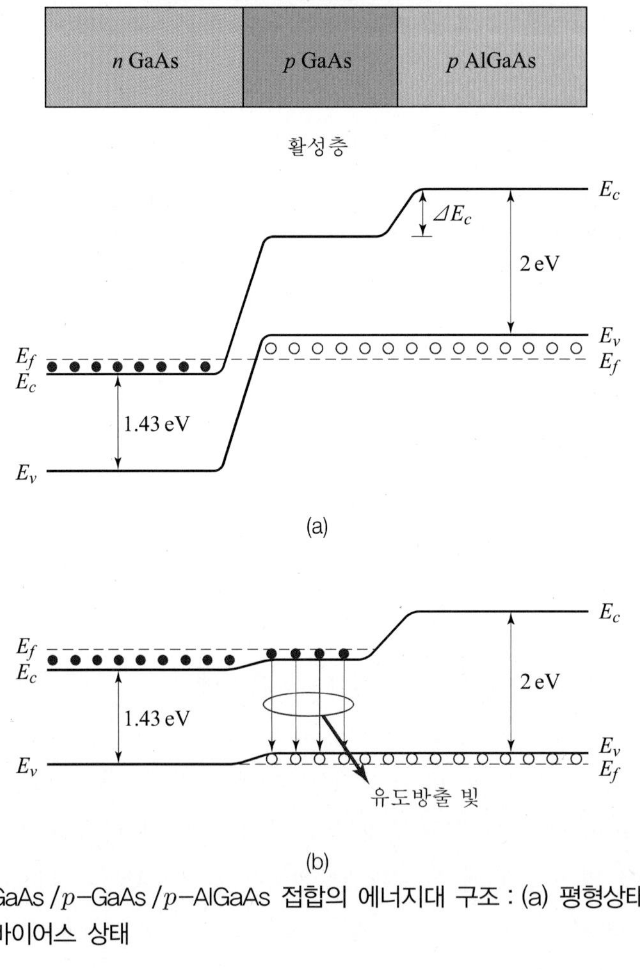

그림 6.22 n-GaAs / p-GaAs / p-AlGaAs 접합의 에너지대 구조 : (a) 평형상태, (b) 높은 순방향 바이어스 상태

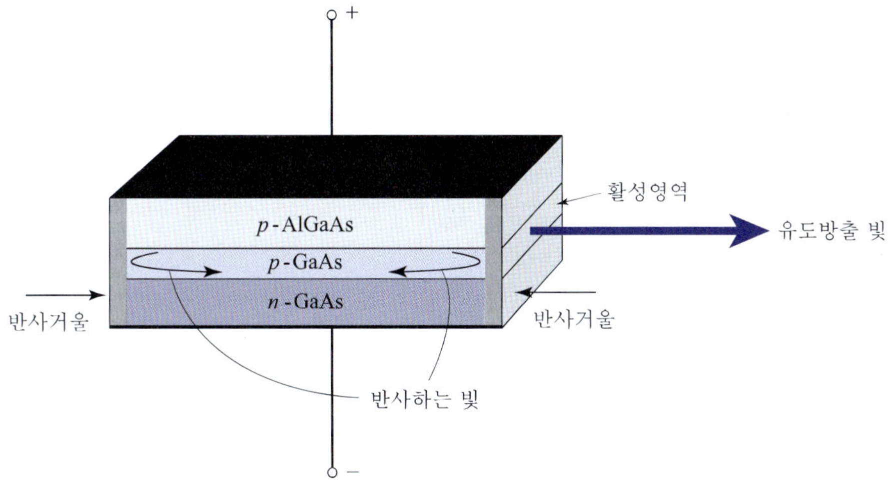

그림 6.23 레이저 다이오드 동작 개념도

한편 레이저 다이오드는 LED보다 복잡한 공정 때문에 가격 면에서 비싸고, 설계 면에서 복잡하며, 또한 LED보다 제작이 어려운데 단순히 LED처럼 EHP만 있으면 되는 것이 아니라 높은 준위의 캐리어가 낮은 준위의 캐리어보다 많아야 하는 분포반전이 되어야 하기 때문에 실패할 우려가 있고, 구동회로가 훨씬 더 복잡하다는 등의 단점도 가지고 있다.

(5) 레이저 다이오드 방출 스펙트럼

그림 6.19에서 설명한 바와 같이 전자와 정공은 직접적으로 재결합하여 $E_{fn} - E_{fp} \sim E_g$ 범위에 이르는 빛을 방출한다. 낮은 순방향 전류에서는 $E_g < hf < E_{fn} - E_{fp}$에 해당하는 비간섭성 빛으로서 그림 6.24 (a)와 같이 넓은 파장을 갖는 자연방출 스펙트럼이다. 점점 순방향 전류를 증가시켜 가면 방출하는 빛은 상당한 정도의 분포반전으로 그림 6.24 (b)와 같이 유도방출이 생기기 시작한다. 더욱 높은 전류에서는 그림 6.24 (c)와 같이 아주 좁은 파장영역의 단일파장을 갖는 유도방출 빛이 나타난다. 이 빛이 실제로 레이저 출력광이다.

레이저 다이오드가 유도방출을 일으키기 위해서는 그림 6.25에 나타낸 바와 같이 전류가 일정한 **문턱전류** I_{th} 이상이어야 한다. I_{th} 이하에서는 매우 약한 광출력이 있긴 하나 활성층 내에 주입된 전자와 정공의 자발적인 재결합에 의한 것으로 레이저 성능이 아주 떨어져서 마치 LED처럼 작동하는데 그림 6.24 (a), (b)에서와 같은 빛을 방출한다. 전류가 점점 증가하여 I_{th} 이상이 되면 그림 6.24 (c)에서와 같은 높은 단색광의 출력광이 방출된다.

레이저 다이오드 재료에는 어떤 것이 있는가? 가시광선과 적외선 파장을 내는 반도체 레이저는 여러 적용분야를 고려할 때 Ⅲ-Ⅴ 물질에서 찾을 수 있다. 앞에서 언급한 바와 같이 GaAs/AlGaAs 이종접합은 초기 광전자 시스템에서 레이저로 널리 사용되었다. 광통신에 사용되는 실리카 광섬유는 레이저 빛이 1.55 μm에서 가장 감쇠가 적고, 다음으로는 1.3 μm대인데 이 파장에 적합한 반도체 재료는 InGaAsP/InP이다.

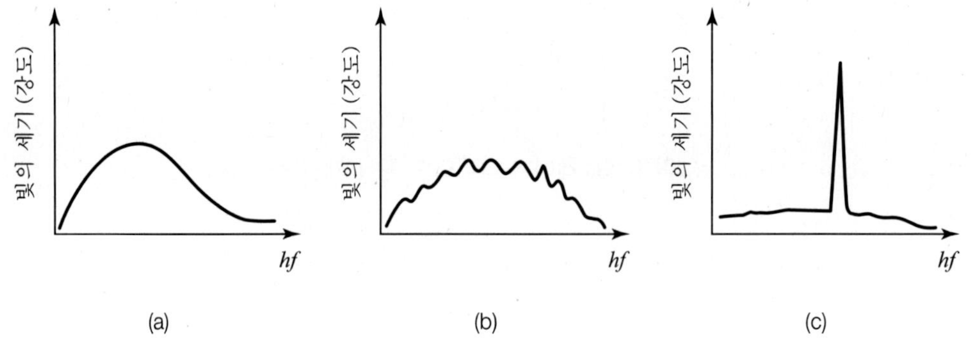

그림 6.24 인가 바이어스에 따른 빛의 세기-방출 에너지 관계 : (a) 저전류, (b) 중전류, (c) 대전류

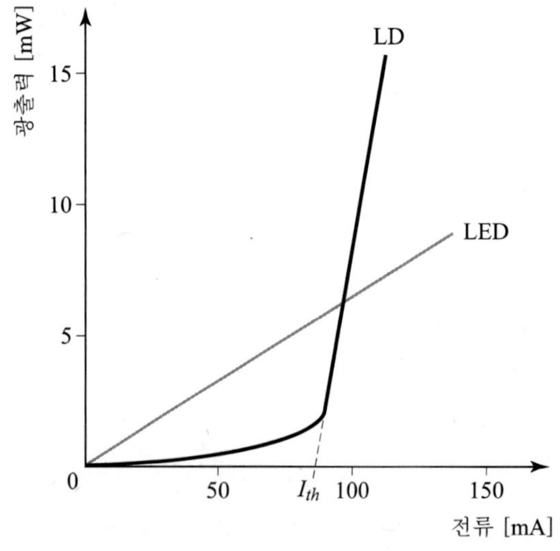

그림 6.25 레이저 다이오드와 발광 다이오드의 전류와 출력광의 세기

최근에는 $E_g = 3.4$ eV인 GaN에서 고효율 청색 LED 개발로 이 분야에 대한 연구가 큰 관심을 끌고 있다. 한편 Ⅱ－Ⅵ 화합물 반도체 레이저는 빛을 방출하는 데는 효율적이었으나 접합기술이 어려워 제대로 연구가 이루어지지 않았다. MBE, MOVPE와 같은 결정성장 장치의 발전에 힘입어 접합이 가능하게 되었다. ZnS, ZnSe, ZnTe와 그 합금은 녹색 및 청록색 영역의 빛을 방출한다.

핵심 N 레이저 다이오드는 유도방출에 의한 빛의 증폭으로 단색성, 간섭성, 지향성으로 특징되며, 고밀도 에너지를 가진다. LED와 같은 자발방출이 아닌 유도방출기구를 통해서 빛이 증폭된다.

6.2 쌍극성 접합 트랜지스터

여기서는 쌍극성 접합 트랜지스터(bipolar junction transistors : BJT)의 구조, 동작원리, 특성에 대해서 학습한다. 최초의 반도체 트랜지스터는 1948년 벨연구소(미)에서 존 바딘(J. Bardeen), 월터 브래틴 (W. Brattain), 윌리엄 쇼클리 (W. Shockley) 등에 의해서 발명되었다. *pnp*와 *npn* BJT 등 두 가지 형태의 동작원리를 *pn* 접합 관점에서 기술한다. 트랜지스터는 3단자 소자이지만 공통단자를 정함으로서 4단자 소자로 취급할 수 있다. 공통단자가 어떤 단자인가에 따라 공통 베이스, 공통 이미터, 공통 컬렉터 접지 등 세 가지 접지방식으로 나누어진다. 공통 베이스 전류이득과 공통 이미터 전류이득과 같은 중요한 파라미터를 정의하며, 이 파라미터와 관련된 BJT 식을 유도하고 그 개념을 학습한다.

6.2.1 BJT의 구조

트랜지스터는 입력 신호를 증폭시킬 수 있는 3단자 반도체 소자이다. Transistor라는 용어는 transfer(전달하다)와 resistor(저항기)의 합성어다. 저항을 가지는 영역을 거쳐 신호를 전달한다는 뜻에서 그 의미를 찾을 수 있다. 트랜지스터에는 쌍극성 접합 트랜지스터(bipolar junction transistor : BJT)와 전계효과 트랜지스터(field effect transistor : FET) 등 전혀 다른 구조와 특성을 갖는 두 가지 종류가 있다. FET는 다음 절에서 학습하기로 하고, 보통 트랜지스터라고 하면 BJT를 말한다.

bipolar(쌍극)이라는 이름은 BJT 동작에서 두 가지 캐리어, 즉 전자와 정공이 주도적 역할을 하고, 두 가지 극성이라는 점에서 붙여진 것이다. 그림 6.26 (a)에 나타낸 바와 같이 BJT 구조는 *pnp*형과 *npn*형으로 구분된다. *pnp*형은 같은 *p*형 반도체 사이에 *n*형 반도체가, *npn*형은 같은 *n*형 반도체 사이에 *p*형 반도체가 샌드위치되어 있고, 3개의 반도체 영역과 2개의 *pn* 접합을 갖는 구조이다. 각 반도체 영역의 단자명은 다음과 같은 의미에서 붙여진다.

이미터(emitter : E) : "emit의 사전적 뜻은 뭔가를 방출하다"이므로 여기서는 전자나 정공을 다른 영역(베이스, 컬렉터)으로 방출한다는 의미에서 붙여진 이름이다. 전류가 아니라 캐리어를 방출한다는 의미이다.

컬렉터(collector : C) : "collect의 사전적 뜻은 뭔가를 모으다"이므로 여기서는 전자나 정공을 모은다는 의미에서 붙여진 이름이다. 전류가 아니라 캐리어를 모은다는 의미이다.

베이스(base : B) : "base의 사전적 뜻은 기반, 근거지"이므로 여기서는 이미터에 방출된 캐리어가 컬렉터에 어느 정도 모이는가는 베이스 영역의 캐리어 농도, 폭 등이 기반이 된다는 의미에서 붙여진 이름이다.

각 단자의 금속-반도체 접촉은 BJT를 회로에 연결하기 위한 목적으로 반드시 **옴성 접촉**(ohmic contact)이어야 한다. 이미터와 컬렉터는 항상 같은 형태(isotype)이며, 베이스는 반대 형태(anisotype)이다. 3영역 중에서 베이스 영역이 가장 좁은 영역이다. 베이

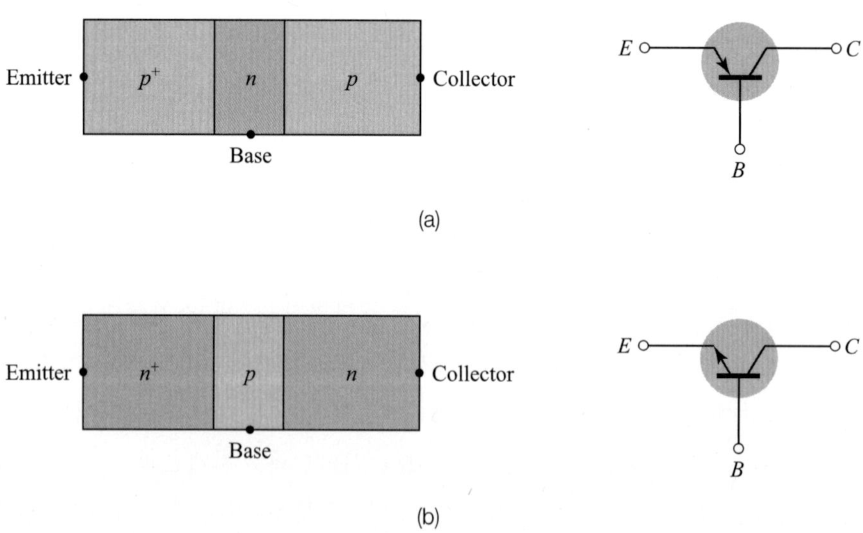

그림 6.26 BJT의 구조와 기호 : (a) *pnp*, (b) *npn*

스 폭은 소수 캐리어 확산거리와 비교될 만큼 작다. 도핑농도는 이미터, 베이스, 컬렉터 순으로 감소한다. 그림 6.26 (a)는 BJT의 기호를 나타낸 것으로 원 내의 수평선이 베이스를 나타내고, 화살표가 연결된 단자가 이미터, 그 반대편이 컬렉터이다. 화살표는 전류의 방향을 나타낸다. 전류는 항상 p형에서 n형으로 흐른다는 사실을 기억하는 것이 중요하다. 따라서 pnp형은 이미터에서 베이스 쪽으로, npn형은 베이스에서 이미터 쪽으로 전류가 흐른다. 화살표의 방향을 보고서 BJT가 pnp형인지 npn형인지를 알 수 있으며, BJT 소자 자체를 가지고 이것이 어떤 형태의 BJT인지 눈으로 직접 확인할 수는 없고, 계측기를 통해서 그 유형과 단자명을 구분해 낼 수 있다.

핵심 N 트랜지스터는 이미터, 베이스, 컬렉터 단자를 가지는 3단자 반도체 소자이다.

6.2.2 BJT의 동작

(1) pn 접합의 바이어스 상태

BJT에는 2개의 바이어스 접합이 있다. 이미터-베이스 접합과 컬렉터-베이스 접합이다. 각각의 바이어스 상태에 따라 그 응용이 달라진다.

1) 이미터 접합

이미터와 베이스 사이의 pn 접합을 **이미터 접합**이라고 한다. BJT가 증폭기로 동작할 경우, 이미터 접합은 반드시 순방향 바이어스가 되어야 한다. 컬렉터 단자가 개방되었을 때의 순방향 바이어스된 이미터 접합에서 캐리어 거동을 살펴보자. 이때는 순방

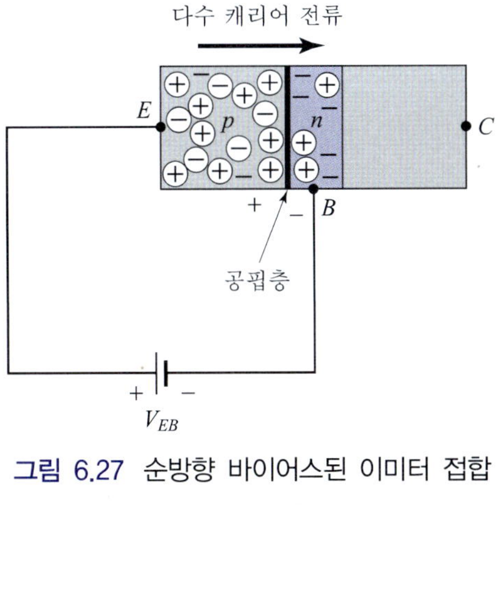

그림 6.27 순방향 바이어스된 이미터 접합

향 바이어스된 pn 접합 다이오드에 해당한다. 그림 6.27에 나타낸 바와 같이 이미터는 +전위이며, 베이스는 −전위이다. 이 상태에서는 공핍층 폭은 좁고, 전위장벽은 낮으며, 공핍층 내의 내부전계도 작다. 이때 캐리어의 이동은 전적으로 전위장벽 저하에 따른 다수 캐리어 확산에 의한 것이며, 소위 **확산전류**(diffusion current)가 흐른다. 확산전류는 항상 p영역에서 n영역으로 흐른다. 순방향 바이어스에서도 소수 캐리어 흐름은 있다. 이미터 영역의 소수 캐리어 전자와 베이스 영역의 소수 캐리어 정공 가운데서 공핍층 부근, 즉 확산거리 내의 캐리어만이 공핍층 내의 내부전계의 영향으로 이동하게 된다. 그러나 소수 캐리어 표동에 의한 전류, 즉 **표동전류**(drift current)는 무시할 정도로 작다. 표동전류는 항상 n영역에서 p영역으로 흐른다. 따라서 다수 캐리어 확산에 의한 확산전류와 소수 캐리어 표동 의한 표동전류는 항상 반대방향으로 흐른다.

2) 컬렉터 접합

베이스와 컬렉터 사이의 pn 접합을 **컬렉터 접합**이라고 한다. BJT가 증폭기로 동작할 경우, 컬렉터 접합은 반드시 역방향 바이어스가 되어야 한다. 이미터 단자가 개방되었을 때의 역방향 바이어스된 컬렉터 접합에서 캐리어 거동을 살펴보자. 이때는 역방향 바이어스된 pn 접합 다이오드에 해당한다. 그림 6.28에 나타낸 바와 같이 베이스는 +전위이며, 컬렉터는 −전위이다. 이 상태에서는 공핍층 폭은 넓고, 전위장벽은 높으며, 공핍층 내의 내부전계는 매우 크다. 베이스 영역의 다수 캐리어 전자는 +전위 쪽으로 이동하고 컬렉터 영역의 다수 캐리어 정공은 −전위 쪽으로 이동한다. 그러므로 공핍층을 가로지르는 다수 캐리어의 이동은 없다. 대신에 베이스 영역의 소수

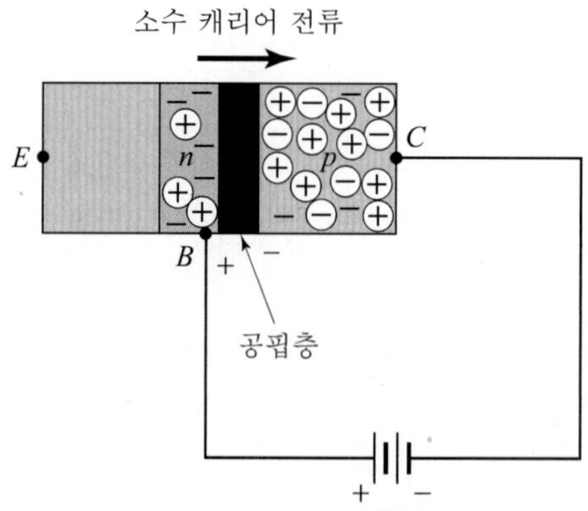

그림 6.28 역방향 바이어스된 컬렉터 접합

캐리어 정공과 컬렉터 영역의 소수 캐리어 전자 가운데서 공핍층 부근, 즉 확산거리 내의 캐리어만이 공핍층 내의 내부전계의 영향으로 서로 반대 방향으로 이동하게 된다. 다시 말해서 내부전계에 의해서 휩쓸려 내려간다. 역방향 바이어스에서 캐리어 이동은 전적으로 캐리어 표동에 의한 것이며, 소위 **표동전류**만이 흐른다. 이러한 표동전류를 **역포화 전류**, **누설전류**, **열생성 전류**라고도 한다. 표동전류의 크기는 역방향 바이어스 크기와는 무관하고, 소수 캐리어 수에만 의존한다. 표동전류는 n영역에서 p영역으로 흐른다. 그러나 단순히 pn 접합에서는 무시될 정도로 작지만 트랜지스터 작동에서 이미터에서 넘어온 정공은 베이스 영역에서 소수 캐리어로서 컬렉터 접합의 고전계로 컬렉터로 넘어간다면 이때의 표동전류는 작은 것일까? 그렇지 않다. 이것이 pn 다이오드에서 역방향 바이어스일 때 캐리어 거동과 다른 점이다.

3) BJT의 동작

BJT가 동작하기 위해해서는 그림 6.29에 나타낸 바와 같이 이미터 접합은 순방향으로, 컬렉터 접합은 역방향으로 동시에 바이어스가 되어야 한다. 두 접합 중 어느 하나만 바이어스된다면 트랜지스터는 동작하지 않는다. 이미터 영역의 정공은 베이스 영역으로 주입되고, 베이스 영역의 전자는 이미터로 주입된다. 그러나 이미터가 베이스보다 도핑농도가 높기 때문에 정공수가 전자수보다 훨씬 많다. 따라서 이미터에서 베이스로 주입된 정공이 전류 흐름을 주도한다.

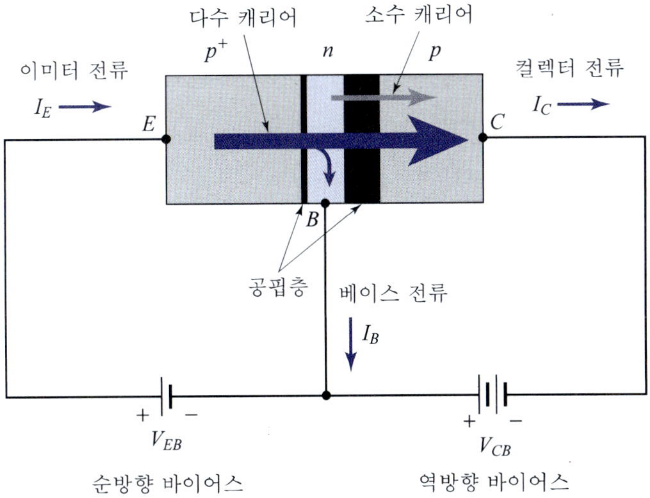

그림 6.29 pnp BJT의 단자전류

이미터에서 베이스 내로 주입된 정공은 베이스 내에서 소수 캐리어가 되고, 주입된 소수 캐리어 정공은 평형상태에서 베이스 내의 소수 캐리어 정공보다 훨씬 높기 때문에 베이스 내에서 정공농도의 기울기로 인해서 컬렉터 쪽의 베이스로 확산한다. 이것이 소수 캐리어 확산이다. 그리고 컬렉터 접합에서 확산거리 내의 정공은 컬렉터 접합의 높은 내부전계로 컬렉터 안으로 휩쓸려 들어가게 된다. 결과적으로 이미터에서 보낸 정공이 베이스에서 극히 일부 재결합으로 소멸되고 거의 대부분이 컬렉터에 도달한다. 이것이 **트랜지스터 동작원리**이다. 좋은 BJT를 만들기 위해서는 베이스 관점에서 다음과 같은 조건으로 설계되어야 한다.

1. 베이스 폭은 소수 캐리어 정공의 확산거리 이하여야 한다.
2. 이미터 정공농도가 베이스 전자농도보다 훨씬 높아야 한다.

(2) *pnp* BJT에서 전류

그림 6.29에 나타낸 전류에 대한 캐리어 흐름을 나타낸 것이 그림 6.30이며, 이것을 전류의 흐름 관점에서 분석한 것이 그림 6.31이다. 이미터 접합은 순방향 바이어스, 컬렉터 접합은 역방향 바이어스 조건에 따라 캐리어 흐름과 전류 흐름을 살펴보자. 이미터 접합을 가로질러 이미터에서 베이스로 확산하는 정공과 베이스에서 이미터로 확산하는 전자에 의한 확산전류가 이미터에서 베이스로 흐른다. 이미터 영역이 고농도로 도핑되어 있기 때문에 정공확산전류가 거의 이미터 전류이다. 한편 이미터 접합을 가로 질러 베이스에서 이미터로 표동하는 정공과 이미터에서 베이스로 표동하는 전자에 의한 표동전류는 누설전류이므로 무시된다. 이런 상황은 역방향 바이어스된 컬렉터 접합에서는 완전히 다르다. 여기서는 확산성분이 무시되고 표동성분이 중요해진다. 특히 정공표동이 중요하다. 많은 정공이 이미터로부터 베이스로 주입되도록 BJT는 설계된다. 베이스 폭이 좁고, 컬렉터 접합의 강한 전계로 컬렉터 접합을 가로질러 컬렉터 쪽으로 휩쓸려 갈 것이다. 이것은 큰 정공표동전류이다. 전자표동전류도 있지만 이것은 컬렉터 영역 자체의 소수 캐리어 전자여서 무시된다.

1) 이미터 전류

이미터 접합에서 캐리어 이동에 따른 이미터 전류는 4개의 성분으로 구성된다.

① 정공확산전류 : 이미터 영역의 다수 캐리어 정공이 베이스 영역으로 확산(정공확산)할 때 생긴 전류 I_{pE}

② 전자확산전류 : 베이스 영역의 다수 캐리어 전자가 이미터 영역으로 확산(전자확산)할 때 생긴 전류 I_{nE}

③ 정공표동전류 : 베이스 영역의 소수 캐리어 정공이 이미터 접합의 내부전계로 이미터 영역으로 표동(정공표동)할 때 생긴 전류

④ 전자표동전류 : 이미터 영역의 소수 캐리어 전자가 이미터 접합의 내부전계로 베이스 영역으로 표동(전자표동)할 때 생긴 전류

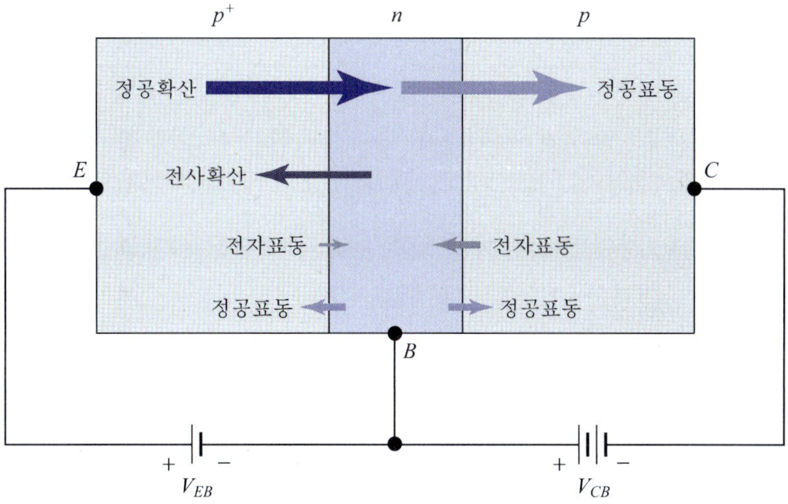

그림 6.30 pnp BJT의 캐리어 성분

이미터 집합에서 확산전류에 비해 표동전류는 상대적으로 아주 작아 무시된다. 따라서 **이미터 전류**(I_E)는 다음과 같이 나타낼 수 있다.

$$I_E = I_{pE} + I_{nE} \tag{6.5}$$

여기서 I_{nE}는 작을수록 트랜지스터가 효율적으로 작동할 수 있다.

2) 컬렉터 전류

컬렉터 접합에서 캐리어 이동에 따른 컬렉터 전류도 역시 3개의 성분으로 구성된다.

① 정공표동전류 : 이미터에서 베이스로 주입된 정공성분은 베이스 영역에서는 매우 큰 농도의 소수 캐리어가 된다. 이것이 컬렉터 접합의 큰 내부전계로 컬렉터 영역으로 표동(정공표동)할 때 생긴 전류 I_{pC}와 여기에 더하여 베이스 영역 자체 소수 캐리어 정공이 컬렉터 접합의 내부전계로 컬렉터 영역으로 표동(정공표동)할 때 생긴 전류 I_{pCO}

② 전자표동전류 : 컬렉터 영역의 소수 캐리어 전자가 컬렉터 접합의 내부전계로 베이스 영역으로 표동(전자표동)할 때 생긴 전류 I_{nCO}

따라서 **컬렉터 전류**(I_C)는 다음과 같이 나타내진다

$$I_C = I_{pC} + (I_{pCO} + I_{nCO}) \tag{6.6}$$

3) 베이스 전류

베이스 영역에서 캐리어 출입과 재결합에 따른 베이스 전류는 크게 세 가지 성분으로 구성된다.

① 전자확산전류 : 베이스 영역에서 다수 캐리어 전자가 이미터 영역으로 확산할 때 생긴 전류 I_{nE}(이미터 전류성분 중의 하나)

② 재결합전류 : 이미터에서 베이스로 주입되는 정공과 재결합하여 소멸된 전자를 베이스 단자가 공급할 때 생긴 전류 $(1-\alpha_T)I_{pE}$(여기서 $\alpha_T = I_{pC} / I_{pE}$, 베이스 전송률)

③ 표동전류 : 컬렉터 영역의 소수 캐리어 전자가 컬렉터 접합의 큰 내부전계로 베이스 영역으로 표동(전자표동)할 때 생긴 전류

베이스 전류의 주된 성분은 전자확산전류와 재결합전류이다. 따라서 베이스 전류(I_B)는 다음과 같이 나타내진다.

$$I_B = I_{nE} + (1 - \alpha_T) I_{pE} \tag{6.7}$$

이 성분들은 모두 베이스 단자에서 공급되어야 할 전류이다. 좋은 BJT를 만들기 위해서는 앞에서 설명한 바와 같이 이미터에서 주입된 정공이 최대한으로 컬렉터에 도달하여야 한다. 그러기 위해서는 이미터 접합에서 주입된 정공은 베이스에서 재결합이 최소한으로 되어야 한다. 재결합을 줄이는 조건은 베이스 폭이 좁고, 베이스가 이미터보다는 농도가 낮아야 한다. 베이스가 아무리 좁다고 하더라도 이미터에서 베이스로 주입된 정공이 컬렉터로 이동시 베이스에서 재결합은 불가피하다. 그런데 베이스의 **공간전하중성조건**, 즉 베이스 영역은 2개의 공핍층 사이에서 전기적으로 중성이어야 한다. 이미터에서 주입된 정공의 일부가 베이스 전자와 재결합으로 소멸되어 베이스의 전하중성조건이 충족되지 못하는 상황이 발생한다. 이것을 보상하기 위해서는 같은 수의 전자를 베이스에 공급하여야 한다. 그 공급 전자가 베이스 단자로부터 전자와 컬렉터 접합으로부터 전자의 확산거리 내에서 열적으로 생성된 전자이다. 이때 베이스 단자로부터 공급받는 전자에 의한 전류가 **베이스 전류**(I_B)의 주성분이다.

베이스 전류 I_B는 이미터 전류 I_E나 컬렉터 전류 I_C보다 훨씬 작은 수 μA ~ 수 십 μA에 불과하다.

pnp BJT에서 이미터, 베이스, 컬렉터 등 단자전류의 흐름을 그림 6.29에서 확인할 수 있다. 이미터 전류가 가장 크고, 베이스를 지나 컬렉터 전류를 형성한다. 키르히호프의 전류법칙(KCL)에 따라 3단자 전류 간에 다음과 같은 관계가 성립한다.

$$I_E = I_B + I_C \tag{6.8}$$

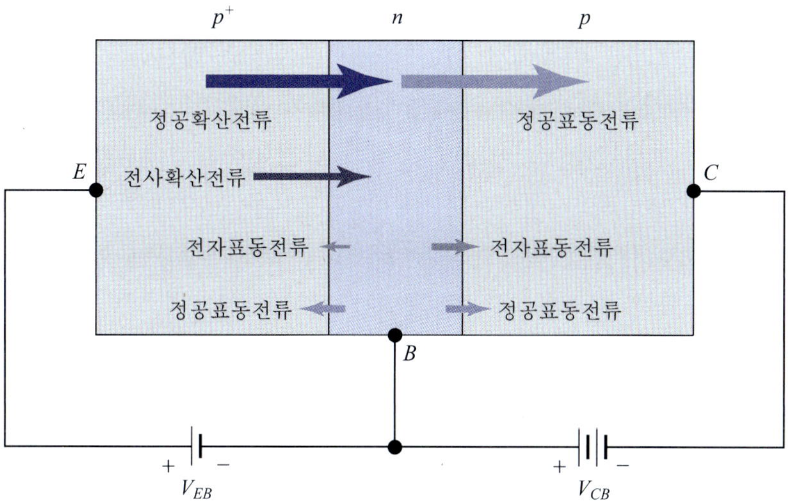

그림 6.31 *pnp* BJT의 전류 성분

베이스 전류는 아주 작은 전류로 무시될 수 있다. 앞에서 캐리어 관점에서 설명한 바와 같이 이미터에서 베이스로 확산한 정공은 베이스 전자와 재결합으로 소멸되고, 나머지 대부분은 컬렉터 접합의 고전계로 베이스에서 컬렉터로 표동함으로서 이미터에서 보낸 정공이 컬렉터에 도달한다. 이와 같이 컬렉터 전류가 이미터 전류, 전압으로 제어되는 현상을 **트랜지스터 작용**이라고 한다. 컬렉터 전류는 다음과 같이 근사적으로 이미터 전류이다.

$$I_C \simeq I_E \tag{6.9}$$

전자회로에서는 앞에서 설명한 구조그림을 사용할 수 없고, 그림 6.26에 나타낸 기호를 사용한다. 기호에서 화살표는 이미터 단자에만 쓸 수 있고, 화살표 방향은 p형에서 n형으로 향하며, 전류의 방향을 나타낸다. 원 내의 직선은 베이스를 나타내며, 이미터처럼 생겼으나 화살표가 없는 것은 컬렉터를 나타낸다. 기호를 통해서 이미터로 들어가는 전류는 베이스와 컬렉터로 나온다는 것에서 이것이 pnp형인지 아니면 npn형인지를 알 수 있다.

(3) npn BJT에서 전류 흐름

npn BJT의 동작원리는 pnp BJT의 그것과 동일하다. 다만 구조상 그림 6.32에 나타낸 것과 같이 베이스가 p형이고, 이미터와 컬렉터가 n형이다. 바이어스 상태도 동일하다. 즉, 이미터 접합은 순방향 바이어스 상태, 컬렉터 접합은 역방향 바이어스 상태가 되어야 한다. 캐리어 관점에서 이미터에서 베이스로 확산하는 다수 캐리어 전자는 베이스에서 다수 캐리어 정공과 재결합으로 아주 일부 소멸되고, 나머지 대부분은 컬렉터 접합의 높은 내부전계로 인해서 컬렉터로 표동한다. 대부분의 이미터 전류는 베이스로 주입된 전자에 의한 전류이며, 베이스 전류는 이미터 전자와 재결합으로 소멸된 정공을 단자로부터 공급받을 때의 전류이고, 컬렉터 전류는 이미터 전자 중에서 베이스에서 소멸된 극히 일부의 전자를 제외한 이미터 전자에 의한 전류이다. 전류의 방향은 정공에 의해서 주도되는 pnp BJT와는 달리 전자에 의해서 주도되기 때문에 pnp BJT의 방향과는 반대이다. 따라서 베이스와 컬렉터에 들어가는 전류가 합쳐져서 이미터에서 나오는 전류가 된다.

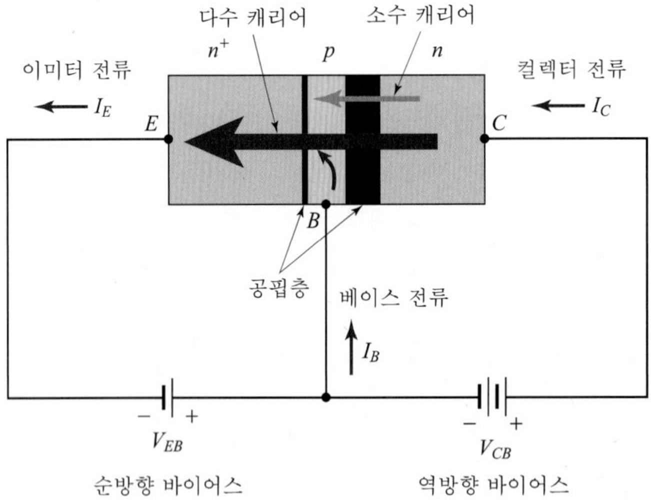

그림 6.32 npn **BJT의 단자전류**

pnp BJT는 이미터의 다수 캐리어가 정공이므로 정공의 흐름 방향이 전류의 방향이므로 동작원리를 이해하는 데 주로 사용된다. 그러나 실제로 응용되는 것은 *npn* BJT이다. 이것은 두 가지 측면에서 그 이유를 찾을 수 있다. 첫째, *npn* BJT에서 전류는 전자의 확산과 표동에 의한 전자전류이다. 전자가 정공보다 이동도가 크므로 속도가 빠르다. 둘째, 제조할 때 컬렉터, 베이스, 이미터 영역 순으로 도핑된다. 이럴 경우에 컬렉터 영역은 베이스와 이미터 불순물을 도핑할 때보다 두 번 더 고온에서 열처리된다. 일반적으로 억셉터가 도너보다 확산계수가 더 크기 때문에 컬렉터 불순물이 억셉터인 경우, 즉 *pnp*인 경우에 이미터 형성시 억셉터의 외부 확산으로 베이스와 컬렉터 사이의 *pn* 접합에 악 영향을 끼칠 수가 있다.

핵심 N 3층 반도체 소자로 이미터 접합과 컬렉터 접합이라고 하는 2개의 접합을 갖는다. 이미터에서 보낸 캐리어를 컬렉터에서 모으는 것으로 트랜지스터 동작이 시작된다. 그러기 위해서는 이미터 접합은 순방향이 되게, 컬렉터 접합은 역방향이 되게 전압을 걸어야 한다. 이미터 전류는 베이스 전류와 컬렉터 전류의 합이다. 이미터 전류와 컬렉터 전류는 거의 같다.

6.2.3 BJT의 특성 파라미터

BJT에 바이어스를 인가하면 3단자를 통해서 전류가 흐른다. 이때 단자 전류의 비를 이용한 중요한 몇 가지 특성 파라미터가 있다. 이미터 전류(I_E)를 정공과 전자성분별로 나타낸 것이 식 (6.5)인데 이미터에서 보낸 정공에 의해서 주도되기 때문에 다음과 같이 근사적으로 나타내어도 타당한 식이 된다.

$$I_E = I_{pE} + I_{nE} \simeq I_{pE} \tag{6.10}$$

여기서 I_{pE}는 이미터에서 베이스로 주입되는 정공에 의한 이미터 전류, I_{nE}는 베이스에서 이미터로 주입되는 전자에 의한 이미터 전류이다.

컬렉터 전류(I_C)는 식 (6.6) 대신에 다음과 같이 쓰는 것이 일반적이다.

$$I_C = I_{pC} + I_{CO} \tag{6.11}$$

여기서 I_{pC}는 이미터에서 컬렉터로 넘어온 다수 캐리어 정공에 의한 컬렉터 전류, I_{CO} 또는 I_{CBO}는 소수 캐리어에 의한 **차단전류**(cutoff current), **열생성 전류**, **누설전류**라고 하며, 다음과 같은 전류성분으로 구성된다.

$$I_{CO} = I_{pCO} + I_{nCO} \tag{6.12}$$

여기서 I_{pCO}는 베이스의 소수 캐리어 정공에 의한 컬렉터 전류, I_{nCO}는 컬렉터의 소수 캐리어 전자에 의한 컬렉터 전류이다.

식 (6.11)에서 I_{CO}는 아주 작은 전류이므로 컬렉터 전류는(I_C)는 다음과 같이 나타내진다.

$$I_C \simeq I_{pC} \tag{6.13}$$

상기에서 나타낸 단자전류를 기초로 중요한 *pnp* 트랜지스터 특성 파라미터를 다루기로 한다. 물론 *npn* 트랜지스터에도 마찬가지로 적용되는 파라미터이다.

이미터 주입효율(emitter injection efficiency) γ는 이미터 전류(I_E)에서 이미터의 다수 캐리어에 의한 전류(I_{pE})가 차지하는 비율이다.

$$\gamma = \frac{I_{pE}}{I_E} = \frac{I_{pE}}{I_{pE} + I_{nE}} \tag{6.14}$$

실제 이미터 영역이 베이스 영역보다 훨씬 강하게 도핑하는 이유는 이미터 전류성분 중에서 이미터에서 베이스로 주입된 정공에 의한 전류(I_{pE})의 비율을 높이기 위해서다. 효율적인 트랜지스터가 되기 위해서는 $\gamma \simeq 1$이 되도록 해야 한다.

베이스 전송률(base transport factor) α_T는 이미터에서 베이스로 주입된 정공에 의한 이미터 전류(I_{pE})와 컬렉터에 도달하는 정공에 의한 컬렉터 전류(I_{pC})와의 비이다.

$$\alpha_T = \frac{I_{pC}}{I_{pE}} \simeq \frac{I_C}{\gamma I_E} \tag{6.15}$$

효율적인 트랜지스터가 되기 위해서는 $\alpha_T \simeq 1$이 되도록 해야 한다. 실제 트랜지스터에서 베이스의 폭을 되도록이면 좁게 하는 이유는 α_T를 1에 가깝게 하기 위해서이다. $\alpha_T \neq 1$인 이유는 앞에서 설명한 바와 같이 이미터에서 주입된 정공의 일부가 베이스를 횡단 중에 베이스의 전자와 재결합으로 소멸되기 때문이다. 베이스 전송률이 α_T일 때 $1-\alpha_T$는 베이스에서 재결합하는 부분에 해당한다.

공통 베이스 전류이득 α는 이미터 전류(I_E)와 이미터로부터 컬렉터에 도달하는 다수 캐리어에 의한 컬렉터 전류(I_{pC})와의 비이다.

$$\alpha = \frac{I_{pC}}{I_E} = \frac{I_C - I_{CO}}{I_E} \simeq \frac{I_C}{I_E} \tag{6.16}$$

또 식 (6.13)와 식 (6.14)를 결합시키면 α는 다음과 같이 나타내진다.

$$\alpha = \alpha_T \gamma \tag{6.17}$$

식 (6.16)에서 I_C는 다음과 같이 나타내진다.

$$I_C = \alpha I_E + I_{CO} \tag{6.18}$$

차단전류 $I_{CO}(= I_{CBO})$는 작기 때문에 무시될 수 있다. 따라서 식 (6.18)은 다음과 같이 된다.

$$I_C = \alpha I_E \tag{6.19}$$

α는 단자 전류인 이미터 전류(I_E)와 컬렉터 전류는(I_C)의 비로 결코 1일 될 수 없으며, 전형적인 값으로는 0.99 ~ 0.998로 1에 근접하게끔 설계하여야 한다.

공통 이미터 전류이득 β는 베이스 전류(I_B)와 컬렉터 전류(I_C)와의 비로 정의된다.

$$\frac{I_C}{I_B} = \frac{\alpha_T I_{pE}}{I_{nE} + (1-\alpha_T) I_{pE}} = \frac{\alpha_T I_{pE}}{I_{pE} + I_{nE} - \alpha_T I_{pE}} = \frac{\alpha_T \dfrac{I_{pE}}{I_E}}{1 - \alpha_T \dfrac{I_{pE}}{I_E}} \tag{6.20}$$

$$= \frac{\alpha_T \gamma}{1 - \alpha_T \gamma} = \frac{\alpha}{1-\alpha}$$

$$\beta = \frac{I_C}{I_B} = \frac{\alpha}{1-\alpha} \tag{6.20-1}$$

위에서 보았듯이 특성 파라미터는 이미터, 베이스, 컬렉터 전류와 서로 연관되어 있다. 그런데 전류는 캐리어의 흐름이므로 특성 파라미터를 캐리어 관점에서, 즉 베이스 내에서 정공의 수명시간 τ_h과 정공의 재결합 확률 $1/\tau_h$, 베이스를 횡단하는 주행시간 τ_t를 가지고 다루어 보기로 한다.

정공의 확산거리는 5장에서 취급한 바와 같이 식(5.118), 즉 $L_h = \sqrt{D_h \tau_h}$이다. 이미터에서 베이스로 주입된 캐리어가 베이스 내에서 확산하여 컬렉터에 도달하려면 캐리어 확산거리는 베이스 폭 이상은 되어야 한다. L_h를 베이스 폭 W_B로 두고 τ_h를 구하면 이것이 **베이스 주행시간**이 된다. 즉

$$\tau_t = \frac{{W_B}^2}{D_h} \tag{6.21}$$

가 된다. τ_t/τ_h는 τ_t동안 재결합 확률이므로 $1-\tau_t/\tau_h$는 재결합하지 않고, 컬렉터에 도달할 확률에 해당한다. 따라서 이미터에서 보낸 정공전류에 대한 확률이므로 **컬렉터 전류**는 다음과 같이 나타내진다.

$$I_C = \left(1 - \frac{\tau_t}{\tau_h}\right) I_{pE} \tag{6.22}$$

따라서 **베이스 전송률** α_T는 다음과 같이 나타낼 수 있다.

$$\alpha_T \simeq \frac{I_C}{I_{pE}} \simeq 1 - \frac{\tau_t}{\tau_h} \tag{6.23}$$

효율적인 베이스 전송률을 얻기 위해는 베이스 주행시간이 짧아야 한다. 이것은 베이스 폭 조정으로 가능하다.

공통 베이스 전류이득 α는 다음과 같이 나타내진다.

$$\alpha = \alpha_T \gamma = \left(1 - \frac{\tau_t}{\tau_h}\right)\gamma \tag{6.24}$$

정공의 수명시간이 길다거나 주행시간이 짧다면 당연히 α는 증가한다.

그렇다면 **베이스 전류**는 다음과 같은 식으로 전개된다.

$$\begin{aligned} I_B &= I_{nE} + \left(\frac{\tau_t}{\tau_h}\right) I_{pE} = I_E - I_{pE} + \left(\frac{\tau_t}{\tau_h}\right) I_{pE} \\ &= I_E\left(1 - \frac{I_{pE}}{I_E}\right) + \left(\frac{\tau_t}{\tau_h}\right) I_{pE} = (1-\gamma)\, I_E + \left(\frac{\tau_t}{\tau_h}\right) I_{pE} \end{aligned} \tag{6.25}$$

식 (6.22)와 식 (6.25)를 이용해서 공통 이미터 전류이득 β를 구해보면 결과적으로 다음과 같이 α와 연관된다.

$$\beta = \frac{I_C}{I_B} = \frac{\left(1-\dfrac{\tau_t}{\tau_h}\right)I_{pE}}{(1-\gamma)I_E + \left(\dfrac{\tau_t}{\tau_h}\right)I_{pE}} = \frac{\left(1-\dfrac{\tau_t}{\tau_h}\right)\gamma I_E}{(1-\gamma)I_E + \left(\dfrac{\tau_t}{\tau_h}\right)\gamma I_E}$$

$$= \frac{\left(1-\dfrac{\tau_t}{\tau_h}\right)\gamma}{1-\left(1-\dfrac{\tau_t}{\tau_h}\right)\gamma} = \frac{\alpha_T \gamma}{1-\alpha_T\gamma} = \frac{\alpha}{1-\alpha} \tag{6.26}$$

식 (6.20)와 식 (6.26)은 같은 수식이다. β는 전형적으로 $40 \sim 500$ 범위에 있다.

α와 β는 단자 전류로부터 정량적으로 구할 수 있다. 물성적으로 캐리어 관점에서 다시 한번 되짚어 보면 α는 이미터에서 보낸 캐리어가 컬렉터에 얼마나 도달하는가를 나타낸다. 즉 베이스에서 소멸되지 않고 살아 나온 캐리어와 비를 말하며, β는 이미터에서 보낸 캐리어 가운데 베이스에서 소멸된 캐리어와 컬렉터에 도달한 캐리어와의 비를 말한다.

여기서 α와 β 사이의 관계를 거시적으로, 즉 계측기로 직접 측정할 수 있는 단자전류로부터 구해보자.

식 (6.8), 즉

$$I_E = I_B + I_C$$

의 양변을 I_C로 나누면

$$\frac{I_E}{I_C} = \frac{I_B}{I_C} + \frac{I_C}{I_C}$$

이 되고, 식 (6.16)과 식 (6.20-1)을 적용하면

$$\frac{1}{\alpha} = \frac{1}{\beta} + 1$$

이 된다. 따라서 다음과 같이 쓸 수 있다.

$$\alpha = \frac{\beta}{1+\beta} \tag{6.27}$$

$$\beta = \frac{\alpha}{1-\alpha} \tag{6.28}$$

상기 식을 이용하면 α가 주어졌을 때 β를 구할 수 있고, β가 주어졌을 때 α를 구할 수 있는 유용한 식이다.

핵심 N 이미터에서 보낸 캐리어가 컬렉터에 도달하는 비율이 높아야 효율적인 트랜지스터가 될 수 있다. 그러기 위해서는 베이스 폭이 이미터에서 베이스로 주입된 캐리어 확산거리 이하가 되게 설계하여야 한다.
α는 이미터에서 보낸 캐리어 수와 컬렉터에 도달한 캐리어 수의 비, 즉 이미터 전류와 컬렉터 전류와의 비, β는 이미터에서 보낸 캐리어 중에서 베이스에서 재결합한 캐리어 수와 컬렉터에 도달한 캐리어 수와의 비, 베이스 전류와 컬렉터 전류와의 비를 의미한다.

6.2.4 BJT의 접지방식

BJT 소자를 이용한 접지방식에는 크게 세 가지로 분류할 수 있다. BJT는 3단자 소자이므로 어느 한 단자가 입출력에 공통 단자가 되어야 한다. 그림 6.33에 나타낸 바와 같이 공통 단자에 따라 공통 베이스(CB) 접지, 공통 이미터(CE) 접지, 공통 컬렉터(CC) 접지로 구성된다. 증폭기로 사용할 경우에는 접지방식 및 트랜지스터 유형(*pnp* 혹은 *npn*)에 관계없이 이미터 전류와 컬렉터 전류로 거의 같으며, 베이스 전류는 아주 작다. 접합의 바이어스 상태도 접지방식에 관계없이 이미터 접합은 순방향 바이어스, 컬렉터 접합은 역방향 바이어스이다. 이미터 접지방식은 전압 및 전류이득이 높기 때문에 가장 많이 사용되는 증폭기이다. 베이스 접지방식은 입력 임피던스가 가장 작고, 출력 임피던스가 가장 크며, 전압이득은 높지만 전류증폭은 되지 않는다. 컬렉터 접지방식은 베이스 접지방식과는 완전히 반대가 되는 특징을 가진다. 따라서 두 접지는 임피던스 정합용으로 주로 사용된다. 즉 베이스 접지방식은 출력 임피던스가 낮은 전원과 큰 임피던스의 부하 사이에 사용되고, 반대로 컬렉터 접지방식은 출력 임피던스가 높은 전원과 작은 임피던스의 부하 사이에 사용된다.

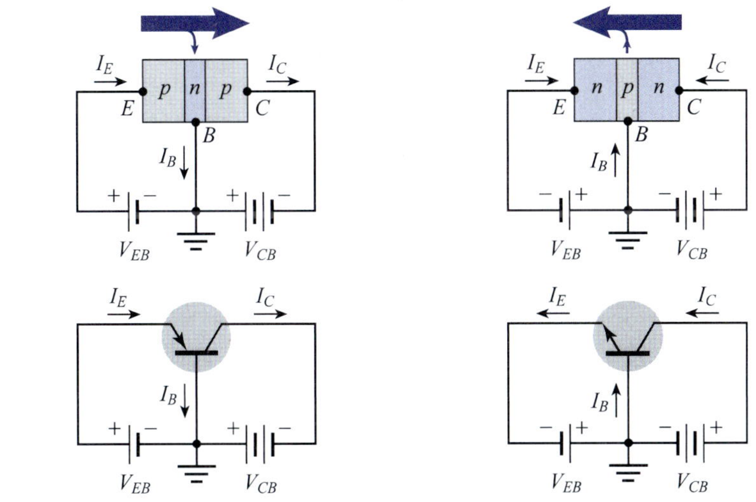

(a)

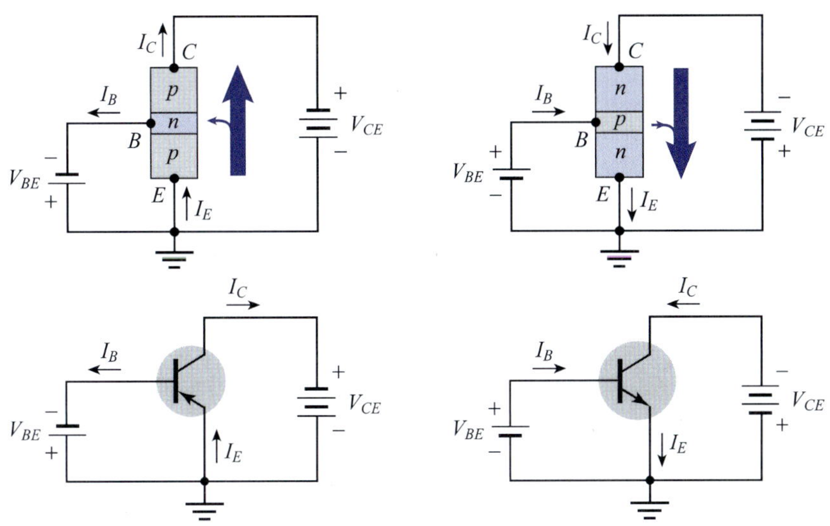

(b)

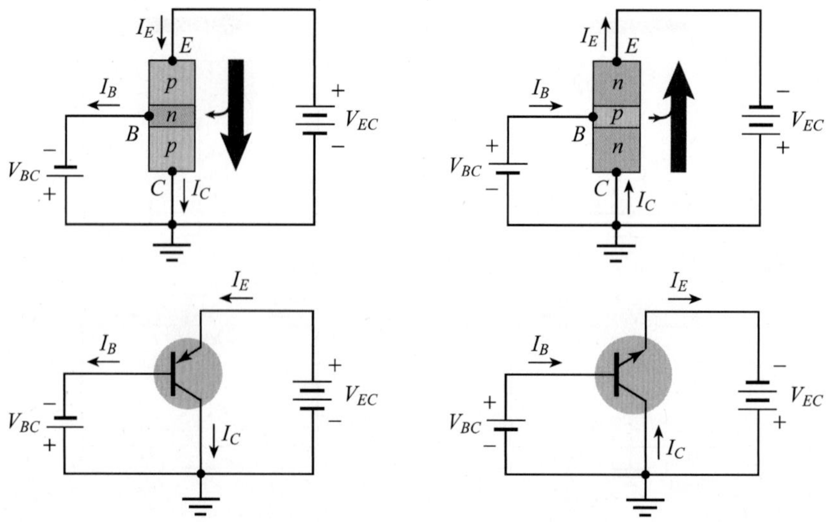

(c)

그림 6.33 BJT의 접지방식 : (a) 공통 베이스 접지, (b) 공통 이미터 접지, (c) 공통 컬렉터 접지

그림 6.34는 공통 이미터 바이어스 회로이다. R_B는 베이스 저항이며, R_C는 컬렉터 저항이다. V_{BB}는 베이스 바이어스 전압으로 베이스-이미터 접합을 순방향으로 바이어스시키고, V_{CC}는 컬렉터 바이어스 전압으로 베이스-컬렉터 접합을 역방향 바이어스시킨다. R_B는 베이스 전류(I_B)의 크기를 결정하는데 관계되며, R_C는 컬렉터-이미터 전압(V_{CE})을 결정하는데 관계된다. BJT가 소신호 증폭기로 사용하기 위해서는 반드시 직류로 바이어스되어야 한다. 직류 바이어스를 인가하지 않으면 교류 소신호 증폭이 일어날 수가 없다. 소신호 입력은 전류-전압 특성 평면상에서는 어디든지 가

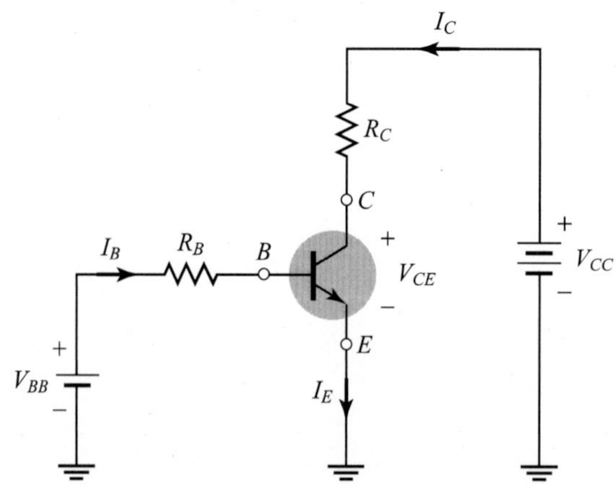

그림 6.34 npn BJT 공통 이미터 바이어스 회로 구성

능하다. 그러나 소신호를 왜곡없이 증폭시키려면 적절한 직류값(I_B, I_C, V_{CE})이, 소위 동작점이 설정되어야 한다.

핵심 N BJT 접지방식에는 베이스 접지, 이미터 접지, 컬렉터 접지 등 세 가지가 있다. 접지방식에 따라 트랜지스터 용도가 달라진다. 이미터 접지방식이 가장 많이 사용되고, 베이스 접지방식과 컬렉터 접지방식은 임피던스 정합용으로 사용된다.

6.2.5 BJT의 입·출력 특성곡선

BJT의 특성곡선은 두 가지로 대별된다. 입력특성곡선과 출력특성곡선이다. 일반적으로 BJT의 입력특성은 접지방식과 관계없이 다이오드 특성과 유사하다. 그러나 출력특성은 컬렉터 특성이라고도 하는데 접지방식에 따라 차이가 난다.

(1) 공통 베이스 특성

공통 베이스 접지의 입력특성은 그림 7.35 (a)에 나타낸 바와 같이 이미터-베이스 전압(V_{EB})과 이미터 전류(I_E)와의 관계를 나타낸 것이다. 이미터 접합이 턴온(turn-on)되기 위해서는 V_{EB}가 약 0.7 V는 되어야 한다. 입력특성에서 V_{EB}가 일정한 상태에서 컬렉터-베이스 전압(V_{CB})을 증가시키면 I_E가 증가하나 증가 정도가 크지 않기 때문에 그림에서는 하나의 곡선으로만 나타내었다. V_{CB}가 증가함에 따라 I_E가 증가하는 이유는 컬렉터 접합의 공핍층이 베이스 내로 확장하여 베이스 폭이 변하기 때문이다. 이러한 현상을 그림 6.36을 통해서 알아보자. 이상적인 트랜지스터의 베이스 중성영역의 폭은 일정하다고 가정한다. 그러나 실제의 경우, 컬렉터 접합의 역방향 바이어스를 V_{CB}에서 V_{CB}'로 증가시키면 컬렉터 접합의 공핍영역의 폭은 W_{SCL}에서 W_{SCL}'로 증가한다. 그로 인해서 베이스 중성영역 폭이 W_B에서 W_B'로 감소한다. 베이스 폭의 감소는 소수 캐리어 농도의 기울기를 dp_n/dx에서 dp_n'/dx로 증가시킨다. 마치 이미터에서 베이스로 정공이 많이 주입된 것과 같은 효과를 나타낸다. 이것은 곧 이미터 전류의 증가이므로 컬렉터 전류가 증가하게 되는 결과를 가져온다. 또 베이스 폭이 감소하면 주행시간 τ_t가 감소하게 되고, 베이스 내에서 정공의 재결합률 τ_t/τ_h는 감소하고, 베이스 내를 통과할 확률 $1-\tau_t/\tau_h$는 증가하게 된다. 따라서 베이스 전송률 α_T가 증가할 뿐만 아니라 이미터 효율 γ도 증가해서 이미터 전류 I_E의 증가를 가져오고, 컬렉터 전류 I_C도 증가하게 된다. 이와 같이 베이스 폭의 변화로 나타나는 현상을 **베이스 폭 변조현상**(base width modulation) 또는 **Early 효과**라고 한다.

한편 컬렉터 전압을 계속 증가시키면 공핍층이 베이스 영역으로 확장하여 종국에는 이미터 접합의 공핍층과 닿게 되어 베이스 중성영역은 사라지게 된다. 이 현상을 **펀치스루**(punch-through)라고 한다. 펀치스루가 일어난 상태에서는 이미터, 베이스, 컬렉터가 모두 단락상태가 되므로 트랜지스터 작용이 일어날 수가 없다. 펀치스루가 일어났다고 하더라도 트랜지스터가 파괴되는 것은 아니다. 트랜지스터가 영구적으로 파괴는 것은 온도상승에 있다. 따라서 펀치스루에 의한 단락상태에서 외부저항으로 전류가 제한되어 트랜지스터의 허용최고온도를 넘지 않는 한 컬렉터 전압을 낮추면 다시 정상적인 상태로 돌아오게 된다.

공통 베이스 접지의 출력특성은 컬렉터 특성이라고도 하는데 그림 6.35 (b)에 나타낸 바와 같이 컬렉터-베이스 전압 (V_{CB})와 컬렉터 전류(I_C)와의 관계를 I_E 값의 변화에 따라 나타낸 것이다. 그림 6.33 (a)에서 어떤 값을 가지는 I_E를 흘리기 위해서는 V_{EB}를 조절해야 한다. 또 V_{CB}를 인가하면 I_E에 대해서 I_C가 흐르게 된다. 그런데 일정한 I_E에 대해서 V_{CB}를 증가시키면 I_C는 거의 변화가 없다. I_C는 오로지 V_{EB}에 의해 제어되기 때문이다. 즉 $I_C \simeq I_E$이다. 많은 출력특성곡선들은 여러 I_E 값에 따라 얻어진다. 출력특성은 앞에서 언급한 바 있는 식 (6.18)로 나타낼 수 있다.

$$I_C = \alpha I_E + I_{CO}$$

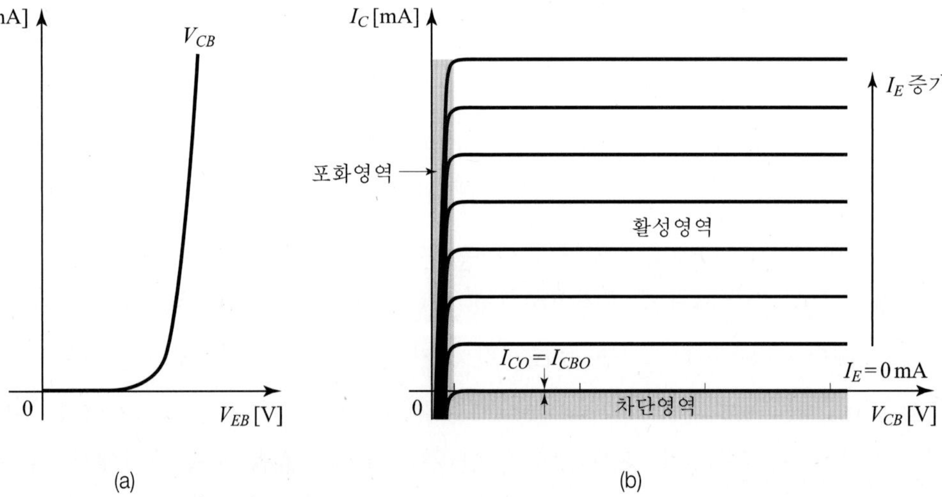

그림 6.35 공통 베이스 접지 : (a) 입력특성, (b) 출력특성

즉 입력전류 $I_E = 0$일 때 $I_C = I_{CO}$이다. 이것을 CB 접지에서 **차단조건**이라고 한다. 이때의 BJT는 **차단상태**에 있다고 말한다. 차단상태에서 컬렉터에 흐르는 전류 I_{CO}를 **C CB 접지 차단전류**($I_{CBO} = I_{CO}$)라고 한다. 차단상태라고 하면 I_C가 차단되는 것이니까 $I_C = 0$이 되어야 하지만 실제로는 완전히 0이 되지 않는다. 물성적으로 보면 차단상태는 입력단에서 들어오는 다수 캐리어에 의한 전류를 차단시킨다는 의미이므로 소수 캐리어에 의한 전류는 계속 흐르게 된다. 그러나 회로 해석에서는 컬렉터 접합이 역방향 바이어스 상태라 $I_C = I_{CO} \simeq 0$으로 간주한다. 차단상태에서는 이미터 및 컬렉터 접합이 모두 역방향 바이어스된 상태이다. 따라서 pn 접합에서처럼 역방향 바이어스 인가시 흐르는 전류는 누설전류에 불과하다.

만약 컬렉터 접합이 순방향 바이어스된다면 두 접합이 순방향 바이어스된 것이므로 전류의 방향이 서로 반대가 되기 때문에 그 차이가 I_C가 된다. 이때의 BJT는 **포화상태**에 있다고 말한다. 그림 6.35 (b)의 활성영역에서 타당한 CB 접지의 출력 특성식 $I_C = \alpha I_E + I_{CO}$는 포화영역에서는 더 이상 타당하지 않다.

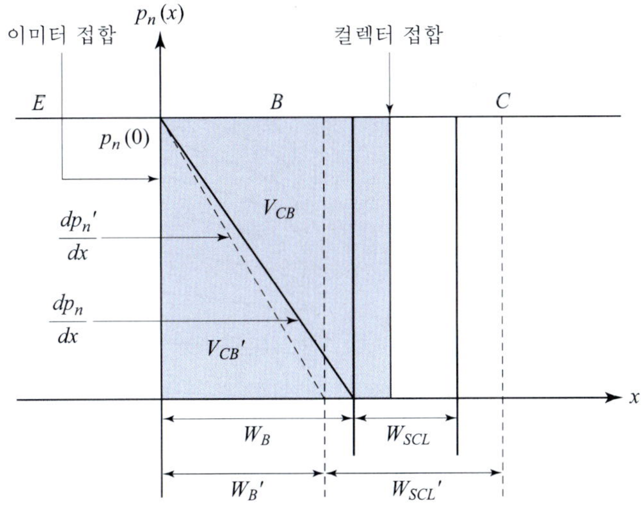

그림 6.36 Early 효과

(2) 공통 이미터 특성

공통 이미터 접지의 입력특성은 그림 6.37 (a)에 나타낸 바와 같이 베이스-이미터 전압 (V_{BE})과 베이스 전류(I_B)와의 관계를 나타낸 것이다. 이미터 접합이 턴온(turn-on) 되기 위해서는 V_{BE}가 약 0.7 V는 되어야 한다. 입력특성에서 V_{BE}가 일정한 상태에서 컬렉터-베이스 전압(V_{CE})을 증가시키면 I_B가 감소하나 감소 정도가 크지 않다. 이것은 공통 베이스 특성에서 언급한 Early **효과** 때문이다. V_{CE}가 증가하면 베이스 폭이 감소하고, 컬렉터 접합의 전계가 커지기 때문에 이미터에서 베이스로 주입된 소수 캐리어가 베이스 내에서 재결합 비율이 감소하기 때문에 I_B가 감소하게 된다.

공통 이미터 접지의 출력특성은 컬렉터 특성이라고도 하는데 그림 6.37 (b)에 나타낸 바와 같이 컬렉터-이미터 전압(V_{CE})과 컬렉터 전류(I_C)와의 관계를 I_B값의 변화에 따라 나타낸 것이다. 그림 6.33 (b)에서 외부 인가 전압이 0이라면 BJT 내의 전류는 0이다. 어떤 값을 가지는 I_B를 흘리기 위해서는 V_{BE}를 조절해야 한다. V_{CE}를 증가시키면 I_B에 대해서 I_C가 흐르게 된다. V_{CE}가 어떤 값(실리콘일 경우, 대략 0.2 ~ 0.3 V)에 도달하기 전까지는 I_C는 낮은 전류 범위에서 0에서 급격히 증가한다. V_{CE}가 대략 0.7 V 이상일 때 컬렉터 접합이 역방향 바이어스가 된다. V_{CE}가 0.3 V 이상으로 증가하면 I_C는 아주 낮은 기울기로 증가한다. 그러나 회로 해석에서는 거의 일정한 것으로 간주한다. 많은 출력특성곡선들은 여러 I_B 값에 따라 얻어진다. 출력특성을 나타내는 식은 식 (6.8)과 식 (6.18)로부터 유도할 수 있다.

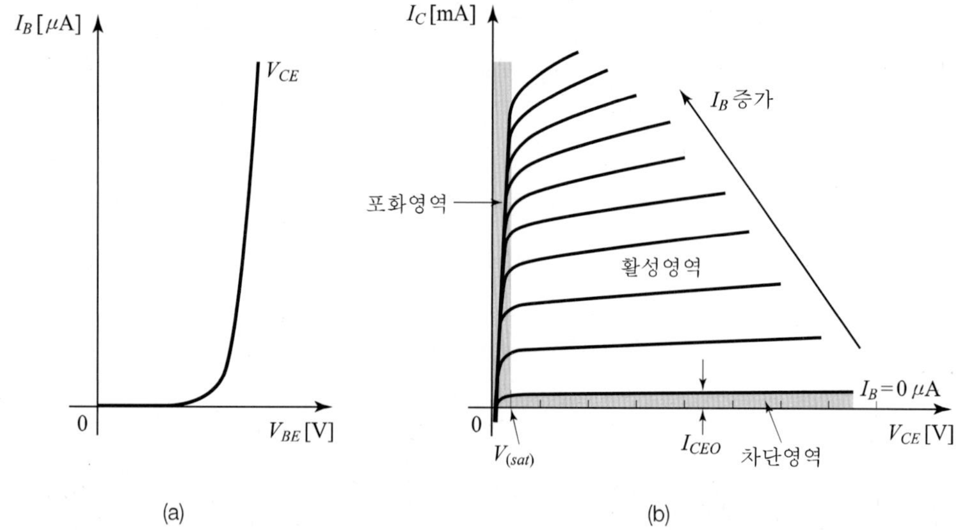

그림 6.37 공통 이미터 접지 : (a) 입력특성, (b) 출력특성

$$I_E = I_B + I_C$$

$$I_C = \alpha I_E + I_{CBO}$$

두 식에서 I_E를 소거하면

$$I_C = \alpha(I_B + I_C) + I_{CBO}$$

$$I_C = \frac{\alpha}{1-\alpha} I_B + \frac{1}{1-\alpha} I_{CBO} \tag{6.29}$$

$$I_C = \beta I_B + I_{CEO} \tag{6.30}$$

여기서 I_{CEO}는 I_{CBO}와 다음과 같은 관계를 가진다.

$$I_{CEO} = \frac{1}{1-\alpha} I_{CBO} \tag{6.31}$$

입력전류 $I_B = 0$일 때 $I_C = I_{CEO}$이다. 이것을 CE 접지에서 **차단조건**이라고 한다. 이때의 BJT는 **차단상태**에 있다고 말한다. 차단상태에서 컬렉터에 흐르는 전류 I_{CEO}를 ***CE* 접지 차단전류**라고 한다. I_{CEO}가 I_{CBO}보다 $1/(1-\alpha)$배 더 크다. 따라서 CE 접지에서는 차단상태라도 전류가 0이 되지 않기 때문에 CB 접지에서 차단상태와는 다르다. 그러나 회로 해석에서는 컬렉터 접합이 역방향 바이어스 상태라는 조건에서 $I_C - I_{CEO} \sim 0$으로 간주할 수도 있다. 이렇게 될 경우에 식 (6.30)은 다음과 같이 된다.

$$I_C = \beta I_B \tag{6.32}$$

이 식으로부터 출력전류 I_C는 입력전류 I_B로 제어되며, 따라서 트랜지스터는 전류제어 소자라고 할 수 있다.

만약 컬렉터 접합이 순방향 바이어스 된다면 두 접합이 순방향 바이어스된 것이므로 전류의 방향이 서로 반대가 되기 때문에 I_B가 증가하더라도 I_C는 증가하지 않을 것이다. 이때의 BJT는 **포화상태**에 있다고 말한다. 포화는 V_{CE}가 $V_{CE(sat)} = 0.2 \sim 0.3\,\mathrm{V}$일 때 일어난다. 그림 6.37 (b)의 활성영역에서 타당한 CE 접지의 출력 특성식 $I_C = \beta I_B$는 더 이상 포화영역에서는 타당하지 않다.

핵심 N 트랜지스터의 입력특성곡선은 다이오드 특성곡선과 같으며, BJT를 동작시키기 위해서는 입력전압 V_{BE}를 근사적으로 0.7 V 정도 인가하여야 한다. 출력특성곡선으로부터 α와 β를 구할 수 있다.

6.3 전계효과 트랜지스터

여기에서는 BJT와 쌍벽을 이루는 전혀 다른 형태인 **전계효과 트랜지스터**(field effect transistor : **FET**)의 구조, 동작원리, 특성에 대해서 학습한다. FET는 구조에 따라 크게 접합 FET(Junction FET : **JFET**)와 금속-산화물-반도체 FET(metal-oxide-semiconductor FET : **MOSFET**)로 나누며, MOS형에서는 채널형성 유무에 따라 공핍형과 증가형으로 나누고, 전도채널 형식에 따라 n채널과 p채널로 구분된다.

6.3.1 JFET

(1) JFET의 구조

BJT는 출력전류가 입력전류에 따라 제어되는 **전류 제어형**(current controlled devices) 트랜지스터이다. 반면 FET는 출력전류가 입력전압에 따라 제어되는 **전압 제어형**(voltage controlled devices) 트랜지스터이다. 여러 가지 FET 가운데서 가장 간단한 모델이 그림 8.38 (a)에 나타낸 JFET(junction FET)이다. FET는 3단자 소자로서 금속-반도체 접촉 부분은 FET를 회로에 연결하기 위한 목적으로 저항성 접촉(ohmic contact)이다. 3단자 명칭은 다음과 같다.

- **소스**(source : S) : "source의 사전적 뜻은 원천"이므로 여기서는 전자나 정공을 많이 가지고 있는 원천으로 다른 영역으로 보낼 수 있다는 의미에서 붙여진 이름이다. 이는 BJT의 이미터에 해당한다.
- **드레인**(drain : D) : "drain의 사전적 뜻은 배수"이므로 여기서는 전자나 정공이 배수된다는 의미에서 붙여진 이름이다. 이는 BJT의 컬렉터에 해당한다.
- **게이트**(gate : G) : "gate의 사전적 뜻은 출입문"이므로 여기서는 전자나 정공이 지나가는 것을 제어한다는 의미에서 붙여진 이름이다. 이는 BJT의 베이스에 해당한다.

FET는 소스에서 캐리어를 보내고 이것이 드레인을 통해서 회로 쪽으로 빠져 나가는 구조인데 캐리어는 반드시 소스와 드레인 사이의 좁은 통로를 지나가야한다. 좁은 통로를 **채널**(channel)이라고 한다. 채널은 어떤 불순물이 도핑되어 있는가에 따라 n채널 JFET와 p채널 JFET로 구분된다. 채널 폭을 조절하는 단자가 게이트이다. 게이트는 채널과 다른 불순물을 갖는데, 즉 채널이 p형이면 게이트는 n형, 채널이 n형이면 게이트는 p형이 되어야 한다. 어떻게든 게이트와 채널 사이는 pn 접합이 일어나기 때문에 접합 FET, 즉 JFET라고 하는 것이다. 일반적으로 채널은 전자의 이동도가 정공보다 크기 때문에 n형이 선택된다. 단자 전극은 Al, Cu, Au와 같은 금속으로 증착된다. 금속과 반도체가 접촉하면 접촉계면에 전위장벽이 형성되는데 이런 경우를 정류성 접촉 또는 **쇼트키 접촉**(Schottky contact)이라고도 한다. 그런데 FET의 3단자의 접촉은 정류성을 목적으로 한 것이 아니고 저항성 접촉 또는 **옴성 접촉**(ohmic contact)이 되어야 하기 때문에 접촉 부위는 고농도로 도핑된다. 전자회로에서 JFET를 사용할 경우에 구조 그림을 매번 사용하기가 불편하므로 그림 6.38(b)에 나타낸 기호를 사용한다. 화살표의 방향은 BJT에서도 언급한 바와 같이 p형에서 n형으로 향하며 반드시 게이트에 표시한다. 따라서 채널이 n형임을 알 수 있다. 원 내의 직선이 실선인 경우는 게이트 전압에 관계없이 채널이 형성되어 있음을 의미한다. 차후에 MOSFET를 취급할 때는 점선인 경우도 있다.

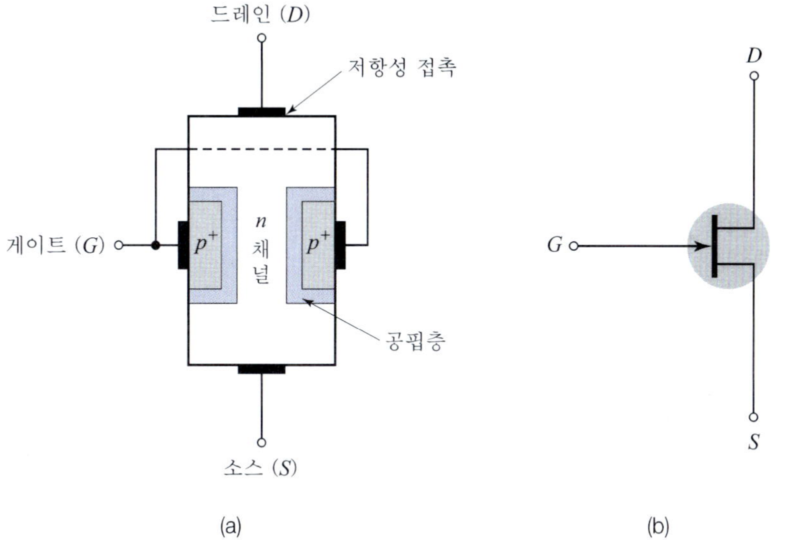

그림 6.38 n채널 JFET : (a) 구조, (b) 기호

핵심 N 접합 전계효과 트랜지스터는 캐리어를 보내는 소스, 캐리어를 받는 드레인, 캐리어의 흐름을 전압으로 제어하는 게이트 등의 3단자를 갖는 트랜지스터이다. BJT는 전류제어 소자인 반면에 JFET는 전압제어 소자이다.

(2) n채널 JFET의 동작원리

채널에 전류를 흘리기 위해서는 소스와 드레인 사이에 전압을 인가하여야 한다. 그림 6.39에 나타낸 바와 같이 드레인-소스 전압 V_{DS}는 소스에 −전위, 드레인에 + 전위를 인가한 형태이므로 소스에서 전자가 드레인으로 이동한다. 전류의 방향은 전자 흐름의 반대 방향이므로 드레인에서 소스로 흐르다. 채널을 통해서 흐르는 전류를 드레인 전류 I_D라고 하며, 크기는 V_{DS}에 의존한다. 옴의 법칙에 따라

$$I_D = \frac{V_{DS}}{R_{ch}} \tag{6.33}$$

여기서 R_{ch}는 채널저항이다. 소스와 드레인 사이에는 pn 접합이 없다. 따라서 V_{DS}의 극성에 의존하지 않는다. JFET에서 소스와 드레인 사이는 일종의 저항체인데 게이트가 없다면 채널저항은 채널의 도핑농도에 의존하게 된다. 주어진 V_{DS}에 대해서 실질적으로 I_D를 조절할 수 있는 방법은 R_{ch}를 조절하는 것이다. R_{ch}를 변화시키는 것은 채널 폭의 조절이다. 이 역할을 하는 단자가 바로 게이트이다. 소스에 대해서 게이트가 음전위가 되면 게이트와 소스 사이의 pn 접합은 역방향 바이어스가 되어 채널 폭을 자유로이 조절할 수 있다.

그림 6.40에 나타낸 게이트-소스 사이의 바이어스 전압 V_{GS}가 채널저항을 조절하는 전압이 된다. 그래서 게이트 영역은 고농도로 도핑되며, 채널은 저농도로 도핑된다. 게이트와 채널 사이의 pn 접합의 공핍층 폭은 V_{DS}와 V_{GS}에 따라 변한다.

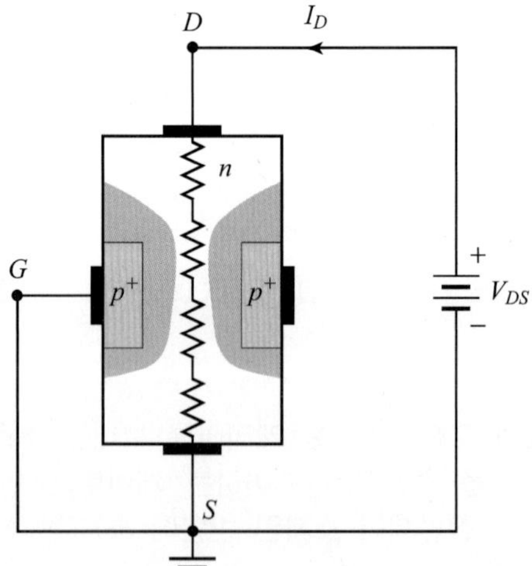

그림 6.39 저항성 채널

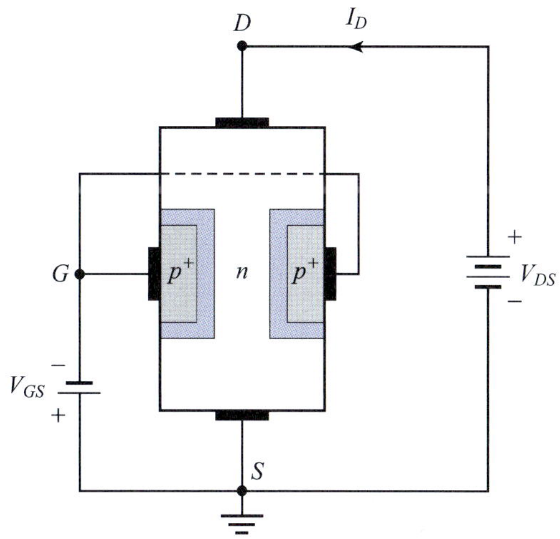

그림 6.40 n채널 JFET의 V_{GS} 바이어스 상태

1) $V_{GS} = 0$, $V_{DS} > 0$

그림 6.41에 나타낸 바와 같이 드레인–소스 전압 V_{DS}를 걸면 V_{DS}는 게이트–소스 전압 V_{GS}와 게이트–드레인 전압 V_{GD}로 분배된다. 식으로 표시하면 $V_{DS} = V_{DG} + V_{GS}$와 같이 된다. 단자 간에 전압이 없을 때 공핍층의 모양은 대칭적이다. 앞에서 언급한 바와 같이 채널이 낮은 농도로 도핑되어 있기 때문에 공핍층은 채널 쪽으로 확장한다. 이때 V_{DS}를 증가시켜 가면 소스를 기준으로 드레인은 더욱 +전위가 된다.

이렇게 되면 V_{GS}는 0이므로 $V_{DG} = V_{DS}$가 성립한다. $V_{DG} = V_{DS}$는 $V_{GD} = -V_{DS}$와 같이 되므로 드레인을 기준으로 게이트가 −전위가 된다. 따라서 게이트–드레인 사이는 역방향 바이어스 상태가 된다. 그 결과, 그림 6.42에 나타낸 바와 같이 게이트–소스 pn 접합보다 게이트–드레인 pn 접합의 공핍층이 드레인 쪽으로 확장하게 된다. 이때의 공핍층의 모양은 비대칭이 된다.

공핍층은 드레인 쪽으로 치우쳐 드레인 쪽에서 좁아지게 되고, 그림 6.43에 나타낸 바와 같이 V_{DS}가 임계값 부근에 도달하기 전까지는 증가하더라도 R_{ch}의 증가가 크지 않아 I_D는 거의 선형적으로 증가한다.

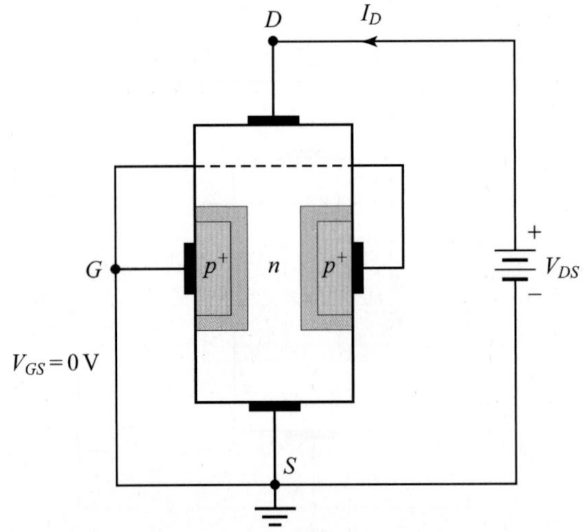

그림 6.41 n채널 JFET에 걸리는 단자 간 전압

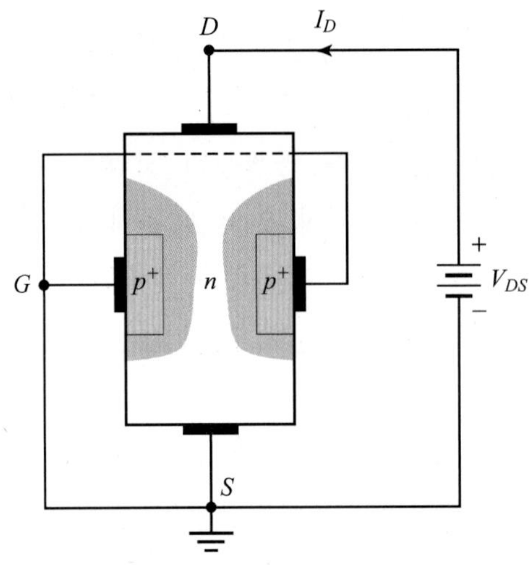

그림 6.42 n채널 JFET에서 $V_{GS}=0$, $V_{DS}>0$일 때 비대칭인 공핍층 모양

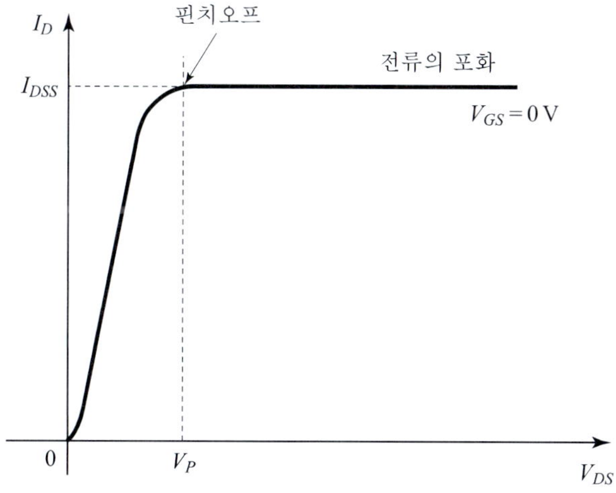

그림 6.43 n채널 JFET에서 $V_{GS}=0$, $V_{DS}>0$일 때 I_D-V_{DS} 관계

그림 6.44에 나타낸 바와 같이 V_{DS}가 임계값에 도달했을 때 드레인 쪽에서 양쪽 pn 접합의 공핍층이 접촉(a점)하게 된다. 이 상태에서 I_D는 더 이상 선형적으로 증가하지 않고, 증가율이 둔화되면서 포화상태에 돌입하게 된다(그림 6.43). 이때의 임계값 V_{DS}를 **핀치오프 전압**(pinch off voltage, V_P) 혹은 포화전압(saturation voltage), 무릎전압(knee voltage)이라고 하며, 이때 I_D는 최대가 된다. V_{DS}에 의한 핀치오프 상태의 I_D를 **드레인-소스 포화전류** I_{DSS}라고 한다.

공핍층 양쪽이 접촉하여 채널이 닫혔음에도 불구하고 I_D는 0이 되지 않고 오히려 최대가 되는 것은 공핍층 내의 강한 내부전계에 기인한다. 즉 V_{DS}의 대부분이 공핍층 내에 전압강하로 전계는 매우 강하게 되고, 소스에서 공급된 전자는 핀치오프 전압에 의해서 a점까지 도달한 후, 공핍층의 강한 내부전계로 공핍층을 통과하여 드레인에 이르게 된다. 이것은 BJT에서 컬렉터 접합의 넓은 공핍층에도 불구하고, 이미터에서 주입된 전자가 컬렉터에 도달하는 것과 같은 원리이다. 그림 6.45에 나타낸 바와 같이 V_{DS}가 더욱 증가하면 공핍층의 접촉면적은 더욱 커져서 a점은 점점 소스 쪽으로 이동한다.

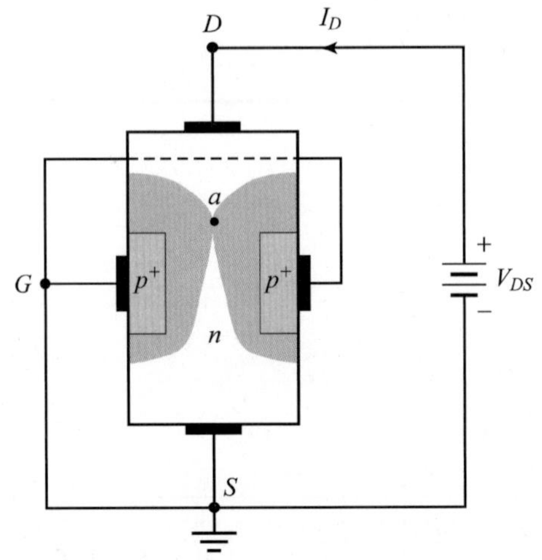

그림 6.44 n채널 JFET에서 공핍층의 접촉

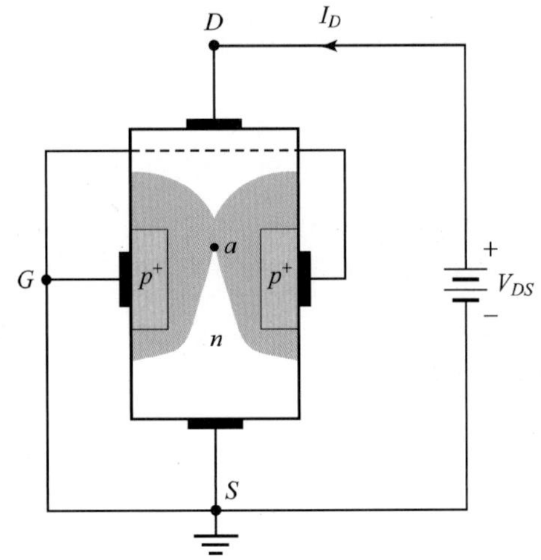

그림 6.45 n채널 JFET에서 V_{DS}의 증가에 따른 공핍층 접촉면적의 증가

2) $V_{GS} < 0$, $V_{DS} > 0$

게이트에 음의 바이어스, 즉 역방향 바이어스를 걸면 $V_{GS} = 0$일 때와 비교하여 공핍층 폭이 넓어지게 된다. 즉 채널 폭이 좁아진 상태에서 V_{DS}를 인가하면 핀치오프 전압 V_P는 $V_{GS} = 0$일 때보다 작다. 따라서 V_{GS}를 음으로 증가시키면 더 작은 V_{DS} 값에서 핀치오프가 일어난다. 한편 $V_{DS} = 0$에서 V_{GS}를 음으로 증가시키면 양쪽의 공핍층이 맞닿게 되고, 이때는 드레인 전류가 흐르지 않게 된다. 이 역시 **핀치오프 상태**이고, 이때의 V_{GS}를 **핀치오프 전압**이라고 한다. 그렇다면 핀치오프 전압은 어떤 전압으로 정의되는 것일까?

3) V_{DS}와 V_{GS}에 의한 핀치오프

「핀치오프」하면 뉘앙스가 채널전류가 0이 되는 것으로 알고 있다. 채널을 핀치오프 시킬 수 있는 방법은 두 가지가 있다. 그러나 그 의미는 전혀 다르다. $V_{GS}=0$에서 V_{DS}에 의해 핀치오프가 일어날 때 드레인 전류는 포화가 된다. 이때의 V_{DS}의 값을 핀치오프 전압 V_P라고 하였다. 채널길이방향으로 인가하는 V_{DS}에 의한 핀치오프는 채널전류를 0으로 만들 수가 없고 전류를 포화시킨다. $I_D=I_{DSS}$가 되는 $V_{DS}=V_P$를 게이트에 인가하면 어떻게 될까? $V_{GS}=-V_{DS}$일 때 근사적으로 $I_D=0$이 된다. 이때도 V_{GS}를 핀치오프 전압이라고 한다. 채널길이방향과 수직으로 인가하는 V_{GS}에 의한 핀치오프는 채널전류를 0으로 만든다. 따라서 임의의 V_{GS}에서 V_{DS}에 의해 핀치오프가 될 수 있고, 반대로 임의의 V_{DS}에서 V_{GS}에 의해 핀치오프가 될 수가 있다. JFET의 핀치오프 전압은 대략 $0.1 \sim 1\,\mu$A까지 드레인 전류를 감소시키는데 요하는 V_{GS} 값이며, 이것이 일반적으로 말하는 **핀치오프 전압**이다.

핵심 N 게이트 pn 접합의 역방향 바이어스로 채널폭을 조절함으로서 소스와 드레인 사이에 흐르는 전류를 제어할 수 있다. 게이트 전압을 0으로 두고 소스–드레인 전압(V_{DS})을 증가시켰을 때 포화가 되는 전압을 핀치오프 전압(V_P)이라고 하며, 이 전압을 게이트에 인가하면 소스–드레인 전류가 거의 수 nA $\sim \mu$A의 전류가 흐르게 된다. 따라서 소스–드레인 전압에 의한 핀치오프는 소스–드레인 전류(I_{DSS})를 포화시키며, 게이트 전압에 의한 핀치오프는 소스–드레인 전류를 차단($I_D \simeq 0$)시킨다.

(3) n채널 JFET의 특성

1) 출력특성

그림 6.46에 나타낸 JFET의 출력특성(output or drain characteristics)은 V_{GS}에 대해서 V_{DS}와 I_D의 관계를 도식적으로 나타낸 것이다. $0 \sim V_P$ 범위의 정해진 V_{GS} 대해서 V_{DS}를 0 V로부터 포화영역 전압까지, 예컨대 0.5 V 혹은 1 V씩 증가시키면서 I_D 값을 찾아 그래프를 그리고, V_{GS} 값을 달리하면서 같은 방법으로 그래프를 그려 놓은 것이다. 포화영역에서 임의의 V_{DS} 값에 대해 V_{GS}를 음으로 증가시키면 드레인 I_D가 감소한다. 그러나 $I_D=0$이 되는 핀치오프 전압을 결정하기란 출력특성에서는 곤란하다.

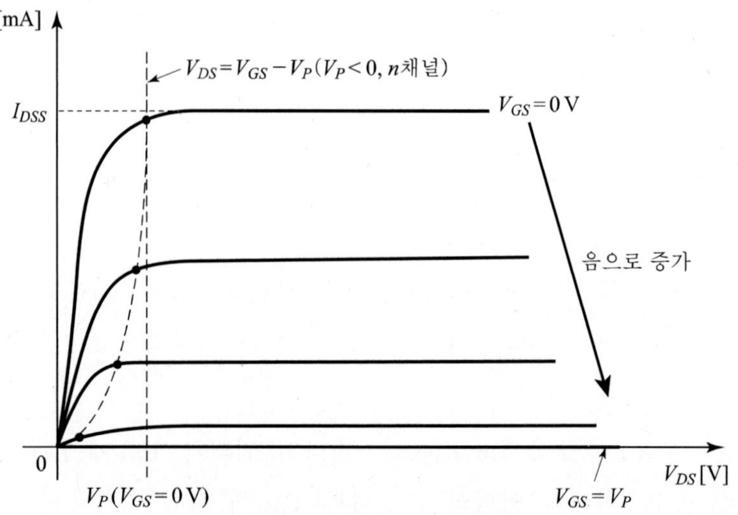

그림 6.46 n채널 JFET의 출력특성

2) 전달 특성

그림 6.47에 나타낸 JFET의 전달특성(transfer characteristics)은 포화영역의 임의의 V_{DS}에 대해서 V_{GS}와 I_D의 관계를 도식적으로 나타낸 것이다. 전달특성을 통해서 보다 정확한 I_{DSS}와 V_P 값을 결정할 수가 있다. 전달특성은 다음과 같은 **쇼클리**(Shockley) **방정식**으로 나타내진다.

$$I_D = I_{DSS}\left(1 - \frac{V_{GS}}{V_P}\right)^2 \tag{6.34}$$

이 식에서 $V_{GS}=0$일 때 $I_D = I_{DSS}$가 되고, $V_{GS}=V_P$일 때 $I_D=0$가 됨으로서 JFET의 특성을 보다 명확히 나타낸다.

식 (6.34)을 V_{GS}에 대해 미분하면 다음과 같이 된다.

$$\frac{dI_D}{dV_{GS}} = 2I_{DSS}\left(1 - \frac{V_{GS}}{V_P}\right)\left(-\frac{1}{V_p}\right) \tag{6.35}$$

여기서 FET에서 중요한 파라미터로서 **전달 컨덕턴스**(transfer conductance) g_m을 다음과 같이 정의한다.

$$g_m = \lim_{\Delta V_{GS} \to 0} \frac{\Delta I_D}{\Delta V_{GS}} = \frac{dI_D}{dV_{GS}} \tag{6.36}$$

g_m은 양의 값을 가지기 때문에 다음과 같이 쓸 수 있다.

$$g_m = \frac{2I_{DSS}}{|V_P|}\left(1 - \frac{V_{GS}}{V_P}\right) \tag{6.37}$$

이 식에서 $V_{GS} = 0$일 때 g_m은 최대가 되며, 다음과 같이 나타내진다.

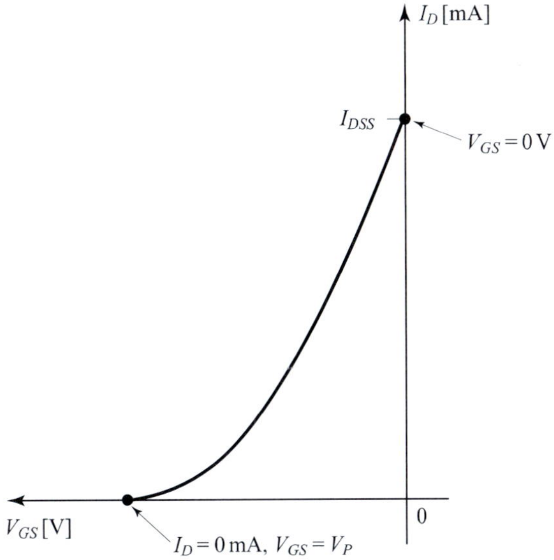

그림 6.47 n채널 JFET의 전달특성

$$g_{mo} = g_m|_{V_{GS}=0} = \frac{2I_{DSS}}{|V_P|} \tag{6.38}$$

$V_{GS} = V_P$일 때 $g_m = 0$으로 최소가 된다. g_m은 결국 I_D가 V_{GS} 변화에 얼마나 민감하게 변하는가를 나타낸다.

핵심 N JFET 특성에는 출력특성과 전달특성으로 분류된다. 출력특성은 소스-드레인 포화전류에 대한 정보를 제공한다. 전달특성은 게이트-전압과 소스-드레인 전류 사이의 관계를 나타낸 것으로 핀치오프 전압에 대한 정보를 제공한다.

(4) p채널 JFET의 구조, 동작원리 및 특성

p채널 JFET의 동작원리와 특성 등에 대한 이해는 n채널 JFET의 것을 이해한다면 별 어려움이 없을 것이다. 채널이 억셉터로 도핑되고, 게이트 영역은 도너로 도핑되어 게이트와 채널 사이에 pn 접합이 이루어진다. 그림 6.48에 구조와 기호를 나타내었다. 기호에서 화살표의 방향은 n채널 JFET에서 설명한 바와 같이 p형에서 n형으로 향하는 방향이다. 따라서 채널이 P형임을 알 수 있다. 그림 6.49에 나타낸 바와 같이 소스를 기준으로 드레인은 $-$전위를 가지며, 즉 V_{DS}가 음으로 바이어스된다. 음으로 증가시키면 소스 쪽에서 정공은 드레인 쪽으로 이동하고 전류도 역시 정공과 같은 방향으로 흐른다. 공핍층은 드레인 쪽으로 확장되면서 비대칭이 된다. 계속 V_{DS}를 증가시키면 양쪽 공핍층이 접촉하게 되며, 이때 드레인 전류는 포화가 된다. 이 상태에서 소스를 기준으로 게이트 전위를 양으로, 즉 V_{GS}를 양으로 바이어스시켜야 한다. 양으로 증가시키면 공핍층은 채널 쪽으로 더욱 확장하고 드레인 전류는 감소한다. 핀치오프가 되는 V_{GS}에서 전류는 차단되게 된다.

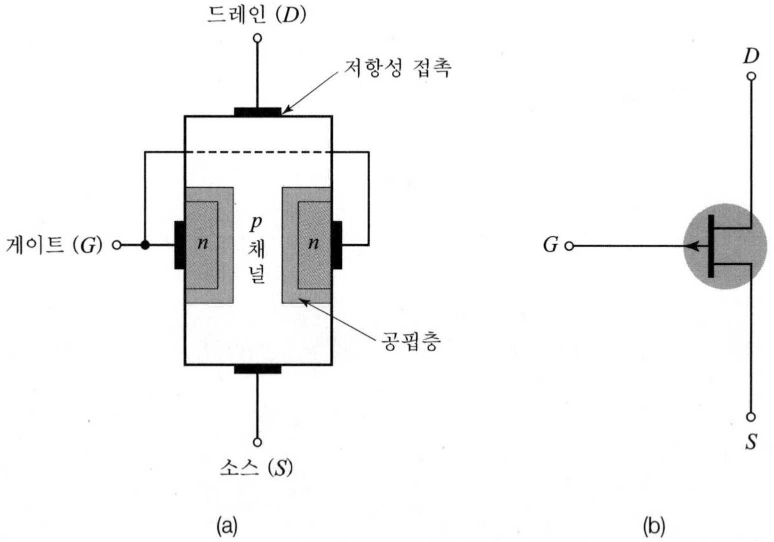

그림 6.48 p채널 JFET : (a) 구조, (b) 기호

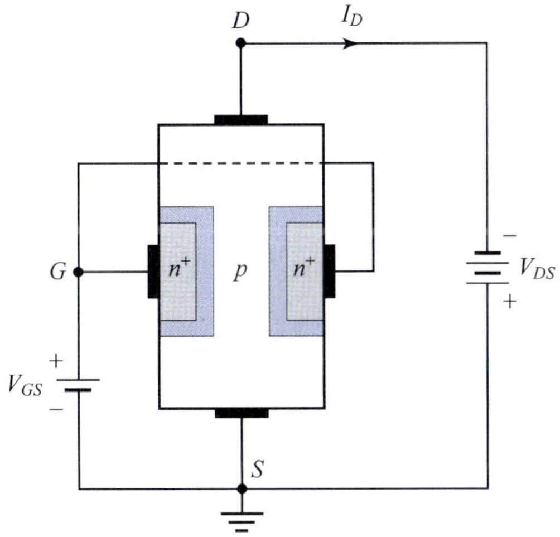

그림 6.49 p채널 JFET의 바이어스 상태

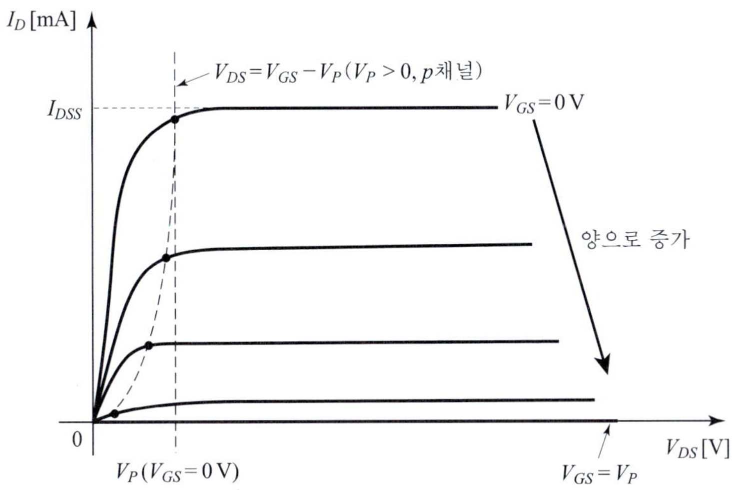

그림 6.50 p채널 JFET의 출력특성

그림 6.50에 나타낸 p채널 JFET의 출력특성은 V_{DS} 축에 있어서 V_{DS} 값은 음이며, V_{GS}를 양으로 증가하는 것을 제외하고는 n채널 JFET의 출력특성과 유사하다.

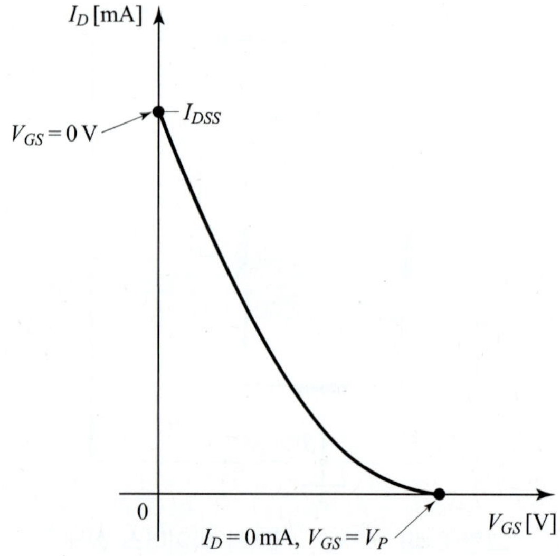

그림 6.51 p채널 JFET의 전달특성

그림 6.51에 나타낸 전달특성에서 V_{GS} 값은 +축에 놓이게 되며, 전달특성의 2차 곡선은 왼쪽으로 기울어지는 형태이다.

핵심 N p채널은 캐리어가 정공이라는 점, 게이트 전압을 양으로 인가하는 것 외에 n채널과 다를 바 없다.

6.3.2 MOSFET

MOSFET(metal-oxide-semiconductor FET)는 마이크로프로세스나 컴퓨터의 기억소자로 사용될 때 집적도를 높일 수 있는 특징을 가지고 있어 대규모 집적회로에 널리 사용된다. 흔히 간단히 MOS라고도 한다. MOSFET는 게이트 부위에 게이트 전극과 반도체 사이에 산화물 층이 낀 형태의 특징적인 구조를 가진다. 이러한 구조 때문에 일명 IGFET(insulator-gate FET), MISFET(metal-insulator-semiconductor FET), MOST(metal-oxide-semiconductor transistor)라고도 한다. MOSFET는 공핍형과 증가형으로 나누어진다. **공핍형**(depletion type) MOSFET과 **증가형**(enhancement type) MOSFET를 간단히 각각 D-MOSFET, E-MOSFET라고도 부른다.

(1) n채널 D-MOSFET

1) n채널 D-MOSFET의 구조

그림 6.52 (a)는 n채널 D-MOSFET의 구조를 나타낸 것이다. p형 기판(substrate)

표면에 n채널이 있고, 채널 양 끝단의 n^+영역은 소스와 드레인 전극과는 옴성 접촉이며, 기판과는 pn 접합을 형성하고 있다. 게이트 전극은 소스와 드레인과는 달리 직접적으로 반도체에 접촉하지 않고, 반도체 위에 형성된 산화막에 접촉하고 있다. 이 산화막을 **게이트 산화막**(50 ~ 100 Å)이라고 부른다. 소자가 어떤 목적으로 사용할 것인가에 따라 채널의 길이, 게이트 산화막의 두께, 산화막의 성질과 같은 소자의 구조적 변수가 결정된다.

소자 동작에 필요한 정전용량은 일반적으로 25 fF/cell ~ 30 fF/cell)이 요구되는데 정전용량은 유전상수와 표면적에 비례하며, 산화막의 두께에 반비례한다. 반도체 소자의 집적도가 증가하게 되면 커패시터가 차지하는 단면적이 급속히 감소하기 때문에 소자 동작에 필요한 정전용량을 유지하기 어렵다. 정전용량을 증가시키기 위해서 산화막의 두께를 얇게 하여 정전용량을 증가시킬 경우, 두께가 얇아짐에 따라 터널링으로 인한 누설전류가 증가하게 된다. 따라서 기존의 사용되던 SiO_2/SiNx 이외의 높은 유전상수를 가진 물질로 대체하기 위해서 Ta_2O_5와 같은 큰 유전상수를 갖는 물질을 이용해서 소자를 제작한다.

그림 6.52(b)는 n채널 D-MOSFET의 기호이다. 원 내에 세로 실선이 두 개 있다. 짧은 것은 게이트 전극을 나타내며, 긴 것은 채널을 나타낸다. 화살표는 항상 p형에서 n형으로 향하므로, 결과적으로 기판은 p형, 채널은 n형이다. 실선 사이의 공간은 게이트 산화막을 나타낸다.

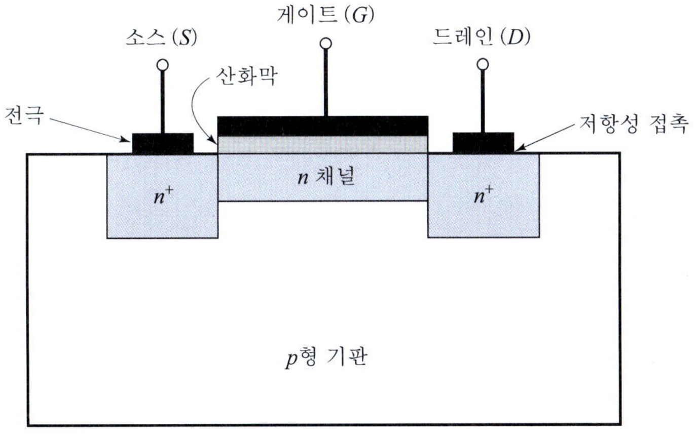

(a)

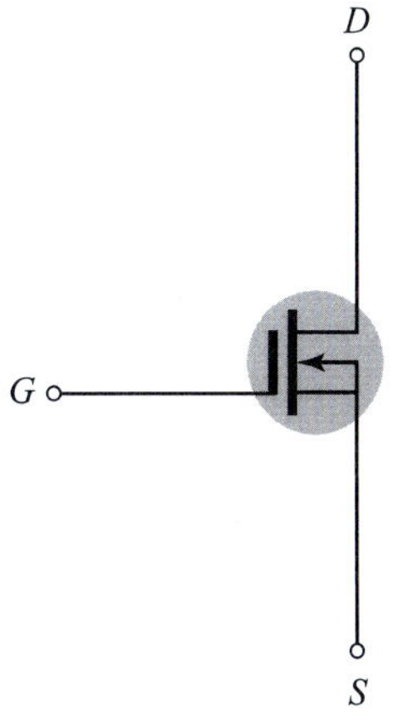

(b)

그림 6.52 n채널 D-MOSFET : (a) 구조, (b) 기호

2) n채널 D-MOSFET의 동작원리

이것은 JFET 동작원리와 거의 흡사하다. 그림 6.53은 D-MOSFET의 바이어스 상태를 나타낸 것으로 소스에 대한 게이트는 n채널인 경우에는 −전위, p채널인 경우에는 +전위가 되어야 한다. 이것은 채널을 형성하고 있는 캐리어를 채널 밖으로 밀어내기 위함이다. 그리고 소스에 대한 드레인은 n채널인 경우에는 +전위, p채널인 경우에는 −전위가 되어야 한다. 이것은 소스에서 보낸 캐리어를 드레인 쪽에서 끌어들이기 위함이다.

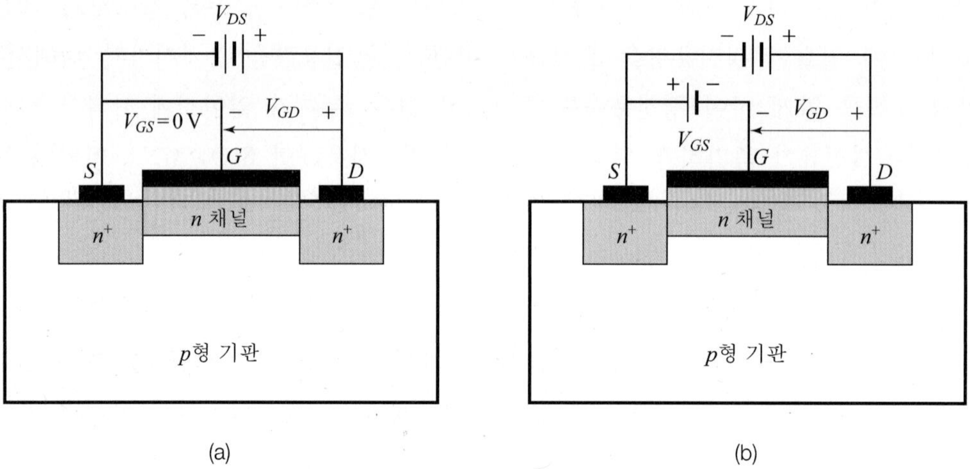

그림 6.53 n채널 D-MOSFET의 바이어스 : (a) $V_{GS}=0$, (b) $V_{GS}<0$

그림 6.54는 바이어스 인가에 따른 유효채널 단면적의 변화를 나타낸 것이다. 그림 6.53 (a)에서 바이어스에 따른 상세한 유효채널 단면적은 그림 6.54 (a) ~ (d)에 나타내었으며, 그림 6.53 (b)에서 바이어스에 따른 유효채널 단면적은 그림 6.54 (e)에 나타내었다. 그림 6.54 (b)에서와 같이 게이트에 전압을 가하지 않은 상태에서 드레인-소스 전압 V_{DS}를 인가하면 $V_{DS}=V_{DG}+V_{GS}$ 관계로부터 $V_{GS}=0\,\text{V}$이므로 $V_{DG}=V_{DS}$가 되고, 다시 $V_{GD}=-V_{DS}$가 되어 마치 게이트에 −전위를 인가하는 것과 같다. 그렇게 되면 게이트 전극 바로 아래의 산화막의 상하에 전기쌍극자가 노출된다. 즉 게이트 전극과 접촉된 산화막에는 게이트 전극의 음전하에 의한 정전유도로 양전하가, 반대쪽에는 음전하가 나타나게 되므로 이 음전하가 채널 내의 전자를 **쿨롱의 척력**으로 채널 밖으로 밀어내고, p형 기판 내의 다수 캐리어 정공이 채널 내로 이동하여 전자와 재결합함으로서 전자농도를 감소시키게 된다. 그 결과, 공핍층이 형성된다. 따라서

유효채널 단면적은 줄어들고, 전자수도 감소하여 저항이 증가하게 된다. 이때 $I_D - V_{DS}$ 관계는 V_{DS}가 작을 때 선형이던 관계에서 서서히 이탈하게 된다. V_{DS}를 더 증가시키면 그림 6.54 (c)과 같은 채널모양으로 변한다. V_{DS}가 어떤 임계값에 도달하면 그림 6.54 (d)와 같이 드레인 쪽의 채널 내의 전자는 고갈상태가 되고, I_D는 더 이상 증가하지 않으며, 포화상태에 이르게 된다. 이때 V_{DS}를 **핀치오프 전압**이라고 한다. JFET에서 설명한 바와 같이 V_{DS}에 의한 핀치오프는 드레인 전류 I_D를 차단하는 것이 아니라 포화시킨다는 점에 유의하여야 한다.

그림 6.54 (e)에 나타낸 바와 같이 V_{DS}를 인가한 상태에서 소스를 기준으로 게이트에 −전위를 인가하면, 즉 $V_{GS} < 0$가 되면 $V_{GS} = 0$일 때보다 유효채널 단면적이 좁아진 상태에서 V_{DS} 변화에 따라 I_D 변화가 일어난다. V_{GS}를 더욱 음으로 하면 드레인 쪽의 채널 내의 전자는 고갈상태가 되고 핀치오프 상태에 이르다. 이때의 V_{GS}를 **핀치오프 전압**이라고 한다. JFET에서 언급한 바와 같이 V_{GS}에 의한 핀치오프는 드레인 전류를 0으로 만든다. 이와 같이 게이트-소스 전압 V_{GS}를 음으로 증가시켜 채널 내의 전자가 점점 공핍되게 함으로서 I_D를 감소시키는 동작모드를 **공핍모드** (depletion mode)라고 한다.

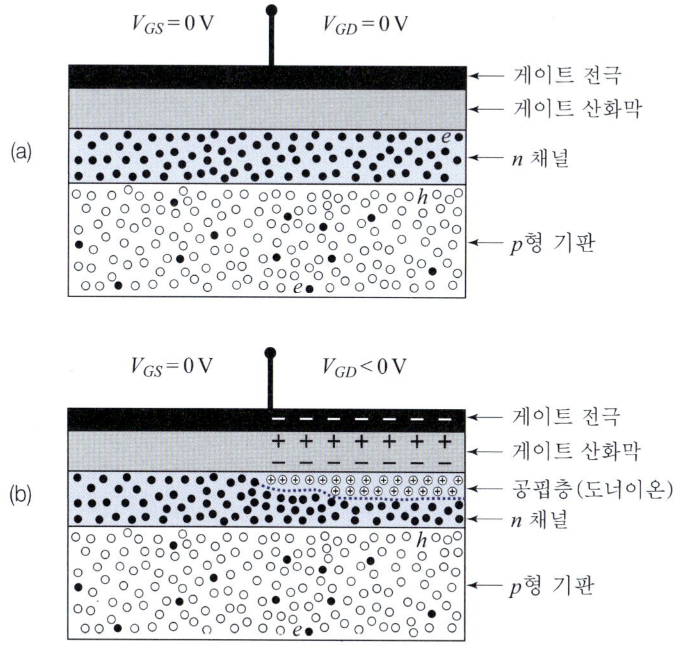

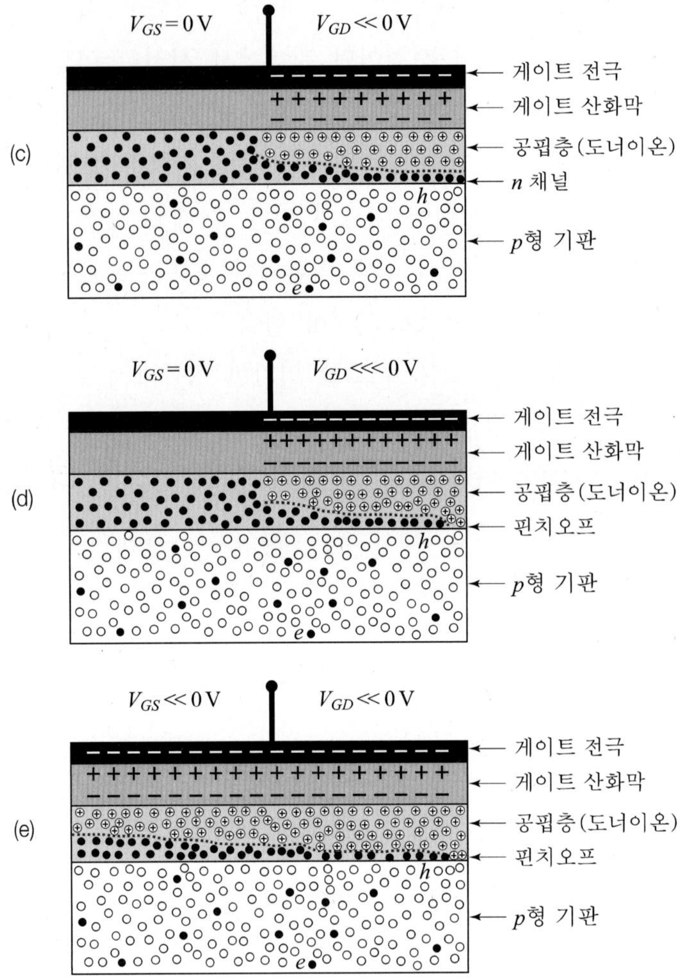

그림 6.54 n채널 D-MOSFET의 채널 내의 전자의 거동

3) n채널 D-MOSFET의 특성

그림 6.55는 n채널 D-MOSFET의 출력특성과 전달특성을 나타낸 것이다. 이것은 JFET와 매우 흡사하다. 차이점은 단지 증가모드 유무이다. JFET는 증가모드가 없기 때문에 포화전류 I_{DSS}가 최대전류가 되지만, D-MOSFET는 증가모드가 있기 때문에 I_{DSS}가 있어도 최대전류는 아니다.

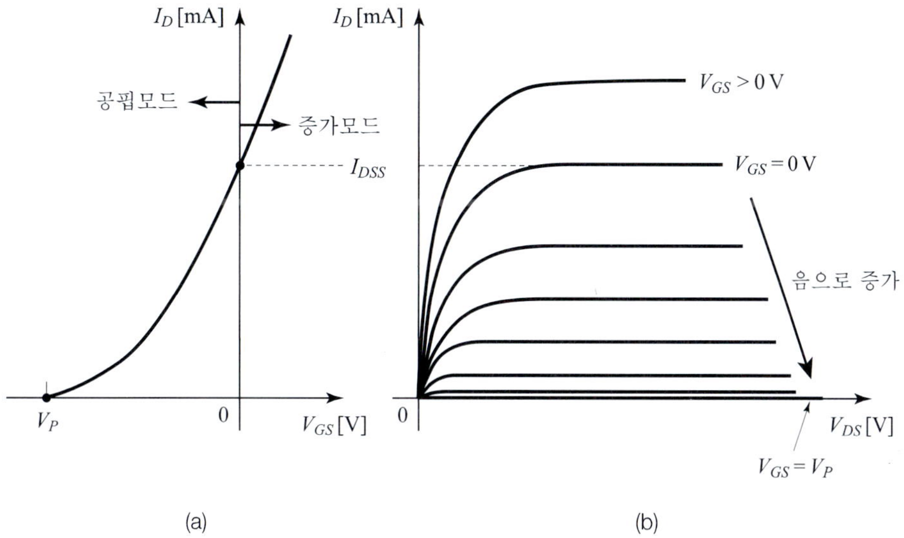

그림 6.55 n채널 D-MOSFET : (a) 전달특성, (b) 출력특성

반대로 $V_{GS} > 0$ 상태로 하면 게이트가 +전위가 되므로 게이트 전극과 접촉된 산화막은 정전유도로 음전하로 되고, 반대쪽 산화막은 양전하로 된다. 이 양전하가 채널 내의 전자를 쿨롱의 인력으로 p형 기판 내의 소수 캐리어 전자를 채널 내로 끌어 들임으로서 유효채널 단면적은 넓어지고, 전자수도 증가하여 채널저항이 감소하게 된다. 이와 같이 게이트-소스 전압 V_{GS}을 양으로 증가시켜 채널 내의 전자농도를 증가시킴으로서 I_D를 증가시키는 동작모드를 **증가모드**(enhancement mode)라고 한다.

이상의 내용을 게이트 전압 관점에서 요약하면 "게이트 전압이 음일 때는 채널 내의 전자를 척력으로 밀어냄으로서 유효채널 단면적이 감소하여 드레인 전류가 감소하고, 반대로 양일 때는 채널 내로 전자를 인력으로 끌어들임으로서 유효채널 단면적이 증가하여 드레인 전류가 증가한다."

핵심 N n채널 D-MOSFET의 구조는 게이트 전극이 반도체와 접촉되어있는 JFET와는 달리 게이트 전극이 채널 위의 산화막 위에 접촉하고 있다. 동작원리는 공핍모드와 증가모드 두 유형으로 분류된다. 공핍모드는 JFET와 흡사하게 게이트 전압으로 채널 폭이 좁아지는 형식이며, 증가모드는 게이트 전압으로 채널 폭이 넓어지는 형식이다.

(2) n채널 E-MOSFET

1) 구조

그림 6.56 (a)는 n채널 E-MOSFET의 구조를 나타낸 것이다. D-MOSFET의 구조

와 다른 점은 처음부터 채널이 형성되어 있지 않았다는 점이다. 나머지는 동일하다. 그림 6.56 (b)는 n채널 E-MOSFET의 기호이며, 원 내에 점선은 채널이 형성되어 있지 않음을 나타낸다. 나머지는 D-MOSFET와 동일하다.

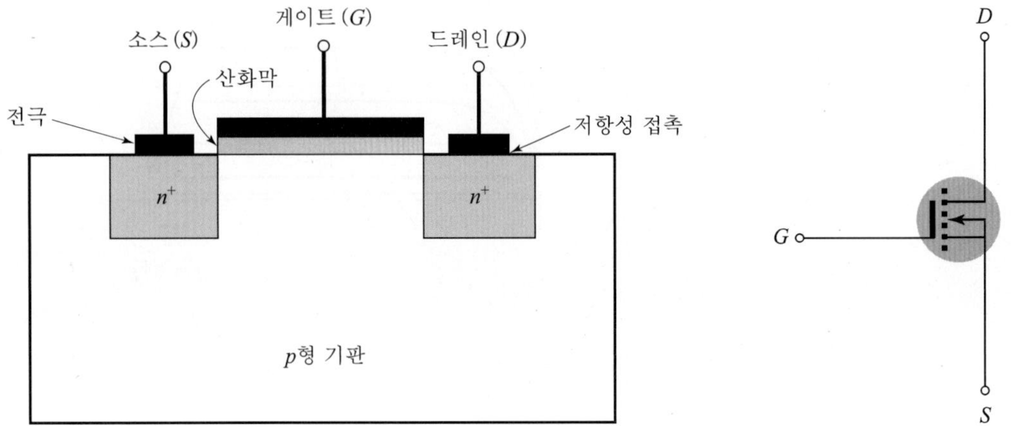

(a) (b)

그림 6.56 n채널 E-MOSFET : (a) 구조, (b) 기호

2) 동작원리

그림 6.57은 E-MOSFET를 동작시키기 위해서 각 단자에 올바른 바이어스 상태를 나타낸 것으로 소스에 대한 게이트는 n채널인 경우에는 +전위, p채널인 경우에는 − 전위가 되어야 한다. 이것은 채널을 형성하기 위함이다. 그리고 소스에 대한 드레인은 n채널인 경우에는 +전위, p채널인 경우에는 −전위가 되어야 한다. 이것은 소스에서 보낸 캐리어를 드레인 쪽으로 끌어 들이기 위함이다.

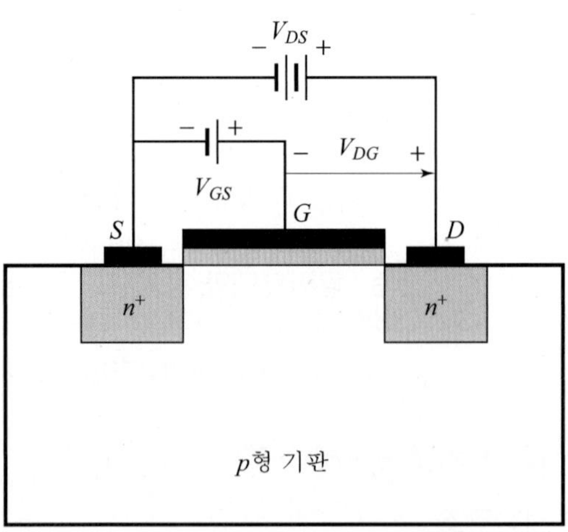

그림 6.57 n채널 E-MOSFET 바이어스

그림 6.58은 바이어스 인가에 따른 유효채널 단면적의 변화를 나타낸 것이다. 그림 6.58 (a)에서 보는 바와 같이 게이트 산화막 아래에 채널이 구조적으로 형성되어 있지 않기 때문에 V_{DS}를 인가하여도 p형 기판 내의 소수 캐리어 전자로는 드레인 전류 I_D가 거의 흐리지 않으며, 누

설전류 크기에 불과하다. 그림 6.58 (b)에 나타낸 바와 같이 소스를 기준으로 게이트를 +전위로 하면, 즉 $V_{GS}>0$이면 게이트 산화막 아래 p형 기판상의 정공은 밀려나게 되고, 소수 캐리어 전자가 게이트 산화막 아래로 끌려오게 된다. 전자는 모이게 되고, 비로소 채널이 형성되는데 이러한 전자층을 **반전층**(inversion layer)이라고 한다. 반전층 밑에는 정공이 기판 내로 밀려 나감으로서 **이온화된 억셉터층**이 형성된다.

V_{GS}의 임계값(나중에는 문턱전압으로 불린다.) 이하의 인가전압으로 형성된 채널 내의 초기 전자들은 전류에 기여할 수 없다. 반도체 표면은 내부와는 다르게 공유결합이 끊어진 상태이므로 매우 활성화되어 있다. 이런 상태를 **표면상태**(surface states)라고 한다. 초기 전자들은 게이트 산화막-반도체 계면에 포획되어 움직일 수 없는 전하(immobile charge)가 된다. 따라서 $V_{GS}>0$ 상태라고 하더라도 어떤 임계값 이하의 전압으로 생긴 반전층은 전도성 채널이 아니므로 V_{DS}를 인가하여도 드레인 전류가 흐르지 않는다. 계속적으로 V_{GS}를 증가시키면 표면상태가 전자로 포화되었을 때 비로소 전류가 흐르기 시작한다. 이때 V_{GS}를 **문턱전압**(threshold voltage, V_T)이라고 한다. 문턱전압은 전도성 채널을 만드는 최소 게이트 전압이다. 그림 6.58 (c)에서 보는 바와 같이 문턱전압 이상으로 V_{GS}를 증가시키면 채널 내의 전자의 농도는 증가할 것이고, 채널 밑의 이온화된 억셉터 층도 두꺼워질 것이다. 문턱전압 이상으로 V_{GS}를 증가시킨 상태에 V_{DS}를 점점 증가시켜 가면 $V_{DS}=V_{DG}+V_{GS}$ 관계로부터 그림 6.58 (c), (d)와 같이 V_{DG}(게이트를 기준으로 한 드레인 전위)가 점점 양으로 증가한다. 그렇게 되면 드레인 전극과 접촉하고 있는 n^+ 반도체와 기판 p형 반도체가 역방향 바이어스 상태가 더 심화되어 드레인 쪽의 공핍층이 채널 쪽으로 확장하는 결과가 되기 때문에 드레인 쪽의 유효채널 단면적은 감소하고 저항이 증가하게 된다. 이때 I_D-V_{DS} 관계는 V_{DS}가 작을 때 선형이던 관계에서 서서히 이탈하게 된다. 이러한 현상은 V_{DS}를 더 증가시키면 이탈 정도가 현저하게 나타나고, 유효채널 단면적이 더욱 작아짐으로서 I_D의 증가율이 아주 크게 둔화된다. V_{DS}가 어떤 임계값에 도달하면 그림 6.58(e)와 같이 드레인 쪽의 채널 내의 전자는 공핍층의 확장으로 고갈상태가 되고 I_D는 더 이상 증가하지 않으며, 포화상태에 이르게 된다. 이때 V_{DS}를 **핀치오프 전압**이라고 한다. V_{DS}를 핀치오프 전압 이상으로 계속 증가시키면 채널과 맞닿은 공핍층의 끝자락은 소스 쪽으로 이동할 것이다. 여기서도 마찬가지로 V_{DS}에 의한 핀치오프는 드레인 전류 I_D를 차단하는 것이 아니라 포화시킨다.

그림 6.59는 n채널 E-MOSFET의 출력특성과 전달특성을 나타낸 것이다. 동작원리를 이해한다면 이 특성곡선을 쉽게 이해할 것이다.

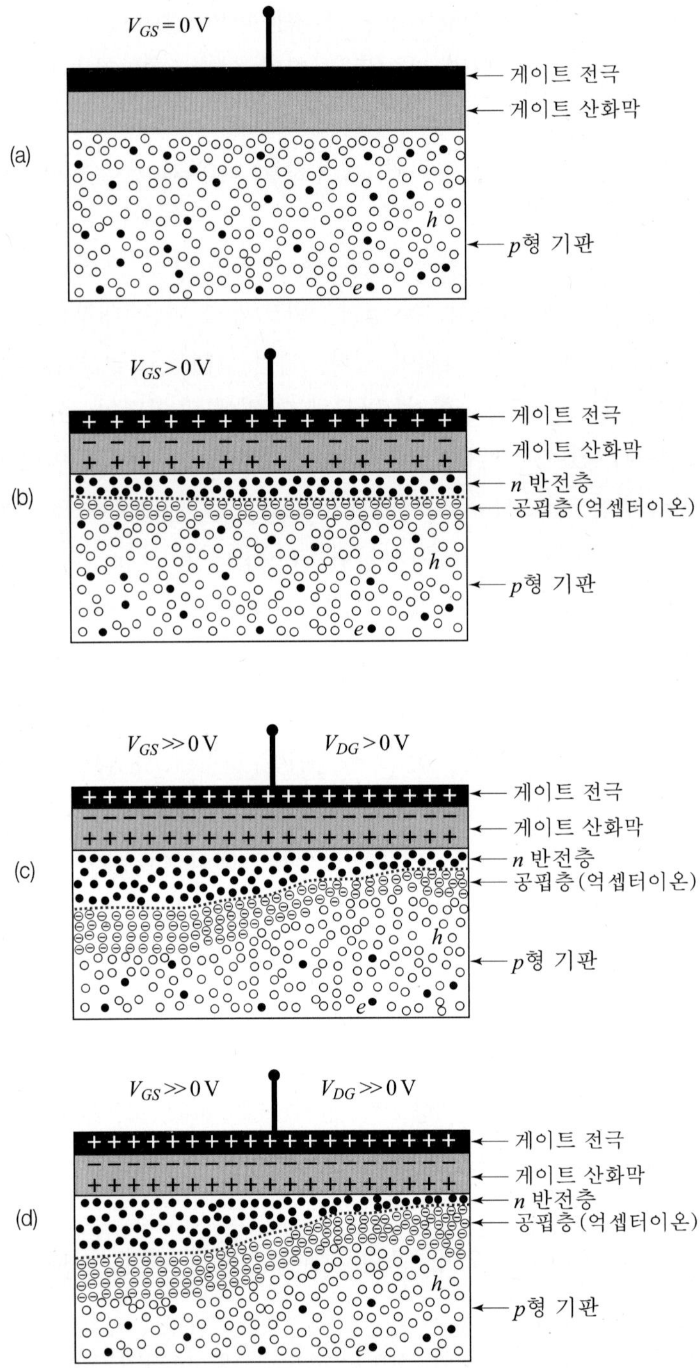
(a)
$V_{GS}=0\,\mathrm{V}$
게이트 전극
게이트 산화막
p형 기판
(b)
$V_{GS}>0\,\mathrm{V}$
게이트 전극
게이트 산화막
n 반전층
공핍층(억셉터이온)
p형 기판
(c)
$V_{GS}\gg 0\,\mathrm{V}$
$V_{DG}>0\,\mathrm{V}$
게이트 전극
게이트 산화막
n 반전층
공핍층(억셉터이온)
p형 기판
(d)
$V_{GS}\gg 0\,\mathrm{V}$
$V_{DG}\gg 0\,\mathrm{V}$
게이트 전극
게이트 산화막
n 반전층
공핍층(억셉터이온)
p형 기판

(e)

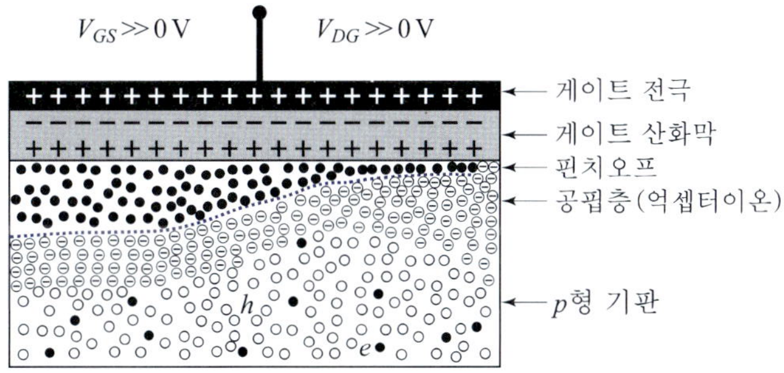

그림 6.58 n채널 E-MOSFET의 채널 내의 전자의 거동

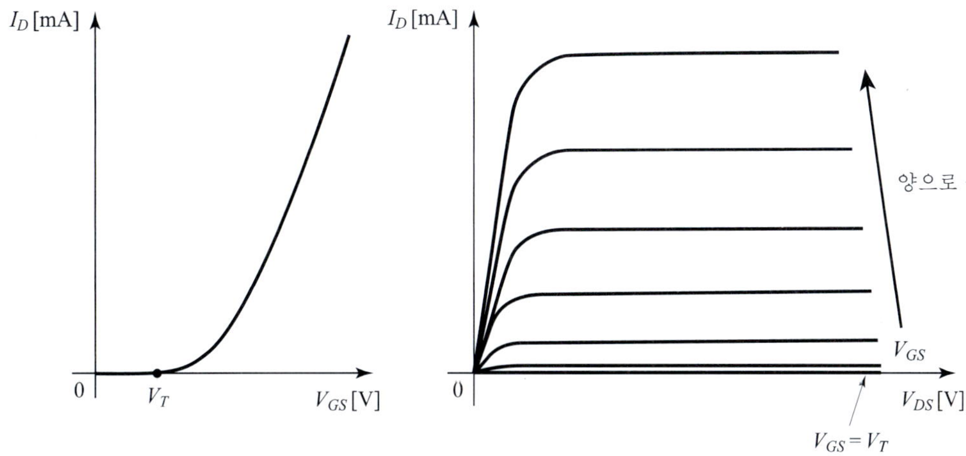

(a) (b)

그림 6.59 n채널 E-MOSFET : (a) 전달특성, (b) 출력특성

핵심 N n채널 E-MOSFET는 처음부터 채널이 형성되어 있지 않다. 게이트 전압으로 채널을 형성하여야 한다. 양의 게이트 전압을 인가하면 게이트 산화막 아래 p형 반도체 기판의 정공이 밀려나고 소수 캐리어 전자가 게이트 산화막 아래로 모여서 채널이 형성된다. 소스-드레인 전류가 흐르기 시작할 때의 게이트 전압을 문턱전압이라고 한다.

6.3.3 GaAs MESFET

(1) GaAs의 물성

GaAs에서 전자의 유효질량은 $0.068\,m_o$로 Si에서 전자의 유효질량 $0.97\,m_o$의 7%에 불과하고, 전자 이동도는 Si보다 5 ~ 6배 정도 더 크고, 초저온에서는 10배 이상

더 크다. 이와 같은 높은 이동도를 가지고 있으므로 고속논리회로에 이상적이며, 회로를 구성했을 때 저전압에서도 동작이 가능하다. 또한 Si과 같이 반도체라기보다는 반절연체에 가까운 비저항이 $10^7 \sim 10^9\ \Omega \cdot cm$ 정도의 고저항을 가지고 있어 GaAs IC를 제조할 경우 고립영역(isolation region)이나 우물(well)이 불필요하기 때문에 제조공정이 간단하고, 기생용량의 감소로 속도가 향상된다.

Si 소자의 주파수 범위는 400 ~ 600 MHz 정도인데 비해 GaAs 소자는 수 GHz 대에서 수십 GHz 대의 초고주파이며, 이러한 주파수대에서 동작시켜도 소비전력이 낮고, 또한 방사성 내성이 Si의 10,000배 이상의 내량을 갖고 있기 때문에 우주나 군사용으로 적합하다. 한편 600℃ 이상에서는 높은 증기압으로 인하여 GaAs가 분해되기 때문에 고온 공정이 어렵고, Si과는 달리 안정한 자연 산화막의 형성이 어려우며, 인위적으로 산화막을 형성하여도 산화막과 GaAs 사이의 계면에서 표면상태밀도가 대단히 높기 때문에 MOS 구조의 소자제작이 어렵다는 등 몇 가지 단점을 내포하고 있다.

GaAs 개별소자나 IC는 주로 위성통신, 고속 광통신시스템, 고속 컴퓨터 그리고 우주통신용 고속 연산시스템 뿐만 아니라 유도방향전환 전자장치, 공격목표설정장치 등과 같은 군사산업분야 등 주로 아날로그 및 고속 논리회로에 응용되고 있다. 이와 같이 GaAs 소자가 Si 소자에 비해 초고속, 초고주파, 저잡음, 고출력과 같은 특성을 필요로 하는 시스템에 응용되는 이유는 앞에서 언급한 우수한 전자물성특성에 기인한다.

(2) 금속-GaAS 접촉

금속-반도체 접촉 장벽이론은 쇼트키에 의해 처음으로 이루어졌으며, 오늘날에 그 이론이 대부분의 공유성 반도체에는 잘 적용되지 않더라도 통상 그 장벽을 **쇼트키 장벽**이라고 부른다. 쇼트키 모델(1939)은 계면에 나타나는 쌍극자를 무시한 상태에서 시작한 것으로 그림 6.60에 나타난 바와 같이 쇼트키 장벽높이 Φ_B는 금속의 일함수와 반도체의 전자친화력에 의해 결정된다는 모델로 그때 장벽높이는 $\Phi_B = \Phi_m - \chi_s$로 표시되는데 **쇼트키 한계**(Schottky limit)로 알려져 있다. 이 모델은 ZnS나 CdS와 같은 이온성 반도체에는 잘 적용되지만 많은 공유성 반도체의 경우에는 적합하지 않다. 이와 같이 공유성 반도체에 있어서 장벽높이가 금속의 일함수에 의존성이 약한 것은 반도체의 표면상태(surface state) 때문이라는 사실을 바딘(Bardeen, 1947)이 설명하였다.

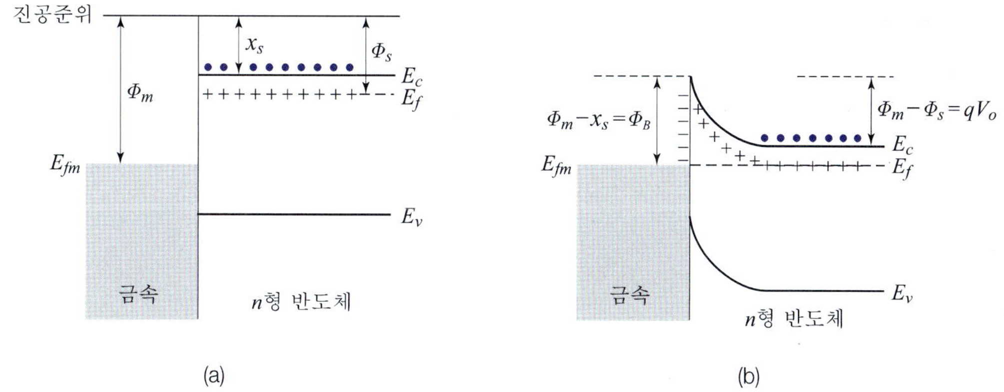

그림 6.60 금속–GaAs 쇼트키 접촉 전, 후의 에너지 밴드 다이어그램 : (a) 접촉 전, (b) 접촉 후

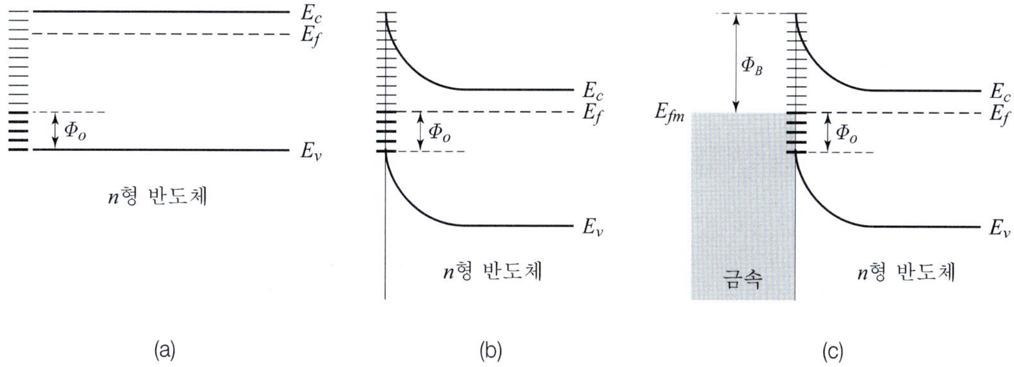

그림 6.61 표면상태를 가진 GaAs의 에너지 밴드 다이아그램 : (a) ϕ_o의 위치를 나타낸 불평형 상태, (b) 평형상태, (c) 금속–GaAs 접촉

반도체 표면은 결정격자의 주기성이 붕괴된 **댕글링 결합**(dangling bond) 으로 이루어져 있는데 이것이 반도체 표면의 금지대 영역에 **국제화된 에너지상태**(localized energy state)인 **표면상태**(surface state)를 유발시킨다. 표면상태는 밴드갭 내에 연속적으로 분포되고, 중성준위 ϕ_o에 의해 특징지어진다.

ϕ_o는 그림 6.61 (a)에 나타낸 바와 같이 반도체 표면이 밴드 벤딩 (band bending) 되지 않은 평대 (flat band) 조건에서 표면이 전기적으로 중성상태가 되기 위한 준위이다. 즉 ϕ_o까지 전자로 충만되고, 위는 빈 상태가 되면 표면은 중성상태가 된다. 바딘모델에 따르면 ϕ_o는 가전자대로부터 $E_g/3$ 지점에 위치한다. 만약 ϕ_o 위 상태의 일부가 전자로 점유되면 표면은 음전하를 띄게 되어 표면상태는 **유사 엑셉터**(acceptor-like) 거동을 나타내고, ϕ_o 아래에 빈 상태가 존재하면 표면은 양전하를 띄게 되어 표면상태는 **유사도너**(donor-like) 거동을 나타낸다.

그림 6.61 (a)에 나타낸 평대의 에너지대에서 표면상태가 표면근처의 전자를 포획함으로써 발생한 표면준위와 벌크의 페르미 준위가 그림 6.61 (b)와 같이 일치하는 평형상태에 도달하면 금속접촉과 무관한 공간전하의 발생으로 에너지대가 벤딩된다. 이러한 상태에서 그림 6.61 (c)와 같이 표면에 금속을 접촉시켜도 공간전하를 더 유기시킬 수 없으며, 결국 장벽높이는 금속의 일함수와 무관하게 되고, 표면상태에 의해 결정됨으로서 $\Phi_B = E_g - \phi_o$가 된다. 이것은 페르미 준위가 표면상태에 의해 **피닝**(pinning)된다고 한다.

(3) GaAs MESFET의 구조 및 동작

1) 리세스 게이트 구조

GaAs MESFET에 사용되는 **반절연성**(semi-insulating)**기판**은 일반적으로 LEC(liquid encapsulated czocralski)법으로 성장된 것으로 성장 중의 성장로(growing furnace)의 온도구배로 인한 전위나 성장로 내의 석영으로부터 Si과 같은 불순물을 내포하고 있다. Si은 얕은 도너(shallow donor)로 작용하기 때문에 이 상태에서는 n형에 가까운 기판이 된다. 따라서 소자 간의 절연을 용이하게 하기 위하여 깊은 엑셉터(deep acceptor) 역할을 하는 Cr을 도핑시킨다. 그런데 반절연성 기관 위에 바로 채널 역할을 하는 **활성층**(active later)을 성장시키면 반절연성 기판의 Cr이나 전위(dislocation)와 같은 결함이 활성층으로 확산하여 계면 근처에서 활성층의 전자농도가 감소할 뿐만 아니라 MESFET의 특성이 저하 혹은 불안정하게 되며, 특성 파라미터의 제어가 쉽지 않게 된다. 따라서 이것을 방지하기 위해서 반절연성 기판과 활성층 사이에 높은 저항을 갖는 **버퍼층**(buffer layer)을 성장시킨다. MESFET는 MOSFET와 같은 게이트 산화막이 없다. GaAS 자체로부터 산화막을 얻기도 어렵거니와 게이트 산화막을 다른 방법으로 얻는다고 하더라도 GaAs와의 계면상태가 불안정하기 때문에 MOS 형태는 사실상 어렵다. 따라서 게이트 아래의 채널저항 조절은 쇼트키 접촉을 이용한다. MESFET의 구조는 게이트의 형태에 따라 게이트가 소스와 드레인처럼 평면에 있는 평면형(flat type)과 그림 6.62와 같이 움푹 파인 곳에 있는 **리세스형**(recessed type)이 있다. 리세스형을 이용하면 항복전압 특성이 개선되고, 각 전극 간에 직렬저항이 감소되는 이점이 있다. MESFET는 공핍형이든 증가형이든 전자의 빠른 속도를 이용하는 것이므로 n채널로만 제작된다.

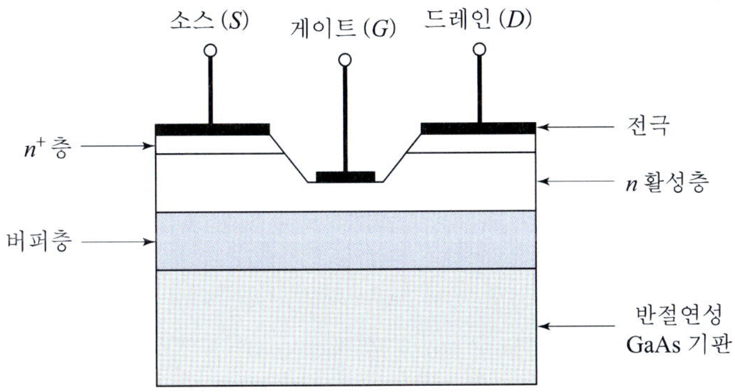

그림 6.62 리세스 게이트 GaAs MESFET의 단면도

2) GaAs MESFET의 동작

MESFET는 게이트 전압이 0일 때 소스-드레인 간의 전압에 의해 게이트 아래 채널을 통해서 전류가 흐르는 공핍형 MESFET이다. 기본적으로 동작원리는 n채널 D-MOSFET와 별반 차이가 없다. 게이트 전압이 인가되지 않은 경우, 채널은 저항체와 다를 바가 없으며, 낮은 드레인 전압에서 전압증가에 따라 드레인 전류는 선형적으로 증가하고, 선형성에서 벗어나는 임계 드레인 전압에서는 드레인 전압을 증가시켜도 드레인 전류는 거의 일정하게 되는 포화상태가 된다. 게이트 전압을 서서히 역방향으로 증가시키면 공핍층의 폭과 깊이가 증가할 것이며, 그로 인하여 드레인 전류는 점점 감소하게 된다. 게이트 전압을 더욱 증가시키면 채널이 **핀치오프**(pinch-off) 상태에 이르게 되고 드레인 전류가 차단된다. 이때의 게이트 전압을 **핀치오프 전압**이라고 한다. 한편 GaAs의 증가형 MESFET의 해석은 Si의 MOSFET의 해석법과 흡사하다.

핵심 N GaAs 반도체의 특징은 전자의 이동도가 Si의 5 ~ 6배 정도로 높아서 고속 소자에 적합하다. 그러나 재료값이 비싸다는 단점을 가지고 있다.

6.4 태양전지

여기서는 태양전지(太陽電池, solar cell)의 필요성, 태양전지의 제법 및 동작원리를 다룬다. 태양전지도 반도체 소자이므로 앞에서 다룬 반도체 물성, 특히 반도체의 광흡수 이론에 대해서 이해해야만 한다. 또한 태양전지의 특성을 평가하기 위한 파라미터에는 어떤 것이 있는지를 다룰 것이며, 태양전지의 특성을 개선시키기 위한 방법에는 어떤 것들이 있는지 알아본다.

6.4.1 신재생 에너지

(1) 에너지원

에너지란 뭘까? 우리는 일상생활에서 에너지가 넘친다는 얘기를 종종하게 된다. 그러나 일상생활에서 사용하는 용어의 의미가 물리학이나 공학에서는 다소 다르게 정의되는 경우가 있다. 잘 알다시피 에너지란 일을 할 수 있는 능력이다. 여러 에너지를 나열해보자. 위치에너지, 운동에너지, 탄성에너지, 내부에너지, 자유에너지, 열에너지, 화학에너지, 빛에너지, 전기에너지 등등 참 많다. 에너지 보존 법칙에 따라 에너지는 생성되지도 소멸되지 않으며, 단지 변환될 뿐이다. 한 에너지에서 원하는 에너지를 얻기 위한 변환이 가능하다는 것이다. 예컨대, 화석연료는 화학에너지인데 이것은 열에너지로 변환되고, 또 운동에너지로 변해서 전기에너지가 얻어진다.

에너지를 얻기 위해서는 에너지 원천이 있기 마련이다. 천연상태로 존재하는 에너지를 **1차 에너지**라고 하는데 여기에는 화석연료(석탄, 석유, 천연가스), 우라늄, 수력, 태양광, 풍력 등이 있다. 1차 에너지는 에너지 원천이기 때문에 에너지원이라고 일컫는다. 1차 에너지를 가공하여 얻어진 에너지를 **2차 에너지**라고 한다. 여기에는 전기, 가솔린, 도시가스 등이 있다. 에너지원 가운데서 일부는 한정되어 있기 때문에 언젠가는 사라져버리고 말 것이다. 이러한 에너지를 **고갈성 에너지**라고 한다. 고갈성 에너지원을 어느 정도로 생산을 지속할 수 있는가를 나타내는 파라미터가 **가채연수**(可採年數)이다.

$$\text{가채연수} = \frac{\text{확인 매장량}}{\text{연간 생산량} } \tag{6.39}$$

고갈성 에너지원의 가채연수를 보면 대략, 석탄은 110년, 우라늄은 100년, 천연가스는 60년, 석유는 50년 정도에 불과하다. 그러나 에너지원이 확인되는 것이 늘어난다든지, 아니면 연간 생산량이 줄어든다면 가채연수는 늘어나게 된다. 당장은 고갈되지 않아 위기는 없겠지만 영원하지 않다는 것을 감안하면 대체에너지원을 개발하여야 하다. 반면에 고갈되지 않고, 즉 사라지지 않는 에너지, 말 그대로 재생이 가능한 에너지를 **재생에너지**라고 한다.

재생에너지의 근원은 태양과 달이다. 태양으로부터 직접적으로 얻을 수 있는 에너지는 태양열과 태양전지가 있고, 간접적으로 얻을 수 있는 에너지는 물의 순환에 의한 수력발전, 바람의 순환에 의한 풍력발전, 태양의 광합성으로 자란 식물에서 얻어지는 바이오매스 등이 있다. 달의 인력에 의한 조력발전 등 자연으로부터 얻어지는 에너지들이다.

자연으로부터 얻을 수 있는 에너지 가운데서 수력발전을 제외한 에너지를 재생에너지라고 하며, 여기에는 태양전지와 풍력이 있다. 또 과학기술발전으로 새로운 형태의 에너지를 **신에너지**라고 하는데 여기에는 수소에너지와 연료전지가 있다. 신에너지와 재생에너지를 통틀어 **신재생 에너지**라고 부른다.

(2) 태양전지의 필요성

앞에서 언급한 바와 같이 고갈성 에너지의 끝은 언제가 될지 확실치 않다. 그러나 분명한 것은 삶이 풍요로워질수록 더 많은 에너지를 필요로 할 것이고, 1차 에너지의 사용량은 더욱 증가할 것이다. 지구가 태양으로부터 받는 에너지 가운데서 상당량의 적외선을 방사한다. 적외선이 우주로 방사하는 데 아무 문제가 없다면 왜 지구온난화에 대해서 그렇게 걱정할까? 문제는 화석연료를 많이 사용할수록 CO_2 배출량을 증가하게 되고, 대기권에 있는 CO_2는 적외선을 흡수하다 보니 지구는 거대한 비닐 하우스에 갇혀 있는 형국이 된다. 따라서 CO_2 배출이 지구온난화의 주범인 셈이다. 그 대안으로 원자력 발전이 있지만 안전성에 꼬리표를 달고 있다. 그래서 주목받고 있는 것이 신재생 에너지이고, 재생 에너지 중에서도 손쉽게 얻을 수 있는 것이 태양전지이다. 현재의 발전 속도와 여건으로 보아 태양전지가 원자력의 대안이 될지는 아무도 알 수 없다. Si 태양전지의 효율이 20% 내외라고 봤을 때 우리나라의 경우 국토의 면적을 고려하면 태양전지가 여러 에너지원 가운데서 주(主)가 되기는 어려울 것으로 봐진다.

(3) 태양광의 전기에너지

태양은 반경이 대략 6.96×10^5 km의 가스로 된 천체이다. 태양은 수소 원자가 핵융합에 의해서 헬륨원자로 전환시 열에너지를 방출한다. 태양에서 방사하는 빛을 에너지로 환산하면 총전력은 3.85×10^{23} kW에 달하며, 대기권에 도달하는 전력은 대략 $1.37\,\mathrm{kW/m^2}$, 지구표면에 도달하는 전력은 대략 $1\,\mathrm{kW/m^2}$이다. 이 에너지를 태양전지의 효율이 100%일 때 얻을 수 있는 전력이므로 태양전지 관련 기술을 발전시켜 최대한으로 효율을 올리는 것이 급선무이다.

6.4.2 태양전지의 반도체 기초

태양전지는 태양에서 방출되는 빛에너지를 직접 전기에너지로 변환시키는 전자소자이다. 따라서 태양전지 재료는 빛에너지를 직접 전기에너지로 변환시키는 데 사용되는 재료로서 빛을 흡수하는 하는 것이 가장 중요하다. 여기서는 빛의 흡수, 캐리어 발생 및 재결합, 소수 캐리어 수명시간 등에 대해서 설명한다.

(1) 흡수계수

반도체 표면에 태양광을 조사하면 광의 일부는 흡수되기도 하고, 일부는 반사하기도 하며, 또 일부는 반도체 두께에 따라서 투과하기도 한다. 임의의 입사 파장(λ)에 대해서 흡수율$(1-R)$ + 반사율(R) + 투과율(T) = 1인 관계가 성립한다. 두께가 L인 반도체에 파장이 λ, 강도가 I_o인 광이 입사할 때(투과무시) 반도체 표면에서 RI_o의 광은 반사되나 $(1-R)I_o$의 광은 흡수되어 반도체 내부로 침투한다. 표면에서 깊이 x인 위치에서 빛의 강도를 I라고 하면 두께 $x \sim x+dx$에서 빛의 강도는 $I \sim I-dI$가 될 것이다. 즉 깊이에 따라 빛의 세기는 감소한다. 따라서 미소 깊이(dx)에서 미소 빛의 세기(dI) 사이의 관계는 다음과 같은 식으로 나타내진다.

$$dI = -\alpha I dx \tag{6.40}$$

여기서 α를 **흡수계수**(吸收係數, absorption coefficient)라 하고 다음과 같이 정의된다.

$$\alpha = \frac{-dI/I}{dx} = -\frac{1}{I}\frac{dI}{dx} \tag{6.41}$$

α는 단위깊이 증가시 빛의 세기의 변화로서 빛을 흡수하는 능력을 의미한다. 식 (6.41)의 미분방정식을 풀면 **빛의 세기**는 다음과 같은 식으로 나타내진다.

$$I = (1-R)I_o e^{-\alpha x} \tag{6.42}$$

이 식에서 알 수 있는 바와 같이 빛의 세기가 깊이에 따라 지수 함수적으로 감소한다. 이를 **람베르트-베르의 법칙**(Lambert-Beer's law)이라 한다. $\alpha x = 1$일 때 $I = 0.37(1-R)I_o$이 된다.

빛의 세기가 초기치의 37%, 즉 광자가 63%까지 흡수되는 깊이를 **침투깊이**(δ)라고 하며, 흡수계수와는 다음과 같은 관계가 있다.

$$\delta = \frac{1}{\alpha} \tag{6.43}$$

α의 단위는 거리의 역수(cm^{-1})이다. 태양전지로 이용되는 반도체의 광흡수에서 전자의 밴드갭 사이의 천이만을 생각하면 일반적으로 에너지 갭이 넓을수록 어떤 파장에서의 흡수계수는 작게 되고, 그 외 전도대, 가전자대의 상태밀도에도 의존한다. 또 직접천이와 간접천이를 일으키는 결정의 밴드 구조에 따라서도 크게 변한다. 천이할 때 운동량 변화의 유무에 따라 직접천이 밴드와 간접천이 밴드로 나뉜다.

그림 6.63은 태양전지용 재료인 Si, GaAs 등의 흡수계수의 빛에너지 의존성을 나타낸 것이다. 간접밴드를 가지는 Si의 흡수계수는 밴드갭 부근($\lambda = 12400/E_g$)에서 급격히 상승한 후, 낮은 상승률로 표면에서 20 μm 이상인 상당히 깊은 곳까지 빛이 도달하여 그 곳에서 EHP를 생성시킨다. 직접밴드를 가지는 GaAs인 경우에는 밴드갭 부근에서 Si의 흡수계수보다 더 급격히 상승하여 그 이상에서는 서서히 증가한다. 광흡수와 EHP 생성의 대부분이 표면에서 20 μm 정도로 극히 엷은 곳에서 일어난다. 따라서 태양전지용 직접천이 반도체는 얇아도 되지만 간접천이 반도체는 상당히 두꺼워야 한다.

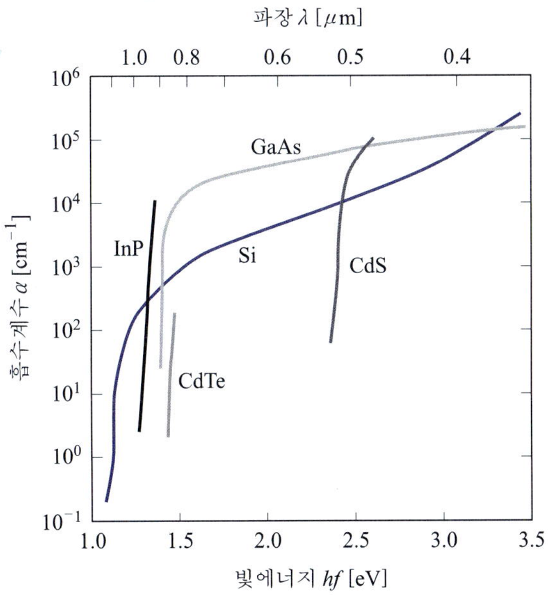

그림 6.63 반도체의 빛에너지에 따른 흡수계수

반도체 표면에 빛을 조사하게 되면 가전대의 구속전자는 광자의 에너지를 흡수하여 전도로 여기한다. 이 과정에서 빛의 흡수를 **기초흡수**라고 하며, **기초흡수단 파장**(λ_o)과 밴드갭(E_g) 사이의 관계는 다음과 같다.

$$E_g = hf = \frac{hc}{\lambda_o}\,[\mathrm{J}] \tag{6.44}$$

여기서 h는 플랑크 상수($6.626 \times 10^{-34}\,\mathrm{J \cdot s}$), c는 광속이다. 식 (6.44)를 J의 단위를 eV의 단위로 나타내면 다음과 같이 된다.

$$E_g = \frac{12400}{\lambda_o[\text{Å}]}\,[\mathrm{eV}] \tag{6.45}$$

그림 6.64에 나타낸 바와 같이 λ_o 부근의 파장에서는 가전자대 상부의 전자들이 전도대 하부로 여기되나 전도대 하부의 상태밀도가 낮기 때문에 흡수계수는 작다. 그러나 $\lambda < \lambda_o$인 범위에서 짧은 파장일수록 흡수계수는 증가한다. 단파장일수록 전도대의 상태밀도가 높은 에너지 준위로 여기하기 때문에 흡수계수가 커진다. 빛에너지가 밴드갭보다 작은 경우에는 당연히 흡수되지 않고 투과하게 된다.

입사광의 파장에 따른 흡수계수는 어떤 관계를 가지고 있다. 흡수계수(α)-파장(λ) 관계는 전자의 천이가 직접천이 밴드냐, 간접천이 밴드냐에 따라 다르게 나타난다. 그림 6.65는 에너지(E)-파수(k)에 나타난 직접천이 밴드와 간접천이 밴드를 나타낸 것이다. 직접형 반도체에서 가전자대의 전자 에너지와 전도대의 전자 에너지는 같은

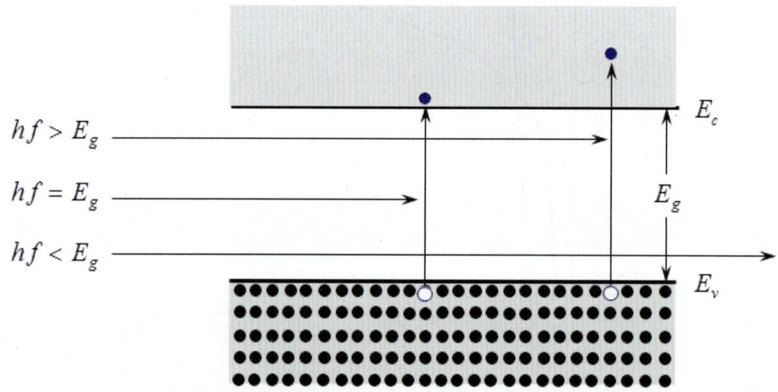

그림 6.64 반도체에 광조사시 전자-정공쌍의 생성

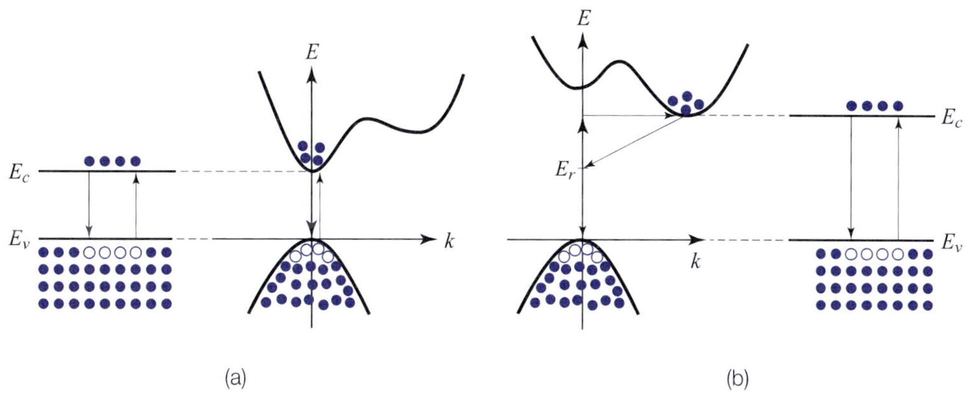

그림 6.65 반도체의 캐리어 생성과 재결합 과정 : (a) 직접형 반도체, (b) 간접형 반도체

파수(k)를 가지게 되므로 운동량 보존의 법칙이 저절로 만족된다. 따라서 흡수계수가 크다. 반면에 간접형 반도체에서는 가전자대의 전자 에너지와 전도대의 전자 에너지는 서로 다른 k를 가지게 된다. 이 경우에 가전자대에서 전도대로, 전도대에서 가전자대로 천이는 격자진동에 의한 **포논**(phonon, 격자진동의 양자 또는 탄성에너지의 양자)의 수수가 없으면 운동량 보존의 법칙이 성립하지 않아 천이가 불가능하다. 따라서 직접천이에 비해서 간접천이 확률이 크게 감소한다.

(2) 캐리어 재결합

전도대로 광여기된 전자는 평형상태로 돌아가려고 하기 때문에 여기 후에 시간 τ 경과 후 가전자대에 있는 정공과 재결합한다. 이때 τ를 소수 캐리어 **수명시간**(life time)이라고 한다. τ는 다수 캐리어 농도가 클수록 짧다. 간접형 반도체에서는 포논의 수수가 없으면 재결합이 일어나지 않기 때문에 직접형 반도체 재료보다 τ가 길다. 캐리어 농도가 같더라도 점결함, 선결함, 면결함 등 결함이 많을수록 τ는 짧다. 재결합은 점결함 및 선결함을 포함하는 벌크를 비롯한, 표면, 입계, 계면 등의 면결함에서 일어난다.

1) 벌크 내 재결합

반도체에 빛을 조사하면 반도체는 EHP 생성으로 불평형 상태가 되고, 평형상태에서의 캐리어 농도보다 증가하게 된다. 소위 과잉 캐리어($\Delta n = \Delta p$)가 발생한다. 다수 캐리어 농도는 별 차이가 없으나 소수 캐리어 농도가 크게 증가하게 된다. 이런 상태에서 끊임없이 캐리어 생성과 재결합이 반복되게 된다. 벌크 내에서는 전자와 정공이 직접 재결합하는 경우(직접형 반도체)와 재결합 중심을 통해서 재결합하는 경우(간접형 반도체)가 있다.

2) 표면 재결합

그림 6.66 (a)는 표면에서 재결합 과정을 보여준다. 반도체 표면은 외부에 노출된 원자들로 이루어진 일종의 면결함이므로 벌크 내의 결정구조와는 전혀 다르다. 원자 간의 결합이 완전하지 못한 **댕글링 결합**(dangling bond)으로 금지대 내에 표면상태(표면준위)가 형성하고, 이들이 재결합 중심으로 작용한다. 따라서 소수 캐리어가 표면상태에 포획되게 된다.

3) 입계 재결합

그림 6.66 (b)는 입계에서 재결합 과정을 보여준다. 다결정체에서 입계도 역시 표면상태처럼 계면상태를 유발하기 때문에 소수 캐리어의 수명을 단축시킨다. 다결정질이 단결정보다 효율이 떨어지는 이유 중의 하나가 바로 입계에서 재결합이 많이 일어나기 때문이다.

4) 이종접합 재결합

그림 6.66 (c)는 이종접합 계면에서 재결합 과정을 보여준다. **격자부정합**(lattice mismatch) 비가 1% 이상이 되면 다결정체에서의 입계처럼 계면상태가 많이 존재하여 소수 캐리어의 재결합 중심으로 작용한다. 따라서 소수 캐리어의 수명이 단축된다.

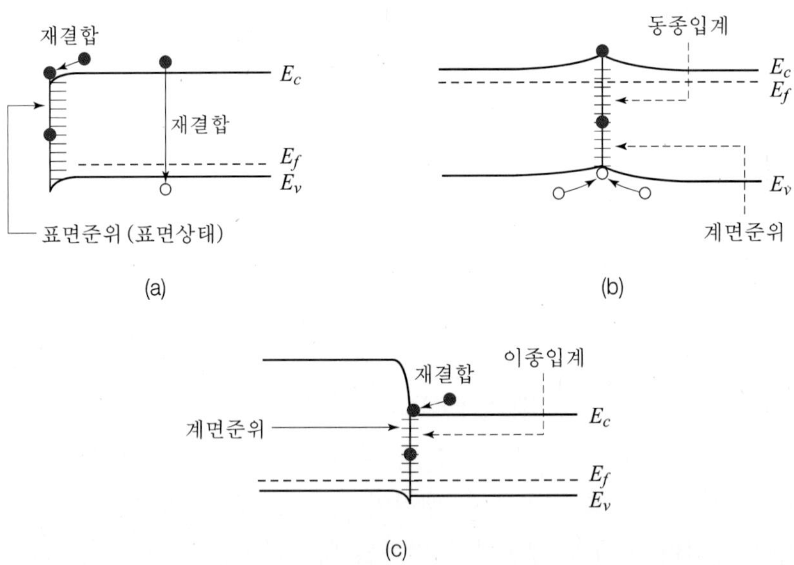

그림 6.66 캐리어의 재결합 과정 : (a) 표면 (b) 입계, (c) 이종접합 계면

(3) 소수 캐리어 수명

소수 캐리어 수명은 소자의 표면처리, 확산온도, 냉각속도 등의 제작공정에 크게 영향을 받는다. 표면에서는 재결합 중심의 농도가 높기 때문에 소수 캐리어 수명이 짧다. 표면에서 0.1 μm 정도에서 100 ps이나 이보다 약간 깊은 곳에서는 수 나노초일 정도로 표면부근에서 더욱 짧다. 광생성 캐리어 농도는 표면에서 가장 높고, 내부로 들어갈수록 지수 함수적으로 감소하므로 표면 재결합은 태양전지의 특성에 크게 영향을 미친다. 특히 GaAs와 같은 직접천이 반도체에서는 광흡수계수가 크므로 캐리어 생성의 대부분이 표면 부근이고, 표면 재결합 속도가 크면 거기서 재결합하여 접합 부근에서 캐리어 생성을 기대하기 어려우므로 광전류가 크게 감소한다. 따라서 적당한 표면처리가 요구된다. Si, GaAs 태양전지의 표면 재결합 속도는 $10^5 \sim 10^6$ cm/s 이나 Si에서는 표면식각을 통해서 100 cm/s까지 감소한다.

다결정의 경우에는 단결정과는 달리 결정입계에서 재결합이 용이하고, 광생성 캐리어의 수집효율도 떨어진다. 결정입계는 소수 캐리어에 대한 재결합 중심, 다수 캐리어에 대한 장벽으로 작용하는데 박막 내의 소수 캐리어 수명은 현저히 짧아져 태양전지의 효율을 저하시킨다.

핵심 N 반도체가 빛을 흡수할 때 파장이 짧은 빛일수록 침투깊이는 짧다. 즉 파장이 길수록 반도체 내부로 깊이 침투하여 EHP를 생성시킨다. 각종 결함은 소수 캐리어 수명을 단축시키며, 수명단축은 태양전지의 효율을 떨어뜨린다.

6.4.3 태양전지의 구조

(1) 구조

가장 일반적인 태양전지의 구조는 pn 접합으로 구성되어 있다. 그림 6.67과 같이 전면 측에는 **핑거전극**(finger electrode) 혹은 **인터디지털 전극**(interdigital electrode)을 만들고, 후면 측에는 전면에 전극이 부착되어 있다. 총전극 면적은 입사광을 가급적이면 많이 흡수하기 위해서 표면의 15% 이하가 되게 한다. 전극이 차지하는 면적이 크게 되면 전극접촉저항이 직렬저항으로 나타나서 단락전류의 감소를 가져오게 된다. 표면에는 입사광의 반사방지용 산화막이 코팅되어 있다. n층 두께는 3000 ~ 5000 Å 정도로 얇고, p층 두께는 0.3 ~ 0.5 mm으로 두껍다. p층 두께가 두꺼운 이유는 연속 스펙트럼의 파장을 갖는 빛이 입사할 때 단파장은 n층에 흡수되고, 장파장은 p층까지 침투하게 되는데 p층에서 전자의 확산거리가 n층에서 정공의 확산거리보

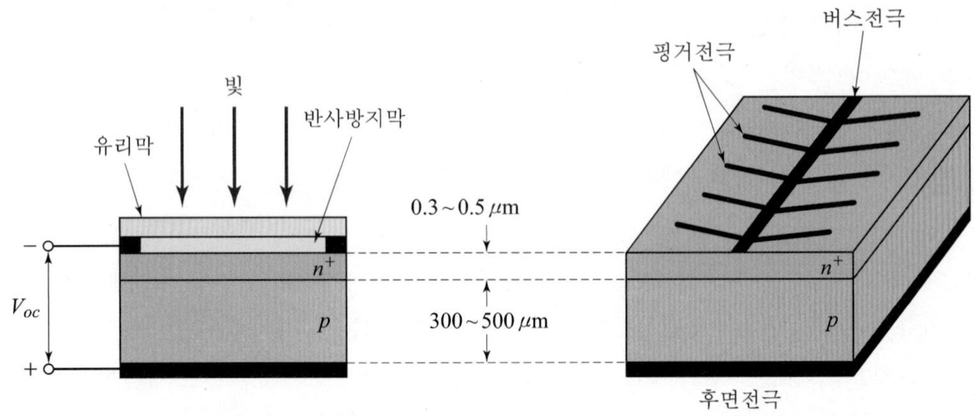

그림 6.67 태양전지 구조

다 더 길기 때문에 전자들이 소수 운반자가 되도록 하기 위해서이다. 즉 광생성되는 광흡수체를 p층으로 선택한다.

(2) 제조공정

Si 태양전지의 제조공정 과정을 그림 6.68에 타나내었다. 태양전지를 만들려면 두께 0.3 ~ 0.5 mm인 p형 기판에 열확산법(thermal diffusion) 등에 의해 표면에 대단히 엷은 3000 ~ 5000 Å 인 n^+층을 만든다. 이면(back side)의 n^+층을 제거하고, 표면의 n^+층에 핑거전극, 이면의 p층 기판에 후면전극을 증착한다. 표면전극은 될 수 있는 한 광 입사가 잘 되도록 하기 위해서는 전극 면적이 적은 핑거 형태의 전극이 좋으며, 직렬저항이 높지 않도록 주의하여야 한다. 이것은 태양전지의 효율을 떨어뜨리는 요소이다. 핑거전극을 형성시킨 후에 **반사방지막**(anti-reflective coating, AR)을 코팅한다. 반도체 표면에서 빛의 반사를 방지하기 위해서는 반도체 표면에 투명하고, 굴절율이 반도체와 공기의 중간 정도가 되는 박막층이면 좋다. 대표적인 AR로는 SiO가 많이 사용되고 있다.

핵심 N	태양전지 pn 접합에서 소수 캐리어 수명을 고려하여 n층은 얇게 p층은 두껍게 하여 빛이 p층에 입사하도록 한다. 전극은 접촉저항과 광흡수를 고려하여 핑거형태로 한다.

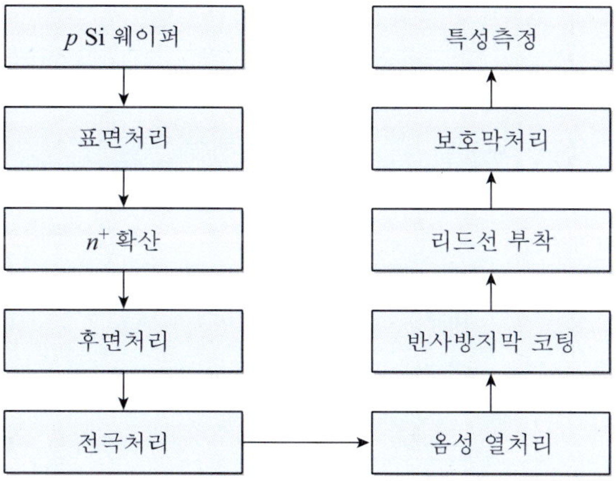

그림 6.68 실리콘 태양전지의 제조공정 흐름도

6.4.4 태양전지의 동작

(1) 광기전력 발생

pn 접합에 빛을 조사할 때 **광기전력**(光起電力, photovoltaic)이 발생한다는 것을 이해할 필요가 있다. 그림 6.69는 태양전지의 광기전력이 발생하는 원리를 나타낸 것이다. pn 접합에서 n영역의 도핑 농도가 높기 때문에 공핍층은 p층으로 많이 확장하게 된다. 공핍층에는 n영역의 도너가 이온화되어 양의 공간전하가, p영역의 억셉터가 이온화되어 음의 공간전하가 생겨서 n영역에서 p영역의 방향으로 내부전계가 발생한다. 이 전계가 태양전지의 동작의 핵심이다. 연속 스펙트럼의 파장을 갖는 빛이 조사되면 n영역, 공핍층, p영역에서 전자-정공쌍(EHP)이 생성된다. 단파장의 빛은 침투깊이가 짧아(침투깊이는 파장에 비례) n영역에 대부분이 흡수되고, 중파장, 장파장의 빛은 공핍층과 p영역까지 침투하여 EHP를 생성시킨다. 공핍층에서 생성된 EHP는 내부전계에 의해서 분리되고, 전자는 n영역으로, 정공은 p영역으로 이동한다. 공핍층 가장자리로부터 전자의 확산거리 내에서 생성된 전자는 공핍층 가장자리로까지 확산한 후 내부전계로 n영역에 도달한다. n영역은 $-e$양만큼 음으로 대전되고, p영역은 $+e$양만큼 양으로 대전되어 양단에 전압이 발생하게 된다. 이 전압이 **개방전압**(V_{oc})이다. 외부에 부하가 연결되면 전류가 흐른다. 광기전력 효과에 기여하는 EHP는 공핍층 가장자리에서 정공의 확산거리(L_h), 공핍층(W), 공핍층 가장자리에서 전자의 확산거리(L_e)의 합 $L_h + W + L_e$ 내의 부피에서 발생하는 캐리어이다.

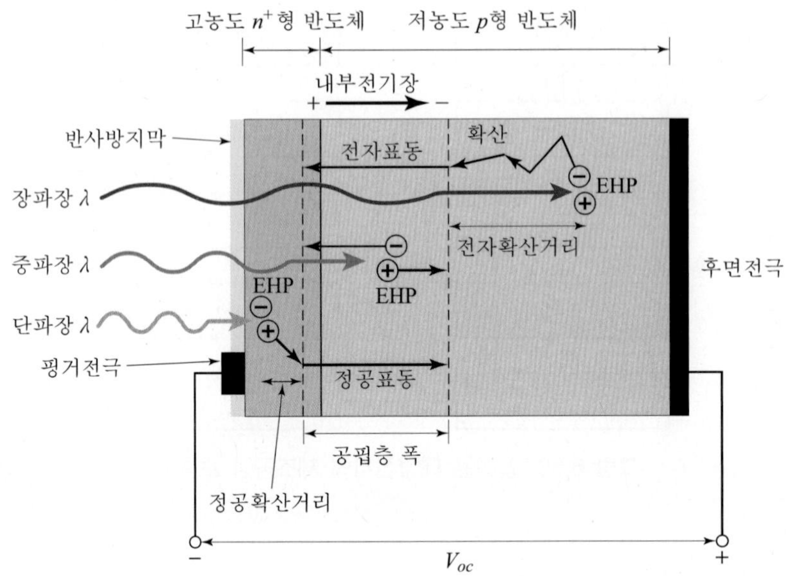

그림 6.69 태양전지의 동작원리

(2) 에너지대에서 개방전압과 단락전류

1) 개방전압

그림 6.70 (a)에 나타낸 바와 같이 무부하 상태에서 광 조사로 생성된 EHP의 전자와 정공은 공핍층 내의 강한 내부전계로 n, p층에 축적된다. 이 결과로 평형상태에서 일치하던 두 반도체의 페르미 준위는 qV_{oc}만큼 차이가 생긴다. 이 값은 외부에서 관측되고, 이때 V_{oc}를 **개방전압**(開放電壓, open circuit voltage)이라고 한다. 이것은 마치 외부에서 순방향 전압을 인가한 것과 같이 내부전위(V_o)를 V_{oc}만큼 감소시키는 결과를 가져온다. 이 상태에서는 pn 접합이 순방향 바이어스 되어 있는 상태와 동일하여 다수 캐리어 확산으로 소수 캐리어 주입이 증가한다. 즉 p층에서 n층으로 다수 캐리어 정공이 확산하고, n층에서 p층으로 다수 캐리어 전자가 확산한다. 단락전류(표동전류)와 다이오드 전류(확산전류)가 같아지는 점에서 V_{oc}가 결정된다. 즉 개방상태에 도달하는 것과 같게 된다. 다시 말해서 개방회로에서는 순 전류가 0이 되는데 이는 광전류(I_{sc})가 같은 크기로 다이오드 전류(I_d)를 생성하는 데 충분한 광기전력(V_{oc})을 발생시킴을 의미한다. 이것이 태양전지의 에너지원이다.

2) 단락전류

그림 6.70 (b)와 같이 평형상태의 pn 접합에 빛을 조사하게 되면 전자–정공쌍

(EHP)의 생성으로 n층에는 전자가 과잉 소수 캐리어, p층에는 정공이 과잉 소수 캐리어가 된다. 접합부근에서 생성된 과잉 소수 캐리어는 공핍층 영역 내의 강한 내부 전계에 끌려 소수 캐리어 표동이 일어난다. 소수 캐리어 전자는 n층에서 p층으로, 소수 캐리어 정공은 p층에서 n층으로 유입된다. 부하 단락시 입사광에 비례하는 표동 캐리어에 의한 전류를 **단락전류**(短絡電流, short circuit current : I_{sc})라고 한다. 단락전류, 즉 광전류는 pn 접합에서 역방향 바이어스 인가시 흐르는 누설전류(표동전류)와 같은 방향이며, 다이오드 전류(확산전류), 즉 암전류와는 반대방향이다.

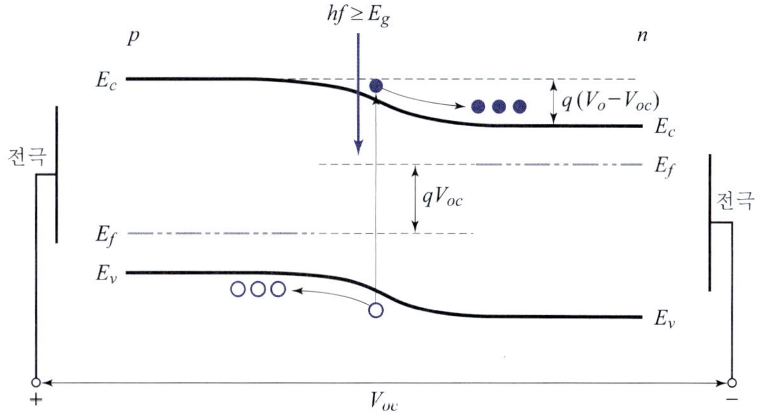

(a)

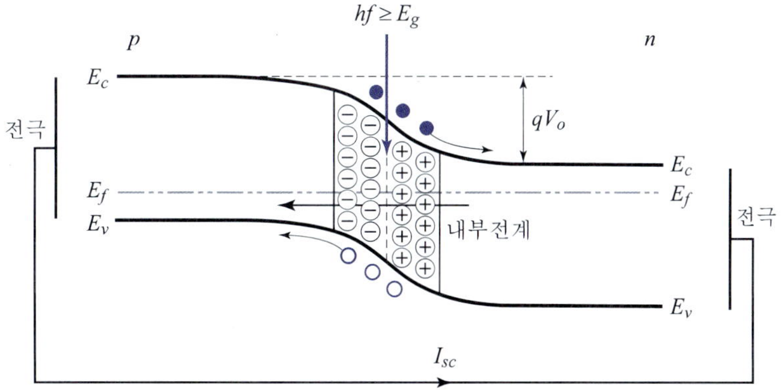

(b)

그림 6.70 에너지대에서 (a) 개방전압, (b) 단락전류

(3) 에너지 변환과정

태양전지가 빛을 흡수할 때 부하에서 전기에너지로 변환되는 과정을 에너지대 구조를 통해서 설명할 수 있다. 그림 6.71은 태양전지에 부하저항이 연결된 회로의 에너지대 구조를 나타낸 것이다. 태양전지는 금속/p–Si/n–Si/금속/저항/리드선으로 구성되어 있고, 표면 및 이면에는 옴성 접촉이 형성되어 있다. $hf \geq E_g$인 빛이 태양전지에 조사될 때 가전자대의 전자는 전도대로 여기된다. 즉 EHP가 생성된다. 빛에너지가 Si의 밴드갭(E_g)보다 크게 되면 전자는 전도대의 낮은 에너지 상태보다 높은 에너지 상태로 여기된다. 여기된 전자는 곧 전도대의 낮은 에너지 상태로 내려가게 된다(전도대의 준위는 거의 비어 있다). 이때 전자 및 정공은 $hf - E_g$인 에너지를 결정격자에 포논(격자진동의 양자 또는 탄성에너지의 양자) 형태로 전달된다. 전도대 바닥으로 떨어진 전자는 그 후 pn 접합부로 향하여 확산하고, 전자의 일부는 반도체 내부 또는 표면에서 재결합하여 소멸된다. 접합부에 도달한 캐리어는 접합부의의 강한 전계(n형에서 p형으로 향한다)로 가속되어 n–Si 층으로 주입된다. 캐리어의 **중성조건**을 만족하기 위해 주입된 전자수만큼의 전자가 이면(반대편)전극으로 방출된다. n–Si/금속이 옴성 접촉이므로 n–Si의 전도대가 금속 표면보다 에너지 준위가 높아 이면전극으로 유출시 전도대와 페르미 준위 사이의 퍼텐셜 $(E_c - E_{fn})/q$에 해당하는 에너지를 전자가 잃게 된다. 이때 금속–반도체(n–Si) 접촉부에서 열이 방출된다.

전자가 부하저항을 통과하게 되면 부하저항에 걸리는 전압은 $V = IR$로 표시된다. 회로에는 전원이 없으므로 $V = IR$인 전압이 태양전지의 접합부에 가해진다. 즉 접합부는 순방향으로 가해진다. 부하저항에서 전자는 1개당 qV의 에너지를 잃게 된다.

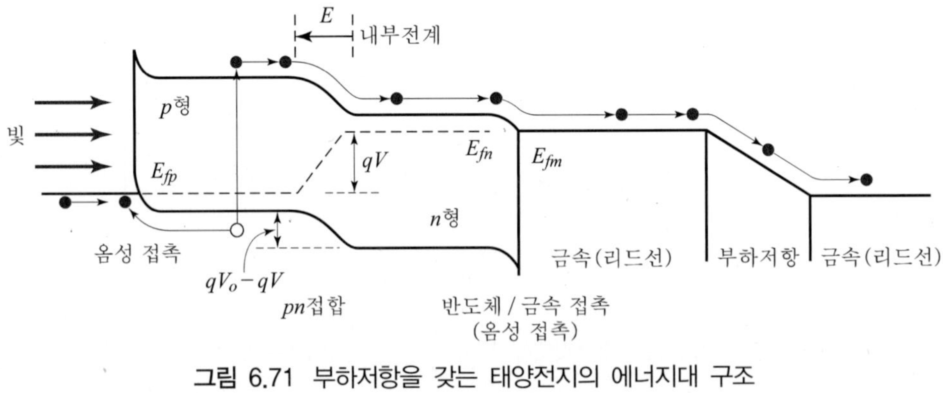

그림 6.71 부하저항을 갖는 태양전지의 에너지대 구조

즉 빛에너지 hf가 전기에너지 qV로 변환하게 된다. 부하저항을 통과한 전자는 p-Si 내에서 과잉되어 p-Si 가전자대에서 표면전극부로 밀려나가는 정공과 재결합한다. 이상과 같이 광여기에 의해서 발생한 전자와 정공이 각각 역방향으로 이동할 때 회로를 한 바퀴 주행 한 후에 재결합함으로써 광전류가 발생한다. 전자(정공)가 반도체 내 및 외부회로로 주행하는 동안에 부하저항 외에 다른 곳에서 에너지를 잃는 비율이 커기 때문에 태양전지의 에너지 변환효율이 20%에 그치게 된다.

핵심 N 태양전지에서 광기전력은 빛이 pn 접합부 근방에 흡수되면 EHP가 생성되고 소수 캐리어 확산과 pn 접합부의 내부전계로 표동되어 p층에는 정공이, n층에는 전자가 많아져서 전기적으로 정·부전하가 대전되어 발생한다.

6.4.5 태양전지의 $I-V$ 특성

태양전지는 기본적으로 pn 접합 다이오드이다. 빛과 무관하게 태양전지에 순방향으로 전압을 인가하면 전류가 흐르고, 역방향으로 전압을 인가하면 전류가 거의 흐르지 않는다. 이런 상태를 빛과 대비되는 말로 암상태(빛이 없는 상태)라고 한다. 암상태에서 전류-전압($I-V$) 특성곡선은 그림 6.72에 나타낸 바와 같이 원점을 지나는 흔히 보는 다이오드 특성곡선이다.

태양전지에는 외부전원이 없으며, 부하 R에 광전류가 흐르면 부하 양단의 전압은 pn 접합을 순방향으로 바이어스시킨다. 따라서 소수 캐리어 주입에 따른 확산이 일어나며, 다음과 같이 암상태와 동일한 다이오드 전류 I_d가 흐르게 된다.

$$I_d = I_o\left(e^{qV/nkT} - 1\right) \tag{6.46}$$

여기서 I_o는 역포화 전류, n은 이상계수($1 \sim 2$), k는 볼쯔만 상수 (1.38×10^{-23} J/K), T는 절대온도(K)이다. kT/q를 **열전압**(熱電壓)이라고 하는데 300 K에서 26 mV에 해당한다.

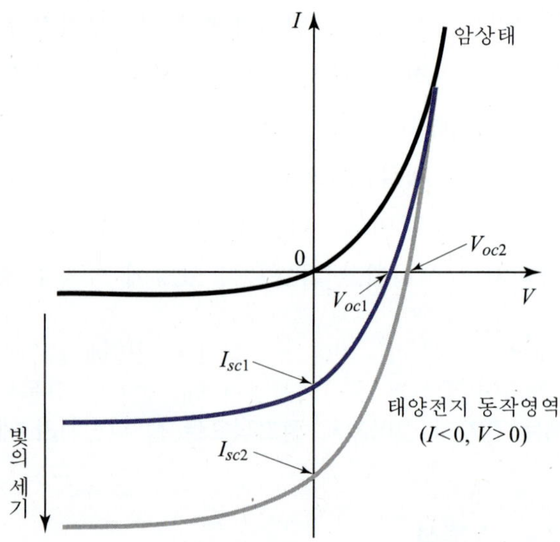

그림 6.72 태양전지의 $I-V$ 특성

부하가 연결된 태양전지에는 **암전류(확산전류)**와 **광전류(표동전류)**가 동시에 흐르게 된다. 전류의 방향이 서로 반대이므로 빛이 조사되는 상태에서 태양전지를 통해서 흐르는 총전류는 다음과 같이 나타내진다.

$$I = I_d - I_{ph} = I_o\left(e^{qV/nkT} - 1\right) - I_{ph} \tag{6.47}$$

이 식을 그래프로 나타내면 그림 6.72의 두 번째 곡선이다. 이 곡선은 암전류 곡선을 광전류 I_{ph}만큼 아래로 평행 이동한 것이다. 빛의 세기가 증가하면 광생성률이 증가하여 광전류가 증가하기 때문에 그림 6.72의 세 번째 곡선과 같이 된다. 태양전지는 4사분면에서 동작한다. 빛의 세기가 증가하면 개방전압은 대수적으로 증가하고, 단락전류는 선형적으로 증가한다. $I-V$ 특성곡선에서 태양전지의 동작영역이 왜 4사분면인지를 그림 6.73을 통해서 알 수 있다. 빛이 다이오드에 조사될 때 (a)와 (b)는 외부로부터 전력이 다이오드에 공급되는 경우이다. (a)는 순방향으로 외부전압이 인가되어 암전류가 광전류보다 크기 때문에 1사분면에서 동작한다. (b)는 외부전압이 역방향으로 인가되어 광전류와 같은 방향이므로 3사분면에서 작동한다. 이 영역은 광다이오드 동작영역이다. (c)는 외부전압이 없고, 빛이 조사되는 경우로, 즉 다이오드가 부하에 전력을 공급하는 영역으로 태양전지 동작영역이다.

핵심 N 태양전지의 $I-V$ 특성곡선의 모양은 일반 다이오드 곡선이며, 단지 4사분면에서 동작한다는 점이다.

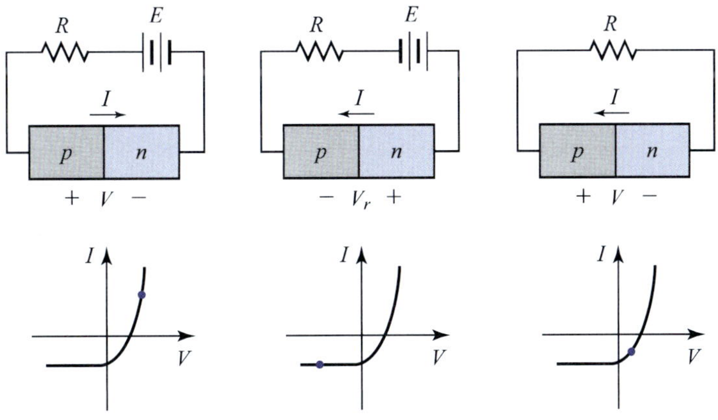

그림 6.73 다이오드의 $I-V$ 특성에서 동작영역 : (a) 1사분면, (b) 3사분면, (c) 4사분면

6.4.6 태양전지의 등가회로

지금까지의 태양전지에 대한 설명은 이상적인 경우였으나 실제로는 직렬저항 R_s와 병렬저항 R_p를 고려해야 한다. R_s는 R_p보다 태양전지의 특성 파라미터에 더 큰 영향을 미친다.

(1) 등가회로

태양전지의 등가회로는 그림 6.74와 같이 나타낼 수 있다.

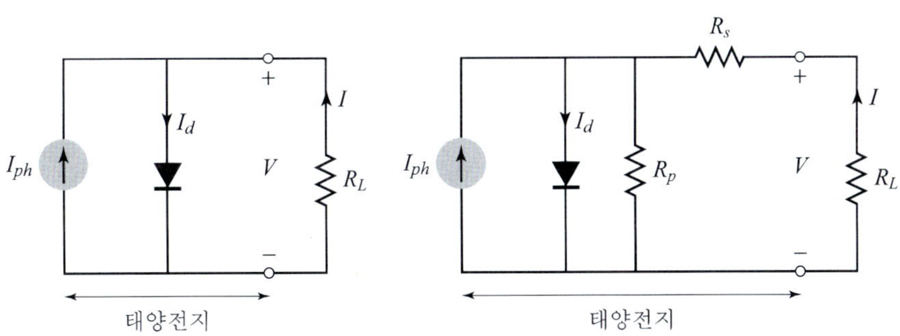

그림 6.74 태양전지의 등가회로 : (a) 이상적인 경우, (b) 실제적인 경우

이상적인 경우에는 그림 6.74 (a)에 나타낸 것과 같이 태양전지가 정전류원과 다이오드로 구성된다. 그러나 여러 가지 요인에 의해서 저항이 발생하므로 R_s과 R_p을 고려했을 때의 등가회로는 그림 6.74 (b)와 같이 된다. R_s는 n층 표면에서 핑거전극까지의 직렬로 나타나는 전극 사이의 표면저항(경로저항), 전극접촉저항, n과 p층의 벌크 저항의 합이다. R_p는 결정표면이나 다결정립 경계로부터 나타나는 저항으로 상당한 정도가 아니며, R_s보다 미치는 영향이 적다. 태양전지가 이상적인 경우에 $I-V$ 특성은 다음 식과 같이 나타내진다.

$$I = I_o\left(e^{qV/nkT} - 1\right) - I_{ph} \tag{6.48}$$

그러나 저항성분을 고려한 실제적인 경우의 $I-V$ 관계는 다음 식과 같이 된다.

$$I = I_o\left[e^{q(V-IR_s)/nkT} - 1\right] + \frac{V-IR_s}{R_p} - I_{ph} \tag{6.49}$$

식 (6.49)에서 부분 항을 유도해보자. R_p와 다이오드가 병렬이므로 R_p에 걸리는 전압과 다이오드에 걸리는 전압은 같다. 그 전압을 V_{R_p}라고 하면 $V_{R_p} = V - IR_s$가 된다. 또는 R_s에 흐르는 전류 $I = \left(V - V_{R_p}\right)/R_s$이므로 이 식에서도 $V_{R_p} = V - IR_s$가 얻어진다. 따라서 R_p에 흐르는 전류는 식 (6.49)의 두 번째 항이 된다. V_{R_p}가 다이오드에 걸리는 전압이므로 지수 항에서 V가 $V - IR_s$로 바뀌게 된다.

만약 빛의 세기가 약하고 I_{ph}가 작은 범위에서는 다이오드 전류 I_d와 누설전류 V_d/R_p가 같은 정도의 크기가 되기 때문에 R_s의 영향은 무시된다. 따라서 식 (6.49)는 다음과 같은 식으로 근사화된다.

$$I \simeq I_o\left[e^{qV/nkT} - 1\right] + \frac{V}{R_p} - I_{ph} \tag{6.50}$$

만약 빛의 세기가 강하고 $I_d > V/R_p$가 되면 R_p의 영향은 나타나지 않고, R_s의 영향이 나타나 식 (6.49)는 다음과 같은 식으로 근사화된다.

$$I \simeq I_o\left[e^{q(V-IR_s)/nkT} - 1\right] - I_{ph} \tag{6.51}$$

(2) 직렬저항과 병렬저항의 영향

직렬저항 R_s는 Si 내부의 저항 및 전극부의 저항 등에서 생기는 저항으로 V_{oc}에는 영향을 미치지 못하나 I_{sc}를 감소시키며, 채움인자를 감소시키고, 변환효율을 떨어뜨린다. R_s의 영향을 없애기 위해서는 $R_s = 1\Omega$ 이하가 되게 하여야 한다. 통상적으로 단결정 태양전지에서는 R_s는 무시할 정도로 작지만 다결정 태양전지나 대전류의 집광 태양전지에서는 R_s가 큰 문제가 된다. 4사분면에서 R_s가 작을수록 각형의 $I-V$ 특성곡선을 나타낸다.

병렬저항 R_p는 접합의 불완전성에서 생기는 저항으로 I_{sc}에는 영향을 미치지 못하나 V_{oc}를 감소시키며, 채움인자를 저하시킨다. 통상적으로 $1\,\text{cm}^2$의 셀에 대해서 $R_p > 1\,\text{k}\Omega$이면 R_p의 영향은 태양전지 특성에 나타나지 않으며 통상의 태양전지에서 $R_p \gg 1\,\text{k}\Omega$이지만 특히 결함이 많고, 누설전류가 많은 경우나 다결정 태양전지에서 접합이 완전하지 않을 때 R_p가 문제가 된다.

핵심 N 태양전지의 등가회로에서 직렬저항은 반도체 벌크저항, 전극 사이의 표면저항, 전극접촉저항 등으로 개방전압에는 영향을 미치지 못하나 단락전류에 영향을 미친다. 병렬저항은 주로 결함과 접합의 불완전성에 따른 저항으로 개방전압에 영향을 미친다.

6.4.7 태양전지의 특성 파라미터

앞에서 언급한 바와 같이 태양전지의 $I-V$ 특성은 식 (6.47)로 나타내지고, 4사분면에서 동작한다. 여기서는 동작영역에서 태양전지의 특성을 나타내는 여러 가지 중요 파라미터를 정의한다.

(1) 단락전류(I_{sc})

태양전지에 단락전류는 다음과 같이 다소 복잡한 식으로 나타내진다.

$$\begin{aligned} I_{sc} &= \int_0^{\infty} J_{sc}(\lambda)\,d\lambda \approx \int_{0.3\mu m}^{\lambda_o} J_{sc}(\lambda)\,d\lambda \\ &= \int_{0.3\mu m}^{\lambda_o} [1 - R(\lambda)]\,qF(\lambda)\,\eta(\lambda)\,d\lambda \end{aligned} \tag{6.52}$$

여기서 λ_o는 기초흡수단 파장, $R(\lambda)$는 표면에서 반사율, $F(\lambda)$는 태양스펙트럼 내에서 파장이 $\lambda \sim \lambda + d\lambda$인 범위의 광자수, $\eta(\lambda)$는 수집효율이다.

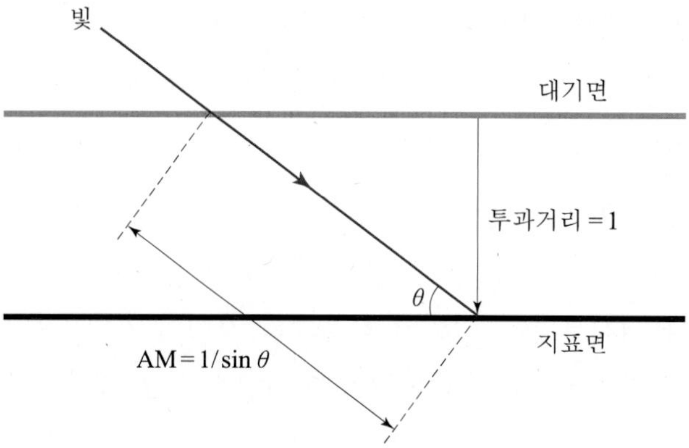

그림 6.75 AM의 정의

$F(\lambda)$의 분포는 천정각(天頂角)에 크게 의존한다. **천정각**은 지표면에의 수직선과 태양광선이 만드는 각도이다. $F(\lambda)$의 분포를 나타내는 변수로는 빛이 통과하는 공기의 양, 즉 **대기질량**(air mass, AM)이 있다. 이것은 그림 6.75에 나타낸 바와 같이 빛이 태양고도 θ로 지표면에 입사할 때 대기면에서 지표면까지 거리로서 $\mathrm{AM} = 1/\sin\theta$로 나타낸다. 태양광이 대기면에 수직으로 입사했었을 때, 투과한 거리를 1로 한다.

- **AM0** : 우주 공간에서의 태양광 방사 에너지 분포를 나타내며, 입사강도는 $1.37\ \mathrm{kW/m^2}$이다. 이것을 **태양정수**라고 한다. 태양정수는 태양복사의 입사방향에 수직으로 둔 $1\ \mathrm{m^2}$의 평면에 1분간에 태양 방사에너지 입사량으로 정의된다.

$$
\begin{aligned}
\mathrm{AM0} &= \frac{\text{태양으로부터 총 방사에너지}}{\text{태양으로부터 대기면 접촉 구의 표면적}} \\
&= \frac{3.85\times10^{23}\,\mathrm{kW}}{4\pi r^2} = \frac{3.85\times10^{23}\,\mathrm{kW}}{4\pi\left(1.496\times10^{8}\,\mathrm{km}\right)^2} \\
&\simeq 1.37\,\mathrm{kW/m^2}
\end{aligned}
$$

- **AM1** : 태양광이 지표(적도상의 해발 0 m)에 수직으로 입사할 때, 태양광 방사에너지 분포를 나타낸다. 즉 태양고도가 90°로 태양이 머리위에 있는 경우이며, 입사강도는 $1.1\ \mathrm{kW/m^2}$이다. 태양광 에너지는 대기권에서 흡수되기 때문에, AM1은 AM0에 비해 입사강도가 저하되게 된다.

- **AM1.5** : 태양고도가 42°일 때 태양광 방사 에너지 분포를 나타낸다. 입사강도는 1 kW/m^{2}로 우리나라에서는 태양전지를 설계할 때 이것에 맞춘다.
- **AM2** : 태양고도가 30°일 때 태양광 방사 에너지 분포를 나타낸다. 투과거리가 2배되는 지점에서 태양광 에너지 분포를 나타내며, 입사강도는 0.75 kW/m^{2}이다.

만약 태양전지의 변환효율이 100%라고 한다면 수광면적이 1 m^{2}일 때 최대 1 kW의 전력을 생산할 수가 있지만 가정용 태양전지의 변환효율이 10 ~ 20%이기 때문에 한 변이 1 m가 되는 정사각형 패널로부터 얻을 수 있는 전력은 100 ~ 200 W이다.

(2) 개방전압(V_{oc})

pn 접합에서 평형상태에 도달할 때까지는 다수 캐리어 확산이 일어나는데 무한정 확산이 계속되지 않고 확산이 정지되는 평형상태에 도달한다. 이때 다수 캐리어 확산을 방해하는 **전위장벽**이 나타나는데 그 높이가 바로 내부전위이다. 이 내부전압은 전압원이 아니므로 외부에 관측되지 않는다. 그러나 빛이 조사되면 광여기 EHP의 전자와 정공의 이동에 따라 pn 접합 양단에 **광기전력**이 나타난다. 이것은 빛이 조사되는 상황에서 외부인가전압을 조절하여 다이오드 전류와 광전류가 같게 한다면 전류는 흐르지 않는 개방상태와 같으므로 식 (6.47)을 이용하면 개방전압을 구할 수 있다. 개방되있을 때 전류 $I=0$이므로 V는 V_{oc}가 된다.

$$I = I_o(e^{qV_{oc}/nkT} - 1) - I_{ph} = 0 \tag{6.53}$$

$$V_{oc} = \frac{nkT}{q}\ln\left(\frac{I_{ph}}{I_o} + 1\right) \tag{6.54}$$

개방전압 V_{oc}는 역포화 전류 I_o가 작고, 광전류 I_{ph}가 클수록 증가한다. V_{oc}를 증가시키기 위해서는 I_o가 낮아지게끔 반도체의 밴드갭이 커야하는데 그렇게 되면 태양에너지의 이용 가능한 파장이 제한되게 되므로 오히려 I_{ph}가 작아져서 효율이 떨어지게 된다. 또한 온도가 증가하면 I_o의 증가분이 T에 의한 증가분을 상쇄시키기 때문에 V_{oc}는 감소하게 된다. GaAs가 밴드갭이 넓기 때문에 I_o가 작고, V_{oc}가 크다. 빛의 세기가 클수록 V_{oc}는 크게 영향을 받지 않으나 I_o는 증가한다.

(3) 최대전력(P_m)

최대전력은 그림 6.75에서 I 축, V 축, 섬선으로 만들어진 사각형의 면적에 해당

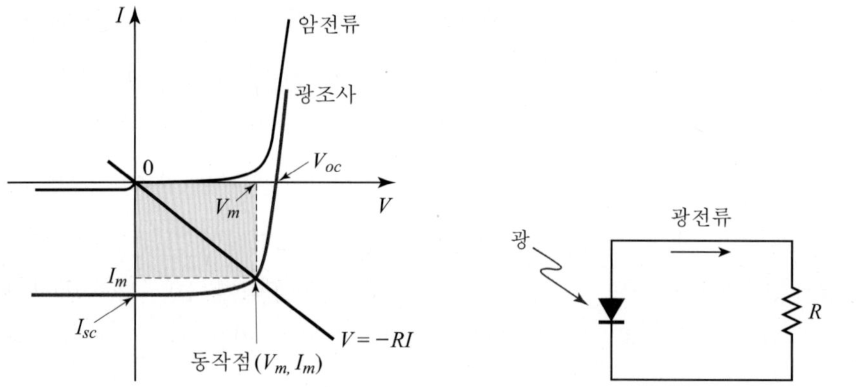

그림 6.76 (a) 태양전지의 $I-V$ 특성곡선, (b) 부하에 흐르는 광전류

한다. 사각형의 면적이 최대가 되는 조건은 개방전압 V_{oc}에서 전류 축에 평행하게 선을 긋고, 단락전류 I_{sc}에서 전압 축에 평행하게 선을 그을 때 두 선이 만나는 점과 원점을 이으면 $I-V$ 특성곡선 상에 교점이 얻어진다. 이 교점에서 최대전류 I_m과 최대전압 V_m의 곱이 최대전력 P_m이 된다.

$$P_m = V_m I_m \tag{6.55}$$

이것은 부하에 전달되는 최대전력이므로 실제로는 부하저항에 전달되는 전력은 최대전력보다는 작다.

(4) 채움인자(fill factor, FF)

이것은 일명 **충실도**라고도 하는데 태양전지 설계를 위한 성능지수로 부하선과 특성곡선의 교점에서 얻어진 전류, 전압이 얼마나 I_{sc}, V_{oc}에 근접하는가를 나타내는 파라미터로 다음과 같은 식으로 정의된다.

$$FF = \frac{P_m}{V_{oc} I_{sc}} = \frac{V_m I_m}{V_{oc} I_{sc}} \tag{6.56}$$

곡선이 각형으로 나타나면 FF가 커짐을 알 수 있다. 일반적으로 FF는 70 ~ 85% 정도이다.

FF에 영향을 주는 인자로서는 개방전압 V_{oc}, 이상계수 n, 태양전지의 직렬저항 R_s 및 병렬저항 R_p 등을 들 수 있다. V_{oc}가 클수록, n이 작을수록, 직렬 및 병렬저항이 작을수록 FF는 커진다. 보통 Si 태양전지에서 $V_{oc} = 0.6\ \text{V}$, $n = 1.0 \sim 1.5$,

$FF = 0.7 \sim 0.8$이고, GaAs 태양전지에서는 $V_{oc} = 0.95\,\mathrm{V}$, $n = 1.0 \sim 2.0$, $FF = 0.78 \sim 0.85$이다.

(5) 변환효율(η)

변환효율은 외부회로에 최적의 부하저항을 접속했을 때의 최대 에너지 변환효율을 나타낸다. 태양전지에서 최대출력을 얻기 위한 조건은 무엇인가? 부하저항에서 소비되는 에너지 P_o는 다음과 같이 나타낸다.

$$P_o = VI = V\left[I_o\left(e^{qV/nkT} - 1\right) - I_{sc}\right] \tag{6.57}$$

최적의 부하 조건에서 출력을 전압에 관하여 미분하여 0으로 두면, 즉 $\dfrac{dP_o}{dV} = 0$이므로 다음과 같은 식으로 나타난다.

$$I_o\left(e^{qV_m/nkT} - 1\right) - I_{sc} + V_m \frac{q}{nkT} I_o e^{qV_m/nkT} = 0 \tag{6.58}$$

따라서 최적의 동작 전압 V_m은 다음과 같은 식으로 결합된다.

$$\left(1 + \frac{qV_m}{nkT}\right)e^{qV_m/nkT} = \frac{I_{sc}}{I_o} + 1 \tag{6.59}$$

이때 최적의 동작 전류 I_m은 광조사시 다이오드 전류식으로부터 다음과 같이 나타내진다.

$$I_m = I_o\left[\left(e^{qV_m/nkT}\right) - 1\right] - I_{sc} \tag{6.60}$$

식 (6.59)에서 구한 $e^{qV_m/nkT}$을 식 (6.60)에 대입하여 정리하면 I_m은 다음과 같이 된다. 식에서는 음의 부호가 빠진 것은 I_m 자체가 음의 값이기 때문에 크기로만 나타낸 것이다.

$$I_m = \frac{(I_{sc} + I_o)\,qV_m/nkT}{1 + qV_m/nkT} \tag{6.61}$$

변환효율 η는 단위 시간당 빛에너지와 부하에 전달되는 최대전력과의 비로서 다음과 같이 정의된다.

$$\eta = \frac{P_o}{P_i} \times 100\,[\%] = \frac{V_m I_m}{P_i} \times 100\,[\%] = \frac{FF\ V_{oc} I_{sc}}{P_i} \times 100\,[\%] \qquad (6.62)$$

어떤 입력에 대해서 FF, V_{oc}, I_{sc}가 클수록 변환효율은 커진다. 어찌 보면 당연한 결과이다. 만약 V_{oc}와 I_{sc}가 크더라도 FF가 작게 되면 직렬저항이 큰 경우로 효율은 떨어지게 된다.

빛의 세기의 증가에 따라 단락전류는 선형적으로 증가하나 개방전압은 대수적으로 증가한다. 따라서 효율은 약간 증가하게 된다. 이는 채움인자가 변하지 않는다고 가정한 것으로 빛의 세기가 증가하면 직렬저항의 효과가 크게 나타나 채움인자는 감소하는 경향이 있다.

핵심 N 대기질량 AM0의 입사강도는 $1.37\ \mathrm{kW/cm^2}$, AM1의 입사강도는 $1.1\ \mathrm{kW/cm^2}$, AM1.5의 입사강도는 $1.0\ \mathrm{kW/cm^2}$, AM2의 입사강도는 $0.75\ \mathrm{kW/cm^2}$. 개방전압은 누설전류가 작을수록 빛의 세기가 클수록 증가한다. 채움인자는 특성곡선이 각형일수록 커지며, 개방전압이 클수록, 이상계수가 작을수록, 직렬 및 병렬저항이 작을수록 커진다.

6.4.8 태양전지의 전력손실과 효율 개선책

출력을 높여 효율을 높이려면 입사광의 반사손실을 방지하고, 표면 및 결정 내에서의 발생하는 캐리어의 재결합을 여러 가지 수단으로 최소로 하여 직렬저항에 의한 전력의 감소를 방지하는 것이 중요하다. 이렇게 하더라도 재료에 따라 효율은 한계가 있다. Si 단결정의 경우 14 ~ 17%, 실험적으로는 20% 이상도 가능하다. 다결정 실리콘의 경우 제조단가는 낮지만 9 ~ 14%이다. 비정질 실리콘은 최근에 가장 광범위하게 사용되는 박막재료로서 6 ~ 9%의 낮은 효율에도 불구하고, 빛의 흡수특성이 좋고, 생산비용이 낮다는 잇점이 있다. GaAs는 20 ~ 30%의 높은 효율을 나타내기 때문에 대용량 태양전지에 사용되나 가격 경쟁력에서 문제가 있다.

(1) 전력손실

태양전지로부터 빛에너지를 가장 유효하게 전기에너지로 변환시키려고 하지만 어떤 재료를 사용하더라도 전력손실을 피할 수 없다. 그렇다면 전력손실이 발생하는 원인은 무엇인지를 알아보자.

1) 표면 반사

반도체 표면에서의 반사에 의한 손실로서 반사방지막을 설치한 상태에서도 완전한 상태가 아니기 때문에 대략 10% 정도의 손실을 가져온다. 만약 반사방지막을 코팅하지 않으면 입사광의 40% 정도를 반사한다.

2) 투과

$hf < E_g$인 광자는 반도체 내에서 흡수되지 않고 투과하므로 에너지 변환에 전혀 기여하지 않는다. 밴드갭이 클수록 흡수되는 비율이 낮아진다. 태양광은 52%가 가시광선, 42%가 적외선, 5 ~ 6%가 자외선이다. 태양광의 반 정도가 눈에 보이지 않는 빛이다. 반도체는 그 특성상 한계파장보다 긴 파장의 빛을 전기에너지로 변환시키지 못한다. 예컨대 Si의 경우, 한계파장 1.1 μm보다 긴 파장의 빛은 반도체를 투과해 버린다. 따라서 태양광 중에서 대기권을 통과한 빛의 스펙트럼으로부터 15 ~ 25%는 전기로 변환되지 않는 빛이다.

3) 빛에너지의 불완전 이용

$hf > E_g$인 광자는 반도체 내에서 흡수되어 가전자를 전도대로 여기시키나 $hf - E_g$인 에너지를 가지는 전자 중의 일부는 전도대의 가장자리까지 떨어지면서 그 에너지가 열로 변환되어 손실이 된다. 밴드갭이 좁을수록 흡수되는 비율이 낮아진다.

4) 표면 및 표면층 내에서 재결합

광여기된 소수 캐리어의 일부가 표면 및 표면층 내에서 재결합으로 손실을 가져온다.

5) 이면(backside) 및 기판 내에서 재결합

확산거리 밖에서 광여기된 소수 캐리어가 재결합으로 생기는 손실을 가져온다.

6) 개방전압이 밴드갭보다 작은 경우

$E_g - qV_{oc}$의 에너지는 열로서 잃게 된다. qV_{oc}와 E_g의 비 qV_{oc}/E_g를 **전압인자**라고 한다.

7) 접합에서 순방향 전류에 의한 손실

태양전지의 광전류는 캐리어 표동에 의한 역방향 전류이다. 최적의 부하점에서 광전류를 상쇄시키는 방향으로 순방향 전류가 흐를 때 손실이 발생한다.

8) 직렬저항 및 병렬저항에 의한 손실

이 손실은 채움인자 FF, 전압인자 qV_{oc}/E_g, 수집효율 η에도 영향을 미친다.

이상에서 손실에 영향을 미치는 인자들 중에서 가장 크게 영향을 미치는 것은 앞에서 언급한 바와 같이 밴드갭과 관련이 있는 투과(2) 및 광여기에 요구되는 여분의 에너지(3)이다. 에너지 변환에서 최적의 밴드갭이 분명히 존재할 것이다. 즉 밴드갭이 너무 작으면 광전류가 많이 흐르나 (3)의 손실이 증가하고, 전압인자가 저하하여 효율이 떨어진다. 반대로 밴드갭이 너무 크면 광전류가 작아진다. 통상적으로 밴드갭으로 인해 빛이 투과하거나, 광여기 여분의 에너지가 열로 손실되는 것이 전체 손실의 50 ~ 60%에 해당한다.

(2) 효율 개선책

1) 피라미드 형태의 표면층

Si 표면에 만드는 반사방지막은 어떤 범위의 파장에 대한 반사를 방지하고 있으나 Si이 감응하는 전 파장에 걸쳐서 7% 정도의 반사 손실은 불가피하다. 이 손실을 방지하기 위해서 셀을 만들기 전에 그림 6.77과 같이 Si 표면에 많은 요철이 반복되는 피라미드 표면을 만들어 내부에서 반사되는 빛을 다시 흡수할 수 있는 구조이다. 이런 구조에서는 표면층이 평면으로 하는 것보다 피라미드 형태로 함으로서 입사광의 반사율을 줄일 수 있고 흡수율을 높일 수 있다. Si 기판을 사용하여 표면에 재현성이 좋고 균일한 미세한 (111)면의 피라미드형을 만드는 기술에는 선택적 이방성 식각 기술을 이용하고 있다. 이 기술을 이용하여 만들어진 태양전지를 CNR(cosmat nonreflective solar cell)이라고 한다.

또 피라미드든 평면이든 Ta_2O_5 막을 코팅하게 되면 반사율을 줄일 수 있다. 특히 CNR 셀의 표면에 Ta_2O_5 막을 만들게 되면 반사율을 효과적으로 저하시킬 수 있다. 피라미드 표면을 갖는 태양전지를 **PTS 셀**(pyramid textured surface cell)이라고도 하는데 보통 반도체 소자와 달리 미세한 피라미드 요철에 0.2 ~ 0.3 μm라는 매우 얇은

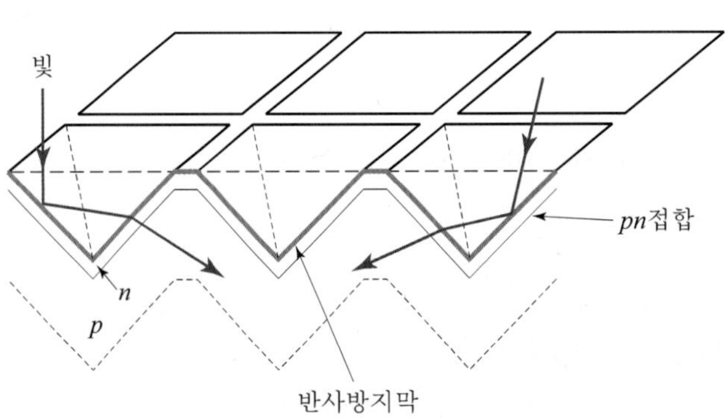

그림 6.77 피라미드 형태의 표면

접합이 형성되어있기 때문에 접합이 파괴되어 단락될 수 있으므로 제조공정상 주의를 요한다.

2) 표면 보호층

밴드갭은 다르지만 격자상수가 거의 비슷한 3–5족 화합물 반도체가 있다. 그림 6.78과 같이 GaAs *pn* 접합에서 AlGaAs 반도체를 *n* 층 GaAs 위에 격자정합(lattice matching)시키면 *n* 층 GaAs 층의 표면에 존재하는 결함들을 AlGaAs 층이 보호하게 된다. 그렇게 되면 표면층에서 광여기된 소수 캐리어의 수집효율을 향상시켜 변환효율을 높일 수 있게 된다.

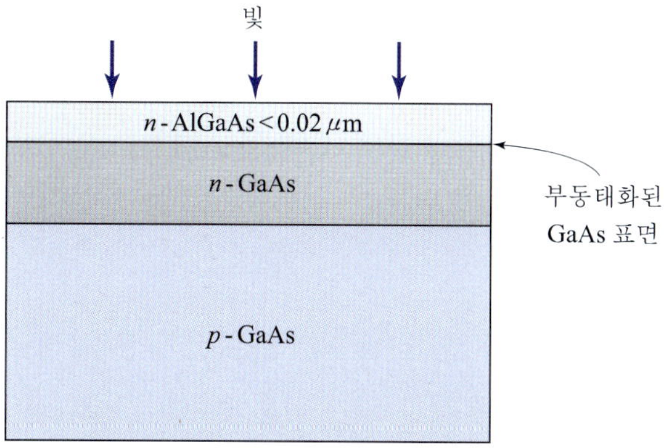

그림 6.78 격자정합에 의한 표면 보호층

3) 이종접합(heterojunction)

그림 6.79와 같은 구조는 밴드갭이 다르고, 격자정합이 잘 되는 3–5족 반도체의 이종접합 고효율 태양전지의 개발에 가능성을 둔 것으로 n–AlGaAs에서는 $hf > 2\,\text{eV}$인 광자를 흡수하고, p–GaAs에서는 $2\,\text{eV} > hf > 1.43\,\text{eV}$인 광자를 흡수한다. 더 나아가 AlGaAs의 조성을 변화시키면 다른 파장의 광자를 흡수할 수 있다.

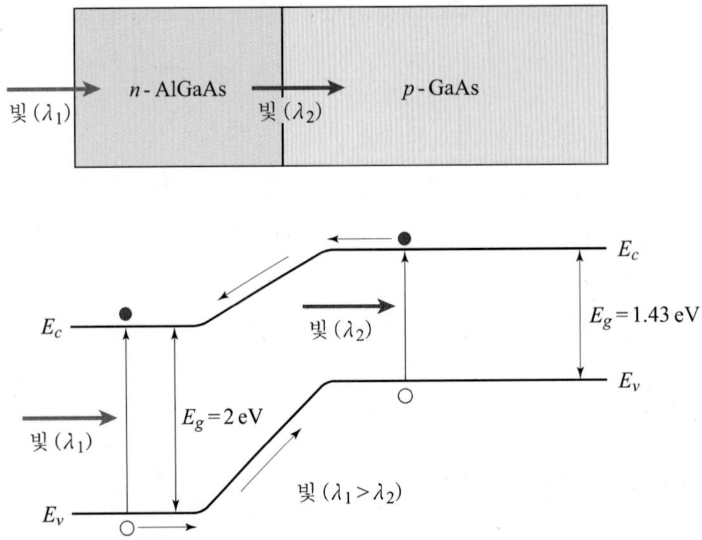

그림 6.79 이종접합 태양전지, (a) 구조, (b) 에너지 밴드 다이아그램

4) 직렬구조

그림 6.80에 나타낸 바와 같이 같이 셀 1은 밴드갭이 큰 물질로 만들어 $hf > E_{g1}$인 광자만 흡수하고, 셀 2는 셀 1을 통과한 광자 가운데서 $hf > E_{g2}$인 광자를 흡수함으로서 광자 흡수율을 증가시킬 수 있다. 그 예가 GaAs-GaSb 직렬전지, 박막형태로 수소화된 비정질 Si(a-Si : H)-수소화된 비정질 SiGe(a-SiGe : H) 직렬전지 등이다.

핵심 N 태양전지에서 손실은 여러 가지 요인에 기인한다. 표면반사, 투과, 결함 등으로 Si의 경우 효율이 15% 내외에 불과하다. 효율 개선책으로는 피라미드 형태의 표면구조, 표면 보호층, 이종접합, 직렬구조 등을 들 수 있다.

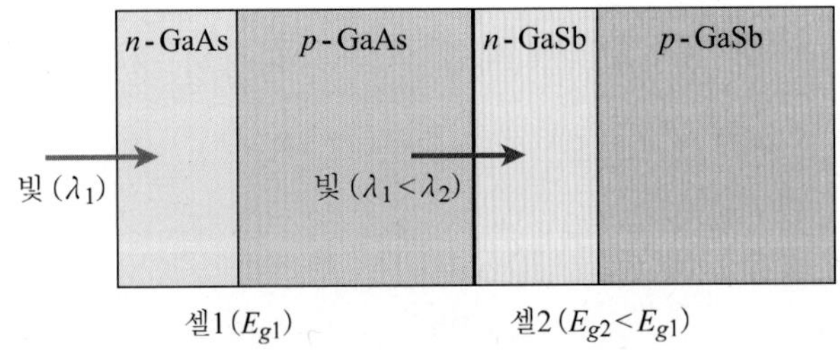

그림 6.80 직렬구조의 태양전지

6.4.9 태양전지 집광장치

그림 6.81에 나타낸 바와 같이 태양전지는 반도체 제조공정을 통해서 태양전지의 기본단위인 **셀**(cell)을 만들고, 셀을 나열한 것이 **모듈**(module)이다. 모듈은 옥외에서 사용이 가능하도록 강화유리 등으로 보호된다. 또 모듈을 나열한 것이 집광장치 혹은 **어레이**(array)로 가대 등에 설치되어 배선에 연결되어 있다. 이렇게 하는 이유는 근본적으로 1개의 셀로는 기껏해야 0.8 V에 불과하기 때문이다. 25개의 셀을 직렬로 연결한 하나의 모듈에서 20 V가 출력된다. 또 8개의 모듈을 직렬로 연결하면 160 V가 출력된다. 전류는 얼마나 흐를까? 한 변의 길이가 10 cm 정사각형의 셀에 흐르는 전류는 4 A 정도이다. 앞에서 언급한 모듈 열(列)을 5개를 병렬로 연결하면 20 A의 전류가 흐른다. 이렇게 해서 모듈을 8개 직렬로 하고, 그것을 모듈 열(列)을 5개를 병렬로 연결하면 개방전압이 160 V, 단락전류가 20 A가 되면 3 kW 태양광 발전기가 된다.

태양전지에서의 발생하는 전력은 직류전력으로 이것을 그대로 가정에 사용할 수가 없다. 가정에서는 교류를 사용하기 때문에 태양전지의 직류를 교류로 변환시켜야만 한다. 이 장치가 **파워컨디셔너**(power conditioners), 즉 인버터 전력변환장치이다. 이 장치를 통해서 전압, 주파수, 위상 등을 맞게 조정한 다음에 옥내 분전반에 연결된다.

핵심 N 태양전지의 집광장치는 셀이 모여서 모듈이 되고, 모듈이 모여서 어레이가 된다. 태양전지로부터 얻어지는 전력은 직류이므로 가정에 사용하기 위해서는 파워컨디셔너라고 하는 인버터 전력변환장치를 써서 사용하기에 맞게 조정된 교류로 변환하여야 한다.

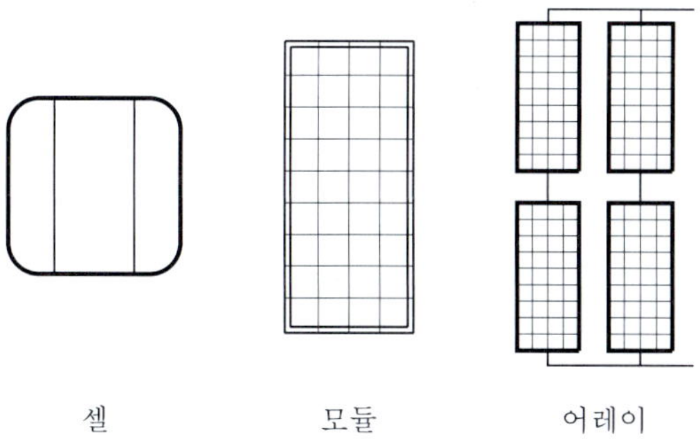

그림 6.81 태양전지 셀, 모듈, 어레이

6.5 사이리스터

기본적으로 4층 *pnpn* 소자는 차단상태(턴오프 상태)에서 도통상태(턴온상태)로, 도통상태(턴온상태)에서 차단상태(턴오프 상태)로 상태를 전환시키는 **전력용 스위칭 소자**이다. 4층 *pnpn* 소자에는 Shockley 다이오드, 실리콘 제어 정류기(silicon controlled rectifier : **SCR**), 실리콘 제어 스위치(silicon controlled switch : SCS), 광활성 SCR (light avctivated SCR : LASCR), 게이트 턴오프 스위치(gate turn-off switch : GTO), 다이악(diac), 트라이악(triac) 등이 있고, 제어 메커니즘을 가지는 4층의 *pnpn* 소자를 총칭해서 **사이리스터**(thyristor)라고 하며, 보통은 SCR로 대표된다. 이것은 용도나 사용면에서 가장 큰 관심을 받고 있기 때문이다. SCR은 1956년 벨전화연구소(BTL)에서 처음 소개되었다. SCR을 응용하는 영역은 릴레이 제어, 시간지연회로, 정전원장치, 정적 스위치, 모터 제어, 초퍼, 인버터, 사이크로-컨버터, 배터리 충전기, 보호회로, 히터 제어, 위상제어 등 아주 넓다. 최근에는 10 MW와 같은 고전력을 제어할 수 있는 SCR이 제작되었으며, 정격은 1800 V에 2000 A까지 매우 크다. 적용할 수 있는 주파수 범위는 거의 50 kHz까지 확장되었으며, 유도가열이나 초음파 세척과 같은 고주파 응용이 가능하게 되었다.

6.5.1 *pnpn* 다이오드

pnpn **다이오드**는 **쇼클리(Shockley) 다이오드**라고도 하며, 가장 간단한 4층 반도체 소자로 브레이크오버 전압에 도달했을 때 애노드-캐소드 간에 턴온이 되는 **단방향성 2단자 사이리스터**이다.

(1) *pnpn* 다이오드의 구조

pnpn 다이오드의 기본 구조는 그림 6.82 (a)와 같은 형태이다. p형 반도체(p_1)의 단자를 **애노드**(A)(양극), n형 반도체(n_2)의 단자를 **캐소드**(K)(음극)라고 한다. 애노드 단자와 캐소드 단자, 즉 2개의 외부단자를 갖는 4층의 *pnpn* 구조이다. *pnpn* 다이오드의 IEC(국제전기표준회의) 공식명칭은 **역저지 2단자 사이리스터**(reverse blocking diode thyristor)이다. *pnpn* 다이오드의 기호는 그림 6.82 (b)와 같고, 그 모양이 독특하다. 단방향성 특성을 나타내는 화살표 모양이다. 동작원리를 설명하기 위해서 기본 구조를 자세히 들여다보면 그림 6.83과 같은 형태가 된다. 그림 6.83 (a)를 살펴

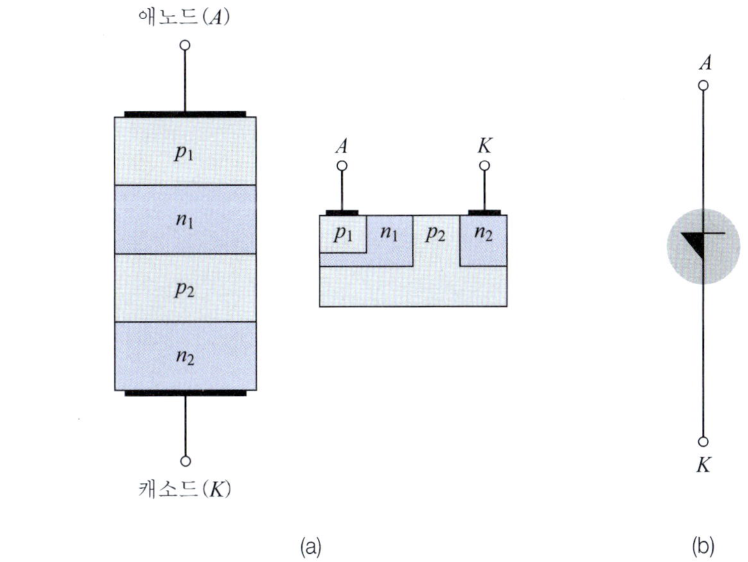

그림 6.82 $pnpn$ 다이오드 : (a) 구조, (b) 기호

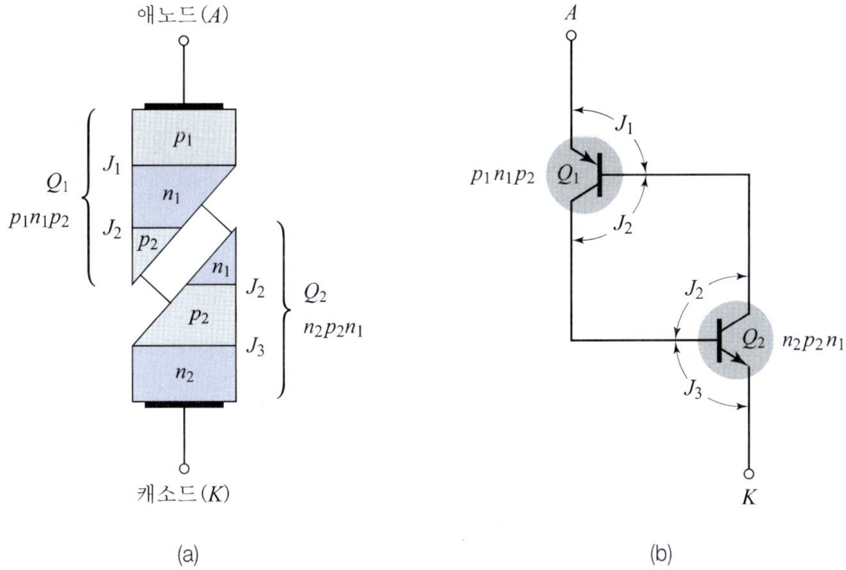

그림 6.83 (a) $pnpn$ 다이오드의 구조 분석, (b) 등가 트랜지스터 회로

보면 $pnpn$ 다이오드는 pnp 트랜지스터와 npn 트랜지스터의 결합이다. 상부의 $p_1n_1p_2$ 층은 Q_1, 하부의 $n_2p_2n_1$ 층은 Q_2이며, 중간층인 n_1p_2 층은 Q_1과 Q_2의 공통 영역이다. 그림 6.83(a)의 등가 트랜지스터 회로가 그림 6.83(b)이다. J_1 접합은 Q_1의 이

미터-베이스 접합, J_3 접합은 Q_2의 이미터-베이스 접합, J_2 접합은 Q_1과 Q_2의 공통인 컬렉터-베이스 접합이다.

(2) *pnpn* 다이오드의 동작

그림 6.84에 나타낸 바와 같이 *pnpn* 다이오드의 *pn* 접합에는 세 가지의 바이어스 상태가 있다. 그림 6.84 (a)에 나타낸 바와 같이 애노드 단자(p_1 쪽)에 +전압을 캐소드 단자(n_2 쪽)에 -전압을 걸면, 즉 순방향으로 바이어스를 걸면 J_1과 J_3 접합은 순방향으로 바이어스되지만 J_2 접합은 역방향으로 바이어스되어 순방향 인가전압의 대부분은 역방향으로 바이어스된 J_2 접합에 걸린다. 이런 상태에서 전류는 J_2 접합의 역포화 전류와 같다. 이 전류는 J_2 접합의 공핍층 가장자리로부터 확산거리 내에서 열생성된 소수 캐리어에 의한 표동전류로 수 ~ 수십 μA 정도이다. 그런데 순방향 전압 인가시 J_1과 J_3 접합이 순방향으로 바이어스되어도 J_2 접합이 역방향으로 바이어스되면 전류가 거의 흐르지 않는 턴오프 상태인 이유를 차후에 정성적으로 다루기로 한다. 이유가 어떻든 순방향 바이어스 상태에서 **순방향 브레이크오브 전압**(forward breakover voltage) V_{BO} (수십 ~ 수백 V 범위)에 이르기까지는 **순방향 차단전류**(forward blocking current) 혹은 **순방향 저지전류**라고 하는 순방향 누설전류만 흐른다. 전류가 거의 흐르지 않는 상태를 **순방향 저지상태** 또는 **순방향 차단상태**라고 하며, 이때의 J_2 접합부에 걸리는 역방향 전압을 **순방향 저지전압**이라고 한다. 순방향 전압을 증가시켜 V_{BO}에 이르면 그림 6.84 (b)에 나타낸 것과 같이 역방향으로 바이어스되었던 J_2 접합이 순방향으로 바이어스된다. 즉 3개의 접합(J_1, J_2, J_3)이 모두 순방향으로 바이어스되는 상황이 발생한다. 이 상태가 되면 전류가 급격히 증가하고, 다이오드에 걸리는 전압은 1 V 이하로 크게 감소하는 **전도상태** 또는 **도통상태**로 스위칭이 된다. 그렇다면 어떤 이유로 J_2 접합이 순방향 바이어스가 되는가는 차후에 정성적으로 알아본다. 이제는 극성을 반대로 그림 6.84 (c)와 같이 애노드 단자에 -전압을, 캐소드 단자에 +전압을 걸면 역방향 바이어스 상태가 된다. J_2 접합은 순방향 바이어스가 되지만 J_1과 J_3 접합은 역방향 바이어스가 되어 **역방향 차단전류**(reverse blocking current)라고 하는 적은 역방향 누설전류만 흐른다. 이 전류는 항복전압에 이르기 전까지는 적은 값을 유지하다가 애벌런치 항복전압에서 갑자기 증가한다.

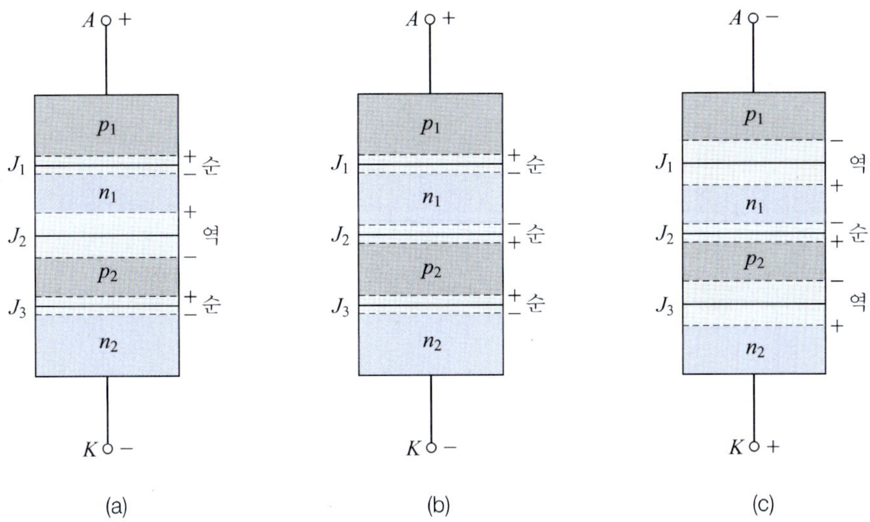

그림 6.84 $pnpn$ 다이오드의 바이어스 상태 : (a) 순방향 차단상태, (b) 순방향 전도상태, (c) 역방향 차단상태

바이어스 상태에 따른 전압-전류 특성을 그림 6.85에 도시하였다. 역방향 차단영역에서의 전압-전류 특성곡선의 형태는 일반 다이오드와 다를 바 없다. 단지 역방향 바이어스된 접합이 2개여서 항복전압이 훨씬 높다. 그러나 순방향 바이어스에서 전압-전류 특성곡선의 형태는 지금까지 다룬 반도체 소자와는 완선히 나른 늑이한 형태를 나타낸다. 차단상태에 대해서는 앞에서 상세히 설명했다. 도통상태(턴온상태)에 있을 때 전원전압을 낮춘다든지 아니면 직렬로 연결된 부하저항을 크게 해서 전류를 감소시켜 순방향 전류 I_F가 도통상태(턴온상태)를 유지하는 **유지전류**(維持電流, holding current) I_H 이하로 내려갈 때 갑자기 차단상태(턴오프 상태)로 스위칭된다. 유지전류는 수~수백 mA에 이른다. 또 도통상태에서 $A-K$ 간의 전압은 1V를 넘지 않는 작은 전압에 불과하다. 순방향 전압 V_F가 턴온상태를 유지하는 **유지전압**(維持電壓, holding voltage) V_H 이하로 내려갈 때도 역시 차단상태로 스위칭된다. 다시 말해서 $A-K$ 간의 전압이 유지전류 I_H를 지속하기에는 부족한 낮은 전압치로 떨어지면 턴오프 상태로 된다.

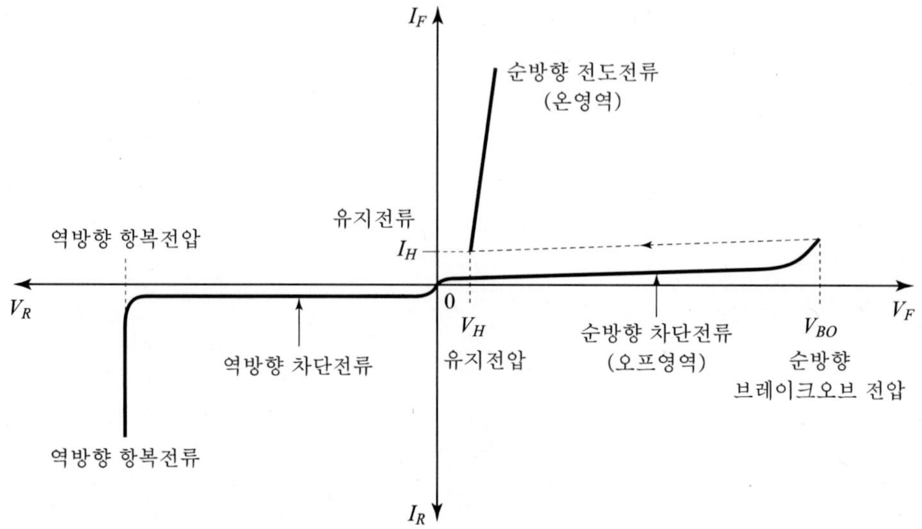

그림 6.85 *pnpn* 다이오드의 전압-전류 특성

이상에서 순방향으로 바이어스될 때 스위칭 상태를 간단히 요약하면 $A-K$ 간의 전압 V_{AK}가 V_{BO}에 이르기 전까지는 순방향 바이어스가 되더라도 전류가 거의 흐르지 않는 차단상태이고, V_{AK}가 V_{BO}에 도달하면 도통상태가 된다. *pnpn* 다이오드에는 순방향으로는 차단상태와 도통상태가 있지만 역방향으로는 차단상태만 있다는 점을 알아두기 바란다.

1) 복합 트랜지스터를 이용한 온/오프 상태

그림 6.86 (a)와 같이 순방향 바이어스된 *pnpn* 다이오드를 그림 6.86 (b)와 같이 $p_1n_1p_2$ 트랜지스터와 $n_2p_2n_1$ 트랜지스터로 구성된 복합 트랜지스터로 생각해서 수식을 통한 동작상태를 알아본다. $p_1n_1p_2$의 베이스와 $n_2p_2n_1$의 컬렉터는 공통으로 연결되고, $p_1n_1p_2$의 컬렉터와 $n_2p_2n_1$의 베이스는 공통으로 연결된다. J_1은 $p_1n_1p_2$ 트랜지스터의 이미터 접합(양극 측의 이미터 접합), J_3는 $n_2p_2n_1$ 트랜지스터의 이미터 접합(음극 측의 이미터 접합), J_2는 양(兩) 트랜지스터의 컬렉터 접합으로 동작한다. $p_1n_1p_2$ 트랜지스터의 전류증폭률을 α_1, $n_2p_2n_1$ 트랜지스터의 전류증폭률을 α_2, 각 트랜지스터의 컬렉터 포화전류를 I_{CO1}과 I_{CO2}라고 할 때 $p_1n_1p_2$ 트랜지스터에서 J_2 접합을 지나는 컬렉터 전류 I_{C1}은 p_1에서 보낸 정공에 의한 전류로 다음과 같이 나타내진다.

$$I_{C1} = \alpha_1 I_{E1} + I_{CO1} = I_{B2} \tag{6.63}$$

I_{C1}은 $n_2p_2n_1$ 트랜지스터의 베이스 전류 I_{B2}가 된다. 또 $n_2p_2n_1$ 트랜지스터의 컬렉터 전류 I_{C2}는 n_2에서 보낸 전자에 의한 전류로 다음과 같이 나타내진다.

$$I_{C2} = \alpha_2 I_{E2} + I_{CO2} = I_{B1} \tag{6.64}$$

I_{C2}는 $p_1n_1p_2$ 트랜지스터의 베이스 전류 I_{B1}이 된다. 따라서 접합 J_2를 통과하는 컬렉터 전류는 $I_{C1}+I_{C2}$이고, 이 전류는 소자를 통하는 전체 전류($I_{E1}=I_A=I_K=I_{E2}$)이므로 다음과 같이 된다. $p_1n_1p_2$ 트랜지스터의 이미터 전류 I_{E1}은 다음과 같이 된다.

$$I_{E1} = I_{C1} + I_{C2} = (\alpha_1 + \alpha_2)I_{E1} + I_{CO1} + I_{CO2} \tag{6.65}$$

따라서 다음과 같이 정리된다.

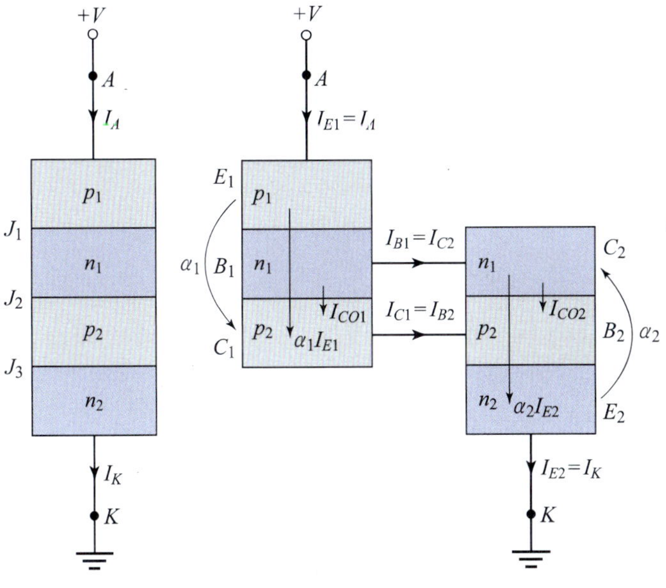

그림 6.86 $pnpn$ 다이오드의 등가회로 : (a) 순방향 바이어스된 $pnpn$ 다이오드, (b) (c) 등가 트랜지스터 회로

$$I_{E1} = \frac{I_{CO1} + I_{CO2}}{1 - (\alpha_1 + \alpha_2)} \quad (6.66)$$

위 식에서 $\alpha_1 + \alpha_2 < 1$인 조건에서 $pnpn$ 다이오드를 통한 전류는 작으며, 대략 $I_{CO1} + I_{CO2}$에 준한다. 이때는 차단상태에 있게 된다. 다시 말해서 조건 $\alpha_1 + \alpha_2 < 1$은 차단조건에 해당한다. 그러나 $\alpha_1 + \alpha_2$이 1에 접근하는 상태에서는 식 (6.66)은 더 이상 타당하지 못하므로 식이 주는 의미와는 달리 I_{E1}가 무한히 증가하지는 않는다.

그러나 계속적으로 V_{AK}가 점점 증가하면 J_2 접합에 흐르는 차단전류도 점점 증가하게 되고, 그 결과로 α도 커지게 된다(CE 트랜지스터에서 $I_{CEO} = I_{CBO}/(1-\alpha)$에서 CE 차단전류 I_{CEO}가 증가하면 α가 증가한다). 전압이 더욱 증가하면 J_2 접합의 역방향 바이어스 전압도 더욱 증가하게 되는 것이므로 애발란취 항복에 이르게 되면 I_{CO}가 증가하고 그에 따라 I_{E1}가 증가한다. I_{E1}의 증가는 α의 증가를 가져오고, 급기야 $\alpha_1 + \alpha_2 \geq 1$이 되는 전하전송기구의 극적인 변화가 일어난다. 이런 결과로 J_2 접합이 순방향 바이어스 상태가 되는 **브레이크오버**가 발생한다. 결론적으로 $pnpn$ 다이오드는 $A-K$ 간의 전압에 따라 $\alpha_1 + \alpha_2 < 1$인 차단상태에서 $\alpha_1 + \alpha_2 = 1$인 도통상태로 스위칭 작용을 하게 된다.

2) 순방향 차단상태의 정성적 접근

$A-K$ 간에 순방향으로 전압을 걸 때 J_2 접합이 역방향으로 바이어스되면 $A-K$ 간에는 미소 전류 밖에 흐를 수 없는지를 다루어 보자. 일반 pnp 혹은 npn 트랜지스터의 경우를 우선 생각해보자. 이미터(p)와 베이스(n)에는 외부 바이어스 단자가 있다. 따라서 이미터의 정공이 베이스로 강하게 주입하게 되고, 일부분의 정공이 베이스 영역의 전자와 재결합할 때 베이스 영역의 **공간전하중성조건**을 유지하기 위해서는 소멸된 전자수 만큼 베이스 단자로부터 전자를 공급받을 수 있다. 이런 과정을 거친 다음에 베이스에 주입된 대부분의 정공이 역방향으로 바이어스된 컬렉터 접합의 강한 전계로 컬렉터로 이동한다. 일반 트랜지스터의 컬렉터 접합이 역방향으로 바이어스되었음에도 불구하고 왜 이미터 정공이 컬렉터로 이동할 수 있는지는 이와 같은 원리에 준한다.

그렇다면 pnp 혹은 npn 트랜지스터와 비교해서 $p_1 n_1 p_2 n_2$ 다이오드에서는 어떠한가? J_1 접합은 순방향 바이어스이므로 p_1 영역의 정공이 n_1 영역으로 주입된다고 하

자. n_1 영역의 전자는 주입된 정공과 재결합하여 소멸되므로 n_1 영역의 공간전하중성 조건을 유지하기 위해서는 어디로부터 전자를 공급받아야 한다. 그런데 $p_1n_1p_2$ 트랜지스터의 베이스에 해당하는 n_1 영역에 바이어스 단자가 없기 때문에 단자로부터 전자를 공급받을 수가 없다. 단지 컬렉터 접합, 즉 J_2 접합의 공핍층으로부터 p_2 영역에서의 전자확산거리 내의 열적으로 생성된 소수 캐리어인 전자를 공급받을 뿐이다. 이것은 p_1 영역에서 n_1 영역으로 정공이 충분히 확산하지 못함을 의미한다. 따라서 이미터(p_1)에서 컬렉터(p_2)로 흐르는 전류, 즉 J_2 접합을 지나는 전류는 소수 캐리어 전자에 의한 포화전류에 불과하다.

마찬가지로 $p_1n_1p_2n_2$ 다이오드에서 J_3 접합은 순방향 바이어스이므로 n_2 영역의 전자가 p_2 영역으로 주입된다고 하자. p_2 영역의 정공은 주입된 전자와 재결합하여 소멸되므로, p_2 영역의 공간전하중성조건을 유지하기 위해서는 어디로부터 정공을 공급받아야 한다. $n_2p_2n_1$ 트랜지스터의 베이스에 해당하는 p_2 영역에 단자가 없기 때문에 단자로부터 정공을 공급받을 수가 없다. 단지 컬렉터 접합, 즉 J_2 접합의 공핍층으로부터 n_1 영역에서의 정공확산거리 내의 열적으로 생성된 소수 캐리어인 정공을 공급받을 뿐이다. 이것은 n_2 영역에서 p_2 영역으로 전자가 충분히 확산하지 못함을 의미한다. 따라서 이미터(n_2)에서 컬렉터(n_1)로 흐르는 전류, 즉 J_2 접합을 지나는 전류는 소수 캐리어 정공에 의한 포화전류에 불과하다. 결과적으로 수 ~ 수십 μA 정도의 전류가 흐르므로 차단상태가 된다.

3) 순방향 도통상태의 정성적 접근

앞에서 **브레이크오버 상태**가 될 때 $\alpha_1 + \alpha_2 \geq 1$이 되는 상황이 발생한다고 언급했었다. p_1에서 보낸 정공이 p_2 영역에 들어왔을 때 n_2에서 보낸 전자가 p_2 영역에 들어온 정공을 재결합으로 소멸시킬 만큼 충분하지 못하다면 p_2 영역에 정공이 축적될 것이다. 같은 방법으로 n_2에서 보낸 전자가 n_1 영역에 들어왔을 때 p_1에서 보낸 정공이 n_1 영역에 들어온 전자를 재결합으로 소멸시킬 만큼 충분하지 못하다면 n_1 영역에 전자가 축적될 것이다. 따라서 $n_2p_2n_1$ 트랜지스터의 n_1(컬렉터) 영역과 $p_1n_1p_2$ 트랜지스터의 p_2(컬렉터) 영역의 다수 캐리어 농도가 아주 높아져서 J_2 접합의 공핍층이 좁아지는 결과로 순방향 바이어스 효과를 나타내게 된다. 결과적으로 두 트랜지스터의 모든 접합이 순방향으로 바이어스되는 포화상태가 됨으로서 각각의 α는 감소하고, 다시금 $\alpha_1 + \alpha_2 = 1$ 조건을 만족하는 안정된 도통상태가 유지된다.

핵심 N *pnpn* 다이오드는 가장 간단한 사이리스터로서 에노드와 캐소드, 2단자를 가지는 4층 반도체 소자이다. 사이리스터는 기본적으로 차단상태에서 도통상태, 도통상태에서 차단상태로 변환시키는 전력용 스위칭 소자이다.

6.5.2 실리콘 제어 정류기

실리콘 제어 정류기(silicon controlled rectifier : **SCR**)는 *pnpn* 다이오드에 게이트 단자를 가지고 있는 **단방향성 3단자 사이리스터**이다. 게이트 전류로서 턴온을 제어할 수 있다.

(1) SCR의 구조

그림 6.87 (a)에 나타낸 바와 같이 SCR의 구조는 2단자 *pnpn* 다이오드의 p형 반도체(p_2)에 **게이트**(G) 단자를 가지는, 즉 3개의 외부단자를 갖는 4층의 *pnpn* 구조이다. SCR의 IEC(국제전기표준회의) 공식명칭은 **역저지 3단자 사이리스터**(reverse blocking triode thyristor)이다. 그림 6.87 (b)는 SCR의 기호이며, 애노드에서 캐소드 방향으로 전류가 흐르기 위해서는 게이트가 어떤 역할을 한다는 의미를 담고 있다. 그림 6.88은 *pnpn* 다이오드에서와 같이 동작원리를 설명하는 데 편리한 구조분석과 등가 트랜지스터 회로를 나타낸 것이다. 게이트는 $p_1 n_1 p_2$ 트랜지스터(Q_1)의 컬렉터(p_2)와 $n_2 p_2 n_1$ 트랜지스터(Q_2)의 베이스(p_2)의 공통 단자이다.

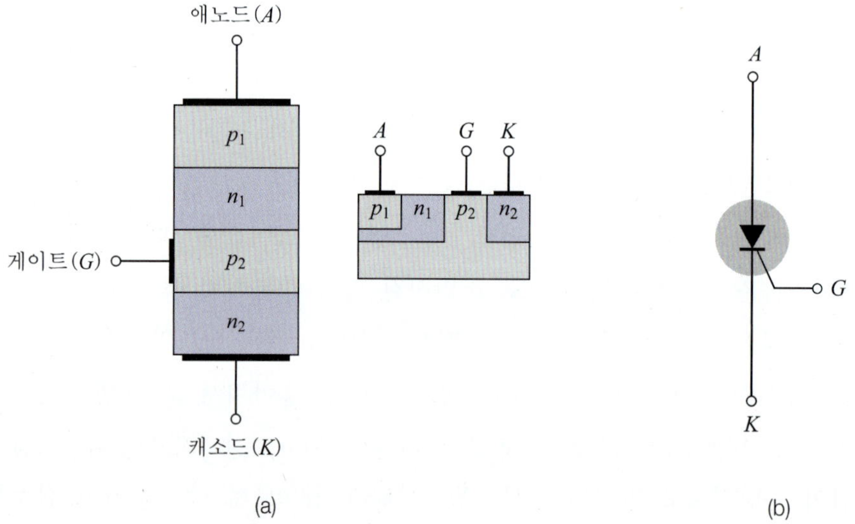

그림 6.87 SCR : (a) 구조, (b) 기호

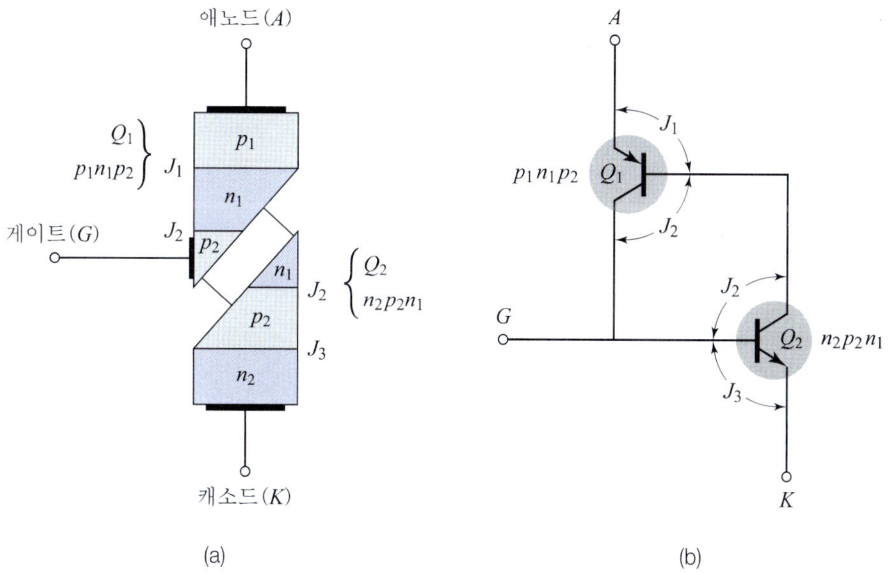

그림 6.88 SCR : (a) 구조 분석, (b) 등가 트랜지스터 회로

(2) SCR의 동작

1) SCR의 턴온

SCR은 그림 6.89 (a)에 니다낸 비와 같이 $p_1n_1p_2n_2$ 디이오드의 p_2 영역에 게이트 단자를 만들어 순방향으로 게이트 전압 V_G를 걸면 게이트 전류 I_G가 흐르고, I_G의 크기를 이용하여 브레이크오버 전압 V_{BO}를 제어할 수 있도록 한 것이다. 그림 6.89 (b)에 나타낸 등가 트랜지스터 회로에서 게이트 전압 V_G 인가시 동작상태를 캐리어 관점에서 설명해보자. 게이트에 순방향 전압 V_G를 인가하면 Q_2의 이미터-베이스에 순방향 전압을 인가한 형태와 같은 것으로 이미터 n_2에서 베이스 p_2로 전자가 주입된다. 베이스 영역에 주입된 전자의 극히 일부분은 베이스 p_2에서 정공과 재결합으로 소멸되고 대부분은 역방향으로 바이어스된 J_2 접합(컬렉터 접합)의 강한 전계로 컬렉터 n_1으로 이동한다. 물론 베이스 영역에서 소멸된 정공은 게이트 단자에서 공급된다. 이것은 트랜지스터 동작과 동일하다. J_1 접합은 순방향으로 바이어스되어 있기 때문에 n_2에서 p_2를 거쳐 n_1으로 이동한 전자는 바로 p_1으로 이동한다. 결과적으로 n_2로부터 시작하여 p_1까지 전자의 이동으로 $A-K$ 간에 전류가 흘러 도통된다.

이것은 전자에 의한 전류이며, 정공에 의한 전류를 생각해보자. 앞에서 설명한 n_1에서 전자가 p_1으로 확산한 결과로 이미터 p_1에서도 정공이 n_1으로 확산할 수 있다.

p_1에서도 정공이 n_1을 거쳐 p_2로 이동하려면 반드시 베이스 n_1(Q_1의 베이스)으로 주입해야 한다. p_1의 정공과 재결합으로 소멸되는 전자를 공급하는 원천이 있어야만 확산이 가능하다. p_2로부터 전자를 공급받아야 하지만 p_2 자체의 소수 캐리어인 전자를 받기에는 캐리어 농도의 수수관계가 불균형이 일어나기 때문에 n_2로부터 전자를 공급받을 수밖에 없다. 그 결과 n_2로부터 p_2로 이동하는 전자수가 증가하게 된다. 이렇게 해서 베이스 영역에 주입된 p_1의 정공 가운데서 극히 일부분은 n_1에서 전자와 재결합으로 소멸되고 대부분은 역방향으로 바이어스된 J_2 접합(컬렉터 접합)의 강한 전계로 컬렉터 p_2로 이동한다. J_3 접합은 순방향으로 바이어스되어 있기 때문에 p_1에서 n_1을 거쳐 p_2로 이동한 정공은 바로 n_2로 이동한다. 결과적으로 p_1으로부터 시작하여 n_2까지 정공의 이동으로 $A-K$ 간에 전류가 흘러 도통된다. 이와 같은 과정으로 p_1에서 n_1으로 이동하는 정공수의 증가는 n_2로부터 p_2로 이동하는 전자수의 증가를 가져오고, n_2에서 p_2로 이동하는 전자수의 증가는 p_1에서 n_1으로 이동하는 정공수의 증가를 가져오게 된다.

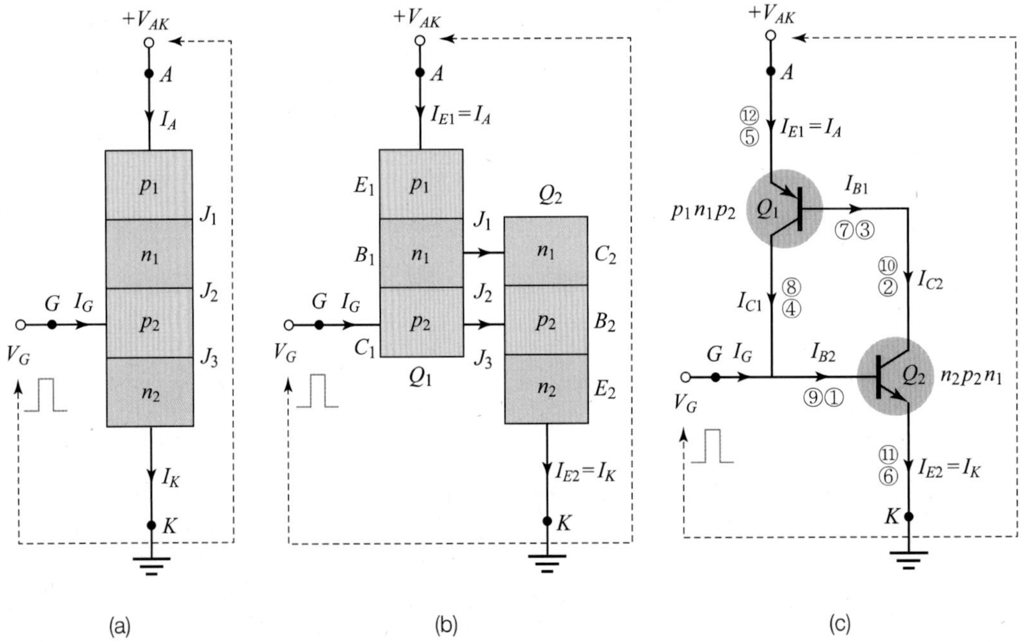

그림 6.89 SCR : (a) 바이어스 상태, (b) (c) 등가 트랜지스터 회로

이와 같이 전자와 정공의 이동에 따른 상호간의 영향으로 이동량은 점점 증가를 반복하여 n_1에는 정공이 축적되어 p형 반도체로, p_2에는 전자가 축적되어 n형 반도체와 같이 되므로 p_1n_1은 p형 반도체, p_2n_2는 n형 반도체로 되어 마치 pn 접합인 것과 같은 상태로 변하게 되고 여기에 순방향으로 바이어스가 걸린 상태라 $A-K$ 간에 큰 전류가 흐르게 된다. 게이트 전류 I_G로서 브레이크오버 전압 V_{BO}를 제어할 수 있는 것은 J_3 접합에서 주입되는 전자의 흐름이 I_G에 따라 변하고, 그에 따라 α_2가 변하여 $\alpha_1+\alpha_2=1$이 되는 전압을 조절할 수 있기 때문이다. 이상의 동작원리를 기초로 순방향으로 $A-K$ 간 전압이 인가된 상태에서 게이트 전압을 순방향으로 걸기만 하면 도통상태(턴온상태)가 된다.

그림 6.89 (b)에 나타낸 등가 트랜지스터를 완전한 복합 트랜지스터 회로로 나타내어 턴온되는 과정을 나타낸 것이 그림 6.89 (c)이다. 회로에 나타낸 전류번호는 그림 6.89 (b)에서 설명한 턴온되는 과정을 순차적으로 나타낸 것으로 캐리어 흐름 관점에서 표시한 것이다. 번호 ①~⑥은 n_2에서 p_1까지 전자의 흐름에 의한 전류, ⑦~⑫는 p_1에서 n_2까지 정공의 흐름에 의한 전류를 나타낸다.

트랜지스터 동작원리에 따라서 SCR이 도통되는 원리를 다음과 같이 간단히 설명할 수 있다. 게이트에 포지티브 펄스를 인가하면 Q_2의 이미터-베이스 접합이 순방향으로 바이어스되어 I_{B2}가 흐르고, I_{B2}는 Q_2를 도통시킨다. 그 결과, $I_{C2}(=\beta_2 I_{B2})$가 흐르고, I_{C2}는 I_{B1}이므로 Q_1을 도통시켜 $I_{C1}(=\beta_1 I_{B1})$을 흘린다. 따라서 두 트랜지스터가 도통되고, $I_A=I_{E1}=I_{E2}=I_K$가 된다.

도통시킬 게이트 전류는 직류를 가할 필요도 없이 펄스폭이 수 ms 정도만 되어도 충분하고, 50 mA 이하의 작은 전류로도 100 A의 $A-K$ 간을 턴온시킬 수 있다. 따라서 게이트는 도통시키는 자극 단자 또는 시발 단자라고 해서 **트리거 단자**라고도 한다. 또한 도통시키는 게이트 전압 및 전류를 각각 **트리거 전압**, **트리거 전류**라고 한다.

2) SCR의 턴오프

SCR이 턴온 상태에 이르게 되면 Q_2의 기능이 마비되고, 게이트 전압의 극성을 바꾸거나 0V로 해도 $A-K$ 간이 오프되지 않는다. 게이트로는 $A-K$ 간의 전류를 제어할 수 없는 상황이 되어버린다. 게이트는 도통시키는 수단이 될 수 있지만 차단시키는 수단은 되지 못한다.

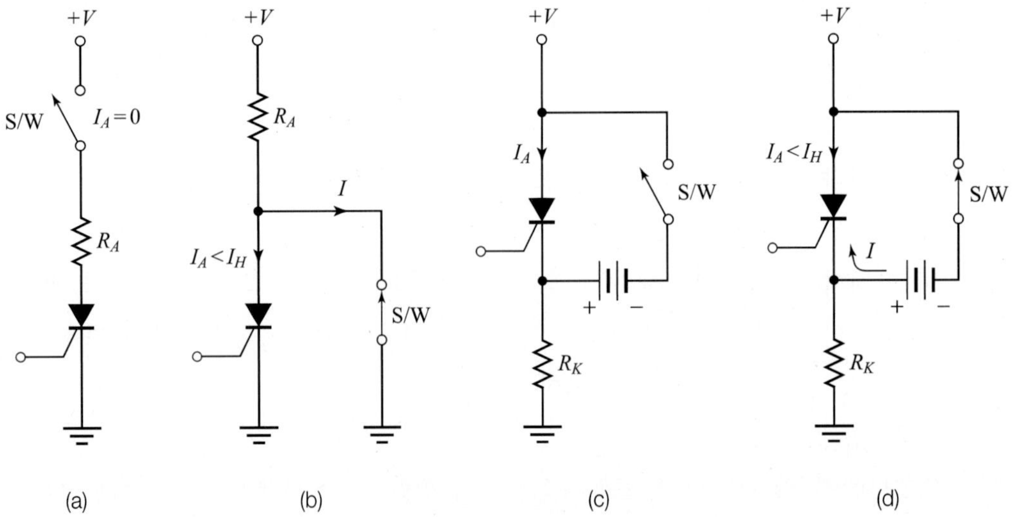

그림 6.90 SCR 턴오프 방법

SCR을 턴오프시키는 방법으로는 크게 **애노드 전류 차단법**과 **강제전환방법**이 있다. 그림 6.90 (a)와 같이 SCR과 직렬이 되는 직렬 스위치를 결선하여 SCR을 턴오프시킬 수 있다. 그림 6.90 (b)와 같이 SCR과 병렬이 되는 병렬 스위치를 결선하여 전체 전류의 일부분을 스위치로 흐르게 함으로서 애노드 전류 I_A를 유지전류 I_H 이하로 감소시켜 SCR을 턴오프시킬 수 있다. 강제전환방법으로는 그림 6.90 (c), (d)와 같이 SCR과 병렬로 연결된 전지와 스위치로 구성된다. 그림 6.90 (c)와 같이 스위치를 개방시키면 SCR은 턴온 상태이다. 이것을 턴오프하기 위해서는 스위치를 닫게 되면 애노드 전류와 반대방향으로 전류가 흘러서 애노드 전류 I_A를 유지전류 I_H 이하로 감소시켜 SCR을 턴오프시킬 수 있다. 이 외에도 스위치를 트랜지스터로 대체하여 베이스에 디지털 신호를 인가함으로서 턴오프시킬 수 있다. 전원전압이 교류이면 $A-K$ 간에 역방향으로 바이어스가 되는 음의 반주기 동안에는 SCR은 턴오프 상태가 된다. SCR의 턴오프 시간은 보통 $5 \sim 30\mu s$ 정도이다.

(3) SCR의 특성

그림 6.91은 게이트 전압 V_G를 변화시켜 게이트 전류 I_G를 다르게 했을 때 전압-전류 특성을 나타낸 것이다. 순방향 브레이크오브 전압 V_{BO_0}는 게이트가 개방되어 있을 때, 즉 $I_{G_0}=0$일 때이다. 게이트 전류치 I_{G_1}일 때는 V_{BO_0}보다 더 낮고, I_{G_1}보다 큰 I_{G_2}에 대한 V_{BO_2}는 V_{BO_1}보다 더 낮다. 또 V_{BO_3}는 V_{BO_2}보다 낮다. 결론

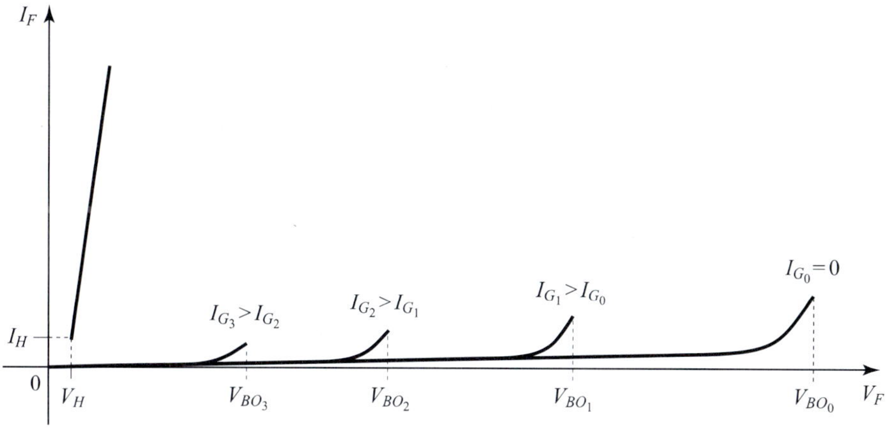

그림 6.91 SCR의 게이트 전류에 따른 $I-V$ 특성

적으로 I_G가 클수록 도통상태가 되는 브레이크오버 전압 V_{BO}은 낮아진다. 순방향 전도영역에서 SCR 양단의 전압은 매우 낮은 값으로 떨어지고, 모든 전원전압은 정류기와 직렬로 연결된 부하 양단에 나타나게 된다. 부하저항은 SCR을 통하여 흐르는 전류를 제한시키며, SCR이 정격치 이내에 유지하도록 한다.

(4) SCR의 응용

SCR은 개폐장치, 인버터의 전력변환 소자, 교류출력 제어, 전압안정화 회로 등에 널리 응용된다. 간단한 예로 교류전원으로부터 직류 모터 또는 직류부하를 동작시키고 제어하는 것이다. 그림 6.92에서 SCR은 R_L에 전류를 공급하는 반파정류기로 쓰인다. 이때 게이트는 개방되어 있다. $A-K$ 간의 전압 V_{AK}가 V_{BO}에 도달하면 SCR은 턴온 상태로 전환된다. 이때의 V_{BO}는 회로에 가한 정현파의 (+)주기 동안의 V_{BO_0}점이 된다. V_{BO_0}에서 V_x에 이르는 동안은 SCR은 도통상태가 된다. 전원전압이 유지전류를 지속하는 데 요구되는 전압 V_x보다 낮은 값으로 떨어지면 SCR은 턴오프 상태가 된다. 정현파의 (−)주기 동안은 SCR은 턴오프 상태를 지속한다. 부하전류는 전원전압이 V_{BO_0}에서 V_x에 이르는 시간 동안만 흐른다. 그림 6.93은 전원전압, V_{AK}, 부하전압의 파형을 보여준다.

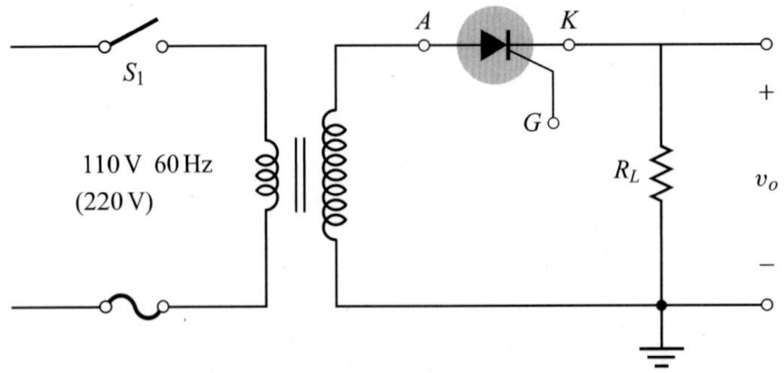

그림 6.92 SCR을 이용한 반파정류기

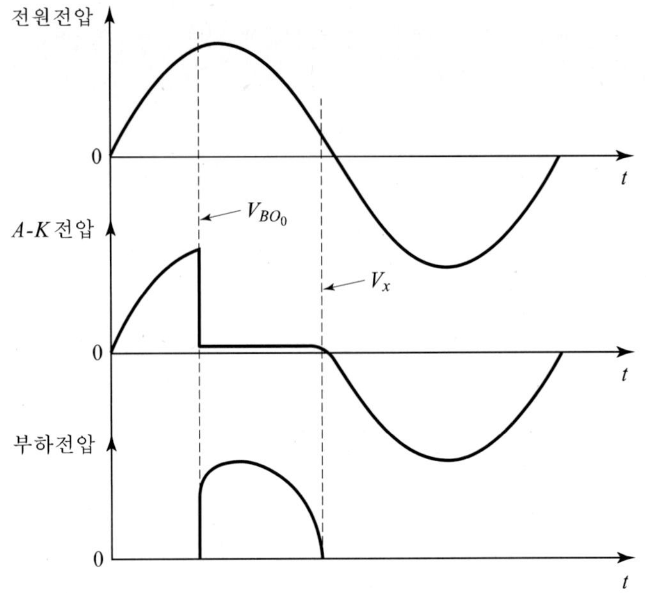

그림 6.93 SCR의 전원전압, $A-K$ 간의 전압, 부하전압 파형

핵심 N SCR은 *pnpn* 다이오드에 게이트 단자를 가지고 있는 단방향성 3단자 사이리스터이다. 게이트 전류로서 턴온을 제어할 수 있다. 게이트로서 도통시킬 수는 있으나 차단시킬 수는 없다. SCR을 턴오프시키는 방법으로는 크게 애노드 전류 차단법과 강제전환방법이 있다. 턴오프는 에노드 전류를 유지전류 이하로 줄여야 한다.

6.5.3 실리콘 제어 스위치

실리콘 제어 스위치(silicon controlled switch : **SCS**)는 2개의 게이트 단자를 가지

는 **단방향성 4단자 사이리스터**이다. SCS는 5 ~ 30 μs 의 턴오프 시간을 가지는 SCR보다 턴오프 시간이 짧고(1 ~ 10 μs), 트리거 민감도가 높다.

(1) SCS의 구조

그림 6.94 (a)는 SCS의 구조를 나타낸 것으로 SCR과 마찬가지로 4층 *pnpn* 소자이다. SCR과 다른 점은 n_1에 게이트 단자가 하나 더 있다. n_1에 붙은 단자를 **애노드 게이트**(G_A), p_2에 붙은 단자를 **캐소드 게이트**(G_K)라고 하여 서로 구분한다. 그림 6.93 (b)는 SCS의 기호를 나타낸 것이다.

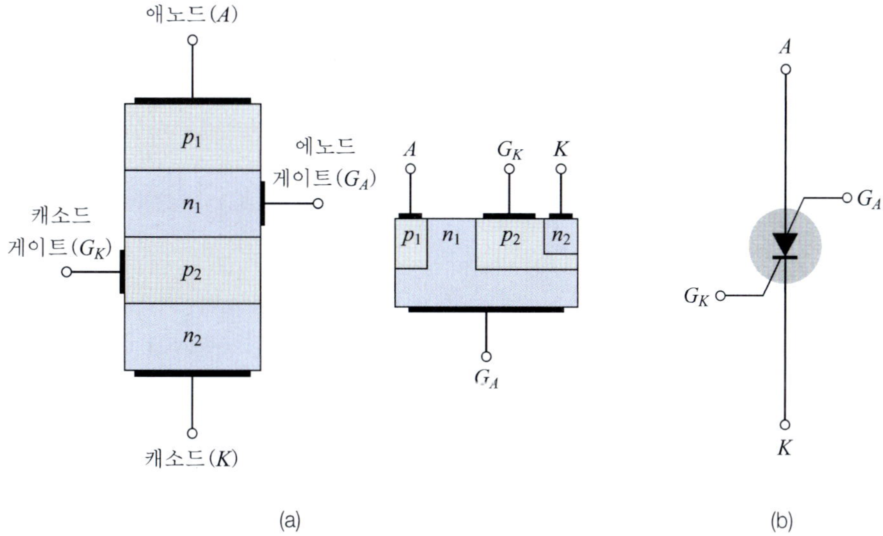

그림 6.94 SCS : (a) 구조, (b) 기호

(2) SCS의 동작

1) SCS의 턴온

SCS를 동작시키기 위해서는 그림 6.95 (a)과 같은 방법으로 바이어스시킨다. 원리는 기본적으로 SCR과 같다. 애노드 게이트가 개방되었을 때는 완전히 SCR과 동일하다. 만약 캐소드 게이트가 개방되었다면 $n_2p_2n_1p_1$ 다이오드의 n_1에 게이트가 있는 것이므로 이것의 동작원리도 역시 SCR과 동일하다.

애노드 게이트와 캐소드 게이트를 동시에 트리거시켜도 턴온상태가 된다.

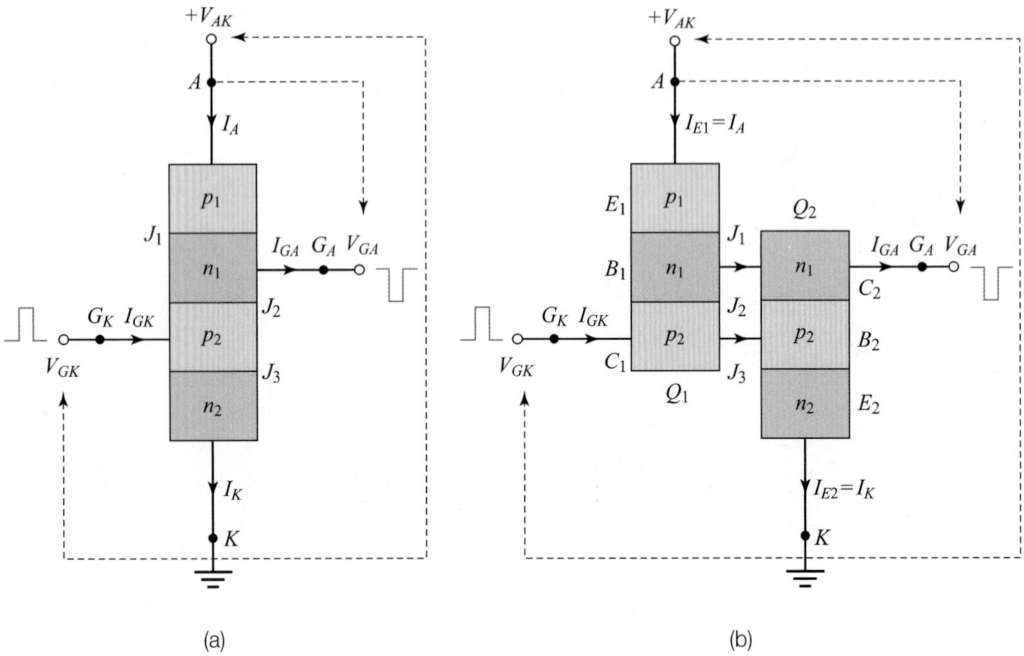

그림 6.95 SCS : (a) 바이어스 상태, (b) 등가 트랜지스터

그림 6.95 (b)는 그림 6.95 (a)을 등가 복합 트랜지스터로 나타낸 것이다. 그림에서 알 수 있는 바와 같이 완전한 *pnp* 트랜지스터와 *npn* 트랜지스터의 조합이다. V_{GA} 혹은 V_{GK}가 인가되거나 아니면 동시에 인가되면 트랜지스터 Q_1, Q_2의 전류 증폭률을 각각 α_1과 α_2라고 할 때 $\alpha_1 + \alpha_2 = 1$이 되는 조건이 충족되기 때문에 SCS는 턴온된다.

그림 6.96에 나타낸 SCS의 등가 트랜지스터 회로에서 트랜지스터 동작원리에 따라서 SCS가 턴온 및 턴오프가 되는 원리를 간단히 설명할 수 있다. 그림 6.96 (a)에 나타낸 바와 같이 캐소드 게이트에 포지티브 펄스를 인가하면 Q_2의 이미터-베이스 접합이 순방향으로 바이어스되어 I_{B2}가 흐르고, I_{B2}는 Q_2를 도통시킨다. 그 결과, $I_{C2}(=\beta_2 I_{B2})$가 흐르고, I_{C2}는 I_{B1}이므로 Q_1을 도통시켜 $I_{C1}(=\beta_1 I_{B1})$을 흘린다. 따라서 두 트랜지스터가 도통되고, $I_A = I_{E1} = I_{E2} = I_K$가 된다. 애노드 게이트에 네거티브 펄스를 인가하면 Q_1의 이미터-베이스 접합이 순방향으로 바이어스되어 I_{B1}이 흐르고, I_{B1}은 Q_1을 도통시킨다. 그 결과, $I_{C1}(=\beta_1 I_{B1})$이 흐르고, I_{C1}은 I_{B2}이므로 Q_2를 도통시켜 $I_{C2}(=\beta_2 I_{B2})$를 흘린다. 따라서 두 트랜지스터가 도통되고, $I_A = I_{E1} = I_{E2} = I_K$가 된다. SCS를 턴온시키는 필요한 트리거 전류는 애노드 트리거 전류는 1.5 mA 정도, 캐소드 트리거 전류는 1 μA로 애노드 트리거 전류가 캐소드 트리거 전류보다 높다.

2) SCS의 턴오프

도통상태에서 SCS를 턴오프시키기 위해서는 그림 6.96 (b)와 같이 애노드 게이트에 포지티브 펄스를 인가하면 Q_1의 이미터-베이스 접합을 역방향으로 바이어스시키는 것이므로 턴오프가 된다. 또한 캐소드 게이트에 네거티브 펄스를 인가하면 Q_2의 이미터-베이스 접합을 역방향으로 바이어스시키는 것이므로 턴오프가 된다. 이상에서 SCS를 턴오프시키려면 게이트에 적절한 극성, 진폭 및 폭을 가지는 펄스를 가해야 한다.

이 외에도 SCS를 턴오프시키는 방법은 $A-K$ 간의 애노드 전류 I_A를 유지전류 I_H 이하로 감소시키는 방법으로 그림 6.97에 나타내었다. 그림 6.97 (a)에서 Q의 베이스에 네거티브 펄스를 가하면 이미터-베이스 접합이 역방향으로 바이어스되기 때문에 Q는 오프되고, 누설전류만 흐르게 되어 전체 전류가 유지전류보다 낮아져 SCS가 턴오프가 된다. 그림 6.97 (b)에서 Q의 베이스에 포지티브 펄스를 가하면 이미터-베이스 접합이 순방향으로 바이어스되기 때문에 Q는 온되고, 전체 전류의 일부분이 Q로 흘러 애노드 전류가 유지전류보다 낮아져 SCS가 턴오프가 된다.

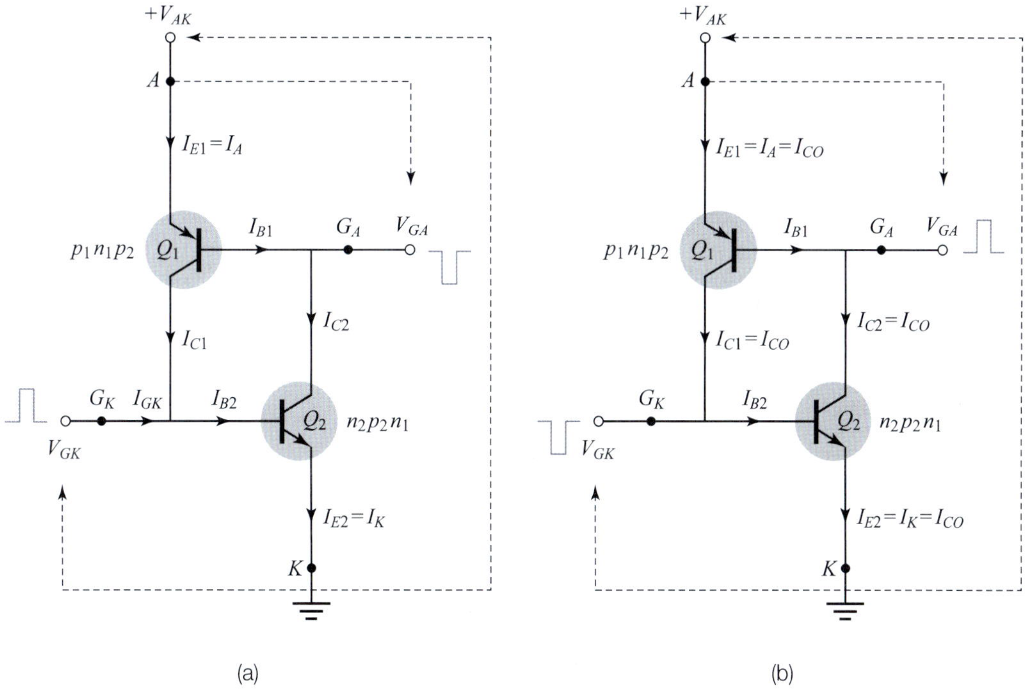

그림 6.96 SCS의 등가 트랜지스터 회로 : (a) 턴온, (b) 턴오프

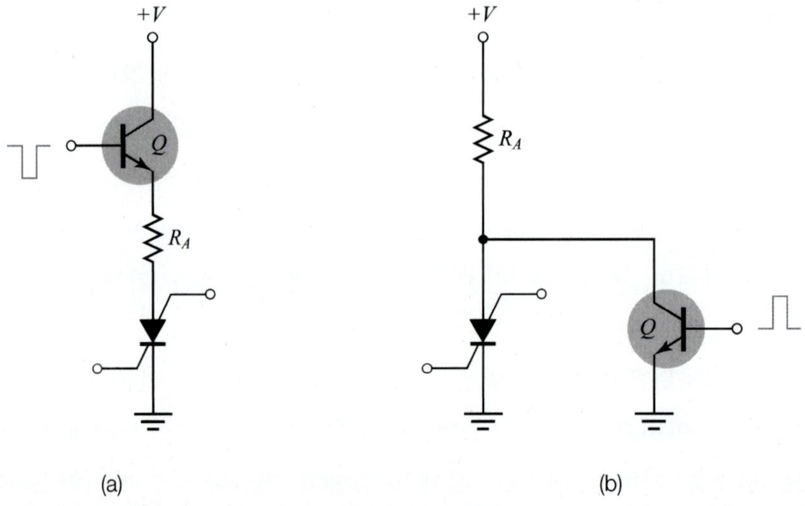

그림 6.97 SCS의 턴오프 : (a) 트랜지스터 직렬 스위치, (b) 트랜지스터 병렬 스위치

SCS는 보통 SCR보다 낮은 전력, 전류, 전압 정격에 적용되며, SCR보다는 응용에 제한을 받게 된다. 전압센서나 경보기에 응용된다.

핵심 N SCS는 실리콘 제어 스위치(silicon controlled switch)로서 2개의 게이트 단자를 가지는 단방향성 4단자 사이리스터이다. 턴오프에는 에노드 게이트에 포지티브 펄스나, 캐소드 게이트에 네거티브 펄스를 인가한다. 역시 에노드 전류를 유지전류 이하로 줄여야 한다.

6.5.4 게이트 턴오프 스위치

게이트 턴오프 스위치(gate turn-off switch : **GTO**)는 SCR과 SCS와 비슷한 특성을 나타내는 단일 게이트 단자를 가지는 **단방향성 3단자 사이리스터**이다. GTO는 턴온 시간은 1μs 정도로 SCR과 비슷하지만 턴오프 시간이 1μs에 불과할 정도로 훨씬 짧다. 따라서 고속의 스위칭 특성을 가진다.

(1) GTO의 구조

그림 6.98 (a)는 GTO의 구조를 나타낸 것으로 SCR과 마찬가지로 4층 *pnpn* 소자이다. SCR보다 게이트의 횡방향 저항을 감소시켜 제어능력을 높여줌으로서 턴오프를 보다 쉽게 할 수 있도록 게이트를 몇 개로 분할하여 놓았다. 기호는 그림 6.98 (b)에 나타낸 바와 같이 SCR의 기호와 동일한데 구분하기 위해서 기호 옆에 GTO를 표기한다.

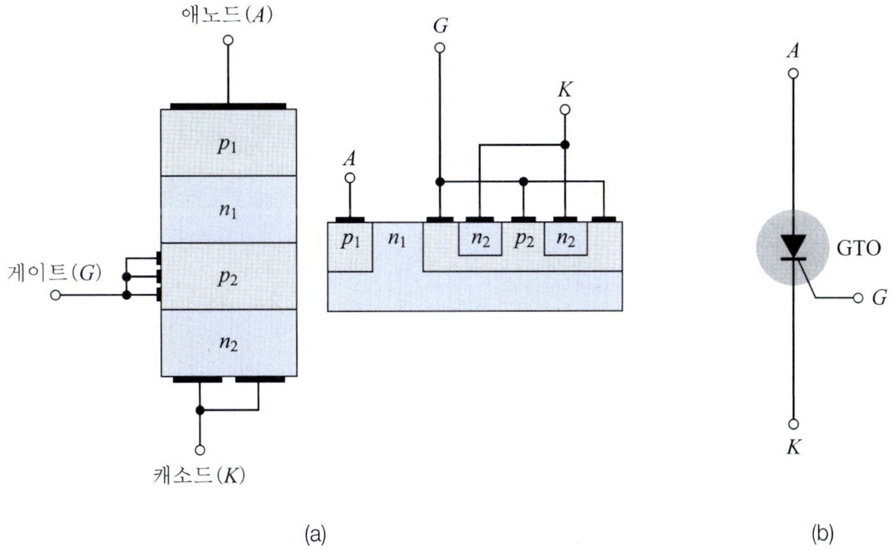

그림 6.98 GTO : (a) 구조, (b) 기호

(2) GTO의 동작

GTO는 SCR과 마찬가지로 게이트에 순방향으로 바이어스를 가하면 $A-K$ 간은 턴온된다. 또 분할된 게이트 단자에 역방향으로 바이어스를 가하면 J_3 접합(p_2와 n_2 사이의 접합)부근에서 다수 캐리어인 정공의 농도를 감소시켜 효과적으로 확장된 공간전하층이 만들어져서 $\alpha_1 + \alpha_2 < 1$이 됨으로서 턴오프된다. 이것은 GTO가 분할된 게이트 단자를 가지고 있기 때문에 가능하다. SCR은 턴온상태에서 게이트 제어로는 턴오프가 불가능하고, SCS는 게이트 제어회로를 통해서 턴오프시킬 수 있다. 하지만 GTO는 게이트 보조회로가 따로 없이 바로 음의 전류를 흘림으로서 턴오프가 가능하다. 대신 그러한 기능이 추가되는 것으로 인해서 턴온시킬 때 SCR보다 더 큰 게이트 전류가 요구된다.

GTO는 카운터, 펄스 발생기, 멀티바이브레이터, 전압 조정기 등에 응용되고, 제너 다이오드를 이용한 톱니파 발생기에도 사용된다.

6.5.5 광활성 SCR

광활성 실리콘 제어정류기(light-activated SCR : LASCR)는 빛으로 트리거 한다는 것을 제외하고는 본질적으로 일반 SCR과 동일하게 동작한다. 게이트가 개방되어 있을 때는 빛으로 게이트를 트리거하고, 빛이 없을 경우에는 게이트에 전기적 펄스를 가해서 트리거할 수도 있다.

LASCR은 광학적 빛 제어, 릴레이, 위상제어 등에 응용된다.

> **핵심 N** GTO는 SCR과 SCS와 비슷한 특성을 나타내는 단일 게이트 단자를 가지는 단방향성 3단자 사이리스터이다. GTO는 턴온 시간은 $1\mu s$ 정도로 SCR과 비슷하지만 턴오프 시간이 $1\mu s$에 불과할 정도로 훨씬 짧다. 따라서 고속의 스위칭 특성을 가진다.

6.5.6 다이악

다이악(diac)은 교류 스위치(diode ac switch)로서 반도체 층이 5층으로 접합되고 역병렬 대칭형으로 결합되어 있는 **양방향성 2단자 사이리스터**이다. 실리콘 대칭형 스위치(silicon symmetrical switch : SSS)라고도 한다.

(1) 다이악의 구조

다이악의 기본 구조는 그림 6.99 (a)와 같이 5층으로 접합되어 있는 소자로 양단의 2층은 단락되어 있다. 그림 6.99 (a)를 그림 6.99 (b)와 같이 $p_1n_2p_2n_3$ 다이오드와 $n_1p_1n_2p_2$ 다이오드가 역병렬 접속한 4층 소자로 나타낼 수 있다. 캐소드 단자가 없는 대신에 A_1과 A_2으로 표시된 2개의 애노드 단자가 있다. A_2에 대해서 A_1이 양일 때는 $p_1n_2p_2n_3$ 다이오드가 이용되고, A_1에 대해서 A_2가 양일 때는 $p_2n_2p_1n_1$ 다이오드가 이용된다. 두 단자의 극성에 관계없이 브레이크오버 전압에 도달하면 다이악은 동작한다. 따라서 양방향에서 턴온시킬 수 있는 쇼클리 다이오드 구조이다. 그림 6.99

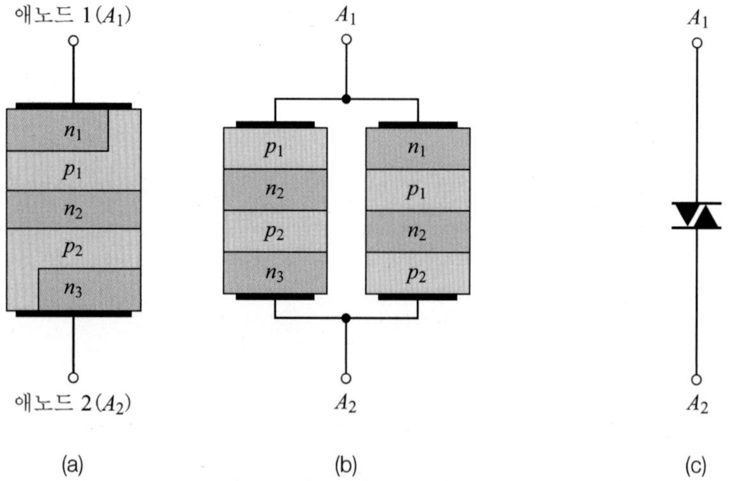

그림 6.99 다이악 : (a) 구조, (b) 기호

(c)에 나타낸 바와 같이 다이악의 기호는 극성에 따라 양방향으로 도통되는 기호로 표시된다.

(2) 다이악의 동작

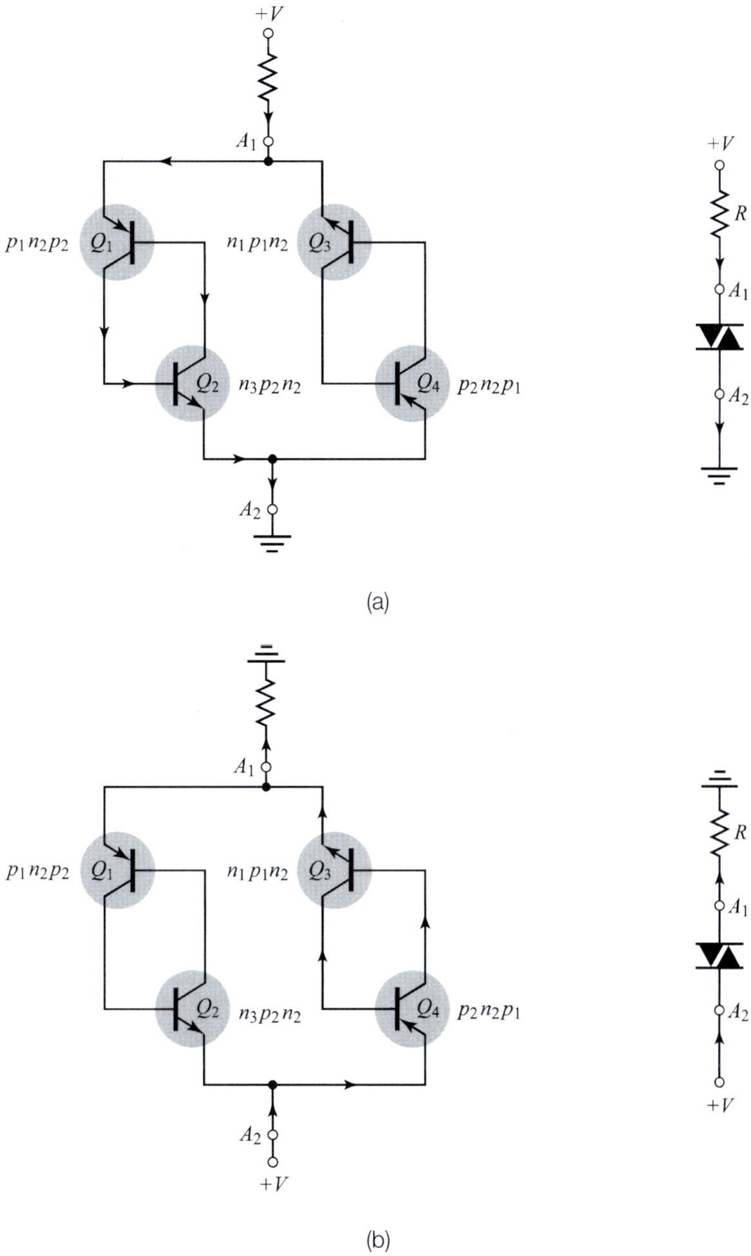

그림 6.100 다이악의 등가 트랜지스터 회로와 동작 : (a) Q_1과 Q_2는 턴온, Q_3와 Q_4는 턴오프, (b) Q_1과 Q_2는 턴오프, Q_3와 Q_4는 턴온

다이악은 2개의 $pnpn$ 다이오드를 역병렬 접속한 것이므로 $pnpn$ 다이오드의 동작원리와 같다. 그림 6.100에 나타낸 바와 같이 다이악의 등가회로는 4개의 트랜지스터로 구성된다. Q_1과 Q_2는 $p_1n_2p_2n_3$ 쇼클리 다이오드의 등가회로이며, Q_3와 Q_4는 $p_2n_2p_1n_1$ 쇼클리 다이오드의 등가회로이다. 그림 6.100 (a)와 같이 단자 A_2에 대해서 A_1이 양으로 바이어스되면 Q_1과 Q_2는 순방향으로 바이어스되어 턴온이 되고, Q_3와 Q_4는 역방향으로 바이어스되어 턴오프된다. 반대로 그림 6.100 (b)와 같이 단자 A_1에 대해서 A_2이 양으로 바이어스되면 Q_3와 Q_4는 순방향으로 바이어스되어 턴온되고, Q_1과 Q_2는 역방향으로 바이어스되어 턴오프된다. 이와 같이 Q_1과 Q_2는 턴온되고, Q_3와 Q_4는 턴오프될 때는 그림 6.101에 나타낸 특성곡선의 1사분면에서 동작하고, 반대로 Q_3와 Q_4가 턴온되고, Q_1과 Q_2가 턴오프될 때는 특성곡선의 3사분면에서 동작한다. 다이악이 양방향으로 도통되기 위해서는 브레이크오버 전압을 초과해야 되고, 턴온 후에 $A_1 - A_2$ 간의 유지전류 혹은 유지전압 이하일 경우에 턴오프된다.

다이악은 인가되는 전압의 극성에 따라 양방향으로 도통이 가능하므로 교류제어시 2개의 $pnpn$ 다이오드를 역병렬로 접속해서 사용해도 되지만 1개의 다이악으로도 가능하다. 다이악은 조광장치나 전력제어에 널리 사용된다.

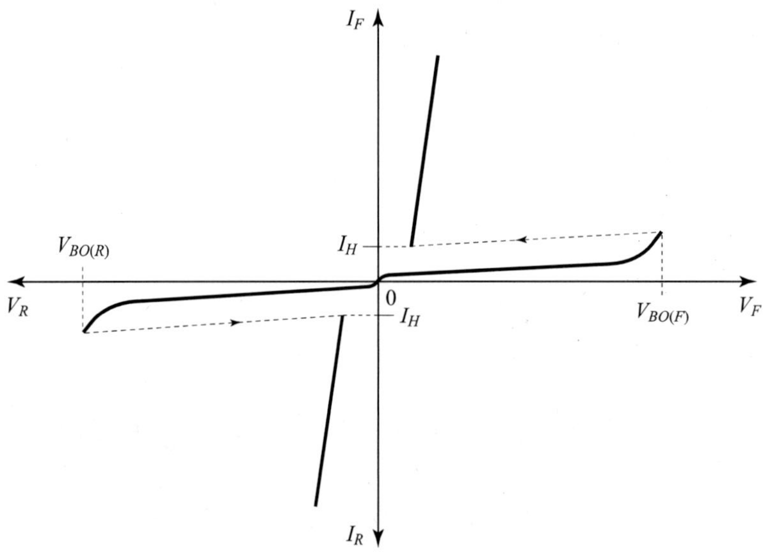

그림 6.101 다이악의 $I-V$ 특성

핵심 N 다이악은 2단자 교류 스위치(diode ac switch)로서 반도체 층이 5층으로 접합되고 병렬 대칭형으로 결합되어 있는 양방향성 2단자 사이리스터이다. 실리콘 대칭형 스위치(silicon symmetrical switch : SSS)라고도 한다.

6.5.7 트라이악

트라이악(triac)은 3단자 교류 스위치(triode ac switch)로 다이악에 게이트가 있는 **양방향성 3단자 사이리스터**이다.

(1) 트라이악의 구조

그림 6.102 (a)은 트라이악의 구조를 나타낸 것이다. 구조가 다른 *pnpn* 소자들의 구조보다 다소 복잡하다. 트라이악은 다이악과 같이 5층 소자에 해당한다. 다이악의 양단에 p_1 영역에는 n_4 영역을, p_2 영역에는 n_5 영역을 형성시킨 다음, p_1 영역과 n_4 영역을 단락시키고, p_2 영역과 n_5 영역을 단락시켜 그림 6.102 (b)와 같이 게이트를 공통으로 접속한 한 구조이다. 그림 6.102 (c)는 트라이악의 기호를 나타낸 것으로 다이악의 기호에 게이트 단자가 하나 더 있다. 다이악의 기호와 같이 양방향성을 나타내고 있다.

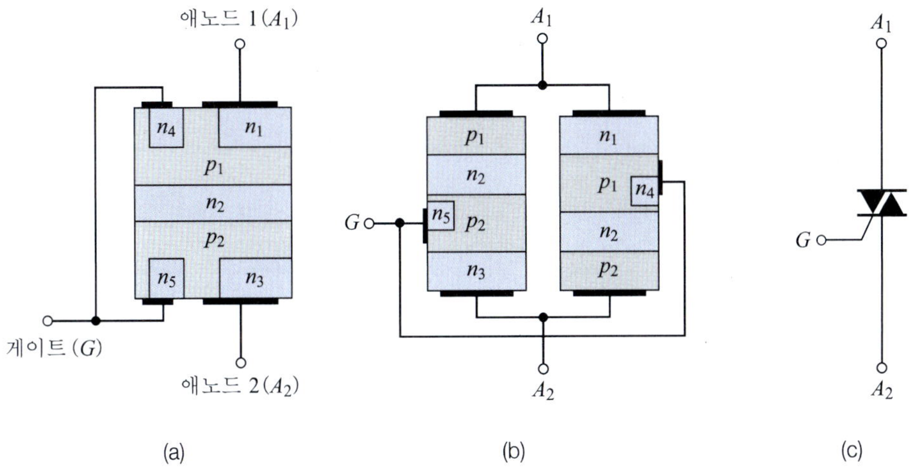

그림 6.102 트라이악 : (a) 구조, (b) 기호

(2) 트라이악의 동작

트라이악은 게이트 전류에 의해서 도통되기 때문에 다이악과 같이 턴온되기 위한 별도의 브레이크오버 전압은 필요없다. 그림 6.103에 나타낸 바와 같은 바이어스 상태에서 동작원리를 알아보자. 그림 6.103 (a)와 같이 바이어스되면 $p_1n_2p_2n_3$ 구조의 $A_1 - A_2$ 간은 순방향으로 바이어스된다. 게이트 G와 애노드 A_2 사이의 $n_5 - p_2$ 접합은 역방향으로 바이어스되므로 무시되고, $p_2 - n_3$ 접합은 순방향으로 바이어스되어 n_3 영역의 전자는 p_2로 이동하고, 전자의 일부분은 p_2 영역의 정공과 재결합으로 소멸되고, 소멸된 정공은 게이트 단자에서 공급받는다. 역방향으로 바이어스된 $n_2 - p_2$ 접합의 강한 전계로 n_2 영역으로 이동한 대부분의 전자는 $p_1 - n_2$ 접합이 순방향이므로 p_1 영역까지 이동함으로서 도통된다. 또 p_1 영역의 정공이 n_2 영역으로 확산하고, 정공의 일부분은 n_2 영역의 전자와 재결합으로 소멸되고, 소멸된 전자는 n_3 영역에서 공급받는다. p_1에서 n_2 영역으로 확산한 대부분의 정공은 역방향으로 바이어스된 $n_2 - p_2$ 접합의 강한 전계로 n_3 영역으로 이동함으로서 도통된다. 전자와 정공의 이동에 의한 도통이 함께 일어난다. 이와 같은 도통원리는 SCR과 다를 바가 없다. 한편 $p_2n_2p_1n_1$ 구조의 $A_1 - A_2$ 간은 역방향으로 바이어스되어 있고, G가 어떤 역할도 하지 않기 때문에 오프된다.

같은 원리로 그림 6.103 (b)와 같이 바이어스되면 $p_1n_2p_2n_3$ 구조의 $A_1 - A_2$ 간은 역방향으로 바이어스되어 있고, G가 어떤 역할도 하지 않기 때문에 오프된다. 그러나 $p_2n_2p_1n_1$ 구조의 $A_1 - A_2$ 간은 순방향으로 바이어스된다. 게이트 G와 애노드 A_1 사

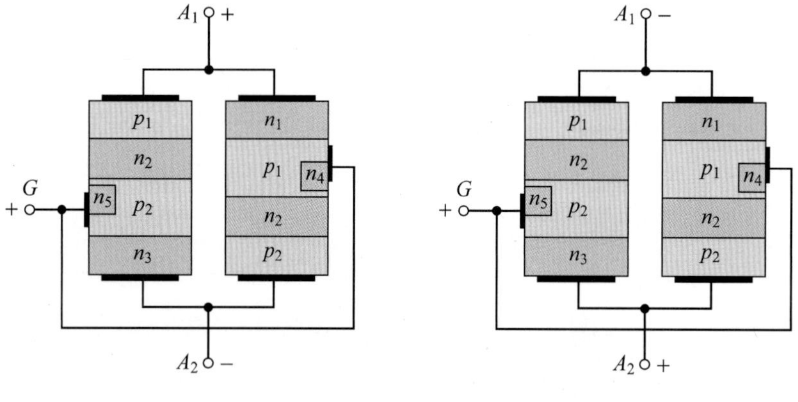

(a) (b)

그림 6.103 트라이악의 바이어스 상태

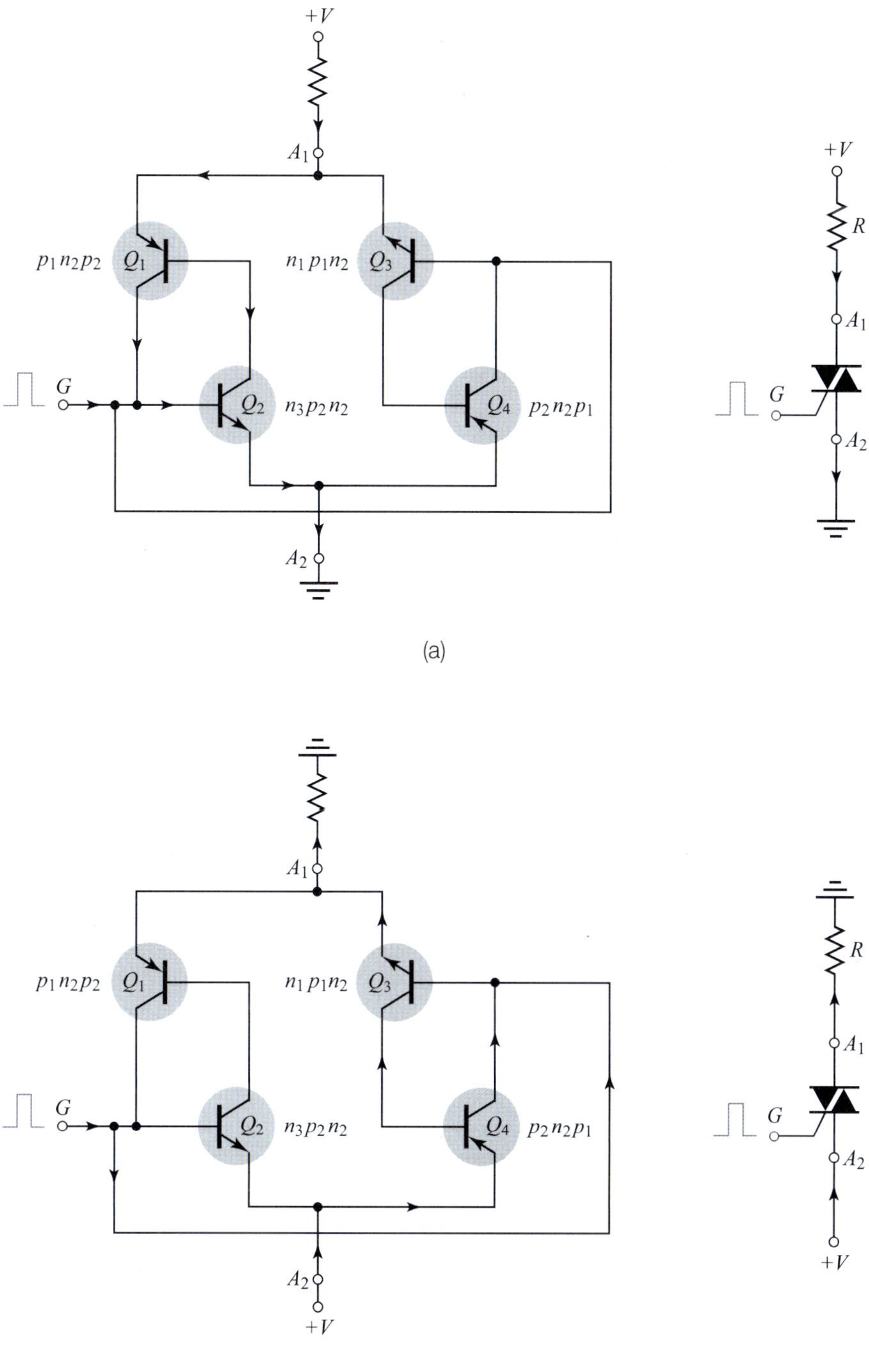

그림 6.104 트라이악의 등가 트랜지스터 회로와 동작 : (a) Q_1과 Q_2는 턴온, Q_3와 Q_4는 턴오프, (b) Q_1과 Q_2는 턴오프, Q_3와 Q_4는 턴온

이의 $n_4 - p_1$ 접합은 역방향으로 바이어스되므로 무시되고, $p_1 - n_1$ 접합은 순방향으로 바이어스되어 그림 6.103 (a)에 나타낸 $p_1 n_2 p_2 n_3$ 구조와 같은 원리로 도통된다.

이와 같이 캐리어 관점에서 다룬 턴온과 턴오프 원리를 등가 트랜지스터 회로에서 다룬 것이 그림 6.104 (a)이다. 그림과 같이 바이어스를 걸면 게이트 펄스가 Q_2의 이미터-베이스 접합을 순방향으로 바이어스시켜 Q_2가 도통되고 Q_2의 베이스 및 컬렉터 전류로 Q_1이 도통됨으로서 그림에 나타낸 화살표 방향으로 전류가 흐르게 된다. 반면에 Q_3와 Q_4는 턴오프 상태가 된다. 그림 6.104 (b)와 같이 바이어스를 걸면 게이트 펄스가 Q_3의 이미터-베이스 접합을 순방향으로 바이어스시켜 Q_3가 도통되고 Q_3의 베이스 및 컬렉터 전류로 Q_4가 도통됨으로서 그림에 나타낸 화살표 방향으로 전류가 흐르게 된다. 반면에 Q_1과 Q_2는 턴오프 상태가 된다. 따라서 트라이악은 바이어스 조건에 따라 양방향으로 전류가 흐르게 됨으로서 교류제어에 사용된다.

그림 6.105는 트라이악의 $I-V$ 특성곡선을 나타낸 것으로 게이트 전류가 증가할 때 브레이크오버 전압이 감소한다. Q_1과 Q_2이 턴온될 때는 특성곡선의 1사분면에서 동작하고, Q_3과 Q_4이 턴온될 때는 특성곡선의 3사분면에서 동작한다.

트라이악의 턴오프는 SCR과 같이 게이트 전압으로는 제어되지 않으며, $A_1 - A_2$ 간의 유지전류 혹은 유지전압 이하일 경우에 턴오프된다.

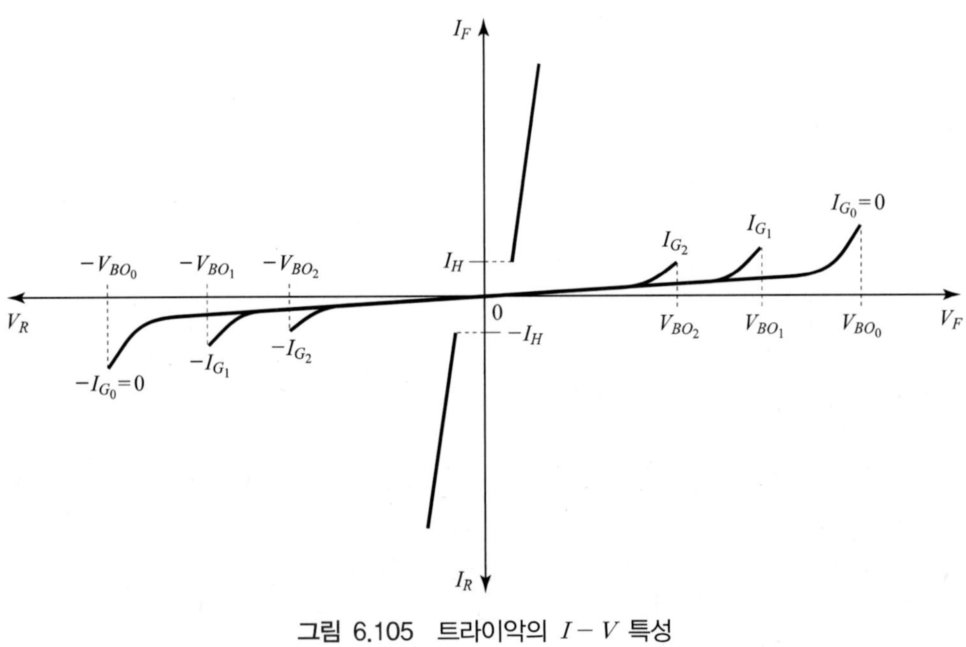

그림 6.105 트라이악의 $I-V$ 특성

교류제어에서 트라이악을 사용할 경우 2개의 SCR을 역병렬로 접속해야 할 것을 1개로서도 가능하다. 트리아악은 SCR과 같이 단방향성이 아니고 양방향성 특성을 가지고 있으므로 교류제어에 가장 적합한 스위칭용 반도체 소자이다.

핵심 N 트라이악은 3단자 교류 스위치(triode ac switch)로 다이악에 게이트가 있는 양방향성 3단자 사이리스터이다. 게이트로 턴온을 조절할 수 있다.

6.6 열전소자

서로 다른 금속으로 폐회로를 만들고 이종(異種) 접합부에 온도차를 주면 폐회로에 전류가 흐르게 된다. 또 반대로 폐회로에 전류를 주면 접합부에 온도차가 생긴다. 이때 열과 전기 사이에 나타나는 현상을 **열전현상** 혹은 **열전효과**라고 한다. 열전효과에는 **시벡 효과**(Seebeck effect), **펠티어 효과**(Peltier effect), **톰슨 효과**(Thomson effect) 등 세 가지가 있다. 시벡효과 및 톰슨효과는 균질재료에서도 관찰되지만, 펠티어 효과는 서로 다른 두 재료의 집촉에서만 관찰된다.

6.6.1 금속-금속 접촉

그림 6.106 (a)에서 보는 바와 같이 일함수가 각각 Φ_A, Φ_B인 금속 A, B가 있다. 금속 B가 금속 A보다 페르미 준위가 높다. 그림 6.106 (b)와 같이 두 금속을 접촉시키면 전자가 금속 B에서 금속 A로 페르미 준위가 일치할 때까지 이동함으로서 금속 A는 전기적으로 음을 띠게 되고, 금속 B는 양을 띤다. 전자의 이동이 없는 평형상태에 도달하게 되면 접촉전위차 $V = (\Phi_A - \Phi_B)/e$가 발생한다. 따라서 일함수가 다른 두 금속 도선의 끝을 접촉하면 접촉전위차가 생긴다. 이러한 전위차는 외부 공급전압에 비해서 매우 작기 때문에 무시된다. 그러나 정밀저항재료로서 금속 저항기를 사용할 경우에는 특정 금속(예컨대 구리)에 대한 열기전력을 유발하기 때문에 접촉전위차가 작을수록 좋다.

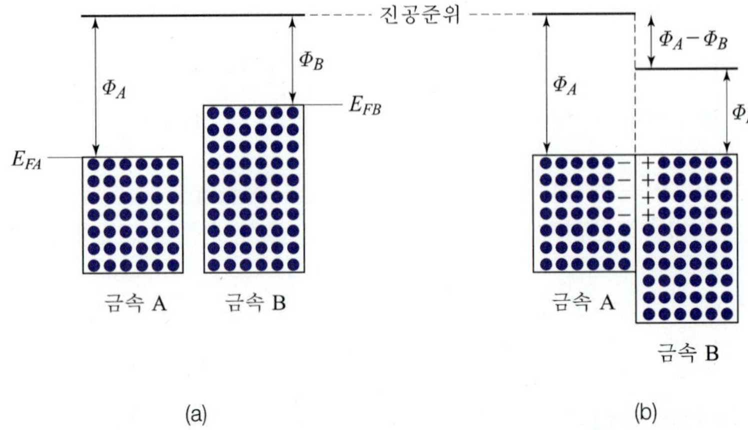

그림 6.106 금속-금속 접촉 : (a) 접촉 전, (b) 접촉 후

핵심 N 서로 다른 두 금속을 접촉시키면 일함수 차이로 접점에 접촉전위차가 생긴다.

6.6.2 시벡 효과와 열전발전소자

그림 6.107 (a)에 나타낸 바와 같이 어떤 금속의 양 끝단에 온도차(ΔT)를 주면 금속 막대의 고온부위에 있는 전자들은 저온부위의 전자들보다 높은 운동에너지를 가진다. 따라서 전자들은 그들의 평균 운동에너지를 감소시키기 위해서 고온에서 저온 영역으로 이동하게 된다. 이때 전자가 확산하면서 그림 6.107 (b)처럼 저온부에는 음전하가, 고온부에는 양전하가 모여서 양 끝단에 **열기전력**이 발생하는 현상을 **시벡 효과**(Seebeck effect)라고 한다. 열기전력(ΔV)은 전자들을 고온영역으로 보내려고 하며, 평형은 열기전력이 전자흐름에 대한 열적 구동력과 정확히 균형이 이루어 질 때 얻어진다. 열기전력을 **시벡 전압**이라고도 하며, 금속보다 반도체에서 더 크다.

그림 6.108 (a)와 같이 동종의 금속으로 **열전대**(熱電對, thermocouple)를 만들어 접점에 온도차를 주면 각 금속에 유기된 열기전력의 크기는 같고 방향이 반대이므로 열기전력은 나타나지 않는다. 그러나 그림 6.108 (b)과 같이 이종의 금속으로 열전대를 만들어 접점에 온도차를 주면 각 금속에 유기된 열기전력의 방향은 반대이나 크기가 다르므로 열기전력이 나타난다. 이와 같이 이종의 금속으로 폐회로를 만들고, 양쪽 접점에 온도차를 주면 양쪽 접점 사이에 기전력이 발생하는 현상도 역시 **시벡 효과**이다.

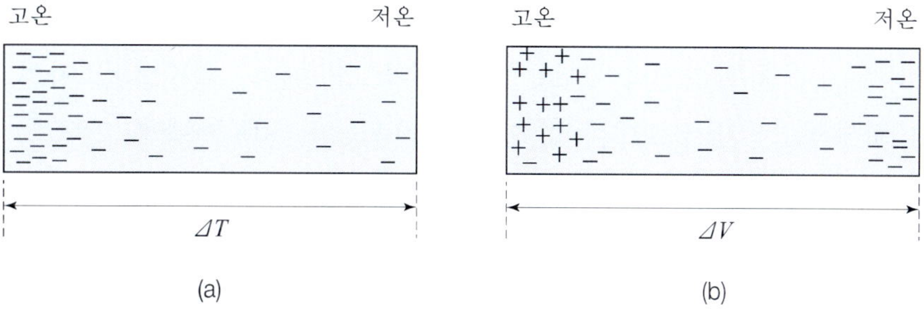

그림 6.107 (a) 금속 양단에 온도차를 주면, (b) 금속 양단에 열기전력 발생

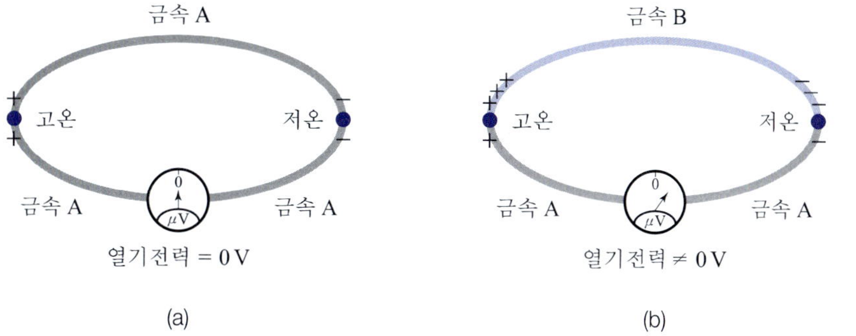

그림 6.108 (a) 동종금속 열전대의 열기전력(= 0 V)과 (b) 이종금속 열전대의 열기전력(≠ 0 V)

백금(Pt)–백금로듐(Pt–Rh), 크로멜(Cr–Ni)–알루멜(Ni–Al–Mn–Si) 등의 열전대는 시벡 효과를 이용한 **온도계**이며, 시벡 효과는 **열전발전기**로도 응용된다. 그런데 이종의 금속끼리 접촉을 하면 시벡 계수($S = dV/dT$)가 작기 때문에 열기전력이 금속–반도체 접촉보다 작게 된다. 따라서 그림 6.109와 같이 반도체를 이용한 열전발전소자가 더 효율적이다. p형 반도체의 양 끝단에 온도차를 주면 고온부에서 정공의 밀도가 높아지고, 저온부의 정공들보다 높은 운동에너지를 가진다. 따라서 정공들은 그들의 평균 운동에너지를 감소시키기 위해서 고온부에서 저온부로 확산한다. 그 결과, 고온부는 음으로 대전되고, 저온부는 양으로 대전된다. 따라서 저온부에서 고온부 방향으로 전계가 발생하여 정공의 확산을 막으며 평형상태에 도달한다. 이때 양단에 열기전력(V_p)이 발생한다. n형 반도체의 경우도 정공 대신에 전자를 생각하면 같은 원리로 열기전력(V_n)이 발생한다. 무부하시에 양 단자 사이에 나타나는 열기전력은 다음과 같이 쓸 수 있다.

$$V = V_p + V_n = S\Delta T \tag{6.67}$$

여기서 S[V/℃]는 시벡 계수, ΔT는 양 단자 사이의 온도차이다.

시벡 계수는 1℃당 열기전력이므로 **열전능**이라고도 한다. 열전발전소자의 열기전력을 높이기 위해서는 그림 6.110과 같이 **캐스케이드**(cascade) **구조**로 한다.

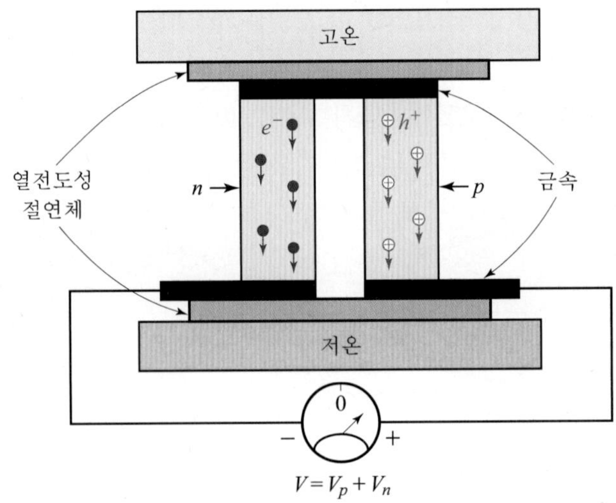

그림 6.109 열전발전기의 셀구조

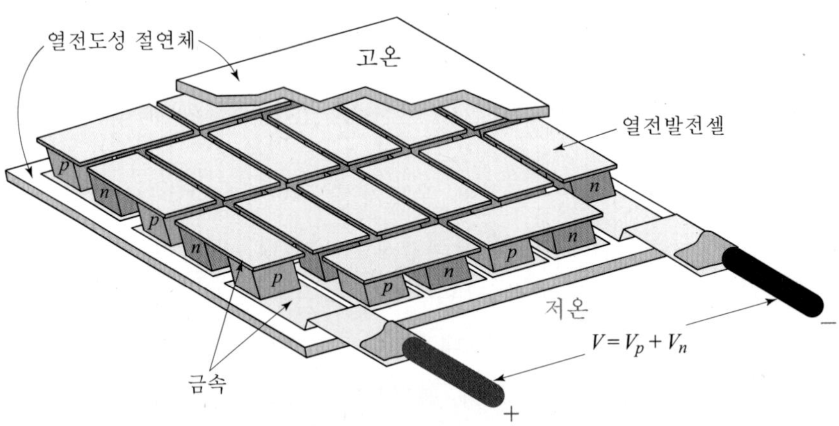

그림 6.110 열전발전기의 구조

핵심 N 서로 다른 금속선으로 폐회로를 만들고 접점에 온도차를 주면 열기전력이 발생하는 현상을 시벡 효과라고 하며, 열전발전소자에 응용된다.

6.6.3 펠티어 효과와 열전냉각소자

펠티어 효과는 시벡 효과와 정반대의 원리를 가지는데 그림 6.111에 나타낸 바와 같이 폐회로에 전류를 흘리면 전류의 방향에 따라서 접점에 열의 흡수와 방출이 일어난다. 즉 t_1에서는 열의 흡수가 일어나 온도가 내려가고, t_2에서는 열이 발생해서 온도가 올라간다. 전류의 방향을 반대로 하면 이 효과는 반대가 된다. 이러한 현상을 **펠티어 효과**(Peltier effect)라 하며, 열전냉각에 응용되고 있다. 열전냉각 능력이 우수한 **열전냉각소자**에는 금속끼리의 조합보다 금속과 반도체를 조합한 것이 사용되고, 이러한 효과를 이용하는 반도체를 **열전 반도체**라고 한다.

금속-반도체 접촉에서 열전냉각의 원리를 다루어 보자. 그림 6.112에 나타낸 것과 같이 열전냉각에 사용되는 금속-반도체 접촉은 반드시 저항성 접촉이 되어야 한다. 쇼트키 장벽이 없는 상태이므로 전류를 흘리면 정류성이 나타나지 않는다. 그러나 금속과 n형 반도체의 전도대 간에는 에너지 차이가 있다. 즉 반도체의 전도대가 금속보다 에너지가 높다. 따라서 그림 6.112(a)에 나타낸 방향으로 전류를 흘리면 금속에서 에너지가 높은 반도체의 전도대로 전자가 이동하므로 접촉부에서 열을 흡수해야만 한다. 반대로 그림 6.112(b)와 같이 전류를 흘리면 반도체의 전도대에서 에너지가 낮은 금속으로 전자가 이동하므로 접촉부에서 열을 방출해야만 한다. 따라서 접촉부에서 열의 흡수는 온도하강이며, 열의 방출은 온도상승이다.

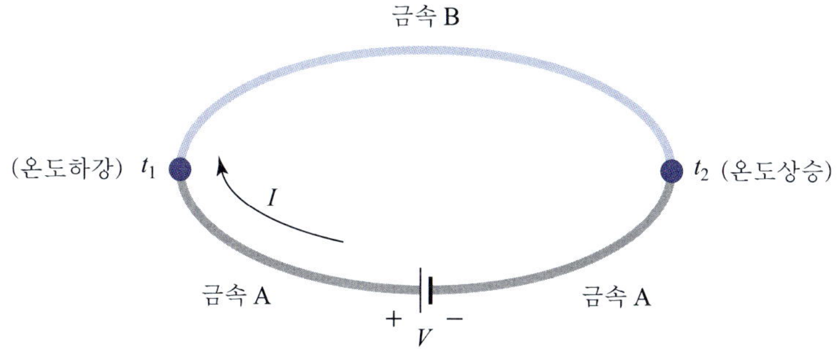

그림 6.111 이종금속의 폐회로에 전류를 흘리면 접점에서 온도차 발생

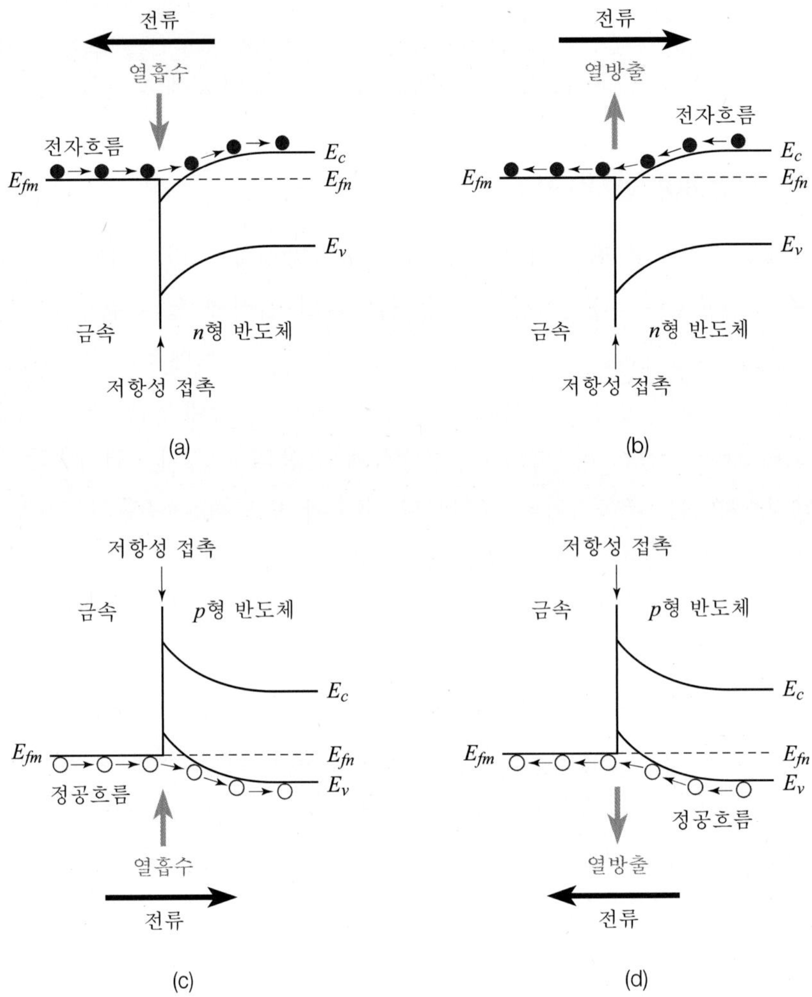

그림 6.112 금속–반도체 저항성 접촉에서 열의 흡수와 방출

같은 원리를 금속-p형 반도체 접촉에 적용해보자. p형 반도체의 가전자대가 금속보다 에너지가 높고, 전류의 흐름 방향과 정공의 흐름 방향이 같다는 점만 알고 있으면 금속-p형 반도체 접촉부에서 열의 흡수와 방출을 이해할 수 있다. 그림 6.112 (c)에 나타낸 전류의 방향이면 접촉부에서 열의 흡수가 일어나며, 그림 6.112 (d)와 같이 전류의 방향이 반대이면 열의 방출이 일어난다. 이와 같은 원리를 이용하여 그림 6.113과 같이 n형과 p형 반도체의 양 끝단을 금속과 저항성 접촉되게 직렬로 연결하면 간단한 열전냉각기 셀이 구성된다. 실제의 냉각효율을 제고하기 위해서는 그림 6.114와 같이 캐스케이드(cascade) 구조로 한다.

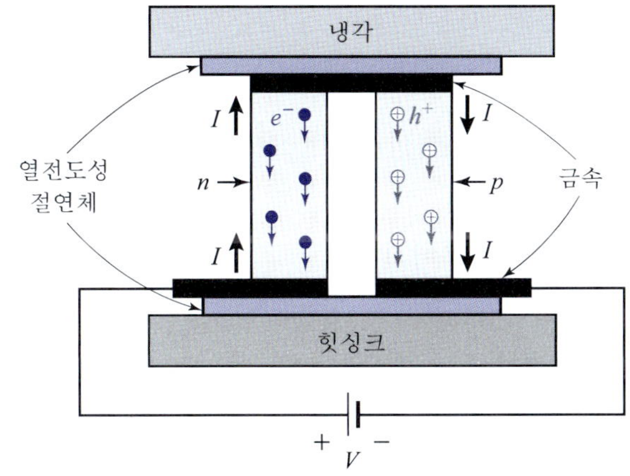

그림 6.113 열전냉각기의 셀구조

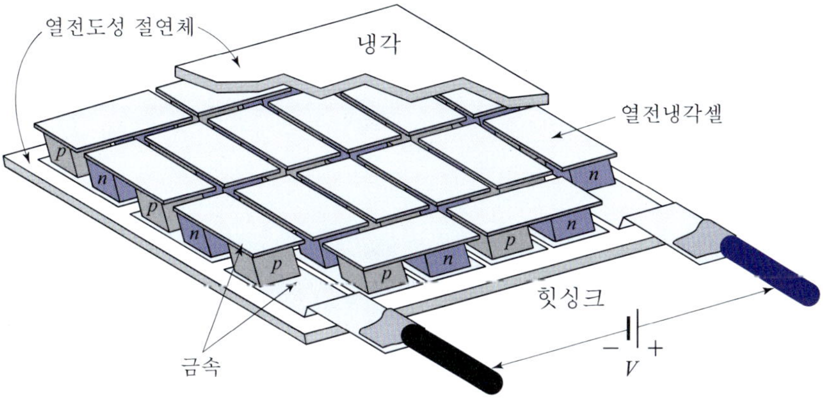

그림 6.114 열전냉각기의 구조

열전발전소자나 열전열냉각소자와 같은 열전소자에 적합한 재료는 시벡 계수 ($S = \Delta V/\Delta T$)가 크고, 비저항(ρ)이 작고, 열전도도(k)가 작아야 좋다. 따라서 재료의 성능평가지수 Z는 다음과 같이 나타내진다.

$$Z = \frac{S^2}{\rho k} \tag{6.68}$$

Z가 큰 열전재료는 $10^{18} \sim 10^{19}/\text{cm}^3$ 정도의 캐리어 농도를 가져야 하며, 원자량이 큰 원소를 성분으로 하는 재료에 적당한 불순물을 첨가하여 p형과 n형으로 만들어야 한다. 여기에 적합한 열전 반도체 재료는 Bi_2Te_3, Bi_2Se_3, Sb_2Te_3, PbTe, PbSe 등이다. p형 반도체로는 $5 \sim 25\%$ Sb_2Te_3가 고용된 Bi_2Te_3, n형 반도체로는 $5 \sim 25\%$

Bi_2Se_3 고용된 Bi_2Te_3가 주로 사용된다.

발전용으로는 PbTe와 PbSe가 주로 사용되며, Ge–Si 합금도 사용된다. 상기에서 언급한 열전재료의 $S \approx 200\,\mu\mathrm{V\,deg}^{-1}$, $\rho \approx 1 \times 10^{-3}\,\Omega.\mathrm{cm}$, $k \approx 0.02\,\mathrm{Wcm}^{-1}\mathrm{deg}^{-1}$ 정도이고, 또 $Z \approx 3 \times 10^{-3}\,\mathrm{deg}^{-1}$ 정도이다. 최대 온도차는 한쪽의 접점을 300 K 기준으로 다른 쪽의 접점은 70°C가 얻어진다.

한편 균일한 도체 내에 온도 기울기가 있는 경우 전류 인가시 주울열 외에 열의 발열과 흡수가 일어나는데 이를 **톰슨 효과**(Thomson effect)라 한다. 톰슨 효과로 발생되는 열을 톰슨열이라고 하며, 열의 정도는 주울열과 비교시 매우 작다. 그러나 톰슨열은 전류에 비례하나 주울열은 전류의 제곱에 비례하여 전류가 매우 작을 경우에는 주울열은 없고 톰슨 열만 나타난다. 현재까지 톰슨 효과에 의한 응용은 없다.

핵심 N 서로 다른 금속선으로 폐회로를 만들고 전류를 흘리면 접점에 온도차가 발생하는 현상을 펠티어 효과라고 하며, 열전냉각소자에 응용된다.

6.7 반도체 세라믹 소자

반도체 세라믹 소자 혹은 세라믹 반도체 소자는 반도체 성질을 가지는 세라믹스로 만들어진 소자이다. 대표적인 소자는 서미스터와 바리스터이다.

6.7.1 서미스터

서미스터(thermistor)는 thermally sensitive resistor의 약자로 온도변화에 따라 저항이 민감하게 변화하는 저항소자(감온소자)이다. 온도센서로서는 비교적 오래전부터 실용화되어 현재 가장 많이 사용되고 있다. 그림 6.115는 여러 가지 서미스터의 온도특성을 나타낸 것으로 온도상승에 따라 저항이 지수함수적으로 감소하는, 이른바 「부의 온도계수」(negative temperature coefficient, NTC)를 가지는 **NTC 서미스터**와 어떤 특정 온도에 이르면 저항이 비선형적으로 급증하는, 이른바 「정의 온도계수」(positive temperature coefficient, PTC)를 가지는 **PTC 서미스터**, 또 어떤 특정 온도에서 저항이 급감하는 **CTR**(Critical Temperature Resistor)로 분류된다.

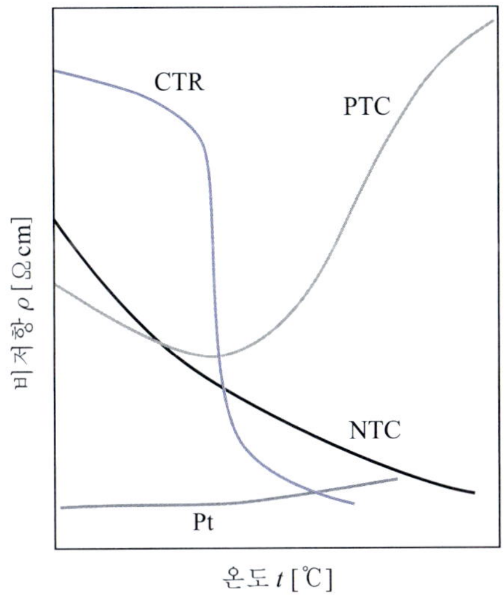

그림 6.115 서미스터의 온도특성

CTR은 온도상승에 따라 NTC, PTC보다 더 급격히 저항이 감소하는 서미스터이다.

(1) NTC 서미스터

NTC 서미스터는 반도체 세라믹스 중에서 아주 오래전부터 알려진 것 중의 하나로 이것은 온도가 상승할 때 저항이 감소하는 성질을 이용한 것이다.

NTC 서미스터는 FeO, CoO, NiO, MnO, CuO 등의 전이금속 산화물을 주성분으로 하여 이를 혼합해서 소결하면 얻어진다. 결정구조는 스피넬(spinel) 구조에 가깝다. 일반적으로 NTC 서미스터는 공기 중에서 안정하고, 산소나 불순물의 영향이 크지 않다. NTC 서미스터의 저항은 다음 식으로 주어진다.

$$R = R_o \exp\left(\frac{B}{T} - \frac{B}{T_o}\right) \tag{6.69}$$

여기에서 R, R_o는 임의의 온도 T [K] 및 기준온도 T_o [K]에서의 저항이다. B는 서미스터 정수로 서미스터의 재료조성과 소결조건에 의해 결정되고, 개개의 서미스터에서 고유의 값이다. 현재 많이 사용되고 있는 서미스터는 정수 B가 2000 ~ 5000 K 정도이고, 사용 가능한 온도범위는 300℃ 정도까지이다. 1000℃ 정도의 온도에 사용되는 고온용 서미스터도 있다. 고온에 견딜 수 있는 재료로서는 고온에서 물리적, 화학적, 전기적으로 안정한 $ZrO_2 - Y_2O_3$계, $ZrO_2 - CaO$계와 같은 입방정계의 고융점 세라믹스이다. 현재 이들 고온용 서미스터는 자동차의 배기가스용, 촉매의 이상발열검지 등에 응용되고 있다. 온도센서로서 서미스터는 온도제어 및 온도보상을 필요로 하는 모든 분야에 사용되고 있다. 특히 서미스터를 이용한 제품군 중에서 주목할 만한 예는 전자체온계이다.

기본구조는 벌크형 (비드형, 디스크형, 칩형 등)과 필름형으로 크게 구별할 수 있다. 비드형은 2개의 평행 백금선을 소결체에 부착시킨 것이다. 디스크, 칩형은 소결체의 양면에 전극처리와 리드선을 본딩한 구조이다. 또 필름형은 알루미나 기판에 페이스트상의 서미스터 조성물을 인쇄하여 이것에 전극 페이스트를 평행하게 인쇄한 것이다.

(2) PTC 서미스터

1) 기본특성

PTC 서미스터는 그림 6.116에 나타낸 온도–저항 특성에서와 같이 온도가 증가함에 따라 저항이 감소하다가 특정 온도에 이르면 **상전이**(phase transition)에 의해 저항이 급격히 증가하는 성질을 갖는 저항소자이다. PTC 서미스터 재료의 하나인 $BaTiO_3$는 콘덴서 재료로서 알려져 있고, 절연체이지만 Ba 자리에 희토류, Ti 자리에 Nb, Sb, Ta, Bi 등의 불순물을 미량 첨가하면 반도체가 된다. 반도체 $BaTiO_3$는 **퀴리온도**(curie temperature) $T_C = 120$ ℃ 이상에서 저항이 상승하는, 소위 PTC 특성을 나타낸다. 퀴리온도는 $BaTiO_3$의 결정구조가 정방정계에서 입방정계로 상전이하는 온도로서 이 온도 이하에서는 결정이 **강유전성**(ferrodielectric)을 나타내고, 그 이상에서는 **상유전성**(paradielectric)을 나타낸다. PTC 세라믹스의 특성은 같은 재료라도 단결정에서는 그 특성을 찾기가 어렵고 다결정에서 나타나는 특성으로 보아 본질적으로 입계특성에서 오는 것이다(Heywang 모델). 입계에는 입계부근의 결정체의 구조와는 전혀 다른 전위나 결함이 밀집해 있고, 이와 관련된 에너지 상태가 금지대에 존재하는 것으로 특징되는 소위 계면상태가 형성된다. 계면상태는 에너지가 매우 활성화되어 있기 때문에 입계근방의 전자를 포획함으로서 **2중 쇼트키 전위장벽**(double Schottky barrier)이 생긴다. 이때 장벽높이(ϕ)는 다음 식과 같이 나타내진다.

$$\phi = \frac{q^2 N_d\, t^2}{2\epsilon_o \epsilon_r} \tag{6.70}$$

여기서 q는 전자의 전하, N_d는 도너농도, t는 공핍층 폭, ϵ_r은 세라믹스의 유전상수이다.

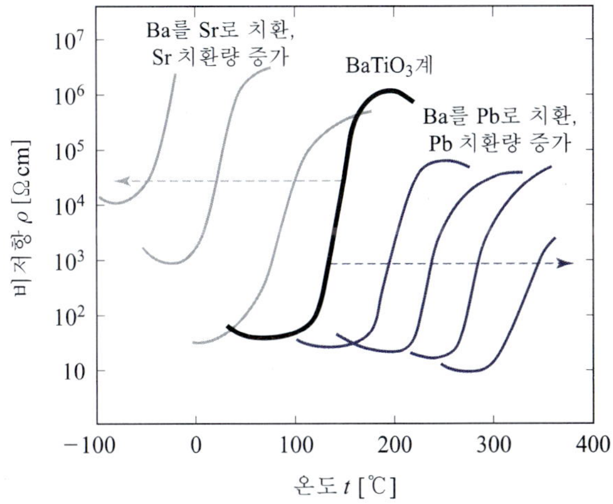

그림 6.116 $BaTiO_3$계 서미스터의 온도-저항 특성

이 식에 따라 $BaTiO_3$는 퀴리온도 이하에서는 정방정계의 강유전체로서 ϵ_r이 크기 때문에 장벽높이가 낮아지고 저저항이 된다. 반면에 퀴리온도 이상이 되면 입방정계의 상유전체로서 ϵ_r이 작기 때문에 장벽높이가 높아지고 고저항이 된다. PTC 서미스터는 첨가물로 특성을 제어할 수 있다. $BaTiO_3$에 2가의 Ba 자리(site)에 3가 원소 또는 4가의 Ti 자리(site)에 5가 원소를 미량 첨가하면 전도대에 전자를 공급하는 도너가 되어 $BaTiO_3$는 반도체가 된다. 이와 같은 원자가제어 방법으로 실온에서도 저항을 어느 정도 제어할 수 있다.

Ba를 Sr 또는 Pb로 치환하면 저항률이 갑자기 높아지는 퀴리온도가 변화한다. 퀴리온도를 변화시키는 첨가원소를 **쉬프터**(shifter)라고 하며, 저온용 쉬프터로는 Sr, Sn, Zr 등이 있으며, 고온용 쉬프터로는 Pb 등이 있다. 이 중에서 가장 흔히 쓰이고 있는 첨가물은 저온용은 Sr, 고온용은 Pb이다. 이와 같이 PTC 서미스터의 온도특성은 첨가물의 종류, 양, 재료의 순도, 소결조건에 따라 크게 변한다.

2) 응용

a. 저항-온도 특성

PTC 서미스터는 저항-온도 특성을 이용하여 정온 히터나 온도센서로 사용된다. PTC 서미스터에 어떤 전압 이상을 인가했을 때 퀴리온도 이상이 되면 거의 일정한 온도로 계속 발열한다. 예를 들어 온도가 너무 높게 되면 '온도상승 → 저항상승 → 발열저하 → 온도저하'와 같이 자기온도를 스스로 제어한다.

따라서 온도가 일정하게 유지되는 정온 히터로서 사용된다. 세라믹 팬히터나 전자식 모기향은 이런 특성을 이용하는 것이다.

온도센서로는 특정 온도에서 저항이 급변하는 것에서부터 한 점의 온도 검지용으로 사용된다. 주로 파워 트랜지스터 등의 가열검지에 사용된다.

b. 전류–전압 특성

PTC 서미스터에 전압을 높여 가면 초기에는 전압과 함께 전류도 상승하지만 자기발열로 퀴리온도 이상이 되면 전류가 급격히 감소하여 보호소자로 사용된다. 일정 전류 이하에서는 저저항으로 사용되고, 과전류가 흐르면 고저항이 되어 전류를 제어한다. 그리고 과전류 요인이 제거되면 자동적으로 저저항이 된다. 이상적으로는 자기 복귀형의 **노퓨즈 브레이커**로서 작동한다. 트랜스, 모터, 전화기 등에 PTC 서미스터를 직렬로 접속해 두면 어떤 이상(異常) 현상으로 과전류가 계속 흐르고 있을 때 일정 시간 후 과전류가 제한된다.

c. 동특성(전류–시간 특성)

PTC 서미스터에 교류를 흘리면 초기에는 저저항으로 대전류가 흐르고, 주울열에 의한 자기발열로 퀴리온도 이상이 되면 고저항으로 전류를 제어하게 된다. 이 특성을 이용한 것이 컬러 TV의 소자(消磁)용이나 모터 기동용이다. 컬라 TV의 브라운관에는 전자총에서 나오는 3개의 전자빔이 RGB(Red Green Blue)의 3원색의 신호에 대응하여 형광면에서 10 mm 앞에 위치한 새도우 마스크(shadow mask)를 통과한다. 그런데 이 마스크는 자성금속을 사용하기 때문에 지자기 등으로 착자하여 전자빔을 휘게 하는 이상(異常) 현상, 즉 화면에 색 얼룩을 일으킨다. 대책으로는 브라운관의 주위에 소자(消磁) 코일을 감고 직렬로 순간적으로 전류를 흘리면 마스크가 소자(消磁, 자기를 없앨 수 있다)된다. 소자코일에 직렬로 PTC 서미스터를 넣는 것으로 PTC 서미스터의 기동특성을 이용하여 간단하게 소자를 행할 수 있다. 이 용도로는 대부분의 컬러 TV 한대에 한 개의 PTC 서미스터가 사용되고 있다.

냉장고와 에어콘 등의 콤프레셔용 모터를 기동시킬 때 큰 토크가 필요하다. 종래에는 모터 내의 보조권선에 기동시 대전류를 흘리고, 모터 회전 후 스위치로 보조권선 회로를 차단했다. 요즘은 이 스위치 대신에 PTC 서미스터를 사용한 무접점, 무소음, 소형, 고신뢰성 스위치가 사용된다. 큰 토크를 필요로 하는 모터를 기동시킬 때 PTC 서미스터를 통해서 보조모터를 작동시켜 큰 토크를 얻은 다음, 정상 회전시 보조모터의 작동이 멈추게 된다.

3) 용도분류

$BaTiO_3$계 PTC 서미스터는 1960년경 일본 무라다(村田) 제작소에서 세계 처음으로 상품화된 이래, 온도센서와 전류제어 등의 기능을 가지고서 냉장고, TV 등의 가전제품, 통신분야, 자동차 전장품, 발열체 등에 널리 사용되고 있다. 과거에는 TV 소자(消磁) 회로용으로 많이 사용되었으나 현재는 벌집형 히터(honeycomb heater), 이불건조기, 온풍기 등에도 널리 사용된다. 자기온도 제어기능으로 히터 자체가 과열하지 않기 때문에 차량용 히터로서 또 복사기와 각종 정보 단말장치에 있어서의 보온 또는 동작의 안정화를 꾀하기 위한 히터로도 사용된다. 표 6.3에 PTC 서미스터의 기능별 용도를 정리하였다.

표 6.3 PTC 서미스터의 특성별 기능과 응용

특 성	기 능	응 용
저항-온도	온도센서	전기밥솥, 헤어드라이, 자판기, 화재경보, 계측기
	온도보상	TV, VTR, 복사기, 팩시밀리, 전화기, 계측기
	과열보호	IC, 변압기, 모터
전류-전압	정온발열	전자모기향, 전기밥솥, 식기건조기, 전기다리미, 복사기, 의류건조기
	과전류보호	각종 계측기, 모터보호, 전자회로 돌입전류방지
동특성 (전류-시간)	전류제한	에어컨, 냉장고, 냉온수기, 자판기
	지연회로	타이머, 전자식 안정기, 진공청소기, 삼파장 램프
	소자(消磁)회로	컬러 TV, 컬러 모니터

(3) CTR 서미스터

온도상승과 함께 급격히 저항이 내려가는 반도체로, VO_2계와 Ag_2S계가 있다. VO_2계 CTR의 조성은 광범위하게 걸쳐져 있고, V_2O_5와 염기성 산화물(CaO, SrO, BaO, PbO) 및 산성 산화물(P_2O_5, SiO_2, B_2O_3)의 융용 혼합체를 약한 환원성 분위기에서 열처리한 뒤 급냉시켜 만든다. Ag_2S계 CTR는 Ag, Cu의 초산염 용액에 H_2S를 반응시켜 Ag_2S, CuS를 만든 후에 Ag_2S, CuS를 혼합하고, Pd 선을 묻은 (메운) 작은 디스크형 또는 원주형으로 압축시켜, N_2 분위기에서 400 ~ 600℃에서 0.5 ~ 2 시간 열처리 한다.

부성 저항특성이 주위 온도에 의해서 큰 폭으로 변하고, 특히 CTR의 퀴리온도 직전의 온도에서 크게 변하기 때문에 온도 스위치로써 응용될 수 있다. CTR의 급변하는 온도특성을 이용한 온도제어회로는 단순하고 고신뢰성, 고정도의 온도조절기능을 가지고 있다.

핵심 N	NTC 서미스터는 온도가 증가하면 저항이 감소하는 반도체 세라믹 소자로서 여러 분야에 온도센서로서 널리 사용되고 있다. PTC 서미스터는 온도가 증가하면 저항이 증가하는 반도체 세라믹 소자이다. 온도센서, 과전류 보호, 발열체 등 여러 분야에 사용되고 있다.

6.7.2 바리스터

(1) 개요

그림 6.117에 나타낸 바와 같이 일반적으로 저항체의 전압-전류 특성은 크게 3종류로 분류된다. 보통 사용하는 저항체, 즉 선형 저항체는 전압에 따라 전류가 선형으로 변하는 것으로 $V = RI$, 즉 옴의 법칙을 따른다. 비선형 정도를 나타내는 **비선형 계수** α가 1에 해당한다. 그러나 $\alpha > 1$ 인 경우에는 전압에 따라 전류가 선형으로 변하지 않기 때문에 $V = RI$를 사용할 수가 없다. 즉 전류-전압 관계가 비선형이다. 그림 6.117에 보듯이 다이오드 특성과 같다. 이와 같은 특성을 가지는 **비선형 저항체**를 일반적으로 **바리스터**(varistor: variable resistor)라고 한다. 전압에 따라 저항이 변하는 **전압의존성 저항체**(voltage dependent resistor)라고도 한다. 비선형 계수 α가 클수록 비선형성이 크다. $\alpha = \infty$ 인 이상적인 바리스터는 항복전압(**바리스터 전압**)에 이르기 전까지는 전류를 흘리지 않고, 항복전압에 이르게 되면 큰 전류를 흘리게 된다.

바리스터는 전압증가와 동시에 저항값이 감소하는 성질을 이용하여 전압의 안정화와 과전압 흡수기 또는 **피뢰기**(避雷器, arrester) 등에 응용된다. 그림 6.118에 나타낸 바와 같이 어떤 원인으로 서지와 같은 이상전압이 순간적으로 회로시스템에 들어올 때 바리스터가 없는 경우 회로시스템은 오작동하거나 파괴에 이를 수가 있다. 그러나 바리스터 또는 바리스터로 구성된 **서지보호장치**(surge protection device, SPD)를 회로시스템과 병렬로 설치해 두면 이상전압이 들어오더라도 SPD가 작동하여 바리스터 전압보다 큰 과전압은 바리스터로 방전되고 그 이하의 전압은 회로시스템으로 들어가게 된다. SPD는 정상 전압에서는 절연체와 다름없다.

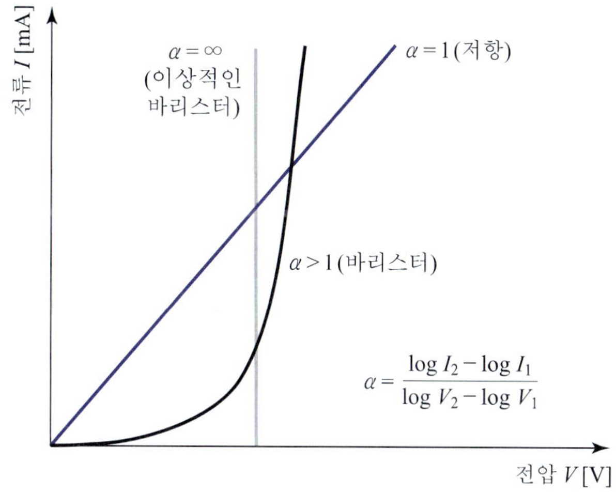

그림 6.117 선형과 비형 저항체의 비교 $I-V$ 특성

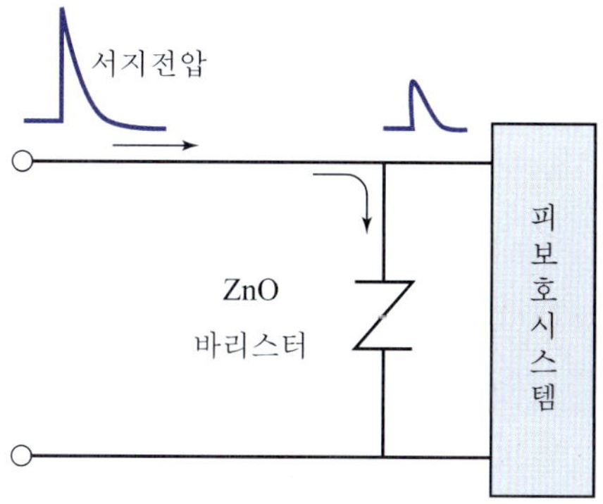

그림 6.118 바리스터를 이용한 보호시스템

종래 바리스터에는 Se 바리스터, Si 바리스터, SiC 바리스터, $BaTiO_3$계 바리스터 등 여러 가지가 있었지만, 서지(이상전압) 흡수용으로서 이용된 것은 SiC 바리스터가 최초였다. 그러나 SiC 바리스터는 전압의 비선형성이 그다지 좋지 않아 서지 흡수기로 사용할 경우 **제한전압**(制限電壓, clamping voltage, $V_{n\mathrm{kV}}/V_{1\mathrm{mA}}$)이 지나치게 높아서 과전압으로부터의 보호성능이 많이 떨어진다. 그 외에 전압 비선형성이 뛰어난 것으로서 제너 다이오드가 있지만 이것은 단일 pn 접합을 이용한 것으로 서지에 약하고, 내압이 높은 것을 얻을 수 없는 등의 문제점이 있다. 한편 전자기술의 발전에 따라 반도체(IC, 트랜지스터 등)와 관련된 많은 응용제품을 서지로 부터 보호하는 것이 큰 이슈가 되고 있다. 바리스터의 새로운 전환점은 산화아연(ZnO)에 Bi_2O_3, CoO,

MnO, Sb_2O_3, MgO 등을 소량 첨가한 산화아연 바리스터의 개발에 있으며, 현재 아주 폭 넓게 사용되고 있는 점이다. 이 외의 세라믹 바리스터로서는 티탄산바륨($BaTiO_3$)의 소결체를 써서 은전극과 소결체의 계면에 형성되는 장벽을 이용한 바리스터, 고용량성 티탄산스트론튬($SrTiO_3$) 바리스터 등이 있다. 최근에는 산화주석(SnO_2) 바리스터에 대한 연구가 활발히 진행되고 있다. 여기서는 대표적인 산화아연 바리스터에 대해서 알아본다.

(2) 전압-전류 특성

산화아연 바리스터의 전도특성은 높은 비선형성과 전압-전류 특성의 대칭성으로 특징된다. 이것은 back-to-back 제너 다이오드와 매우 흡사하다. 그림 6.119는 실제 바리스터 소자의 전압-전류 특성이다. 항복전압(V_{1mA})은 그림의 오른쪽에 나타낸 미세구조와 직접적으로 관계된다. 전압이 인가될 때 직렬로 연결된 입계의 항복전압이 일반적으로 2 ~ 4 V이다. 따라서 입계수가 많을수록, 두께가 두꺼울수록 항복전압은 높아진다. 산화아연 바리스터는 다결정 세라믹 반도체이므로 결정립과 입계로 구성되고, 그 입계가 활성적일 때 비로소 전압-전류 관계의 비선형성이 나타난다. 그림 6.120은 실제 산화아연 바리스터의 미세구조로 분명한 결정립과 입계를 보여준다.

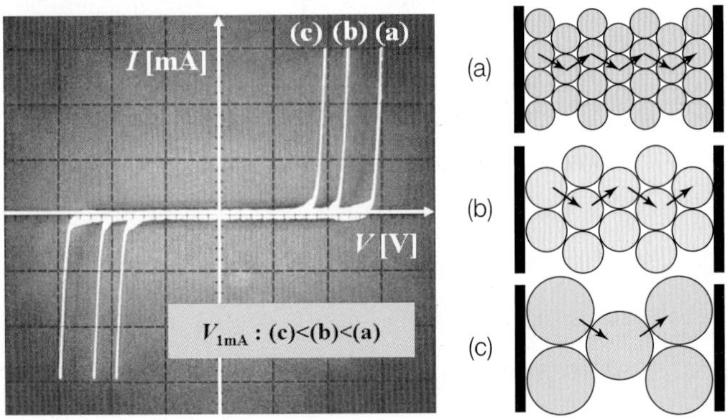

그림 6.119 실제 바리스터의 전도특성

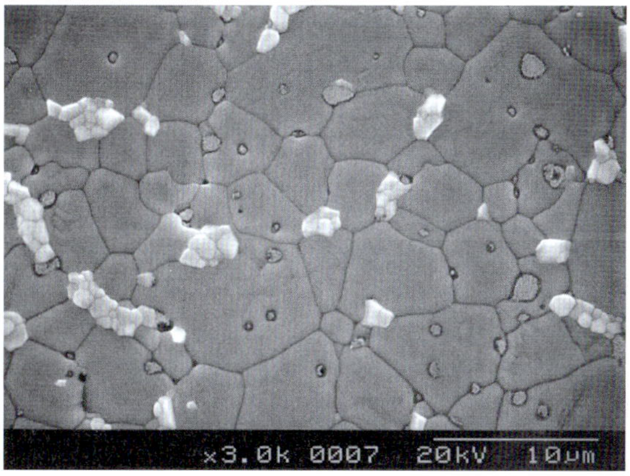

그림 6.120 ZnO 바리스터의 미세구조

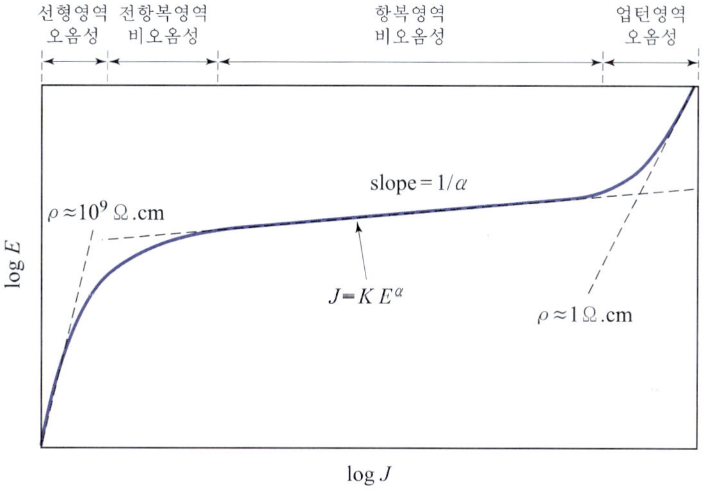

그림 6.121 바리스터 전도특성

바리스터 전도특성을 해석하려면 그림 6.119와 같은 선형눈금의 그림으로는 어렵고 그림 6.121과 같이 대수눈금으로 그려진 그림을 사용하는 것이 효과적이다. 바리스터의 전도특성은 크게 2개 영역 또는 3개 영역으로 분류하지만 자세히는 4개 영역까지 분류할 수 있다.

Ⅰ. 선형영역(linear region)

Ⅱ. 전항복영역(prebreakdown region)

Ⅲ. 항복영역(breakdown region)

Ⅳ. 업턴영역(upturn region) 혹은 벌크영역(bulk region)

선형영역은 전류가 아주 작을 때의 옴성 영역으로 저항값이 $\rho \approx 10^9\ \Omega\cdot\text{cm}$에 달할 정도로 매우 높고, 온도에 민감하다. 이 영역은 선형눈금으로는 전류가 거의 흐르지 않는 것으로 나타나지만 대수눈금으로는 미소 전류를 확인할 수 있다.

전항복영역(예비항복영역)은 비선형 현상이 일어나기 직전의 영역으로, 즉 항복이 일어나기 직전의 영역이다. 온도의 영향이 어느 정도 있고, 저항값도 높은 편이다.

항복영역은 높은 비선형 영역으로, 전압 상승이 2배 정도의 변화에도 전류밀도는 $10^{-6} \sim 10^2\ \text{A/cm}^2$에 이르는 급격한 상승이 나타난다. 이 값은 SiC 바리스터에서는 8배의 전압 상승이 필요한 경우이다. 일반적으로 바리스터의 전압-전류 특성은 다음과 같은 실험식으로 나타낼 수 있다.

$$J = KE^{\alpha} \tag{6.71}$$

여기에서 J는 바리스터에 흐르는 전류밀도, E는 인가전계, K는 재료에 따라 정해지는 상수, α는 비선형 계수이다.

바리스터의 전압-전류 특성에는 세 가지의 기본 파라미터가 있다.

첫 번째가 **바리스터 전압**이다. 즉 항복이 일어나는 전압이다. 시료의 두께를 1 mm로 하고, $1\ \text{mA/cm}^2$의 전류가 흐를 때의 전압으로 정의하며, $V_{1\text{mA}}$로 나타낸다. 두 번째가 **누설전류** I_L이다. 이것은 일반적으로 바리스터 전압의 80%를 인가했을 때 흐르는 전류로 정의한다, 세 번째가 **비선형 계수** α이다. 바리스터 특성 가운데서 가장 중요한 파라미터라고 할 수 있다. 식 (6.71)로부터 다음과 같이 쓸 수 있다.

$$J_1 = KE_1^{\alpha}$$

$$J_2 = KE_2^{\alpha}$$

두 식을 조합하면 다음과 같이 나타내진다

$$\frac{J_2}{J_1} = \left(\frac{E_2}{E_1}\right)^{\alpha}$$

여기서 α는 다음 식과 같이 된다.

$$\alpha = \frac{\log(J_2/J_1)}{\log(E_2/E_1)} \tag{6.72}$$

일반적으로 $J_1 = 1\,\text{mA/cm}^2$, $J_1 = 10\,\text{mA/cm}^2$, E_1과 E_2는 각각 J_1과 J_2에 대응하는 전계이다.

업턴영역은 대전류의 옴성 영역으로 비선형성에서 벗어나는 영역이다. 높은 전류가 흐르게 되면 입계특성보다 ZnO 결정립의 벌크저항이 지배하므로 $\alpha = 1$, 옴성 특성이 된다. 서지 보호소자로서의 보호레벨을 결정하는 중요한 영역이다.

이처럼 ZnO 바리스터는 우수한 전압-전류 특성을 가지고 있고, 이것을 이용하여 전자부품, 전기전자회로 시스템을 보호할 뿐만이 아니라 낙뢰로부터 전력설비를 보호하는 피뢰기로도 이용되고 있다.

(3) 응용

1) 약전분야

$1\,\text{kV}$ 이하의 계통에 이용되고 있는 산화아연 바리스터는 가전제품, 정보기기, 제어기기 등 광범위한 분야에 응용되며, 특히 반도체나 IC용의 칩바리스터가 널리 보급되고 있다. 이것을 대상 서지별로 분류하면 다음과 같다.

① 유도 뇌서지
② 개폐서지
③ 유도성 부하 시지
④ 정전기 서지와 기타

①은 어떤 원인으로 이상전압이 유기되는 서지로, 유도 뇌서지에 의한 전류파형은 일반적으로 주기가 짧고 수십 μs 정도이지만 전류 피크치는 크게 수천 A에 달하는 것도 있다. 바리스터는 교통관제장치, TV 수상기, 흡배기식 난방기기, 룸쿨러, 누전차단기, 자동판매기 등에서 발생하는 유도 뇌서지로부터 전자장치를 보호한다.

②는 스위치나 릴레이의 개폐시 발생하는 서지다. 바리스터는 전자레인지, 컴퓨터 및 주변장치, 스위치 레귤레이터 등의 개폐시 발생하는 서지로부터 전자장치를 보호한다.

③은 비교적 용량이 큰 솔레노이드를 장착한 장치에서 이것들의 부하를 차단할 때 서지가 발생한다. 본질적으로 개폐서지에 속하는 것이긴 하지만 서지가 갖고 있는 에너지가 비교적 크다는 점이 다르다. 이것들의 개폐서지의 파형은 길게 수 ms에 달한다. 바리스터는 전자브레이크, 전자클러치, 전자밸브 등에서 발생하는 유도성 부하 서지로부터 전자장치를 보호한다.

④는 인체와 의복과 연관성이 높다. 우리가 가지고 있는 휴대용 태블릿 PC, 팩시밀리, 폰 등은 부피에 비해서 전자부품의 밀도가 높다. 따라서 선간 공간이 좁고, 내부에서 발생하는 서지뿐만 아니라 인체 및 의복에서 발생하는 정전기에 쉽게 노출되기 때문에 반도체 부품의 오작동 또는 파괴가 일어날 수가 있다.

2) 중전분야

산화아연 바리스터는 발전소나 변전소 등의 설비를 보호대상으로 한 전력용 피뢰기 분야에 이용되고 있다. 이상전압은 상규전압의 5배에 달하지만 이것을 2배 정도로 제어할 수 있고 회로의 내압 설계치를 저감할 수 있다. 고압용 피뢰기에는 주로 다음과 같은 분야에 적용되고 있다.

① 배전용(교류용)
② 발변전소용(교류용)
③ 전철용(직류용)

핵심 N 바리스터(varistor)는 전압에 따라 저항이 변하는 전압의존성 저항체로서 전기전자시스템에 침입하는 과전압, 서지 등의 이상전압으로부터 시스템을 보호해주는 과전압보호소자 혹은 서지보호소자이다. 우리 주변의 대부분의 가정용, 사무용, 산업용 등의 시스템에는 바리스터가 내장되어 있다. 또한 바리스터는 낙뢰로부터 전력설비를 보호하기 위한 전력용 피뢰기(arrester)의 핵심 부품이다.

Chapter 06 연습문제

01. 제너 다이오드의 항복현상에 대해서 설명하여라.

Hint 제너항복은 pn 접합에서 p형과 n형 반도체를 고농도로 도핑했을 때 역방향으로 바이어스를 걸면 양자역학적 터널링으로 역전류가 급격히 증가하는 현상이다. 전자사태항복은 pn 접합에서 p형과 n형 반도체를 저농도로 도핑했을 때 역방향 바이어스를 강하게 걸면 공핍층으로부터 확산거리 이내의 소수 캐리어가 강한 전계작용으로 공핍층 내부로 가속되고 격자와 충돌로 EHP가 다량 생성되어 역전류가 급증하는 현상이다.

02. 제너 다이오드가 정전압 다이오드로 사용될 수 있는 이유는 무엇인가?

Hint 정전압 다이오드는 일정한 전압을 제공하는 다이오드이다. 출력단자에서 일정한 전압을 얻고자 한다면 제너 다이오드를 사용하여 항복전압으로부터 일정한 전압을 얻을 수 있다. 항복전압보다 높은 전압을 인가해도 제너 항복으로 인해서 항복전압으로 출력된다.

03. 포토 다이오드의 동작원리를 설명하여라.

Hint 포토 다이오드는 항상 역방향으로 바이어스된 상태이므로 빛을 조사하지 않으면 전류가 흐르지 않는다. 접합부에 빛을 조사하면 전자-정공쌍 생성에 따른 과잉 소수 캐리어의 급증으로 접합부의 내부전계에 의해서 수십~수백 μA의 표동전류가 흐르기 시작한다. 역방향이라도 빛을 조사하면 전류가 흐를 수 있다는 것이다.

04. 포토 다이오드의 구조를 pin 구조로 하는 이유를 설명하여라.

Hint 단순한 pn 접합 다이오드보다 (1) 수광 부피가 크기 때문에 광전류가 크고, 광감도가 높다. (2) 공핍층 및 절연층 폭이 크기 때문에 정전용량이 충분히 작아서 광검출 속도가 빠르다. 또한 침투깊이가 긴 장파장의 빛에도 감응이 가능하여 효율이 높다.

05. $1\,\mu m$ 이상의 빛을 검출하기 위한 광검출기용 포토 다이오드를 설계하여라.

Hint $1\,\mu m$ 이상의 빛을 검출한다는 것은 $1\,\mu m$ 이상의 빛에 전자-정공쌍이 생성된다는 것이므로 밴드갭과 파장의 관계를 생각해보아라.

06. 발광 다이오드의 동작원리를 설명하여라.

Hint 직접형 반도체의 pn 접합에 순방향 바이어스를 걸면 전위장벽의 감소로 다수 캐리어 확산이 일어난다. 이때 전도대의 전자가 가전자대로 천이하여 정공과 재결합할 때 빛이 방출된다.

07. 발광 다이오드에서 방출되는 빛의 색깔은 어떻게 조절할 수 있는가?

Hint 직접형 반도체의 pn 접합에 순방향 바이어스를 걸면 전도대의 전자가 가전자대로 천이하여 정공과 재결합할 때 밴드갭에 해당하는 빛에너지를 방출한다. 따라서 $E_g = hf$와 $f = \dfrac{c}{\lambda}$로부터 $\lambda = \dfrac{12400}{E_g(\text{eV})}(\text{Å})$가 되며, 밴드갭을 조절하면 원하는 파장의 빛을 얻을 수 있다.

08. 반도체 레이저 다이오드의 동작원리를 설명하여라.

Hint 발광 다이오드가 방출하는 빛은 전도대의 전자가 어떠한 자극없이도 가전자대의 정공과 자발적인 재결합에 따른 자발방출이고, 레이저 다이오드가 방출하는 빛은 전도대의 전자가 어떤 자극에 의해서 가전자대의 정공과 재결합함으로서 방출하는, 소위 유도방출이다. 유도방출된 빛은 다시 자극 빛으로 작용하여 같은 파장의 빛을 유도방출시키고, 이 광자들 중에서 일부는 소자자체 내의 거울에 내부 반사되고, 일부는 더 많은 광자를 생성시키기 위해서 재결합한다. 또 다시 광자들은 거울에 내부 반사되는 등 일련의 과정이 반복된다. 이런 과정을 통해서 보강간섭으로 증폭된 빛이 방출하게 된다.

09. 발광 다이오드와 반도체 레이저 다이오드의 구조적 차이점과 특성의 차이점에 대해서 설명하여라.

Hint 발광 다이오드는 원하는 파장의 빛을 방출시킬 수 있는 직접형 반도체로 선택하되 페르미 준위는 밴드갭 내에 존재하는 단순 pn 접합으로 가능하다. 그러나 레이저 다이오드는 밀도반전이 가능한, 즉 페르미 준위가 가전도대 아래와 전도대 위에 존재하는 축퇴된 직접형 반도체로 pn 접합을 만든다. 그리고 내부거울이 필요하다.
발광 다이오드는 일반 빛이나 레이저 다이오드는 단색성, 간섭성, 지향성, 고에너지를 갖는 빛이다.

10. BJT 구조에서 베이스 폭을 좁게 하는 이유를 설명하여라.

Hint 좋은 BJT 특성을 가지기 위해서는 이미터에서 베이스로 주입된 확산 캐리어가 베이스를 거쳐 컬렉터에 많이 도달하여야 한다. 즉 베이스 전송률을 높이기 위해서는 베이스 폭이 소수 캐리어 확산거리 이하여야 한다.

11. 이미터 영역의 도핑농도가 가장 높은 이유를 설명하여라.

Hint 좋은 BJT 특성을 가지기 위해서는 1차적으로 이미터에서 베이스로 확산 캐리어가 많이 주입되어야 하며, 그렇게 되면 이미터에서 보낸 캐리어가 확률적으로 컬렉터에 많이 도달할 수 있다. 따라서 이미터 효율을 향상시키기 위해서는 이미터의 도핑농도가 가장 높아야 한다.

12. BJT에서 이미터 다수 캐리어가 공핍층 폭이 넓은 컬렉터 접합을 통해서 어떻게 컬렉터에 도달할 수 있는지 설명하여라.

Hint 이미터에서 베이스로 주입된 확산 캐리어는 베이스 폭이 좁기 때문에 컬렉터 접합에 도달한 후, 컬렉터 접합의 강한 내부전계의 영향으로 공핍층을 통해서 컬렉터에 도달한다.

13. 베이스 전류가 어떻게 생성되는지 설명하여라.

Hint ① 베이스 영역에서 다수 캐리어 전자가 이미터 영역으로 확산할 때 생긴 전자확산전류 I_{nE}.

② 재결합전류 : 이미터에서 베이스로 주입되는 정공과 재결합하여 소멸된 전자를 베이스 단자가 공급할 때 생긴 전류 $(1-\alpha_T)I_{pE}$ ($\alpha_T = I_{pC}/I_{pE}$는 베이스 전송률)

③ 표동전류 : 컬렉터 영역의 소수 캐리어 전자가 컬렉터 접합의 큰 내부전계로 베이스 영역으로 표동(전자표동)할 때 생긴 전류로 베이스에 전자를 공급함으로서 I_B를 감소시킨다.

베이스 전류의 주된 성분은 전자확산전류와 재결합전류이다. 따라서 베이스 전류(I_B)는 다음과 같이 나타내진다.

$$I_B = I_{nE} + (1-\alpha_T)I_{pE}$$

이 성분들은 모두 베이스 단자에서 공급되어야할 전류이다.

14. α와 β의 의미를 설명하여라.

Hint α는 이미터에서 보낸 캐리어 수와 컬렉터에 도달한 캐리어 수와의 비. β는 이미터에서 보낸 캐리어 가운데서 베이스에서 재결합으로 소멸된 캐리어 수와 컬렉터에 도달한 캐리어 수와의 비

15. α가 1 이하인 이유를 설명하고, α를 증가시키기 위한 방법은 무엇인가?

Hint 이미터에서 보낸 캐리어는 베이스에서 일부 소멸되고 컬렉터에 도달하므로 도달한 캐리어 수가 보낸 캐리어 수보다 적을 수밖에 없다. α를 증가시키기 위해서는 이미터 농도가 베이스 농도보다 훨씬 크고, 베이스 폭은 주입되는 소수 캐리어 확산거리보다 작아야 한다.

16. I_{CBO}와 I_{CEO}의 차이점을 설명하여라.

Hint 모두 소수 캐리어에 의한 전류이다. 즉 누설전류이다. I_{CBO}는 이미터가 개방되었을 때의 역방향으로 바이어스된 컬렉터와 베이스 간의 전류. I_{CEO}는 베이스가 개방되었을 때의 역방향으로 바이어스된 컬렉터와 이미터 간의 전류이다. I_{CEO}가 I_{CBO}보다 $\frac{1}{1-\alpha}$배 크다.

17. n 채널 JFET의 동작원리를 설명하여라.

Hint 드레인-소스 전압으로 캐리어가 소스에서 드레인으로 이동하면 드레인-소스 전류(채널전류)가 흐른다. 이때 게이트-소스 전압으로 채널전류를 조절할 수 있다. 채널전류를 차단시키는 게이트-소스 전압을 핀치오프 전압이라고 한다.

18. 드레인-소스 전압과 게이트-소스 전압으로 채널의 핀치오프가 가능하다. 차이점에 대해서 설명하여라.

Hint 드레인-소스 전압에 의한 핀치오프는 드레인-소스 전류를 어떤 값으로 포화시킨다. 게이트-소스 전압에 의한 핀치오프는 드레인-소스 전류를 차단시킨다.

19. JFET와 MOSFET의 구조적 차이점은 무엇인가?

Hint JFET는 게이트와 채널 사이가 pn 접합이 존재한다. MOSFET은 게이트와 채널 사이에 산화막이 존재한다.

20. MOSFET에서 핀치오프 전압과 문턱전압을 구별하여라.

Hint 핀치오프 전압은 공핍형에서 드레인-소스 전류를 차단시키는 게이트-소스 전압이다. 문턱전압은 증가형에서 드레인-소스 전류가 흐르기 시작하는 게이트-소스 전압이다.

21. E-MOSFET에서 문턱전압이 생기는 이유를 설명하여라.

Hint 초기 게이트-소스 전압으로 채널에 끌려온 소수 캐리어는 게이트 산화막 아래 반도체 표면상태에 포획되어 움직일 수가 없다. 이 상태에서 드레인-소스 전압을 인가하여도 전류는 흐르지 않는다. 게이트-소스 전압을 점점 더 증가시켰을 때 표면상태는 포획된 캐리어로 포화될 것이며, 포화된 이후의 캐리어가 움직일 수 있는 상태가 될 때 드레인-소스 전류가 흐르기 시작한다. 이때의 게이트-소스 전압이 문턱전압이 된다.

22. GaAs MESFET의 특징은 무엇인가?

Hint GaAs 반도체 자체의 높은 이동도를 이용하는 트랜지스터로 구조적으로 게이트 산화막이 없고, 금속-GaAs 반도체 사이의 쇼트키 장벽을 이용하여 채널 폭을 조절할 수 있다.

23. 태양전지에서 광기전력이 생성되는 원리를 설명하여라.

Hint pn 접합 다이오드에 빛을 조사하면 전자-정공쌍이 생성되고, 접합부에 형성된 공핍층의 내부전계에 의해서 전자와 정공이 표동(drift)된다. 즉 정공은 p영역으로, 전자는 n영역으로 이동하며 축적된다. 그 결과, p영역은 전기적으로 +전위, n영역은 전기적으로 −전위가 되어 두 단자 사이에 기전력이 생성된다.

24. 태양전지의 $I-V$ 특성곡선 상에 개방전압, 단락전류, 부하에 전달되는 최대전압과 최대전류를 표시하여라.

Hint 특성곡선과 축과 만나는 점이 각각 개방전압과 단락전류. 부하선과 곡선이 만나는 교점에서 수직선과 수평선을 그었을 때 축과 만나는 전압과 전류가 각각 부하에 전달되는 최대전압과 최대전류이다.

25. 태양전지에서 AM에 대해 설명하여라.

Hint 빛이 통과하는 공기의 양을 대기질량(air mass: AM)이라고 하는데, 이것을 달리 표현하면 빛이 태양고도 θ로 지표면에 입사할 때 대기면에서 지표면까지의 거리로서 $AM = 1/\sin\theta$로 나타낸다. 태양광이 대기면에 수직으로 입사했었을 때 투과한 거리를 1로 한다.

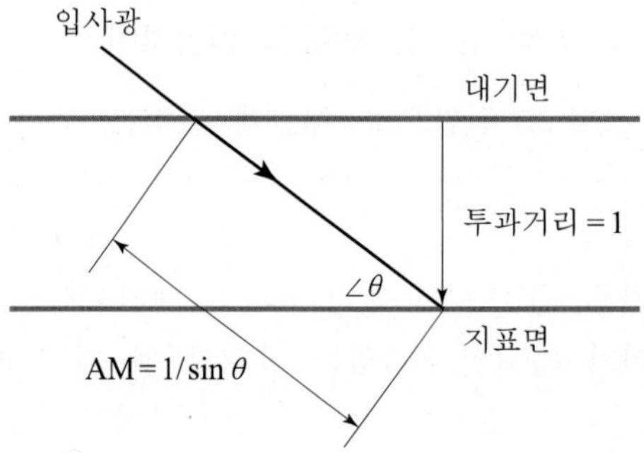

- AM0 : 우주 공간에서의 태양광 방사에너지 분포를 나타내며, 입사강도는 $1.37\ \text{kW/m}^2$이다. 이것을 태양정수라고 한다. 태양정수는 태양복사의 입사방향에 수직으로 둔 $1\ \text{m}^2$의 평면에 1분간에 태양 방사에너지 입사량으로 정의된다.
- AM1 : 태양광이 지표(적도상의 해발 0 m)에 수직으로 조사할 때, 태양광 방사에너지 분포를 나타낸다. 즉 태양고도가 90°로 태양이 머리 위에 있는 경우이며, 입사강도는 $1.1\ \text{kW/m}^2$이다. 태양광 에너지는 대기권에서 흡수되기 때문에, AM1은 AM0에 비해 조사강도가 저하되게 된다.
- AM1.5 : 태양고도가 41.5°일 때 태양광 방사에너지 분포를 나타낸다. 입사강도는 $1\ \text{kW/m}^2$이다. 우리나라에서 태양전지 설계시 이것을 사용한다.
- AM2 : 태양고도가 30°일 때 태양광 방사에너지 분포를 나타낸다. 투과거리가 2배되는 지점에서 태양광 에너지 분포를 나타내며, 입사강도는 $0.75\ \text{kW/m}^2$이다.

26. 완전조광조건에서 Si 태양전지의 단락회로 전류가 100 mA이고, 개방회로 전압이 0.8 V이다. 채움인자가는 0.7이라면. 이 전지가 부하에 공급할 수 있는 최대 전력을 계산하라.

Hint $$FF = \frac{I_m V_m}{I_{sc} V_{oc}} = \frac{P_m}{I_{sc} V_{oc}}$$

$$P_m = (FF)(I_{sc} V_{oc}) = 0.7(100\ \text{mA})(0.8\ \text{V}) = 56\ \text{mW}$$

27. $1\,\mathrm{kW/m^2}$의 조명하에 있는 태양전지는 단락전류가 $50\,\mathrm{mA}$, 개방전압 $0.65\,\mathrm{V}$를 갖는다. 빛의 세기를 반으로 줄일 때 단락전류와 개방전압을 계산하라.

Hint 단락전류는 빛의 세기에 정비례한다. 따라서 단락전류는 $25\,\mathrm{mA}$.

$$V_{oc1} = \frac{\eta kT}{q}\ln\left(\frac{I_{ph1}}{I_o}+1\right),\quad V_{oc2} = \frac{\eta kT}{q}\ln\left(\frac{I_{ph2}}{I_o}+1\right),$$

$$V_{oc2} - V_{oc1} = \frac{\eta kT}{q}\ln\left(\frac{I_{ph2}}{I_{ph1}}\right)$$

$$V_{oc2} - 0.65 = 1.5\times 26\,\mathrm{mV}\,\ln\left(\frac{25}{50}\right)$$

28. $I-V$ 특성이 아래 그림과 같고, 면적이 $3\,\mathrm{cm}\times 3\,\mathrm{cm}$인 태양전지가 부하저항 $R_L = 2.5\,\Omega$을 구동시키기 위해서 빛의 세기가 $0.5\,\mathrm{kW/m^2}$인 조명하에 있다.

(a) 단락전류와 개방전압을 구하라.

(b) 부하에 전달되는 전력을 구하라.

(c) 태양전지의 효율을 계산하라.

(d) $0.5\,\mathrm{kW/m^2}$인 조명하에서 부하에 최대전력을 전달하기 위한 부하저항을 결정하고 최대전력을 구하라.

(e) $1\,\mathrm{kW/m^2}$인 조명하에서 부하에 최대전력을 전달하기 위한 부하저항을 결정하고 최대전력을 구하라.

(f) 계산기를 구동시키기 위한 최소 전압은 $3\,\mathrm{V}$이다. $0.5\,\mathrm{kW/m^2}$ 빛의 세기에서 최소 몇 개의 태양전지가 필요하며, 어떻게 연결해야 하나?

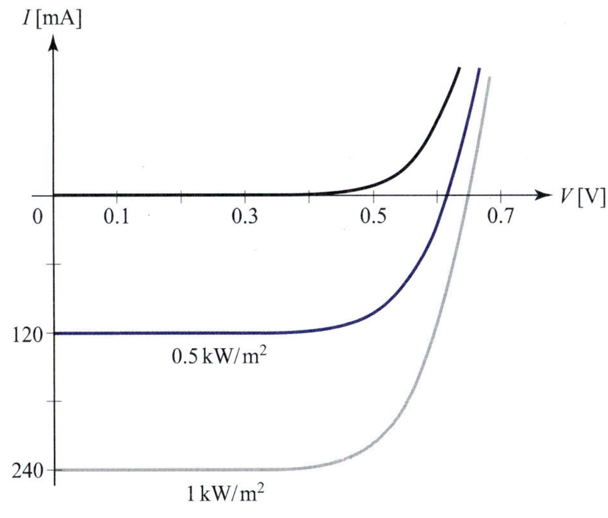

Hint a $0.5\ \mathrm{kW/m^2}$인 조명하에서 $I-V$ 곡선이 각 축과 만나는 교점이 개방전압과 단락전류이다.

0.62 V, 120 mA

Hint b 옴의 법칙을 이용해서 $2.5\ \Omega$의 저항에 임의 적당한 전압을 주었을 때 전류가 계산되므로 $2.5\ \Omega$에 해당하는 직선을 긋는다. 이때 $I-V$ 교점(I, V)이 바로 부하에 전달되는 전력 $P = VI$이다.

$P = (0.3\ \mathrm{V})(120\ \mathrm{mA}) = 36\ \mathrm{mW}$

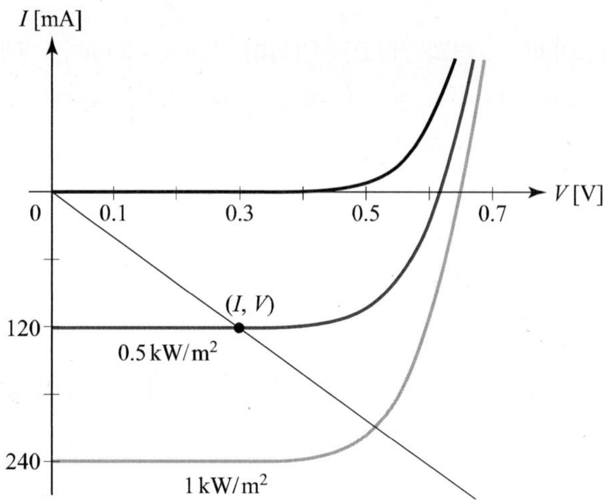

Hint c 빛에너지는 단위 면적당 $0.5\ \mathrm{kW/m^2}$이므로 면적 $3\ \mathrm{cm} \times 3\ \mathrm{cm}$에 조사되는 빛에너지는 $(0.5\ \mathrm{kW/m^2})(3\mathrm{cm} \times 3\mathrm{cm}) = 0.45\ \mathrm{W}$.

$$\text{효율 } \eta = \frac{P_{o(load)}}{P_{i(light)}} \times 100 = \frac{36\ \mathrm{mW}}{0.45\ \mathrm{W}} \times 100 = 8\%$$

Hint d $0.5\ \mathrm{kW/m^2}$에 대해서 개방전압에서 수직선, 단락전류에서 수평선을 그어 만나는 교점과 원점을 이었을 때 그 직선이 최대전력을 공급받을 수 있는 부하선이 된다. 부하선과 $I-V$ 곡선과의 교점이 최대전압(V_m), 최대전류(I_m)가 되고, 그때 부하저항(R_L)을 계산할 수 있다. 부하에 전달되는 최대전력 $P_m = V_m I_m$이다.

$P_m = (0.515\ \mathrm{V})(100\ \mathrm{mA}) = 51.5\ \mathrm{mW}$

$$R_L = \frac{V_m}{I_m} = \frac{0.515\ \text{V}}{100\ \text{mA}} \simeq 5.2\ \Omega$$

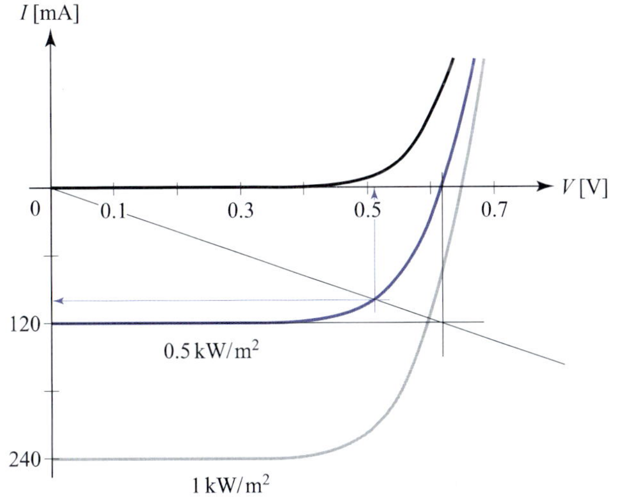

Hint e $1\ \text{kW/m}^2$에 대해서 개방전압에서 수직선, 단락전류에서 수평선을 그어 만나는 교점과 원점을 이었을 때 그 직선이 최대전력을 공급받을 수 있는 부하선이 된다. 부하선과 $I-V$ 곡선과의 교점이 최대전압(V_m), 최대전류(I_m)가 되고, 그때 부하저항(R_L)을 계산할 수 있다. 부하에 전달되는 최대전력 $P_m = V_m I_m$이다.

$$P_m = (0.533\ \text{V})(195\ \text{mA}) = 0.1\ \text{W}$$

$$R_L = \frac{V_m}{I_m} = \frac{0.533\ \text{V}}{195\ \text{mA}} \simeq 2.7\ \Omega$$

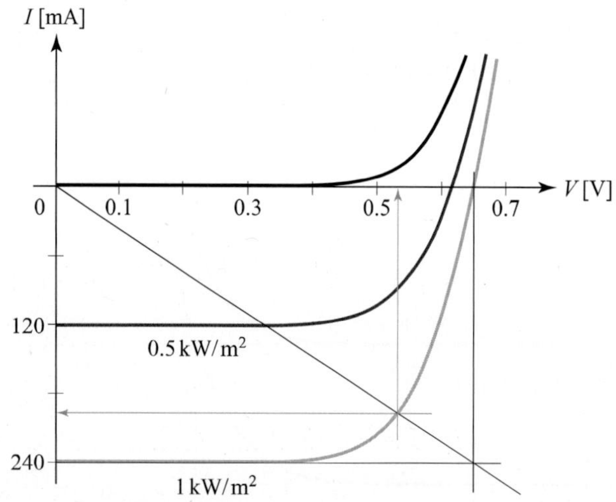

Hint f 계산기는 전류 구동방식이 아닌 전압 구동방식에 가까우므로 전류가 거의 흐르지 않는다. 따라서 개방회로로 간주할 수 있다. 1개의 태양전지의 개방전압을 안다고 했을 때 3 V가 되기 위해서는 몇 개의 태양전지가 필요한지 알 수 있다. $(3\text{ V})/(0.62\text{ V}) \simeq 5$개

29. SCR을 턴온과 턴오프시키는 방법을 설명하여라.

Hint 게이트 전류로 트리거시킴으로서 턴온이 가능하고, 턴오프는 애노드 전류 차단법과 강제전환방법을 사용하여 $A-K$ 간의 전류를 유지전류 이하로 하면 된다.

30. 다이악과 트라이악의 차이점을 설명하여라.

Hint 다이악은 양방향성 2단자 사이리스터이며, 턴온시킬 수 있는 트리거 단자가 없다. 트라이악은 양방향성 3단자 사이리스터이며, 턴온시킬 수 있는 트리거 단자가 있다.

31. 열전발전소자의 구조를 그려서 동작원리를 설명하여라.

Hint 시벡 효과를 이용한 열전소자로서 p형 반도체와 n형 반도체를 π 형태의 구조로 하여 상단과 하단에 온도차를 주면 하단의 개방단자에 열기전력이 나타난다.

32. 열전냉각소자의 구조를 그려서 동작원리를 설명하여라.

Hint 펠티어 효과를 이용한 열전소자로서 p형 반도체와 n형 반도체를 π 형태의 구조로 하여 하단의 개방단자에 전압을 걸면 상단과 하단에 온도차가 나타난다.

33. PTC 서미스터는 온도가 증가하면 저항이 증가하는 이유를 설명하여라.

Hint PTC 서미스터는 온도증가에 따라 퀴리온도에 이르면 정방정계에서 입방정계로 상변화가 일어난다. 이때 유전상수가 갑자기 낮아지면서 세라믹 입계에 존재하는 장벽높이의 증가로 저항이 증가한다.

34. 바리스터는 어떤 원리로 과도이상전압으로부터 전자소자나 시스템을 보호하는데 사용되는지 설명하여라.

Hint 바리스터에 인가 전압을 증가시키면 항복전압 이하에서는 거의 전류가 흐르지 않는 절연상태에서 동작하다가 항복전압에 이르면 전류가 갑자기 많이 흐르는 도통상태가 된다. 피보호 소자나 시스템을 보호하기 위해서 이것들과 병렬로 접속해 두면 이상전압이 침입할 때 바리스터가 방전통로가 된다.

35. 피뢰침과 피뢰기를 구별하여라.

Hint 피뢰침은 끝이 뾰족한 금속 봉으로 옥외에 설치된다. 끝이 뾰족할수록 전계의 세기가 크다. 번개를 발생시키는 구름은 주로 적란운이며, 적란운에 의한 유도정전기가 피뢰침에 생겨 적란운과 피뢰침 사이에 방전이 일어나 낙뢰 피해를 미연에 방지하게 된다. 피뢰기는 바리스터라는 비선형 저항소자를 핵심소자로 내장하고, 발변전소의 전력기기, 송배전선로 등 전력계통 전체의 전기설비를 유도 뇌서지, 개폐서지, 유도성 부하서지 등의 이상전압으로부터 보호하기 위한 전기장치이다. 한편 피뢰기의 제한전압은 전력계통의 절연협조에 기본이 된다.

36. 다음 괄호를 완성시켜라.

(1) pn 접합에서 두 반도체의 농도가 클수록 공핍층 폭은 (　　)하고, 접촉전위(문턱, 점화, 무릎전위)는 (　　)한다. Si 다이오드 회로에서 순방향 바이어스에서 일반적으로 사용하고 있는 문턱전압은 (　　) V이다.

(2) pn 접합에서 p형 반도체가 n형 반도체가보다 농도가 높다면 공핍층은 (　　)

형 반도체로 확장한다.

(3) 발광 다이오드는 (　)의 전자와 (　)의 정공이 (　)할 때 (　)을 방출하는 것을 목적으로 하는 pn 접합 다이오드이다.

(4) 발광 다이오드와 레이저 다이오드는 (　) 반도체로 제작한다.

(5) LASER 용어의 뜻은 복사선의 유도방출에 의한 (　)이다.

(6) 레이저 다이오드의 특징은 (　), (　), 지향성, 고에너지 밀도 등이 있다.

(7) 발광 다이오드는 (　)에 의해서 빛이 나오고, 레이저 다이오드는 (　)에 의해서 빛이 나온다.

(8) 천연상태로 존재하는 에너지를 (　)에너지라고 한다. 여기에는 화석연료인 (　), (　), (　)와 원자력 연료인 (　) 등이 있다. 이것들 사용하여 전기, 가솔린, 도시가스처럼 빠르고 쉽게 변환가공이 가능한 것을 (　)에너지라고 한다.

(9) 천연상태의 원료는 언젠가는 고갈되고 사라질 것이다. 그런 의미에서 고갈성 에너지라고 하는데 이에 반해서 사라지지 않고 재생이 가능한 에너지를 (　) 에너지라고 한다.

이 에너지의 근원은 (　)과 (　)이다. 태양에너지는 직접적으로는 태양열 온수기, 태양전지가 있고, 간접적으로는 물의 순환을 통한 (　)발전, 바람의 순환을 통한 (　)발전, 태양의 도움으로 성정한 식물을 통한 바이오매스, 바이오 에탄올 등이 있다. 달의 인력에 기인한 조수 간만의 차를 이용한 (　)발전 등이 있다.

(10) 재생에너지를 제외한 새로운 형태의 에너지를 (　)에너지라고 하는데 여기에는 수소에너지, 연료전지 등이 있다.

(11) 태양전지는 빛을 전기로 바꾸는 (　)효과에 의한 반도체의 물리현상을 이용하고 있다.

(12) 태양 자체에서 방사되는 총에너지는 대략 3.8×10^{23} kW이다. 태양은 지구로부터 1억5천만 km 떨어져있다. 이것은 태양으로부터 대기면까지의 반경에 해당하므로 태양에서 방사되는 총에너지를 태양으로부터 대기면 접촉 구의 표면적 $4\pi r^2$으로 나누면 태양과 대기면 사이의 단위 면적당 태양광 전력밀도는

$$P = \frac{\text{태양광 총방사에너지}}{\text{태양으로부터 대기면 접촉 구의 표면적}} = \frac{3.85 \times 10^{23}\ \mathrm{kW}}{4\pi(1.496 \times 10^{8}\ \mathrm{km})^2}$$

= 약 (　)이며, 이것을 (　)라고 한다.

(13) 지표면에 도달하는 빛은 공기층를 통해서 오기 때문에 질소, 산소, 수증기 이산화탄소 등의 분자에 흡수되어, 대기권 밖의 전력밀도보다 낮게 된다. 빛이

통과하는 공기의 양을 대기질량(air mass, AM)이라고 하며, 대기권 밖에서는 AM( ), 해수면이 태양으로부터 받는 전력밀도는 ( ) 정도이며, 이것을 AM ( )라고 한다.

(14) 우리나라에서 태양전지설계에서 사용되는 설계기준은 AM( )로 전력밀도는 $1\,\mathrm{kW/m^2}$이다. 이 값은 태양전지의 변환효율이 100%일 때 수광면적 $1\,\mathrm{m}^2$에서 $1\,\mathrm{kW}$의 전력을 얻을 수 있다는 것으로 가정용 태양전지의 효율이 20%일 때 한 변이 $1\,\mathrm{m}$인 정사각형 태양전지로부터 얻을 수 있는 전력은 ( ) W 정도이다.

(15) 태양의 표면온도는 절대온도 ( ) K로서 빛의 스펙트럼은 흑체복사와 흡사하다. 태양광은 스펙트럼을 보면 3000 Å 부근에서 상승하기 시작하여 ( ) Å 부근에서 최대가 되고, 장파장으로 가면서 약해지는 형태이다. 빛은 눈에 보이는 가시광선 외에 적외선, 자외선 등이 섞여 있는 것으로 가시광선은 대략 ( )%, 적외선은 ( )%, 자외선은 ( )%이다.

(16) 태양전지의 핵심은 반도체이지만 반도체 자체가 빛을 받는 다고 전기가 생기지는 않는다. 반도체에 빛을 조사하면 캐리어 쌍(전자–정공쌍)이 생긴다. 따라서 빛을 조사하기 전보다 ( )가 증가하는데 이것을 ( )효과라고 한다.

(17) 반도체가 pn 접합이 되면 농도차에 의해서 전자와 정공이 서로 다른 영역으로 확산하여 접합부에 ( )이 생긴다. 이것은 p형 반도체에도 생기고, n형 반도체에도 생긴다. p형 쪽에서는 ( ) 전하로 대전하고, n형 쪽에는 ( ) 전하로 대전하게 되므로 ( )이(가) 생긴다. 접합부에 빛을 쬐면 발생된 전자–정공쌍은 ( )에 의해서 분리가 되어 p형 반도체에는 ( ), n형 반도체에는 ( ) 전위가 생겨, 그 결과 반도체 양단에 ( )이 나타난다.

(18) 아래 그림은 태양전지의 $I-V$ 특성곡선이다.

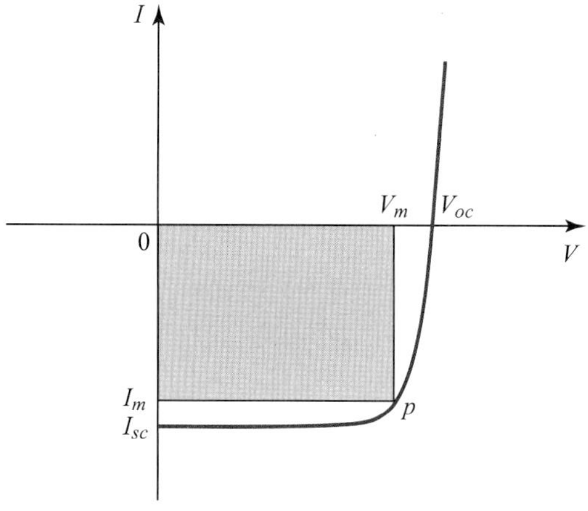

I_{sc}로 표시된 전류는 태양전지의 단자 사이에 전류계를 연결했을 때 측정된 ( )이며, V_{oc}로 표시된 전압은 단자 사이의 ( )이다. 태양전지 두 단자 사이에 부하저항 R_L을 연결했을 때 옴의 법칙에 따라 부하선이 P점에서 최대 전력을 만드는 부하저항이 있을 것이며, 이때 최대전력 $P_{\max}$는 ( )이다. 태양전지의 에너지 변환효율 η

$$\eta = \frac{(\qquad\qquad)}{\text{방사강도} \times \text{면적}}$$

(19) 문제 (18)에서 사각형의 면적은 $I_{sc} \times V_{oc}$보다 작다. 사각형의 면적은 최대출력전력이므로 $\dfrac{P_{\max}}{I_{sc} \times V_{oc}}$를 ( )라고 한다.

(20) 현재 태양전지의 변환효율은 20%에 불과하다. 연구개발로 100% 효율달성이 가능할까? 실리콘의 경우 밴드갭이 1.1 eV이다. 전자–정공쌍이 생성되려면 대략 ( ) μm 이하의 파장의 빛이 조사되어야 한다. 다시 말하면 ( ) μm 이상의 파장의 빛은 투과해버려 전기에너지로 변환되지 않는다. 이것이 태양광의 15 ~ 25% 정도가 된다. 또한 태양광이 입사할 때 반사방지코팅을 한다고 하더라도 반사손실이 있게 마련이고, 이 손실이 ( )%에 이른다. 개방전압은 pn 접합의 문턱전압 이상이 되지 않으므로 그 차이로 인한 손실이 15%에 달한다. 여기에다 빛이 입사하여 전자–정공쌍이 생성되었다하더라도 표면이나 결함으로 전자–정공쌍이 ( ) 한다든가, 주울열 손실로 단일태양전지로는 사실상 100% 효율은 불가능하다.

(21) 태양전지는 전기를 일으키는 최소단위인 ( ), 전기를 출력시키는 최소단위인 ( ), 이것을 직병렬로 조합한 것을 ( )라고 한다. 따라서 태양전지 구성은 태양전지 ( ) → 태양전지 ( ) → 태양전지 ( ) → 태양전지 패널로 되어 있다. 예를 들어 셀 1개의 전압은 대략 0.8 V라고 하면 25개를 직렬로 연결하면 ( ) V를 얻는다. 10 cm의 정사각형의 셀에 흐르는 전류는 4 A 정도인데 직렬로 연결한다고 해서 전류는 증가하지 않는다. 병렬로 연결해야 전류를 증가시킬 수 있다. 5개를 병렬로 연결하면 ( ) A가 흐른다. 따라서 8개의 직렬과 5개의 병렬의 어레이가 되면 ( ) V, ( ) A, 즉 ( ) kW의 전력을 얻을 수 있다.

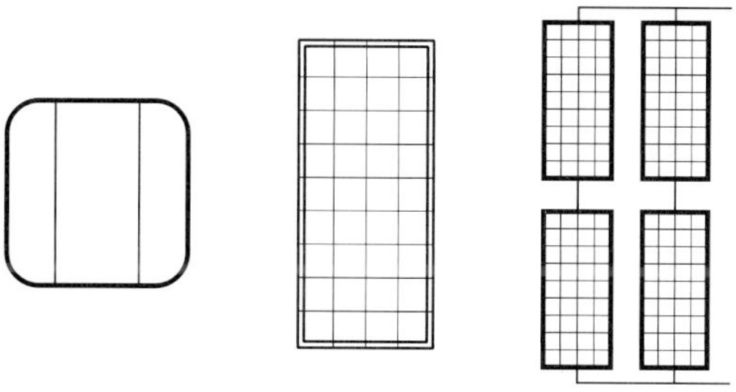

(22) 태양전지는 (　)이므로 가정에서 사용하는 전력선은 (　)이기 때문에 태양전지로부터 얻은 전력을 그대로 사용할 수가 없다. 따라서 (　)가 있어야 한다. 이것은 직류를 교류로 변환만 시키는 것만 아니라 전력계통에 연결할 수 있도록 전압, 주파수, 위상 조정까지 실시한다.

(23) 전력용 스위치 소자에는 쇼클리 다이오드, SCR, SCS, GTO, 다이악, (　) 등이 있으며, 이 모두를 총칭해서 (　)라고 한다. 특히 (　)가 가장 많이 사용되고 있으며, 트리거 단자의 전압 및 전류를 조절하여 애노드–캐소드 간을 도통시킨다.

(24) 이종금속으로 폐회로를 만들어 두 접점에 온도차를 주면 열기전력이 발생하는 현상을 (　)라고 한다. (　)는 이 현상을 이용한 열전소자이다.

(25) 이종금속으로 폐회로를 만들어 전류를 흘리면 두 접점에서 온도차가 발생하는 현상을 (　)라고 한다. (　)는 이 현상을 이용한 열전소자이다.

(26) (　)는 온도가 증가하면 저항이 증가하는 성질을 이용하여 과열방지소자나 온도센서로 널리 사용된다. 대표적인 응용은 다리미, 헤어드라이이, 전기밥솥, 발열체 등이다.

(27) 인체에 침입하는 바이러스로부터 우리 몸을 보호하기 위해서는 백신을 이용하거나 아니면 병에 대한 저항력을 키워야만 한다. 마찬가지로 전기전자시스템이나 반도체 소자를 이상전압으로부터 보호하기 위해서는 그것들의 절연내력을 높여야만 한다. 그러나 비용측면에서의 한계로 오늘날 대부분의 경우 (　)를 사용한다. 이것은 전력용 피뢰기의 핵심소자이다.

37. 다음 용어를 간략히 설명하여라.

1) 바이어스
2) 제너항복
3) 전자사태항복
4) 발광 다이오드

5) 레이저 다이오드
6) 포토 다이오드
7) 자발방출
8) 유도방출
9) 밀도반전
10) 전류 증폭률(α)
11) 전류 증폭률(β)
12) 이미터 효율(γ)
13) 베이스 전송률(α_T)
14) Early 효과
15) 공간전하중성조건
16) 전계효과
17) 핀치오프 전압
18) 문턱전압
19) 사이리스터
20) SCR
21) 브레이크오버 전압
22) 유지전류
23) 게이트 트리거
24) 다이악
25) 트라이악
26) 태양정수
27) 채움인자
28) 대기질량(AM)
29) 시벡 효과
30) 열전대
31) 펠티어 효과
32) 열전냉각소자
33) 열전발전소자
34) 비선형 계수
35) 제한전압
36) 바리스터 전압

CHAPATER

7 유전체

(Dielectric substance)

구성

개요

이 장에서는 유전체의 유전현상을 기술한다. 유전체하면 먼저 콘덴서를 생각하게 되므로 콘덴서의 거시적 성질을 학습한다. 도체에 직류 전계를 인가하면 전류가 흐른다는 것은 이미 다 아는 사실이다. 이에 반해서 유전체(절연체)에 직류 전계를 가하면 전류가 흐르지 않고 **전기분극**이라는 현상이 일어난다. 그렇다면 전기분극은 어떻게 발생하는지 분극기구를 알아본다. 또 유전체에서 발생하는 **유전손실**의 기구도 학습한다. 교번전계 하에서의 분극현상과 **유전율**의 주파수 의존성, **강유전체**의 자발분극기구를 다룬다. 마지막으로 기체, 액체, 고체의 절연파괴기구와 **열화현상**에 대해서도 다룬다.

7.1 콘덴서의 거시적 성질

유전체의 대표적인 응용은 **콘덴서**(condenser)이다. 콘덴서는 2개의 전극을 서로 닿지 않을 정도로 가까이 서로 절연시켜 전하를 모으는 전자부품이라는 의미에서 **축전기** 혹은 **커패시터**(capacitor)라고도 한다. 콘덴서에 에너지를 저장하려면 한쪽 전극은 양(+) 전하를, 다른 쪽 전극은 같은 음(−) 전하를 갖게 하면 된다. 실제로 정전하를 움직이는 것은 불가능하므로 음전하, 즉 전자를 한쪽 전극으로 보내면 보낸 전극은 정전하가 되고, 전자를 받는 전극은 부전하가 된다. 이렇게 전하를 극판으로 움직이게 하려면 반드시 외부에서 일을 해 줘야 한다. 그 일은 퍼텐셜 에너지로 축전기에 저장된다.

콘덴서는 컴퓨터와 같이 전원이 꺼졌을 때 에너지 백업용으로 전하를 저장하거나, 전기 플래시에서 순간 방출을 위해 짧은 기간 동안 에너지를 저장하는 등, **에너지 저장 장치**로 쓰인다. 전기회로에서 전압의 요동이나 서지에 민감한 소자들을 보호하는 역할을 한다. 또 자동차 점화계에서 스파크를 제거하기도 한다. 라디오나 텔레비전의 수신기가 특정 주파수, 즉 **공진 주파수** 신호만 통과하게 하는데도 사용된다. 컴퓨터나 다른 전자 장치의 램에서 이진 코드의 1과 0의 **메모리**로 쓰인다. 전력에서 무효전력을 감소시키는 역할, 즉 **역률개선용 진상콘덴서**로도 사용된다. 이와 같이 콘덴서는 매우 중요한 부품으로 사용되므로 잘 알아 둬야 한다.

7.1.1 극판 사이의 전압과 정전용량

그림 7.1 (a)과 같이 유전체가 없는 평행판 축전기에 전지를 연결하여 전하 Q_o를 주고 전지를 떼어내자. 양단의 전압이 V_o로 측정될 때 정전용량 C_o는 다음과 같다.

$$C_o = \frac{Q_o}{V_o} \tag{7.1}$$

다음에는 그림 7.1 (b)과 같이 극판 사이에 유전체를 넣었을 때 양단의 전압은 V_o보다 작은 전압 V로 측정된다. 유전체를 채운다고 해서 판에 존재하는 전하 Q_o는 변화지 않는다. 이때의 정전용량 C는 다음과 같다.

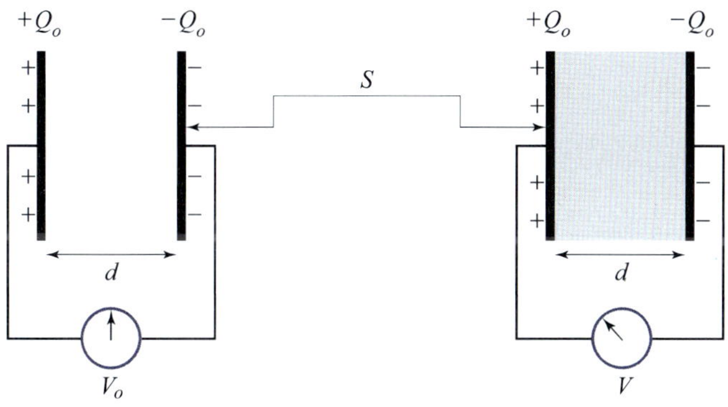

그림 7.1 극판에 전하를 축적시킨 유전체 유무별 평행판 축전기 : (a) 진공, (b) 유전체

$$C = \frac{Q}{V} = \frac{Q_o}{V} \tag{7.2}$$

따라서 V는 V_o보다 작으므로 C는 C_o보다 크게 된다. 이때 C와 C_o의 비를 유전체의 비유전율 ϵ_r로 정의한다. 즉

$$\epsilon_r = \frac{C}{C_o} \tag{7.3}$$

가 된다. 그렇다면 유전체 유무에 따른 극판 사이의 전압은 어떻게 변할까? 식 (7.1)과 식 (7.2)로부터 다음과 같이 쓸 수 있다.

$$\frac{C}{C_o} = \frac{V_o}{V} \tag{7.4}$$

식 (7.3)과 식 (7.4)로부터 다음과 같은 식을 얻을 수 있다.

$$V = \frac{V_o}{\epsilon_r} \tag{7.5}$$

따라서 유전체를 삽입하면 극판 사이의 전압 V는 공기로 채울 때보다 $1/\epsilon_r$배만큼 감소한다. 그리고 극판 사이의 전계 E도 변한다. 유전체가 없을 때 극판 사이의 전계는 $E_o = V_o/d$이다.

유전체를 삽입했을 때 극판 사이의 전계는 식 (7.5)로부터

$$E = \frac{E_o}{\epsilon_r} \tag{7.6}$$

따라서 유전체를 삽입하면 극판 사이의 전계는 $1/\epsilon_r$배만큼 감소한다.

한편 평행판 축전기의 정전용량 혹은 기하용량 C_o는 다음과 같이 평행판 구조와 관계된다.

$$C_o = \frac{Q_o}{V_o} = \frac{\epsilon_o \oint \boldsymbol{E} \cdot d\boldsymbol{S}}{E_o d} = \frac{\epsilon_o E_o S}{E_o d} = \frac{\epsilon_o S}{d} \tag{7.7}$$

여기서 E_o는 극판 사이의 전계, d는 극판 사이의 거리, S는 극판의 단면적이다.

유전체를 갖는 평행판 축전기의 정전용량 C는 식 (7.3)과 식 (7.7)로부터 다음과 같이 쓸 수 있다.

$$C = \epsilon_r C_o = \frac{\epsilon_o \epsilon_r S}{d} = \frac{\epsilon S}{d} \tag{7.8}$$

식 (7.7)과 식 (7.8)로부터 정전용량은 판 사이의 거리가 좁을수록 판의 면적이 넓을수록 커지며, 판 사이에 유전체를 삽입하면 정전용량 C는 공기를 채울 때보다 ϵ_r배만큼 증가한다.

콘덴서가 전기를 모으는 그릇에 비유되는데 그릇의 크기가 전기용량이다. 유전체를 넣는 데에는 몇 가지 목적이 있다. 첫째, 유전체는 공기보다 절연파괴가 잘 일어나지 않기 때문에 높은 전압을 걸어도 전하가 잘 흐르지 않는다. 둘째, 유전체가 들어가 있기 때문에 판의 간격을 줄여도 닿지 않으므로 d가 작아져서 전기용량이 커진다. 셋째, 유전체로 두 도체 사이의 간격을 채우면 비유전율 ϵ_r배만큼 전기용량(dielectric constant)이 커진다.

핵심 N 극판 사이의 유전상수가 클수록 정전용량은 증가하고 극판 사이의 전압은 감소한다.

7.1.2 극판의 전하량

그림 7.2 (a)와 같이 극판 사이의 유전물질이 없는 평행판 축전기에 전압 V_o를 인가했을 때 전극에 축적되는 전하량 Q_o는 다음과 같다.

$$Q_o = C_o V_o \tag{7.9}$$

그림 7.2 (b)와 같이 극판 사이에 유전물질을 넣었을 때 전극에 축적되는 전하량 Q는 다음과 같다.

$$Q = CV = CV_o = \epsilon_r C_o V_o = \epsilon_r Q_o \tag{7.10}$$

따라서 유전체를 삽입하면 전하량 Q는 공기를 채울 때보다 ϵ_r배만큼 증가한다. 따라서 콘덴서에 전하를 많이 모으는 데는 극판 사이에 유전체 삽입이 아주 효과적인 방법이다.

핵심 N 극판 사이의 유전체의 유전상수가 클수록 축적 전하량은 증가한다.

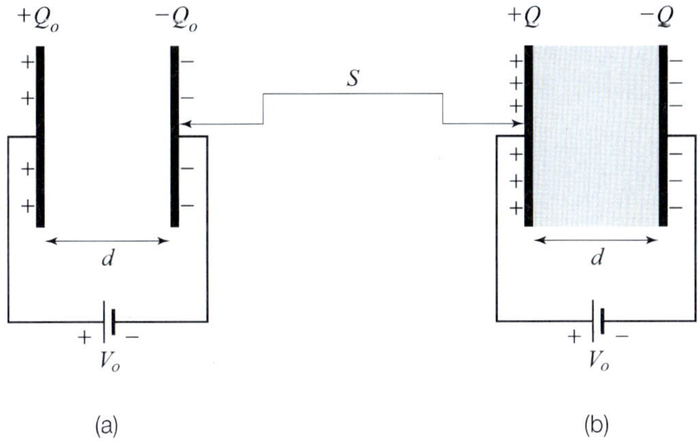

그림 7.2 전압이 인가된 유전체 유무별 평행판 축전기 : (a) 진공, (b) 유전체

7.2 직류전계에서 유전체의 성질

유전체의 분극 현상은 어디에 어떻게 이용되는가? 유전체를 한자로 쓰면 誘電體이다. 誘는 유인할 유字, 電는 전기 전字로 전기를 유인하다의 의미에서 유전체는 전기가 유기되는 물질을 말한다. 유전체를 영어로 쓰면 dielectric이다. 접두사 di는 2란 뜻으로, di-electric으로 보면 전기가 2개다. 즉 +전하와 −전하, 2개가 있다는 의미에서 붙여진 것이다.

7.2.1 전기쌍극자와 비유전율

(1) 전기쌍극자

물질은 기본적으로 원자로 구성되고, 원자의 에너지 상태에 따라서 전자를 받거나 내놓았을 때 이온이 된다. 이때 이온 간의 결합이 이온결합이다. 또 두 원자가 서로 전자를 공유상태로 결합하면 공유결합이 된다. 이때 두 원자 간의 전기음성도 차이에 의한 공유결합이면 그 결합은 극성 공유결합이 된다. 이온결합 물질이든 공유결합 물질이든 전기적으로 보면 물질은 +하전입자와 −하전입자 간의 결합이다. 만약 물질이 **절연체**(insulator)일 경우, 여기에 전계를 인가하면 정전하와 부전하의 극소수만이 이동하고 대부분의 정전하와 부전하는 미소거리를 두고 멈출 것이다. 이와 같이 정·부전하가 서로 반대 방향으로 편이되는 현상을 **전기분극** 또는 단순히 **분극**(分極, polarization)이라고 한다. 도체에 직류전계 인가시 하전 입자(전자)의 유동으로 전류가 흐르지만, 유전체에는 직류전류가 흐르지 않고 분극이 생긴다. 물론 유전체 내의 전하의 중성조건은 유지된다.

그림 7.3에 나타낸 바와 같이 크기가 같고 부호가 반대인 두 전하($+q$, $-q$)가 미소 거리만큼 떨어져 있는 것을 **전기쌍극자**(electric dipole)라고 한다. 이때 음전하에서 정전하로의 향하는 거리 벡터 $\boldsymbol{d}$와 전하 q를 곱한 벡터량 $q\boldsymbol{d}$를 **전기쌍극자 모멘트** $\boldsymbol{p}$라고 정의한다. 즉

$$\boldsymbol{p} = q\boldsymbol{d} \tag{7.11}$$

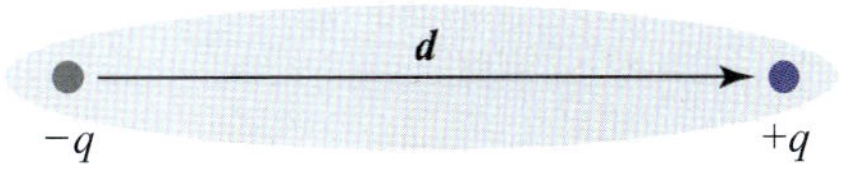

그림 7.3 전기쌍극자

(2) 비유전율

유전체에 전계를 인가하면 정전하와 부전하는 서로 반대방향으로 편이되는데 그 정도가 물질마다 다르다. 낮은 전계보다 높은 전계에서 편이 정도가 더 클 것이다. 그러나 전계의 임계값에 다다르면 편이정도는 포화에 이르게 된다. 이와 같이 전하가 유기되는 정도를 **비유전율**(relative permittivity, ϵ_r) 혹은 **유전상수**(dielectric constant)라고 한다. 비유전율의 크기에 따라 용도가 결정된다. 절연성 관점에서는 작아야 하나, 전기용량을 크게 하기 위해서는 커야 한다. 비유전율이 크면 유전손실이 커진다. 비유전율은 분극이 클수록 커진다.

핵심 N 크기가 같고 부호가 반대인 두 전하가 미소거리로 떨어져 있는 것을 전기쌍극자라고 한다. 전하를 유기하는 정도를 비유전율이라고 한다.

7.2.2 유전체의 분극과정

(1) 전압인가 후 유지상태

그림 7.4 (a)와 같이 유전체가 없는 공기 콘덴서에 **전압을 인가**하면 극판에 자유전하 Q_o가 축적된다. 이 전하로 인해서 극판 사이에도 전계 $E_o = V_o/d$가 생긴다. 그림 7.4 (b)와 같이 극판 사이에 유전체를 삽입하면 유전체는 전계에 놓이게 된다. 극판 사이의 전계에 의해서 유전체를 구성하는 분자들의 정전하는 전계방향으로, 부전하는 전계 반대방향으로 약간씩 이동하여 정·부전하의 중심에서 벗어나므로 전기쌍극자가 형성되고 정렬하게 된다. 이 전하들은 원자나 분자 혹은 이온에 속박되어 있기 때문에 이탈할 수가 없다. 하지만 유전체 내부의 점선으로 그려진 영역의 정·부전하는 중화되어 상쇄되어 버린다. 따라서 그림 7.4 (c)와 같이 전극과 접촉한 유전체 표면의 전하만 남게 된다. 이와 같이 전계작용으로 유전체 전체가 전계방향으로 전기쌍극자 모멘트를 일으키는 현상을 **유전분극**(dielectric polarization)이라고 하고, 이 분극에 의해 나타나는 전하를 **분극전하** 혹은 **속박전하**(束縛電荷, bounded charge)라고 한다.

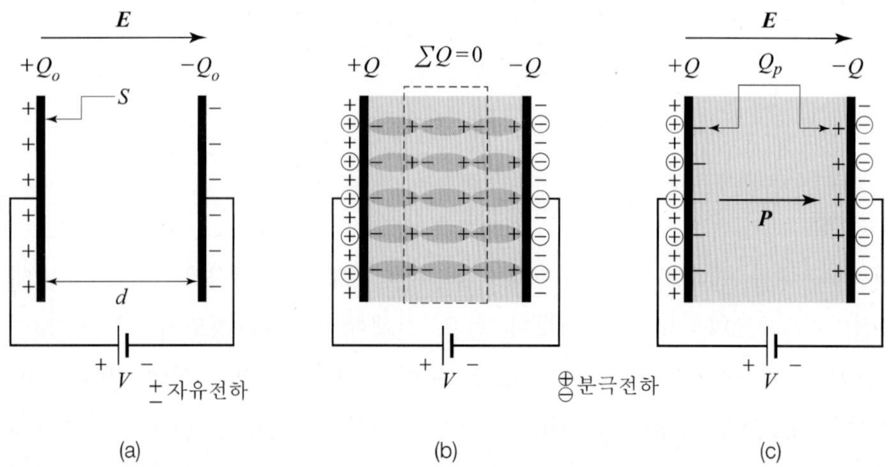

그림 7.4 전압인가 동안 유전체 유무에 따른 전하 : (a) 진공, (b) 유전체, (c) 분극현상

금속 표면의 분극전하는 정전유도작용으로 유기된 전하이다. 분극 $\boldsymbol{P}$는 단위 체적당 전기쌍극자 모멘트의 합으로 다음과 같이 정의된다.

$$\boldsymbol{P} = \frac{1}{V}\sum_{i=1}^{n} \boldsymbol{p}_i \tag{7.12}$$

정의 식에 따라 유전체 내의 전기쌍극자 하나하나를 모두 개별적으로 더해서 분극을 계산하는 경우는 없다. 그림 7.4(b)에서처럼 점선 내의 전하를 모두 합하면 0이 되어 그림 7.4(c)와 같이 된다. 결과적으로 거리가 d이고 전하가 Q_p인 하나의 큰 전기쌍극자에 식(7.12)를 적용하여 분극을 구할 수 있다. 따라서 분극은 다음과 같이 된다.

$$P = \frac{Q_P d}{Sd} = \frac{Q_P}{S} = \sigma_P \tag{7.13}$$

여기서 σ_P는 **표면분극전하밀도**로 분극벡터 $\boldsymbol{P}$ 성분 중에서 표면에 수직성분에 해당한다.

유전체가 존재하면 전극표면에 존재하는 전하는 유전체와는 상관없는 자유전하(Q_o 혹은 Q_f)와 유전체와 관계하는 분극전하(Q_P 혹은 Q_b)가 동시에 존재하기 때문에 전하가 더 많아진다. 이것은 앞에서 식으로 보여준 $Q = \epsilon_r Q_o$에서 알 수 있다.

그림 7.4(c)에서 전체 전하는 자유전하와 분극전하의 합으로 다음과 같다.

$$Q = Q_o + Q_P \tag{7.14}$$

전극면적과 유전체 단면적이 같으므로 식 (7.14)를 면전하밀도로 나타내면 다음과 같이 된다.

$$\sigma = \sigma_o + \sigma_P = \sigma_o + P \tag{7.15}$$

같은 전압이 인가되고 있는 동안에 유전체 유무에 관계없이 전계는 동일하다. 왜냐하면 외부에서 전압이 동일하게 인가되기 때문에 전계는 유전체와는 상관없이 $E = V/d$이다. 전계는 가우스의 법칙$\left(\epsilon_o \oint \boldsymbol{E} \cdot d\boldsymbol{S} = Q_o\right)$을 이용하면 다음과 같이 쓸 수 있다.

$$E = \frac{\sigma_o}{\epsilon_o} \tag{7.16}$$

식 (7.10)에서 $\sigma = \epsilon_r \sigma_o$이므로 이 식과 식 (7.15)와 식 (7.16)을 결합시키면 다음과 같은 중요한 관계식을 얻을 수 있다.

$$P = \sigma - \sigma_o = \epsilon_r \sigma_o - \sigma_o = \epsilon_o(\epsilon_r - 1)E = \chi_e \epsilon_o E \tag{7.17}$$

$$\boldsymbol{P} = \chi_e \epsilon_o \boldsymbol{E} \tag{7.17-1}$$

여기서 χ_e는 **전화율** 혹은 **전기감수율**(electric susceptibility)로 유전체를 전기장에 두었을 때 어느 정도 분극이 되는지 나타내는 고유값으로 물질에 따라 정해진다.

$$\chi_e = \epsilon_r - 1 \tag{7.18}$$

식 (7.17-1)은 유전체를 미시적 관점에서 물성적으로 구한 $\boldsymbol{P}$와 거시적으로 외부에서 측정 또는 계산이 가능한 양인 인가전계 E와의 관계를 나타낸다.

전기선속 혹은 **전속**(電束, electric flux) $\Psi(= Q/\epsilon)$은 1 쿨롱에서 1개가 나온다. 단위 면적당 전하량을 전속밀도 $\boldsymbol{D}$로 나타낸다$\left(\oint \boldsymbol{D} \cdot d\boldsymbol{S} = Q\right)$. 즉 $Q/S = \sigma$는 면전하밀도로서 정의에 따라 전속밀도이다. 따라서 $D = \sigma$로 나타낼 수 있다. 또 $Q = \epsilon_r Q_o$로부터 $\sigma = \epsilon_r \sigma_o$이 되고, 이것들을 식 (7.16)과 결합시키면 다음과 같이 된다. 즉

$$D = \epsilon_o \epsilon_r E = \epsilon E \qquad (7.19)$$

여기서 $\epsilon = \epsilon_o \epsilon_r$를 절대유전율 혹은 **유전율**(permittivity)이라고 한다. 비유전율(ϵ_r)과 구분해야 한다. 식 (7.17)과 식 (7.19)를 결합시키면 다음과 같은 식을 얻는다.

$$D = \epsilon_o E + P \qquad (7.20)$$

(2) 전압인가 후 제거상태

그림 7.5 (a)는 유전체가 없는 평행판 축전기에 V_o의 전지를 연결하여 전하 Q_o가 축적된 상태를 나타낸 것이며, 그림 7.5 (b)는 전압을 제거한 상태이다. 이때 극판 사이에는 전위차는 V_o이다. 그림 7.5 (b)에 가우스의 법칙을 적용하면

$$\epsilon_o \oint E \cdot dS = \epsilon_o E_o S = Q_o \qquad (7.21)$$

가 된다. 따라서 유전체가 없는 상태에서 전계는 식 (7.16)과 같은 식이 된다.

$$E_o = \frac{Q_o}{\epsilon_o S} = \frac{\sigma_o}{\epsilon_o} \qquad (7.21\text{-}1)$$

그림 7.5 (b)의 극판 사이에 유전체를 삽입하면 그림 7.5 (c)가 되고, 유전체를 삽입해도 극판 상의 자유전하는 변동이 없으며, 유전체에 분극이 발생한다. 그림 7.5 (d)에 가우스의 법칙을 적용하면

$$\epsilon_o \oint E \cdot dS = \epsilon_o E S = Q_o - Q_P \qquad (7.22)$$

따라서 전계는 다음과 같이 된다.

$$E = \frac{Q_o - Q_P}{\epsilon_o S} = \frac{\sigma_o - \sigma_P}{\epsilon_o} = \frac{\sigma_o - P}{\epsilon_o} \qquad (7.22\text{-}1)$$

식 (7.16)은 유전체와는 상관없는 전계이고, 식 (7.22-1)은 유전체에 관계하는 전계임을 유념해야 한다. 이것은 그림 7.4와 그림 7.5가 서로 다른 데서 오는 것이다.

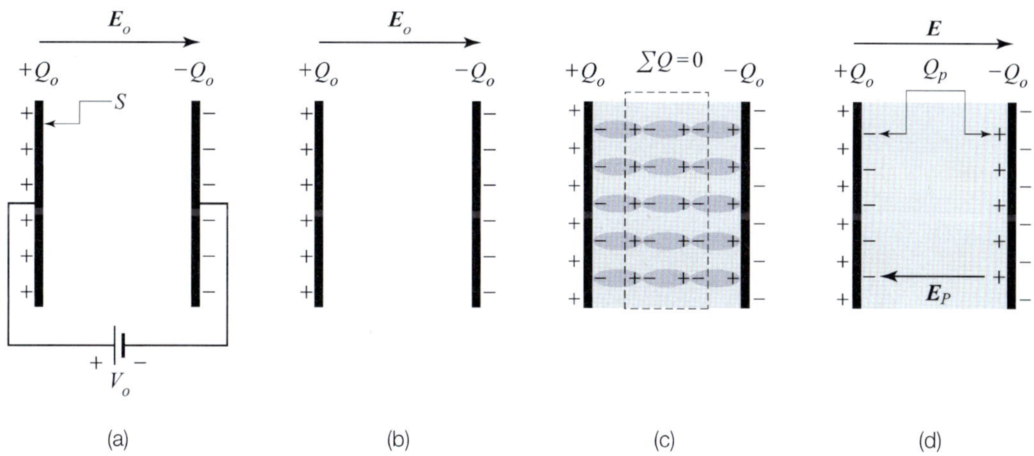

그림 7.5 분극전계 설명도 : (a) 유전체가 없을 때 전압인가, (b) 전압제거, (c) 유전체 삽입시 유도전하 발생, (d) 분극전하 발생

식 (7.6)과 식 (7.21-1)을 결합시키면

$$E = \frac{E_o}{\epsilon_r} = \frac{Q_o}{\epsilon_o \epsilon_r S} \tag{7.23}$$

이것을 식 (7.22)에 대입하여 정리하면 다음과 같이 된다.

$$Q_P = Q_o\left(1 - \frac{1}{\epsilon_r}\right) \tag{7.24}$$

따라서 분극전하는 자유전하보다 클 수 없으며, 유전체가 없을 때, 즉 진공일 때 $\epsilon_r = 1$일 때는 $Q_P = 0$으로 당연한 결과가 나온다.

한편 유전체 내의 분극전하(유도전하)는 외부 전계와 반대 방향으로 분극전계(유전체 내부전계 E_i) $\boldsymbol{E_P}$를 만들어 극판 사이의 전계를 감소시키다. 유전체가 없을 때의 극판 사이의 전계는 $\boldsymbol{E_o}$이나 유전체가 있을 경우, 전계는 자유전하에 의한 전계와 분극전하에 의한 전계의 벡터합이 된다. 방향을 고려하면

$$E = E_o - E_P = \frac{E_o}{\epsilon_r} \tag{7.25}$$

가 되고, 분극전계는 다음과 같이 나타내진다.

$$E_P = E_o\left(1 - \frac{1}{\epsilon_r}\right) \tag{7.26}$$

어떠한 경우에도 유전체 내부전계는 외부전계보다 클 수가 없다.

핵심 N 전계 유지상태에서 유전체를 삽입하면 전하를 전극표면에 유도하여 전하량이 증가하지만, 전계인가와 동시에 제거상태에서 유전체를 삽입하면 전하를 전극표면에 유도하지 못한다. 유전체 삽입 후에 유전체의 내부전계는 감소한다.

7.2.3 분극기구

유전분극은 정·부전하가 서로 역방향으로 변위하는 것인데 정·부전하가 생기는 기구로는 전자분극, 이온분극, 배향분극, 계면분극 등이 있고, 이것을 총칭해서 유전분극이라고 한다. 유전분극은 여러 가지 유전체 현상의 기본이다.

(1) 전자분극(electronic polarization)

중심에 양전하를 가진 원자핵을 가지고 그 주위에 등방적으로 전자구름이 분포하고 있는 고립원자에 그림 7.6 (a)에 나타낸 것처럼 전계 $\boldsymbol{E} = 0$일 때는 전기쌍극자가 없다. 그러나 그림 7.6 (b)에 나타낸 바와 같이 전계 $\boldsymbol{E}$를 가하면 전계와 반대방향으로 전자가 이동하고, 전자운의 중심과 양전하 사이에 편이가 발생하여 분극이 발생한다. 이와 같은 분극을 **전자분극**이라고 한다.

전계를 인가했을 때 전기쌍극자 모멘트가 발생하는 것을 유도전기쌍극자 모멘트라고 한다. 전자분극의 전기쌍극자 모멘트 $\boldsymbol{p}_e$는 다음과 같이 주어진다.

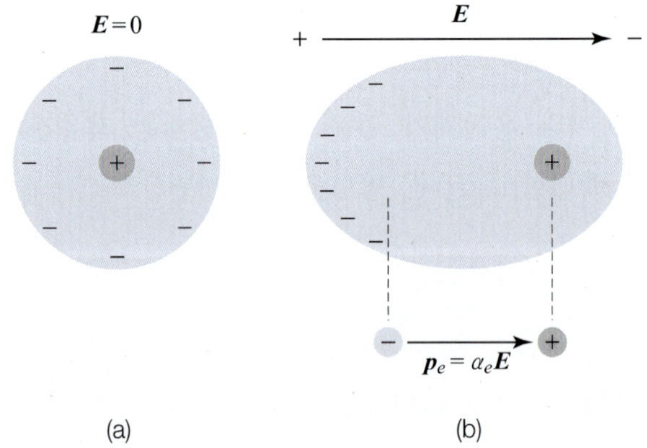

그림 7.6 전자분극 : (a) 전계인가 전, (b) 전계인가 후

$$p_e = \alpha_e E \tag{7.27}$$

여기서 α_e를 전자 분극률(electronic polarizability)이라고 한다.

단위 체적당 원자수를 N_e라고 하면 전자분극은 다음과 같이 나타낼 수 있다.

$$P_e = N_e p_e = N_e \alpha_e E \tag{7.28}$$

(2) 이온분극(ionic polarization)

그림 7.7(a)에 나타낸 바와 같이 이온결정(NaCl, KCl, LiF 등)처럼 양, 음이온을 가지는 경우에는 전계 $E = 0$일 때는 전기쌍극자가 없다. 그림 7.7(b)에 나타낸 바와 같이 전계 E를 가하면 양, 음이온은 반대방향으로 제각각 변위하기 때문에 순 쌍극자 모멘트가 생기게 된다. 이온 사이의 상대적 변위에 의해 유도되는 분극을 **이온분극**이라고 한다. 이때 이온 전기쌍극자 모멘트 p_{i+}와 p_{i-}는 방향이 반대이므로 평균 쌍극자 모멘트는 $p_i = p_{i+} - p_{i-}$가 된다. 따라서 p_i는 다음과 같이 나타내진다.

$$p_i = \alpha_i E \tag{7.29}$$

여기서 α_i는 이온 분극률(ionic polarizability)이다.

단위 체적당 이온쌍의 수를 N_i라고 하면 이온분극은 다음과 같이 나타낼 수 있다.

$$P_i = N_i p_i = N_i \alpha_i E \tag{7.30}$$

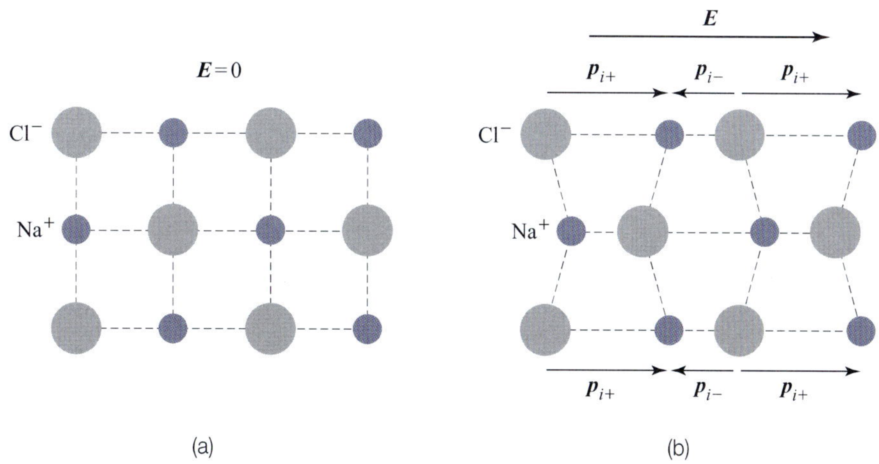

그림 7.7 이온분극 : (a) 전계인가 전, (b) 전계인가 후

(3) 배향분극(orientational polarization)

전자분극이나 이온분극 물질은 처음부터 전기쌍극자가 형성되어 있지 않다. 즉 무분극 분자이다. 그러나 물질 중에는 처음부터 전기쌍극자를 가지는 분자도 있다. 그림 7.8 (a)와 같이 HF, HCl, H_2O 등의 분자는 $E=0$인 경우에도 전기쌍극자가 존재한다. 이와 같은 전기쌍극자를 **영구전기쌍극자**(permanent dipole)라고 하고, 이와 같은 분자를 **극성분자**(polar molecule)라고 한다.

영구전기쌍극자가 생기는 원인은 공유결합 원자 간의 전기음성도 차이에서 온다. 원자가 자신의 전자는 물론이고, 결합하는 원자의 전자를 끌어당기는 힘이 원자마다 다르다. 전기음성도가 큰 원자가 결합하는 원자의 전자를 자기 쪽으로 끌어당김으로서 자신은 음전하의 중심으로 작용하고, 결합하는 전자는 양전하 중심으로 작용하게 되므로 전기쌍극자가 발생하게 된다.

그림 7.8 (b)에 나타낸 바와 같이 다수의 영구전기쌍극자는 전계 $E=0$일 때는 열운동에 따라 무질서한 방향으로 향한다. 따라서 단위 체적당 영구전기쌍극자의 수를 N_d라고 하면 전기쌍극자 모멘트의 합성 벡터는 0이 되고 분극은 나타나지 않는다. 그림(c)와 같이 전계 E를 가하면 전기쌍극자는 전계방향으로 배향하려 하고 분극이 생기게 된다. 이 분극을 **배향분극**이라고 한다. 어느 정도 배향하는가는 열적 동요(thermal agitation)와 전계의 크기에 의해 결정된다. 다시 말해서 전계에 의한 에너지가 열에너지보다 크다면 분극이 발생하지만, 반대일 경우 분극은 발생하지 않는다. 따라서 배향분극은 온도와 전계의 함수로서 평균 전기쌍극자 모멘트 p_{av}는 다음과 같이 나타내진다.

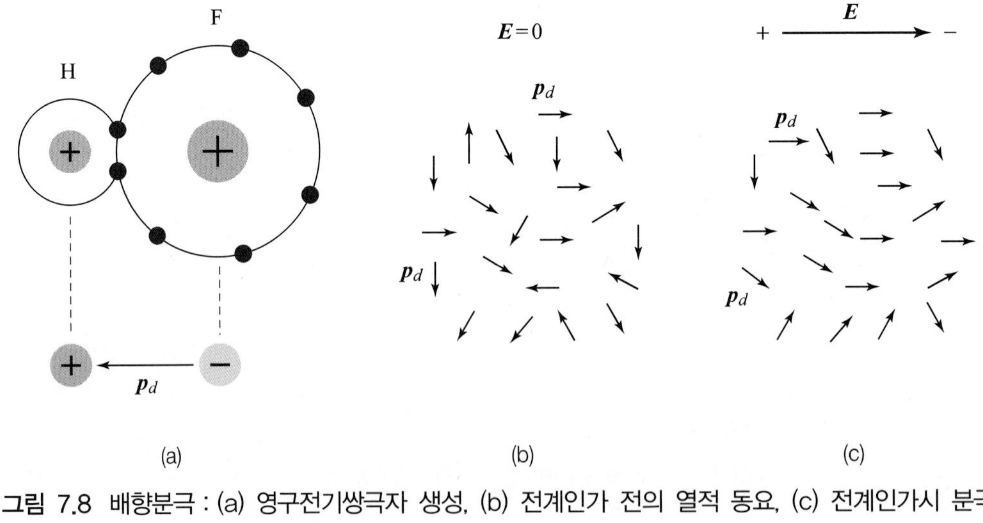

그림 7.8 배향분극 : (a) 영구전기쌍극자 생성, (b) 전계인가 전의 열적 동요, (c) 전계인가시 분극

$$\boldsymbol{p}_{av} = \alpha_d \boldsymbol{E} \tag{7.31}$$

여기서 α_d는 배향 분극률(dipole polarizability)로 다음과 같이 온도와 관계된다.

$$\alpha_d = \frac{1}{3}\frac{p_d^2}{kT} \tag{7.32}$$

단위 체적당 쌍극자의 수를 N_d라고 하면 배향분극은 다음과 같이 나타낼 수 있다.

$$\boldsymbol{P}_d = N_d \alpha_d \boldsymbol{E} \tag{7.33}$$

배향분극을 갖는 물질은 각 원자에서 생기는 전자분극 그리고 각 원자는 정·부전하를 갖는 이온성으로 인해 생기는 이온분극을 가지고 있으므로 전체 분극 $\boldsymbol{P}$는 다음과 같이 나타내진다.

$$\boldsymbol{P} = \boldsymbol{P}_e + \boldsymbol{P}_i + \boldsymbol{P}_d = (\alpha_e + \alpha_i + \alpha_d)\boldsymbol{E}$$

(4) 계면분극(interfacial polarization)

계면이란 서로 다른 물질 간의 경계를 말하며, 일종의 면결함에 속한다. 물질이 서로 다르면 유전율과 도전율도 서로 다르다. 간단히 하기 위해 그림 7.9와 같이 유전율, 도전율이 각각 ε_1, σ_1과 ε_2, σ_2이며, 두께가 같은 이종 유전체가 층상구조인 경우를 생각해보자. 전압 V를 인가하면 C_1, C_2에 따라 유전체 1, 2에 걸리는 초기전압은 다음과 같이 분배된다.

$$V_{1o} = \frac{C_2}{C_1 + C_2}V, \quad V_{2o} = \frac{C_1}{C_1 + C_2}V \tag{7.34}$$

여기서 $V_{1o} = E_{1o}d_1$, $V_{2o} = E_{2o}d_2$, $V = Ed$, $C_1 = \dfrac{\epsilon_1 S}{d_1}$, $C_2 = \dfrac{\epsilon_2 S}{d_2}$이므로 이것을 윗식에 대입하여 정리하면 초기전계는 다음과 같이 된다.

$$E_{1o} = \frac{\epsilon_2}{\epsilon_1 + \epsilon_2}E, \quad E_{2o} = \frac{\epsilon_1}{\epsilon_1 + \epsilon_2}E \tag{7.35}$$

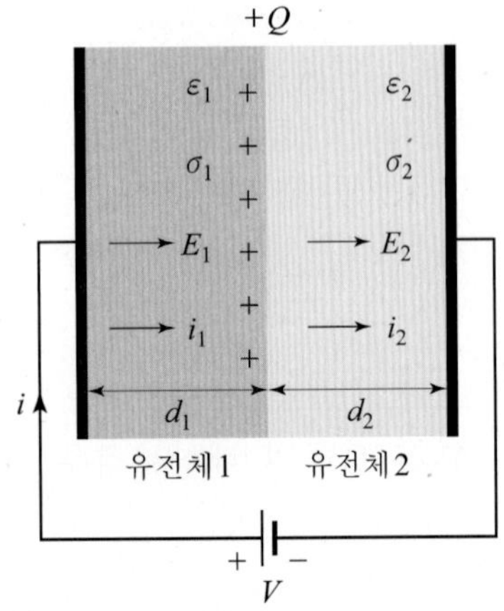

그림 7.9 계면분극

처음에는 유전체에 흐르는 초기전류밀도 $j_{1o} = \sigma_1 E_{1o}$, $j_{2o} = \sigma_2 E_{2o}$가 흐르기 시작한다. 하지만 초기전류가 같지 않기 때문에 그 차에 상당하는 전하 Q가 경계면에 쌓여 간다. 전하가 계면에 축적됨 따라 각 층의 전계분포가 점점 변하고, 전류도 달라진다.

결국 시간이 적당히 흐른 후에 $\sigma_1 E_1 = \sigma_2 E_2$가 되면 전하의 축적은 멈추게 되고 정상상태가 된다. 이때 변위전류는 0이 된다. 그 결과, 계면에 분극이 유도된다. 다시 말해 계면분극은 유전체가 불균질일 때에 생기며, 대부분의 유전체는 불균질하기 때문에 어느 정도의 계면분극은 있게 마련이다.

초기부터 계면에 전하가 축적되지 않고, 분극이 형성되지 않으려면 초기전류가 같아야만 한다. 즉 $\sigma_1 E_{1o} = \sigma_2 E_{2o}$여야 한다. 따라서 그 조건은 다음과 같다.

$$\sigma_1 \frac{\epsilon_2}{\epsilon_1 + \epsilon_2} E = \sigma_2 \frac{\epsilon_1}{\epsilon_1 + \epsilon_2} E \quad \therefore \sigma_1 \epsilon_2 = \sigma_2 \epsilon_1 \tag{7.36}$$

핵심 N 분극은 정·부전하가 서로 역방향으로 변위하는 것으로 분극기구에는 전자, 이온, 배향, 계면분극이 있다. 전계인가시, 전자분극은 원자에서 전자운의 중심과 원자핵의 편이에 의한 분극, 이온분극은 양이온과 음이온의 편이에 의한 분극, 배향분극은 원자 간의 전기음성도 차이에 의한 분극, 계면분극은 계면에 공간전하 축적에 의한 분극이다. 배향분극은 온도 의존성이 큰 분극이다.

7.3 교번전계에서 유전체의 성질

유전체가 교번전계에 놓였을 경우, 유전체의 성질은 직류에서와 전혀 다르다. 전기 쌍극자 모멘트의 방향이 교번전계에 따라 달라지기 때문에 유전율, 분극, 쌍극자의 회전에 따른 손실 등이 교번전계의 주파수에 영향을 받는다.

7.3.1 복소 유전율과 도전율

(1) 복소 유전율

1) $D-E$ 관계에서 복소 유전율 도출

유전체에 교번전계 E를 인가하면 분극 P도 전계와 같이 주파수에 따라 변하나 분극형성에 시간이 걸리게 되므로 P는 E보다 위상이 늦게 된다. 그렇다면 전속밀도 D는 어떻게 될까? 식 (7.17)과 (7.20)으로부터 $\epsilon_o E$을 소거하면 다음과 같은 식이 도출된다.

$$P=\frac{\epsilon_r-1}{\epsilon_r}D \tag{7.37}$$

이 식으로부터 전속밀도 D는 분극 P와 같은 위상을 가진다. 따라서 D도 역시 교번전계 E보다 위상이 늦게 된다. D의 지연 위상각을 δ라 하고, 교번전계의 각주파수를 ω라 하면 다음과 같이 쓸 수 있다.

$$E=E_o e^{j\omega t} \tag{7.38}$$

$$D=D_o e^{j(\omega t-\delta)}$$

유전율 ϵ은 다음과 같이 된다.

$$\epsilon=\frac{D}{E}=\frac{D_o}{E_o}e^{-j\delta}=\frac{D_o}{E_o}\cos\delta-j\frac{D_o}{E_o}\sin\delta=\epsilon'-j\epsilon'' \tag{7.39}$$

따라서 복소 유전율을 다음과 같이 나타낸다.

$$\epsilon^*=\epsilon'-j\epsilon'' \tag{7.39-1}$$

여기서 ϵ^*를 **복소 유전율**(complex permittivity), ϵ'를 **실효 유전율**(effective permittivity), ϵ''를 **유전손율**(loss factor)이라고 한다.

식 (7.39-1)로부터 복소 비유전율도 다음과 같이 나타낼 수 있다.

$$\epsilon_r{}^* = \epsilon_r{}' - j\epsilon_r{}'' \tag{7.39-2}$$

식 (7.39)로부터 실수부와 허수부의 비는

$$\frac{\text{허수부}}{\text{실수부}} = \frac{\frac{D_o}{E_o}\sin\delta}{\frac{D_o}{E_o}\cos\delta} = \frac{\sin\delta}{\cos\delta} = \tan\delta$$

와 같이 되므로 $\tan\delta$는 다음과 같이 나타내진다.

$$\tan\delta = \frac{\epsilon''}{\epsilon'} \quad \text{혹은} \quad \epsilon'' = \epsilon'\tan\delta \tag{7.40}$$

$\tan\delta$를 **유전정접**이라고도 한다. 보다 구체적 용어는 손실과 관계된다고 해서 **손실계수**(dissipation factor)라고도 한다. 이것은 RLC 미터를 사용하면 바로 측정할 수 있는 유전 파라미터이다. δ는 손실을 발생시키는 위상각이라는 개념에서 **유전손각**(dielectric loss angle)이라 한다.

2) 암페어-맥스웰 방정식에서 복소 유전율 도출

복소 유전율을 암페어-맥스웰 방정식의 미분형으로부터 도출할 수 있다. 자계의 회전은 전도전류밀도와 변위전류밀도의 합, 즉

$$\begin{aligned}\boldsymbol{\Delta} \times \boldsymbol{H} &= \boldsymbol{J} + \frac{\partial \boldsymbol{D}}{\partial t} = \sigma \boldsymbol{E} + j\omega \boldsymbol{D} \\ &= \sigma\boldsymbol{E} + j\omega\epsilon\boldsymbol{E} = j\omega\left(\epsilon + \frac{\sigma}{j\omega}\right)\boldsymbol{E}\end{aligned} \tag{7.41}$$

가 된다. 여기서 괄호 속의 $\epsilon + \sigma/j\omega$를 ϵ^*로 두고 복소수의 실수부와 허수부 형태로 정리하면 다음 식과 같이 된다.

$$\epsilon^* = \epsilon + \frac{\sigma}{j\omega} = \epsilon - j\frac{\sigma}{\omega} = \epsilon' - j\epsilon'' \tag{7.42}$$

이 식은 식 (7.39-1)과 동일하다.

(2) 교류 도전율과 손실

식 (7.42)에서 등식을 비교하면 허수부끼리는 같으므로 다음과 같은 중요한 식을 얻는다.

$$\sigma = \omega\epsilon'' = \omega\epsilon'\tan\delta = 2\pi f\epsilon'\tan\delta \tag{7.43}$$

이것을 **교류 도전율** 또는 **교류 전도도**(ac conductivity)라고 한다. 주파수 f가 증가할수록, 유전손율 ϵ''이 클수록 혹은 손실계수가 클수록 도전율은 증가하게 된다. 주파수에 따른 금속과 유전체의 도전율을 비교해보면 금속은 주파수가 증가할수록 표피효과 때문에 단면적이 감소하여 도전율이 감소하지만 유전체는 오히려 주파수가 증가할수록 도전율이 증가한다.

한편 교류 도전율은 변위전류를 통해서도 유도될 수 있다. 교번전계 인가시 유전체 내의 D의 시간적 변화율이 변위전류이다. 변위전류밀도는 정의에 따라 다음과 같이 전개된다.

$$\begin{aligned} \boldsymbol{J} &= \frac{d\boldsymbol{D}}{dt} = j\omega\boldsymbol{D} = j\omega\epsilon^*\boldsymbol{E} = j\omega(\epsilon' - j\epsilon'')\boldsymbol{E} \\ &= \omega\epsilon''\boldsymbol{E} + j\omega\epsilon'\boldsymbol{E} = \sigma\boldsymbol{E} + j\omega\epsilon'\boldsymbol{E} \end{aligned} \tag{7.44}$$

유전체에 흐르는 변위전류는 실수부와 허수부로 구성된다. 이 식에 교번전계와 전류의 벡터도를 그림 7.10에 나타내었다. 유전체가 없는 진공에서는 식 (7.44)에서 허수부만 존재하므로 전류가 전압보다 위상이 $\pi/2$만큼 빠르고 $\delta = 0$이 되므로 손실이 없다. 그러나 유전체는 복소 유전율을 가지기 때문에 $\delta \neq 0$가 되어 손실이 존재한다. 한편 그림 7.10으로부터도 식 (7.40)과 같은 탄젠트 델타가 구해진다.

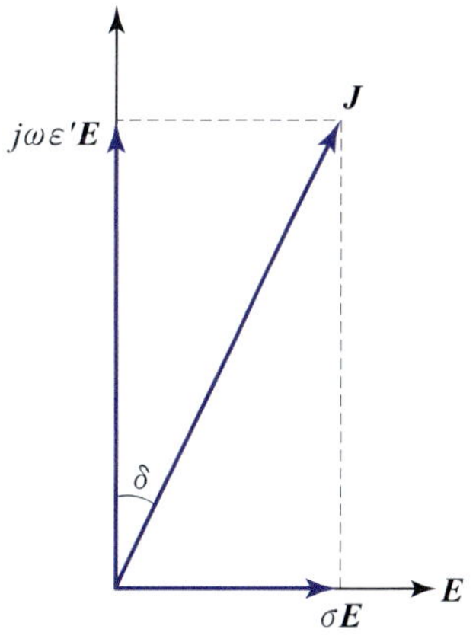

그림 7.10 교번전계와 전류의 벡터도

$$\tan\delta = \frac{\sigma E}{\omega\epsilon' E} = \frac{\omega\epsilon''}{\omega\epsilon'} = \frac{\epsilon''}{\epsilon'} \tag{7.45}$$

일반적으로 $\epsilon' \gg \epsilon''$이므로 δ는 매우 작은 값으로 나타난다.

핵심 N 유전율은 복소수로 표시된다. 실수부는 보통 사용되는 유전상수, 허수부는 손실과 관계되는 유전손율이다. 유전체에서는 직류 도전율 대신에 교류 도전율을 사용한다. 유전체의 교류 도전율은 주파수가 증가함에 따라 증가하는 반면 금속의 교류 도전율은 주파수가 증가하면 표피효과로 감소한다.

7.3.2 유전손실

(1) 유전손실은 등가회로의 저항에서 구한다.

유전체의 어드미턴스 Y는 식 (7.46)과 같이 외견상 실수부가 없는 허수이다. 그러나 커패시턴스 C가 복소수 형태의 유전율을 포함하고 있기 때문에 편의상 C^*로 두고 정리하면 Y는 복소수로 나타난다.

$$\begin{aligned} Y &= j\omega C^* = j\omega \frac{\epsilon^* S}{d} = j\omega \frac{(\epsilon' - j\epsilon'')S}{d} \\ &= \frac{\omega\epsilon'' S}{d} + j\omega \frac{\epsilon' S}{d} = G_p + j\omega C \end{aligned} \tag{7.46}$$

여기서 컨덕턴스 G_p와 커패시턴스 C는 다음과 같이 나타내진다.

$$G_p = \frac{\omega\epsilon'' S}{d} = \frac{\sigma S}{d} = \frac{1}{R_p} \tag{7.47}$$

$$C = \frac{\epsilon' S}{d} \tag{7.48}$$

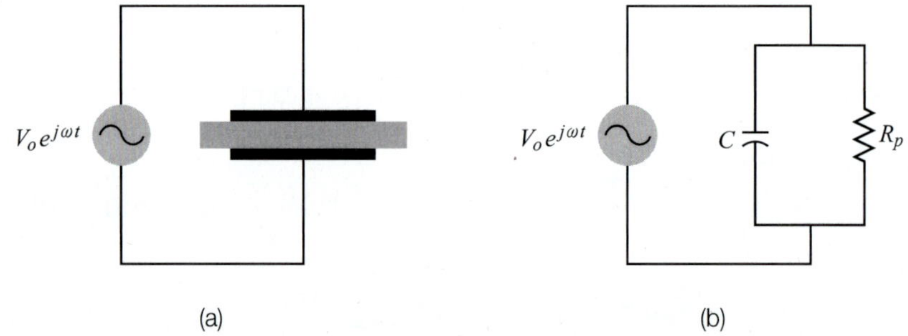

그림 7.11 유전체의 등가회로

따라서 유전체는 그림 7.11과 같이 손실을 나타내는 저항 성분과 무손실을 나타내는 커패시턴스 성분의 병렬조합인 등가회로로 나타내진다. 유전체에서 손실은 저항 성분에서 발생한다. 유전체에서 저항 성분은 다음과 같은 원인으로 생긴다. (1) 유전체도 전도 불순물을 포함하고 있으며, 저항이 매우 크지만 전계를 인가할 때 누설전류가 흐른다. 따라서 전기저항으로 주울열이 발생하게 된다. (2) 교번전계에서 주파수에 따라 전기쌍극자의 회전을 방해하는 점성저항과 열적 동요를 이겨낼 수 있는 전력 공급이 있어야 쌍극자를 회전시킬 수 있다. 따라서 점성저항으로 마찰열이 발생하게 된다. 이때 전력손실은 결국 열에너지로 소멸한다. 따라서 유전체에서 발생하는 전력 손실, 즉 유전손실 W는 저항에서 다음과 같이 나타내진다.

$$\begin{aligned} W &= \frac{V^2}{R_p} = \frac{\omega\epsilon'' S}{d} V^2 = \frac{\omega\epsilon'\tan\delta S}{d} V^2 \\ &= \omega \frac{\epsilon' S}{d} \tan\delta V^2 = \omega C \tan\delta V^2 \end{aligned} \tag{7.49}$$

결과적으로 분극에 소모되는 에너지, 즉 유전손실 W는 다음과 같은 식으로 요약된다.

$$W = \omega C \tan\delta V^2 \tag{7.49-1}$$

단위 체적당 유전손실 w는 다음과 같이 나타내진다.

$$w = \frac{W}{dS} = \frac{\omega C \tan\delta V^2}{dS} = \frac{\omega\epsilon'\tan\delta V^2}{d^2} = \omega\epsilon'\tan\delta E^2 = \omega\epsilon'' E^2 = \sigma E^2 \tag{7.50}$$

결과적으로 단위 체적당 유전손실 w는 다음과 같이 요약된다.

$$w = \sigma E^2 = \omega\epsilon'' E^2 = \omega\epsilon'\tan\delta E^2 \tag{7.50-1}$$

위 식에서 $w = \sigma E^2$은 다음의 주울의 법칙과 동일하다. 그러나 전도도는 서로 다르게 표기된다.

$$w = JE = (\sigma E)E = \sigma E^2 \tag{7.51}$$

(2) 유전손실은 등가회로의 벡터도에서 구한다.

유전체에 교류전압을 인가하면 이상적인 유전체의 경우 전류가 전압보다 위상이 90° 앞서지만 실제로는 완전한 유전체는 없기 때문에 90°보다 약간 작아지는 것이 보통이다. 이것은 유전체 내부에 일종의 저항분이 있어 I^2R의 손실이 생기기 때문이다.

그림 7.12는 유전체(a)에 교류전압 $V = V_m e^{j\omega t}$ 를 가했을 때의 등가회로(b)와 전류 I의 벡터도(c)를 나타낸 것이다.

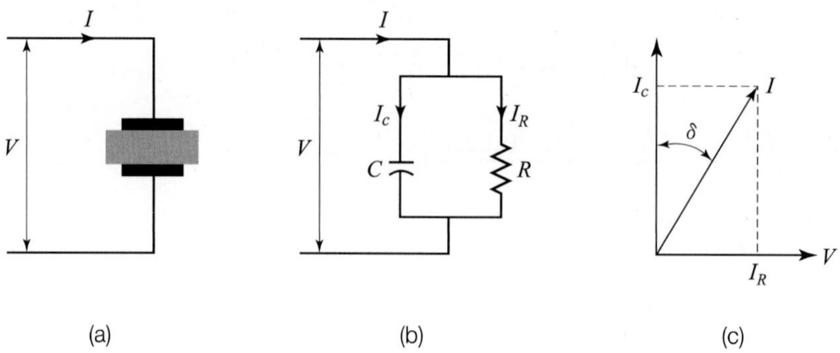

그림 7.12 (a) 유전체, (b) 등가회로, (c) 전류의 벡터도

I가 δ만큼 위상이 지연됨으로서 유전손실 W가 생기며 다음 식과 같이 쓸 수 있다.

$$W = VI_R = VI_C \tan\delta \tag{7.52}$$

정전용량 C에 흐르는 전류 I_C는 다음과 같이 나타내진다.

$$I_C = \omega C V \tag{7.53}$$

이것을 식(7.52)에 대입하면 유전손실 W은 다음과 같이 된다.

$$W = \omega C \tan\delta\, V^2 \tag{7.54}$$

유전체의 비유전율이 ϵ_r일 때 정전용량은 $C = \epsilon_r C_o$이므로 유전손실 W은 다음과 같이 나타낼 수도 있다.

$$W = 2\pi f \epsilon_r C_o \tan\delta\, V^2 \tag{7.55}$$

단위 정전용량당 유전손실 $W_C(W/C)$은 다음과 같이 나타낼 수 있다.

$$W_C = \omega \tan\delta\, V^2 \tag{7.56}$$

(3) 유전손실은 전압, 전류, 위상차의 곱이다.

전압과 전류의 곱에 그 사이의 역률을 곱함으로서 다음과 같은 과정에 따라 유전손실 W가 구해진다.

$$\begin{aligned} W &= VI\cos(\pi/2 - \delta) = VI\sin\delta = VI_R \\ &= VI_C\tan\delta = V\omega CV\tan\delta = \omega C\tan\delta\, V^2 \end{aligned} \tag{7.57}$$

이상에서 식 (7.49), 식 (7.54), 식 (7.57)은 모두 같은 결과이다. 유전손실은 주파수, 정전용량, 유전상수, 손실계수, 전압에 의존한다 : (1) 주파수가 클수록 쌍극자의 회전이 빠르고 마찰수가 많다는 의미에서, (2) 정전용량이 크다는 것은 비유전율이 크다는 의미이며, 이는 전기쌍극자 모멘트가 크다는 의미에서, (3) 손실계수가 크다는 것은 누설전류가 크다는 의미에서, (4) 전압이 높다는 것은 전계가 크다는 의미에서 손실 에너지가 커진다.

그림 7.12로부터 유전율이 복소수 형태로 나타나는 이유를 유주해보자. 전체 전류는 저항성 전류와 용량성 전류의 합이다.

$$\begin{aligned} I &= I_R + I_C = j\omega CV + \frac{V}{R} = \left(j\omega C + \frac{1}{R}\right)V \\ &\qquad \left(\tan\delta = \frac{I_R}{I_C} = \frac{V/R}{\omega CV} = \frac{1}{\omega CR} \quad \therefore\ \frac{1}{R} = \omega C\tan\delta\right) \\ &= (j\omega C + \omega C\tan\delta)V = j\omega C_o(\epsilon_r - j\epsilon_r\tan\delta)V \\ &= j\omega C_o(\epsilon_r' - j\epsilon_r'')V \\ &= j\omega\epsilon_r^* C_o V \end{aligned} \tag{7.58}$$

따라서 ϵ_r^*는 다음과 같이 복소수로 나타난다.

$$\epsilon_r^* = \epsilon_r' \quad j\epsilon_r''$$

또 다른 방법으로 접근해보자.

$$I = I_C + I_R = j\omega CV + \omega CV\tan\delta = j\omega(\epsilon_r - j\epsilon_r \tan\delta)C_o V$$

$$= j\omega(\epsilon_r{}' - j\epsilon_r{}'')C_o V \tag{7.59}$$

$$= j\omega\epsilon_r{}^* C_o V$$

마찬가지로 $\epsilon_r{}^*$는 다음과 같이 복소수로 나타난다.

$$\epsilon_r{}^* = \epsilon_r{}' - j\epsilon_r{}''$$

교번전계에서 분극에 소모되는 에너지 손실, 즉

핵심 N 유전손실은 $W = \omega C\tan\delta\, V^2$로 나타내진다. 따라서 유전손실은 주파수, 유전상수, 정전용량, 손실계수, 인가전압에 영향을 받는다.

7.3.3 유전분산과 유전흡수

(1) 분산과 흡수곡선

분극이라는 것은 정·부전하가 서로 역방향으로 변위하는 것이기 때문에 분극을 형성하는 데는 어느 정도의 시간이 필요하게 된다. 직류 인가시 분극은 최대가 되며, 이때의 비유전율을 정비유전율(직류 비유전율)이라고 한다. 교번전계로 반주기마다 전하의 변위 방향이 변할 경우, 주파수가 높아지게 되면 쌍극자가 전계 변화에 좇아 추종하기가 어렵다. 저주파 전계 인가시에는 쌍극자가 전계 변화에 잘 추종하여 분극이 커지게 되고, 비유전율도 일정하게 유지된다. 그러나 주파수가 점점 증가하여 고주파가 되면 교번전계가 너무 빠르게 변하기 때문에 쌍극자 분자는 회전시 분자 간의 충돌 혹은 주위 분자로부터 상호작용으로 생기는 점성저항으로 인해 전계 변화에 제대로 추종하지 못한다. 따라서 임의 방향을 갖는 쌍극자의 분포로 분극은 감소하게 되고, 비유전율도 감소하게 된다. 이러한 현상을 **유전분산**(誘電分散, dielectric dispersion)이라고 한다. 주파수 변화로 쌍극자의 회전에 따라 쌍극자끼리 마찰이 일어나며, 그에 따라 유전손실이 발생하게 되는데 이것을 **유전흡수**(誘電吸收, dielectric absorption)라고 한다. 그림 7.13은 유전분산과 유전흡수가 주파수에 따라 어떻게 변하는지를 나타낸 것이다.

곡선의 (a)부분에서 주파수 증가에 따라 쌍극자가 잘 추종하며, 비유전율는 거의 일정하나, 유전손율도 작으나 서서히 증가한다. (b)부분에서는 비유전율이 주파수에 따라 급격히 감소하는, 즉 이상분산이 나타난다. 주파수 증가에 따라 추종과 비추종을 거듭하면서 $\omega\tau = 1$에서 쌍극자의 무질서도가 최대가 되며, 유전손율은 최대가 된다. (c)부분에 준하는 주파수가 되면 쌍극자는 더 이상 추종할 수 없는 상태로 쌍극자는 회전하지 않고 정지상태가 된다. 이때는 비유전율은 1이 되고, 유전손율은 감소하게 된다.

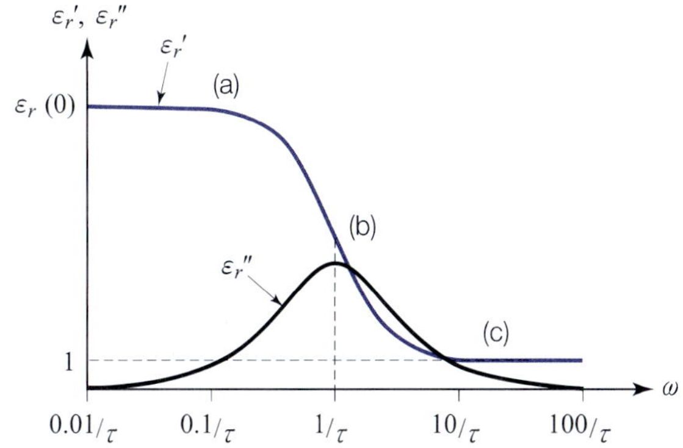

그림 7.13 유전분산$(f-\epsilon_r')$ 및 흡수곡선$(f-\epsilon_r'')$

이와 같은 유전분산의 성질을 가지고 계면, 배향, 이온, 전자분극의 유전분산 특성을 살펴보자. 교번전계 내에서 각 분극은 전계를 역전시켰을 때에 쌍극자가 어느 정도로 쉽게 반전할 수 있을까에 의존한다. 전계의 변화가 느릴 경우, 쌍극자는 잘 추종하고 평형상태에 도달한다. 분극이 시간에 따라 평형상태로 이행해 가는 것을 **유전완화**(誘電緩和, dielectric relaxation))라고 하고, 평형상태에 도달하기 위해 필요한 시간을 **완화시간**(relaxation time)이라 하며, 그 역수가 **완화 주파수**이다. 완화 주파수가 크다는 것은 전기쌍극자가 교번전계에 잘 추종한다는 의미이다.

각 분극의 개략적인 분산곡선을 그림 7.14에 나타내었다. 광학영역에 들어가는 전자분극이나 이온분극의 분산은 진동계가 되는 정·부전하의 고유진동수가 교번전계의 주파수와 공명을 일으킬 때 생기는 것으로 **공명형 분산**(共鳴形分散)이라고 한다. 전기적 영역에 들어가는 배향분극이나 계면분극에서는 분산 간의 충돌 또는 주위의 분자들로부터 받는 속박에 기인하는 소위 **완화형 분산**(緩和形分散)이라고 한다.

어떤 ω에서 분산이 일어나는가는 분극이 추종할 수 있는 속도에 따라 결정되며, 유전분극물질에 따라 분산이 일어나는 대략의 각주파수(**분산 주파수** 또는 **공명 주파수**라고 한다)는 다음과 같다.

- 자유이온의 이동에 의한 계면분극은 가청주파수의 영역, 10^4 [Hz] 정도
- 배향분극은 단파에서 마이크로파 영역, $10^6 \sim 10^9$ [Hz] 정도
- 이온분극은 적외선 영역, 10^{12} [Hz] 정도
- 전자분극은 자외선 영역, 10^{15} [Hz] 정도

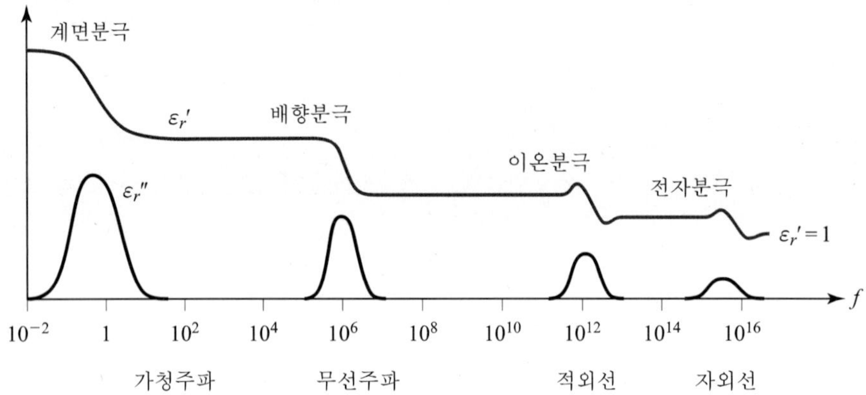

그림 7.14 계면 배향, 이온, 전자분극의 복소 비유전율의 주파수 의존성

ϵ''은 에너지 흡수의 크기를 직접 표시한 양이기 때문에 말 그대로 **유전흡수**라고 하는데 유전분산이 일어나는 주파수 영역에서 현저하게 크게 되고, 주파수에 대해 **산형**(山形)의 변화를 나타낸다. 이 경향은 정성적으로는 전자분극, 원자분극 혹은 배향분극의 어느 것에 있어서도 변하지 않는다. ϵ''의 피크는 완화과정이 어떤 것이든 그 주기가 외부전계의 주기와 같을 때 생기며, 완화시간이 외부전계의 주기에 비해 늦거나 빠를 때는 손실이 작다.

(2) Debye 방정식

교번전계에서 복소 비유전율의 주파수 특성은 Debye **방정식** (복소 비유전율의 주파수 응답)으로 나타낼 수 있다.

$$\epsilon_r{}^* = \epsilon_r{}' - j\epsilon_r{}'' = \epsilon_{r\infty}{}' + \frac{\epsilon_{rs}{}' - \epsilon_{r\infty}{}'}{1 + j\omega\tau} \tag{2.60}$$

여기서 $\epsilon_{rs}{}'$는 초저주파에서의 비유전율(첨자 s는 static의 이니셜로 주파수가 아주 낮거나 직류상태), $\epsilon_{r\infty}{}'$는 광학적 영역의 주파수에서의 비유전율(첨자 ∞는 주파수가 무한대에 가까울 정도의 광학적 영역)이다. Debye 방정식을 실수부와 허수부로 나누

어 쓰면 다음과 같다.

$$\epsilon_r{}' = \epsilon_{r\infty}{}' + \frac{\epsilon_{rs}{}' - \epsilon_{r\infty}{}'}{1+\omega^2\tau^2} \tag{7.61}$$

$$\epsilon_r{}'' = \frac{(\epsilon_{rs}{}' - \epsilon_{r\infty}{}')\,\omega\tau}{1+\omega^2\tau^2} \tag{7.62}$$

두 식에서 $\omega\tau$를 소거하면 다음과 같이 된다.

$$\left(\epsilon_r{}' - \frac{\epsilon_{rs}{}' + \epsilon_{r\infty}{}'}{2}\right)^2 + (\epsilon_r{}'')^2 = \left(\frac{\epsilon_{rs}{}' - \epsilon_{r\infty}{}'}{2}\right)^2 \tag{7.63}$$

여기서 반원의 중심은 $[(\epsilon_{rs}{}' + \epsilon_{r\infty}{}')/2, 0]$, 반경은 $(\epsilon_{rs}{}' - \epsilon_{r\infty}{}')/2$이 된다. 식 (7.63)에 대한 그림이 그림 7.15이다.

이 식은 $\epsilon'' \sim \epsilon'$ 평면상에서 반원(Debye 원)이 되지만, 대부분의 재료에 있어서 반원이 되지 않고 원호가 된다(K. S. Cole과 R. H. Cole이 알아내었다). 그래서 이를 **Cole–Cole의 원호측**이라고 한다. 이와 같이 원호로 나타내는 것은 완화시간이 분포하기 때문이다. 일반적으로 쌍극자는 주위 분자로부터의 영향 때문에 1개의 물질상 내에서도 부분, 부분에 의한 완화시간, 즉 쌍극자 회전에 필요한 시간은 다른 것으로 완화시간은 어떤 분포를 나타내게 된다. 예를 들어, τ_1, τ_2, τ_3, … 등으로 서로 다른 완화시간을 가진 쌍극자가 있다면 중심도, 반지름도 다른 반원으로 될 것이며, 이들이 서로 겹치게 되면 하나의 소원호로 나타나게 될 것이다. 그때 전체 완화계를 **분포 완화시간계**라 한다.

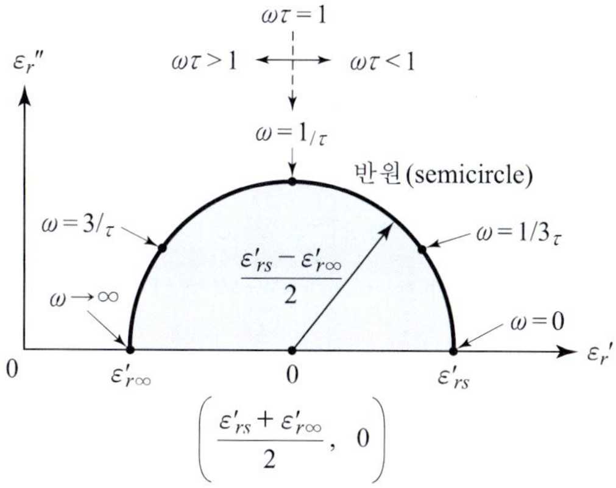

그림 7.15 Cole–Cole 다이아그램

식 (7.62)에서 ϵ''가 최대가 되는 ω를 ω_m이라고 하면 $d\epsilon''/d\omega = 0$에서 다음과 같은 조건을 얻는다.

$$\omega_m \tau = 1 \tag{7.64}$$

$\omega_m = 1/\tau$일 때 유전손율 ϵ''가 최대가 된다. $\omega_m \tau = 1$을 식 (7.62)에 대입하면 ϵ''의 최대치는 다음과 같다.

$$\epsilon''(\omega_m) = \frac{\epsilon_{rs}{}' - \epsilon_{r\infty}{}'}{2} \tag{7.65}$$

이것은 그림 7.15에서 반원의 반경에 해당한다. 한편 유전손율이 최대가 되는 주파수를 ω_m를 찾으면 완화시간 τ는 다음과 같이 구해진다.

$$\tau = \frac{1}{\omega_m} = \frac{1}{2\pi f_m} \tag{7.66}$$

그림을 통해서 알 수 있는 것은 비유전율은 주파수가 낮을수록 높아지고, 주파수가 높을수록 낮아진다. 유전손실은 저주파나 고주파에서 작아진다.

핵심 N 유전체에는 유전분산, 유전흡수, 유전완화라는 용어를 자주 쓴다. 유전율이 주파수에 따라 감소해 가는 것을 유전분산. 주파수 변화로 쌍극자의 회전에 따라 쌍극자 마찰로 인한 손실을 유전흡수. 분극상태에서 전계를 제거하거나 느린 주파수의 교번전계에 따라 평형상태로 이행해 가는 과정을 유전완화라고 한다.

7.3.4 유전완화

분극은 저절로 일어나지 않는다. 전기장을 가해서 강제로 전기쌍극자를 전기장 방향으로 정렬시켰을 때 생긴다. 전기장을 제거하면 전기장 인가전의 상태, 즉 평형상태로 돌아가려고 할 것이다. 앞에서 언급한 바와 같이 이런 과정을 **유전완화**(誘電緩和, dielectric relaxation), 그때 걸리는 시간을 **완화시간**(緩和時間, relaxation time)이라고 하였다.

유전완화는 분극상태에서 전기장 제거시 계(系, system)안에 있는 입자들이 에너지를 서로 주고받는 과정에서 생기는데 주고받는 속도가 빠를수록 빨리 열평형으로 도달하게 되어 완화시간 τ가 짧아지게 된다. 완화시간은 다음과 같이 나타내진다.

$$\tau = \tau_o e^{H/kT} \tag{7.67}$$

여기서 τ_o는 $H=0$일 때 완화시간, H는 쌍극자 회전시 마찰에 따른 점성저항과 관련되는 **활성화 에너지**로 유전체에 따라서 정해지는 상수이다. 식을 통해서 알 수 있는 것은 재료의 점성저항의 작을수록, 온도가 높을수록 평형상태에 빨리 도달한다는 것이다. 온도가 상승하면 점성저항이 작아지는 데 그 원인이 있다.

분극을 $P(t)$, 정전기장의 포화분극을 P_s, 분극의 완화시간을 τ라고 하면 정전기장 인가 후 $P(t)$는 시간에 따라 다음과 같이 증가한다.

$$P(t) = P_s\left(1 - e^{-t/\tau}\right) \tag{7.68}$$

전기장 인가시간이 완화시간보다 훨씬 길면 분극은 충분히 이루어지지만 미치지 못하면 분극은 포화분극에 이르지 못하게 된다. 이 식은 마치 축전기에서 시간에 따른 충전 관계식 $Q(t) = CV\left(1 - e^{-t/\tau}\right)$와 유사하다.

전기장을 제거하면 분극 $P(t)$는 시간에 따라 다음과 같이 감소한다.

$$P(t) = P_s e^{-t/\tau} \tag{7.69}$$

이 식은 축전기에서 방전 관계식 $Q(t) = Q_o e^{-t/\tau}$와 유사하다

핵심 N 유전체의 전기쌍극자를 회전시키는데 에너지가 필요한데 이것을 활성화 에너지라고 하며, 그 크기는 재료의 점성저항에 의존한다.

7.4 강유전체

7.4.1 강유전체의 성질

지금까지 설명한 유전체는 전계를 인가하면 분극이 생기고, 전계를 제거하면 분극이 소멸해버리는 상유전체였다. 다시 말해서 분극 P는 전계 E에 선형적으로 비례하

는, 즉 식 (7.17), $P = \chi_e \epsilon_o E$로 나타내었다. 이 관계가 성립하는 물질을 **상유전체**(常

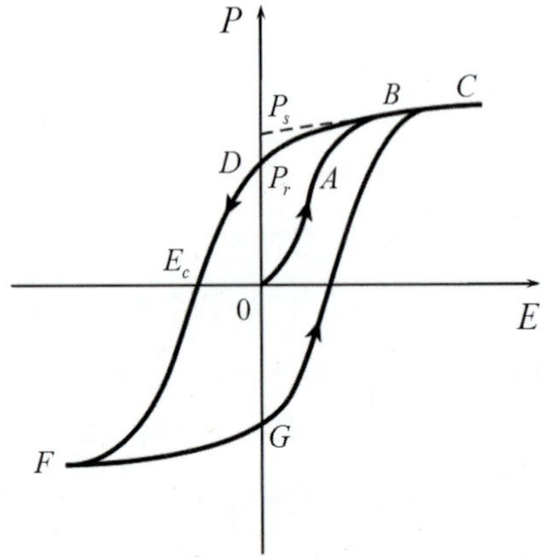

그림 7.16 강유전체의 분극 P와 전계 E의 관계(히트테리시스 곡선)

誘電體, paraelectric)라고 한다. 그러나 물질의 종류에 따라서는 전계가 없어도 분극이 생기는 것이 있는데 이를 **자발분극**(自發分極, spontaneous polarization)이라고 한다. 자발분극이 발생하는 원인은 전기쌍극자 상호작용으로 생기는 내부전계 때문인 것으로 추정된다. 전계가 인가되면 자발분극의 방향이 역전되며, P가 E에 선형적으로 비례하지 않고, $P-E$ 관계가 그림 7.16과 같이 히스테리시스 곡선(hysteresis loop)을 갖는 물질을 **강유전체**(强誘電體, ferroelectric)라고 한다.

처음에는 시료 전체를 보아 분극이 0이지만 E를 가하면 P는 OABC 경로를 따라 비선형적으로 증가하고 B에서 거의 포화에 이른다. 다음으로 E를 줄이면 이력을 나타내어 BD 경로를 따라 감소한다. E가 0이 되어도 분극이 0이 되지 않고 P_r이 남는다. 이 P_r을 **잔류분극**이라고 한다. 잔류분극을 0으로 하려면 역방향으로 전계를 인가하여야 한다. $P=0$이 되게 하는 전계 E_c를 **항전계**(抗電界, coercive)라고 한다. 이후 FGBDF 경로를 따라 분극 P는 폐곡선을 계속해서 그린다. 히스테리시스 곡선 내의 면적은 1 사이클 동안 강유전체에서 소모되는 에너지 손실로서 열에너지로 소멸된다.

핵심 N	분극과 전계와의 관계가 히스테리시스 곡선을 갖는 유전체를 강유전체라고 한다.

7.4.2 분역과 자발분극

그림 7.17과 같이 강유전체는 **분역**(分域, domain)이라는 작은 영역으로 나뉘어 그

분역 내에서는 영구쌍극자가 전부 같은 방향으로 배열하고 있어 전계를 가하지 않아

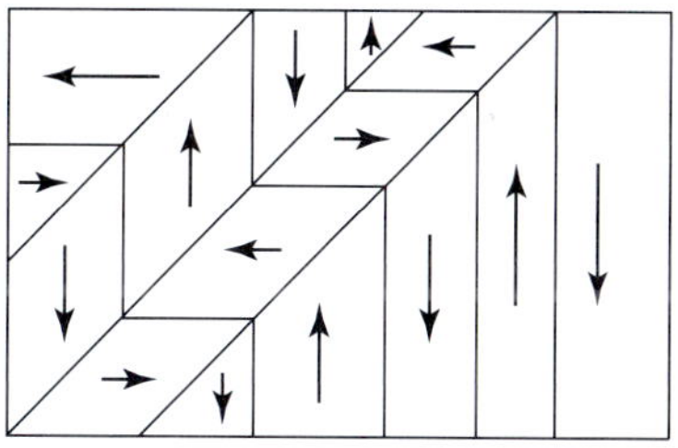

그림 7.17 강유전체의 분역

도 분극을 가지고 있다. 이때 **자발분극**은 분역 내에서 한정되는 용어이다. 자발분극을 가지고 있는 재료라 하더라도 처음에는 재료 전체 분극은 0이다. 재료 안에 분역은 작은 영역으로 많이 나눠져 있다. 분역 하나하나로 보면 자발분극이 있지만 분역의 자발분극 방향이 이리저리 무질서하게 분포되어 있기 때문에 전체적으로 보면 분극은 없는 것이다. 그렇다면 분역으로 나눠지는 이유는 무엇일까? 분역이 안정되기 위해서 자유에너지를 최소로 하는 것이다. 만약에 전부 같은 방향으로 분극이 자발적으로 되어 있다면 재료 주위가 큰 정전에너지 내에 놓이게 되어 에너지가 더 커지게 된다. 따라서 분역이 세분화되면 분역들의 분극방향이 제멋대로가 되어 정전에너지는 감소하게 되고 안정화가 이루어지게 된다.

전계를 크게 함에 따라 전계방향의 분극이 증가하고 결국에는 모든 분역이 전계방향으로 그 방향을 바꾸어 포화한다. 더욱더 전계를 증가시키면 그림 7.16에서 BC를 따라 분극이 증가하는데 이것은 전자분극, 이온분극 등의 분극에 의한 것이므로 직선적으로 변화한다. 따라서 BC 선을 P 축에 연장시켰을 때, P 축과의 교점 P_s가 전자분극, 이온분극을 제외한 자발분극의 크기가 된다. 그러나 자발분극을 가지는 강유전체도 온도를 올리면 열동요 때문에 영구쌍극자의 방향이 무질서하게 되고, 쌍극자 모멘트의 벡터 합이 0이 되므로 $P=0$이 되고 상유전체가 된다. 자발분극이 소멸하는 온도, 즉 강유전성을 잃어버리는 온도를 **퀴리온도**(Curie temperature) T_C라고 한다. 상유전체의 T_C 이상에서의 비유전율 ϵ_r은 근사적으로 다음과 같이 나타낼 수 있다.

$$\epsilon_r \simeq \frac{C}{T - T_C} \tag{7.70}$$

여기서 C는 퀴리상수이다. 이것을 상유전체에서의 **퀴리-바이스의 법칙**(Curie-Weiss's law)이라고 한다.

상유전체에서의 유전율 ε는 식 (7.17)을 약간 변형시키면 다음과 같이 쓸 수 있다.

$$\varepsilon = \varepsilon_o + (P/E) \tag{7.71}$$

그러나 강유전체에서는 P와 E의 관계가 히스테리시스 곡선이라서 유전율을 P/E 대신에 미분 유전율 dP/dE를 이용하여 다음과 같이 정의한다.

$$\varepsilon_{(ferro)} = \varepsilon_o + dP/dE \tag{7.72}$$

$P-E$ 곡선 원점 부근의 dP/dE의 값을 통상적으로 강유전체의 ε로 하고 있다.

일반적으로 강유전체의 비유전율은 상유전체에 비해서 대단히 크고, 재료에 따라서는 1,000을 넘는 것도 있다. 가령 로셀염은 4000, 티탄산바륨($BaTiO_3$)은 5000 정도이다. 강유전체에 전계를 인가하면 쌍극자 방향이 전부 일치하여 비유전율이 크지만, 상유전체에서의 쌍극자는 열에 상대적으로 민감하고 열동요가 큼으로서 쌍극자의 방향이 전계방향으로 완전히 향하지 않기 때문에 비유전율이 강유전체보다는 작다.

핵심 N 전계인가 없이도 분극이 저절로 만들어진 영역들이 혼합된 유전체를 강유전체라고 한다. 유전체 자체는 분극이 없는 상태이다. 강유전체라도 전계를 인가하여 재료전체를 분극시켜야 한다.

7.4.3 압전성과 초전성

(1) 압전성

결정에 기계적 응력을 가하면 물질이 변위하는 것과 동시에 전하도 변위한다. 그러나 반드시 분극이 발생하는 것은 아니다. 발생할 수도 있고 그렇지 않을 수도 있다. 발생할 때의 물질을 **압전체**라고 하며, 그 현상을 **압전효과**(壓電効果, piezoelectric effect)라고 한다. 석영(SiO_2)이나 티탄산바륨($BaTiO_3$) 등에 기계적 응력을 가하면 그림 7.18 (a)와 같이 분극이 발생한다. 반대로 전압을 인가하면 쌍극자 모멘트가 발생하여 분극이 생기고, 전하의 변위는 물론이고, 이온 등의 물질이 변위가 발생하여 기계적 왜형이 발생하는 것을 **전기왜형**(電氣歪形, electrostriction)이라고 한다. 전기왜형은 모든 물질에 공통적으로 존재하는 현상이다. 그러나 전계의 방향이 바뀔지라도 왜형의 크기나 방향은 변하지 않는다. 만약 그림 7.18 (b), (c)와 같이 압전체라면 전계의 방향에 따라 왜형의 방향도 바뀌게 된다. 이런 경우를 **역압전효과**라고 한다.

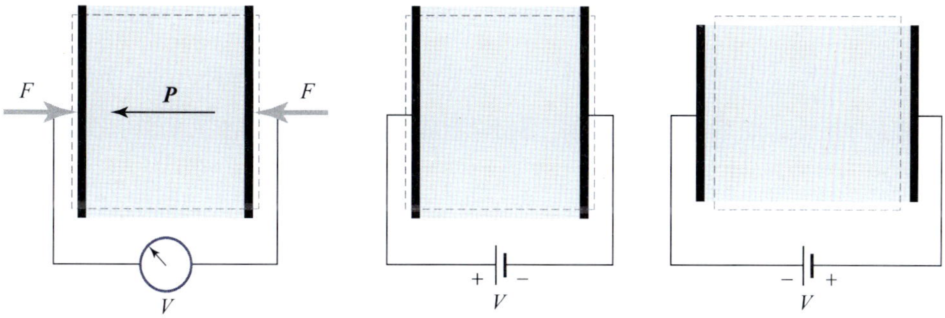

(a) (b) (c)

그림 7.18 (a) 재료에 압력을 가하면 전기가 발생 : 압전효과, (b) (c) 전기가 가해지면 변위가 발생 : 역압전효과

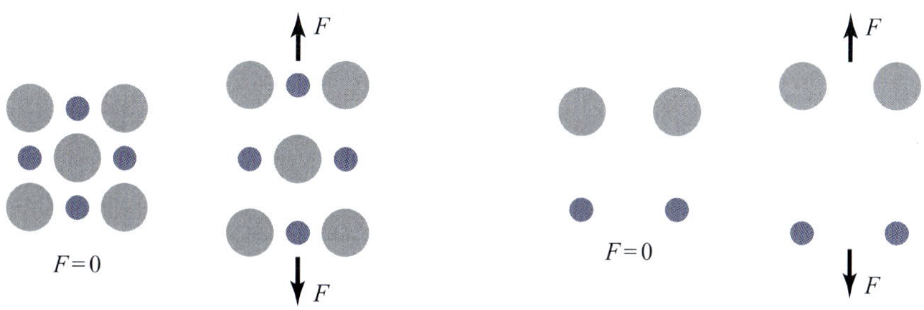

(a) (b)

그림 7.19 (a) 대칭의 중심이 있는 결정, (b) 대칭의 중심이 없는 결정

모든 강유전체는 압전효과를 나타내지만 압전효과를 나타낸다고 해서 강유전체는 아니다. 그 한 예가 수정(水晶)이다. 물질이 압전효과를 나타내려면 결정의 구조에 대칭의 중심(center of symmetry)이 빠져있어야 한다. 그림 7.19 (a)에 나타낸 것과 같이 대칭의 중심을 가지고 있으면 압축하거나 인장하여도 대칭성을 잃지 않으므로 압전효과가 나타나지 않는다. 이에 반해서 그림 7.19 (b)처럼 대칭의 중심이 없는 경우에는 압축하거나 인장하여도 대칭성이 없기 때문에 분극이 생겨서 압전효과가 나타나게 된다.

압전체의 응용은 아주 다양하다. $BaTiO_3$, $ZrTiO_3$, PZT 등의 강유전체는 분극처리(직류전압 인가, polling)를 하여 압전체로 만들어 가스레인지나 라이터에 사용되는 착화소자를 비롯하여 압전 진동자, 압전 모터, 압전 변압기, 압전 트랜스듀스(transducer), 초음파 장치 등에 응용된다.

(2) 초전성

물질에 따라서는 절연파괴 직전까지 자발분극의 방향이 바뀌지 않는 것이 있다. 여기에 열을 가하면 분극이 감소되어 결정표면에 전하가 나타난다. 이와 같이 온도를 변화시키면 자발분극의 크기가 변하여 표면에 전하가 나타나는 성질을 **초전성**(焦電性, pyroelectric)이라고 한다.

분극의 변화로 초전체의 양단에 전압이 발생하는 것을 이용하여 적외선 감지기로 사용되는데, 가령 동물이나 사람이 감지기를 지날 때 체온으로부터 적외선 복사열로 전압이 발생하여 경고음을 내게 된다.

핵심 N	압전성은 물질에 압력을 가하면 전압이 발생하고 반대로 전압을 걸면 물리적 변위가 발생하는 성질이며, 이런 물질을 압전체라고 한다.

7.5 절연파괴와 열화

그림 7.20에서처럼 두께 ℓ인 절연체의 양 끝에 전압 V를 인가한 경우 절연성이 유지되는 경우에 전류는 거의 흐르지 않는다. 인가전압 V를 점차 증가시키면 어느 전압에 이르러서는 절연성을 잃고 도전성으로 바뀐다. 이런 현상이 **전기절연파괴**이다. 이때의 전압을 **절연파괴전압**[V]이라고 하고, 절연파괴의 전계강도를 **절연파괴강도**[V/mm]라고 한다. 또 절연체나 기기가 소정의 조건에서 인가된 전압에 견디는 한도를 **내전압**[V]이라고 한다. 이와 같은 전압에 견디는 능력을 나타내는 절연파괴전압, 절연파괴강도 및 내전압의 총칭을 **절연내력**이라고 한다.

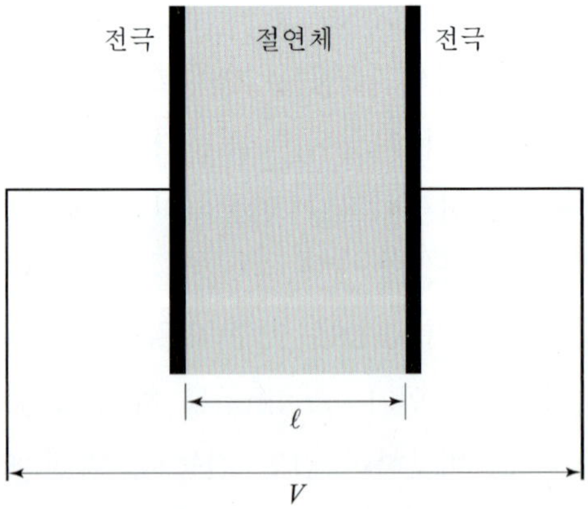

그림 7.20 절연체에 전압인가

절연내력은 재질에 따라서 달라지는 것 외에, 온도, 형상 치수, 인가전압의 파형, 인가시간, 수분, 전압상승속도, 기압 등에 따라서도 다른 값이 된다. 예를 들면 1 mm의 두께에서 1000 V에 견디어도 2 mm에서는 2000 V에 견디지 못하고 그 이하로 되는 경우도 있다.

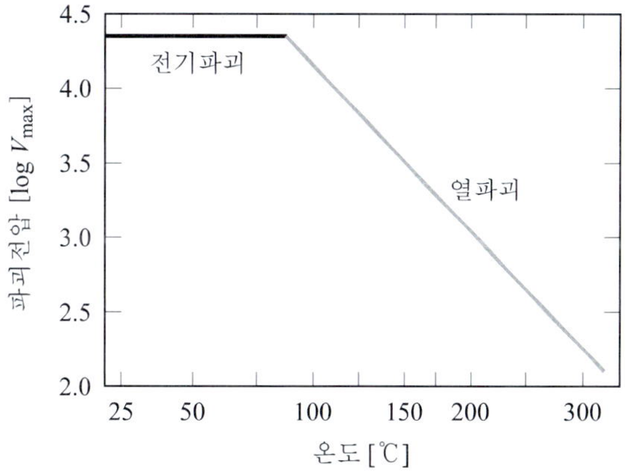

그림 7.21 절연파괴전압의 온도 의존성

이것은 일종의 형상효과에 기인한다. 파괴란 재료 안에 있는 하나의 약점에서 시작하는데 일반적으로 두께나 면적이 커질수록 약점의 수가 늘어날 가능성이 높기 때문에 절연파괴전압이 낮아지게 된다. 또 어떤 원인에 의해 온도가 상승하면 온도의 상승에 수반하여 절연내력이 저하한다. 그림 7.21은 절연파괴전압의 온도의 영향을 나타낸 것인데 전압의 인가 시간이 증가하여 주울손실이 증가하고, 주파수가 증가하여 유전손실이 증가하면 온도상승으로 절연파괴전압도 저하한다. 이 경우 주울손실, 유전손실에 의한 온도상승으로 절연체가 분해되거나 해리하여 파괴에 이르게 되는 현상을 **열파괴**라고 한다. 이것은 후술하는 열화현상의 하나가 된다. 이러한 열파괴는 절연재료의 장기간 사용 때문에 일어나는 경우도 있다.

7.5.1 기체의 절연파괴

기체에서는 절연파괴가 일어났다고 하더라도 전압을 제거하면 파괴된 도전로가 소멸하고 절연성이 회복된다. 기체는 물리적 파괴를 수반하지 않는다. 물리적 파괴는 전압을 제거했을 때 절연성이 회복되지 않는 경우이다.

(1) 전자사태

기체에도 소수의 자유전자들이 있게 마련이다. 하나의 전자가 강한 전기장에서 충분히 큰 운동에너지로 가속되면 중성의 기체분자와 충돌하여 이온화시키고, 또 다른 자유전자와 양이온을 생성시킨다. 따라서 전자 가속, 충돌, 이온화, 전자생성 등의 충돌 이온화과정에 따라 지수 함수적으로 증가하는 수많은 전자와 양이온을 만들어 내어 절연성의 기체가 도전성으로 변하는 상태에 이르게 된다. 이를 **전자사태(애발란취)**

라고 하며, 이때 절연파괴에 이르게 된다.

한편 전극 사이에 있는 양이온이 음극으로 이동하여 음극과 충돌함으로서 음극으로부터 전자가 방출되는데, 이때 방출되는 전자를 2차 전자라고 한다. 2차 전자도 분자와 충돌하여 전자사태에 일조하게 된다. 음극 전면으로부터 전자 1개가 1[m] 이동시 충돌로 α회의 이온화를 일으킨다면 양극까지의 거리 d[m] 이동시에는 $e^{\alpha d}$회 이온화시킨다. 처음에 이온화시키는 전자 1개를 제외하면 전극 사이에 양이온의 개수는 $(e^{\alpha d}-1)$, 양이온 1개당 음극으로부터 r개의 2차 전자가 방출되어 양극까지 이동시 $(e^{\alpha d}-1)r$개의 양이온이 생긴다. 만약 $(e^{\alpha d}-1)r > 1$이면 절연이 파괴되는 상황이 되므로 다음과 같은 임계조건을 **타운센트(Townsend)의 불꽃발생 조건**이라고 한다.

$$(e^{\alpha d}-1)r = 1 \tag{7.73}$$

(2) 파셴의 법칙

기체의 절연파괴는 큰 음을 내고 불꽃을 수반하기 때문에 불꽃방전이라고도 한다. 불꽃이 발생하는 불꽃전압은 기체의 압력이 증가함에 따라 상승하고, 절연내력도 향상된다. 그러나 기체의 종류에 관계없이 기체압력이 증가한다고 해서 절연내력이 무한정 증가하는 것이 아니고, 어떤 임계값까지는 증가하다가 감소한 후에 다시 증가하는데 독특한 특성을 나타낸다. 기체마다 그 거동이 약간씩 다르긴 하나 짧은 간격에서 고전압을 절연하려면 기압을 대기압 이상으로 높여야 하는데 필요이상으로 높여도 효과가 없기 때문에 적당한 기압을 선정하여야 한다.

평등 전기장에서 불꽃방전은 기체의 압력을 p[mmHg], 전극간격을 d[mm]라고 했을 때 온도가 일정하다는 가정 하에서 $p \times d$에 의존하고, 그림 7.22와 같이 대부분의 기체에서 완만한 V자 형태가 된다. 이것을 **파셴의 법칙**(Paschen's law)이라고 한다.

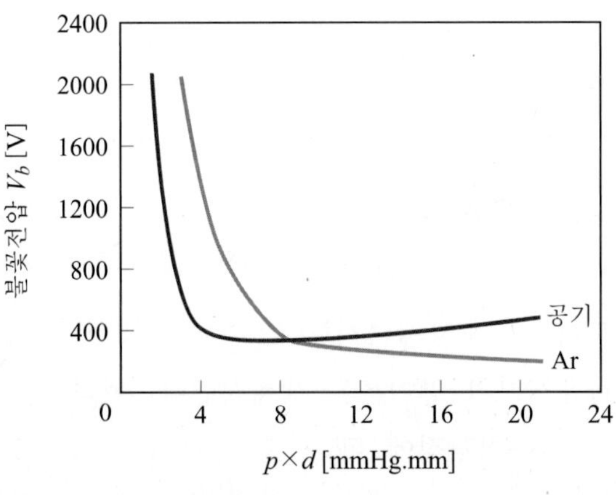

그림 7.22 불꽃전압과 $p \times d$와의 관계

우선 간격 d가 일정한 경우, V 곡선의 오른쪽에서는 압력이 증가하면 불꽃전압도 증가한다. 앞에서 언급한 바와 같이 압력이 높으면 전자의 평균자유행정이 짧아져서 전자사태가 일어나기 어렵게 된다. 이런 경우는 GF 케이블이나 변압기에 해당된다. V 곡선의 왼쪽에서는 압력이 감소해도 불꽃전압은 높아진다. 이것은 점점 압력을 낮추다 보면, 즉 진공도가 높아지는 경우이므로 절연성이 더 좋아진다는 의미이다. 압력이 낮아지면 전자의 평균자유행정이 길어져서 기체의 이온화가 일어나긴 하나 분자수가 적기 때문에 전자사태까지 가기가 어려워진다. 이런 경우는 진공관에 해당된다.

낮은 전압으로 불꽃방전을 이용하려면 곡선의 최소점을 이용하면 된다. 네온사인, 점등관, 형광등이 여기에 해당하며, 전극간격은 $1 \sim 2\,\mathrm{mm}$, 봉입 가스압은 수 torr, 불꽃전압은 $100 \sim 200\,\mathrm{V}$이다.

다음으로 압력 p가 일정한 경우는 단순하게 생각하여 전극 간의 간격이 멀면 멀수록 불꽃방전이 일어나기 어렵다. 송전선과 대지를 두 전극으로 보면 압력은 대기압으로 일정하고, 간격은 매우 크므로 공기의 절연파괴는 생기지 않는다.

파센의 법칙에 따르면 절연파괴전압을 높이기 위해서는 간격이 좁을 경우에는 압력을 낮추고(대략 10^{-5} torr 이하), 간격이 넓을 경우에는 압력을 높여야 한다.

압력이 대단히 높고 간격이 넓은 경우에도 절연파괴가 있다. 이 경우에는 위에서 언급된 절연파괴기구와는 다르다. 이온화가 진행되면서 질량이 큰 양이온은 이동하기가 전자에 비할 바가 못 된다. 그래서 양이온 군이 형성되면서 공간전하를 형성한다. 이것을 **스트리머**(streamer)라고 하는데 전자는 스드리머로 가속되면서 전지사태를 유발하여 절연파괴에 이르게 된다.

(3) 코로나 방전

공기 중에는 $1\,\mathrm{cm}^3$에 약 $200 \sim 1000$개의 이온이 포함되어 있어 극히 미약한 전도성을 띤다. 이 정도의 전도성으로는 전기공학에서 공기를 절연성으로 본다. 그러나 절연내력에도 한계가 있는데 0℃, 1기압 하에서 직류로 $30\,\mathrm{kV/cm}$의 전위경도(전계, 전기장)를 가하면 절연이 파괴된다. 이것은 정현파 실효치로는 $21\,\mathrm{kV/cm}$에 상당한다. 평판전극 간에 전압을 걸면 전위경도는 고르게 되지만 일반적으로 전극에서의 전위경도가 균일하지 못하다. 이럴 경우에 한쪽의 전극부위에서 국부적으로 전위경도가 높아져서 자연발생적 이온이 가속되어 중성의 공기분자나 가스와 충돌하여 이들을 이온화시킴으로서 기체분자가 도전성으로 변하면서 절연성이 부분적으로 파괴되어 낮은 소리나 옅은 빛이 따르게 되는 현상을 **코로나 방전**(corona discharge)이라고 하는데 이것 역시 절연파괴의 일종이다. 비오는 날 송전선 아래나 옥외변전소에서 이런 코로나에서 나오는 소리를 들을 수 있다. 코로나가 발생하면 전력손실을 일으키고, 그 밖의 여러 가지 장해를 동반하므로 코로나 발생을 피해야 한다. 송전선의 도체에서 코로나가 발생하면 한 점에서 나오는 전류는 그다지 크지 않기 때문에 단위 길이당 손실은 큰 문제가 되지 않지만 송전선과 같이 거리가 긴 경우에는 전 길이에 걸쳐서 합산하면 상당히 큰 전류가 되어 전력손실을 가져오기 때문에 코로나 손실을 무시할 수 없게 된다. 코로나 손실을 저감시키는 대책으로는 코로나 발생 임계전압을 높이기 위해 전선을 굵게 하고, 고압 송전에서는 복도체를 사용한다. 그리고 전선간의 거리를 크게 한다.

(4) 전극형상에 따른 코로나의 성질

코로나(corona)는 왕관(crown) 상(狀)의 뜻이며, 본래는 태양 주위의 고온가스로 미광(微光)의 상태와 비슷하다고 하여 국부파괴, 즉 부분방전을 일컫기도 한다.

코로나에는 양성코로나와 음성코로나 있다. **양성코로나**에는 다음과 같은 것들이 있다. 판상(평판 모양, −극)과 침상(끝부분이 뾰족한 모양, +극) 전극에 전압을 상승시켜 가면 처음에는 암전류(dark current)가 흐른다. 전압을 상승시키면 침상 주변에 미광의 막으로 둘러싸인 상태가 된다. 이것을 **글로우 코로나**(glow corona)라 한다. 더 증가시키면 붓상(狀)(붓과 같은 형상)이 나타난다. 이것을 **브러시 코로나**(brush corona)라 한다. 이때 특유의 코로나 음을 낸다. 이것이 지속되거나 더 전압을 상승시키면 전극 사이에는 가느다란 미광선이 이어진 것과 같은 현상이 나타난다. 이것을 **스트리머 코로나**(streamer corona)라 한다. 급기야 전극간에 **스파크**(spark)로 이어진다. **음성코로나**는 판상(+극)과 침상(−극) 전극에 전압을 상승시켜 가면 양성코로나에 비해서 전압상승과 더불어 현저히 성장하지 않고 브러시 코로나에서 바로 불꽃으로 옮아간다.

핵심 N	모든 기체는 절연물이다. 따라서 기체는 고전압을 다루는 전기공학에서 중요한 역할을 한다. 기체도 절연파괴되지만 물리적 파괴가 아니므로 절연성이 회복된다. 기체가 부분적으로 파괴될 때 미세한 소리나 옅은 빛을 내는 현상을 코로나 방전이라고 한다.

7.5.2 액체의 절연파괴

액체에서 전기적 절연파괴는 가스에서처럼 명확하지가 않다. 액체 내의 부유상태의 작은 전도성 입자가 절연파괴의 발단이 된다. 액체 내의 기포가 부분방전의 원인이 되며, 부분방전이 액체의 온도를 상승시켜 액체를 증기로 만들어 많은 기포를 생성시킨다. 부분방전의 연속이 절연파괴로 이어진다. 습기흡수와 대기로부터 가스흡수는 절연강도를 약화시키므로 차단하는 것이 중요하다. 기름은 시간에 따라 산화되면서 산성화로 더 높은 전도 함유물을 포함하게 되어 방전영역을 증가시킨다.

정제한 절연유라도 탄화수소 및 황 등의 불순물과 공기나 가스를 포함하고 있다. 이러한 불순물 등은 절연내력에 큰 영향을 끼친다. 불순물이 증가하면 절연내력은 더욱 저하하고, 같은 절연유라고 하더라도 불순물 양에 따라 절연내력에는 큰 차이를 보인다.

절연유를 오래 사용하면 유면이 공기와 접촉하고 있는 경우에는 산소의 영향을 받거나 또는 수분의 흡입, 아크, 열에 의한 영향 기타 기름과 접촉된 금속 등과 반응해서 점차 기름 중에 수분, 가스, 유리산 및 석출물(슬러지)이 생겨 특성이 저하한다. 이것을 **절연유의 열화**라고 하며, 기름 중에 생긴 수분이나 가스는 기름의 절연내력을 저하시키고, 석출물은 기름의 점도를 증가시켜 열 방산을 방해해 냉각 효과를 나쁘게 한다. 또 유리산은 전기적 성질을 저하시키고, 동시에 주위의 금속 등을 부식시켜 무명, 비단, 종이 등의 섬유질을 손상시킨다. 그래서 절연유의 특성을 시험하거나 또는 기기의 구조 및 화학적 수단으로 여러 가지 열화방지 대책이 연구되어 실용화되고 있는데, 열화의 정도는 기름의 조성, 정제 정도, 금속, 공기, 수분 등과의 접촉 정도, 사용 조건 등에 따라서 나르다.

(1) 열화 방지 방법

기름을 공기와 접촉되지 않게 기기의 구조에 의한 방법과 기름 중에 산화 방지제를 부가하는 화학적 수단에 의한 방법이 있다.

1) 기름을 공기와 접촉되지 않게 한다

유입 콘덴서, 유입 케이블 등의 경우에는 밀봉 구조로 해서 기름이 공기와 접촉되지 않도록 하지만. 유입 변압기 등의 경우는 다음과 같은 방법으로 직접 접촉을 피하도록 한다.

① 기름과 접촉하는 부분의 공간을 불활성 가스로 해서 기름과 공기의 접촉을 방지한다.

② 주탱크의 유면과 공기의 접촉면을 적게 해서 산화를 가급적 적게 한다.

②는 **콘서베이터**(conservator)를 사용하는 방법인데 주 탱크에 기름을 채우고, 뚜껑 위에 다른 작은 탱크를 실치해 유면을 거기까지 올리고, 다시 유면의 공간에 화학적

으로 불활성인 질소 가스를 봉입해서 공기와 기름이 직접 접촉하지 않게 한 구조이다. 이 경우, 불활성 가스 대신에 산소의 용해도가 작은 글리세린과 같은 것을 봉쇄액으로 사용하는 경우도 있다. 글리세린을 봉쇄 액으로 하는 경우에는 공기 중에서의 수분의 흡수를 방지하기 위해 다시 기름 층을 설치해야 한다.

2) 기름 중에 산화방지제를 부가한다

이 방법은 절연유 중에 약품을 첨가해서 기름의 열화를 방지하는 것으로 사용하는 약품이 산화를 방지함과 동시에 절연유의 전기적 성능을 저하시키지 않는 것이 좋다. 현재 널리 사용되는 것은 DBPC(ditertiary-butyle-paracresol, 2, 6디부틸4메틸페놀 : 방향족 수산기 화합물)인데 0.3% ~ 0.5%를 첨가하면 기름의 전기적 성능을 저하시키지 않고도 기름의 수명을 수배로 증가시킨다.

(2) 수분 검사

기름에 존재하는 수분은 열화의 원인으로서 수분의 유무는 다음과 같은 방법으로 검사된다.

① 빨갛게 가열된 금속판 위에 소량의 기름을 떨어뜨렸을 때 수분을 함유한 경우에는 큰 소리가 난다.

② 무수 황산구리의 분말을 기름 속에 투입한다. 수분을 함유한 경우에는 황산구리는 백색에서 청색으로 변한다.

③ 상기에 기술한 것보다 더 정확한 방법은 기름의 절연내력을 측정하는 것이다. 구상의 전극 간극을 대략 2.5 mm로 두고 기름을 간극 사이에 떨어뜨려 절연성을 측정함으로서 수분이 없는 것과 비교할 수 있다.

열화한 절연유는 화학적으로 재생할 수 있다. 사용 중인 절연유를 시험하여 재생할 필요가 있을 때는 여과기를 사용하여 수분 석출물을 없애거나 가열하여 수분을 제거한 다음, 원심 분리기로 제거하는 방법이 있다.

핵심 N 액체도 기체처럼 절연파괴되지만 물리적 파괴가 아니므로 절연성이 회복된다. 그러나 액체는 시간이 경과하면 열화된다. 대부분의 경우 수분과 이물질이 원인이 된다.

7.5.3 고체의 절연파괴

(1) 전기적 절연파괴(내부 절연파괴)

고체에서 절연파괴의 전형적인 기구는 **전자사태**이다. 고체 내에 존재하는 임의의 자유전자가 전계 하에서 거리 l만큼 이동시에 전자는 에너지 eEl을 얻는다. 이 에너지가 금지대 폭보다 크게 되면 전자는 가전자대의 격자와 충돌하여 결합전자를 전도대로 여기시킬 것이다. 그 다음에 초기 전자와 여기 전자가 전계에 의해서 가속되고, 충돌에 이어 여기되고 가속되는 과정이 반복적으로 일어날 것이다. 결과적으로 기하급수적으로 전도전자가 생성되어 절연파괴를 가져온다. 절연층이 매우 얇을 경우에는 전극으로부터 주입된 전자가 터널링 효과로 인해서 절연층의 파괴가 일어난다.

(2) 열적 절연파괴

고체 내에서 전도전자의 흐름에 따라 발생하는 주울열에 의해서 고체가 파괴될 수 있다. 단위 체적당 주울열은 다음과 같이 나타낼 수 있다.

$$w = \sigma E^2 = ne\mu E^2 = (ne^2\tau/m)E^2 \tag{7.74}$$

여기서 σ는 직류 전도도, n은 단위 체적당 전도전자수, μ는 전자의 이동도, τ는 전자의 평균사유시간, m은 전자의 질량, E는 전계이다.

교류에서, 특히 고주파에서는 유전손실이 매우 중요하다. 단위 체적당 유전손실은 다음과 같이 나타내어진다.

$$w = \sigma E^2 = \omega\epsilon'' E^2 = 2\pi f\epsilon' \tan\delta E^2 \tag{7.75}$$

여기서 σ는 교류 전도도, ϵ'는 실효 유전율, ϵ''는 유전손율(loss factor), $\tan\delta$는 손실계수(dissipation factor), E는 교류전계이다.

전계의 주파수가 증가하면 쌍극자 회전에 의한 마찰열이 발생하고, 다른 부분으로 열전도가 일어나 유전체 내의 열은 증가하게 될 것이다. 열에 의한 온도증가로 이어져 전류가 증가하게 되고, 온도증가, 전류증가 등의 과정이 반복적으로 일어날 것이다. 그 과정에서 제한 온도 이하로 내려가지 않으면 궁극적으로 **열폭주**에 이를 수 있다. 고주파에서 다양한 세라믹 및 유리의 절연파괴는 열적 절연파괴와 직접 관련된다.

(3) 전기기계적 절연파괴

그림 7.23에서 두 전극 사이에 전압을 걸면 전극의 축적전하 Q^+, Q^- 사이에 쿨롱의 인력으로 절연체는 내부방향으로 힘을 받게 된다. 그 결과, 절연체 두께는 감소할 것이다. 이때 압력과 유전체 자체의 탄성력 간에 균형을 잡게 된다면 문제가 없으나 압력이 탄성력보다 크면 압력증가에 따른 전기기계적 탈주가 발생한다. 일정한 전압에 대해서 절연체 두께(d)가 감소하면 전계($E = V/d$)가 증가하고, 정전용량($C = \epsilon S/d$)이 증가하여 전극전하($Q = CV$)가 증가하고 압력이 더욱 증가한다. 이러한 과정을 밟게 되면 종국에는 절연파괴에 이르게 된다.

유전체의 탄성계수의 감소는 절연파괴의 원인이 되기도 한다. 압력증가로 절연체 두께가 감소하면 전계가 증가하게 되어 단위 체적당 주울열과 유전손실($w = \sigma E^2$)이 증가한다. 따라서 온도가 증가하게 되면 탄성계수가 감소하여 절연체는 기계적으로 변형되어 전기적으로 절연파괴에 도달할 수 있다. 전기기계적 절연파괴에 약한 폴리에틸렌이나 폴리이소부틸렌 등은 특별히 온도를 낮춰야 한다.

(4) 내부방전

절연체 내부의 미세한 공동, 틈과 같은 공간에서 부분방전 발생하는데 초기에는 문제가 되지 않으나 시간에 따른 부분방전은 절연체를 녹이거나 화학적으로 변형시킨다. 부분방전을 하면 고체는 분해되고, 기화된 후에 수지상(나뭇가지 모양)의 흔적을 남기게 된다. 이와 같은 흔적을 **트리**(tree)라고 한다. 트리는 직경이 수 μm 이하이고, 가스로 차있다. 트리는 보이드(void), 미세 틈, 이물질 주위, 케이블 도체의 돌출

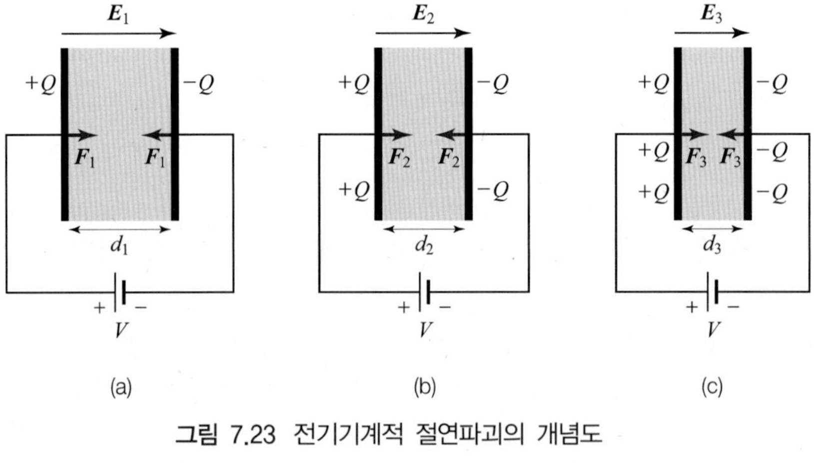

그림 7.23 전기기계적 절연파괴의 개념도

된 곳에서 발생하기도 한다. 트리는 형상에 따라 부시(bush)상 트리, 나비넥타이(bow tie)상 트리 등으로 구별되고, 재료 안에 아주 적은 양의 수분 때문에 생기는 수트리(water tree), 약품으로 생기는 화학트리 등이 있다. 전력 케이블인 동축 케이블(coaxial cable)에서 내부도체와 절연체(폴리에틸렌 : PE) 사이에 팽창계수차이로 미세공간이 발생하는데 여기에서도 부분방전으로 트리가 뻗어가는 모습이 나타난다. 이것은 침식통로가 되고 궁극적으로는 기체방전이 진행되는 동안 전도통로가 만들어지는 과정이 된다.

핵심 N 고체는 절연재료로서 가장 많이 사용된다. 고체의 절연파괴는 기체나 액체와 달리 물리적 파괴이므로 절연성이 회복되지 않는다. 절연파괴의 원인은 다음과 같은 것들이 있다. 전자사태가 원인이 되는 전기적 파괴, 주울열과 마찰열이 원인이 되는 열적 파괴, 전계와 응력이 원인이 되는 전기기계적 파괴, 절연체 내부의 미세공간이나 틈이 원인이 되는 내부방전 등이다.

7.5.4 절연재료의 열화

어떤 절연재료든 장기간 사용하면 어떤 원인에 의해 그 절연성능이 저하하는 경우가 있다. 이와 같이 절연성능이 저하하는 현상을 절연재료의 **열화**(劣化, aging, degradation) 또는 **노화**라고 한다. 간단히 말해서 절연성을 잃어가는 과정을 열화라고 한다. 열화는 절연체의 수명을 결정하고, 전기설비나 전기기기의 장애와 관련되므로 전기설비의 보수가 따를 수밖에 없는 사항이다. 전기열화의 형태는 **수목화**(水木化, water treeing)가 일반적이다. 이는 물이나 액체 전해질을 포함하는 단위 체적당 수백만 개의 미세공간으로 이루어진 다발, 마치 브로콜리 형태이다. 열화의 원인은 복잡하고, 다양하다. 다음과 같은 것들이 열화의 원인으로 알려져 있다.

(1) 고온에 의한 열화

절연체가 장시간 높은 온도에 노출된 경우에 생기는 것으로 가장 일어나기 쉬운 열화이다. 일반적으로 온도와 수명의 관계는 다음과 같다.

$$\log t = A + B/T \tag{7.76}$$

여기서 t는 수명, T는 온도, A와 B는 상수이다.

이 열화는 유기재료인 경우에는 온도에 의해 열분해나 산화 등의 화학반응을 일으켜 전기적, 기계적 특성이 저하시킨다. 이 열화에 대한 대책으로는 절연내력 구분에 따른 재료의 선정과 적정한 처리 방법이 요망된다.

(2) 방전에 의한 열화

아크나 코로나 방전에 의해 탄화 도전로가 생겨 절연성이 상실되거나 침식하는 현상으로, 코로나 열화, 크래킹 열화 및 트리잉 열화가 있다. **코로나 열화**(corona aging)는 절연체 내부의 공극이나 절연체 표면에 전계가 집중하여 부분방전으로 열화하는 현상이다. **트래킹 열화**(tracking aging)는 절연체 표면이 아크열이나 줄열에 의해 탄화 도전로를 형성해서 절연성을 상실하는 현상인데 유기물의 경우에 현저하다. 그래서 수지 재료에서는 첨가제를 가해 내트래킹성을 향상시킨다. 한편 **트리잉 열화**(treeing aging)는 고체 절연체 중에 국부적으로 전계가 집중하는 곳이 있으면 거기서 절연재료의 기화로 나뭇가지 모양의 방전 흔적이 순차적으로 형성되어 가는 현상인데 결과적으로는 절연파괴를 수반한다.

(3) 습기에 의한 열화

절연체의 전기적 성질은 습도에 영향을 크게 받는데, 특히 수분을 흡착하기 쉬운 재료에서 일어나기 쉽고, 표면 누설전류의 원인이 되거나 절연내력, 유전손에도 영향을 미친다. 또 온도가 높으면 더욱 영향이 크다. 이 열화에 대한 대책으로는 기밀 용기에의 봉입, 방습 도료, 바니쉬, 곰파운드 등의 도포, 함침이 있지만 가령 IC 등 전자소자나 부품에 대해서는 세라믹, 유리, 수지로 패키징(packaging) 처리된다.

(4) 옥외 사용에 의한 열화

주로 자외선이나 공기 중의 산소, 바람, 비 등이 원인이 되는 것인데 이것들이 상승적으로 작용하는 것이다. 이러한 영향에 견디는 성질을 내후성이라 하고, 웨더링 테스터(weathering test, 내후시험)로 시험되고 사전 평가해서 사용된다.

(5) 화학 약품에 의한 열화

산. 알칼리, 화학 약품에 의한 열화인데 전압이 인가된 경우에는 더욱 영향이 크다. 그러나 재료에 따라서 내화학 약품성은 상당히 다르다.

(6) 염해에 의한 열화

대기 중의 염분과 수분의 부착에 의한 열화인데 절연 저하, 연면 방전, 프래시 오버라는 형태로 전기설비의 사고 원인이 된다. 통상 이러한 열화를 **염해**라고 하는데 태풍 후에 해안으로부터의 염분이 내륙에까지 미쳐 애자나 전기설비에 영향을 미친다. 그 대책으로는 설비의 옥내화, 차폐, 큐비클화(cubicle)가 있지만 애자는 내염 애자의 사용, 과절연에 의한 절연의 강화, 애자세정, 애자 염해 예보장치의 설치 등이 있다. 또 애자 표면에 실리콘 수지를 도포하는 방법도 있지만 그 사용 수명은 짧다(6개월~1년 정도).

(7) 미생물에 의한 열화

주로 곰팡이에 의한 열화인데 전자부품, 프린트 배선 등에서 문제가 된다. 곰팡이 발생은 도체, 절연체의 구별 없이 고온, 다습의 상태에 장시간 놓인 경우에 발생하는데 절연저항의 저하나 단선 등의 원인이 된다. 그 대책으로는 곰팡이 방지제의 사용, 방습 처리 등을 들 수 있다. 곰팡이의 영향은 금속의 종류에 따라 다르고, 운모, 유리 등은 영향을 받지 않는다.

(8) 방사선에 의한 열화

γ선, X선, 전자선 등의 조사에 의한 열화인데 손상(damage) 또는 분해, 가교의 형태로 나타난다. 방사선의 영향은 가교한 방향과 손상(분해)이 있지만 그 영향 정도는 재료의 종류나 첨가제의 유무, 주위 조건에 따라서 다르다.

핵심 N 절연파괴는 단시간에 일어날 수도 있지만, 열화는 오랜 시간이 경과하면서 절연성을 점점 잃어가는 현상이다. 그 원인은 아주 다양하다.

Chapter 07 연습문제

01. 대전된 극판 사이에 비유전율이 ϵ_r인 유전체 삽입 전.후에 대해
(a) 극판의 전하량을 비교하여라.
(b) 정전용량을 비교하여라.
(c) 극판 사이의 전압을 비교하여라.

Hint $Q = Q_o$, $C = \epsilon_r C_o$, $V = V_o/\epsilon_r$

02. 유전체의 분극종류를 들고 간략히 설명하여라.

Hint 분극기구에는 전자분극, 이온분극, 배향분극, 계면분극 등이 있다. 전계를 인가할 때, 전자분극은 원자에서 전자운의 중심과 원자핵의 편이에 의한 분극, 이온분극은 양이온과 음이온의 편이에 의한 분극, 배향분극은 원자간의 전기음성도 차이로 생긴 분극, 계면분극은 계면에 공간전하 축적에 의한 분극이다.

03. 직류와 교류에서의 비유전율을 비교설명하여라.

Hint 분극이라는 것은 정.부전하가 서로 역방향으로 변위하는 것이기 때문에 분극을 형성하는 데는 어느 정도의 시간이 필요하게 된다. 직류 인가시 분극은 최대가 되며, 이때의 비유전율은 직류 비유전율이다. 교번전계로 반주기마다 전하의 변위 방향이 변할 경우, 주파수가 높아지게 되면 쌍극자가 전계 변화에 쫓아 추종하기가 어렵다. 저주파 전계 인가시에는 쌍극자가 전계 변화에 잘 추종하여 분극이 커지게 되고, 비유전율은 일정하게 유지되나 최대값이 아닐 수도 있다. 그러나 주파수가 점점 증가하여 고주파가 되면 교번전계가 너무 빠르게 변하기 때문에 쌍극자 분자는 회전시 분자 간의 충돌 혹은 주위 분자로부터 상호작용으로 생기는 점성저항으로 인해 전계 변화에 제대로 추종하지 못한다. 따라서 임의 방향을 갖는 쌍극자의 분포로 분극은 감소하게 되고, 비유전율도 감소하게 된다.

04. 유전손실이 생기는 이유를 설명하여라.

Hint 유전체도 전도 불순물을 포함하며, 이로 인해서 누설전류가 흐르고, 전기저항으로 주울열이 생긴다. 또한 교번전계에서는 주파수 변화에 따라 전기쌍극자가 회전할 때 쌍극자 간의 충돌 혹은 주위 분자로부터 상호작용으로

생기는 점성저항으로 마찰열이 생긴다. 따라서 주울열과 마찰열에 의한 에너지 손실이 유전손실이다.

05. 유전손실에 영향을 미치는 인자를 열거하여라.

Hint 유전손실은 $W = \omega C \tan\delta V^2 = 2\pi f \epsilon_r C_o \tan\delta V^2$ 이므로 주파수, 유전상수, 손실계수(탄젠트 델타), 전압(전계) 등이 유전손실에 영향을 미친다.

06. 유전체에서 직류와 교류인가시 저항변화를 비교설명하여라.

Hint 유전체에 직류를 인가하면 유전체 자체의 전도도($\sigma = ne\mu$)가 매우 작기 때문에 저항이 대단히 크게 된다. 반면에 교류에서 전도도($\sigma = \omega\epsilon'' = 2\pi f \epsilon' \tan\delta$)는 주파수, 유전율, 손실계수($\tan\delta$)에 따라서 변하기 때문에 직류보다는 저항이 작다.

07. 폴리에틸렌 XLPE은 전형적인 전력 케이블 절연체로 많이 사용된다. 60 Hz에서 복소 유율이 $\epsilon_r^* = 2.3 - j6.9 \times 10^{-4}$로 주어질 때 (a) 손실계수($\tan\delta$)를 구하라, (b) 60 Hz에서 교류 전도도(σ)를 구하라, (c) 100 kV/cm에서 단위 체적당 유전손실(w)을 구하라.

Hint (a) $\tan\delta = \dfrac{\epsilon_r''}{\epsilon_r'} = 3 \times 10^{-4}$

(b) $\sigma = \omega\epsilon'' = 2\pi f \epsilon_o \epsilon_r'' = (2\pi)(60\text{Hz})(8.854 \times 10^{-12}\text{F/m})(6.9 \times 10^{-4})$

$= 2.3 \times 10^{-12}/\Omega.\text{m}$

(c) $w = \sigma E^2 = (2.3 \times 10^{-12})(100 \times 10^3 \times 10^2)^2 = 230\ \text{W/m}^3$

$= 0.23\ \text{mW/cm}^3$

08. 강유전체의 특징을 나타내는 키워드를 쓰고, 간략히 설명하여라.

Hint 히스테리시스 곡선, 자발분극, 압전성, 초전성

09. 극판 사이의 거리가 일정할 때 기체의 압력과 절연파괴의 관계를 설명하여라.

Hint 기체의 절연파괴는 기체압력에 의존한다. 기체압력은 기체분자가 많을 경우에 커지는데 기체압력이 높을수록 전자가 기체분자와 잦은 충돌로 전자의 평균자유행정이 짧아지고, 기체의 이온화가 어려워지므로 절연파괴가 어렵게 된다. 또한 기체분자가 적을수록 압력은 낮아지는데, 이때는 전자의

평균자유행정이 길어져서 기체의 이온화가 일어나지만 분자수가 적어서 절연파괴까지 이르지 못하게 된다(파셴의 법칙 참고).

10. 고체의 절연파괴기구에 대하서 설명하여라.

Hint 고체의 절연파괴기구에는 전기적 절연파괴, 열적 절연파괴, 전기기계적 절연파괴, 내부방전 등이 있다. 전기적 절연파괴는 전자사태에 기인, 열적 절연파괴는 주울열과 마찰열에 기인, 전기기계적 절연파괴는 전계와 응력에 기인, 내부방전은 절연체 내부의 미세공간이나 틈에 기인한다.

11. 절연재료의 열화란 무엇이며, 열화의 원인을 열거하여라.

Hint 절연재료의 주 특성인 절연성을 잃어가는 과정이 열화이다. 원인으로는 고온, 방전, 습기, 옥외 환경, 화학약품, 염해, 미생물, 방사선 등이 있다.

12. 코로나 방전에 대해서 설명하여라.

Hint 한쪽의 전극부위에서 국부적으로 전위경도가 높아져서 자연발생적 이온이 가속되어 중성의 공기분자나 가스와 충돌하여 이들을 이온화시킴으로서 기체분자가 도전성으로 변하면서 절연성이 부분적으로 파괴되어 낮은 소리나 엷은 빛이 따르게 되는 현상이다.

13. 절연재료의 열화 중에서 코로나 열화, 트래킹 열화, 트리잉 열화를 구분하여라.

Hint 코로나 열화(corona aging)는 절연체 내부의 공극이나 절연체의 표면에 전계가 집중하여 부분방전으로 열화하는 현상이다.
트래킹 열화(tracking aging)는 절연체 표면이 아크열이나 줄열에 의해 탄화 도전로를 형성해서 절연성을 상실하는 현상이다.
트리잉 열화(treeing aging)는 고체 절연체 중에 국부적으로 전계가 집중하는 곳이 있으면 거기서 절연체 중에 절연재료의 기화로 나뭇가지 모양의 방전 흔적이 순차적으로 형성되어 가는 현상이다

14. 다음 용어를 간단히 설명하여라.

1) 전기쌍극자
2) 유전율
3) 분극
4) 유전분산
5) 유전흡수

6) 유전완화
7) 상유전체
8) 강유전체
9) 항전계
10) 퀴리온도
11) 전기왜형
12) 절연강도
13) 스트리머
14) 수목화

CHAPATER

8 자성체

(Magnetic materials)

구성

개요

이 장에서는 자성체의 자화현상을 기술한다. **자화현상**이란 물질이 자성(당기거나 미는 힘의 성질)을 띄게 하는 현상으로 어떤 원인에 기인하는지를 다룬다. 자기에는 양전하 또는 음전하와 같이 고립 전하를 가진 전기와는 달리 고립 자하가 없다. 그렇다면 전기쌍극자와 비교하여 **자기쌍극자**는 어떻게 정의되는가? 전기의 분극에 대응되는 자화는 어떻게 생기는가? 금속을 밀고 당기는 **자성**은 어떤 원인에 기인하는가? 자화는 자기쌍극자로부터 생기고, 자성은 자화로부터 생긴다. 자성이 전자의 궤도운동, 스핀운동 등 전자의 운동에 기인한다는 사실에 놀랄 따름이다. 게다가 자성은 **반자성**, **상자성**, **강자성**, 반강자성, 페리자성 등으로 분류된다. 강자성체에서 자발자화기구, 교번자계 내에서 강자성체에 발생하는 **히스테리시스손**과 **와전류손**을 다룬다.

8.1 자기현상

8.1.1 자하

전기에는 양전하와 음전하를 분리하여 고립시킬 수 있다. 즉 홀전하(고립 전하)가 존재한다. 예컨대 수소에서 전자를 떼어 내면 양전하의 원자핵이 되고, 떼어 낸 전자도 고립 음전하가 된다. 그렇다면 자기는 어떤가? 자석에는 N극이니 S극이니 하는 **자극**(磁極, magnetic pole) 또는 **자하**(磁荷, magnetic charge, 자극의 세기)가 있다. 자성체를 N극 혹은 S극만 띄게 할 수 있을까? 자기에서는 홀극이 없다. 막대자석을 반으로 잘라도 N극과 S극을 따로 떼어 낼 수가 없다. 아무리 자르더라도 각각의 조각은 항상 N극과 S극을 가진다. 이를 **분자자석**(分子磁石, molecular magnet)이라고 한다. 따라서 자석의 두 극은 언제나 **자극쌍**을 이루며 나타난다. 두 자극 간의 힘이 두 전하 간의 힘과 형태가 비슷하기는 하지만, 중요한 차이는 양전하나 음전하처럼 자극은 따로 존재할 수 없다. 그러므로 자기인 경우에는 자극보다도 자기쌍극자 또는 작용 그 자체가 중요하다.

자하라는 개념을 이해하기 위해서 몇 가지 전기의 전하에 대응하는 내용을 다루어 보자.

8.1.2 쿨롱의 법칙

그림 8.1에 나타낸 바와 같이 다른 극끼리는 잡아당기고 힘, 즉 인력이 작용하고, 같은 극끼리는 미는 힘, 즉 척력이 작용한다. 이것은 전기에서와 같은 개념이다. 자하가 m_1, m_2인 두 자극이 거리 r만큼 떨어져 있을 때 두 자극 사이에 작용하는 힘은 다음과 같이 나타낸다.

$$F = \frac{m_1 m_2}{4\pi \mu_o r^2} \left(\text{전기에서 } F = \frac{q_1 q_2}{4\pi \epsilon_o r^2} \right) \tag{8.1}$$

여기서 자하 m_1, m_2는 두 자극의 세기를 말하며, 단위는 Wb(웨브)이다. μ_o는 진공에서 투자율이라고 하며, $\mu_o = 4\pi \times 10^{-7}\,\mathrm{H/m}$이다. 여기서 H는 코일이 가지는 인덕턴스의 단위로 헨리라고 하며, $1\,\mathrm{H} = 1\,\mathrm{Wb/A}$이다.

식 (8.1)을 **쿨롱의 법칙**이라고 한다. 이것은 전기에서 쿨롱의 법칙과 흡사하다.

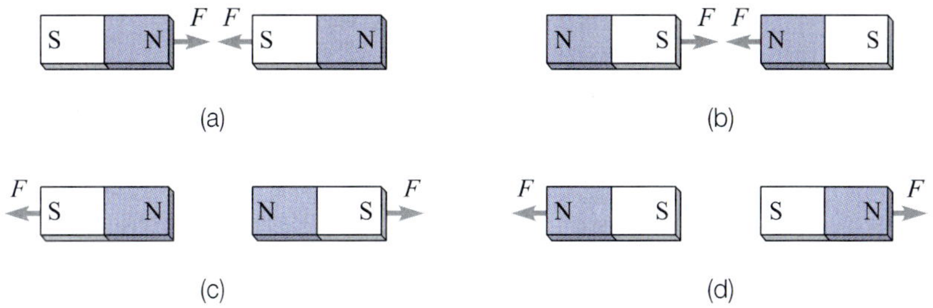

그림 8.1 자기에서 인력과 척력

8.1.3 자기장의 세기

임의 한 점에 자하(m)가 놓여있다고 하자. 자하 주위에는 힘이 미치는 공간이 형성된다. 이 공간에 시험 자하(m_o)를 갖다 놓으면 시험 자하는 다음과 같은 힘을 받는다.

$$F = m_o H \ (\text{전기에서} \ \ F = qE) \tag{8.2}$$

여기서 H는 자기장의 세기이다. 식 (8.2)로부터 자기장의 세기를 정의할 수 있다.

$$H = \frac{F}{m_o} \left(\text{전기에서} \ E = \frac{F}{q} \right) \tag{8.3}$$

즉 자기장의 세기는 단위 자하당 작용하는 힘을 말한다.

8.1.4 자기쌍극자

전기쌍극자에서처럼 그림 8.2와 같이 크기가 같고, 부호가 반대인 두 자극, 즉 N극, S극이 거리 d만큼 떨어져 있는 것을 **자기쌍극자**(magnetic dipole)라고 한다(나중에 자기쌍극자를 정의하는 또 다른 형태가 있다). 두 자극 간의 거리 d와 자극의 크기 m을 곱한 것을 **자기쌍극자 모멘트**(magnetic dipole moment) μ_{m}이라고 한다.

$$\mu_{\mathrm{m}} = m\boldsymbol{d} \ (\text{전기에서는} \ \boldsymbol{p} = q\boldsymbol{d}) \tag{8.4}$$

자기쌍극자의 방향은 S극에서 N극으로 향한다.

핵심 N 자기현상은 전기현상과 유사하게 그 용어나 수식이 전개된다. 그런데 전기와 분명하게 다른 점은 고립 자하가 없다는 점이다.

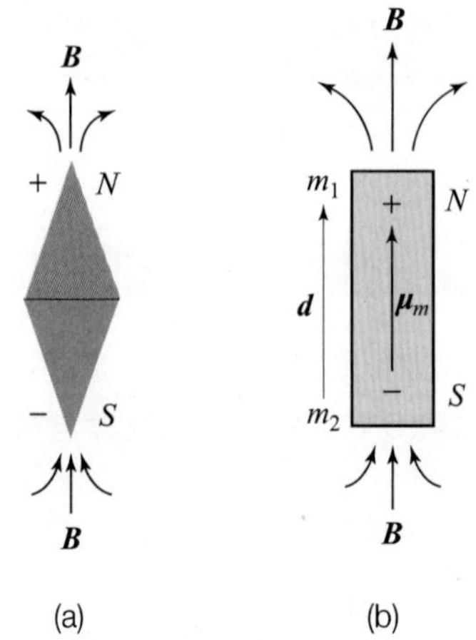

그림 8.2 자침과 막대자석 형태의 자기쌍극자

8.2 자기의 근원

전기의 근원은 전자라는 입자에 있다. 그런데 자기에는 홀자하가 없는데 자기가 어떻게 생기는가? 자기의 근원도 역시 전자에 있다. 그런데 여기서 전자는 정지해 있는 전자가 아니라 운동하는 전자이다. 그것도 도체에서 자유전자와 같은 거동이 아니라 원자 내 궤도운동과 스핀운동하는 전자이다. 보다 구체적으로 접근하면 자기의 근원은 전자의 궤도운동과 스핀운동으로 생기는 자기쌍극자에 있다. 따라서 자기가 만들어지려면 전자의 궤도운동에 의한 궤도자기쌍극자 모멘트와 전자의 스핀운동에 의한 스핀자기쌍극자 모멘트가 생기고, 그것들의 합성모멘트가 존재하여야 한다.

8.2.1 궤도자기쌍극자 모멘트

자기쌍극자는 그림 8.2와 같이 두 극으로 구성된 형태의 것도 있지만 그림 8.3에 나타낸 것과 같이 전류가 흐르는 닫힌 고리도 **자기쌍극자**라고 한다. 간단히 영어로 표현하면 "small current carrying loop", 즉 미소전류가 흐르는 루프를 의미한다. 이때 루프의 모양은 닫힌 고리가 되면 된다. 원자 내 전자의 궤도운동에 따른 미소전류고리나 전류가 흐르는 폐곡선을 **궤도자기쌍극자**라고 한다.

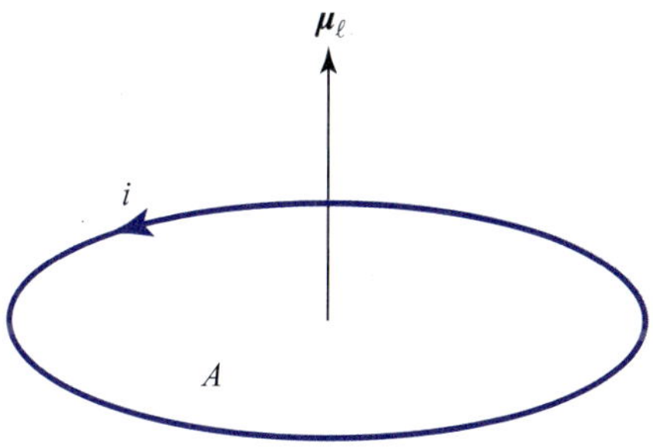

그림 8.3 전류가 흐르는 폐곡선(원형 고리) 형태의 자기쌍극자

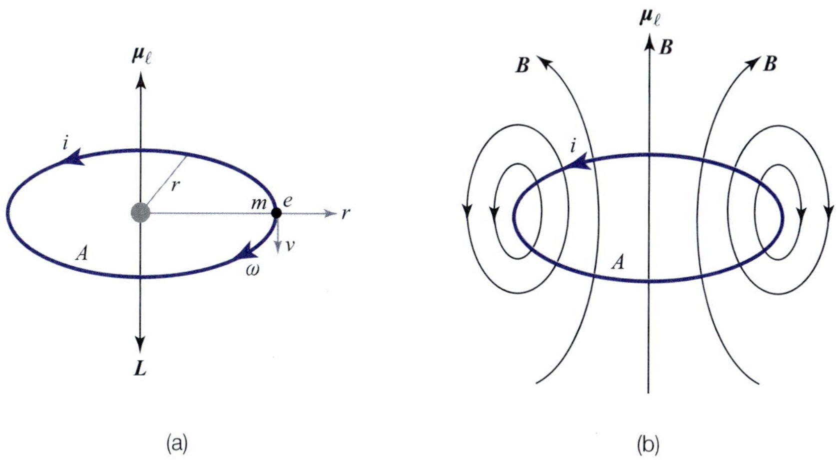

그림 8.4 (a) 궤도자기쌍극자 모멘트와 (b) 자기장

그림 8.3와 같이 폐곡선에 전류 i [A]가 흐르고, 폐곡선을 주변으로 하는 개곡면의 면적을 A [m^2]라고 하면 **궤도자기쌍극자 모멘트** μ_ℓ은 다음과 같이 정의한다.

$$\boldsymbol{\mu}_\ell = i\boldsymbol{A} \tag{8.5}$$

궤도자기쌍극자 모멘트의 방향은 오른손으로 전류가 흐르는 고리를 따라 감을 때 엄지가 향하는 방향이다. 면벡터 $\boldsymbol{A}$의 방향은 면에 수직방향이다.

원형 고리가 아니고 임의의 모양의 폐회로에서도 식 (8.5)를 사용할 수 있다. **거시적 관점**에서 본 자기쌍극자는 전류가 흐르는 코일이며, **미시적 관점**에 본 자기쌍극자는 원자의 전자궤도인데 이것이 자기의 근원이 된다.

그림 8.4 (a)에서 원자핵 주위를 궤도운동하는 전자는 미소전류고리를 형성, 즉 자기쌍극자가 만들어진다.

궤도반경을 r, 궤도가 둘러싸는 면적을 $A = \pi r^2$, 전자의 각속도를 ω라고 하면 1초간 궤도 회전수 f는 $f = 1/T = \omega/2\pi$이다. 전자의 전하를 $-e$라고 하면 1초간 어떤 점을 통과하는 전하량은 $-e\omega/2\pi$가 된다. 따라서 궤도전류는 $i = e\omega/2\pi$이며, 전자의 회전방향과 역방향으로 흐르게 된다. 원형전류가 가지는 궤도자기쌍극자 모멘트 μ_ℓ는 식 (8.5)로부터

$$\mu_\ell = iA = \left(-\frac{e\omega}{2\pi}\right)\pi r^2 = -\frac{1}{2}e\omega r^2 \tag{8.6}$$

이 된다. 한편 전자가 궤도운동할 때 각운동량 L을 구해보자. 질량 m인 전자가 속도 v로 운동할 때 선운동량은 $p = mv$이고 각운동량은 $\boldsymbol{L} = \boldsymbol{r} \times \boldsymbol{p}$가 된다. 원운동에서 $\boldsymbol{r}$과 $\boldsymbol{p}$는 언제나 직교한다. 따라서 각운동량은 다음과 같이 된다.

$$L = mvr = m\omega r^2 \tag{8.7}$$

식 (8.6)과 식 (8.7)을 결합시키면 궤도자기쌍극자 모멘트와 각운동량 사이에 다음과 같은 중요한 관계식을 얻을 수 있다.

$$\mu_\ell = -\left(\frac{e}{2m}\right)L \tag{8.8}$$

각운동량 방향은 전자의 회전궤도면에 수직이며, 전자의 회전방향에 오른나사를 돌릴 때 그 나아가는 방향이다. 따라서 μ_ℓ과 L은 서로 반대방향이 된다. 식 (8.8)을 벡터로 나타내면 다음과 같이 된다.

$$\boldsymbol{\mu}_\ell = -\left(\frac{e}{2m}\right)\boldsymbol{L} \tag{8.8-1}$$

여기서 궤도 각운동량의 크기 L은 다음과 같이 나타내진다(식 1.31).

$$L = \sqrt{\ell(\ell+1)}\,\hbar, \quad (l = 0, 1, 2, \cdots, n-1) \tag{8.9}$$

여기에 ℓ은 부양자수, $\hbar = h/2\pi$, h는 플랑크 상수$(6.626 \times 10^{-34}\ \mathrm{J.s})$이다.

한편 양자물리학에 따르면(증명은 생략) L의 z방향의 성분 L_z는 불연속인 양(양자화)이 되고, 다음과 같이 나타내진다(식 1.58).

$$L_z = m_l \hbar, \quad (-\ell \leq m_l \leq +\ell) \tag{8.10}$$

로 주어진다. 여기서 m_l은 자기양자수이다. 식 (8.9)를 식 (8.8)에 대입하면

$$\mu_\ell = -\left(\frac{e}{2m}\right)L = -\left(\frac{e\hbar}{2m}\right)\sqrt{\ell(\ell+1)} = -\mu_{\rm B}\sqrt{\ell(\ell+1)} \tag{8.11}$$

여기서 $\mu_{\rm B}$는 자기쌍극자 모멘트의 최소단위로서 **보어 자자**(보어 磁子, Bohr magneton)라고 하며 그 크기는 다음과 같다.

$$\mu_{\rm B} = \frac{e\hbar}{2m} = 9.273 \times 10^{-24}\ [\mathrm{A \cdot m^2}] \tag{8.12}$$

보어 자자는 원자의 자기쌍극자 모멘트 크기를 표시하는 데 잘 사용된다.

결론적으로 원자 내의 전자의 궤도운동으로 궤도자기쌍극자 모멘트가 만들어지고, 이것이 자석과 같은 자기의 근원[그림 8.4 (b)]이다. 따라서 물질이 자성을 나타내는 원인 중의 하나는 원자 내 전자의 궤도운동에 의한 것이다.

8.2.2 스핀자기쌍극자 모멘트

원자 내에 전자는 궤도를 따라 운동을 하는 것 외에도 전자 자신이 자전(自轉, spin)한다. 즉 스핀운동을 한다. 전자의 스핀운동에 따른 미소전류고리를 **스핀자기쌍극자**라고 한다. 1장에서 배운 바와 같이 전자의 상태는 공간양자수(n, l, m_l) 외에 스핀양자수 s에 의해 정해진다. 물질의 자성은 궤도자기쌍극자 모멘트 이상으로 중요한 근원이 스핀자기쌍극자 모멘트라는 사실이 우렌벡(G.F Uhlenbeck)과 가우스미트(S.A. Goudsmit) 두 사람에 의해 확인되었다.

그림 8.5 (a)에 나타낸 바와 같이 자전하고 있는 전자는 전류 루프를 형성하고, 이때 생기는 **스핀자기쌍극자 모멘트**는 다음과 같다.

$$\mu_s = -\left(\frac{e}{m}\right)L_s \tag{8.13}$$

이 식을 벡터로 나타내면 다음과 같이 된다.

$$\boldsymbol{\mu}_s = -\left(\frac{e}{m}\right)\boldsymbol{L}_s \tag{8.13-1}$$

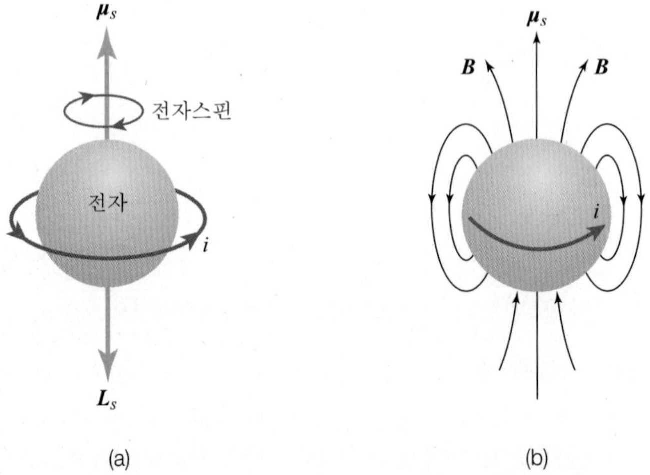

그림 8.5 (a) 스핀자기쌍극자 모멘트와 (b) 자기장

스핀 각운동량의 크기는 다음과 같이 나타내진다.

$$L_s = \sqrt{s(s+1)}\,\hbar, \quad (s = +1/2,\ -1/2) \tag{8.14}$$

외부 자기장이 z방향으로 놓일 때 L_s의 z방향의 성분 $L_{s(z)}$는 양자화 되고, 다음과 같이 나타내진다(식 1.33).

$$L_{s(z)} = s\hbar,\ \text{즉}\quad L_{s(z)} = +\frac{1}{2}\hbar,\ -\frac{1}{2}\hbar \tag{8.15}$$

식 (8.14)를 식 (8.13)에 대입하면

$$\mu_s = -\left(\frac{e}{m}\right)L_s = -\left(\frac{e\hbar}{2m}\right)2\sqrt{s(s+1)} = -2\mu_B\sqrt{s(s+1)} \tag{8.16}$$

원자 내의 전자의 스핀운동으로 스핀자기쌍극자 모멘트가 만들어지고, 이것이 자석과 같은 자기의 근원[그림 8.5 (b)]이 된다. 따라서 물질이 자성을 나타내는 원인 중의 또 하나는 원자 내 전자의 스핀운동에 의한 것이다.

1개의 원자에는 많은 전자가 있고, 그들 각각의 궤도운동에 의한 궤도자기쌍극자 모멘트와 스핀운동에 의한 스핀자기쌍극자 모멘트가 합성되어 원자의 자기쌍극자 모멘트가 정해진다. 실질적으로 물질의 자성은 원자의 자기쌍극자 모멘트 크기에 따라 결정된다.

핵심 N 자기현상의 근원은 운동하는 전자이다. 전자의 궤도운동과 스핀운동으로 미소전류가 발생하며, 미소전류 고리를 자기쌍극자라고 한다. 따라서 자기는 궤도자기쌍극자 모멘트와 스핀자기쌍극자 모멘트에 의해서 발생한다.

8.3 자성체의 거시적 성질

전자기학에서 공부했던 내용 중에서 재료적 측면에서 자기장과 관련된 자성체의 거시적 내용을 알고 있어야 물질의 자성을 이해할 수 있다. 이것은 유전체를 이해하기 위해서 전기장의 내용을 알아야 하는 것과 같은 것이다. 자기장 H, 자속밀도 B, 단위 체적당 자기쌍극자 모멘트인 **자화** M 사이의 관계는

$$B = \mu H = \mu_o \mu_r H \tag{8.17}$$

$$= \mu_o (1 + \chi_m) H = \mu_o H + \mu_o \chi_m H$$

$$= \mu_o H + \mu_o M$$

여기서 μ는 **투자율**(透磁率, permeability), μ_o는 진공에서 투자율($\mu_o = 4\pi \times 10^{-7}\ \mathrm{H/m}$)이다. 앞에서 취급했던 자기쌍극자 모멘트의 기호와 구별해야 한다.

식 (8.17)은 유전체에서 다루었던 전기장 E, 전속밀도 D, 단위 체적당 전기쌍극자 모멘트인 분극 P 사이의 관계와 매우 흡수하다.

$$\left(\begin{aligned} D = \epsilon E &= \epsilon_o \epsilon_r E \\ &= \epsilon_o (1 + \chi_e) E = \epsilon_o E + \epsilon_o \chi_e E \\ &= \epsilon_o E + P \end{aligned} \right)$$

식 (8.18)과 유전체의 것과 비교하면 다소 차이가 있다. 분극에 대비되는 자화 항에서 차이가 난다. 자화 M은 다음 식과 같이 정의한다.

$$M = \chi_m H \quad (\text{유전체에서} \quad P = \epsilon_o \chi_e E) \tag{8.18}$$

위의 자화 식에 μ_o가 없다는 점을 알아 두어야 한다. 즉 $M \neq \mu_o \chi_m \boldsymbol{H}$이다.

식 (8.18)에서 χ_m은 **자화율** 또는 **자기감수율**(磁氣 感受率, magnetic susceptibility)이라고 하며, 다음과 같이 나타내진다.

$$\chi_m = \mu_r - 1 \quad (\text{유전체에서 } \chi_e = \epsilon_r - 1) \tag{8.19}$$

자화율은 자성체를 자기장에 두었을 때 어느 정도 자화가 되는지 나타내는 고유 값으로 물질에 따라 정해진다. 자성체의 거시적 성질 가운데서 중요한 것은 자화 M이다. 자화는 단위 체적당 자기쌍극자 모멘트의 합으로 다음과 같이 나타내진다.

$$M = \frac{\sum_{i=1}^{n} \mu_i}{V} \tag{8.20}$$

핵심 N 자기현상을 나타내는 데는 자계 H, 자속밀도 B, 자화 M이 사용된다. H는 외부에서 흘려주는 전도전류에 의존하고, B는 자화 M에 의존한다. M은 단위 체적당 자기쌍극자 모멘트이다.

8.4 자성

8.4.1 자성물질의 분류

외부 전류에 의한 자기장과는 달리 물질에 의한 자기장은 물질 내의 궤도자기쌍극자 모멘트와 스핀자기쌍극자 모멘트의 벡터 합이 어떤 값으로 존재해야만 자성이 나타난다. 어떤 물질이든 초기에는 전체 자화가 0이다. 즉 밖으로 나타나지 않는다.

자성물질은 처음부터 **영구자기쌍극자**(permanent magnetic dipole)가 있느냐, 없느냐에 따라 분류된다. 또 영구쌍극자 존재유무에 관계없이 자기장으로 자화를 시키지 않는 한 자성이 나타나지 않는다. 전자배치에서 폐각이 되는, 즉 모든 전자들이 반평행 스핀쌍(↑↓)을 갖게 되면 영구자기쌍극자 모멘트가 0이 되고 이런 경우에는 반자성이 된다. 따라서 영구자기쌍극자 모멘트가 존재하기 위해서는 폐각이 되지 않아야

표 8.1 자성체 분류

<table>
<tr><th colspan="2">물질의 자성</th><th>영구
자기쌍극자</th><th>쌍극자 간의 상호작용</th><th>χ_m</th></tr>
<tr><td colspan="2">반자성(diamagnetism)</td><td>무</td><td>유도자기쌍극자 발생</td><td>-10^{-5} ~
-10^{-6}</td></tr>
<tr><td rowspan="2">약자성</td><td>상자성
(paramagnetism)</td><td rowspan="4">유</td><td>무질서한 분포, 무시</td><td rowspan="2">10^{-3} ~
10^{-5}</td></tr>
<tr><td>반강자성
(antiferromagnetism)</td><td>같은 크기의 역방향 평행</td></tr>
<tr><td rowspan="2">강자성</td><td>준강자성
(ferrimagnetism)</td><td>다른 크기의 역방향 평행</td><td rowspan="2">자기장과
온도에 의존</td></tr>
<tr><td>강자성
(ferromagnetism)</td><td>같은 크기의 평행</td></tr>
</table>

한다. 영구자기쌍극자 모멘트 유무에 따라 자성체를 분류하면 표 8.1과 같다.

반자성(反磁性, diamagnetism)은 자기장을 걸면 자화율 χ_m이 부(−)가 되어 자기장의 역방향으로 자화되는 성질이며, $\chi_m = -10^{-5} \sim -10^{-6}$ 정도에 지나지 않고, 영구자기쌍극자 모멘트가 없는 경우이다.

상자성(常磁性, paramagnetism)은 자기장을 걸면 자화율 χ_m이 정(+)이 되어 자기장의 방향으로 자화되는 성질이며, $\chi_m = -10^{-3} \sim 10^{-5}$ 정도로 약하고, 영구자기쌍극자 모멘트가 있긴 하나 그림 8.6 (a)에서와 같이 무질서하게 배열하고 있어 쌍극자 간의 상호작용이 무시될 정도로 약한 경우이다.

강자성(强磁性, ferromagnetism)은 자기장을 걸면 자기장의 방향으로 강하게 자화하고, 자기장을 제거하면 자화가 남는다. 영구자기쌍극자가 상호작용하여 그림 8.6 (b)에서와 같이 서로 평행하려고 하는 성질이다. 대표적인 물질로는 Fe, Co, Ni 등이다.

반강자성(反强磁性, antiferromagnetism)은 그림 8.6 (c)에서와 같이 영구자기쌍극자가 서로 반평행으로 배열하는 성질이며, 자기쌍극자 모멘트가 서로 상쇄되어 자화되지 않으나 자기장을 걸면 약하게 자화하는 성질이다.

준강자성(準强磁性, ferrimagnetism)은 그림 8.6 (d)에서와 같이 영구자기쌍극자가 서로 반평행으로 배열하는 성질이나 인접한 자기쌍극자 모멘트의 크기가 서로 다르기 때문에 그 차이만큼 자화되는 성질이다.

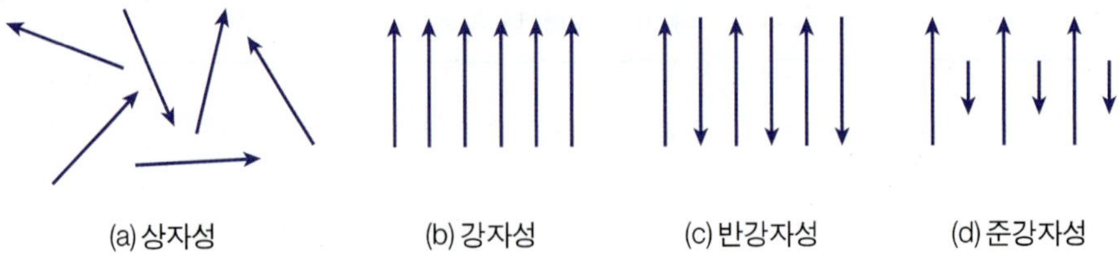

그림 8.6 자기쌍극자의 배열에 따른 자성체 분류

8.4.2 반자성

(1) 전자의 궤도운동에 의한 반자성

처음부터 영구자기쌍극자가 없고, 외부 자기장이 있을 때 자기장과 반대 방향으로 약한 자기쌍극자 모멘트가 유도된다.

반자성이 생기는 원인을 알려면 그림 8.7에 나타낸 Faraday의 법칙과 Lenz의 법칙을 이해해야만 한다. 물질이 자기선속을 끊거나 폐루프를 통과하는 자속이 변하면 그곳에 유도기전력 혹은 유도전류가 생긴다. 이때 유도기전력의 방향은 자속의 변화를 방해하는 방향이다.

그림 8.8 (a)에 나타내 바와 같이 변하는 자기장 내에 물질을 갖다 놓으면 원자핵 주위의 궤도에 자속의 변화를 방해하는 방향으로 유도전류가 발생한다. 동시에 유도전류에 의한 자속의 방향은 외부 자속의 방향과 반대가 되므로 반자성이 생기게 된

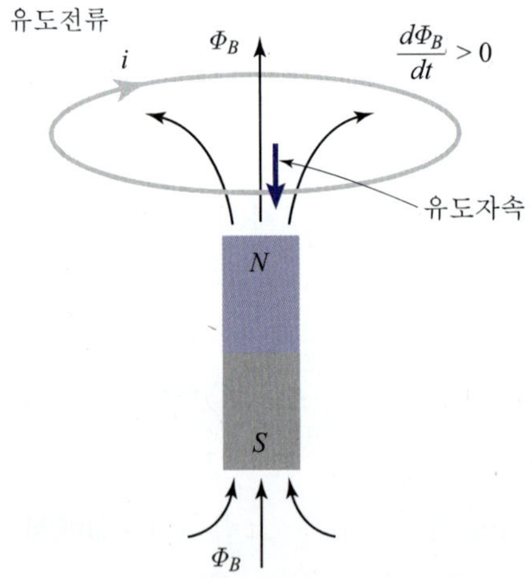

그림 8.7 패러데이 및 렌쯔의 법칙

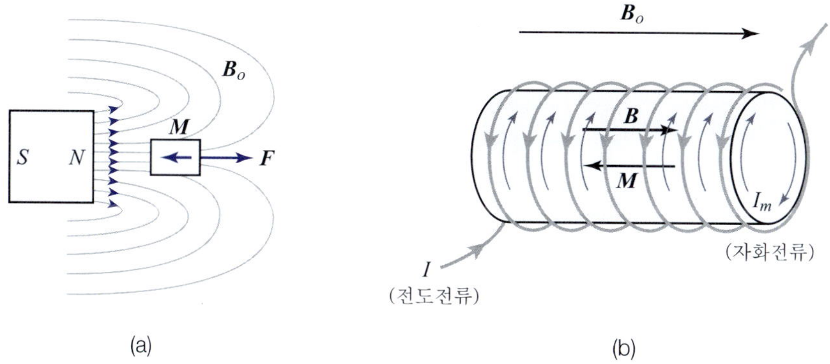

그림 8.8 (a) 자석이 만드는 자기장 내에서 물질의 반자성, (b) 전류가 만드는 자기장 내에서 물질의 반자성

다. 그림 8.8 (b)에서와 같이 전류가 흐르는 코일 속에 놓인 반자성체 내의 자기장 B는 다음과 같이 나타내진다.

$$B = B_o - B_M = B_o - \mu_o M \tag{8.21}$$

여기서 B_o는 **전도전류** I(도체에 흐르는 전류, 자유전자의 흐름)에 의해서 만들어진 외부 자기장, B_M은 **자화전류** I_m(물질의 자화에 의한 표면전류, 원자 내 자기쌍극자전류)에 의해서 만들어진 자기장이다. 이와 같이 반자성체 내의 자기장은 외부 자기장보다는 작다. 이와 같은 현상 때문에 모든 물질은 원래 반자성을 다 가지고 있지만 반자성은 작고, 다른 자성이 크기 때문에 숨겨져 나타나지 않을 뿐이다. 반자성 물질로는 유기재료, 초전도 재료, Si, Ge, Ag, Cu, Au 그리고 Na^+과 같은 이온 등이 있다. 반자성의 자화율은 대략 10^{-6} 정도이며, 온도에 영향을 거의 받지 않는다. 이와는 대조적으로 대부분의 자성은 온도에 따라서 자화율이 크게 변한다.

(2) 자유전자의 운동에 의한 반자성

자유전자를 가지는 물질을 자기장 내에 둔다면 자유전자는 그림 8.9와 같이 나선운동을 할 것이다. 이 운동으로 만들어 지는 자기장은 원래의 자기장을 상쇄하는 방향으로 나타난다. 이 결과로 반자성이 나타나지만 크기가 매우 작아 무시된다.

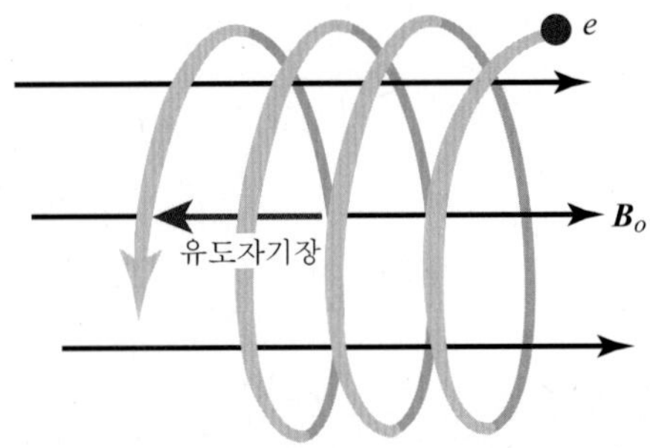

그림 8.9 자기장 속에서 나선 운동하는 전자가 만드는 유도자기장

8.4.3 상자성

처음부터 영구자기쌍극자가 존재하지만 쌍극자 간에 상호작용이 무시할 정도 작아 열적 운동을 이겨낼 수가 없다. 따라서 그림 8.10 (a)에 나타낸 바와 같이 자기장이 없을 때는 자기쌍극자들은 무질서하게 여러 방향으로 향하고 있다. 따라서 자기쌍극자 모멘트는 서로 상쇄되어 0이 되므로 자화가 되지 않는다. 그러나 그림 8.10 (b)와 같이 상자성체가 외부 자기장에 놓이면 자기쌍극자들은 열로 인한 무질서와 균형을 이루어 자기장 방향으로 정렬되려고 한다. 이것이 상자성체의 자화기구이다. 이것은 유전체의 배향분극과 흡사한 기구이다. 그림 8.10 (c)에서와 같이 전류가 흐르는 코일 속에 놓인 상자성체 내의 자기장 B는 다음과 같이 나타내진다.

$$B = B_o + B_M = B_o + \mu_o M \tag{8.22}$$

따라서 상자성체 내의 자기장은 외부 자기장보다는 크다.

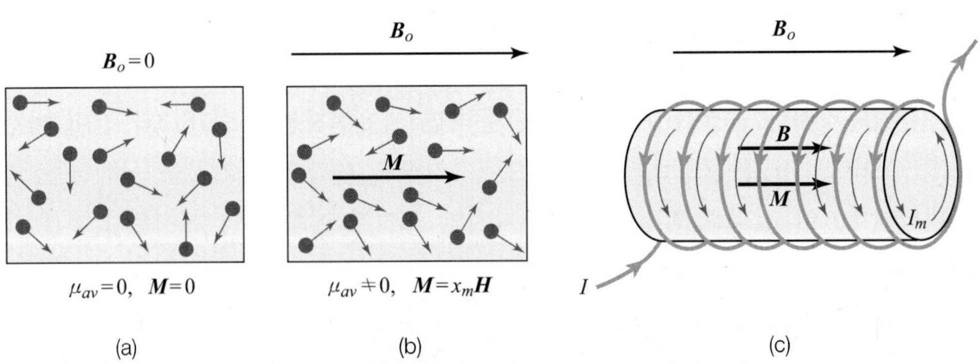

그림 8.10 (a) 자기장이 없을 때 무질서한 자기쌍극자, (b) 자기장이 있을 때 자기쌍극자 (c) 전류가 흐르는 코일 속에 상자성체에서 자기장

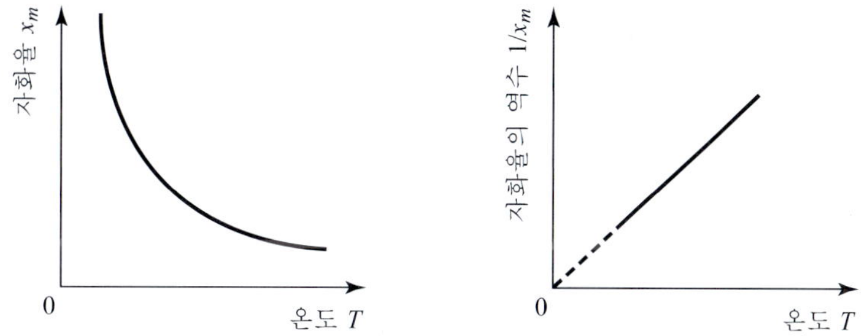

그림 8.11 자화율과 온도관계

상자성 물질이 자화되려면 영구자기쌍극자의 방향을 무질서하게 하는 열적 운동을 이겨내야만 한다. 따라서 자화율은 온도에 크게 의존한다. 온도 T에서 자기쌍극자는 자기장에 대해서 여러 방향으로 향하고 있다. 물론 자기장 방향으로 향하는 자기쌍극자가 더 많다. 자기쌍극자 모멘트를 가진 쌍극자에 대한 자화율 χ_m은 다음과 같이 온도에 관계되는 식으로 나타내진다.

$$\chi_m = \frac{C}{T} \tag{8.23}$$

상자성체의 자화율 χ_m은 T에 반비례한다. 이것을 **퀴리의 법칙**(Curie's law)이라고 부르며, 비례상수 C는 물질마다 다른데 이것을 **퀴리 상수**라고 한다. 이 관계를 그림 8.11에 나타내었다.

상자성 물질로는 Al, Pt, Sn, Ti 등이 있다.

8.4.4 강자성

처음부터 영구자기쌍극자가 존재하지만 상자성과는 완전히 다른 기구를 가지고 있다. 즉 외부의 자기장이 없어도 영구자기쌍극자끼리 강하게 상호작용하여 서로 같은 방향으로 정렬하려고 하는 성질을 가지고 있다. 이와 같은 현상을 **자발자화**(自發磁化, spontaneous magnetization)라고 한다. 자발자화 영역을 **자구**(magnetic domain)라고 하는데 자구마다 자발자화의 방향이 다르다 보니 서로 상쇄되어 자화가 0이 된다. 즉 강자성이 밖으로 나타나지 않는다.

외부 자기장 속에 강자성체를 놓으면 어떤 현상이 일어나는지를 알아보자.

(1) $B-H$ 곡선(히스테리시스 곡선)

자성체를 자기장 속에 넣고 자기장을 점차 강하게 해가면 이것과 함께 자속밀도(또는 자화)도 변화하는데 이러한 변화를 그린 것이 **자화곡선**(磁化曲線, magnetization curve)이다. 자화곡선은 각종 자성 재료의 특성을 아는 데 큰 도움이 된다. 자화곡선 중 자속밀도와 자기장의 관계를 나타내는 곡선이 $B-H$ 곡선이고, 자화와 자기장의 관계를 나타내는 곡선이 $M-H$ 곡선이다.

그림 8.12 (a)와 같은 교류로 만들어진 자기장 내에 강자성체를 두면 전류곡선 상에 표시한 전류의 크기 (a, b, c …)에 대응하는 $B-H$ 곡선이 그려진다. 자기장을 H, 자속밀도를 B로 해서 자화의 과정을 그려보면 그림 8.12 (b)와 같은 형태가 된다. 즉 자기장이 0이고 자속밀도가 0인 상태에서 출발해서 H를 +방향으로 증가시키면 자속밀도는 $0 \rightarrow a \rightarrow b \rightarrow c$로 증가하여 포화에 이른다. 이 경우, $0a$부분에서는 가역적으로 H를 감소시키면 B는 다시 0점으로 되돌아가지만 $0a$의 범위를 넘어가면 가역적이지 않다. c에서 H의 감소에 따라 B도 감소하는데 이 경우의 경로는 $c \rightarrow b$가 되지 않고 $c \rightarrow d$가 된다. 따라서 H가 0이 되어도 B는 0이 되지 않는다. 이때의 자속밀도를 **잔류자속밀도**((remanent magnetic flux density, B_r)라고 한다. H를 −방향으로 증가시키면 $d \rightarrow e$로 변하고 H가 e일 때 B는 0이 된다. 이때의 H를 **보자력**(保磁力, coercive force, H_c)이라고 한다. 계속 H를 −방향으로 증가시키면 $e \rightarrow f$로 변하고, f에서 −방향으로 감소시켰다가 +방향으로 증가시키면 곡선은 $f \rightarrow g \rightarrow c$로 변한다. 이러한 폐곡선으로 표시되는 곡선을 **자기이력곡선**(磁氣履歷曲線, 히스테리시스 루프, hysteresis loop)이라고 한다. 히스테리시스 루프를 그리는데 요구되는 에너지는 루프 면적과 같으며, 이것을 **히스테리시스손**이라 하고, 열에너지로 사라진다.

자기이력곡선의 형태나 크기는 재료에 따라 다르기 때문에 각각 사용 목적에 따라 달라진다. 예를 들면 변압기의 철심 등에 사용되는 자심 재료에서는 약간의 전류로 자화를 크게 하기 위해 투자율이 높고, 교류손실을 줄이기 위해 자기이력곡선의 면적이 가급적 작은 것이 바람직하다(**연자성재료**). 그러나 계측기, 스피커 등에 사용하는 영구자석재료로는 쉽게 감자하지 않는 높은 보자력을 가지고 있는 재료가 바람직하다(**경자성재료**). 특히 영구자석재료의 경우에는 그림 8.12 (b)의 제2상한의 **감자곡선**(減磁曲線)이 중요하다.

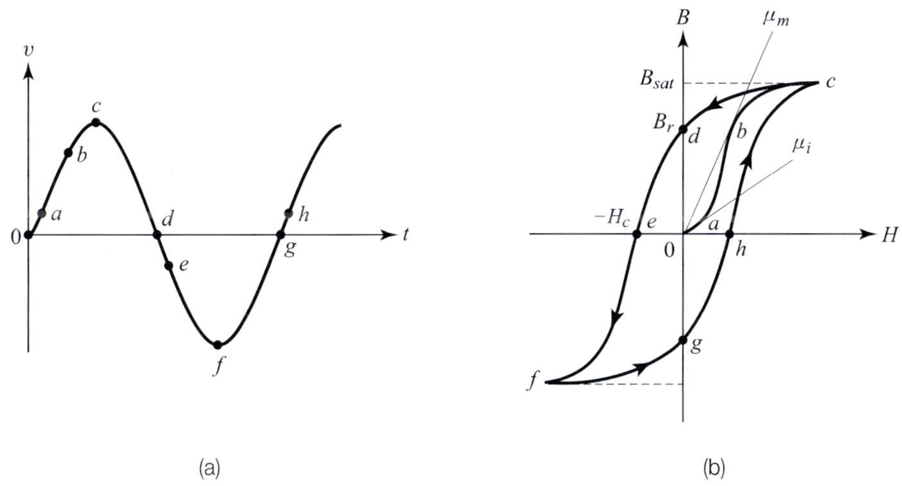

그림 8.12 (a) 강자성체에 인가되는 교류전압, (b) 강자성체의 자기이력곡선

(2) 투자율, 비투자율

자성물질을 자기장 속에 두면 자화하게 된다. 이때 자성물질이 자화하는 정도를 **투자율**(permeability)이라고 한다. 투자율 μ는 B와 H의 비로 나타내진다.

$$\mu = \frac{B}{H} \tag{8.24}$$

B의 단위는 $\mathrm{Wb/m^2}$ 또는 Tesla[T]로 나타낸다.

물질이 없는 장소, 즉 진공에서의 H와 B의 비를 진공의 투자율이라 하며, μ_o로 표시한다. 진공의 투자율 μ_o와 물질의 투자율 μ의 비, 즉 $\mu/\mu_o = \mu_r$을 **비투자율**이라 한다. 비투자율은 비자성체에서는 1에 극히 가깝지만 **강자성체**에서는 1보다 훨씬 크다. $B-H$ 곡선은 비선형이므로 μ 값은 H에 따라 변한다. 따라서 μ는 H에 대한 B의 기울기이므로 그림 8.12(a)의 초기곡선에서, 즉 a부위에서 접선의 기울기 $\mu = B/H$를 **초기투자율** μ_i라 하고, b부위에서 접선의 기울기를 **최대투자율** μ_m이라고 한다. **초기투자율**은 통신용 변압기처럼 흐르는 전류가 작고, 자기장이 작은 경우에 중요시 되며, Fe-Ni 합금(퍼멀로이), Mn-Zn 페라이트 등이 통신용 철심재료로 사용되는 이유 중의 하나이다. **최대투자율**은 전원 변압기 등과 같이 대전력 또는 큰 자속밀도를 필요로 하는 경우에 중요시 되며, 규소강 등이 전력용 철심재료로 사용되는 이유 중의 하나이다.

(3) 강자성체의 온도영향

그림 8.13에 나타낸 바와 같이 강자성체에서 자구 내의 자기쌍극자끼리 교환상호작용으로 강하게 결합되어 있다하더라도 온도가 증가하면 스핀의 정렬상태는 격자의 열적 진동으로 흐트러지게 된다. 따라서 점점 자화가 감소하게 된다. 온도가 점점 상승하여 $T = T_C$, 즉 임계온도에 이르면 강자성을 상실해서 $\mu_r = 1$(상자성)이 된다. 이때 열적 에너지가 스핀교환에너지(고전적이 아닌 양자역학적으로만 설명이 가능)보다 커지는 경우인데 강자성을 완전히 잃게 되는 임계온도를 **퀴리온도**(Curie temperature) T_C라고 하며, **자기변태점**(강자성에서 상자성으로 상변태가 일어남), **퀴리점**이라고도 한다. 퀴리온도 이상에서는 교환에너지의 영향이 사라므로 상자성을 띄게 되고, 자화율 χ_m은 다음과 같이 된다.

$$\chi_m = \frac{C}{T - T_C} \tag{8.25}$$

강자성체는 고온에서 상자성이 되고, 자화율이 온도의 역수에 비례하는 성질을 갖는다. 이것을 **퀴리-바이스의 법칙**(Curie-Weiss's law)이라고 한다.

그림 8.14에서 퀴리온도 이하에서는 χ_m이 무한대가 되어 외부 자기장 H가 0이 되어도 자화 M이 존재한다. 즉 자발자화가 형성됨을 암시한다.

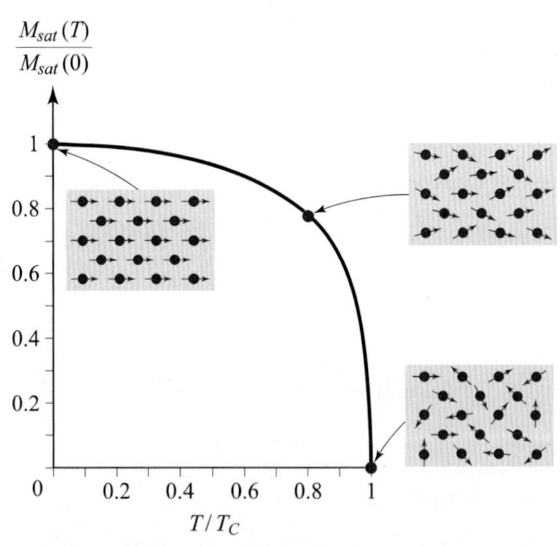

그림 8.13 자발자화의 온도 의존성

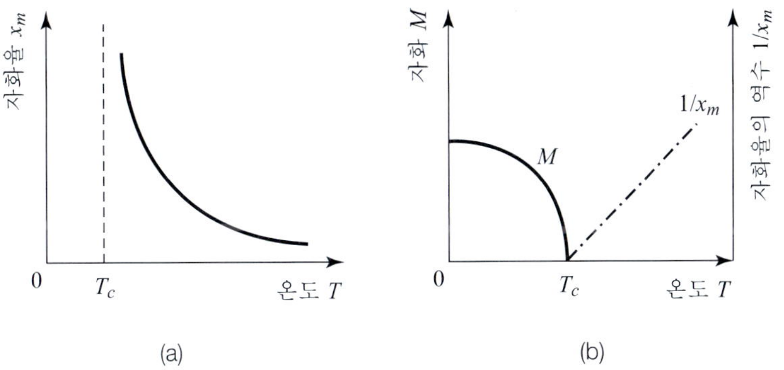

그림 8.14 (a) T_C 이하에서 강자성체 자화율 $\chi_m = \infty$, T_C 이상에서 상자성 영역의 자화율,
(b) 저온에서 $M-T$ 및 고온에서 $1/\chi_m - T$ 관계

퀴리온도는 자성체의 종류에 따라 다르고, 철 및 강철 등에서는 보통 690~870℃ 사이에 있다. 영구자석도 퀴리온도 이상으로 가열하면 자석으로서의 성질을 잃게 된다.

8.4.5 반강자성

그림 8.6 (c)에서 언급한 바와 같이 모멘트 크기가 같은 인접한 자기쌍극자가 반평행으로 배열하려는 성질을 **반강자성**(antiferromagnetism)이라고 하며, 알짜 자기쌍극자 모멘트는 없다. 자기장을 걸면 약하게 자화한다. 어떤 임계온도를 넘으면 자기쌍극자 반평행 배열은 완전히 사라지고 상자성을 나타낸다. 이 온도를 **넬(Néel) 온도** T_N이라고 한다. 여기에는 Cr, Mn, MnO, NiO 등이 있다. 반강자성체는 이론적으로 흥미는 있지만 아직 공업적으로 응용할 만한 가치를 찾지 못하고 있다.

8.4.6 준강자성

그림 8.6 (d)에서 언급한 바와 같이 모멘트 크기가 다른 인접한 자기쌍극자가 반평행으로 배열하려는 성질을 준강자성 또는 **페리 자성**(ferrimagnetism)이라고 한다. 페리 자성을 나타내는 대표적인 물질로는 **페라이트**(ferrite)가 있다. 페라이트는 $MO + Fe_2O_3 \rightarrow MFe_2O_4$(M : Fe, Co, Ni, Cu, Zn, Mn, Mg 등 2가 금속)와 같은 화학식의 형태를 취하고 있으며, 스피넬($MgAl_2O_4$) 구조를 가진다. 보통 사용되는 페라이트는 복합 페라이트로 다음과 같은 것들이 있다.

Cu-Zn 페라이트($CuFe_2O_4 \cdot ZnFe_2O_4$), Mn-Zn 페라이트($MnFe_2O_4 \cdot ZnFe_2O_4$), Ni-Zn 페라이트($NiFe_2O_4 \cdot ZnFe_2O_4$), Ni-Cu-Zn 페라이트($NiFe_2O_4 \cdot CuFe_2O_4 \cdot ZnFe_2O_4$), Ni-Mn-Zn 페라이트($NiFe_2O_4 \cdot MnFe_2O_4 \cdot ZnFe_2O_4$), Mn-Cu-Zn 페라이트($MnFe_2O_4 \cdot CuFe_2O_4 \cdot ZnFe_2O_4$).

페라이트는 그 저항률이 금속에 비해 대단히 크고($10^5 \sim 10^{12}$배) 와전류손이 작으며, 비투자율이 높기 때문에 고주파용으로 널리 사용되고 있다. 그 주된 용도로는 각종 코일류(μ 동조코일, 편향코일), 변성기(고주파 변성기, 중간 주파 트랜스) 또는 컴퓨터의 기억장치나 연산장치, 자기헤드 등이다. 적용 주파수를 보면 Cu-Zn 페라이트는 주로 중간 주파대(455 kHz)에서 이용되고, Mg-Zn 페라이트($\rho = 10^{10}\ \Omega \cdot \text{cm}$)와 Mg-Mn 페라이트는 마이크로파 영역에서 이용된다. 또 Mn-Zn 페라이트는 포화 자화값이 커서 저주파용 고투자율 자심재료에 사용된다. Ni-Zn 페라이트는 저항률이 가장 커서 상당히 높은 주파수까지 이용된다.

사실 전기공학에서 가장 많이 응용되고 있는 자성물질은 강자성체와 페리자성체이다.

핵심 N	자성을 띈다는 말은 물질을 끌어당길 수도 있고 밀 수도 있는 공간 상에 자기력이 작용한다는 의미이다. 자성체는 반자성체, 상자성체, 강자성체, 준강자성체, 반강자성체 등으로 분류한다. 반자성체는 외부자기장과 반대방향으로 자화되고, 결과적으로 미는 성질을 가진 자성체, 상자성체는 영구자기 쌍극자자가 무질서하게 배열되어 외부 자기장을 걸었을 때 비로소 같은 방향으로 자화되고, 끌어당기는 성질을 가진 자성체, 강자성체는 자발자화 영역을 가지며, 아주 강하게 끌어당기는 성질을 가진 자성체이다.

8.5 강자성 기구

강자성체가 강자성을 나타내는 기구가 무엇인지, 자기이력곡선, 즉 히스테리시스 곡선을 나타내는 이유가 무엇인지를 다룬다.

8.5.1 자발자화

외부자계 하에서 강자성체의 자화는 왜 포화하는 것일까? 또 외부자계를 제거하여도 자화는 왜 남는 것일까? 온도를 증가시키면 강자성이 왜 상자성으로 상전이하는 것일까? 이런 것들이 강자성체가 가지고 있는 특징이다. 이것은 기본적으로 자기쌍극자 모멘트가 전부 자기장 방향으로 배열하지 않고서는 설명될 수가 없다. 자기쌍극자 모멘트가 자기장 방향으로 정렬하려고 하면 격자의 열진동 때문에 완전히 자기장 방향으로 정렬하기가 어렵다. 따라서 완전 정렬에는 열에너지를 이겨낼 수 있는 다른 에너지가 있어야만 가능하다. 이 에너지가 **교환에너지**(exchange energy)인데 Heisenberg에 의해서 양자역학적으로만 설명이 가능하다. 그렇다면 이 에너지는 어디서 온 것일까?

대표적인 강자성체인 Fe, Co, Ni 등에서 자발자화가 왜 나타나는가를 이해하기 위해서는 각 원자의 전자구조를 이해해야 한다. 표 8.2에서 강자성체 금속의 전자배치에서 알 수 있는 것은 $3d$ 이외의 궤도함수는 반평행 스핀전자로 채워져 있어 각 궤도함수에 들어가는 전자수는 짝수이고 이것들은 동수의 +스핀과 −스핀이므로 자기쌍극자 모멘트의 합은 0이 된다. 그러나 $3d$ 궤도함수의 일부는 반평행 스핀전자로 채워져 있지 않고, 즉 짝지어지지 않은 전자, 소위 **불대전자**(不對電子, unpaired electron)가 존재하기 때문에 스핀자기쌍극자 모멘트가 존재한다. 따라서 이러한 불대전자의 존재가 강자성체의 원인이 된다. 예컨대 Fe의 경우, $3d$ 궤도함수에는 4개의 불대전자가, Co의 경우 3개의 불대전자가, Ni의 경우 2개의 불대전자가 같은 스핀방향으로 평행하게 배열하고 있다.

강자성체에서 스핀자기쌍극자 간에 양자역학적으로 설명되는 **교환상호작용**(交換相互作用)에 의한 **교환력**(交換力, exchange force)으로 만들어지는 **내부자계**(쌍극자 하나하나에 작용하는 자계, 분자자계, Weiss자계)의 영향으로 스핀자기쌍극자 모멘트는 같은 방향으로 향하게 된다. 쌍극자 간의 상호작용은 자기적인 것이 아니라 전자나 이온 간에 정전기력(靜電氣力)에 의한 것이다. 내부자계는 인접한 스핀을 한 방향으로 배열시키려는 **교환에너지**에 기인한다. 이 에너지는 본질적으로는 **정전(靜電)에너지**이다. $3d$ 궤도함수의 전자스핀이 나란하게 배열하고 있을 때 교환에너지가 가장 낮다. 이것은 좀 이상하게 느껴지리라 생각된다. 일반적으로 분자를 만들기 위해서는 스핀이 반평행이 되는 것이 필요하지만 Fe, Co, Ni 등의 불완전 껍질에 있는 $3d$ 궤도함수의 전자스핀은 분자일 때와는 반대로 스핀이 평행으로 정렬한 쪽이 에너지가 낮아질 것이라고 Heisenberg가 설명하였다. 이에 따라 서로 인접하고 있는 강자성체 원자는 자연적으로 자기쌍극자 모멘트가 한 방향으로 평행하게 배열한다고 하는 것이 **자발자화**이다.

표 8.2 Fe, Co, Ni의 전자배치

(a) 전자구조

원 소	1s	2s	2p	3s	3p	3d	4s
각각의 궤도함수를 채우는 전자수	$1s^2$	$2s^2$	$2p^6$	$3s^2$	$3p^6$	$3d^{10}$	$3s^2$
26 Fe	$1s^2$	$2s^2$	$2p^6$	$3s^2$	$3p^6$	$3d^6$	$3s^2$
27 Co	$1s^2$	$2s^2$	$2p^6$	$3s^2$	$3p^6$	$3d^7$	$3s^2$
28 Ni	$1s^2$	$2s^2$	$2p^6$	$3s^2$	$3p^6$	$3d^8$	$3s^2$

(b) 스핀의 분배

원 소	1s	2s	2p	3s	3p	3d	4s
Fe	+1 −1	+1 −1	+3 −3	+1 −1	+3 −3	+5 −1	+1 −1
Co	+1 −1	+1 −1	+3 −3	+1 −1	+3 −3	+5 −2	+1 −1
Ni	+1 −1	+1 −1	+3 −3	+1 −1	+3 −3	+5 −3	+1 −1

8.5.2 자구

자석은 아무리 작게 나누어도 자석으로서의 성질을 잃지 않고, 거시적 관점에서는 어디나 균일하다고 생각된다. 그러나 이것을 현미경으로 조사해보면 강자성체 내부에는 대략 10^{15} 혹은 10^{16}개의 원자로 구성된 자발자화의 영역으로 나누어져 있는 것을 관찰할 수 있다. 이러한 영역을 **자구**(magnetic domain)라고 하고, 자구와 자구의 경계를 **자벽**(magnetic wall)이라고 한다. 자벽은 단순히 원자 간의 간격이 아니라 일정한 두께를 가지는 전이영역이다. 일반적으로 자벽은 100개의 원자를 가지는데 철의 경우 0.1 μm의 두께에 수백 개의 원자가 모여 있는 원자집단이다. 그림 8.15는 그 모양을 표시한 것인데 강자성체의 표면을 깨끗이 닦은 후, 이 위에 콜로이드상의 산화 철분을 올려놓고 현미경으로 확대함으로써 이러한 자구 무늬를 관찰할 수 있다.

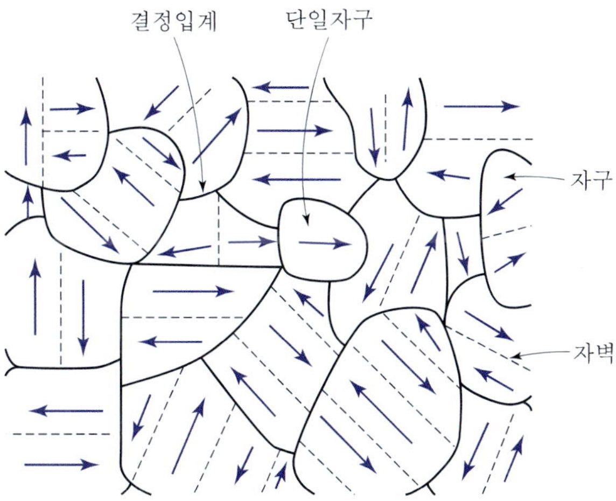

그림 8.15 자구와 자벽

자구는 자기장을 걸면 부풀어 오르거나 오그라들거나 또 자벽이 이동하거나 하는 것이 실험으로 관찰된다. 즉 강자성체에 외부에서 자기장을 가하면 자구 구조에 변화가 생긴다. 여기서 자구 구조에서 자화의 기구를 알아보자.

그림 8.16 (a)와 같이 자구는 결정의 자화용이축을 향하고 있지만 인접한 자구의 스핀은 서로가 반대 방향을 향하고 있기 때문에 자화되어 있지 않은 상태이다. 전체적으로 물실은 자화가 0인 상태이다. 그림 8.16 (b)에 나타낸 바와 같이 그림과 같은 방향으로 자기장을 가하면 자벽 부분의 자기쌍극자 모멘트가 조금씩 자기장 방향으로 향해 결과적으로 자기장과 같은 방향인 자구의 영역으로 옮겨간다. 이것이 자벽의 이동이고, 자기장 방향의 자기쌍극자 모멘트를 가진 자구는 점점 팽창한다. 그림 8.16 (c)처럼 자기장을 더 크게 하면 전체가 하나의 자구가 되어 포화상태에 이르게 된다. 자기쌍극자 모멘트가 자기장 방향으로 회전하는 과정을 그림 8.17에 나타내었다. 자벽에서 자기쌍극자는 급격히 회전하는 것이 아니라 점진적으로 회전한다. 즉 회전하는데 시간이 걸린다. 자벽에서 자화방향이 급회전되지 않는 이유는 자벽 내에 교환에너지, 계면에너지, 자기이방성 에너지 등 회전에 방해가 되는 에너지가 존재하기 때문에 이만큼의 에너지가 필요하기 때문이다. 이런 이유로 자구와 자벽이 있는 강자성체와 준강자성체의 퍼텐셜 에너지는 크게 된다. 이것은 입계나 계면을 가지고 있는 재료의 퍼텐셜 에너지가 크게 되는 경우와 같다.

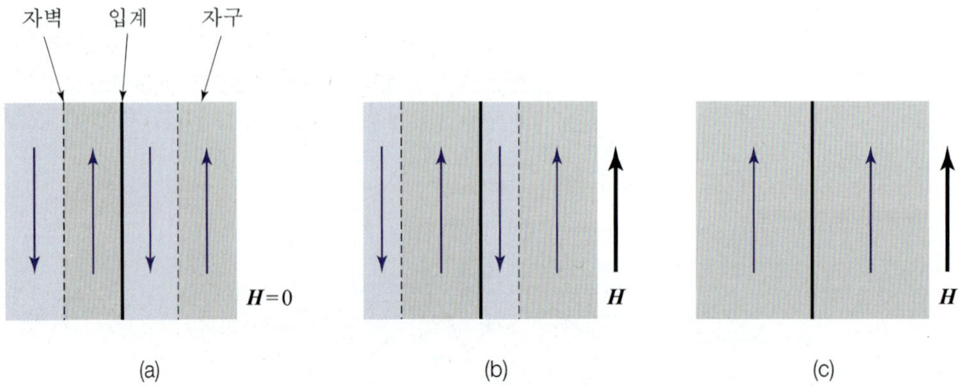

그림 8.16 자벽의 이동 모양

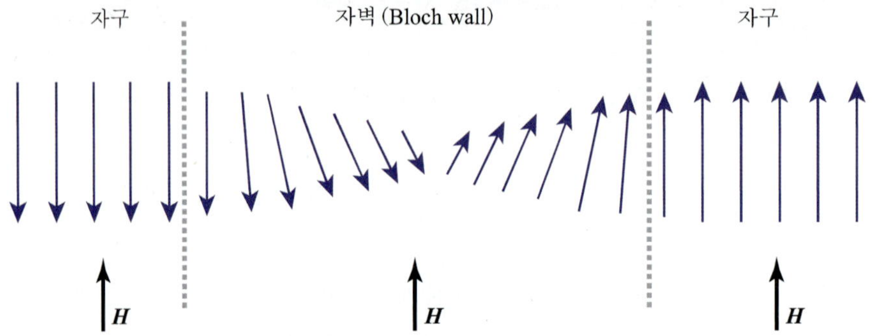

그림 8.17 자벽에서 자기쌍극자 모멘트가 회전하는 모양

8.5.3 바아크하우젠 효과

바아크하우젠(Barkhausen) 실험으로 강자성체는 많은 자구로 구성되어 있다는 것이 밝혀졌다. 이것은 그림 8.18 (a)처럼 강자성체에 코일을 감고 전류를 흘림으로서 강자성체가 자화가 된다. 이때 잡음전압을 증폭시켜 스피커를 통해서 [자아]하는 소리를 들을 수 있다. 만약 자화가 연속적으로 행해지는 것이라면 소리는 나지 않아야 한다. 잡음소리는 그림 8.18 (b)의 확대도처럼 강자성체에는 자구가 많고 작은 불연속적 자화로 되어 있는 것을 의미하며, 앞서 설명한 **자벽의 이동**과 관련지을 수 있다. 이것을 **바아크하우젠 효과**라고 한다.

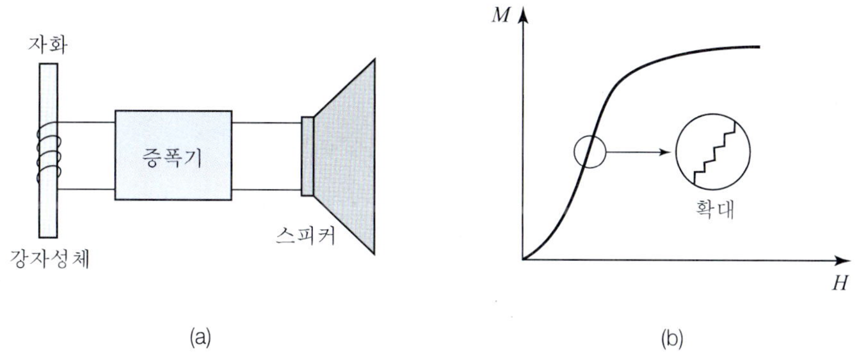

그림 8.18 바아크하우젠 효과 : (a) 실험장치, (b) 자화곡선

8.5.4 자화곡선

자구를 이용하여 자화곡선을 설명한 것이 그림 8.19다. 그림에서 (a)는 자기장 H가 0에서 점점 커질 때 자구는 뿔뿔이 흩어져 있어 자화는 나타나지 않는다. 그림에서 (b)와 같이 자기장 H가 더 커지면 자구는 점점 성장하고 따라서 자화도 증가한다. 그림에서 (c)와 같이 대부분의 자구가 성장해버려 포화자화의 단계에 들어가면 성장이 멈춘다. 그 후는 그림에서 (d)와 같이 H 방향으로 향하기 어려웠던 자구가 마지막에 회전한다. 자구의 회전에 필요한 에너지는 자구의 성장보다도 많이 필요하므로 자화곡선의 경사는 작아진다. 이렇게 해서 자화는 포화에 달한다. 다음으로 자기장을 없애도 큰 자구로 성장한 것은 원래의 흩어진 상태로는 쉽게 돌아가지 않는다. 이것이 잔류자화와 영구자석이 생기는 이유이다. 지금까지와 반대방향의 자장 H_c를 가했을 때 자화는 다시 0이 된다. 이 H_c가 보자력이다. 강자성체를 가열하여 열에너지가 내부자기장보다 크게 되는 어떤 온도에서 강자성체는 상자성체로 전이한다. 이 온도가 **퀴리온도**이다.

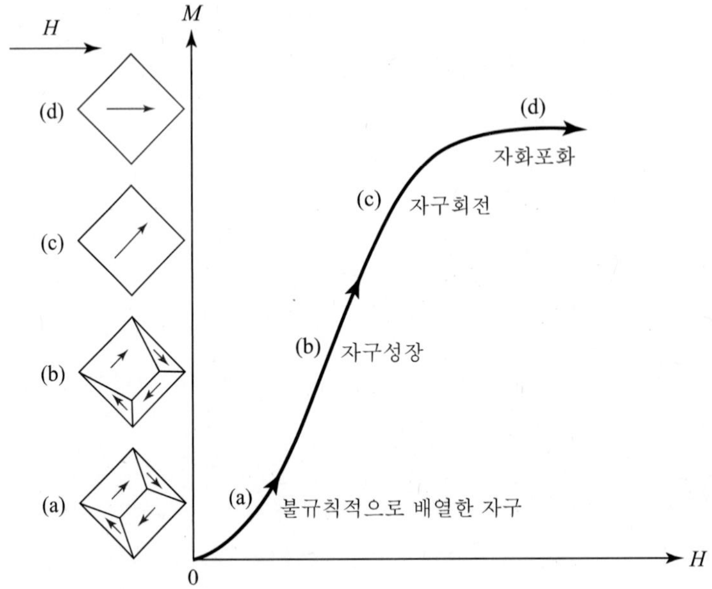

그림 8.19 강자성체의 자구상태와 자화곡선

핵심 N 강자성체는 전자스핀이 한 방향으로 배열된 자구를 가지고 있다. 또한 B-H 곡선이 히스테리시스 형태를 나타낸다. 강자성체가 이러한 특징을 나타내는 이유는 $3d$ 궤도함수에서 모두 불완전한 전자스핀에 의한 교환에너지에 기인한다.

8.6 자기에너지

자성체에는 교환에너지 외에도 세 가지의 자기에너지가 있다. 이 에너지들을 알아보자.

8.6.1 자기이방성 에너지

그림 8.20에 나타낸 바와 같이 철은 결정의 방향에 따라 자화특성이 다르다. 즉 어떤 방향으로 자기장을 거느냐에 따라 자기쌍극자 모멘트 크기가 달라진다. 2장에서 배운 결정방향에서 [100] 방향으로 자기장을 걸면 가장 쉽게 포화자화에 이르게 된다. 이와 같은 방향을 **자화용이방향**(磁化容易方向)이라고 한다. 다음으로 면대각선 방향인

[110], 체대각선 방향 [111]의 방향 순으로 점점 자화되기가 어렵게 된다. 이때 [111] 방향을 **자화곤란방향**(磁化困難方向)이라고 한다. 이와 같이 결정의 방향에 따라 자기적 특성이 달라지는 것을 **자기이방성**(磁氣異方性)이라고 하고, 단위 체적당 자화에 필요한 에너지를 **자기이방성 에너지**라고 한다. 이 에너지는 자벽 안에 있는 자기쌍극자의 회전각(回轉角) 때문에 발생하는 것인데 자벽의 면적이 작을수록 자기쌍극자의 수가 적어지기 때문에 이방성 에너지는 작아진다. 이렇게 되면 자화의 방향을 자화용이축 방향으로 배열하기가 쉬워지고 자구의 크기를 크게 할 수 있다. 자기이방성 에너지의 예로 철의 경우 [100]을 기준 0으로 잡으면 [111]으로 자화시키는 데는 48 kJ/m^{3}이다. 결국 자기이방성 에너지는 자구를 가능한 한 크게 하려는 작용을 한다. 교환에너지도 역시 마찬가지다.

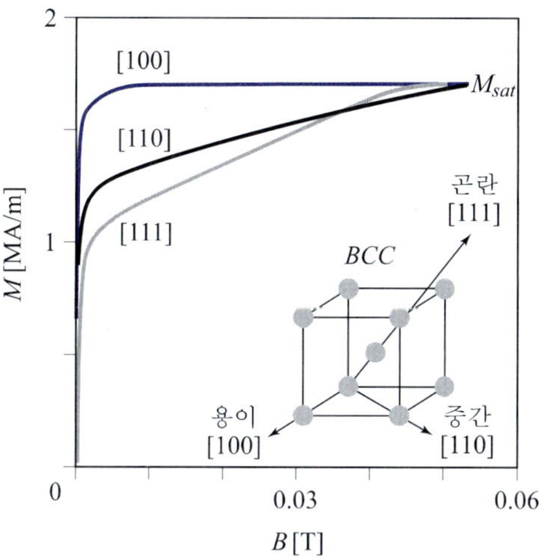

그림 8.20 철의 자기이방성

8.6.2 자왜에너지

압전체에 기계적 응력을 가하면 전압이 발생하고, 전압을 인가하면 물리적 변위가 발생한다는 내용을 배웠다. 자성체에서도 결정에 응력을 가하면 원자배열이 일그러지면서 스핀 간에 상호교환작용이 바뀌어 자화특성이 변한다. 반대로 자성체를 자화시키면 자기장 방향으로 길이변형이 일어난다. 이와 같이 외형적 형태가 변하는 것을 **자기왜형**(磁氣歪形, magnetostriction) 또는 **자왜**라고 한다. 자화가 될 때의 길이 변화율 $\Delta\ell/\ell$을 **자왜상수**라고 한다. 자왜현상과 관련되는 결정격자의 응력에너지를 **자왜**

에너지라고 한다. 이 에너지는 일반적으로 자기이방성 에너지보다 작다. 변압기에 교류전압이 인가되면 변압기 자심에는 교번자속이 발생하기 때문에 길이의 수축(자기장과 수직방향)과 팽창(자기장 방향)이 반복되고 자왜상수가 변하므로 소음이 생기게 된다. 자왜현상은 자동차 핸들의 토크센서로 응용될 수 있다.

8.6.3 정자에너지

자석에서 자극 간의 쿨롱상호작용으로 생기는 퍼텐셜 에너지를 **정자(靜磁)에너지**라고 한다. 다시 말해서 자성체가 만드는 자기장 속에 저장되는 에너지를 일컫는다.

모든 물질은 낮은 에너지를 가지고서 안정된 상태를 취하려고 하는 자연법칙에 따르며, 자성물질도 예외가 될 수 없다. 그림 8.21 (a)와 같이 단일자구가 외부자기장 방향으로 자화되어 있을 때는 자속의 증가로 가장 높은 정자에너지를 가진다. 반자성처럼 반대방향이라면 상대적으로 낮은 정자에너지를 가진다. 그림 8.21 (b)와 같이 자구가 분할되면 상하 및 좌우 면에 이종자극이 발생하게 되고, 자속은 그 사이에서 단락되므로 외부로 나오지 못하게 되어 정자에너지는 감소하게 된다. 이때 자구가 분할될 때 정자에너지는 자구의 폭에 비례하고, 그림 8.21 (a)의 단일자구가 N 등분되면 에너지는 $1/N$로 감소한다. 그림 8.21 (c), (d)와 같은 구조의 자구 집합체에서는 상하면에 삼각형 자구가 존재한다. 이 경우, 자구 표면에 자극이 생성되지 않기 때문에 **폐자구**가 되어 자속은 밖으로 나오지 못한다. 정자에너지는 0이 된다. 자구가 분할되면 될수록 정자에너지는 작아지게 된다. 결국 정자에너지는 자구를 가능한 한 작게 하려는 작용을 한다.

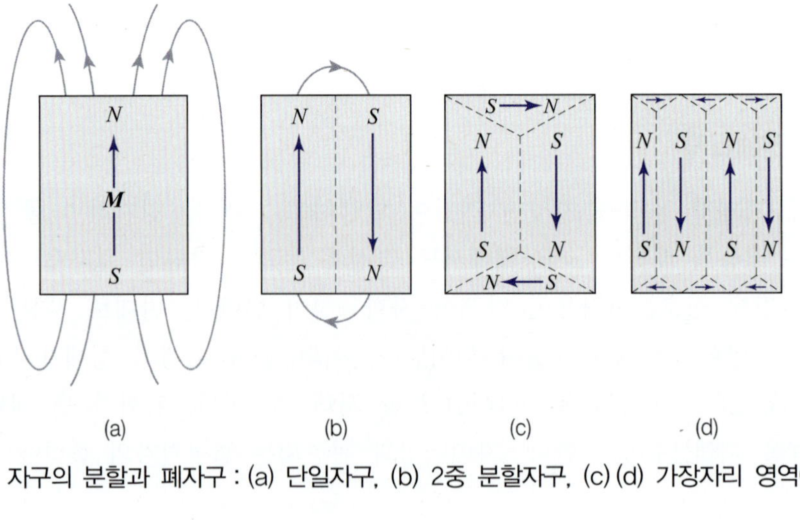

그림 8.21 자구의 분할과 폐자구 : (a) 단일자구, (b) 2중 분할자구, (c) (d) 가장자리 영역에 폐자구

핵심 N 강자성체와 관련된 에너지는 교환에너지, 자기이방성 에너지, 자왜에너지, 정자에너지 등 네 가지가 있다. 이 에너지들이 자구의 크기나 형태를 정하게 된다. 교환에너지와 자기이방성 에너지는 자구를 크게 하려고 하며, 자왜에너지와 정자에너지는 자구를 작게 하려고 한다.

8.7 교번자계에서 복소 투자율, 손실 및 최대에너지적

8.7.1 복소 투자율

유전체에서 다룬 바와 같이 물질을 분극시키는 데는 시간이 걸린다. 즉 교번전계 인가시 분극은 전계보다 위상이 뒤지게 된다. 이와 유사하게 물질의 자화도 마찬가지이다. 자화도 교번자계의 주파수에 영향을 받게 된다. 유전체에서 분극 P는 전속밀도 D와 같은 위상인 것과 같이 자성체에서도 자화 M과 자속밀도 B는 같은 위상이다.

다음 두 식으로부터 H를 소거하면과 식 (8.26)과 같이 자화 M과 자속밀도 B 사이의 관계식을 얻을 수 있다.

$$B = \mu_o H + \mu_o M$$

$$M = \chi_m H = (\mu_r - 1) H$$

$$M = \frac{\mu_r - 1}{\mu_o \mu_r} B \tag{8.26}$$

따라서 B도 역시 교번자계 H보다 위상이 늦게 된다. B의 지연 위상각을 δ, 교번자계의 각주파수를 ω라 하면

$$H = H_o e^{j\omega t} \tag{8.27}$$

$$B = B_o e^{j(\omega t - \delta)}$$

투자율 μ는 식 (8.24)에 나타낸 정의에 따라 다음과 같이 나타내진다.

$$\mu = \frac{B}{H} = \frac{B_o}{H_o} e^{-j\delta} = \frac{B_o}{H_o} \cos\delta - j\frac{B_o}{H_o} \sin\delta = \mu' - j\,\mu'' \tag{8.28}$$

따라서 **복소 투자율**(complex permeability) μ^*는 다음과 같다.

$$\mu^* = \mu' - j\,\mu'' \tag{8.28-1}$$

여기서 μ'를 **실효 투자율**(effective permeability), μ''를 **투자손율**(loss factor)이라고 한다. 이 식은 복소 유전율과 같은 모양이다. 복소 비투자율도 다음과 같이 나타낼 수 있다.

$$\mu_r^* = \mu_r' - j\,\mu_r'' \tag{8.29}$$

식 (8.28)로부터 실수부와 허수부의 비는 다음과 같이 $\tan\delta$가 된다.

$$\frac{\text{허수부}}{\text{실수부}} = \frac{\dfrac{B_o}{H_o}\sin\delta}{\dfrac{B_o}{H_o}\cos\delta} = \frac{\sin\delta}{\cos\delta} = \tan\delta$$

따라서 $\tan\delta$는 다음과 같이 나타내진다.

$$\tan\delta = \frac{\mu''}{\mu'} \quad \text{혹은} \quad \mu'' = \mu'\tan\delta \tag{8.30}$$

$\tan\delta$를 **자기손실계수** 혹은 **자기손실률**이라고 한다.

한편 자화를 $M(t)$, 정자기장의 포화자화를 M_s, 자화완화시간을 τ라고 하면 정자기장 인가 후 $M(t)$는 시간에 따라 다음과 같이 증가한다.

$$M(t) = M_s\left(1 - e^{-t/\tau}\right) \tag{8.31}$$

자기장 인가시간이 완화시간보다 훨씬 길면 자화는 충분히 이루어지지만 미치지 못하면 자화는 포화자화에 이르지 못하게 된다. 자기장을 제거하면 자화 $M(t)$는 시간에 따라 다음과 같이 감소한다.

$$M(t) = M_s\, e^{-t/\tau} \tag{8.32}$$

식 (8.31)과 식 (8.32)는 유전분극에서 유전완화와 같은 형태를 취한다.

8.7.2 강자성체의 손실

(1) 히스테리시스 손실

그림 8.22에서 자속밀도가 dB만큼 변할 때 강자성체에 흡수되는 에너지는 $dW = HdB$이며, 회색부분에 해당한다. 따라서 자기장 H가 $a \rightarrow b \rightarrow c$로 변할 때 자화에 요구되는 단위 체적당 에너지는 다음과 같이 나타내진다.

$$W = \int H\,dB \tag{8.33}$$

이 식을 이용해서 해당되는 히스테리시스 곡선의 경로에 따라 정적분을 하면 손실 에너지를 구할 수 있다. 경로 ab는 외부에서 에너지를 주어 자화시키는 데 소모되는 에너지로 자성물질의 **흡수에너지**이다.

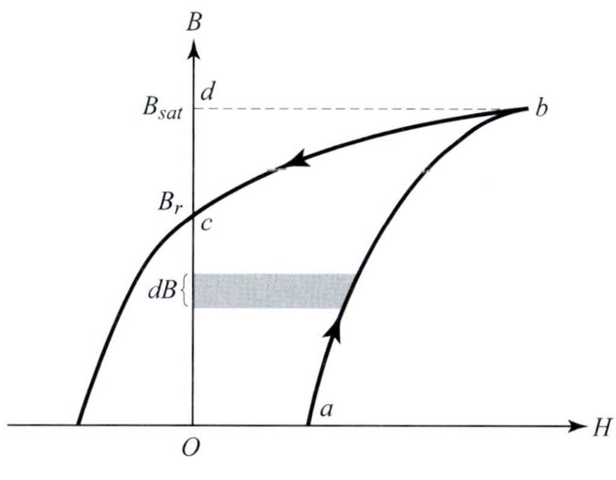

그림 8.22 에너지 흡수곡선

경로 bc는 외부에서 자화시키는 데 소모되는 에너지가 아니고 자성재료에서 회로로 돌아가는 **회귀에너지**이다. 흡수에너지는 다음과 같이 나타내진다.

$$W_a = \int_0^{B_{sat}} H\,dB = \text{면적}\ OabdO \tag{8.34}$$

또 회귀에너지는 다음과 같이 나타내진다.

$$W_r = \int_{B_r}^{B_{sat}} H\,dB = \text{면적 } cbdc \tag{8.35}$$

따라서 알짜로 흡수된 에너지는 $W = W_a - W_r =$ 면적 $OabcO$가 된다. 그러므로 히스테리시스 곡선을 일주했을 때 소모되는 에너지는 히스테리시스 곡선의 면적과 같게 된다. 따라서 히스테리시스 곡선 내의 면적은 1사이클 동안 자벽의 이동과 자구의 회전에 열에너지로 소모되는 단위 체적당 전력손실에 해당하며, 이를 **히스테리시스 손실**이라고 한다. 히스테리시스손(W_h)은 실험적으로 다음과 같은 Steinmetz 식으로 나타낸다.

$$W_h = Kf\,B_m^{1.6}\ [\mathrm{W/m^3}] \tag{8.36}$$

여기서 K는 히스테리시스 계수로 표 8.3과 같이 자성물질에 따라 정해지는 상수이다. f는 주파수, B_m은 최대자속밀도로 일반적으로 0.1 ~ 1.5 T이다.

표 8.3 여러 가지 물질의 히스테리시스 계수

재료	K
니켈	$(33 \sim 95) \times 10^2$
코발트	30×10^2
주철	$(28 \sim 40) \times 10^2$
주강	$(6.5 \sim 30) \times 10^2$
연철	5×10^2
전기자용 박강판 보통품	7.5×10^2
〃 양질품	5×10^2
규소강판(Si 3.5%)	5.5×10^2
〃 (Si 4.5%)	1.9×10^2

히스테리시스 손실은 비가역적인 자구의 회전에 따른 마찰손으로 생기는데 주파수가 증가하면 손실이 증가하나 너무 커지면 자구의 회전이 주파수에 따를 수 없어 손실은 오히려 감소하게 된다. 그리고 자기장이 작은 경우에는 초기투자율 범위 안에서 가역적인 자구회전이 주가 되므로 히스테리시스 곡선의 면적이 작아져서 손실이 감소한다.

히스테리시스 손실을 줄이기 위해서는 히스테리시스 계수가 작은 재료를 선정해야 하며, 특히 주파수가 높아지면 더 작게 하여야 한다. 예를 들면 전력용 변압기, 발전기, 전동기 등에 사용되는 철심은 포화자화(M_s) 또는 최대자속밀도(B_m)가 크고, 최대 투자율(μ_m)이 크되 히스테리시스손이 작은 자성물질(자심)이 좋다. 저주파에서는 규소 강판이 사용되지만 고주파가 되면 박판 퍼멀로이, 페라이트 등이 사용되는 이유이다.

(2) 와전류(맴돌이 전류) 손실

자속 혹은 자기력선을 도체가 끊으면 유도기전력($v = -d\Phi/dt$)이 발생하고 그로 인해서 유도전류가 흐른다. 따라서 자성물질 내에 자속변화가 있으면 자속변화를 방해하는 방향으로 유도전류가 발생한다. 이렇게 생기는 전류를 **와전류**(渦電流, eddy current)라고 하며, 와전류와 자성물질의 전기저항으로 생기는 주울열(I^2R)을 **와전류손**이라고 한다. 와전류손(W_e)은 다음과 같은 식으로 나타내진다.

$$W_e = \frac{1.64\, t^2 f^2 B_m^2}{\rho} \ [\mathrm{W/m^3}] \tag{8.37}$$

여기서 ρ는 자성물질의 저항률, t는 자성물질의 두께, f는 주파수, B_m는 최대자속밀도이다.

기본적으로 와전류손을 줄이기 위해서는 자성물질의 저항률이 커야 하며, 자성특성이 좋고, 저항률이 낮은 금속일 경우는 두께를 얇게 하여야 한다. 일단 얇은 박판을 만들면 저항이 커지고 판과 판 사이를 절연하여 쌓게 되면 와전류를 줄일 수 있다. 이것이 전력용 기기 등에 쓰일 경우에 고려되는 방식이다. 통신용 변압기와 같이 고주파에서 사용될 경우에는 성층 혹은 적층방식보다는 자성분말표면을 절연처리하여 압축성형한 **압분심**으로 하거나 뛰어난 절연성과 자성을 동시에 충족시키는 **페라이트**가 좋다.

핵심 N 강자성체에서 나타나는 손실은 히스테리시스손과 와전류손이다. 히스테리시스손은 자성체를 교번자계에 따라 자화시키는데 요구되는 에너지로 히스테리시스 곡선의 면적에 비례한다. 낮은 주파수 영역에서는 주파수가 증가함에 따라 손실이 증가하지만 고주파가 되면 자구의 회전이 주파수에 추종할 수가 없기 때문에 손실은 감소한다. 와전류손은 와전류 발생에 따른 주울열 손실로서 고주파에서 문제가 된다. 손실저감대책으로는 자기적 특성을 고려하여 히스테리시스손의 경우는 히스테리시스 계수가 작은 자성재료를, 와전류손의 경우 저항률이 큰 자성재료를 선택한다.

8.7.3 최대에너지적

영구자석의 우열은 잔류자속밀도 B_r과 보자력 H_c의 크기에 따르며, 자석의 단위 체적당 이용되는 에너지의 값이 영구자석을 선정하는 데 중요한 수치가 된다. 그림 8.23의 히스테리시스 곡선의 2사분면에서 감자 곡선의 B_r과 H_c에서 각각 세로축과 가로축에 대해 수선을 세우고 교점 P와 원점을 연결하는 직선과 곡선과의 교차하는 점을 P'라 하면 P'점(B_d, H_d)에서의 두 값의 곱 ($B_d \cdot H_d$)이 영구자석이 제공하는 최대 자기에너지이다. 이 값을 **최대에너지적** $(BH)_{max}$라고 한다. 이것은 영구자석의 우월성을 나타내는 수치이다. 따라서 B_d, H_d에서 자석을 이용하면 자석재료로서 가장 합리적으로 이용된다고 할 수 있다. 영구자석재료에서 중요한 것은 히스테리시스 곡선의 제2상한의 감자곡선 부분으로 B_r과 H_c를 크게 해서 곡선의 형태를 각형으로 하는 것이 좋다. $\angle P'OH = \theta$라고 하면

$$\frac{B_d}{H_d} = \tan\theta \tag{8.38}$$

가 된다. 이 $\tan\theta$는 **퍼미언스 계수**라고 하는데 영구자석을 설계하는데 중요한 평가지수이다. 이 값은 자석재료 자기적 성질에는 무관하고, 자석 또는 자기회로의 형상에 의존한다.

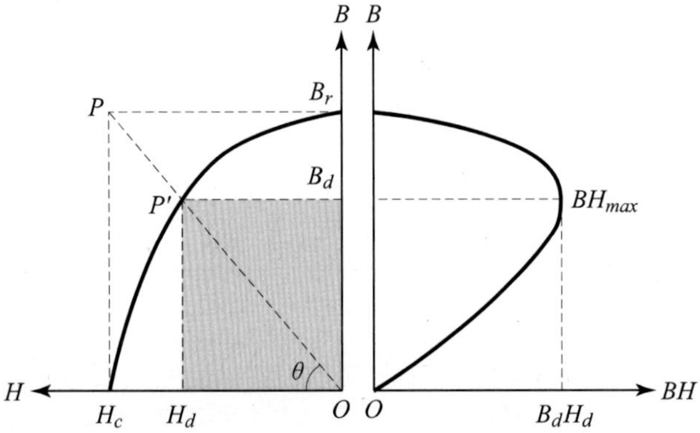

그림 8.23 감자곡선과 최대에너지적

영구자석은 외부에 자기에너지를 공급할 때 그림 8.24와 같은 공극(空隙 air gap)을 가진 자석이 사용되는 경우가 있다. 이때 공극에서 얻을 수 있는 자기에너지를 구해

보자. 자기회로에서는 공극이 있을지라도 전기회로 달리 폐회로 근사화가 가능하다. 암페어 주회법칙을 적용하면

$$\oint \boldsymbol{H} \cdot d\boldsymbol{L} = H_m l_m + H_g l_g = 0$$

$$H_g = -\frac{l_m}{l_g} H_m \tag{8.39}$$

자석과 공극에서 자속밀도는 연속, 즉 $B_m = B_g$ 이다.

공극에서 에너지 E_g는

$$E_g = \frac{1}{2}(B_g H_g)(A l_g) \tag{8.40}$$

$$= \frac{1}{2}(B_m H_m l_m / l_g)(A l_g)$$

$$= \frac{1}{2}(B_m H_m)(A l_m)$$

$$E_g = \frac{1}{2}(B_g H_g)(A l_g) = \frac{1}{2}(B_m H_m)(A l_m) \tag{8.40-1}$$

$$E_g = \frac{1}{2}(B_d H_d)(A l_m) = \frac{1}{2}(BH)_{\max}(A l_m) \tag{8.40-2}$$

여기서 $A l_m$은 자석의 체적, $A l_g$는 공극의 체적이다.

위 두 식으로부터 자기에너지는 자석의 체적과 최대에너지적의 곱에 의존한다. 주어진 자석에 대해서 공극에서의 큰 자기에너지를 얻기 위해서는 자석의 체적을 크게 하면 증가하지만 체적을 늘리는 데는 한계가 있기 때문에 감자곡선에서 최대에너지적이 큰 자석물질을 선택하는 것이 합리적인 방법일 것이다. 예컨대 NdFeB는 $(BH)_{\max} = 200 - 275\ \mathrm{KJ/m^3}$, Sm2Co17은 $(BH)_{\max} = 150 - 240\ \mathrm{KJ/m^3}$ 정도에 달한다.

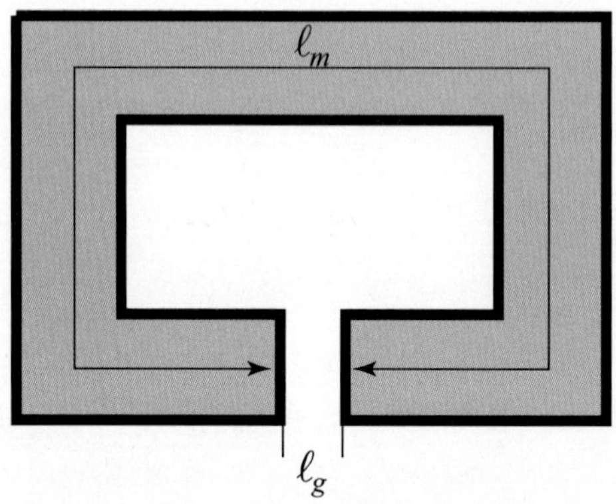

그림 8.24 공극을 가지는 영구자석

핵심 N	영구자석의 특징 중의 하나인 최대에너지적은 자석의 우월성을 나타내는 성능지표로 특정한 자속밀도와 특정한 자계의 곱으로 나타내진다. 최대에너지적은 히스테리시스 곡선의 2사분면에서 그림 8.23과 같이 구한다.

Chapter 08 연습문제

01. 자기쌍극자는 어떤 형태인가?

Hint 거시적 관점에서 자기쌍극자는 막대자석과 미소전류가 흐르는 여러 형태의 도선으로 된 폐곡선 등이다. 미시적 관점에서 자기쌍극자는 원자핵 주위 전자궤도(궤도자기쌍극자)와 전자스핀(스핀자기쌍극자)이다.

02. 궤도자기쌍극자 모멘트와 스핀자기쌍극자 모멘트를 구별하여라.

Hint 원자 내 전자의 궤도운동에 의한 모멘트가 궤도자기쌍극자 모멘트이고, 전자의 스핀운동에 의한 모멘트가 스핀자기쌍극자 모멘트이다.

03. 자성의 원인을 쓰라.

Hint 궤도자기쌍극자와 스핀자기쌍극자에 의한 합성자기쌍극자 모멘트가 발생할 때 자성이 나타난다.

04. 자성물질을 분류하고, 구별하여라.

Hint 자성에는 반자성, 상자성, 강자성, 반강자성, 준강자성 등이 있다.

(1) 반자성은 영구자기쌍극자가 없으며, 자계를 가하면 자화율이 음이 되어 자계 역방향으로 자화한다.

(2) 상자성은 영구자기쌍극자가 있긴 하나 무질서하게 배향하고 있으며, 자계를 가하면 양의 자화율로 자계 방향으로 자화한다.

(3) 강자성은 영구자기쌍극자가 상호작용하여 같은 방향으로 배향하는 자발자화된 자구를 가지고 있다. 자계를 가하면 강하게 재료 전체가 자화하고, 자계를 제거해도 자발자화가 남게 된다.

(4) 반강자성은 영구자기쌍극자가 서로 반평행으로 배열하여 알짜 자화는 없는 상태이며, 자계를 가하면 아주 약하게 자화한다.

(5) 준강자성은 크기가 서로 다른 영구자기쌍극자가 반평행으로 배열하며, 그 차이만큼 자화한다.

05. 강자성체의 자발자화를 설명하여라.

Hint 강자성체에서 외부 자기장 인가 유무와 관계없이 자발적으로 자기쌍극자 모멘트의 방향이 한 방향으로 배열되는 자화를 자발자화라고 한다. 이것은 자기쌍극자 간에 교환상호작용으로 발생하는, 쌍극자 하나하나에 작용하는 내부자계에 기인한다.

06. 교번자계에서 강자성체의 자화곡선이 히스테리시스 곡선이 되는 이유를 설명하여라.

Hint 강자성체에 1 사이클의 교류자계를 걸면 자계의 크기와 방향에 따라 자화가 자구에서 자기쌍극자 간 교환상호작용 및 자벽의 점성저항의 영향으로 교류자계에 제대로 추종하지 못하고, 위상이 지연되면서 독특한 폐곡선이 만들어진다.

07. $B-H$ 곡선을 따라 강자성체가 일주했을 때 소모되는 에너지를 어떻게 구하는가?

Hint 히스테리시스 곡선 내의 면적

08. 교환에너지, 자기이방성 에너지, 자왜에너지, 정자에너지를 구별하여라.

Hint (1) 교환에너지는 인접한 스핀을 한 방향으로 배열시키려는 에너지이다.
(2) 자기이방성 에너지는 자기이방성을 가지는 결정의 단위 체적당 자화에 필요한 에너지이다.
(3) 자왜에너지는 자성체를 자화시키면 자기장 방향으로 길이변형이 일어나는데 외형적 형태가 변하는 것과 관련되는 결정격자의 응력에너지이다.
(4) 정자에너지는 자성물질 자극 간에 생기는 퍼텐셜 에너지로, 즉 자성체가 만드는 자기장 속에 저장되는 에너지이다.

09. 강자성체의 손실과 저감대책에 대해서 설명하여라.

Hint 강자성체의 손실에는 히스테리시스손과 와전류손이 있다. 히스테리시스손은 단위 체적당 교번자계의 주파수에 추종할 수 있는 자구 회전에 소모되는 에너지이다. 와전류손은 자성체에서 발생한 와전류로 인한 주울열이다. 저감대책으로는 용도에 맞는 자성특성을 유지하되, 히스테리시스 계수가 작고, 저항률이 큰 자성재료를 선정한다.

10. 페라이트는 어떤 자성재료인가? 어디에 응용되는가?

Hint 페라이트는 FeO, CoO, NiO, CuO, ZnO, MnO, MgO 등과 같은 2가 금속산화물과 Fe_2O_3의 혼합물을 소정의 세라믹 공정으로 소결시킨 자성체 세라믹스로 준강자성체이다.
저항률이 금속에 비해 아주 크고, 와전류에 의한 손실이 작기 때문에 고주파용 자심이나 자기헤드, 레코드용 자기테이프 등에 사용된다.

11. 최대에너지적을 그림으로 설명하고, 그 중요성를 설명하여라.

Hint 히스테리시스 곡선에서 2사분면 감자곡선 상의 좌표값(B, H)의 곱이 최대가 되는 에너지를 최대에너지적 $(BH)_{max}$라고 한다. 이것은 단위 체적당 영구자석이 제공하는 자기에너지로 영구자석의 우월성을 나타내는 수치이다.

12. 강자성체 Fe, Co, Ni에서 자화의 크기가 Fe>Co>Ni과 같이 되는 이유를 설명하여라.

Hint (1) 각 원소에 대해서 전자배치를 생각하여라. (2) $3d$ 궤도함수에 대해서 불대전자(不對電子, unpaired electron)가 몇 개인지를 생각하여라. (3) 불대전자가 많을수록 스핀자기쌍극자 모멘트가 크다. (4) 스핀자기쌍극자 모멘트가 클수록 자화의 크기가 크다.

CHAPATER

9 고체의 광학적 성질

(Optical properties of solids)

구성

9.1 광흡수

9.2 직접천이와 간접천이에 의한 빛의 흡수

9.3 광도전 효과

9.4 광기전력 효과

9.5 루미네선스

개요

이 장에서는 고체의 광학적 성질을 다룬다. 빛을 조사했을 때 고체에서 일어나는 현상을 물성적으로 학습한다. 고체에 빛을 조사하면 흡수되거나 반사하기도 하고, 투과하기도 한다. **흡수계수**의 개념을 이해하고, **흡수기구**는 어떤 것들이 있는지 알아본다. 고체가 빛을 흡수했을 때 전자가 천이하는 방식, 도전율이 증가하는 원리, **광기전력**은 어떻게 생기는지도 알아본다. 마지막으로 온도방사 외의 빛을 방출하는 형광과 인광, 즉 **루미네선스**에 대해서 학습한다.

9.1 광흡수

9.1.1 흡수계수

어떤 물질에 파장 λ의 빛을 조사했을 때 빛이 어느 정도 흡수되고 반사되는지가 관심사항이다. 그림 9.1에서 두께가 L인 시료에 빛의 세기가 I_o인 빛을 수직으로 입사시킨다고 하면 시료 내 x 부분의 빛의 세기 I는 dx만큼 나아가는 사이에 $I-dI$가 된다. 이때 단위깊이 증가에 따른 빛의 세기의 변화를 **흡수계수**(吸收係數, absorption coefficient, α)라고 하는데 다음과 같은 식으로 나타내진다.

$$\alpha = -\frac{dI/I}{dx} = -\frac{1}{I}\frac{dI}{dx} \tag{9.1}$$

빛이 입사할 때 깊이가 증가하면 빛의 세기는 감소할 수밖에 없다. 따라서 흡수계수는 음의 값이 나오게 된다. α가 어떤 범위에서 일정하다고 하면 물질의 표면에서 빛의 세기를 알고 있을 때 어떤 깊이 x에서의 빛의 세기를 구할 수 있다. 식 (9.1)을 풀어보면

$$\frac{1}{I}dI = -\alpha\, dx$$

$$\ln I = -\alpha x + C$$

가 된다. 여기서 $x=0$일 때 $I = I_o$이므로 적분상수 $C = \ln I_o$가 된다. 따라서 $\ln I = -\alpha x + \ln I_o$가 된다. 정리하면 입사 깊이 x에 따른 빛의 세기는 다음과 같이 나타내진다.

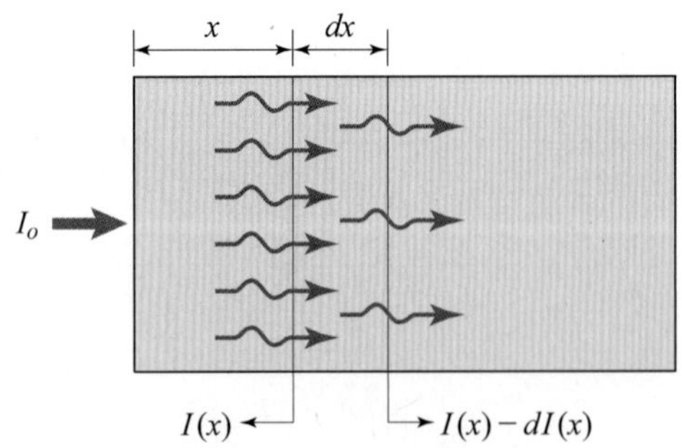

그림 9.1 광자의 흡수

$$I(x) = I_o e^{-\alpha x} \tag{9.2}$$

이 식을 **람베르트-베르의 법칙**(Lambert-Beer's law)이라고 한다. $\alpha x = 1$이 되면 식 (9.2)는 다음과 같다.

$$I(x) = I_o e^{-1} = 0.37 I_o |_{\alpha x = 1}$$

이것은 빛이 입사할 때 $x = 1/\alpha$에서 빛의 세기가 초기치 I_o의 37%가 된다는 것으로, 즉 입사되는 빛의 63%가 흡수되는 깊이를 **침투깊이**(δ)라고 하며 다음 식과 같이 정의한다.

$$\delta = \frac{1}{\alpha} \tag{9.3}$$

이 식으로부터 흡수계수가 클수록 침투깊이는 짧아진다. 흡수계수는 물질마다 다 다르고, 그 크기에 따라 응용된다.

핵심 N 반도체는 빛의 일부를 흡수하고 일부를 반사시킨다. 단위두께 증가시 빛의 세기의 변화를 나타내는 흡수계수는 침투깊이와는 역수관계이다. 흡수계수가 크면 침투깊이는 짧아진다.

9.1.2 흡수기구

고체가 빛을 흡수하는 기구 중에서 (i) 밴드갭에 의한 흡수, (ii) 불순물에 의한 흡수, (iii) 캐리어(전도전자, 정공)에 의한 흡수 등이 있다. 파장에 따른 흡수계수의 변화와 여러 가지 파장의 빛을 반도체 조사했을 때 여기상태를 그림 9.2에 나타내었다.

빛이 입자라는 관점에서의 에너지 hf가 반도체의 밴드갭, 즉 금지대 폭 E_g보다 클 경우, 가전자대의 결합전자는 이 에너지를 흡수하여 전도대로 여기하고, 정공을 남긴다. 이것을 **기초흡수**(基礎吸收, fundamental absorption)라고 한다.

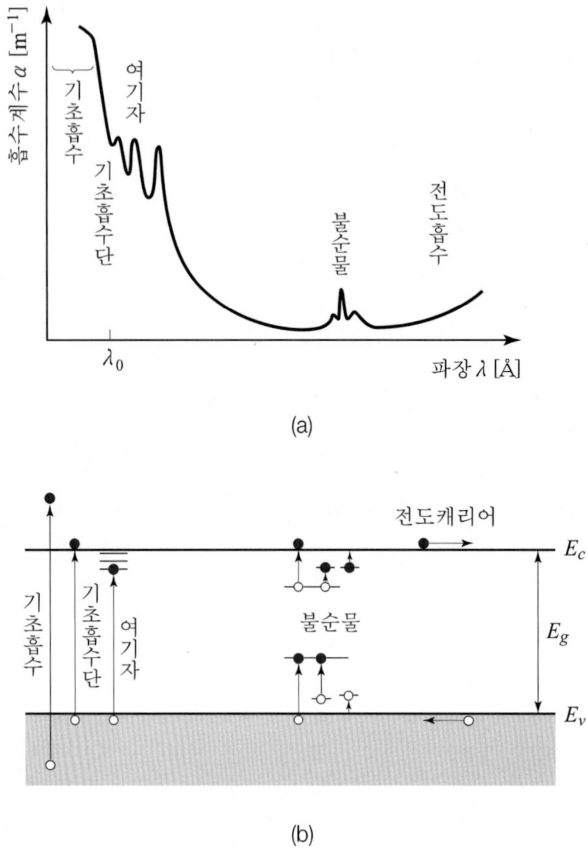

그림 9.2 광흡수 기구 : (a) 흡수기구별 파장 λ와 흡수계수 α의 관계, (b) 에너지대에서 본 흡수기구

가전자대의 전자가 전도대로 여기하기 위해서 흡수해야 하는 최소 빛에너지 hf_o(최대 파장 λ_o)는 가전자대의 상단(上端)과 전도대의 하단(下端) 사이의 밴드갭(E_g)에 해당한다. 이때 밴드갭의 양 끝단(端)을 **기초흡수단**(基礎吸收端, fundamental absorption edge)이라고 한다. 다시 말해서 전자-정공쌍(EHP)을 만드는 데 필요한 최소 에너지가 기초흡수단에 해당한다. 따라서 EHP를 생성시키기 위해서는 다음과 같은 조건이 되어야 한다.

$$hf_o = E_g \tag{9.4}$$

기초흡수단의 파장 λ_o는 다음과 같이 쓸 수 있다.

$$\lambda_o = \frac{hc}{E_g} = \frac{12400}{E_g\,[\text{eV}]}\ [\text{Å}] \tag{9.5}$$

따라서 기초흡수에 속하는 파장은 λ_o보다도 짧아진다. 즉 빛에너지가 hf_o보다 크다.

가전자대의 전자가 전도대 하단 바로 밑에 있는 **여기자 준위**(exciton level)로 여기할 때의 빛의 흡수를 **여기자 흡수**라고 한다. 여기자 준위로 여기된 전자와 가전자대의 정공이 쿨롱인력으로 결합하여 하나의 **대**(對, pair)를 형성한다. 이와 같이 여기된 전자와 거기에 동반된 정공의 대를 **여기자**(勵起子, exciton)라고 한다. 때로는 **액시톤**이라고 부른다. 이는 전자와 정공의 질량으로 정해지는 환원 유효질량 $m^*\left(1/m^* = 1/m_e^* + 1/m_h^*\right)$을 가진 **중성의 입자**(準粒子)로 취급되고, 결정 속을 자유로이 이동할 수 있으나 중성이기 때문에 전류에는 기여하지 않고, 에너지와 운동량을 전달한다. 여기자의 속박 에너지가 크다는 것은 그만큼 여기자 상태가 안정된 상태다. 여기자에는 속박 에너지가 큰 프렌켈(Frenkel)형과 약한 모트(Mott)형 두 가지가 있다.

가전자대의 전자가 금지대 내의 불순물 준위로 여기할 때나 불순물 준위에 포획된 전자가 전도대로 여기할 때 빛의 흡수를 **불순물에 의한 흡수**라고 한다. 또 전도대의 전자는 격자와 충돌하고 빛에너지를 흡수하며, 또 이 에너지를 격자와 충돌시 격자에 준다. 이때 전도전자에 의한 빛의 흡수를 **전도흡수**라고 한다.

핵심 N 물질이 빛을 흡수한다는 것은 캐리어가 여기됨을 의미한다. 광흡수 기구에는 기초흡수(가전자대의 전자가 전도대로 여기), 여기자 흡수(가전자대의 전자가 여기자 준위로 여기), 불순물에 의한 흡수(가전자대의 전자가 불순물 준위로 여기, 불순물 준위에 포획된 전자가 전도대로 여기), 전도흡수(전도대의 전자가 같은 전도대의 다른 상태준위로 여기) 등이 있다.

9.2 직접천이와 간접천이에 의한 빛의 흡수

9.2.1 직접천이에 의한 빛의 흡수

에너지대에서 가전자대와 전도대의 수평축은 단위가 없는 것이 일반적이었으나 천이의 개념을 이해하기 위해서는 횡축을 파수 벡터 k로 표시하여야 한다. 전자가 천이하려면 에너지 보존의 법칙과 운동량 보존의 법칙이 성립하여야만 한다. 따라서 종축은 에너지, 횡축은 운동량으로 나타내어야 하는데 운동량은 곧 파수 벡터 $k(p = \hbar k)$이다. 즉 에너지-파수, $E-k$ 관계로 나타내어야 한다. $E-k$ 곡선은 그림 9.3에 나타낸 것처럼 복잡하다. 그러나 에너지 측면에서 보면 산과 계곡이 반복되더라도 가장 높은 가전자대와 가장 낮은 전도대 사이의 밴드갭, 즉 금지대 폭에서 전자의 천이가 일어난다. 그림 9.3에 나타낸 것과 같이 반도체가 밴드갭에 해당하는 빛에너지를 흡수하면 가전자대에서 전도대로 전자가 여기된다. 또 같은 k값을 가지기 때문에 저절로 운동량 보존의 법칙이 성립한다. 운동량이 0 ($k=0$)인 가전자대의 전자가 전도대로 천이할 때 k(운동량 $p=\hbar k$)의 변화가 없이도가 가능하다. 즉 다음과 같은 조건이 이루어질 때 가전자대에서 전자는 전도대로 천이가 가능하다.

$$\hbar\omega \geq E_g \tag{9.6}$$

빛이 가전자대의 결합전자에 E_g만큼의 에너지를 주기만 하면 전자는 전도대로 올라갈 수 있다. 따라서 가전자대에서 전자가 빛을 흡수하여 파수의 변화 없이 전도대로 바로 수직천이하는 것을 **직접천이**(direct transition)이라 한다.

한편 빛의 흡수상태를 조사하면 반도체의 밴드갭이 구해진다. 그림 9.4에 나타낸 바와 같이 빛에너지($\hbar\omega$)가 $\hbar\omega_g$보다 작을 경우에는 흡수계수 $\alpha=0$이다. 즉 반도체는 빛을 흡수할 수 없다. 그러나 빛에너지가 $\hbar\omega_g$보다 클 경우에는 반도체는 빛을 흡수한다. 이것은 가전자대의 전자를 전도대로 천이시킨다는 의미이며, 이때 $\hbar\omega_g$가 밴드갭이 된다. 이것은 기초흡수단은 E_g와 같다.

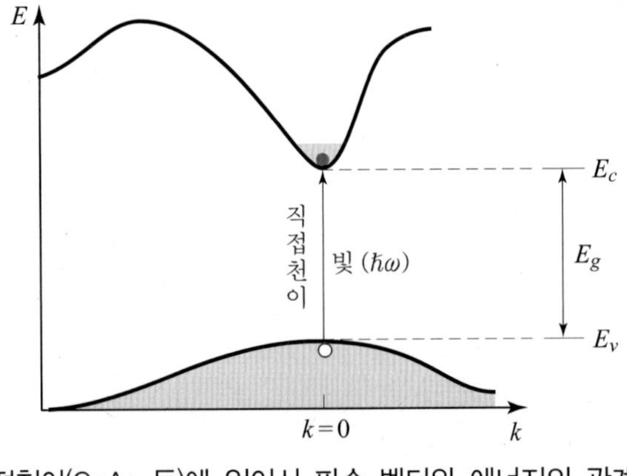

그림 9.3 직접천이(GaAs 등)에 있어서 파수 벡터와 에너지의 관계(광흡수 과정)

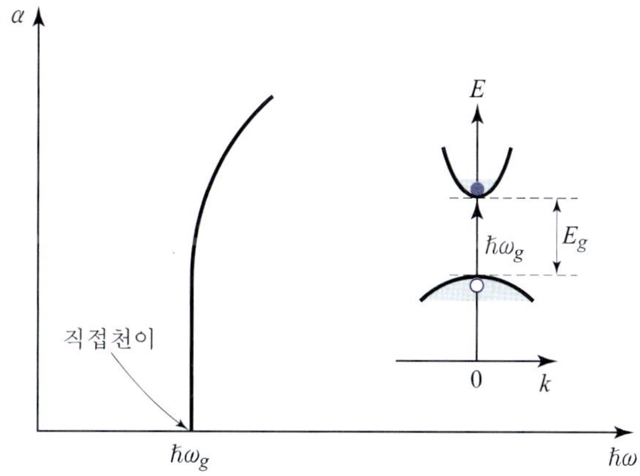

그림 9.4 직접천이(GaAs 등)의 흡수곡선과 $E-k$ 곡선

9.2.2 간접천이에 의한 빛의 흡수

가전자대의 전자가 빛에너지를 흡수한다고 해도 직접 전도대로 천이할 수 없는 경우가 있다. 그림 9.5에서 $T = 0\,\mathrm{K}$인 경우, 즉 격자의 진동이 전혀 없는 상태에서 빛에너지가 밴드갭에 해당하는 에너지(E_g)와 격자의 진동(**포논**, phonon)에 필요한 에너지($\hbar\Omega$)를 만들어 줄 때 가전자대의 전자를 전도대로 여기시킬 수 있다. 이때 광자는 천이에 필요한 에너지를 전자에 주고, 포논은 천이에 필요한 운동량을 전자에 공급한다. 따라서 다음과 같은 조건에서 전자가 천이할 수 있다.

$$\hbar\omega \geq E_g + \hbar\Omega \quad (T = 0\,\mathrm{K}) \tag{9.7}$$

여기서 ω는 빛의 진동수, Ω는 포논의 진동수, $\hbar\Omega$는 포논의 에너지이다.

그러나 $T \neq 0\,\mathrm{K}$인 경우, 즉 격자의 진동이 있는 상태에서는 빛에너지가 밴드갭보다 작더라도 포논의 도움으로 가전자대의 전자를 전도대로 여기시킬 수가 있다. 따라서 다음과 같은 조건에서 전자가 천이할 수 있다.

$$\hbar\omega + \hbar\Omega \geq E_g \quad (T \neq 0\,\mathrm{K}) \tag{9.8}$$

식 (9.7)과 식 (9.8)에 나타낸 조건에 따라 가전자대의 전자가 전도대로 천이하는 방식을 **간접천이**(indirect transition)라고 한다.

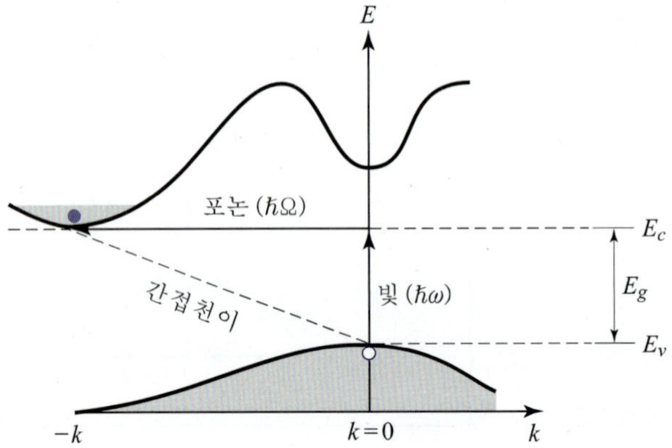

그림 9.5 간접천이(Si, Ge 등)에 있어서 파수 벡터와 에너지의 관계(광흡수 과정)

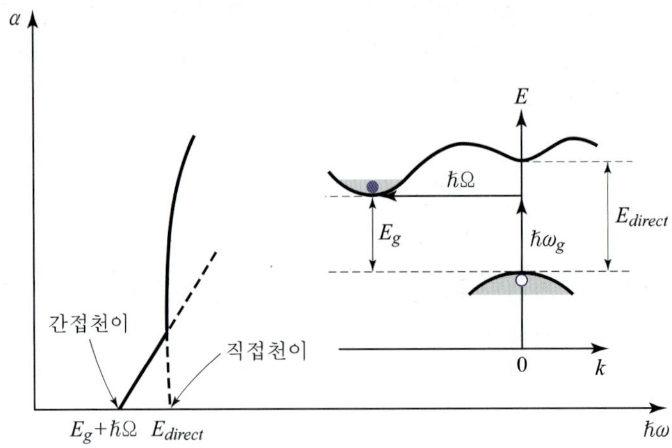

그림 9.6 간접천이(Si, Ge 등)의 흡수곡선(0 K)과 $E-k$ 곡선

식 (9.8)에서 $\hbar\Omega \ll E_g$ 이기 때문에 $\hbar\omega \simeq E_g$가 된다. 따라서 포논은 에너지의 출입을 동반하지 않고 단지 결정 운동량의 공급원에 불과하다. 그림 9.6에서 보는 바와 같이 간접천이 흡수가 시작하는 광자의 에너지는 $E_g + \hbar\Omega \simeq E_g$이지만 직접천이 흡수가 시작하는 에너지($E_{direct}$)는 $E_g + \hbar\Omega$ 보다도 큰 에너지이다. 이와 같이 광흡수 측정을 통해서 밴드갭이 직접 혹은 간접인지를 결정할 수 있다.

핵심 N 직접천이는 빛에너지만으로 천이하는 것으로 대부분의 화합물 반도체가 여기에 해당된다. 간접천이는 빛에너지와 포논이 결합하여 천이하는 것으로 Si, Ge이 여기에 해당된다.

9.3 광도전 효과

금속 표면에 금속 고유진동수 이상의 빛을 조사했을 때 전자가 튀어나오는 현상이 광전효과이다. 그렇다면 광도전 효과는 어떤 것인가? 광도전체에 빛을 조사했을 때 전자가 밖으로 방출되지 않더라도 전자가 결합을 깨고 내부에서 자유전자와 정공이 생성될 수 있다. 그림 9.7 (a)에서와 같이 반도체의 밴드갭 E_g보다 큰 빛에너지 hf를 주면 빛에너지의 기본 입자인 광자는 가전자대의 전자와 충돌하여 결합전자를 전도대로 여기시킨다. 그렇게 되면 전자-정공쌍이 생겨 캐리어 농도가 증가하므로 도전율이 증가한다. 마찬가지로 그림 9.7 (b)와 같이 밴드갭 내의 도너 불순물 준위의 전자가 광자와 충돌해서 전자를 전도대로 여기시켜 전도대의 전자농도가 증가함으로서 도전율이 증대한다. 또 그림 9.7 (c)와 같이 가전자대의 전자를 억셉터 불순물 준위로 여기시킴으로서 가전자대의 정공농도가 증가함으로서 도전율이 증대한다. 이와 같이 빛을 조사할 때 도전율이 증가하는 효과를 **광도전 효과**(光導電效果, photoconductive effect)라고 한다. 구속전자가 빛에너지를 받아 결합을 끊고, 외부로 튀어나오지 않더라도 자유전자가 된다는 의미에서 광도전 효과를 내부 광전효과라고도 한다.

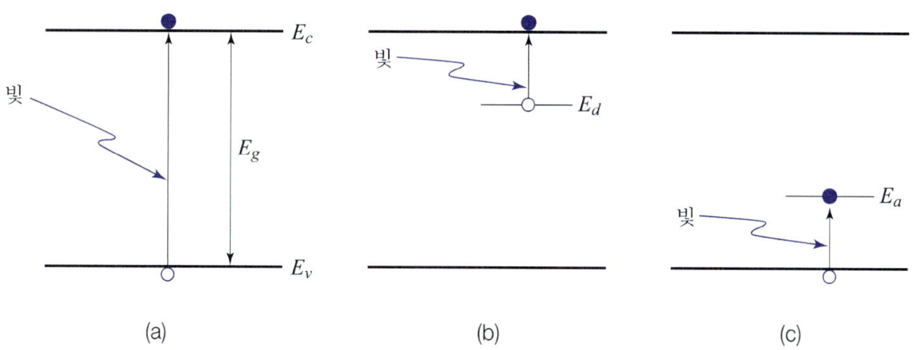

그림 9.7 캐리어 생성

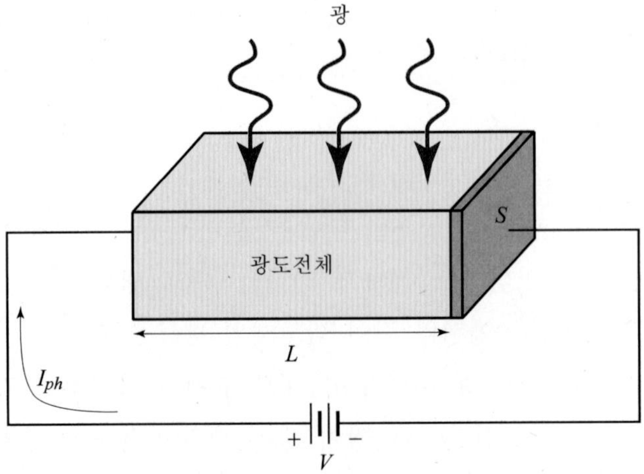

그림 9.8 광도전체의 광전류

그림 9.8과 같이 광도전체에 전압을 걸어놓고, 빛을 조사하면 전자와 정공이 생성되어 빛을 조사하기 전보다 전류가 더 많이 흐른다. 이와 같이 광조사에 따른 전류를 **광전류**(光電流, photocurrent)라고 한다. 이에 대해 광조사 전의 전류를 **암전류**(暗電流, dark current)라고 한다.

평형상태에서 전자농도와 정공농도를 각각 n_o와 p_o라고 하고, 전압 V을 걸었을 때의 암전류 I_{dark}는 다음과 같이 나타낼 수 있다.

$$I_{dark} = \frac{V}{R} = \frac{V}{\rho L/S} = \sigma\frac{S}{L}V = \frac{eS}{L}(n_o\mu_n + p_o\mu_p)V \tag{9.9}$$

여기서 S는 광도전체의 단면적, L은 광도전체의 길이이다.

그렇다면 광전류는 어떻게 계산할 수 있는가? 빛을 조사했을 때 과잉 전자농도를 Δn, 광생성률을 g(쌍/$\mathrm{m^3 \cdot s}$)라고 하면 다음의 관계식이 성립한다.

$$\frac{dn}{dt} = g - \frac{\Delta n}{\tau} \tag{9.10}$$

여기서 n은 전자농도, τ는 과잉 캐리어 전자의 수명시간, $\Delta n/\tau$는 단위 체적당, 단위 시간당 재결합으로 소멸되는 전자수이다. 실제로 빛을 비추면 전자가 많이 생기기도 하지만 많이 소멸되어 사라지기도 한다. 정상상태에서는 농도의 변화가 없다. 따라서 $dn/dt = 0$이므로 식 (9.10)으로부터 $\Delta n = g\tau$가 되고, 전자가 생성되면 정공도 같은 양만큼 생성되므로 $\Delta p = \Delta n = g\tau$가 된다. 따라서 도전율은 다음 양만큼 증가한다.

$$\Delta\sigma = e\,\mu_n \Delta n + e\,\mu_p \Delta p = eg\tau(\mu_n + \mu_p) \tag{9.11}$$

따라서 광전류 I_{light} 는 다음과 같은 식으로 계산할 수 있다.

$$I_{light} = \frac{V}{R} = \frac{V}{\Delta\rho . L/S} = \Delta\sigma \cdot \frac{S}{L} V = \frac{eg\tau S}{L}(\mu_n + \mu_p) V \tag{9.12}$$

광도전체를 광감도 측정장치나 광검출기로 사용하고자 할 때 성능평가지수로사 중요한 파라미터인 **광감도**(photosensitivity) S라는 것이 있는데 광에 얼마나 민감한가를 나타내는 것으로 다음과 같이 정의된다.

$$S = \frac{I_{light}}{I_{dark}} = \frac{g\tau(\mu_n + \mu_p)}{n_o\mu_n + p_o\mu_p} \tag{9.13}$$

위 식으로부터 기본적으로 암전류가 작을수록 감도가 좋다. 위 식의 분모를 보면 평형상태에서의 농도가 작을수록 감도가 좋으므로 진성 반도체가 좋고, 그중에서도 금지대 폭이 넓을수록 좋다. 그렇다고 밴드갭이 너무 크면 전자-정공쌍이 생성되지 못하고 투과해버리게 된다. 즉 광생성률이 적으므로 오히려 감도가 낮아진다. 마지막으로 캐리어의 수명시간이 긴 것이 감도에 더 좋다.

현재 사용되고 있는 대표적인 가시광선용 광도전 셀은 CdS로 밴드갭이 2.5 eV로서 대략 5000 Å 이하의 가시광선을 흡수할 수 있다. 이 셀은 우수한 감도를 가지고 있기 때문에 화재경보기, 가로등의 자동점멸기, 카메라의 노출계 등에 사용된다. 또 적외선용 광도전 셀로는 PbS와 PbSb 등이 있는데 어둡속에서 물체를 훤히 볼 수 있는 야시경이 그 예이다.

핵심 N 광도전 효과는 빛을 조사했을 때 EHP가 생성되어 전기 전도도가 증가하는 현상을 말한다. 가로등의 자동점멸기와 야시경은 광도전 효과를 이용한 것이다.

9.4 광기전력 효과

광도전 효과에서 빛의 조사로 발생한 전자-정공쌍(EHP)은 가만히 내버려두면 재결합 해버리고, 에너지대의 경사도 저절로 생기지 않기 때문에 외부에서 전압을 가할 때만 에너지대의 경사로 광전류가 흐른다. 그런데 외부에서 전압을 가하지 않아도 에너지대의 경사가 가능할까? 그럴 수만 있다면 외부에서 전압을 가하지 않고서도 광전류를 얻을 수 있다. 그렇다면 앞에서 다룬 pn 접합부, 공핍층 내의 에너지대의 경사가 광기전력 효과와는 어떤 관계가 있는 것일까? pn 접합부에 빛을 조사하면 pn 반도체의 양 끝단 사이에 기전력이 생기는 것을 **광기전력 효과**(光起電力效果, photovoltaic effect)라고 하며, **태양전지**(solar cell)가 대표적인 광기전력 효과를 이용한 것이다.

pn 접합 태양전지의 광기전력은 pn 접합부에 형성된 이온화된 영역, 즉 공핍층 내의 공간전하로 생긴 내부전계가 없다면 생성되지 않는다. 그림 9.9 (a)와 같이 pn 접합부에 빛 ($hf \geq E_g$)을 조사했을 때 발생한 전자-정공쌍 중에서 전자는 접합부의 밴드 경사를 내려가서 n형 쪽으로 이동하고, 정공은 경사를 따라 p형 쪽으로 이동한다. n형 단자와 p형 단자를 단락시키면 p형 쪽 전극에서 n형 쪽 전극으로 전류가 흐른다. 이것을 **단락전류**라고 한다. 다시 말해 외부전압을 가하지 않아도 전류가 외부로 흐를 수 있다. 또 pn 접합의 양단에 외부(부하)저항 R을 접속하면 저항에 전류 I가 흘러 I^2R의 전력을 얻을 수 있다. 이것은 빛에너지를 전기에너지로 **직접변환**(direct energy conversion)할 수 있었기 때문에 가능하며, 이와 같은 소자를 **태양전지**라고 한다.

그림 9.9 (b)에서와 같이 n형 단자와 p형 단자를 개방시켜두면 전자는 n형 영역으로 또 정공은 p형 영역으로 축적되고 n영역에 음의, p영역에는 양의 공간전하가 형성된다. 그 결과, n형 영역의 페르미 준위가 p형 영역의 페르미 준위보다도 위로 올라가 두 페르미 준위 사이에 qV_{oc}의 차가 생긴다. 이때 **내부전압** V_o는 $(V_o - V_{oc})$로 감소한다. 그리고 n형, p형 양전극 간에는 **개방전압** V_{oc}가 발생한다. 기전력의 방향은 p형 쪽이 양극이 되고, n형 쪽이 음극이 된다. 개방전압의 최대값은 내부전압 V_o이고, 어떤 빛을 조사하여도 개방전압은 V_o 이상 될 수 없다. 따라서 큰 개방전압을 얻으려면 태양전지의 셀을 직렬로 연결하고, 전류를 높이려면 셀을 병렬로 연결한다. 일반적으로 사용하는 데는 모듈로 한 다음 어레이 방식으로 구성한다.

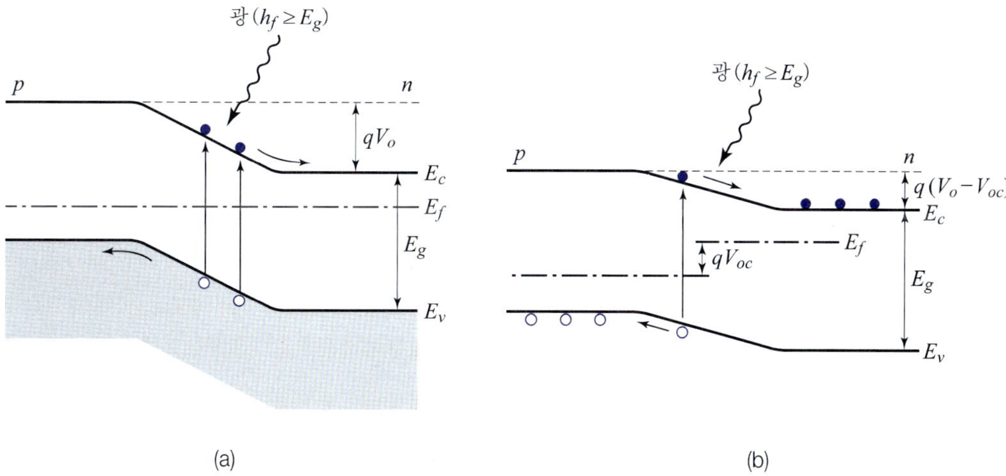

그림 9.9 pn 접합에서 광기전력 효과

핵심 N 광기전력 효과는 빛을 조사했을 때 EHP가 생성되어 기전력이 생기는 현상을 말한다. 태양전지는 광기전력 효과를 이용한 것이다.

9.5 루미네선스

물질이 빛을 낸다는 것은 어떤 원리에 의한 것인가? 1장에서 물체를 가열했을 때 빛이 나온다는 사실을 흑체복사로부터 그 원리를 다루었다. 고온의 물체가 전자기파 형태로 빛을 방출하는 현상을 **온도방사** 또는 **열복사**라고 하였다. 그런데 온도방사를 제외하고 빛을 방출하는 모든 현상을 총칭하여 **루미네선스**(luminescence)라고 한다. 즉 물질이 빛, 방사선, 전기 등의 에너지를 흡수하여 여기상태가 되었다가 기저상태로 돌아올 때 외부로 빛을 방출하는 현상을 말한다. 여기에는 빛이 나오게 하는 에너지가 끊어졌을 때 빛이 바로 소멸되는 현상을 **형광**(螢光, fluorescence)이라고 하며, 잔광 시간이 10 ns 이하이다. 이에 반해 에너지가 끊어져도 빛이 바로 소멸되지 않고 일정시간 유지하는 현상을 **인광**(燐光, phosphorescence)이라고 하며, 잔광시간은 수 ms에서 수 초에 이른다.

루미네선스에는 전기, 전자빔, 빛과 같이 전자를 여기시키는 방법에 따라 각각 일렉트로 루미네선스, 음극선 루미네선스, 포토루미네선스 등으로 분류된다.

9.5.1 일렉트로 루미네선스

전계를 인가했을 때 전기에너지로 전자를 여기시켜 발광하는 것을 **일렉트로 루미네선스**(electroluminescence, EL)라고 한다. 여기되는 과정에 따라 진성 EL과 주입형 EL이 있다.

(1) 진성 일렉트로 루미네선스

진성 EL에서는 형광체 물질 중의 캐리어가 높은 전계에 의해 가속되고, 이것이 발광중심과 충돌하여 전자를 여기시키면 여기준위(높은 에너지 상태)로 천이된 전자가 기저상태(낮은 에너지 상태)로 돌아올 때 발광한다.

ZnS 분말을 절연체 속에 분산시켜 약 1 kV/mm 정도의 높은 **교류전계**를 걸면 빛이 나온다. 이때 전극과 ZnS 간에 캐리어 이동은 없고 단지 ZnS 내부에서만 이동이 한정된다. 이와 같은 발광을 **진성 일렉트로 루미네선스**라고 하며, 직류에서는 작동하지 않는다. 계기판의 조명이나 야간 표지판(標識板)에 사용되는 것이 대표적이다.

그림 9.10은 EL의 구조를 나타낸 것이다. 표 9.1에 나타낸 형광체 재료를 혼합하여 특정 온도(900 ~ 1000℃)에서 소결한 후에 가공 처리한 다음, 형광체의 한쪽 면으로만 빛이 방출하도록 다른 한 면은 반사막으로 코팅한다. 빛이 나오는 면은 투명전극(ITO)을 코팅하고 그 위에 유리판을 덮는다. 마지막으로 반사층 아래에 전극을 붙인다.

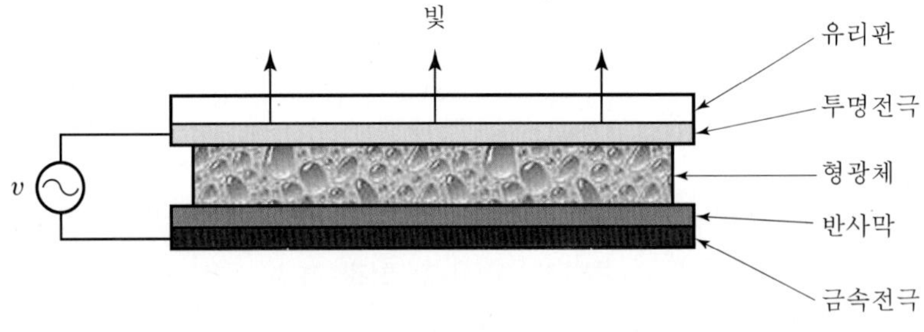

그림 9.10 EL 셀 구조

표 9.1 EL용 형광체

빛의 색	적색(R)	녹색(G)	청색(B)	황색(Y)	등색(O)
형광체 재료	ZnSe(Cu+Cl) ZnSe(Mn)	ZnS(Cu+Pb) ZnS(Cu+Cl) ZnS(Cu+Al)	Zn(Cu) ZnS(Cu+Cl) ZnS(Cu+I)	ZnS(Cu+Mn+Cl) ZnSe(Cu+Cl)	ZnS(Cu+Mn)

형광체의 주재료는 ZnS 혹은 ZnSe인데 이것만으로는 만족할 만한 발광을 얻을 수 없기 때문에 Cu, Mn, Pb, Cl 등을 소량 첨가한다. 그림 9.11에 나타낸 것처럼 형광체에서는 밴드갭 내에 격자결함에 의한 에너지 준위를 통해 재결합이 일어날 때 발광한다. 발광의 원인이 되는 격자결함(점결함)을 **발광중심**(發光中心, luminescence centre)이라고 한다. 발광중심은 불순물 준위로서 불순물 도핑으로 만들어진다. 발광을 위한 불순물을 **활성화제**(活性化劑, activator)라고 한다.

그림 9.12에 나타낸 바와 같이 진성 EL은 발광중심이 어떤 형태의 에너지를 받아서 그 에너지를 빛으로 바꿔 외부로 방출하는 것이므로, 즉 발광중심이 빛을 흡수하거나 전기에너지를 받아서 여기상태(들뜬상태)로 천이되고, 기저상태(바닥상태)로 되돌아올 때 빛의 형태로 에너지를 방출하는 것이다. 이때 빛으로 여기시키는데 요구되는 파장이 방출될 때의 파장보다 짧다는 것이 Stokes에 의해서 실험적으로 확인되었다. 발광중심의 에너지는 인접 원자 간의 거리에 따라 그림처럼 영향을 받는다. 기저상태에 있는 발광중심은 r_A를 중심으로 열진동한다. 기저상태의 최저에너지를 가지는 원자 A의 전자가 외부로부터 에너지를 흡수하여 A′로 여기된다고 하자. A→A′의 천이는 매우 짧은 시간에 일어나므로 이 사이에 원자핵의 위치가 변하지 않고 그대로 있다고 가정한다. 이것을 **Frank-Condon의 원리**라고 한다.

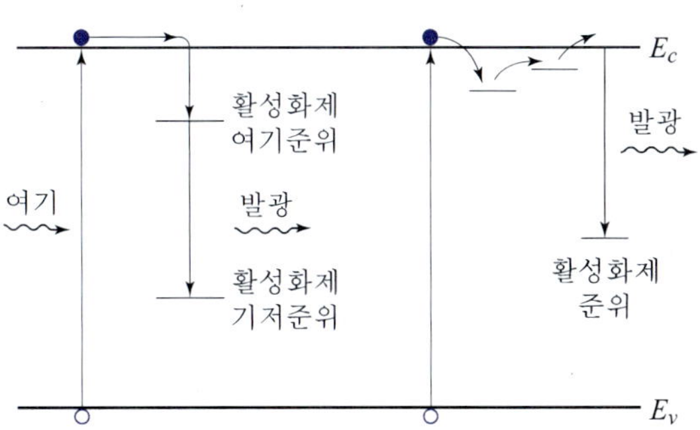

그림 9.11 활성화제에 의한 발광

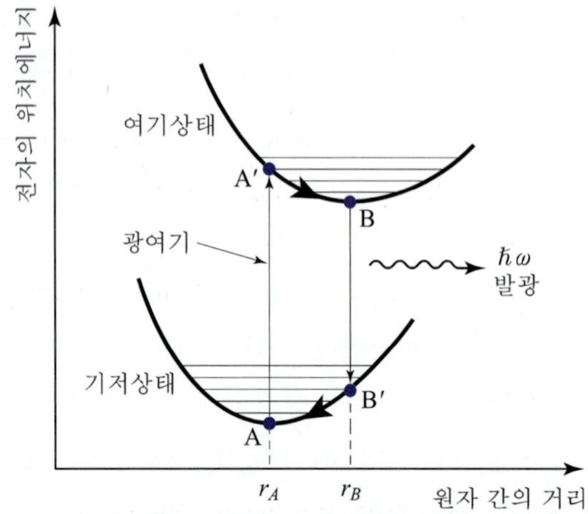

그림 9.12 발광중심의 에너지와 원자 간의 거리

A′상태에 전자가 있을 때는 위치에너지가 증가된 상태이므로 원자핵은 r_B를 중심으로 열진동하고 있는 상태가 된다. 일반적으로는 전자의 여기상태에 있는 시간, 즉 여기상태의 수명보다 격자진동의 완화시간, 즉 원자핵의 위치를 바꾸는 시간 쪽이 짧기 때문에 발광이 일어나기 전에 발광중심은 주변에 열진동 에너지(포논)를 방출하고 낮은 에너지 상태인 B로 이동한다. 그 후 B에서 B′로 전자가 이동하고, B와 B′ 간의 에너지 차에 상당하는 빛을 방출한다. B′에서 A로는 다시 열진동 에너지(포논)를 방출하고 이동한다. 이상으로 전자는 빛의 흡수, 방출의 사이클을 완성한다. 그림에 보다시피 A→A′에 필요한 여기 에너지가 B→B′ 발광 에너지보다 항상 크다. 즉 발광 에너지는 흡수 에너지보다 항상 작다. 이것을 **스톡스의 법칙**이라고 한다. 여기상태에서 A′→B, 기저상태에서 B′→A로 전자가 이동할 때의 위치에너지의 감소분은 열에너지로 사라진다.

(2) 주입형 일렉트로 루미네선스

pn 접합 다이오드에 전압을 걸면 순방향으로 전류가 흐른다. 이때 p형 반도체에서 n형 반도체로 소수 캐리어인 정공이 주입되고, 반대로 n형 반도체에서 p형 반도체로 소수 캐리어인 전자가 주입된다. 주입된 전자와 정공이 재결합할 때 빛을 내는 것을 **주입형 일렉트로 루미네선스**라고 한다. LED가 바로 이것이며, 이에 대해서는 6장에서 상세히 설명하였으므로 여기서는 생략한다.

9.5.2 음극선 루미네선스

음극선 루미네선스(陰極線-, cathode-ray luminescence)는 가속된 음극선이 물체에 닿을 때 빛을 내는 현상이다. 음극선 오실로스코프, 레이더 등의 브라운관, 텔레비전 수상관, 전자 현미경, 형광 표시관 등에 응용되고 있다.

그림 9.13은 음극선 루미네선스의 원리를 나타낸 것이다. 오실로스코프의 전자총에서 방출된 열전자는 높은 전기장에서 가속되어 음극선관(CRT)의 형광체에 충돌한다. 형광체를 구성하는 원자가 높은 에너지 준위로 여기되고, 여기된 원자가 안정된 기저상태로 돌아올 때 나오는 빛이 음극선 루미네선스이다.

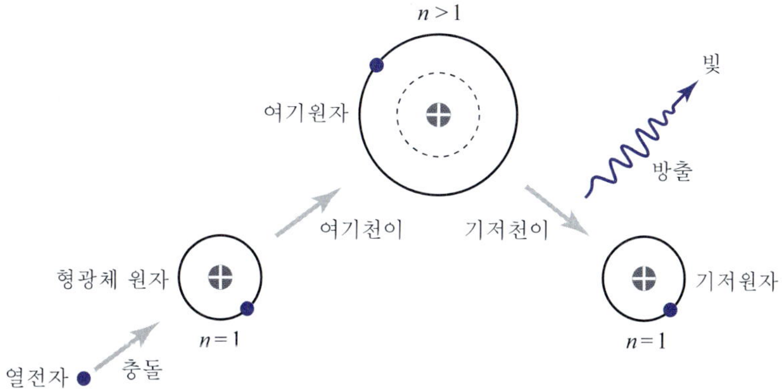

그림 9.13 음극선 루미네선스의 원리

9.5.3 포토루미네선스

포토루미네선스(photo luminescence)는 물질이 빛에너지를 흡수하여 그 자극으로 스스로 빛을 내는 현상이다. 이때 방출하는 빛의 파장은 흡수한 빛(자극광)과 파장이 같거나 그보다 길다. 형광도료나 형광등은 포토루미네선스이다.

온도방사를 이용한 백열등과는 달리 형광등은 전기의 방전현상을 이용한 빛이다. 형광등의 유리관 속에는 주 방전 가스인 수은과 방전을 촉진시켜주는 소량의 아르곤이 들어있다. 수은 가스가 방전을 하면 90%가 자외선이고 가시광선은 10%에 불과하기 때문에 조명등으로 사용할 수가 없다. 가시광선을 많이 나오게 하기 위해서 형광등 유리 내부에 형광체를 발라주게 된다. 형광등의 형광방출원리를 그림 9.14에 나타내었다.

그림 9.14 (a)에 나타낸 바와 같이 음극에서 방출된 열전자는 전기장에 의해서 가속되고, 수은 가스와 충돌하여 궤도 전자를 높은 에너지 준위(여기상태)로 이동시킬 것이다. 수은 원자를 여기시킨다는 것은 수은 내의 전자가 원자외부로 방출된다든지 혹은 방출되지 않더라도 높은 준위, 즉 높은 껍질로 이동하는 것 자체가 여기상태가 된다. 그 후에 수은이 다시 안정된 낮은 에너지 준위(기저상태)로 천이할 때 자외선을 방출한다. 그림 9.14 (b)에 나타낸 바와 같이 이 자외선을 형광물질이 흡수하면 형광물질을 구성하는 원자가 여기되고, 여기된 원자가 안정된 기저상태로 돌아올 때 나오는 빛이 가시광선, 즉 형광 빛이다. 따라서 형광등이 발광하려면 두 번의 양자론적 현상이 일어나아야 한다.

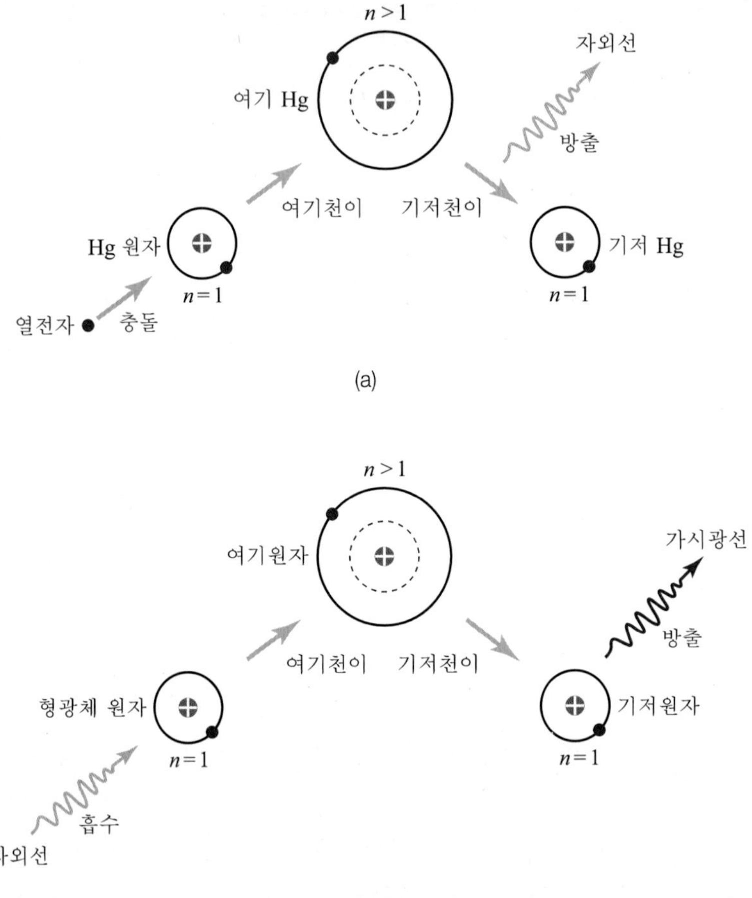

그림 9.14 포토루미네선스의 원리 : (a) 열전자 충돌에 의한 자외선 방출, (b) 자외선 흡수에 의한 가시광선 방출

핵심 N 루미네선스란 열방사를 제외한 빛을 내는 현상이다. 여기에는 LED와 같은 일렉트로 루미네선스, 형광등의 포토루미네선스, 오실로스코프 스크린의 음극선 루미네선스가 있다.

Chapter 09 연습문제

01. 흡수계수와 침투깊이와의 관계를 설명하여라.

Hint 흡수계수(α)는 단위두께 증가시 빛의 세기의 변화로, 다음과 같이 식으로 나타낼 수 있다.

$$\alpha = -\frac{dI/I}{dx} = -\frac{1}{I}\frac{dI}{dx}$$

침투깊이(δ)는 초기 빛의 세기가 37%로 감소하는 깊이, 즉 광자들의 63%가 흡수되는 깊이로 다음 식과 같이 정의한다.

$$\delta = \frac{1}{\alpha}$$

흡수계수가 클수록 침투깊이는 짧아진다.

02. 물질이 빛을 흡수할 수 있는 기본 조건을 쓰라.

Hint 빛에너지가 물질의 밴드갭보다 커야 한다.

$$\hbar\omega \geq E_g \rightarrow \lambda \leq \frac{12400}{E_g\,[\mathrm{eV}]}\,[\text{Å}]$$

03. 직접천이와 간접천이에 의한 광흡수에 대해서 설명하여라.

Hint 밴드 대 밴드 사이를 수직으로 바로 천이하는 것이 직접천이, 그렇지 않는 것이 간접천이. 직접천이에는 포톤만 필요하지만 간접천이에는 포톤과 포논이 필요하다.

04. 광도전 효과(내부광전효과)를 설명하여라.

Hint 반도체에 빛을 조사하면 가전자대의 전자가 전도대로 여기한다. 그 결과, 전자-정공쌍이 많이 생성되므로, 즉 캐리어 밀도가 증가하므로 도전율이 증가한다.

05. 광기전력 효과를 설명하여라.

Hint pn 접합 다이오드에 빛을 조사하면 전자-정공쌍이 생성되고, 이때 생성된 소수 캐리어는 접합부까지 확산한 후, 접합부의 공핍층에 형성된 내부전계에 의해서 정공은 n형 반도체에서 p형 반도체로 표동되어 p형 반도체의 끝단에 정공이, 전자는 p형 반도체에서 n형 반도체로 표동되어 n형 반도체의 끝단에 전자가 축적되어 기전력이 발생한다.

06. 루미네선스란 무엇이며, 종류를 들고 간단히 설명하여라. 그리고 각각에 대해서 응용 예를 들어라.

Hint 온도방사를 제외한 빛을 내는 현상으로 크게 세 가지로 분류된다. 일렉트로 루미네선스, 음극선 루미네선스, 포토루미네선스 등이다.
일렉트로 루미네선스는 전계작용으로 전자를 여기시켜 발광하는 것으로 야간 표지판, LED 등이 여기에 속한다. 음극선 루미네선스는 음극선으로 전자를 여기시켜 발광하는 것으로 오실로스코프의 CRT, 각종 브라운관 등이 여기에 속한다. 포토루미네선스는 빛으로 여기시켜 발광하는 것으로 형광등이 여기에 속한다.

07. 다음 용어를 간략히 설명하여라.

1) 흡수계수
2) 침투깊이
3) 기초흡수단
4) 여기사
5) 형광과 인광
6) 포톤과 포논

부 록

구성

부록 A. 아인슈타인 특수상대성이론의 핵심

(1) 시간의 팽창

관측자에 대해 정지한 시계의 시간간격 t_o
관측자에 대해 속도 v로 움직이는 시계의 시간간격 t

$$t = \frac{t_o}{\sqrt{1-\left(\frac{v}{c}\right)^2}}$$

(2) 길이의 수축

관측자에 대해 정지한 물체의 길이 L_o
관측자에 대해 속도 v로 움직이는 물체의 길이 L

$$L = L_o\sqrt{1-\left(\frac{v}{c}\right)^2}$$

(3) 질량의 증대

관측자에 대해 정지한 물체의 질량 m_o
관측자에 대해 속도 v로 움직이는 물체의 질량 m

$$m = \frac{m_o}{\sqrt{1-\left(\frac{v}{c}\right)^2}}$$

부록 B. 물체가 가지는 총에너지

$$m = \frac{m_o}{\sqrt{1-\left(\frac{v}{c}\right)^2}}$$

$$m^2(1-v^2/c^2) = m_o^2$$

$$m^2c^2 - m^2v^2 = m_o^2c^2$$

$$m^2c^2c^2 - m^2v^2c^2 = m_o^2c^2c^2$$

$$(mc^2)^2 - p^2c^2 = m_o^2c^4$$

$$E^2 = m_o^2c^4 + p^2c^2$$

$$\therefore\ E = \sqrt{m_o^2c^4 + p^2c^2}$$

$$m_o = 0 \rightarrow E = pc$$

부록 C. 주요 반도체(Ge, Si, GaAs)의 제특성 (300 K)

항 목			Ge	Si	GaAs
원자량(분자량)			72.60	28.09	144.63
밀도 [g/cm^3]			5.32	2.33	5.32
결정구조			다이아몬드	다이아몬드	섬아연광
격자정수 [Å]			5.64	5.43	5.65
금지대 폭 [eV]			0.67	1.12	1.43
전자친화력 [eV]			4.13	4.01	4.07
유효상태밀도 [cm^{-3}]	전도대		1.04×10^{19}	2.8×10^{19}	4.7×10^{17}
	가전자대		6.0×10^{18}	1.04×10^{19}	7.0×10^{18}
유효질량 (m^*/m_o)	전자	종방향	1.64	0.98	0.067
		횡방향	0.082	0.19	0.067
	정공	경정공	0.044	0.16	0.082
		중정공	0.28	0.49	0.45
진성 캐리어 밀도 [cm^{-3}]			2.4×10^{13}	1.5×10^{10}	1.79×10^{6}
진성 저항률 [$\Omega \cdot cm$]			47	2.3×10^{5}	10^{8}
이동도 [$cm^2/V \cdot s$]	전자		3900	1350	8500
	정공		1900	450	400
전자 최대 속도 [cm/s]			6×10^{6}	1×10^{7}	2×10^{7}
소수 캐리어 수명 [s]			10^{-3}	2.5×10^{-3}	10^{-8}
유전상수			16	11.9	13.1
융점 [℃]			937	1415	1238
1 Pa의 증기압이 되는 온도 [℃]			1330	1650	1050
비열			0.31	0.7	0.35
선팽창 계수			5.8×10^{-6}	2.6×10^{-6}	6.86×10^{-6}
열전도율 [W/cm·℃]			0.6	1.5	0.46

S. M. Sze, Physics of semiconductor devices, Jhon Wiley & Sons, pp. 850 ~ 851, 1981

부록 D. 도펀트의 이온화 에너지 [eV] (실험치)

도펀트		Ge	Si	GaAs	
도너	Sb	0.0099	0.039	Si	0.0058
	P	0.012	0.045	Ge	0.006
	As	0.013	0.054	Sn	0.006
억셉트	B	0.01	0.045	Be	0.028
	Al	0.01	0.067	Mg	0.028
	Ga	0.011	0.072	Zn	0.031
	In	0.011	0.16	–	–

부록 E. 물리정수

정수	기호	크기
아보가드로수 [/mol]	N_A	6.02×10^{23}
이상기체상수 [J/mol·K]	R	8.314
볼쯔만 상수 [J/K]	k	1.38×10^{-23}
전자 전하량 [C]	q	1.602×10^{-19}
전자볼트 [J]	eV	1.602×10^{-19}
전자질량 [kg]	m_e	9.1×10^{-31}
유전율(진공) [F/m]	ϵ_o	8.854×10^{-12}
투자율(진공) [H/m]	μ_o	$4\pi\times 10^{-7}$
열전압(300 K) [mV]	V_T	26
광속 [m/s]	c	3×10^{8}
플랑크 상수 [J·s]	h	6.626×10^{-34}
	$\hbar$	1.054×10^{-34}
리드베르그 상수 [m^{-1}]	R	1.097×10^{7}

부록 F. 접두사

크기	이름	기호	크기	이름	기호
10^{1}	deca	da	10^{-1}	deci	d
10^{2}	hecto	h	10^{-2}	centi	c
10^{3}	kilo	k	10^{-3}	milli	m
10^{6}	mega	M	10^{-6}	micro	μ
10^{9}	giga	G	10^{-9}	nano	n
10^{12}	tera	T	10^{-12}	pico	p
10^{15}	peta	P	10^{-15}	femto	f
10^{18}	exa	E	10^{-18}	atto	a
10^{21}	zetta	Z	10^{-21}	zepto	z
10^{24}	yotta	Y	10^{-23}	yocto	y

부록 G. 단위환산

$1\ \mathrm{eV} = 1.602 \times 10^{-19}\ \mathrm{J}$

$1\ \mathrm{J} = 1\ \mathrm{N \cdot m}\ (\mathrm{MKS})$

$1\ \mathrm{J} = 0.24\ \mathrm{cal}$

$1\ \mathrm{erg} = 1\ \mathrm{dyne \cdot cm}\ (\mathrm{CGS})$

$1\ \mathrm{Å} = 10^{-8}\ \mathrm{cm} = 10^{-10}\ \mathrm{m}$

$1\ \mu\mathrm{m} = 10^{4}\ \mathrm{Å}$

$1\ \mathrm{nm} = 10\ \mathrm{Å}$

$1\ \mathrm{inch} = 2.54\ \mathrm{cm}$

$1\ \mathrm{atm} = 1013\ \mathrm{mbar} = 1.013 \times 10^{5}\ \mathrm{Pa} = 1\ \mathrm{kg/cm^2} = 760\ \mathrm{torr}$

$1\ \mathrm{torr} = 1\ \mathrm{mmHg}$

$1\ \mathrm{bar} = 10^{5}\ \mathrm{Pa}$

$1\ \mathrm{Pa} = 1\ \mathrm{N/m^2}$

부록 H. 반도체 소자의 분류

- 반도체
  - 개별소자 --- 다이오드, 트랜지스터, 사이리스터 등
  - 집적회로IC
    - 모노리틱(monolithic) IC
      - 바이폴라 IC
        - 디지털IC
          - TTL
          - ECL
        - 리니어IC
          - OP AMP
          - 산업용
          - 가정용
      - MOS IC
        - 디지털IC
          - 마이크로콤퓨터
          - 마이크로프로세스
          - 인터페이스
          - 계산기
          - 시계
        - 메모리IC
          - 휘발성IC
            - ROM
              - PROM
              - EPROM
              - EEPROM
            - RAM
              - DRAM
              - SRAM
          - 비휘발성IC – 플래시 메모리
    - 혼성(hybrid) IC
      - 박막IC
      - 후막IC

부록 I. 주기율표

족 / 주기	1A	2B	3B	4B	5B	6B	7B	8			1B	2B	3B	4A	5A	6A	7A	0
1	1 H 1.008 수소																	2 He 4.003 헬륨
2	3 Li 6.941 리튬	4 Be 9.012 베릴륨											5 B 10.81 붕소	6 C 12.01 탄소	7 N 14.01 질소	8 O 16.00 산소	9 F 19.00 플루오린	10 Ne 20.18 네온
3	11 Na 22.99 나트륨	12 Mg 24.31 마그네슘											13 Al 26.98 알루미늄	14 Si 28.09 규소	15 P 30.97 인	16 S 32.07 황	17 Cl 35.45 염소	18 Ar 39.95 아르곤
4	19 K 39.10 칼륨	20 Ca 40.08 칼슘	21 Sc 44.96 스칸듐	22 Ti 47.88 타이타늄	23 V 50.94 바나듐	24 Cr 52.00 크로뮴	25 Mn 54.94 망가니즈	26 Fe 55.85 철	27 Co 58.93 코발트	28 Ni 58.69 니켈	29 Cu 63.55 구리	30 Zn 65.39 아연	31 Ga 69.72 갈륨	32 Ge 72.61 저마늄	33 As 74.92 비소	34 Se 78.96 셀레늄	35 Br 79.90 브로민	36 Kr 83.80 크립톤
5	37 Rb 85.47 루비듐	38 Sr 87.62 스트론튬	39 Y 88.91 이트륨	40 Zr 91.22 지르코늄	41 Nb 92.91 나이오븀	42 Mo 95.94 몰리브데넘	43 Tc (99) 테크네튬	44 Ru 101.1 루테늄	45 Rh 102.9 로듐	46 Pd 106.4 팔라듐	47 Ag 107.9 은	48 Cd 112.4 카드뮴	49 In 114.8 인듐	50 Sn 118.7 주석	51 Sb 121.8 안티모니	52 Te 127.6 텔레륨	53 I 126.9 아이오딘	54 Xe 131.3 제논
6	55 Cs 132.9 세슘	56 Ba 137.3 바륨	57 La※ 138.9 란타넘	72 Hf 178.5 하프늄	73 Ta 180.9 탄탈럼	74 W 183.9 텅스텐	75 Re 186.2 레늄	76 Os 190.2 오스뮴	77 Ir 192.2 이리듐	78 Pt 195.1 백금	79 Au 197.0 금	80 Hg 200.6 수은	81 Tl 204.4 탈륨	82 Pb 207.2 납	83 Bi 209.0 비스무트	84 Po (210) 폴로늄	85 At (210) 아스타틴	86 Rn (222) 라돈
7	87 Fr (223) 프랑슘	88 Ra (226) 라듐	89 Ac※※ (227) 악티늄															

원자번호	6
원소기호	C
원자량	12.01
원소명	탄소

원소기호의 분홍색 글씨는 비금속 원소

※ 란타넘 계열 (Lanthanides)	58 Ce 140.1 세륨	59 Pr 140.9 프라세오디뮴	60 Nd 144.2 네오디뮴	61 Pm (145) 프로메튬	62 Sm 150.4 사마륨	63 Eu 152.0 유로퓸	64 Gd 157.3 가돌리늄	65 Tb 158.9 터븀	66 Dy 162.5 디스프로슘	67 Ho 164.9 홀뮴	68 Er 167.3 어븀	69 Tm 168.9 툴륨	70 Yb 173 이터븀	71 Lu 175.0 루테튬
※※ 악티늄 계열 (Actinides)	90 Th 232.0 토륨	91 Pa 231.0 프로탁티늄	92 U 238.0 우라늄	93 Np (237) 넵투늄	94 Pu (239) 플루토늄	95 Am (243) 아메리슘	96 Cm (247) 퀴륨	97 Bk (247) 버클륨	98 Cf (252) 칼리포늄	99 Es (252) 아인슈타이늄	100 Fm (257) 페르뮴	101 Md (256) 멘델레븀	102 No (259) 노벨륨	103 Lr (260) 로렌슘

부록 J. 원자의 전자배치도

전자각		K	L		M			N				O				P				Q
주양자수(n)		1	2		3			4				5				6				7
전자상태		1*s*	2*s*	2*p*	3*s*	3*p*	3*d*	4*s*	4*p*	4*d*	4*f*	5*s*	5*p*	5*d*	5*f*	6*s*	6*p*	6*d*	6*f*	7*s*
1	H	1																		
2	He	2																		
3	Li	2	1																	
4	Be	2	2																	
5	B	2	2	1																
6	C	2	2	2																
7	N	2	2	3																
8	O	2	2	4																
9	F	2	2	5																
10	Ne	2	2	6																
11	Na	2	2	6	1															
12	Mg	2	2	6	2															
13	Al	2	2	6	2	1														
14	Si	2	2	6	2	2														
15	P	2	2	6	2	3														
16	S	2	2	6	2	4														
17	Cl	2	2	6	2	5														
18	Ar	2	2	6	2	6														
19	K	2	2	6	2	6		1												
20	Ca	2	2	6	2	6		2												
21	Sc	2	2	6	2	6	1	2												
22	Ti	2	2	6	2	6	2	2												
23	V	2	2	6	2	6	3	2												
24	Cr	2	2	6	2	6	5	1												
25	Mn	2	2	6	2	6	5	2												
26	Fe	2	2	6	2	6	6	2												
27	Co	2	2	6	2	6	7	2												
28	Ni	2	2	6	2	6	8	2												
29	Cu	2	2	6	2	6	10	1												
30	Zn	2	2	6	2	6	10	2												
31	Ga	2	2	6	2	6	10	2	1											
32	Ge	2	2	6	2	6	10	2	2											
33	As	2	2	6	2	6	10	2	3											
34	Se	2	2	6	2	6	10	2	4											
35	Br	2	2	6	2	6	10	2	5											
36	Kr	2	2	6	2	6	10	2	6											

전자각		K	L		M			N				O				P				Q
주양자수(n)		1	2		3			4				5				6				7
전자상태		1*s*	2*s*	2*p*	3*s*	3*p*	3*d*	4*s*	4*p*	4*d*	4*f*	5*s*	5*p*	5*d*	5*f*	6*s*	6*p*	6*d*	6*f*	7*s*
37	Rb	2	2	6	2	6	10	2	6		1									
38	Sr	2	2	6	2	6	10	2	6		2									
39	Y	2	2	6	2	6	10	2	6	1	2									
40	Zr	2	2	6	2	6	10	2	6	2	2									
41	Nb	2	2	6	2	6	10	2	6	4	1									
42	Mo	2	2	6	2	6	10	2	6	5	1									
43	Tc	2	2	6	2	6	10	2	6	5	2									
44	Ru	2	2	6	2	6	10	2	6	7	1									
45	Rh	2	2	6	2	6	10	2	6	8	1									
46	Pd	2	2	6	2	6	10	2	6	10										
47	Ag	2	2	6	2	6	10	2	6	10	1									
48	Cd	2	2	6	2	6	10	2	6	10	2									
49	In	2	2	6	2	6	10	2	6	10		2	1							
50	Sn	2	2	6	2	6	10	2	6	10		2	2							
51	Sb	2	2	6	2	6	10	2	6	10		2	3							
52	Te	2	2	6	2	6	10	2	6	10		2	4							
53	I	2	2	6	2	6	10	2	6	10		2	5							
54	Xe	2	2	6	2	6	10	2	6	10		2	6							
55	Cs	2	2	6	2	6	10	2	6	10		2	6			1				
56	Ba	2	2	6	2	6	10	2	6	10		2	6			2				
57	La	2	2	6	2	6	10	2	6	10		2	6	1		2				
58	Ce	2	2	6	2	6	10	2	6	10	2	2	6			2				
59	Pr	2	2	6	2	6	10	2	6	10	3	2	6			2				
60	Nd	2	2	6	2	6	10	2	6	10	4	2	6			2				
61	Pm	2	2	6	2	6	10	2	6	10	5	2	6			2				
62	Sm	2	2	6	2	6	10	2	6	10	6	2	6			2				
63	Eu	2	2	6	2	6	10	2	6	10	7	2	6			2				
64	Gd	2	2	6	2	6	10	2	6	10	9	2	6	1		2				
65	Tb	2	2	6	2	6	10	2	6	10	10	2	6			2				
66	Dy	2	2	6	2	6	10	2	6	10	11	2	6			2				
67	Ho	2	2	6	2	6	10	2	6	10	12	2	6			2				
68	Er	2	2	6	2	6	10	2	6	10	13	2	6			2				
69	Tm	2	2	6	2	6	10	2	6	10	14	2	6			2				
70	Yb	2	2	6	2	6	10	2	6	10	14	2	6			2				
71	Lu	2	2	6	2	6	10	2	6	10	14	2	6	1		2				
72	Hf	2	2	6	2	6	10	2	6	10	14	2	6	2		2				
73	Ta	2	2	6	2	6	10	2	6	10	14	2	6	3		2				

전자각		K	L		M			N				O				P				Q
주양자수(n)		1	2		3			4				5				6				7
전자상태		1s	2s	2p	3s	3p	3d	4s	4p	4d	4f	5s	5p	5d	5f	6s	6p	6d	6f	7s
74	W	2	2	6	2	6	10	2	6	10	14	2	6	4		2				
75	Re	2	2	6	2	6	10	2	6	10	14	2	6	5		2				
76	Os	2	2	6	2	6	10	2	6	10	14	2	6	6		2				
77	Ir	2	2	6	2	6	10	2	6	10	14	2	6	9						
78	Pt	2	2	6	2	6	10	2	6	10	14	2	6	9		1				
79	Au	2	2	6	2	6	10	2	6	10	14	2	6	10		1				
80	Hg	2	2	6	2	6	10	2	6	10	14	2	6	10		2				
81	TI	2	2	6	2	6	10	2	6	10	14	2	6	10		2	1			
82	Pb	2	2	6	2	6	10	2	6	10	14	2	6	10		2	2			
83	Bi	2	2	6	2	6	10	2	6	10	14	2	6	10		2	3			
84	Po	2	2	6	2	6	10	2	6	10	14	2	6	10		2	4			
85	At	2	2	6	2	6	10	2	6	10	14	2	6	10		2	5			
86	Rn	2	2	6	2	6	10	2	6	10	14	2	6	10		2	6			
87	Fr	2	2	6	2	6	10	2	6	10	14	2	6	10		2	6			1
88	Ra	2	2	6	2	6	10	2	6	10	14	2	6	10		2	6			2
89	Ac	2	2	6	2	6	10	2	6	10	14	2	6	10		2	6	1		2
90	Th	2	2	6	2	6	10	2	6	10	14	2	6	10		2	6	2		2
91	Pa	2	2	6	2	6	10	2	6	10	14	2	6	10	2	2	6	1		2
92	U	2	2	6	2	6	10	2	6	10	14	2	6	10	3	2	6	1		2
93	Np	2	2	6	2	6	10	2	6	10	14	2	6	10	4	2	6	1		2
94	Pu	2	2	6	2	6	10	2	6	10	14	2	6	10	6	2	6			2
95	Am	2	2	6	2	6	10	2	6	10	14	2	6	10	7	2	6			2
96	Cm	2	2	6	2	6	10	2	6	10	14	2	6	10	7	2	6	1		2
97	Bk	2	2	6	2	6	10	2	6	10	14	2	6	10	9(8)	2	6	(1)		2
98	Cf	2	2	6	2	6	10	2	6	10	14	2	6	10	10	2	6			2
99	Es	2	2	6	2	6	10	2	6	10	14	2	6	10	11	2	6			2
100	Fm	2	2	6	2	6	10	2	6	10	14	2	6	10	12	2	6			2
101	Md	2	2	6	2	6	10	2	6	10	14	2	6	10	13	2	6			2
102	No	2	2	6	2	6	10	2	6	10	14	2	6	10	14	2	6			2
103	Lr	2	2	6	2	6	10	2	6	10	14	2	6	10	14	2	6			2

참고문헌

1. R. Eisberg and R. Resnick, Quantum Physics, John Wiley & Sons, 2/e, 1985.
2. A. Beiser, Concepts pf Modern Physics, McGraw-Hill, 6/e, 2003.
3. C. Kittel, Introduction to Solid State Physics, John Wiley & Sons, 1956.
4. B. Streetman, Solid State Electronic Devices, 4/e, Prentice Hall, 1995.
5. E.-S. Linda, The Essence of Solid-State Electronics, Prentice Hall, 1996.
6. S.O. Kasap, Principle of Electronic materials and Devices, 3/e, McGraw-Hill, 2005.
7. S.M. Sze, Physics of Semiconductor Devices, John Wiley & Sons, 2/e, 1981.
8. D.A. Neamen, Semiconductor Physics and Devices : Basic Principles, McGraw-Hill, 1999.
9. R. Boylestad and L. Nashelsky, Electronic Devices and Circuit Theory, 5/e, Prentice Hall, 1992.
10. T.L. Froyd, Electronic Devices, 3/e, Prentice Hall, 1992.
11. 李永根, 電子工學의 基礎, 光林社, 1989.
12. 坂田 亮, 物性科學, 培風館, 1989.
13. 青水昌治, 應用物性論, 朝倉書店, 1987.
14. 朴昌燁, 電氣物性工學, 半島出版社, 1975.
15. 金亨國 外, 固體物理學, 淸文閣, 1992.
16. 韓鳳熙, 固體의 電子物性, 喜重堂, 1992.
17. 朴昌燁, 太陽電池, 金英社, 1989.
18. 日野太郎, 電氣電子材料物性工學, 朝倉書店, 1985.
19. 李德出 外, 高電壓工學, 文運堂, 1980.

찾아보기

제2판
핵심N
전기전자물성공학

초판발행 | 2018년 9월 17일
2판1쇄발행 | 2022년 9월 2일

저 자 | 남춘우
발 행 인 | 이성범
발 행 처 | 문운당
주 소 | 서울시 종로구 혜화로5길 16 (명륜1가 45-3)
전 화 | (02)762-6010
팩 스 | 영업 (02)745-0265 / 편집 (02)762-8758
이 메 일 | 영업 munun2@chol.com
편집 munundang@naver.com
홈페이지 | http://munundang.co.kr

ISBN 979-11-5692-634-4 93560

* 저자와의 협의에 의하여 인지를 생략합니다.

정가 34,000원